工业和信息化设计人才实训指南

Flash 基础与实战教程

姚岐芳　孙劼　编著

電子工業出版社
Publishing House of Electronics Industry
北京・BEIJING

读者服务

读者在阅读本书的过程中如果遇到问题，可以关注“有艺”公众号，通过公众号中的“读者反馈”功能与我们取得联系。此外，通过关注“有艺”公众号，您还可以获取艺术教程、艺术素材、新书资讯、书单推荐、优惠活动等相关信息。

扫一扫关注“有艺”

资源下载方法：关注“有艺”公众号，在“有艺学堂”的“资源下载”中获取下载链接。如果遇到无法下载的情况，可以通过以下三种方式与我们取得联系。

1.关注“有艺”公众号，通过“读者反馈”功能提交相关信息。

2.请发邮件至art@phei.com.cn，邮件标题命名方式：资源下载+书名。

3.读者服务热线：（010）88254161~88254167转1897。

投稿、团购合作：请发邮件至art@phei.com.cn。

图书在版编目（CIP）数据

Flash基础与实战教程 / 姚岐芳, 孙劼编著. -- 北京 : 电子工业出版社, 2022.10
（工业和信息化设计人才实训指南）
ISBN 978-7-121-43885-1

Ⅰ. ①F… Ⅱ. ①姚… ②孙… Ⅲ. ①动画制作软件－教材 Ⅳ. ①TP391.414

中国版本图书馆CIP数据核字(2022)第116870号

责任编辑：高　鹏　　特约编辑：刘红涛
印　　刷：涿州市般润文化传播有限公司
装　　订：涿州市般润文化传播有限公司
出版发行：电子工业出版社
　　　　　北京市海淀区万寿路173信箱　　邮编：100036
开　　本：787×1092　1/16　　印张：20.5　　字数：590.4 千字
版　　次：2022 年 10 月第 1 版
印　　次：2024 年 7 月第 2 次印刷
定　　价：69.00 元

凡所购买电子工业出版社图书有缺损问题，请向购买书店调换。若书店售缺，请与本社发行部联系，联系及邮购电话：（010）88254888，88258888。
质量投诉请发邮件至 zlts@phei.com.cn，盗版侵权举报请发邮件至 dbqq@phei.com.cn。
本书咨询联系方式：（010）88254161 ～ 88254167 转 1897。

Preface

前言

Flash CC 的推出使 Flash 软件本身的功能更加人性化，操作更加便利。新版本针对软件的一些功能进行了改进和增强，使得 Flash 在网页制作、动画制作、影视片头和课件交互设计等方面有着更广泛的用途。

本书是初学者快速自学 Flash CC 的经典教程，全书从实用角度出发，全面、系统地讲解了 Flash CC 的相关应用功能，基本上涵盖了 Flash CC 全部工具、面板和菜单命令。本书在介绍软件功能的同时，还精心安排了上百个具有针对性的实例，帮助读者轻松掌握制作 Flash 动画的实用技巧和具体应用，以做到学用结合，并且全部操作案例都配有教学视频，详细演示了案例制作的完整过程。

本书内容

本书采用知识点与实战案例相结合的形式，以由浅入深的方式讲解了 Flash CC 各方面的知识点。本书内容安排如下。

第 01 章　初识 Flash CC。本章介绍有关 Flash 的一些知识，包括 Flash 的诞生与发展、Flash 的应用领域、Flash 软件的安装与卸载、Flash 的相关术语等内容，为后面的 Flash 动画制作学习打下基础。

第 02 章　Flash 的基本操作。本章从基本知识开始，先在整体上对 Flash CC 的工作界面、设置工作区、查看舞台和辅助工具进行了解，让读者更加轻松、舒适地学习。

第 03 章　文档的基本操作。本章主要介绍 Flash 文档的基本操作方法，带领读者逐步了解和认识 Flash 动画的制作思路和流程。

第 04 章　颜色的管理。本章主要介绍 Flash 中不同的颜色设置和填充方法，使读者掌握多种填充方式。

第 05 章　Flash CC 的绘制功能。Flash 拥有强大的矢量绘图功能，通过使用不同的绘图工具，配合多种编辑命令和编辑工具，可以制作出精美的矢量图形。本章将带领读者进入 Flash 的奇妙绘图世界。

第 06 章　元件、实例和库。元件和实例是组成一部影片的基本元素，通过综合使用不同的元件可以制作出丰富多彩的动画效果。本章主要对元件、实例和“库”面板进行详细介绍，使读者掌握 Flash 动画中元件和实例的应用。

第 07 章　使用“时间轴”面板。图层与时间轴的巧妙应用，是完成优秀动画作品的关键所在，同时也是后期动画制作的基础，决定了动画作品的显示效果。本章对图层的创建、编辑与时间轴中帧的操作等相关知识点进行详解。

第 08 章　Flash 基本动画制作。本章内容主要包括使用模板创建 Flash 动画、逐帧动画、补间动画、传统补间动画以及使用动画预设等。

第 09 章　Flash 高级动画制作。本章对制作高级 Flash 动画所应用的方法分别进行讲解，希望读者在了解的基础上，能够通过实践达到学以致用的目的。

第 10 章　在 Flash 中使用文本。文字是 Flash 动画作品中的重要组成部分，在整个设计过程中占有重要地位。本章主要对文本工具的类型、属性、编辑及应用方法进行讲解。

第 11 章　声音和视频的应用。本章主要对声音和视频的添加和应用进行详细的讲解，以帮助读者深刻理解声音和视频的运用技巧。

第 12 章　组件、动画预设和命令。本章主要对 Flash 中的组件、动画预设进行介绍，使读者能够掌握在 Flash 动画中使用组件和动画预设的方法，还介绍如何在 Flash 中使用命令。

第 13 章　掌握 ActionScript。本章主要介绍一些有关 ActionScript 语言的基本语法知识，帮助读者快速掌握 ActionScript 的使用方法。

第 14 章　动画的测试和发布。本章主要对动画的测试与发布进行详细的介绍，使读者在完成作品的设计后，可以轻松地在 Flash 中对作品进行优化输出。

第 15 章　Flash 综合案例。本章通过按钮动画、导航菜单动画和宣传广告动画的实例来讲解 Flash 动画的制作方法。

本书特点

本书内容丰富、条理清晰，通过 15 章的内容，为读者全面、系统地介绍 Flash CC 的功能，以及在 Flash CC 中制作 Flash 动画的方法和技巧，采用理论知识和案例相结合的方法，使读者融会贯通。

- 语言通俗易懂，精美案例图文同步，通过基础知识与案例制作相结合，帮助读者快速掌握相关知识点。
- 注重设计知识点和案例制作技巧的归纳总结，在知识点和案例的讲解过程中穿插了大量的软件操作技巧和提示等，使读者更好地对知识点进行归纳吸收。
- 每一个案例的制作过程，都配有相关视频教程和素材，步骤详细，使读者轻松掌握。

由于编者水平有限，书中难免有疏漏之处，在此敬请广大读者批评、指正。

增值服务介绍

本书增值服务丰富，包括图书相关的训练营、素材文件、源文件、视频教程；设计行业相关的资讯、开眼、社群和免费素材，助力大家自学与提高。

在每日设计APP中搜索关键词“D43885”，进入图书详情页面获取；设计行业相关资源在APP主页即可获取。

训练营

书中课后习题线上练习，提交作品后，有专业老师指导。

赠送配套讲义、素材、源文件和课后习题答案，辅助学习。

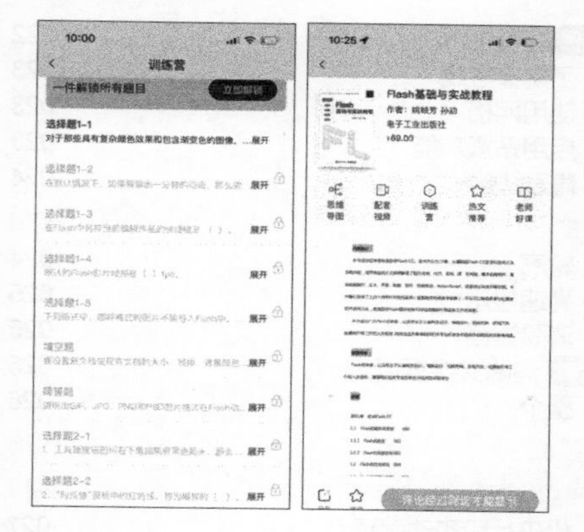

视频教程

配套视频讲解知识点，由浅入深，让你学以致用。

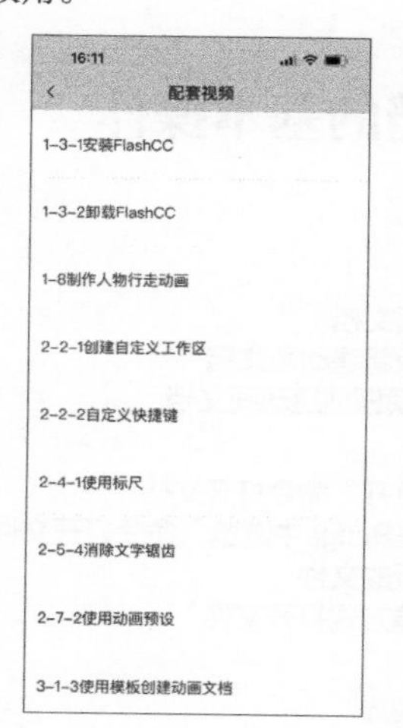

设计资讯

搜集设计圈内最新动态、全球尖端优秀创意案例和设计干货，了解圈内最新资讯。

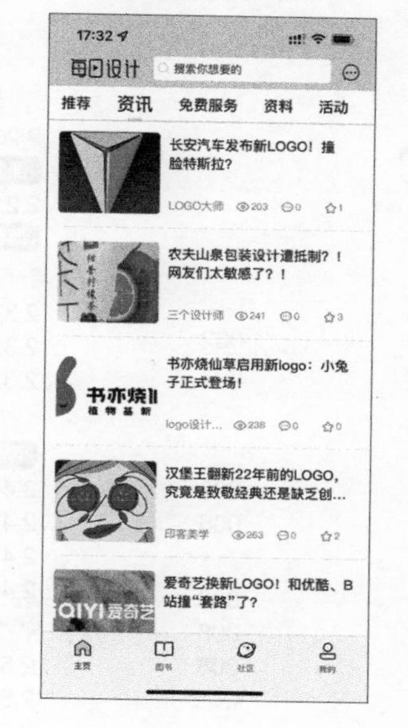

设计开眼

汇聚全球优质创作者的作品，带你遍览全球，看更好的世界，挖掘更多灵感。

设计社群

八大设计学习交流群，专业老师在线答疑，帮助你成为更好的自己。

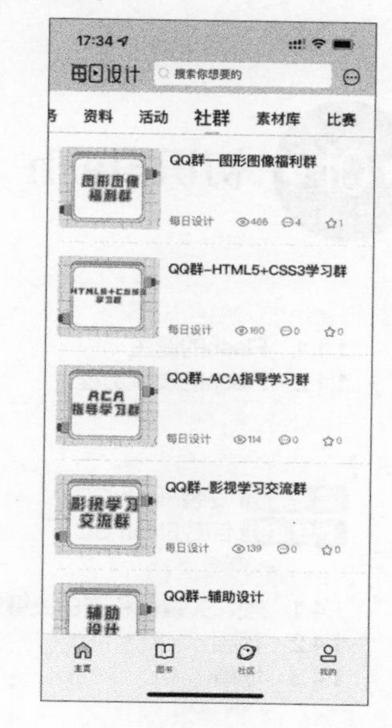

免费素材

涵盖Photoshop、Illustrator、Auto CAD、Cinema 4D、Premiere、PowerPoint等相关软件的设计素材、免费教程，满足你全方位学习需求。

目录 Contents

第01章 初识Flash CC

第02章 Flash的基本操作

第03章 文档的基本操作

第04章 颜色的管理

第05章 Flash CC的绘制功能

第06章 元件、实例和库

第07章 使用“时间轴”面板

第08章 Flash基本动画制作

第09章 Flash高级动画制作

第10章 在Flash中使用文本

第11章 声音和视频的应用

第12章 组件、动画预设和命令

第13章 掌握ActionScript

第14章 动画的测试和发布

第15章 Flash综合案例

Chapter 01

第01章 初识Flash CC

Flash 是一款优秀的动画软件，利用它可以制作与传统动画相同的帧动画。从工作方法和制作流程来看，传统动画的制作方法比较烦琐，而 Flash 动画的制作简化了很多制作流程，能够为创作者节约更多的时间。所以，Flash 动画的创作方式非常适合个人及动漫爱好者。在本章中将向读者介绍有关 Flash 的一些知识，为后面的 Flash 动画制作打下基础。

FLASH CC

学习要点

- 了解 Flash 的发展历程
- 了解 Flash 的应用领域
- 了解 Flash 的基本术语
- 了解 Flash 的文件格式
- 了解 Flash 的扩展功能

技能目标

- 掌握 Flash 的安装与卸载方法
- 掌握导入图片和图片序列的方法
- 掌握新建文件和保存文件的方法

Flash的诞生与发展

在网络盛行的今天，Flash 已经成为一个新的专有名词，曾在全球网络掀起了一股划时代的旋风，并成为交互式矢量动画的标准。

1.1.1 Flash的诞生

在 Flash 出现以前，网页上的动画只有两种设计方式可以选择：一种是制作成 GIF 动画；另一种是利用 JavaScript 编程，动画的效果完全取决于程序编写能力，其对大多数网页设计者而言，自然是一条非常艰辛的道路。

所以，Future Wave 公司研究出了一个名为 Future Splash 的软件，这是世界上第一款商用二维矢量动画软件，用于设计和编辑 Flash 文档。1996 年 11 月，美国 Macromedia 公司收购了 Future Wave，并将其改名为 Flash。

Flash 就这样诞生了，给无数的设计爱好者带来了曙光。在出到 Flash 8 版本以后，Macromedia 又被 Adobe 公司收购，并将 Flash 的功能进一步强化，让 Flash 这种交互动画形式成为设计的宠儿。

1.1.2 Flash的发展历程

Flash 从 Future Splash 转变而来，在 1996 年诞生了 Flash 1.0 版本。一年后，Flash 2.0 推出，但是并没有引起人们的重视。直到 1998 年 Flash 3.0 的推出才真正让 Flash 获得了应有的尊重，这要感谢网络在这几年内的迅速普及和网络速度的提高，以及网络内容的丰富，加上人们对视觉效果的追求，让 Flash 得到充分的认识和肯定。

经过了 1999 年过渡性质的 Flash 4.0 后，2000 年，Macromedia 推出了酝酿已久的具有里程碑意义的 Flash 5.0。在 Flash 5.0 中首次引入了完整的脚本语言——ActionScript 1.0，这是 Flash 迈向面向对象开发环境领域的第一步。

2002 年推出的 Flash MX，从传统的角度来看似乎只是 Flash 5.0 的一个增强版本，但是随着 Flash MX 到来的还有两个 Flash 服务器产品——Flash Communication Server MX 和 Flash Remoting MX。Flash Communication Server MX 是一个基于服务器的平台，用于创建和部署令人眼花缭乱的 Web 音频和视频应用，例如视频点播（VOD）、可视聊天和实时协同应用等。Flash Remoting MX 用于在 Flash 和 Web 服务器之间建立连接，通过强大易用的编程模块，可以很容易地把 Flash 内容与 Java、.NET 及 ColdFusion 应用结合起来创建复杂、丰富的 Web 应用。

2004 年，Flash MX 2004 上市了。自 Flash 5.0 开始，Macromedia 就已经将 Flash 的发展方向更多地移向了多媒体和 Web 应用开发领域，而不再仅仅局限于交互式动画制作。如果说 Flash 5.0 是 Flash 步入面向对象开发环境的第一个里程碑，那么 Flash MX 2004 就是 Flash 作为面向对象开发环境的第二个里程碑。图 1-1 所示为 Flash MX 2004 启动界面。

Flash 8 是 Macromedia 于 2006 年推出的版本。Flash Professional 8 是当时动画业界先进的创作环境，用于创建交互式网站、数字体验和移动内容，是创建高级交互内容的首选软件之一。图 1-2 所示为 Flash 8 启动界面。

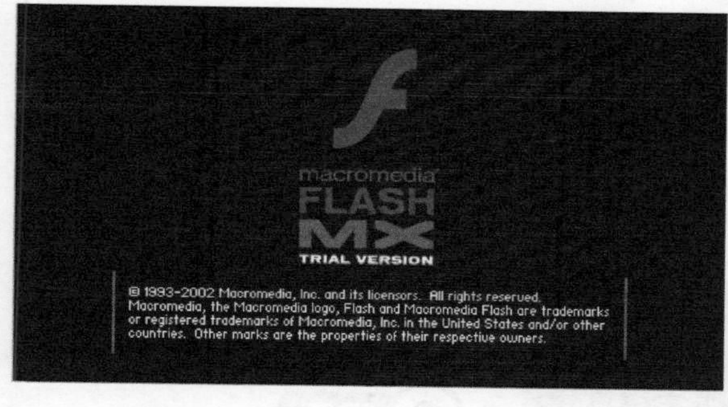

图1-1 Flash MX 2004 启动界面

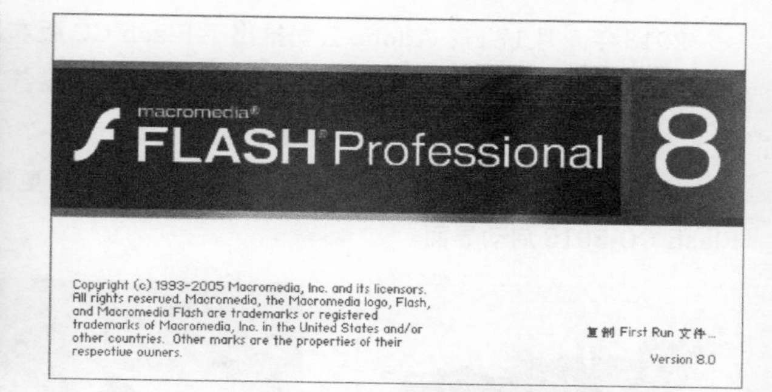

图1-2 Flash 8 启动界面

2006 年，Macromedia 公司被 Adobe 公司收购，Flash 8 也成为 Macromedia 公司推出的最后一个版本。2007 年，Adobe 公司推出了 Flash CS 3，增加了全新的功能，包括对 Photoshop 和 Illustrator 文件的本地支持，以及复制、移动功能，并且整合了 ActionScript 3.0 脚本语言开发。Flash CS 3 的功能更加强大。图 1-3 所示为 Flash CS 3 启动界面。

经过了 Flash CS 4 版本（见图 1-4）后，2010 年 4 月 12 日，Adobe 公司推出了 Flash 的新版本 CS 5。新版本中增加了很多实用的功能，并针对一些当时流行的软件提供了支持，使得 Flash 逐渐走入每个人的生活。

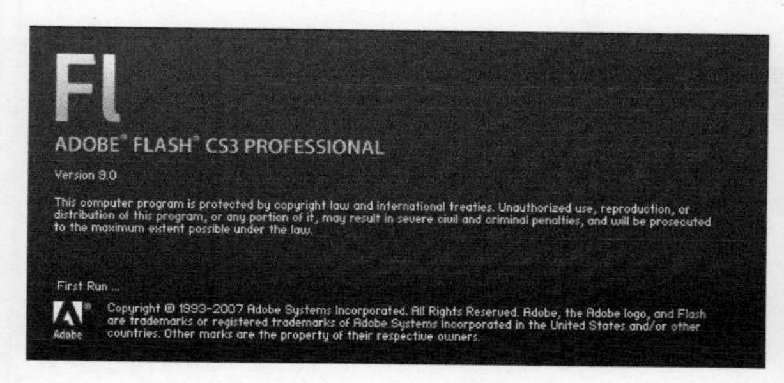

图1-3 Flash CS 3 启动界面

图1-4 Flash CS 4 启动界面

2011 年 5 月，Adobe 公司推出了 Flash CS 5.5 版本，如图 1-5 所示。该版本针对常用软件提供了支持，含强大的工具集，具有排版精确、版面保真和丰富的动画编辑功能，能帮助用户清晰地传达创作构思。

时隔一年后，2012 年 4 月，Adobe 又推出了更新版本的 Flash CS 6。除对软件本身的操作进行了整合优化外，Flash CS 6 还可以创建交互式 HTML 内容，并且可以使用户无论是在台式计算机和平板电脑，还是在智能手机和电视等多种设备中都能呈现一致效果的互动体验。图 1-6 所示为 Flash CS 6 启动界面。

图1-5 Flash 5.5 启动界面

图1-6 Flash CS 6 启动界面

2013年6月17日，Adobe公司推出了Flash CC版本。该版本为用户提供建立动画和多媒体内容的编写环境，并让视觉效果设计师可以建立在桌面计算机和便携式设备上都能呈现一致效果的互动体验。在该版本中，Adobe对Flash做了颠覆性的修改，使其功能更加强大。图1-7所示为Flash CC启动界面。

从2015年开始，Adobe采用了云端的方式提供和更新软件，且每年都会发布新的软件版本。图1-8所示为Flash CC 2015启动界面。

图1-7 Flash CC启动界面

图1-8 Flash CC 2015启动界面

提示

由于互联网的发展，Flash的功能逐渐转向二维动画制作。Flash已经更名为Animate，最新版本为Animate CC 2021。

1.2 Flash的应用领域

随着互联网和Flash的发展，Flash动画的运用越来越广泛。目前已经有数不清的Flash动画，它们主要运用于网络世界。

说起动漫，很多人会想到卡通和漫画书。近年来，随着Flash动画技术的迅速发展，动漫的应用领域日益扩大，如网络广告、3D高级动画片制作、建筑及环境模拟、手机游戏制作、工业设计、卡通造型美术、音乐领域等。下面分别介绍Flash动画在一些领域的应用。

- 游戏领域：Flash强大的交互功能搭配其优良的动画制作能力，使得它能够在游戏领域占有一席之地。Flash游戏可以实现内容丰富的动画效果，还能节省很多存储空间，如图1-9所示。
- 网络广告领域：越来越多的知名企业均通过Flash动画广告获得了很好的宣传效果。不少企业已经转向使用Flash动画技术制作广告，以便获得更好的效果，如图1-10所示。

图1-9 Flash游戏

图1-10 Flash广告动画

- **电视领域**：Flash 动画在电视领域的应用已经非常普及，不仅应用于短片制作，而且应用于电视系列片生产，并成为一种新的形式，如图 1-11 所示。
- **音乐领域**：Flash MV 提供了一条在唱片宣传上既保证质量又降低成本的有效途径，并且成功地把传统的唱片推广扩展到网络经营的更大空间。图 1-12 所示为 Flash 动画在音乐领域的应用。

图 1-11 Flash 电视短片

图 1-12 Flash 音乐短片

- **电影领域**：在传统电影领域，Flash 动画越来越广泛地发挥其作用。使用 Flash 制作的电影和短片越来越多，如图 1-13 所示。
- **多媒体教学领域**：随着多媒体教学的普及，Flash 动画技术越来越广泛地被应用到课件制作上，使得课件功能更加完善，内容更加精彩，如图 1-14 所示。

图 1-13 Flash 电影

图 1-14 Flash 课件

1.3 Flash的安装与卸载

在学习 Flash 之前，用户要先了解 Flash CC 的安装方法。安装过程很简单，下面通过实例来讲解 Flash CC 需要的计算机配置及安装方法。

课堂案例 安装Flash CC

素材文件	无
案例文件	无
教学视频	视频教学 \ 第 01 章 \1-3-1.mp4
案例要点	掌握 Flash CC 软件的安装方法

扫码观看视频

Step 01 双击 Setup.exe 安装启动程序，进入初始化界面，如图 1-15 所示。安装初始化完成后，进入“欢迎”界面，在该界面中选择“试用”选项，如图 1-16 所示。

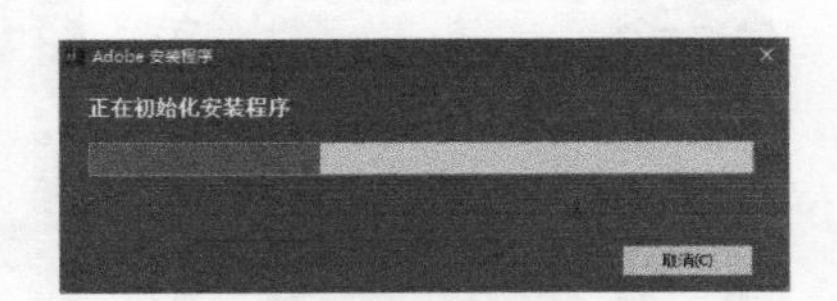

图 1-15 初始化界面

图 1-16 “欢迎”界面

Step 02 进入“Adobe 软件许可协议”对话框，如图 1-17 所示。单击“接受”按钮，进入“需要登录”对话框，确认 Adobe ID，如图 1-18 所示。单击“不是您的 Adobe ID？”选项，可以重新输入 ID 和密码登录。

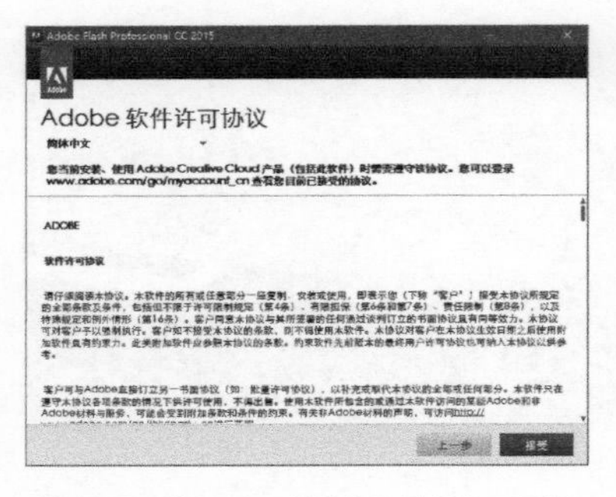

图 1-17 “Adobe 软件许可协议”对话框

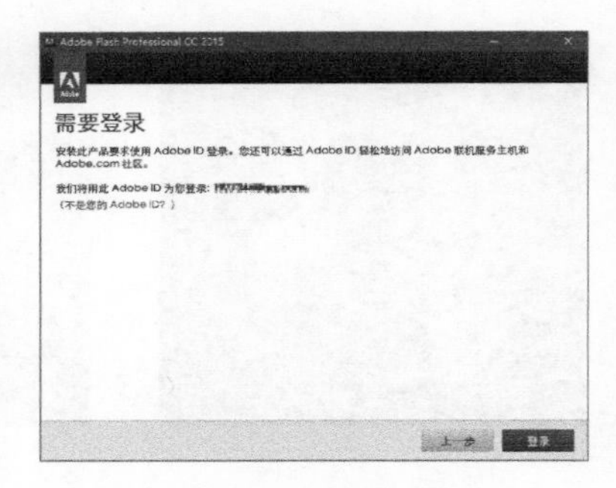

图 1-18 “需要登录”对话框

提示

在安装的过程中可能会遇到安装不成功的问题，读者可以访问 Adobe 官网，下载 Adobe 软件专用的清理插件，对系统清理完成后，再进行安装。

Step 03 单击“登录”按钮，进入“选项”对话框，选择安装语言和位置，如图 1-19 所示。单击“安装”按钮，进入“安装”对话框，安装程序在该对话框中显示安装进度，如图 1-20 所示。稍等片刻，即可完成 Flash 软件的安装。

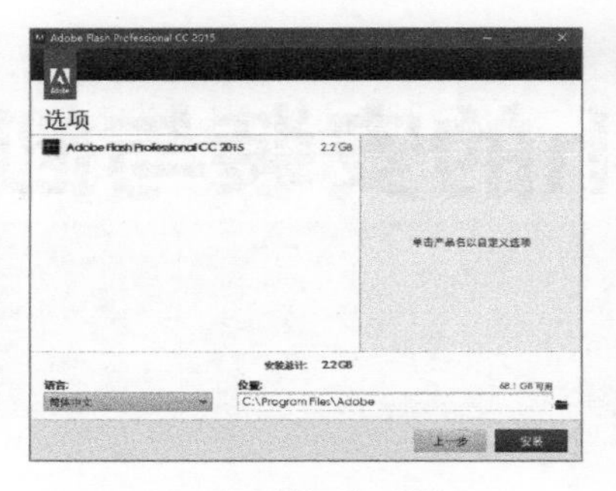

图 1-19 “选项”对话框

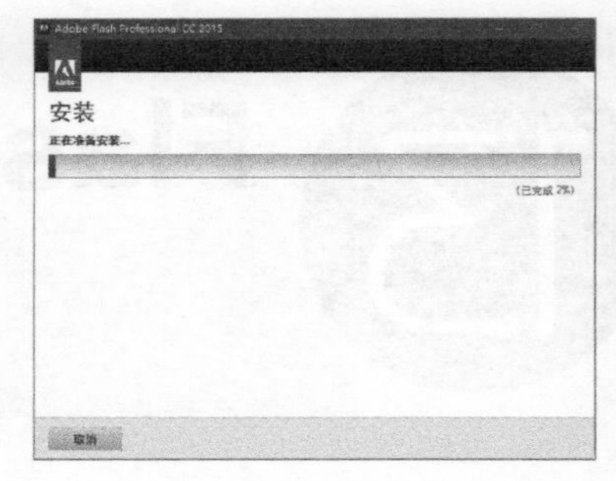

图 1-20 “安装”对话框

课堂案例 卸载Flash CC

素材文件	无
案例文件	无
教学视频	视频教学 \ 第 01 章 \1-3-2.mp4
案例要点	掌握 Flash CC 软件的卸载方法

扫码观看视频

Step 01 单击“开始”菜单，选择“控制面板”选项，在“设置”对话框中单击“应用”按钮，如图 1-21 所示。在“应用和功能”选项下找到“Adobe Flash Professional CC 2015”选项，如图 1-22 所示。

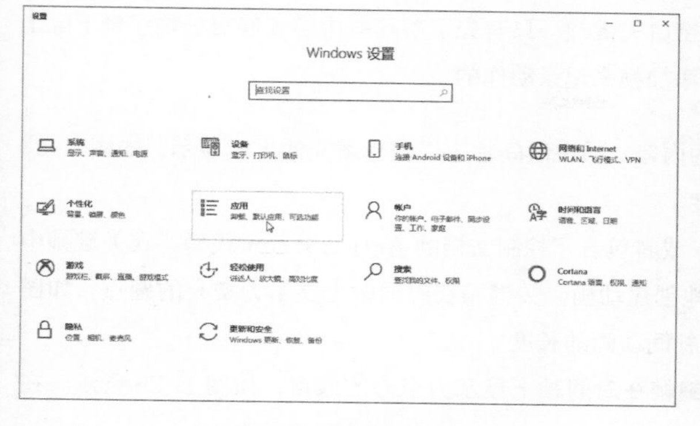

图 1-21 “设置”对话框

图 1-22 找到 Flash 选项

Step 02 单击“卸载”按钮，在弹出的提示对话框中再次单击“卸载”按钮，如图 1-23 所示。弹出“卸载选项”对话框，单击“卸载”按钮，如图 1-24 所示。

图 1-23 提示对话框

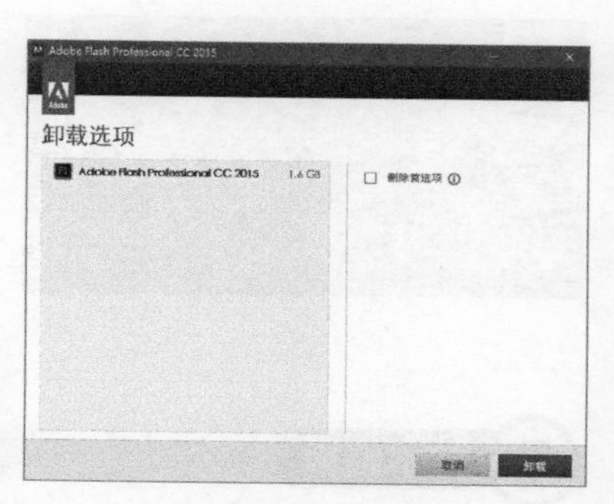

图 1-24 “卸载选项”对话框

Step 03 进入“卸载”对话框，显示软件卸载进度，如图 1-25 所示。稍等片刻，进入“卸载完成”对话框，单击“关闭”按钮，即可完成软件的卸载，如图 1-26 所示。

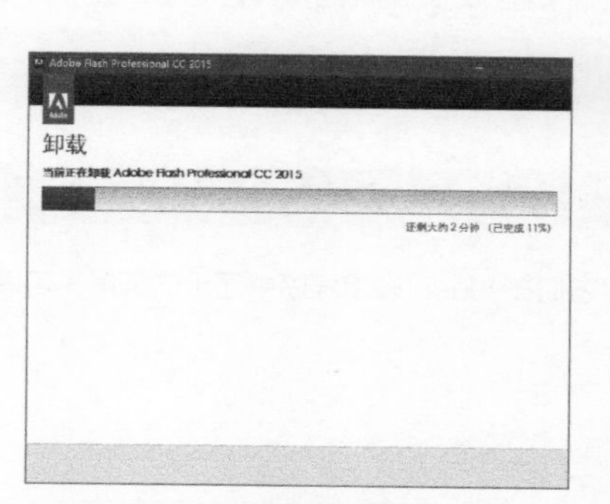

图 1-25 “卸载”对话框

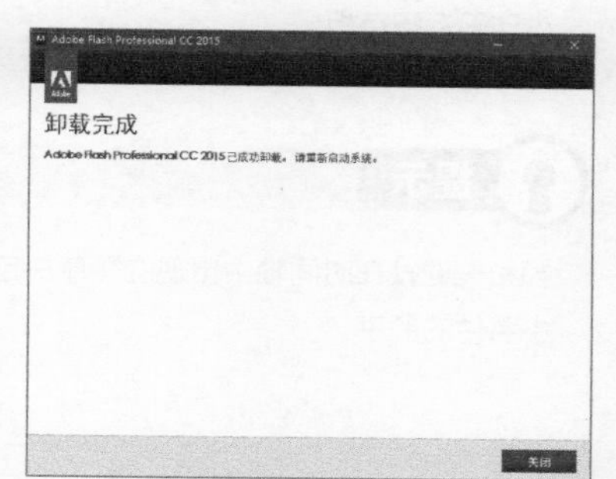

图 1-26 “卸载完成”对话框

1.4 Flash的基本术语

Flash 动画制作有很多专业术语，在正式开始学习 Flash CC 之前，了解这些术语有利于读者快速掌握 Flash 软件的操作。

1.4.1 帧、关键帧和空白关键帧

首先，来了解 Flash 动画的关键部分：帧、关键帧和空白关键帧。只有先了解这些内容才能更好地了解 Flash 动画的制作过程，因为每一个 Flash 动画都是通过不停地添加帧来记录动作的。

- 帧：进行动画制作的最小单位，主要用来延伸时间轴上的内容。帧在时间轴上以灰色填充的方式显示，如图 1-27 所示。通过增加或减少帧的数量可以控制动画播放的速度。
- 关键帧：在关键帧中定义了对动画对象属性所做的更改，或者包含了控制文档的 ActionScript 代码。在关键帧中可以不用画出每个帧就可以生成动画，所以能够更轻松地创建动画。关键帧在时间轴上显示为实心的圆点，如图 1-28 所示。可以通过在时间轴中拖动关键帧来轻松更改补间动画的长度。
- 空白关键帧：在舞台中没有包含内容的关键帧。空白关键帧在时间轴上显示为空心的原点，如图 1-29 所示。在空白关键帧上添加内容就可以将其转换为关键帧。

图 1-27　帧

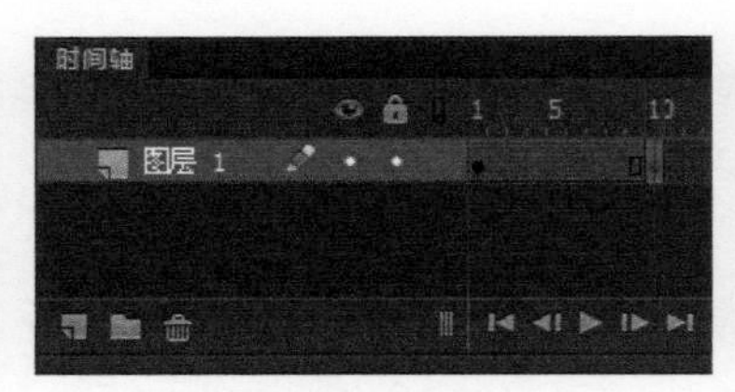

图 1-28　关键帧

图 1-29　空白关键帧

技术看板

尽可能在同一动画中减少关键帧的使用，来减少动画文件的体积。还要尽量避免在同一帧处大量使用关键帧，这样可以减少动画运行负担。

提示

帧和关键帧在时间轴中出现的顺序决定它们在 Flash 应用程序中显示的顺序。可以在时间轴中排列关键帧，以便编辑动画中事件的顺序。

1.4.2 帧频

帧频是指 Flash 动画的播放速度，以每秒播放的帧数为度量单位。帧频太慢会使动画播放起来不流畅，帧频太快会使用户忽略动画中的细节。Flash 的默认帧频为 24 帧 / 秒，代表每秒钟播放 24 帧。

Flash 动画的复杂程度和播放动画的设备的性能会影响动画播放的流畅度，所以，制作完成的 Flash 动画要在不同的设备上测试后，才能得到最佳的帧频。

1.4.3 场景

一个 Flash 中至少包含一个场景，也可以同时拥有多个场景。通过 Flash 中的“场景”面板可以根据需要进

行添加或删除。

场景是在创建 Flash 文档时放置图形内容的矩形区域，这些图形内容包括矢量插图、文本框、按钮、导入的位图图像或视频剪辑等。Flash 创作环境中的场景相当于 Flash Player 或 Web 浏览器窗口中在回放期间显示 Flash 文档的矩形空间。可以在工作时放大和缩小场景的视图，网格、辅助线和标尺有助于在舞台上精确地定位内容。

1.5 Flash的相关术语

Flash 的功能随着版本的不断提升日益全面，从过去只针对互联网动画制作逐步发展为全面的动画制作发布软件。功能多了，需要了解的相关知识面也要有所扩展，接下来针对一些与 Flash 动画制作、发布有关的术语进行讲解，以方便读者学习。

1.5.1 Adobe AIR

Adobe AIR 是针对网络与桌面应用结合开发出来的技术，可以不必经由浏览器而对网络上的云端程序进行控制。

AIR 是一种开发平台，在这种平台上可以将众多的开发技术集合，并且在不同的操作系统上有对应的虚拟机支持。AIR 能使用户在熟悉的环境下工作，利用用户觉得最舒适的工具，并且通过支持 Flash、Flex、HTML、JavaScript 和 Ajax，来建立接近用户需要的尽可能好的体验。用户不需要学习 C、C++、Java 之类的底层开发语言，具体操作系统底层 API 的开发，大大降低了开发门槛，使现有的从事 Web 开发的技术人员，依赖其原本就很熟悉的开发模式，稍加训练就可以开发良好、丰富的客户端应用。

由于 AIR 产品是在本地运行的，所以大大提高了运行速度，同时开放的开发模式可以实现更炫目的效果，用户体验感也会更好。

1.5.2 Flash Lite

Flash Lite 是 Adobe 公司出品的软件。Flash Lite 播放器可以使用户在手机上体验到接近计算机视频的 Flash 播放画质。Flash Lite 能使手机更完美支持 Flash 的播放，此外还支持 FLV 格式。FLV 格式曾在各大视频网站上被广为使用。使用 Flash Lite 可以使用户在移动端上实现计算机视频播放效果。

通过 Flash Lite，用户可以感受到移动多媒体手机的便捷性，不仅能观看 Flash 视频、音频，而且能享受到 Flash 游戏程序带来的乐趣。但是，由于移动终端更新很快，不同的手机型号对 Flash Lite 软件版本的支持也不尽相同。

1.5.3 ActionScript

简单地说，ActionScript 是一种编程语言，也是 Flash 特有的一种开发语言。它在 Flash 内容和应用程序中实现交互、数据处理及其他功能。

相关链接

关于 ActionScript 在第 13 章中有详细的讲解，读者可以进行深入的学习。

1.6 Flash的文件格式

Flash 支持多种文件类型，每种类型都具有不同的用途。

1.6.1 FLA和SWF

FLA 是 Flash 中使用的主要文件格式，包含 Flash 文档的媒体、时间轴和脚本基本信息，该格式文件的图标如图 1–30 所示。

SWF 文件是 FLA 文件的压缩版本，一般通过“发布”操作生成，可以直接应用到网页中，也可以直接播放，该格式文件的图标如图 1–31 所示。

1.6.2 XFL

XFL 文件相当于 Flash 文档，是一种基于 XML 格式的开放式文件，这种格式方便设计人员和程序员合作，能够提高工作效率，该格式文件的图标如图 1–32 所示。

图 1–30 FLA 文件图标

图 1–31 SWF 文件图标

图 1–32 XFL 文件图标

1.6.3 GIF和JPG

GIF 是基于在网络上传输图像而创建的文件格式，文件示例如图 1–33 所示。它采用压缩方式将图片压缩得很小，有利于在网上传输，它支持透明背景和动画，可以用来制作简单的动画。此格式压缩效果较好，而且可以保持稳健的背景透明，它支持 256 种颜色以及 8 位图像文件。

JPG 是由联合图像专家组制定的带有压缩的文件格式，文件示例如图 1–34 所示。它可以设置压缩品质数值，压缩数值越大，压缩后的文件越小，但图像的某些细节会丢失，所以会存在一定程度的失真。该格式主要用于图像预览、制作网页和超文本文档。

图 1-33 GIF 文件图标

图 1-34 JPG 文件图标

1.6.4 PSD和PNG

PSD 是 Photoshop 默认使用的文件格式，也是除大型文档格式（PSB）外支持所有 Photoshop 功能的唯一格式，此格式文件的图标如图 1-35 所示。PSD 格式可以保存图像中的图层、通道、颜色模式等信息。将文件保存为 PSD 格式，可方便以后在 Photoshop 中进行修改。

在 Flash 中可以直接导入 PSD 文件，并支持很多 Photoshop 功能，同时能保持 PSD 文件的图像质量和可编辑性。导入 PSD 文件时还可以对其进行平面化，同时创建一个位图图像文件。

便携网络图形（PNG）格式是作为 GIF 的替代品开发的，用于实现无损压缩和在 Web 上显示图像，如图 1-36 所示。与 GIF 不同，PNG 支持 24 位图像并支持无锯齿状边缘的背景透明，但某些 Web 浏览器不支持 PNG 图像。PNG 格式支持无 Alpha 通道的 RGB、索引颜色、灰度和位图模式的图像。PNG 文件能够保留灰度和 RGB 图像中的透明度。

图 1-35 PSD 文件图标

图 1-36 PNG 文件图标

1.7 Flash的扩展功能

为了方便用户全面学习 Flash 软件，Adobe 提供了很多的帮助资源，包括帮助文档和技术支持中心等，对用户深入学习 Flash 有很大的帮助。

1.7.1 Flash帮助文件和支持中心

选择“帮助 >Flash 帮助”命令或“帮助 > Flash 支持中心”命令，或者按【F1】键，就可以直接连接到 Adobe 网站的“Flash Professional 帮助”页面，如图 1-37 所示，输入关键词即可查找相关内容。

图 1-37 “Flash Professional 帮助”页面

1.7.2 获取最新版的Flash Player

选择“帮助 > 获取最新的 Flash Player”命令，打开 Adobe 网站，如图 1-38 所示，选择最新的 Flash Player 版本，单击 Download 按钮即可下载。

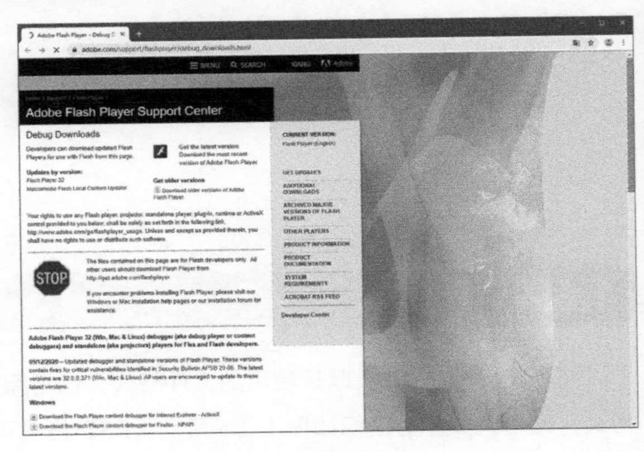

图 1-38 下载最新的 Flash Player

1.7.3 Adobe 在线论坛

选择“帮助 >Adobe在线论坛”命令，即可访问 Adobe 公司的在线论坛，获得更多的联机帮助，如图 1-39 所示。

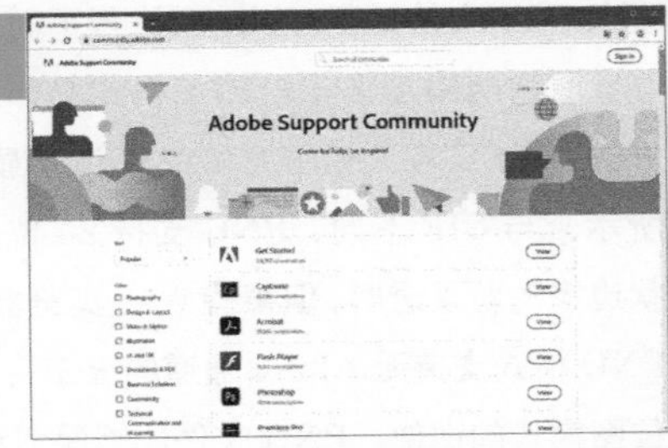

图 1-39 Adobe 在线论坛

1.7.4 完成/更新Adobe ID配置文件

选择“帮助 > 管理我的账户”命令，即可连接到 Adobe 官方网站，提示用户登录或创建 Adobe ID，如图 1-40 所示。注册并登录后，用户将获得更为全面的帮助和支持。

选择“帮助 > 更新”命令，可以从 Adobe 公司的网站下载最新的 Flash 更新内容。

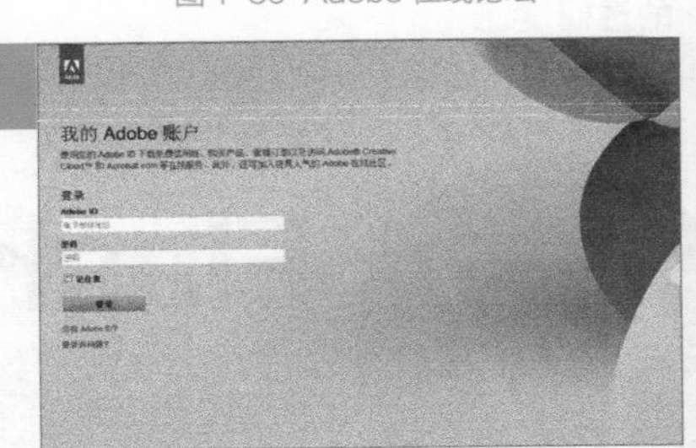

图 1-40 管理 Adobe 账户

课堂练习 制作人物行走动画

素材文件	素材文件 \ 第 01 章 \18101.png~18108.png
案例文件	案例文件 \ 第 01 章 \1-8.fla
教学视频	视频教学 \ 第 01 章 \1-8.mp4
练习要点	掌握“导入图片”“保存文件”等基础操作

扫码观看视频

1.练习思路

本练习通过制作人物行走动画，带领读者初步了解一个 Flash 动画从无到有的全过程，帮助读者了解新建文件、导入图片和保存文件的方法。

通过导入 PNG 格式的图片，加深读者对 Flash 中图片格式的理解。通过导入图片序列，帮助读者进一步理解二维动画的制作原理。

2.制作步骤

Step 01 启动 Flash，选择“文件 > 新建”命令，在弹出的“新建文档”对话框中进行选项设置，如图 1-41 所示。单击“确定”按钮，新建的文档效果如图 1-42 所示。

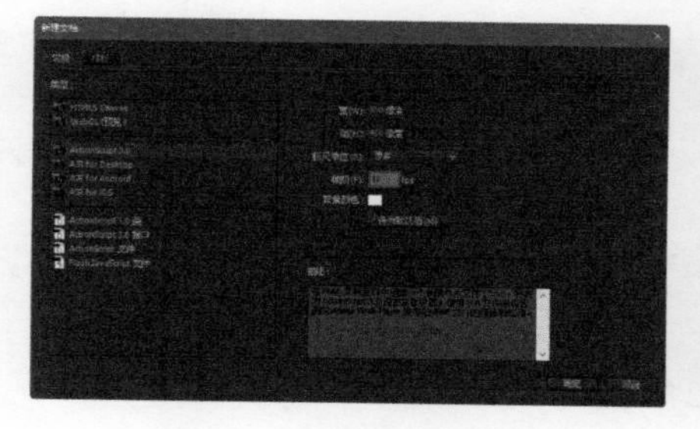

图 1-41 “新建文档”对话框

图 1-42 新建文档

Step 02 选择“文件 > 导入 > 导入到舞台”命令，如图 1-43 所示。选择“素材文件 \ 第 01 章 \18101.png” 文件，单击“打开”按钮，如图 1-44 所示。

图 1-43 选择命令

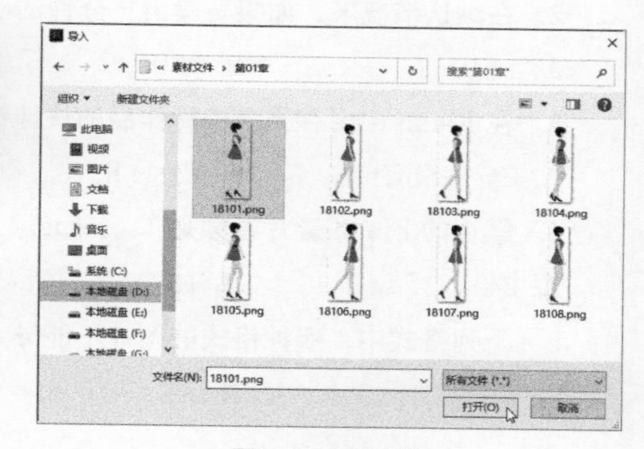

图 1-44 导入图片

Step 03 在弹出的提示对话框中单击“是”按钮，如图 1-45 所示。导入图片序列的效果如图 1-46 所示。

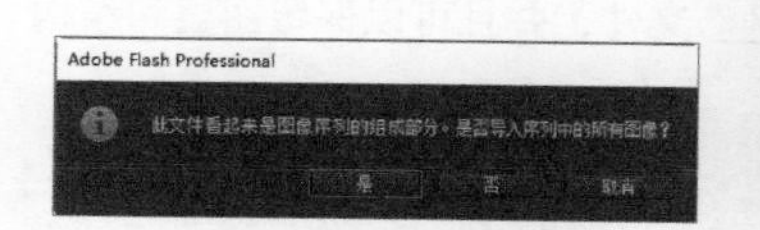

图 1-45 导入图片序列

图 1-46 导入图片序列的效果

Step 04 选择“控制 > 测试”命令或按【Ctrl+Enter】组合键，测试动画，效果如图 1-47 所示。选择“文件 > 保存”命令，将文件保存，完成动画的制作。

图 1-47 测试动画

课后习题

一、选择题

1. 对于那些具有复杂颜色效果和包含渐变色的图像，例如照片，最好使用（ ）方式进行压缩。

A. JPEG 压缩　　B. 无损压缩　　C. PNG 压缩　　D. GIF 压缩

2. 在默认情况下，如果要输出一分钟的动画，那么需要（ ）帧。

A. 1440　　B. 7200　　C. 720　　D. 72

3. 在 Flash 中另存当前编辑作品的快捷键是（ ）。

A. Ctrl+Shift+S　　B. Ctrl+R　　C. Ctrl+Alt+Shift+S　　D. Ctrl+P

4. 默认的 Flash 影片帧频是（ ）fps。

A. 24　　B. 12　　C. 30　　D. 25

5. 下列格式中，哪种格式的图片不能导入 Flash 中。（ ）

A. PSD　　B. AI　　C. PNG　　D. 以上都可以

二、填空题

要设置新文档或现有文档的大小、帧频、背景颜色和其他属性，可以单击“属性”面板中的 ______ 按钮，在弹出的对话框中进行设置。

使用“抓手工具”可以移动舞台视图，按 ______ 键可以切换到“抓手工具”。

在 Flash CC 中可以直接导入 ______ 和 ______ 文件，并且可以保留图层和结构。

三、简答题

请说出 GIF、JPG、PNG 和 PSD 图片格式在 Flash 动画制作中的优缺点。

Chapter 02

第02章 Flash的基本操作

Flash 是一款集动画创作与应用程序开发于一身的创作软件，新版本的 Flash CC 功能非常强大。本章将从基本操作开始讲解，先从整体上把握 Flash CC 的功能、结构、动画的运行环境和辅助工具的使用，让读者更加轻松、舒适地学习。

FLASH CC

学习目标

- 熟悉 Flash 的工作界面
- 掌握查看舞台的方法
- 了解 Flash 的预览模式
- 了解粘贴板的概念

学习重点

- 掌握自定义工作区的方法
- 掌握自定义快捷键的方法
- 掌握各种辅助工具的使用
- 掌握载入外部素材的方法

2.1 Flash 的工作界面

Flash CC 的工作界面相对于之前版本来说改进不少，文档切换更加快捷，工具的使用更加方便，图像处理界面也更加开阔。对于这些特点，在接下来的讲解中读者可以深深地体会到。

2.1.1 了解工作界面

Flash CC 的工作界面得到了很多优化，操作效率提高了很多。图 2-1 所示为 Flash CC 的工作界面。

图 2-1 Flash CC 的工作界面

2.1.2 了解舞台

舞台就是工作界面中背景为白色的区域，相当于 Photoshop 中的画布，Flash 中大部分的绘图、动画创建等工作在此二维区域内进行。在输出影片时，只有白色区域内的对象被显示。因此，无论是动画还是静态的图形，都必须在舞台上创建。图 2-2 所示为新建的空白文档。

图 2-2 新建的空白文档

2.1.3 了解编辑栏

工具栏正下方的“编辑栏”包含编辑场景、编辑元件和更改舞台缩放比例等功能，单击左边的场景按钮或右边的下拉列表进行编辑。图 2-3 所示为编辑栏。

图 2-3 编辑栏

2.1.4 了解工具箱

工具箱在 Flash 动画设计过程中是最常用的。工具箱内包含了很多工具，能实现不同功能。熟悉各个工具的功能特性是 Flash 学习的重点。

Flash 的默认工具箱如图 2-4 所示。在工具箱的各个按钮上，如果有白色箭头，那么表示该工具按钮含有隐藏工具，单击带有白色箭头的按钮就可以显示隐藏的工具。

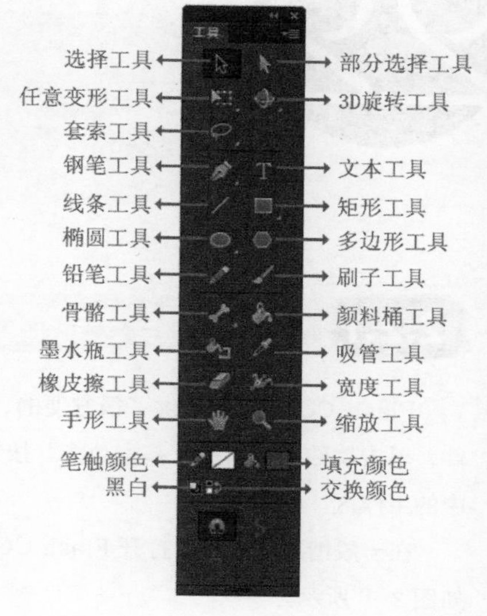

图 2-4 工具箱

2.1.5 了解时间轴

时间轴是 Flash 的重要组件。通过制作时间轴上的关键帧，Flash 会自动生成运动中的动画帧，节省了制作者的时间，提高了效率。在时间轴的上面有一条红色的线，被称为播放的“定位磁头”，拖动该线条可以实现对动画的观察，在制作中起到很重要的作用。“时间轴”面板如图 2-5 所示。

2.1.6 了解面板

Flash CC 包含了 20 多个面板，常用面板包括“属性”面板、“时间轴”面板、“颜色”面板等。面板用于设置工具参数以及执行编辑命令，其默认显示在窗口右侧，可以根据需要打开、关闭或自由组合面板。图 2-6 所示为“窗口”菜单，在此可设置主要面板的显示效果。

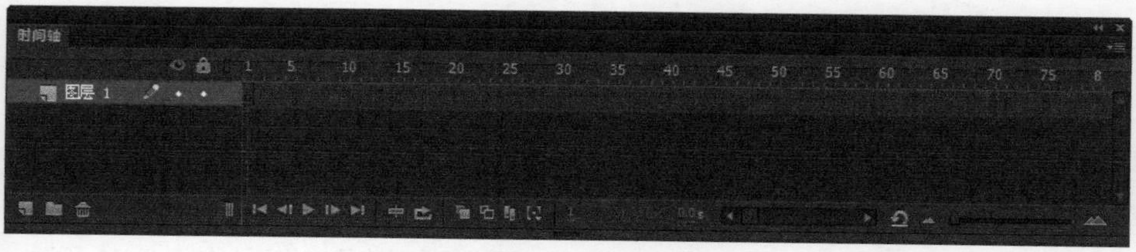

图 2-5 “时间轴”面板

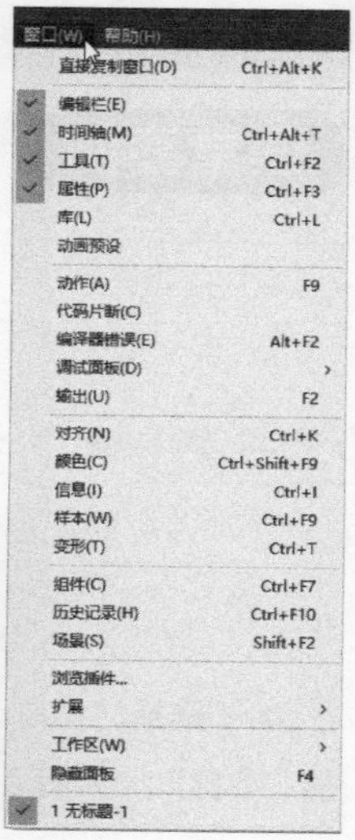

图 2-6 “窗口”菜单

2.2 设置工作区

Flash CC 的工作区可以随意调整，用户可以将个人喜欢或习惯使用的面板大小和位置设置为工作区。用户如果觉得工作区没有调整好，那么可以恢复预设工作区。这些工作区可以使不同的用户在不同的工作项目中最大限度地发挥软件功能。

2.2.1 使用预设工作区

Flash CC 为用户提供了很方便的、适合各种设计人员的工作区，共有 7 种方案可以选择。打开 Flash CC 软件，单击软件右上角的“基本功能”按钮或者选择“窗口 > 工作区”命令，如图 2-7 所示，都可以显示 Flash CC 中的工作区。

在一般情况下，用户打开 Flash CC 界面，默认的工作区为“基本功能”工作区，此工作区也是常用的工作区，如图 2-8 所示。

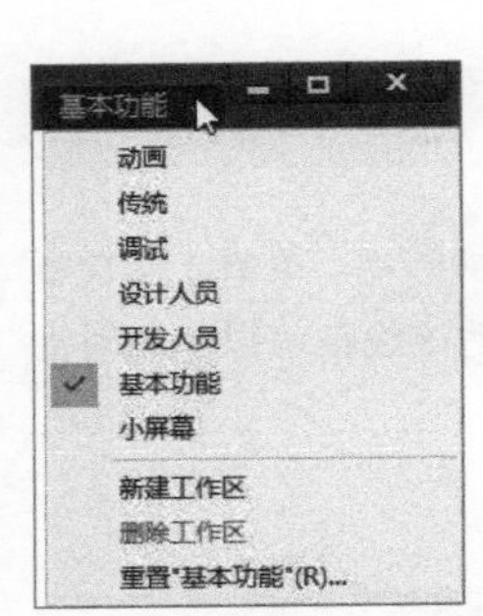

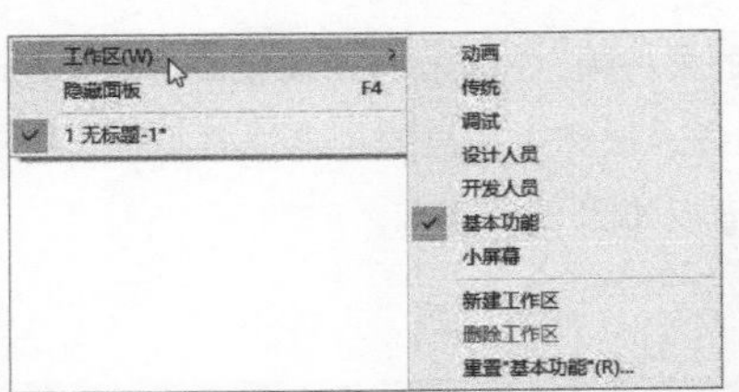

图 2-7 显示工作区

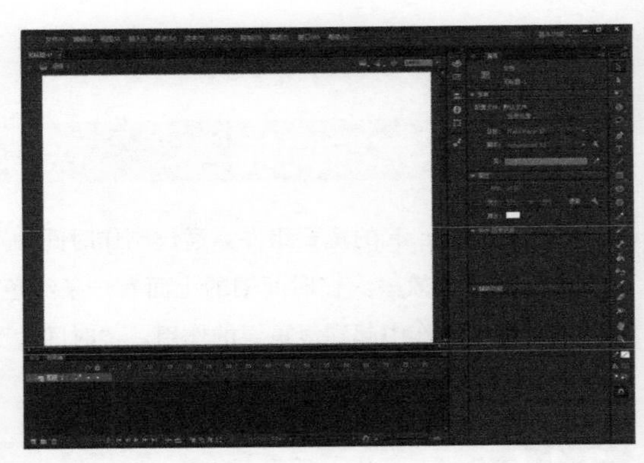

图 2-8 “基本功能”工作区

课堂案例 创建自定义工作区

素材文件	无	扫码观看视频
案例文件	无	
教学视频	视频教学 \ 第 02 章 \2-2-2.mp4	
案例要点	掌握自定义工作区的方法	

Step 01 选择“窗口 > 工作区 > 新建工作区”命令，如图 2-9 所示。在弹出的“新建工作区”对话框中输入工作区的“名称”，如图 2-10 所示。

Step 02 单击“确定”按钮，完成自定义工作区的创建。打开工作区列表，可以查看创建的工作区，如图 2-11 所示。

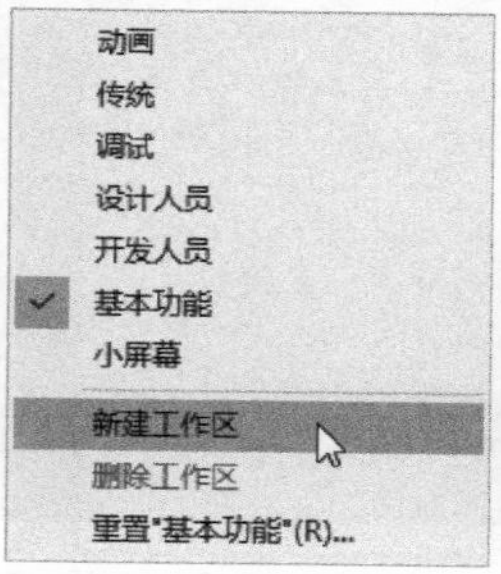

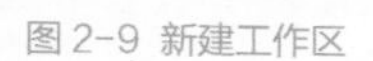

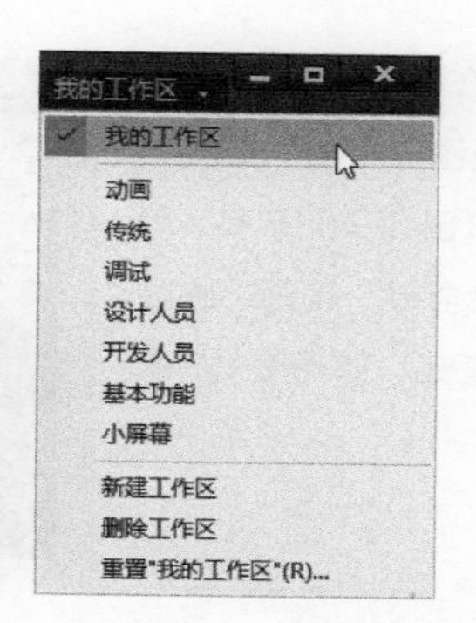

图 2-9 新建工作区

图 2-10 “新建工作区”对话框

图 2-11 工作区列表

2.2.2 删除和重置工作区

选择“窗口 > 工作区 > 删除工作区”命令，弹出“删除工作区”对话框，如图 2-12 所示。单击“名称”后的下拉列表，选择将要删除的工作区。单击“确定”按钮，即可删除工作区。

在 Flash 中，工作区会按照上次排列的方式进行显示，用户可以恢复原来存储的面板排列方式。选择“窗口 > 工作区 > 重置工作区”命令，即可完成工作区的重置，如图 2-13 所示。

图 2-12 “删除工作区”对话框

图 2-13 重置工作区

课堂案例 自定义快捷键

素材文件	无	扫码观看视频
案例文件	无	
教学视频	视频教学 \ 第 02 章 \2-2-4.mp4	
案例要点	掌握自定义快捷键的方法	

Step 01 启动 Flash 软件，选择“编辑 > 快捷键”命令，如图 2-14 所示。弹出“键盘快捷键”对话框，如图 2-15 所示。

图 2-14 选择“编辑 > 快捷键”命令

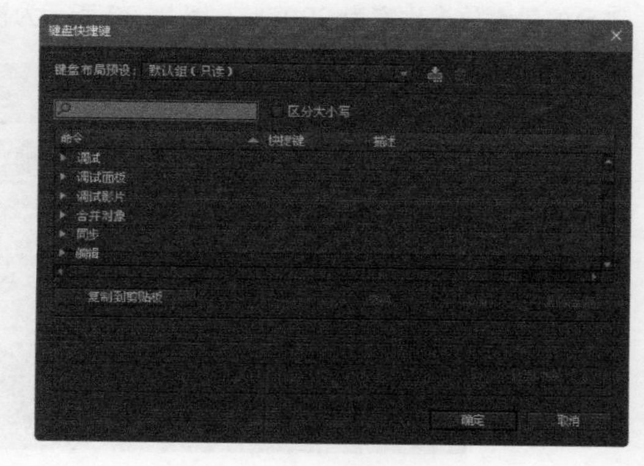

图 2-15 “键盘快捷键”对话框

Step 02 在“命令”一栏中选择“视图”下的“放大”选项，如图 2-16 所示。单击“删除全部”按钮，删除命令快捷键，如图 2-17 所示。

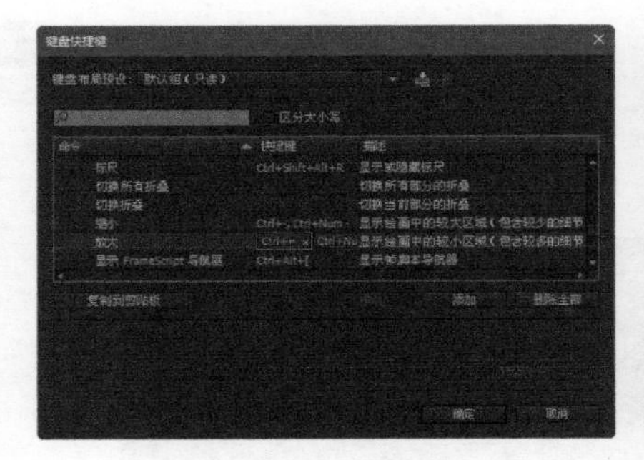

图 2-16 选择“放大”菜单

图 2-17 删除命令快捷键

Step 03 在“快捷键”文本框中单击，按【Ctrl+\】组合键，如图 2-18 所示。单击“确定”按钮，完成自定义键盘快捷键的操作，如图 2-19 所示。

图 2-18 按【Ctrl+\】组合键

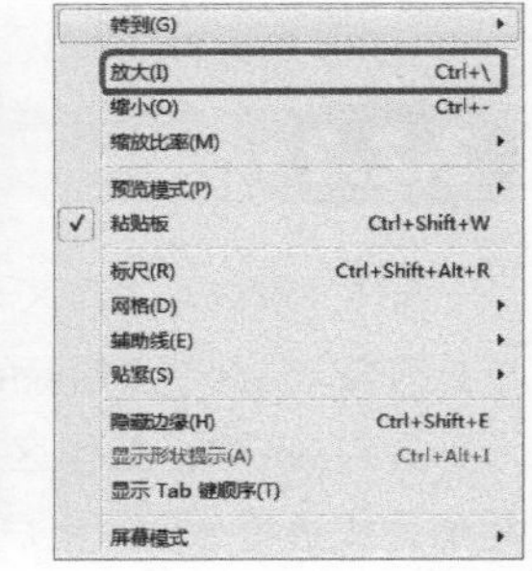

图 2-19 完成自定义键盘快捷键的操作

2.3 查看舞台

在绘制场景或动画时，由于受画面尺寸限制，不能精确地对元件进行各种操作，常常需要对舞台的显示比例进行放大或者缩小等操作。

2.3.1 放大视图

选择“视图 > 放大”命令，即可对元件的显示比例进行放大操作，也可以使用工具箱中的“缩放工具”放大视图，舞台的最大放大比率为 2000%。图 2-20 所示为视图放大后的效果。

图 2-20 视图放大后的效果

2.3.2 缩小视图

选择“视图 > 缩小”命令，即可对元件的显示比例进行缩小操作，也可以单击工具箱中的“缩放工具”按钮，舞台的最小缩小比率为 4%。图 2-21 所示为视图缩小后的效果。

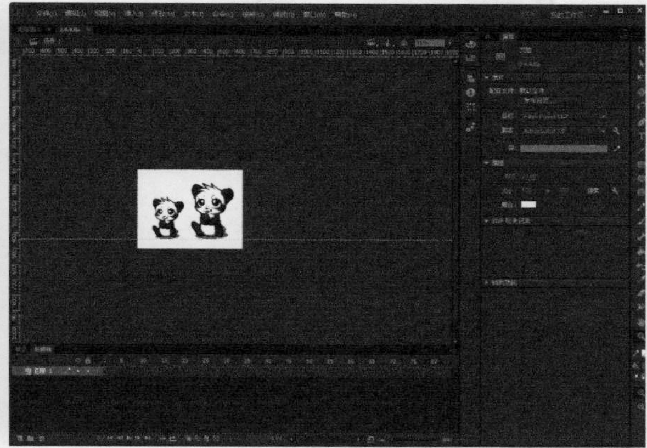

图 2-21 视图缩小后的效果

提示

用户也可以通过选择“视图 > 屏幕模式 > 标准屏幕模式 / 带有菜单栏的全屏模式 / 全屏模式”命令来以不同的模式查看舞台。

技术看板

双击工具箱中的“缩放工具”按钮，可以 100% 显示文档。双击“手形工具”按钮，则可以满屏显示文档。

2.3.3 显示帧和显示全部

如果要显示整个舞台，那么可以选择“视图 > 缩放比率 > 显示帧”命令，或者从文档窗口右上角的“缩放”控件中选择“显示帧”选项，如图 2-22 所示。“显示帧”视图效果如图 2-23 所示。

要显示当前帧的内容，可以选择“视图 > 缩放比率 > 显示全部”命令，或者从应用程序窗口右上角的“缩放”控件中选择“显示全部”选项。

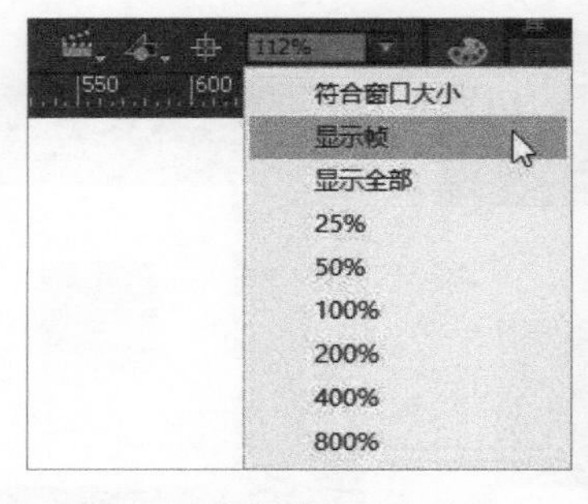

图 2-22 选择“显示帧”选项

图 2-23 “显示帧”视图效果

使用辅助工具

为了使 Flash 动画设计制作工作更精确，Flash CC 提供了“标尺”“网格”“辅助线”等工具，这些工具具有很好的辅助作用，有助于提高设计的质量和效率。

课堂案例 使用标尺

素材文件	无
案例文件	无
教学视频	视频教学 \ 第 02 章 \2-4-1.mp4
案例要点	掌握标尺的使用方法和技巧

扫码观看视频

Step 01 启动 Flash CC，选择“文件 > 新建”命令，在弹出的“新建文档”对话框中进行设置，如图 2-24 所示。单击“确定”按钮，选择“视图 > 标尺”命令，标尺显示效果如图 2-25 所示。

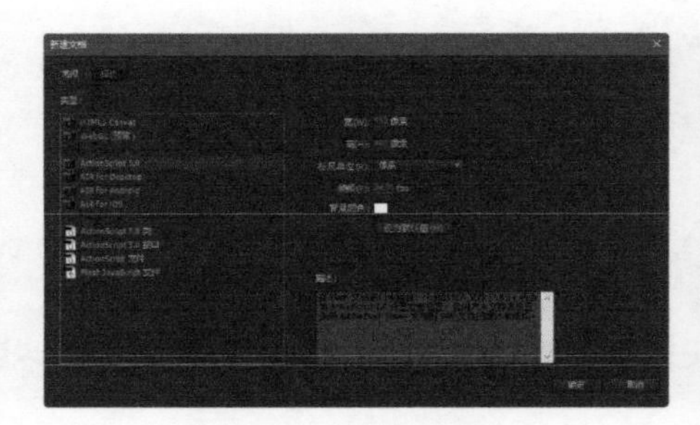

图 2-24 “新建文档”对话框

图 2-25 标尺显示效果

Step 02 单击工具箱中的“矩形工具”按钮，单击工具箱中的“填充颜色”色块，弹出“样本”面板，设置“填充颜色”为“#FF6600”，如图 2-26 所示。将光标移动到舞台中，观察标尺上红色线条的位置，如图 2-27 所示。

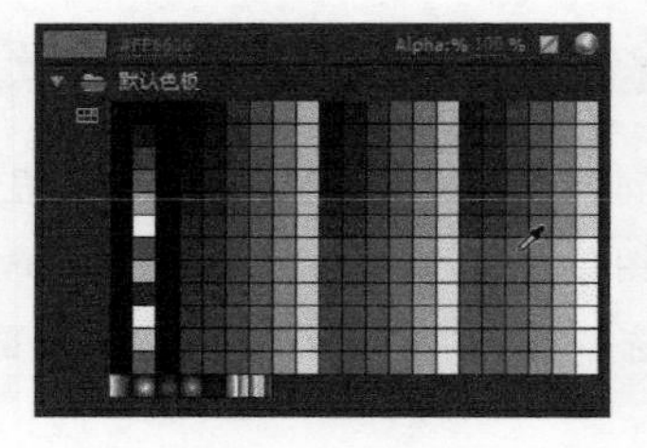

图 2-26 设置填充颜色

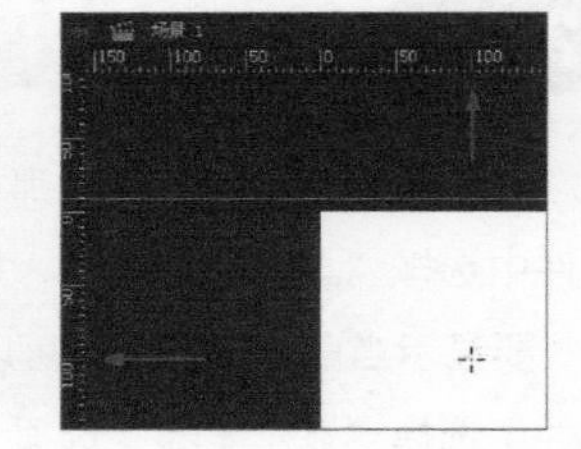

图 2-27 观察标尺上红色线条的位置

Step 03 按住鼠标左键并拖曳，观察提示线到达 250 像素的位置，如图 2-28 所示，松开鼠标键，完成一个 150 像素 ×150 像素矩形的绘制，效果如图 2-29 所示。

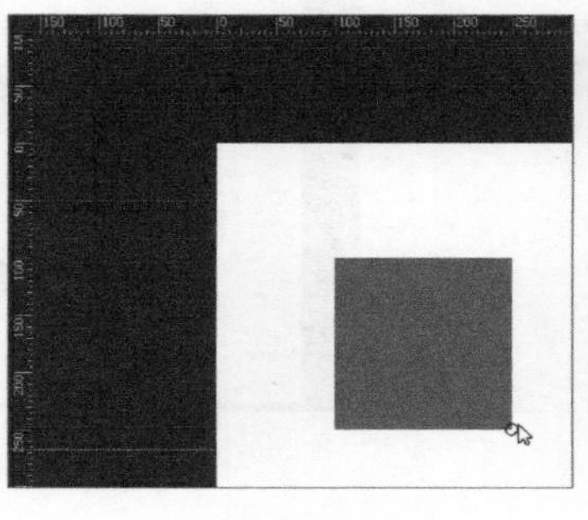

图 2-28 观察标尺

图 2-29 绘制矩形

2.4.1 了解参考线

“参考线”也称“辅助线”，主要起到参考作用。在制作动画时，使用参考线可以使对象和图形都对齐到舞台中的某一条横线或纵线上。

要使用参考线，必须启用标尺命令，如果显示了标尺，那么可以直接在垂直标尺或水平标尺上按住鼠标左键将其拖动到舞台上，即可完成“参考线”的绘制，如图 2-30 所示。

选择“视图 > 辅助线 > 编辑辅助线”命令，在弹出的“辅助线”对话框中，可以修改辅助线的“颜色”等参数，如图 2-31 所示。

图 2-30 创建参考线

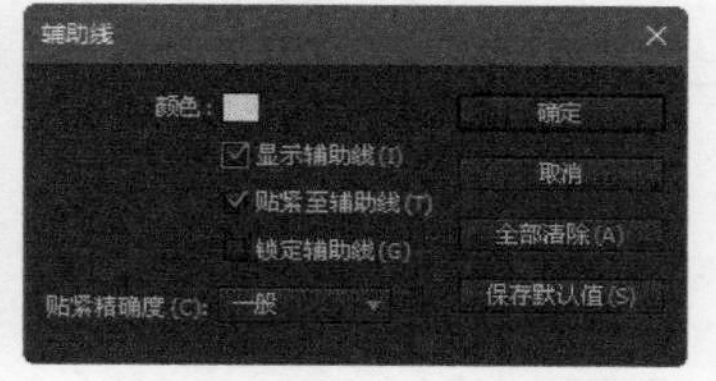

图 2-31 “辅助线”对话框

提示

也可以通过选择“视图 > 辅助线 > 显示辅助线 / 锁定辅助线 / 清除辅助线”命令来显示 / 隐藏、锁定和删除辅助线。

2.4.2 使用网格

网格在文档的所有场景中显示为一系列水平和垂直的直线，在制作一些规范图形时，操作变得更方便，可以提高绘制图形的精确度。

选择“视图 > 网格 > 显示网格”命令，或者按【Ctrl+’】组合键，可隐藏或显示网格。网格显示效果如图 2-32 所示。

选择“视图 > 网格 > 编辑网格”命令，弹出“网格”对话框，如图 2-33 所示。通过该对话框，可以对网格进行编辑。

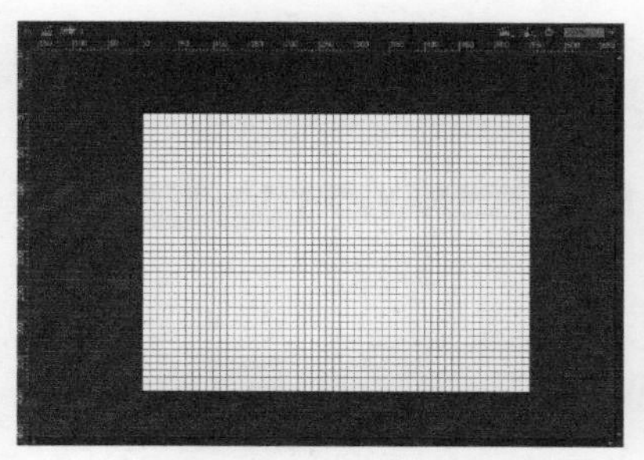

图 2-32 网格显示效果

图 2-33 “网格”对话框

2.4.3 启用贴紧功能

若要打开对象“贴紧”功能，可以使用“选择工具”的“贴紧至对象”功能键或选择“视图 > 贴紧”菜单下的命令，如图 2-34 所示。

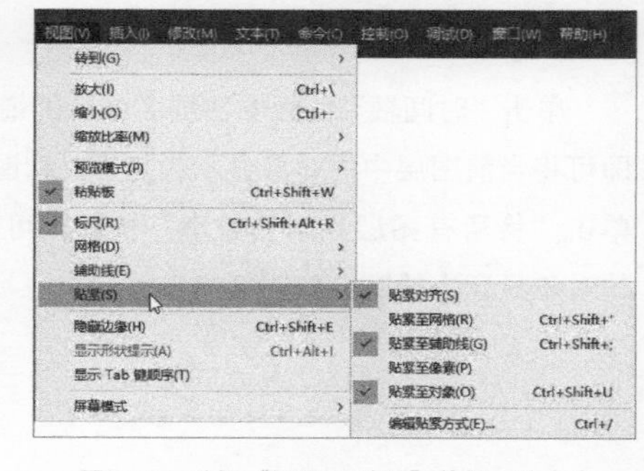

图 2-34 选择“视图 > 贴紧”菜单下的命令

2.4.4 隐藏边缘

在选择和编辑对象时，高亮显示对象边缘，可以方便看清对象的范围和显示效果，如图 2-35 所示。选择“视图 > 隐藏边缘”命令，可隐藏对象边缘，如图 2-36 所示。

图 2-35 边缘高亮显示

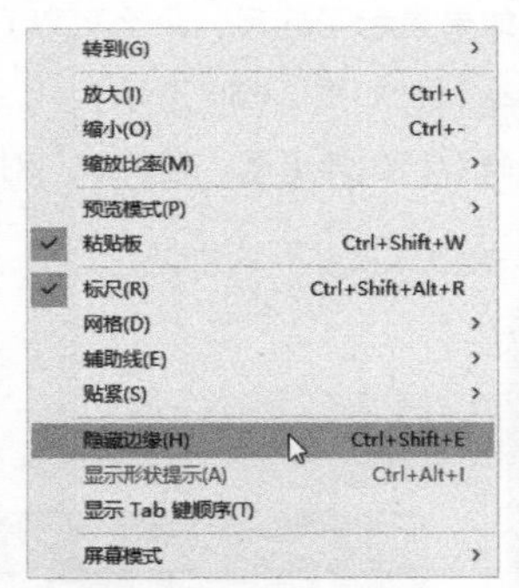

图 2-36 隐藏边缘效果

2.5 预览模式

选择“视图 > 预览模式”命令，可以对 Flash 的显示模式进行设置，如图 2-37 所示。Flash CC 提供了“轮廓”“高速显示”“消除锯齿”“消除文字锯齿”“整个”5 种预览模式。

2.5.1 轮廓

选择“视图 > 预览模式 > 轮廓”命令，舞台中复杂的图形将显示为线条，方便用户观察和编辑图形，如图 2-38 所示。

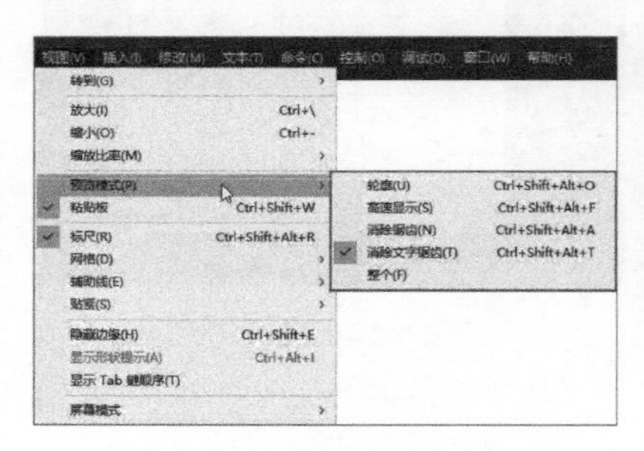

图 2-37 预览模式

图 2-38 “轮廓”模式显示效果

单击“时间轴”面板中图层名称后的最后一个按钮，即可将当前图层中的对象显示为轮廓，如图 2-39 所示。单击“将所有图层显示为轮廓”按钮，可将所有图层中的对象显示为轮廓，如图 2-40 所示。

图 2-39 当前图层显示为轮廓

图 2-40 所有图层显示为轮廓

2.5.2 高速显示

高速显示文档是显示文档速度最快的模式。选择“视图 > 预览模式 > 高速显示”命令，即可高速显示文档。此模式下 Flash 中的图形锯齿感非常明显，如图 2-41 所示。

2.5.3 消除锯齿

“消除锯齿”是最常使用的模式，使用该模式后，可以明显地看到图中的形状和线条被消除了锯齿，线条和图像的边缘更加平滑，如图 2-42 所示。

图 2-41 “高速显示”模式效果

图 2-42 “消除锯齿”模式效果

课堂案例 消除文字锯齿

素材文件	素材文件 \ 第 02 章 \25401.png
案例文件	无
教学视频	视频教学 \ 第 02 章 \2-5-4.mp4
案例要点	掌握“消除文字锯齿”的设置

扫码观看视频

Step 01 新建一个 900 像素 ×900 像素的文档，如图 2-43 所示。选择“文件 > 导入 > 导入到舞台”命令，将素材文件“素材文件 \ 第 02 章 \25401.png”导入舞台中，如图 2-44 所示。

Step 02 单击工具箱中的“文本工具”按钮，在“属性”面板中设置参数，如图 2-45 所示。将光标移到舞台中，按下鼠标左键并拖动，绘制文本框并输入文字，如图 2-46 所示。

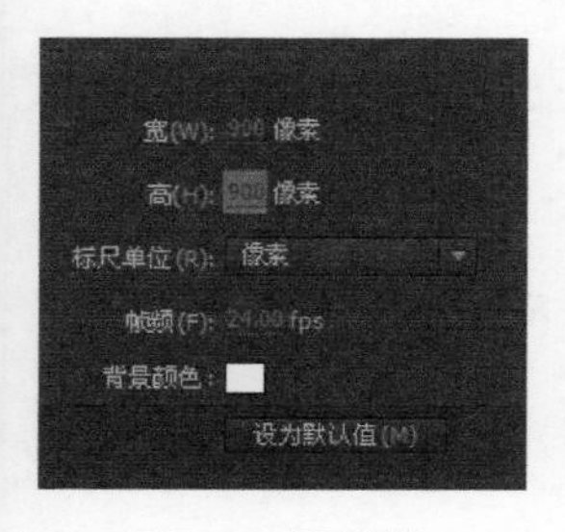

图 2-43 新建文档

图 2-44 导入图片素材

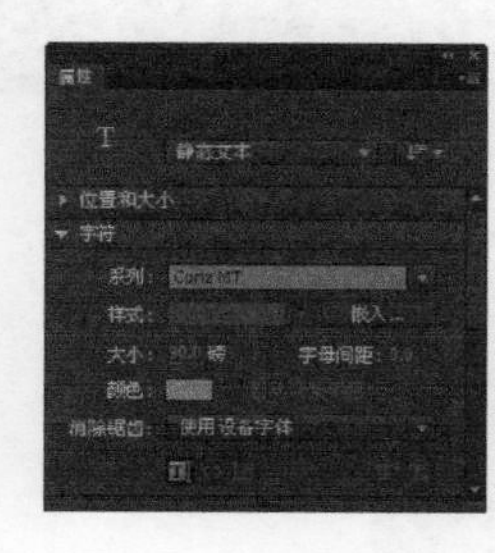

图 2-45 设置文本参数

图 2-46 绘制文本框并输入文字

Step 03 把舞台放大到2000%，文字显示效果如图 2-47 所示。选择“视图 > 预览模式 > 消除文字锯齿”命令，文字显示效果变得很平滑，如图 2-48 所示。

图 2-47 文字显示效果

图 2-48 消除文字锯齿效果

2.5.4 整个

选择“视图 > 预览模式 > 整个”命令，可以显示舞台中的所有内容，其中的图形、边线和文字都会以消除锯齿的方式显示。对复杂图形来说，此模式会增加计算机的运算时间，操作比较慢。

提示

Flash CC 的预览模式默认是“消除文字锯齿”，如果项目较大，那么建议选择“高速显示”模式，占用资源少，预览流畅。

2.6 使用粘贴板

粘贴板可以用来存放临时元素，需要使用时可以直接将元素拖动到舞台中。在打开粘贴板状态下，舞台可以随意拖动；在关闭粘贴板状态下，舞台就会被固定。

新建一个文档，如果“视图 > 粘贴板”命令前有✓标识，就说明粘贴板为打开状态。空白舞台区域外灰色的区域就是粘贴板，如图 2-49 所示。

图 2-49 灰色区域即为粘贴板

2.7 管理Flash资源

Flash CC 资源文件很丰富，包括动画预设、代码片段等内容，供用户直接使用。此外，还可以引入外部资源，本书也附赠了多种资源库供读者使用。

2.7.1 代码片段和动画预设

选择“窗口 > 代码片段”命令，打开“代码片段”面板，如图 2-50 所示。单击面板中的“选项”按钮，在弹出的菜单中选择“导入代码片段 XML”选项，如图 2-51 所示，就可以导入外部代码片段。

选择“窗口 > 动画预设”命令，打开“动画预设”面板，如图 2-52 所示。单击“动画预设”面板右上角的图标，在弹出的菜单中选择“导入”命令，如图 2-53 所示。选择外部需要导入的动画预设文件，单击“打开”按钮，即可将其导入。

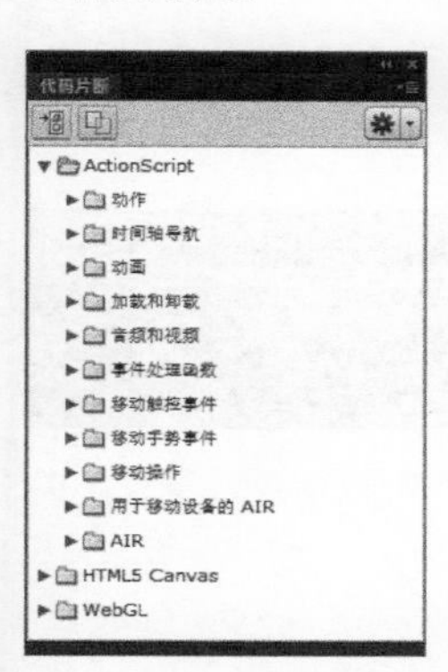

图 2-50 “代码片段”面板

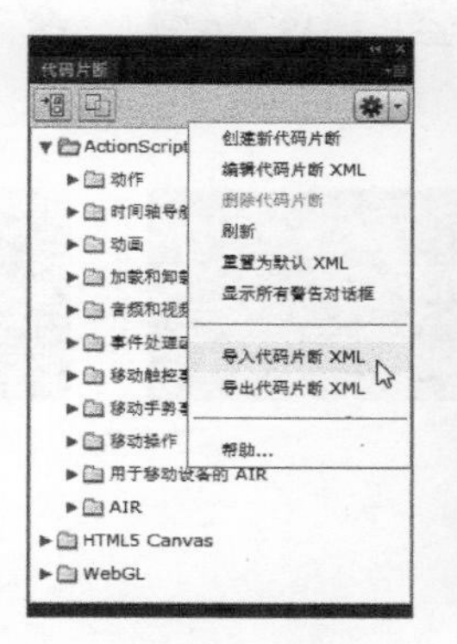

图 2-51 导入代码片段

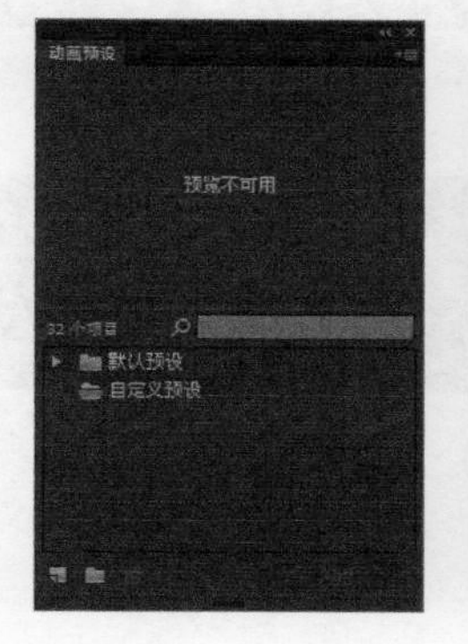

图 2-52 “动画预设”面板

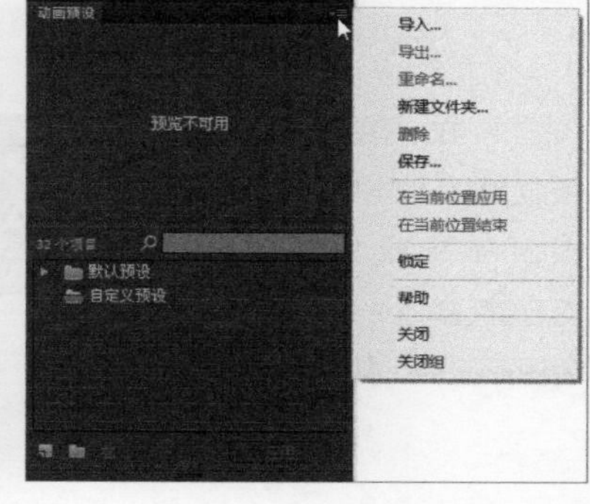

图 2-53 导入动画预设

*注：图 2-50 和图 2-51 中的“代码片断”系软件翻译错误，应为“代码片段”，后文同。

2.7.2 载入提供的资源

本书提供了动画、图片、声音、视频等 Flash 资源，便于读者实战演练。选择“文件 > 导入”命令，在其子菜单中选择导入的位置后，在打开的“导入”对话框中选择要导入的资源即可。

课堂练习 使用动画预设

素材文件	素材文件 \ 第 02 章 \2801.jpg	扫码观看视频
案例文件	案例文件 \ 第 02 章 \2-8.fla	
教学视频	视频教学 \ 第 02 章 \2-8.mp4	
练习要点	掌握动画预设的使用方法	

1.练习思路

本练习通过使用“动画预设”制作动画，来向读者展示制作 Flash 动画的基本流程和方法，帮助读者充分理解动画预设的原理和使用方法。

2.制作步骤

Step 01 选择“文件 > 新建”命令，新建一个 550 像素 ×550 像素的空白文档，如图 2-54 所示。选择“文件 > 导入 > 导入到舞台”命令，导入素材图像“素材文件 \ 第 02 章 \2801.jpg”，如图 2-55 所示。

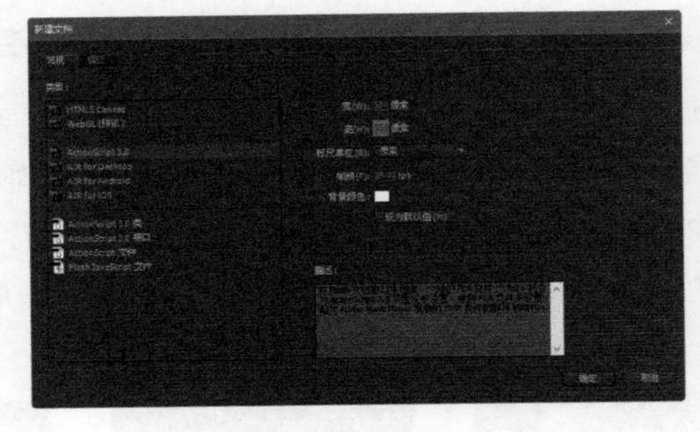

图 2-54 “新建文档”对话框

图 2-55 导入素材图像

Step 02 在“图层 1”的第 105 帧位置按【F5】键插入帧，如图 2-56 所示。按【Ctrl+ F8】组合键，新建一个“名称”为“球”的图形元件，如图 2-57 所示。

图 2-56 插入帧

图 2-57 新建图形元件

Step 03 选择“窗口 > 颜色”命令，打开“颜色”面板，设置“笔触颜色”为“无”，“填充颜色”为从 #FFDEE0 到 #E34E7B 的径向渐变，如图 2-58 所示。使用“椭圆工具”在舞台中绘制一个圆形，如图 2-59 所示。

图 2-58 “颜色”面板

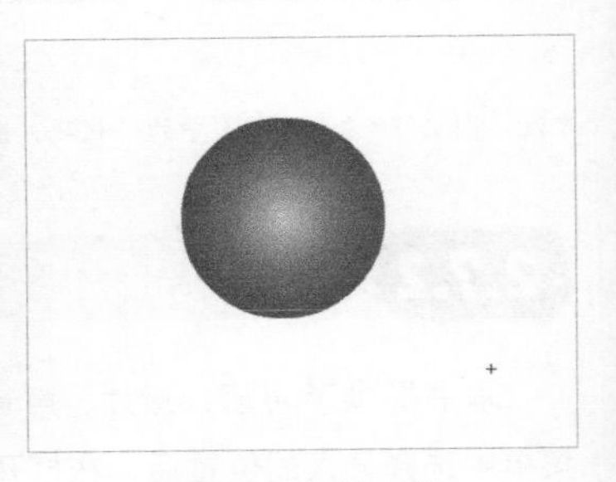

图 2-59 绘制圆形

Step 04 单击编辑栏中的“场景 1”名称，返回主场景中，单击“时间轴”面板底部的“新建图层”按钮，新建“图层 2”，如图 2-60 所示。将“球”图形元件从“库”面板中拖动到舞台中，调整其大小和位置，如图 2-61 所示。

图 2-60 新建图层

图 2-61 使用图形元件

Step 05 选择“窗口 > 动画预设”命令，打开“动画预设”面板，如图 2-62 所示。使用“选择工具”选中“球”元件，在“动画预设”面板中选择“大幅度跳跃”选项，单击“应用”按钮，如图 2-63 所示。

图 2-62 “动画预设”面板

图 2-63 应用动画预设

Step 06 新建“图层 3”，在第 10 帧位置按【F6】键，插入关键帧，再次将“球”图形元件拖动到舞台中，继续应用“大幅度跳跃”动画预设，效果如图 2-64 所示。使用相同方法，制作其他元件的动画效果，如图 2-65 所示。

图 2-64 应用动画预设

图 2-65 制作其他元件的动画效果

Step 07 选择“控制 > 测试”命令或按【Ctrl+Enter】组合键，测试动画，效果如图 2-66 所示。

图 2-66 测试动画效果

课后习题

一、选择题

1. 工具箱按钮图标右下角如果有黑色箭头，那么表示（　）。

A. 该工具为唯一工具

B. 该工具为重要工具

C. 该工具不能删除

D. 该工具按钮内有隐藏工具

2. “时间轴”面板中的红色线，称为播放的（　）。

A. 起点　　B. 定位磁头　　C. 终点　　D. 警告点

3. 使用“缩放工具”放大视图，最大放大比率为（　）。

A. 200%　　B. 500%　　C. 1000%　　D. 2000%

4. 选择（　）预览模式，可以正确显示舞台中的所有内容。

A. 高速显示　　B. 整个　　C. 消除锯齿　　D. 消除文字锯齿

5. 显示网格的快捷键为（　）。

A.【Ctrl+1】　　B.【Ctrl+’】　　C.【Ctrl+；】　　D. 以上都可以

二、填空题

1. Flash 的标尺默认显示在软件窗口的______和______。
2. 若要打开“贴紧”功能，则可以使用“选择工具”的______功能键或选择“视图 >______”菜单中的命令。
3. 舞台中的图形显示为线条，是使用了______预览模式。

三、案例题

使用“代码片段”面板中的“不断旋转”代码，制作矩形的旋转动画效果，完成效果如图 2-67 所示。

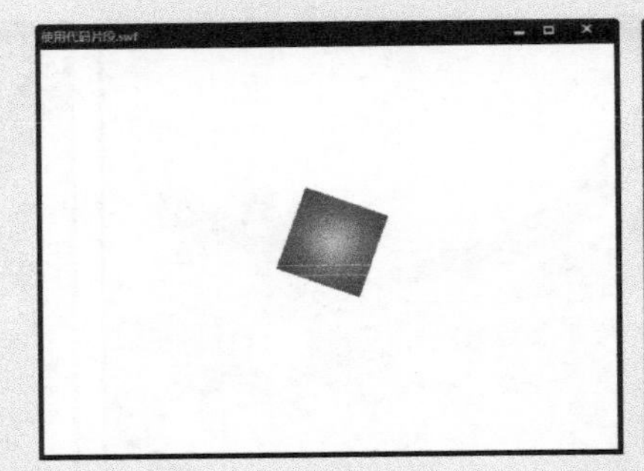

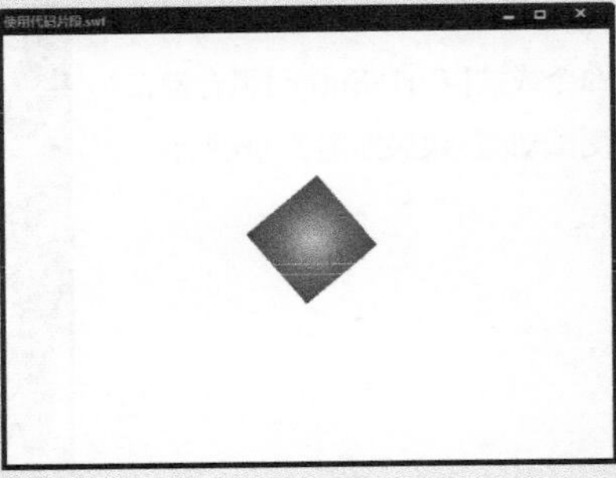

图 2-67 矩形旋转动画效果

第03章

文档的基本操作

在使用 Flash 绘制图形、制作动画之前，需要掌握文档的基本操作，例如对文件进行保存，或者打开原有的文件对其进行编辑。本章将针对这方面的内容进行详细介绍，带领读者逐步了解和认识 Flash 动画的制作思路和流程。

FLASH CC

学习目标

- 掌握 Flash 文档的基本编辑方法
- 了解修改文档参数的方法
- 了解恢复文档的方法

学习重点

- 掌握新建、打开和保存文档的方法
- 熟悉导入文件和导出文档的方法
- 掌握撤销和重做的操作
- 掌握设置撤销步数的方法

新建文档

在使用 Flash 创建动画前必须要先新建一个文档。Flash 为用户提供了多种新建文档的方法，用户可以自行创建空白文档，也可以基于模板创建文档。

3.1.1 新建动画文档

打开 Flash 软件，选择“文件 > 新建”命令，弹出“新建文档”对话框，用户可以在该文本框左侧的“常规”选项卡下选择新建文档的类型，在右侧设置文档的尺寸、单位、帧频、背景颜色等参数，如图 3-1 所示。

3.1.2 使用模板新建动画文档

在“新建文档”对话框中单击“模板”选项卡，切换到“模板”界面，“新建文档”对话框将转换为“从模板新建”对话框，如图 3-2 所示。通过该界面，用户可以基于不同的模板创建不同的文档。

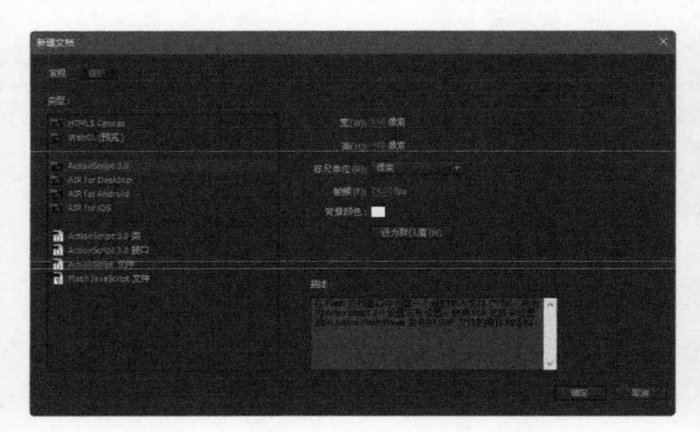

图 3-1 “新建文档”对话框

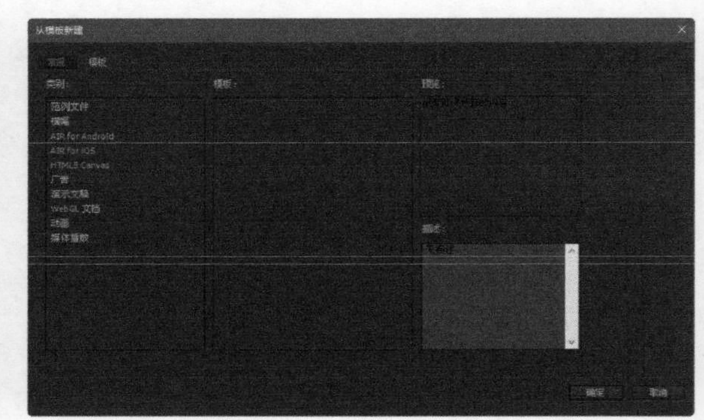

图 3-2 “从模板新建”对话框

课堂案例 使用模板创建动画文档

素材文件	无	扫码观看视频
案例文件	案例文件 \ 第 03 章 \3-1-3.fla	
教学视频	视频教学 \ 第 03 章 \3-1-3.mp4	
案例要点	掌握模板的使用方法	

Step 01 打开 Flash 软件，选择“文件 > 新建”命令，弹出“新建文档”对话框，如图 3-3 所示。单击“模板”选项卡，在“类别”列表中选择“动画”选项，在“模板”列表中选择“雨景脚本”选项，如图 3-4 所示。

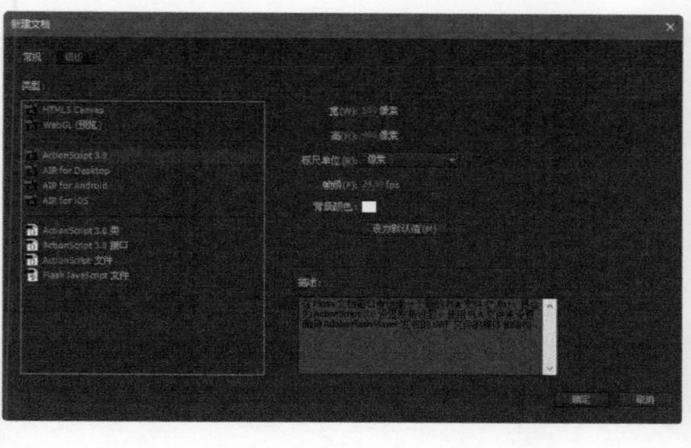

图 3-3 “新建文档”对话框

图 3-4 选择“类别”和“模板”

Step 02 单击“确定”按钮，即可完成动画文档的创建，如图 3-5 所示。选择“控制 > 测试”命令或按【Ctrl+Enter】组合键，测试动画，效果如图 3-6 所示。

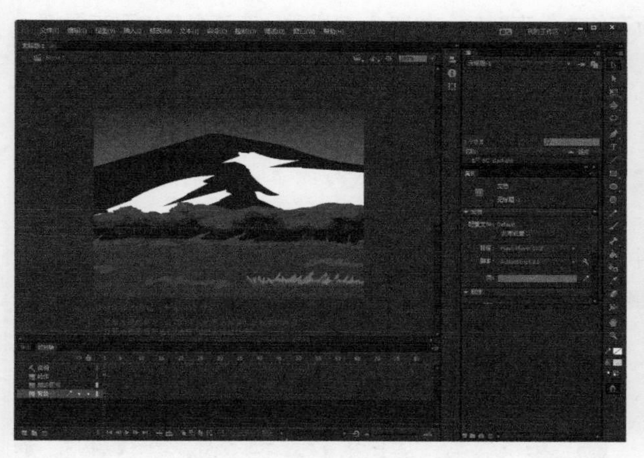

图 3-5 创建的动画文档

图 3-6 动画测试效果

3.2 打开文档

Flash 提供了多种打开文档的方法，用户可以使用不同的方法以及不同的文件形式将现在的文档打开。

3.2.1 使用“打开”命令打开文档

选择“文件 > 打开”命令，弹出“打开”对话框，如图 3-7 所示。在该对话框中选择需要打开的文档，单击“打开”按钮，即可将文档打开。按住【Shift】键单击可以选择多个相邻的文档，按住【Ctrl】键单击可以选择多个不相邻的文档，如图 3-8 所示。

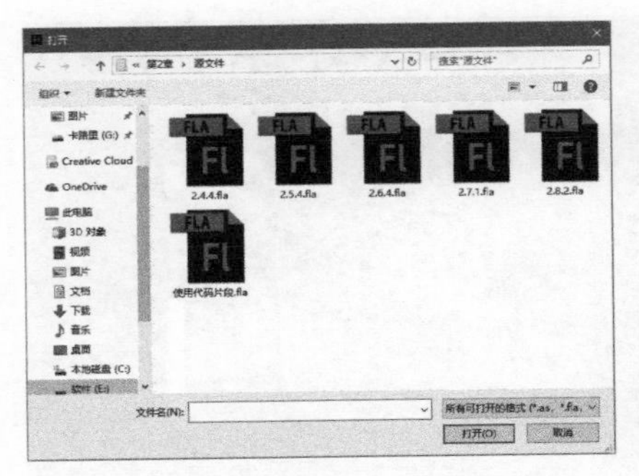

图 3-7 “打开”对话框

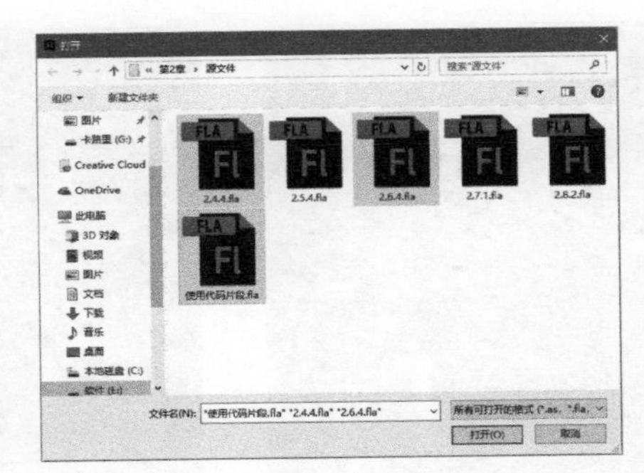

图 3-8 同时打开多个不相邻文档

技术看板

在未启动 Flash 的情况下，找到要直接修改或重新编辑的文件并双击，即可在打开文件的同时启动 Flash。

3.2.2 使用“在Bridge中浏览”命令打开文件

选择“文件 > 在 Bridge 中浏览”命令，弹出文件所在的文件夹窗口，如图 3-9 所示。在该窗口中双击要打开文件的图标，即可将其打开。

3.2.3 打开最近的文件

选择“文件 > 打开最近的文件”命令，在其子菜单中将显示最近打开的文件。用户可以选择需要打开的文件，也可以在打开 Flash 后，直接单击“欢迎”界面中“打开最近的项目”区域的文件，打开最近编辑的文件，如图 3-10 所示。在默认情况下，可以选择打开最近的 10 个文件。

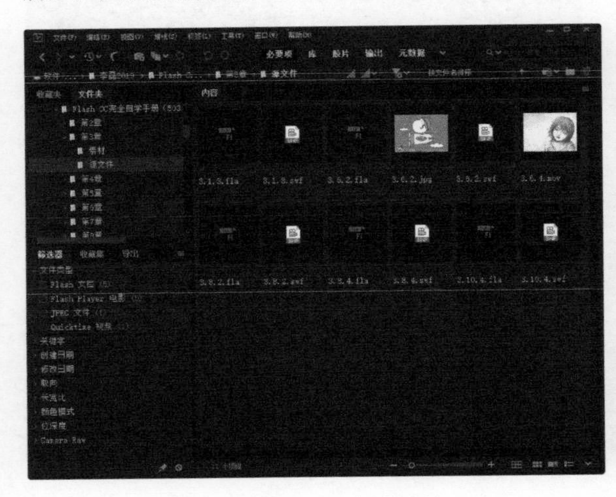

图 3-9 在 Bridge 中浏览文件

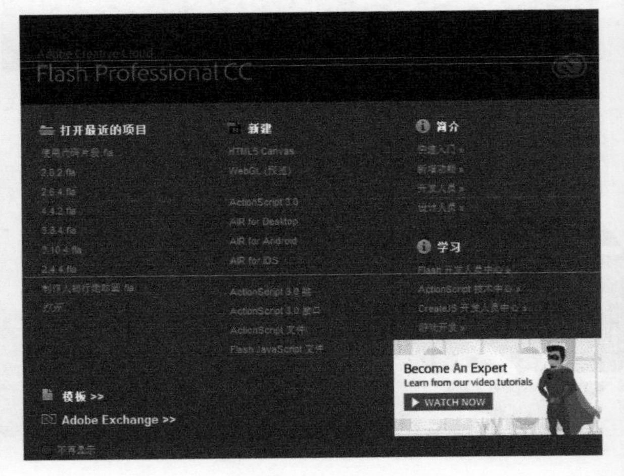

图 3-10 打开最近编辑的文件

3.2.4 使用快捷方式打开文件

除上述所讲到的使用菜单命令外，用户还可以按【Ctrl+O】组合键打开文件，或者直接单击并拖动文件图标到 Flash 中将其打开。按【Ctrl+Alt+O】组合键，可以快速通过 Bridge 打开文件。

3.3 导入文件

在 Flash 中不仅可以运用软件提供的工具绘制图形，还可以将外部素材导入 Flash 文件中的不同位置以辅助制作动画。

3.3.1 打开外部库

在 Flash 的当前文档中还可以使用其他不同文档库中的资源。选择“文件 > 导入 > 打开外部库”命令，如图 3-11 所示，弹出“打开”对话框，如图 3-12 所示。

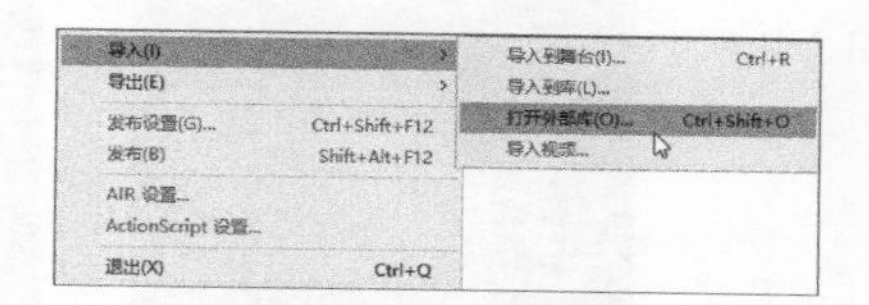

图 3-11 选择“打开外部库”命令

图 3-12 “打开”对话框

在该对话框中，选择所需要库资源所在的文档，单击“打开”按钮，在工作区中将出现所选文档的“库”面板，而不会打开选择的文档，如图 3-13 所示。用户可将“库”面板中的元件拖动到场景中使用，如图 3-14 所示。

图 3-13 “库”面板

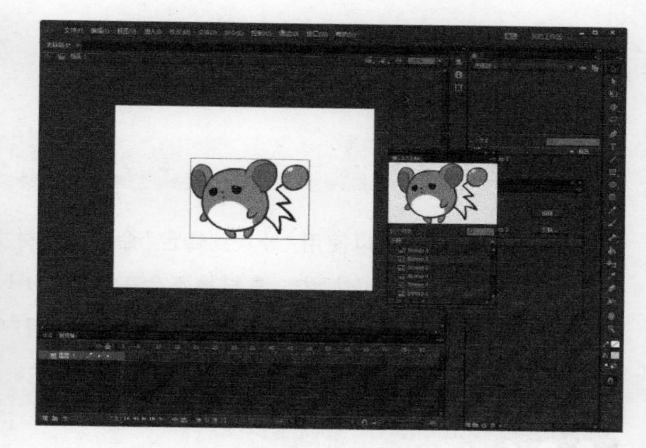

图 3-14 使用库文件

3.3.2 导入到舞台

在 Flash 中还可以导入外部图像、音频及视频文件。选择“文件 > 导入 > 导入到舞台”命令，弹出“导入”对话框，如图 3-15 所示。

在该对话框中选择要导入的素材文件，单击“打开”按钮即可将其导入舞台。单击该对话框中的“所有可打开的格式”下拉列表，在弹出的菜单中可以看到 Flash 支持导入的文件格式，如图 3-16 所示。

图 3-15 “导入”对话框

Adobe Illustrator (*.ai)
Photoshop (*.psd)
AIFF 声音 (*.aif,*.aiff,*.aifc)
WAV 声音 (*.wav)
MP3 声音 (*.mp3)
Adobe 声音文档 (*.asnd)
Sun AU (*.au,*.snd)
Sound Designer II (*.sd2)
Ogg Vorbis (*.ogg,*.oga)
无损音频编码 (*.flac)
JPEG 图像 (*.jpg; *.jpeg)
GIF 图像 (*.gif)
PNG 图像 (*.png)
SWF 影片 (*.swf)
位图 (*.bmp; *.dib)
所有可打开的格式 (*.aif;*.aiff;*.aifc;*.wav;*.mp3;*.asnd;*.au;*.snd;*.sd2;*.ogg;*.oga;*.flac;*.jpg;*.jpeg;*.gif;*.pn
所有文件 (*.*)

图 3-16 支持导入的文件格式

Flash 还支持 PSD、AI 等多图层文件的导入。在“导入”对话框中选择 PSD 格式的文件，单击“打开”按钮，弹出“将（所选文件）导入到舞台”对话框，如图 3-17 所示。单击“确定”按钮，文件将以多图层方式打开。“时间轴”面板如图 3-18 所示。

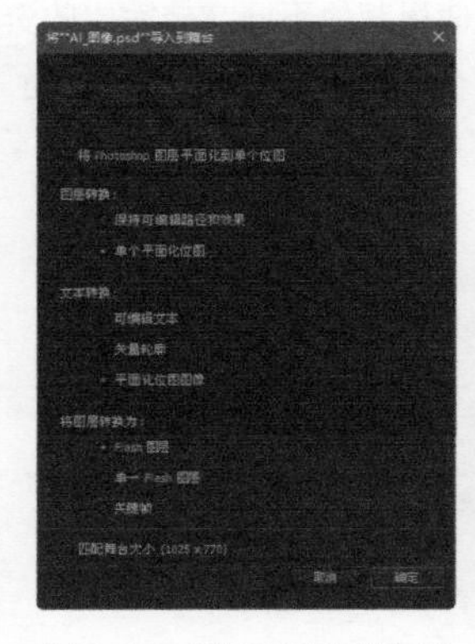

图 3-17 “将（所选文件）导入到舞台”对话框

图 3-18 “时间轴”面板

3.3.3 导入到库

在 Flash 中除了可以使用“导入到舞台”命令将素材文件导入当前文档中，还可以选择“文件 > 导入 > 导入到库”命令，将其导入“库”面板中，素材将不会在舞台中出现。

选择“窗口 > 库”命令，即可打开“库”面板，用户可以看到导入的素材并对其进行编辑等，如图 3-19 所示。

3.3.4 导入视频

在 Flash 中还可以导入多媒体视频文件，丰富动画的形式。选择“文件 > 导入 > 导入视频”命令，弹出“导入视频”对话框，如图 3-20 所示。

图 3-19 导入到库的素材

图 3-20 “导入视频”对话框

单击“浏览”按钮，在弹出的“打开”对话框中选择要导入的视频，单击“下一步”按钮，选择合适的外观，如图 3-21 所示。单击“下一步”按钮，完成视频的导入，如图 3-22 所示。

图 3-21 设定外观

图 3-22 完成视频的导入

单击“完成”按钮，视频将被导入舞台中，如图 3-23 所示。按【Ctrl+Enter】组合键，测试动画，效果如图 3-24 所示。

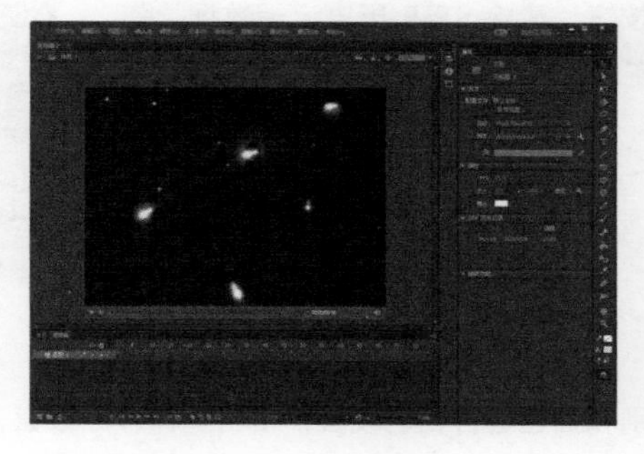
图 3-23 导入视频

图 3-24 测试动画

3.4 保存文件

在 Flash 中可以将文件以不同的方式存储为不同用途的文件，可以将其存储为系统默认的源文件格式，也可以将其存储为模板以方便多次使用。

3.4.1 使用“保存”命令保存文件

选择“文件 > 保存”命令，弹出“另存为”对话框，如图 3-25 所示。在该对话框中可以设置文件名、文件保存格式及保存路径。

单击“保存”按钮，即可以设置的形式保存文件。如果文件以前已经被保存过，那么选择该命令会直接保存文件，不会再次弹出“另存为”对话框。

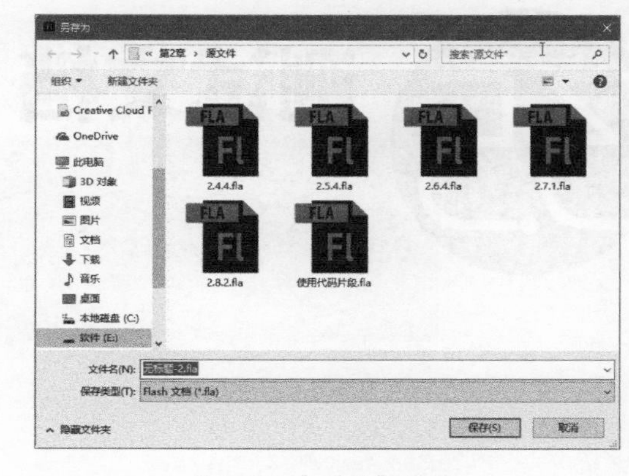

图 3-25 “另存为”对话框

3.4.2 使用"另存为"命令保存文件

选择"文件 > 另存为"命令，同样会弹出"另存为"对话框。使用该命令可以将同一个文件以不同的名称或格式存储在不同的位置。

3.4.3 使用"另存为模板"命令保存文件

选择"文件 > 另存为模板"命令，弹出"另存为模板警告"对话框，如图 3-26 所示。单击"另存为模板"按钮，清除 SWF 历史记录数据，弹出"另存为模板"对话框，如图 3-27 所示。

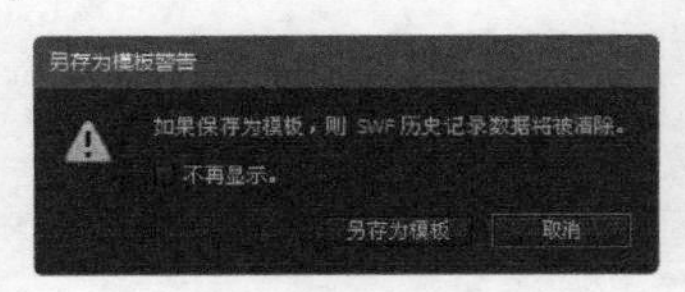

图 3-26 "另存为模板警告"对话框

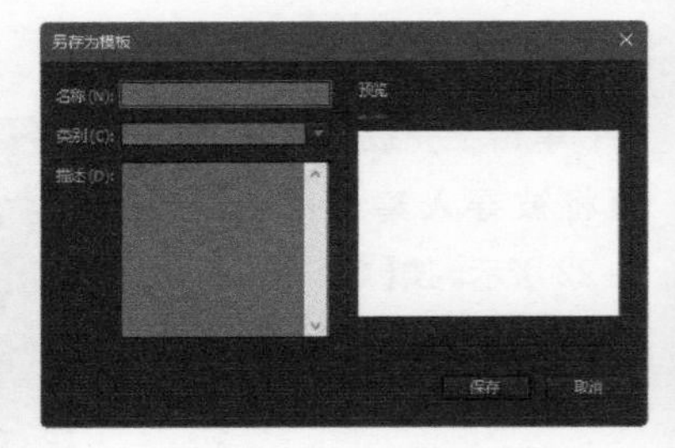

图 3-27 "另存为模板"对话框

在该对话框中，可以对其名称、类别和描述进行相应设置，单击"保存"按钮，将其保存为模板，方便以后基于此模板创建新文档。

3.4.4 使用"全部保存"命令保存文件

当打开两个或两个以上的文档时，选择"文件 > 全部保存"命令，弹出"另存为"对话框，根据上述操作进行相应的设置，即可一次保存所有打开的文档。

技术看板

按【Ctrl+S】或【Ctrl+Shift+S】组合键，可以快速保存打开的文档。

3.5 测试文档

在 Flash 中制作完动画后，往往需要测试动画效果，对其进行预览。选择"控制 > 测试影片"命令，在其子菜单中选择相应的设置方法，如图 3-28 所示。选择"控制 > 测试场景"命令，可以单独测试某个场景中的动画，如图 3-29 所示。

选择“文件 > 保存”命令，将文件保存后再执行“测试场景”操作，Flash 会在保存文件的位置自动生成同名的 SWF 格式文件。

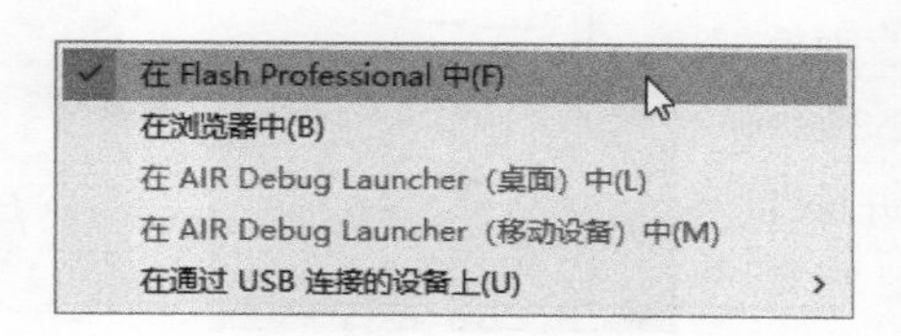

图 3-28 “测试影片”命令

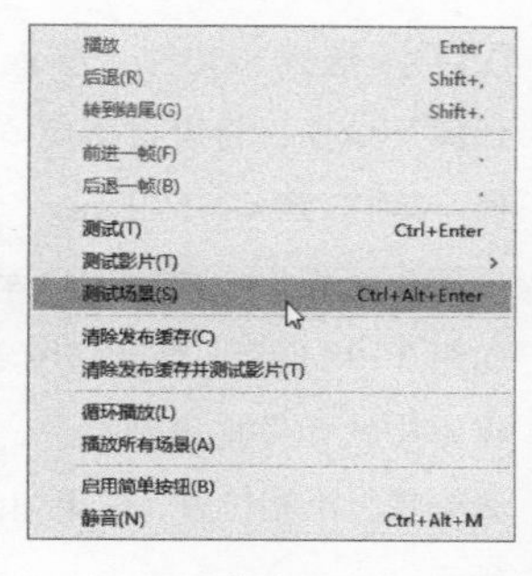

图 3-29 “测试场景”命令

3.6 导出文档

在 Flash 中可以将整个文档以不同格式的图片或视频文件导出，也可以将文档中的某个对象单独导出。Flash 的“导出”命令不会为每个文件单独存储导出设置，需要用户通过弹出的对话框来手动设置。

课堂案例 导出图像

素材文件	素材文件 \ 第 03 章 \36101.jpg，36102.png ~ 36104.png
案例文件	案例文件 \ 第 03 章 \3-6-1.fla
教学视频	视频教学 \ 第 03 章 \3-6-1.mp4
案例要点	掌握导出图像的方法

扫码观看视频

Step 01 选择“文件 > 新建”命令，弹出“新建文档”对话框，如图 3-30 所示。单击“确定”按钮，选择“文件 > 导入 > 导入到舞台”命令，将素材图像“素材文件 \ 第 03 章 \36101.jpg”导入舞台，如图 3-31 所示。

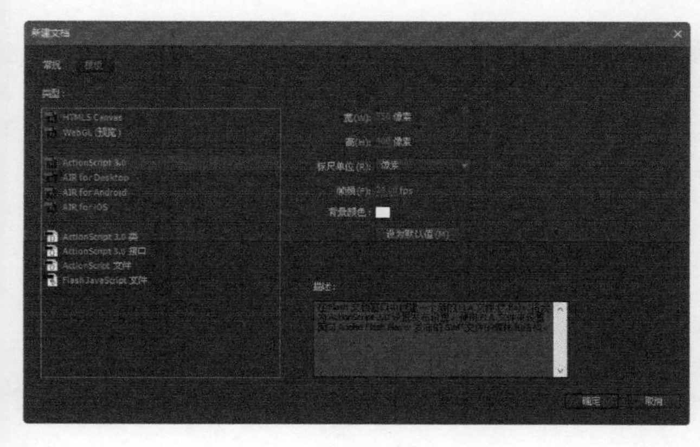

图 3-30 “新建文档”对话框

图 3-31 导入素材

Step 02 选择“文件 > 导入 > 导入到库”命令，将素材图像“素材文件 \ 第 03 章 \36102.png”导入到“库”面板中。此时的“库”面板如图 3-32 所示。新建“图层 2”，将库中的元件拖曳到舞台，并适当调整其大小和位置，效果如图 3-33 所示。

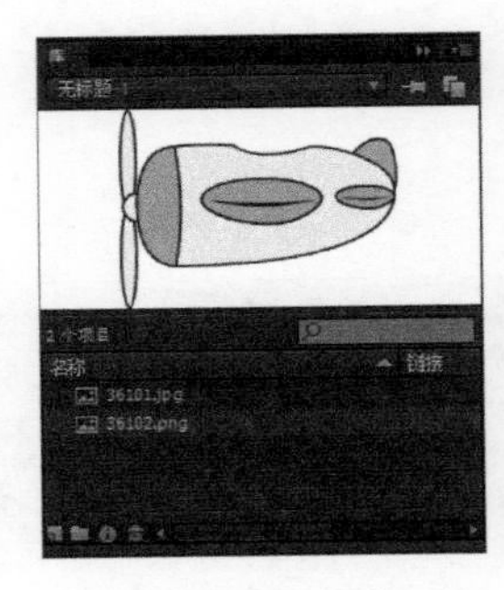

图 3-32 导入到“库”面板

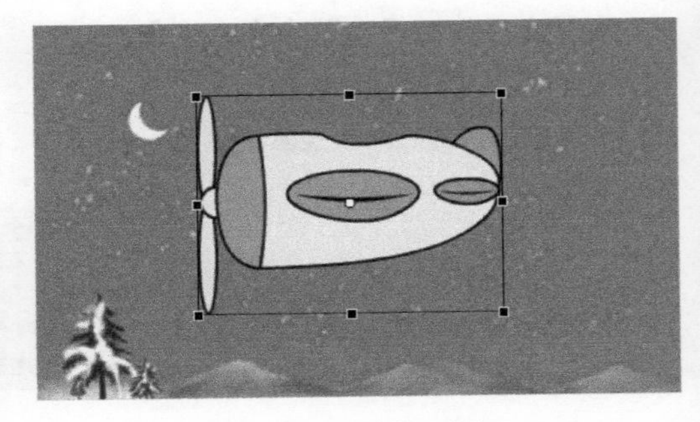

图 3-33 将元件拖入舞台

Step 03 使用相同的方法完成相似内容的制作，并调整图层顺序，最终效果如图 3-34 所示。“时间轴”面板如图 3-35 所示。

图 3-34 图像效果

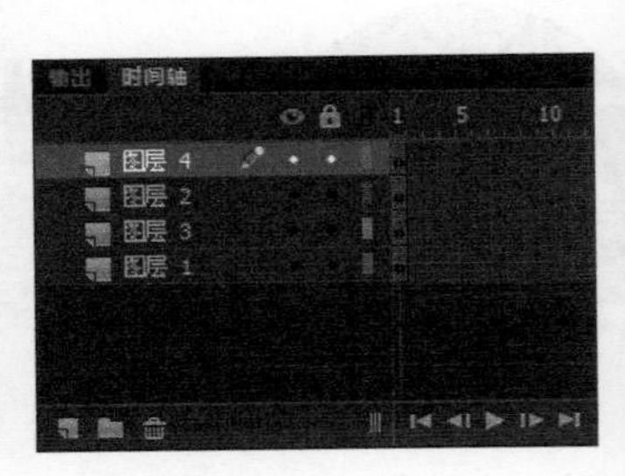

图 3-35 “时间轴”面板

Step 04 选择“文件 > 导出 > 导出图像”命令，将图像导出为 JPEG 格式，如图 3-36 所示。在弹出的“导出 JPEG”对话框中设置各项参数，如图 3-37 所示。单击“确定”按钮，即可完成导出图像的操作。

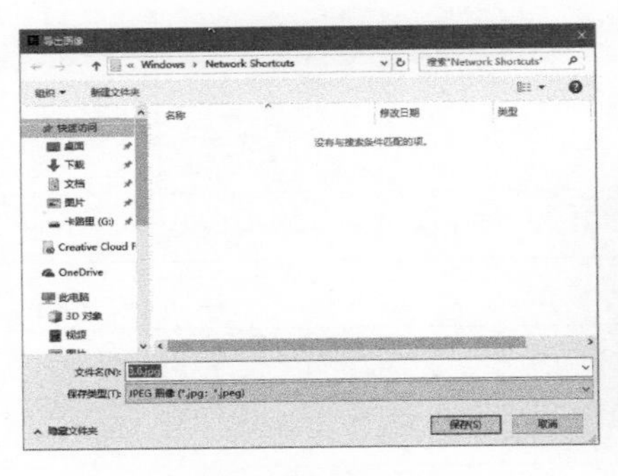

图 3-36 “导出图像”对话框

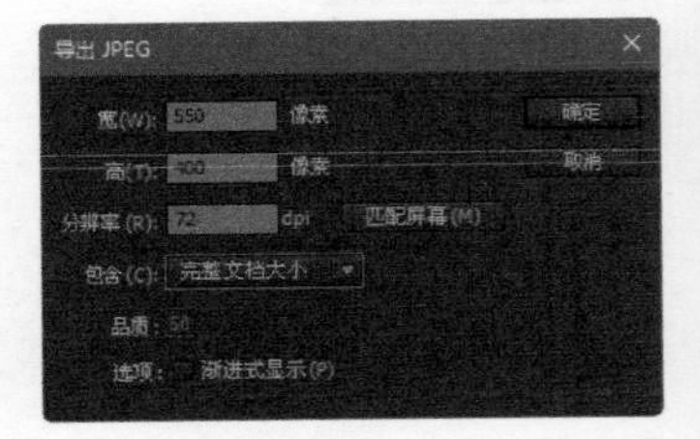

图 3-37 “导出 JPEG”对话框

导出影片

选择“文件 > 导出 > 导出影片”命令，弹出“导出影片”对话框，如图 3-38 所示。在该对话框中可以设置导出影片的位置、名称和格式。在“保存类型”下拉列表中可以看到支持的导出格式，如图 3-39 所示。

图 3-38 “导出影片”对话框

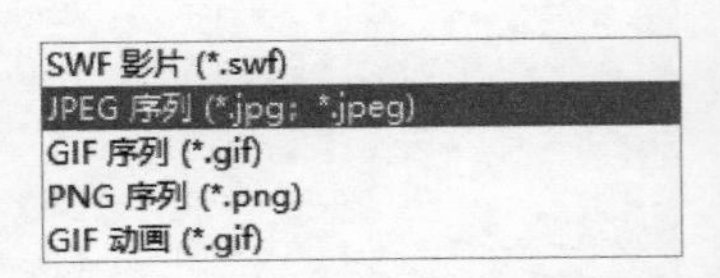

图 3-39 可导出的影片格式

在该对话框中可以看到，不仅可以导出为视频格式，还可以将 Flash 文档导出为不同格式的图像序列。

技术看板

图像序列是将 Flash 文档导出为静止图像格式，并为文档中的第一帧创建一个带编号的图像文件，而导出图像则是导出单个文件。

选择不同的导出格式，单击“保存”按钮，将弹出相应的对话框，如图 3-40 所示。在弹出的对话框中进行相应的设置，单击“确定”按钮，即可将 Flash 文档按照既定的设置导出为视频或图像序列。

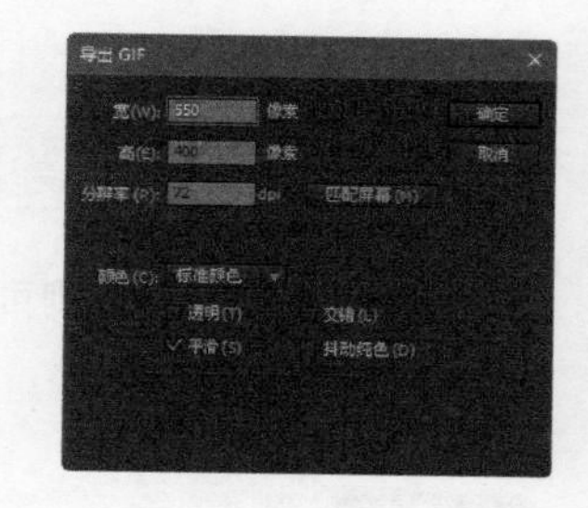

图 3-40 “导出 GIF”对话框

课堂案例 导出Flash视频

素材文件	素材文件 \ 第 03 章 \36301.fla	扫码观看视频
案例文件	案例文件 \ 第 03 章 \3-6-3.mov	
教学视频	视频教学 \ 第 03 章 \3-6-3.mp4	
案例要点	掌握导出视频的方法	

Step 01 选择“文件 > 打开”命令，弹出“打开”对话框，打开素材文件“素材文件 \ 第 03 章 \36301.fla”，如图 3-41 所示。选择“文件 > 导出 > 导出视频”命令，弹出“导出视频”对话框，如图 3-42 所示。

图 3-41 打开素材文件

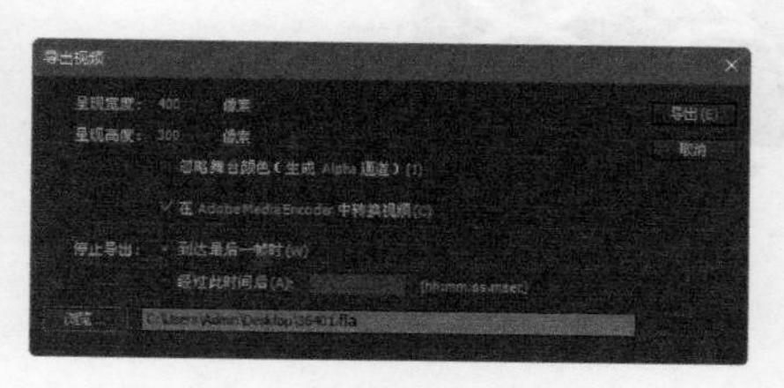

图 3-42 “导出视频”对话框

Step 02 单击“浏览”按钮，弹出“选择导出目标”对话框，选择导出位置并指定文件名和保存类型，如图 3-43 所示。单击“保存”按钮，单击“导出”按钮，即可导出视频，如图 3-44 所示。

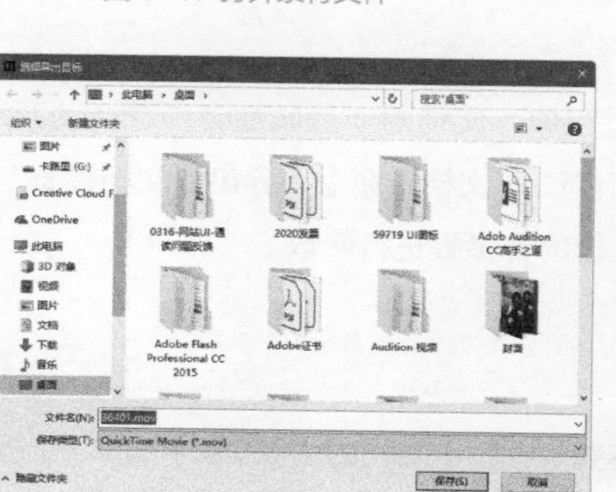

图 3-43 “选择导出目标”对话框

图 3-44 导出视频播放效果

关闭文档

制作完 Flash 动画之后，用户还可以通过 Flash 提供的不同方法关闭文档。

3.7.1 关闭文档

若要关闭当前文档，则可以选择“文件 > 关闭”命令，或按【Ctrl+W】组合键，还可以通过单击文档窗口中的“关闭”按钮来关闭文档。

3.7.2 关闭全部文档

若要关闭当前打开的多个文档，则可以选择“文件 > 全部关闭”命令，或按【Ctrl+Alt+W】组合键，即可将其同时关闭。

技术看板

单击 Flash 窗口右上角的“关闭”按钮，可同时关闭软件和所有打开的文档。单击“关闭”按钮后，根据系统提示还可以对文档进行保存。

修改文档参数

在设计制作动画的过程中，Flash 动画环境的设置非常重要。本节将介绍如何通过不同的方法设置文档属性。

使用“文档”命令

创建文档之后，在制作动画的过程中，文档的一些属性会不符合动画制作的要求，需要对其进行更改。可以选择“修改 > 文档”命令，弹出“文档设置”对话框，如图 3-45 所示，在该对话框中对文档的各参数进行修改。

技术看板

按【Ctrl+J】组合键或在舞台中单击鼠标右键，在弹出的快捷菜单中选择“文档属性”命令，可以打开“文档设置”对话框。

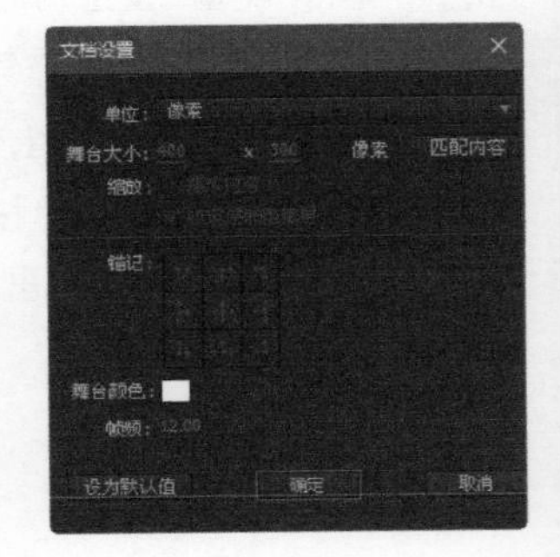

图 3-45 “文档设置”对话框

课堂案例 使用"文档"命令修改文档参数

素材文件	素材文件\第 03 章\38201.jpg，38202.png、38203.png	扫码观看视频
案例文件	案例文件\第 03 章\3-8-2.fla	
教学视频	视频教学\第 03 章\3-8-2.mp4	
案例要点	掌握文档设置的方法	

Step 01 新建一个 Flash 文档，选择"文件 > 导入 > 导入到舞台"命令，导入素材图像"素材文件\第 03 章\38201.jpg"，如图 3-46 所示。打开"属性"面板，展开"位置和大小"选项，如图 3-47 所示。

图 3-46 导入素材

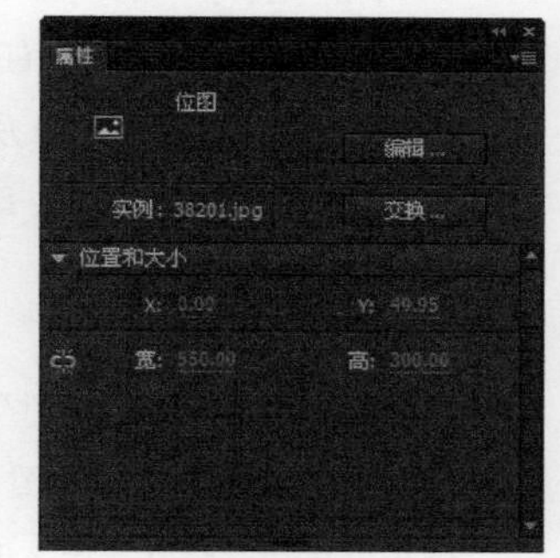

图 3-47 "属性"面板

Step 02 选择"修改 > 文档"命令，弹出"文档设置"对话框，设置文档与素材相同大小，如图 3-48 所示。单击"确定"按钮，使用"选择工具"将素材图像拖动到合适的位置，将另一张素材图像导入舞台中合适的位置，效果如图 3-49 所示。

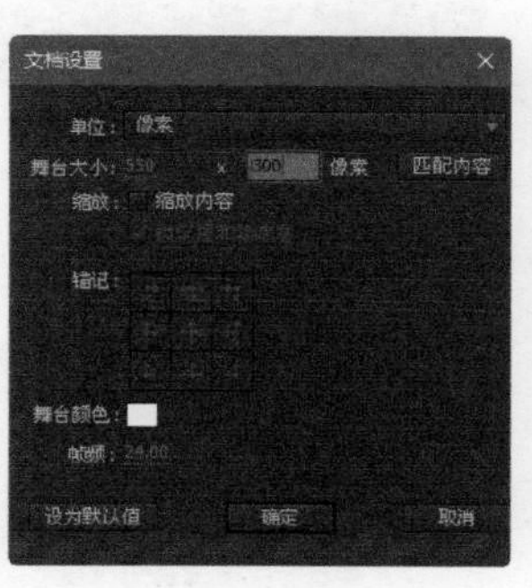

图 3-48 修改文档高度

图 3-49 导入图片素材

课堂案例 制作动物爬行动画

素材文件	素材文件\第 03 章\38301.fla	扫码观看视频
案例文件	案例文件\第 03 章\3-8-3.fla	
教学视频	视频教学\第 03 章\3-8-3.mp4	
案例要点	掌握"属性"面板的使用方法	

Step 01 打开素材文件"素材文件\第 03 章\38301.fla"，如图 3-50 所示。在"动物"图层下方新建一个名称为"影子"的图层，如图 3-51 所示。

Step 02 单击工具箱中的“椭圆工具”按钮，设置“属性”面板中的“笔触颜色”为“无”，“填充颜色”为“#FD874B”，如图 3-52 所示。在画布中绘制椭圆，作为动物的影子，如图 3-53 所示。

图 3-50 打开素材文件效果

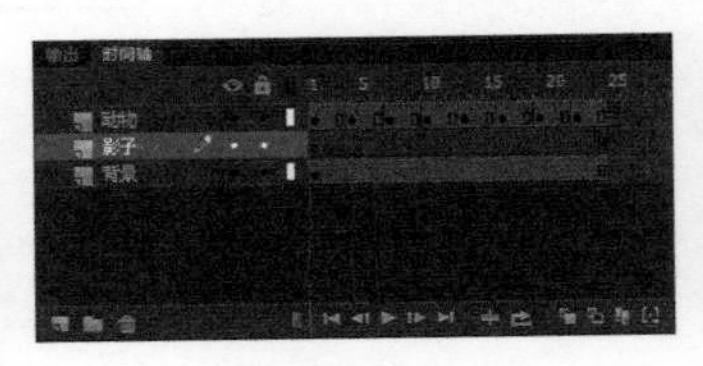

图 3-51 新建图层

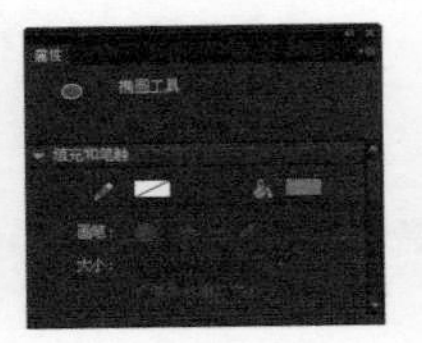

图 3-52 “属性”面板

图 3-53 绘制椭圆

Step 03 单击“影子”的图层第 4 帧位置，按【F6】键插入关键帧，使用“任意变形工具”，将影子适当缩放，如图 3-54 所示。使用相同的方法完成类似内容制作，“时间轴”面板如图 3-55 所示。

图 3-54 插入关键帧并调整大小

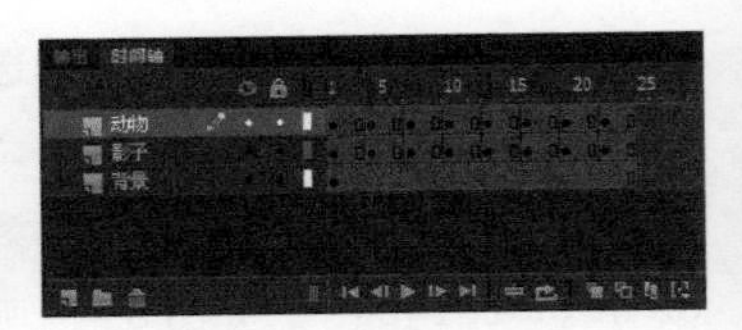

图 3-55 “时间轴”面板

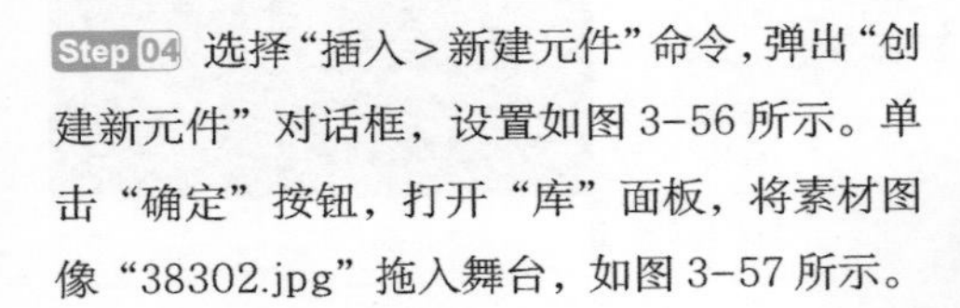

Step 04 选择“插入 > 新建元件”命令，弹出“创建新元件”对话框，设置如图 3-56 所示。单击“确定”按钮，打开“库”面板，将素材图像“38302.jpg”拖入舞台，如图 3-57 所示。

图 3-56 创建新元件

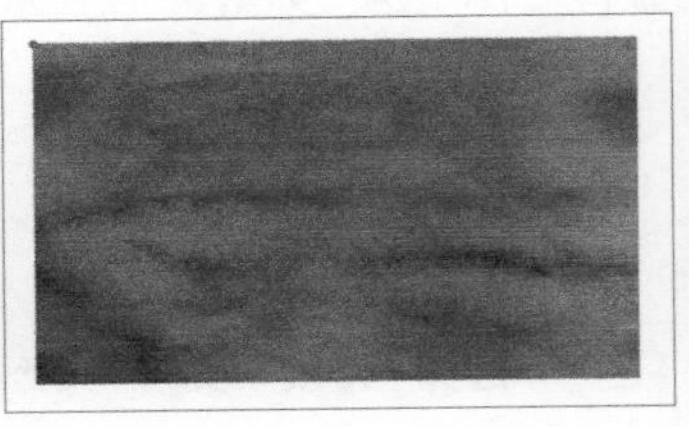

图 3-57 使用图片素材

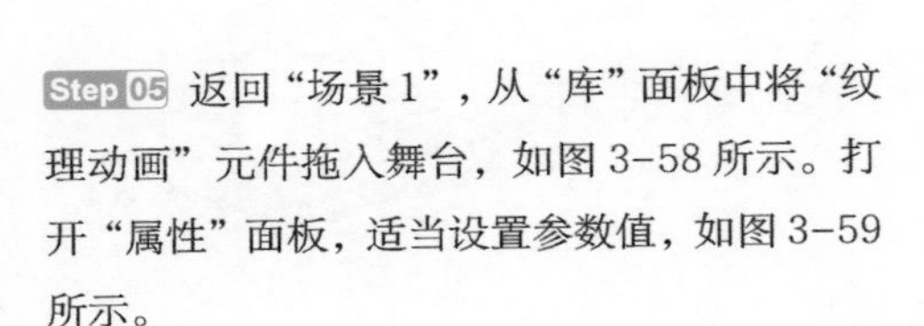

Step 05 返回“场景 1”，从“库”面板中将“纹理动画”元件拖入舞台，如图 3-58 所示。打开“属性”面板，适当设置参数值，如图 3-59 所示。

图 3-58 使用元件

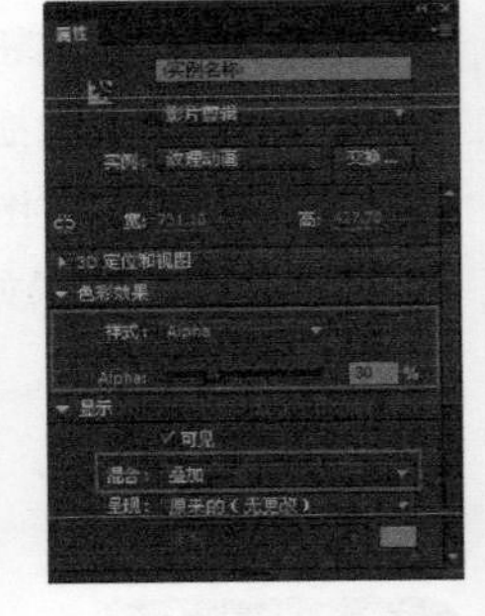

图 3-59 “属性”面板

Step 06 按【Ctrl+Enter】组合键，测试动画效果，如图 3-60 所示。

图 3-60 动画预览效果

提示

“属性”面板属于动态面板，会随着所选对象的不同而自动更改。如果要设置文档属性，那么可使用“选择工具”，在舞台的空白处单击，确定未选择任何对象。

3.9 直接复制窗口

在一些特殊情况下，需要在基于当前窗口中的全部内容及属性设置，又不影响当前文件效果的情况下继续制作动画，此时可选择“窗口 > 直接复制窗口”命令，系统将直接复制当前窗口即复制出当前文件的副本以进行操作。

3.10 从错误中恢复

在设计制作动画的过程中，难免会操作失误，导致制作出现偏差，Flash 为此提供了“撤销”命令，以挽回失误。

3.10.1 撤销命令

要在当前文档中撤销对个别对象或全部对象执行的动作，需要指定对象层级或文档层级的“撤销”，默认行为是文档层级。可以通过选择“编辑 > 首选参数”命令，弹出“首选参数”对话框，在“常规”选项中查看，如图 3-61 所示。

选择“编辑 > 撤销”命令即可完成撤销操作。使用对象层级撤销时不能撤销某些动作，这些动作包括进入和退出“编辑”模式，选择、编辑和移动库项目，以及创建、删除和移动场景。

在默认情况下，Flash 的“撤销”菜单命令支持的撤销级别数为 100。可以在 Flash 的“首选参数”中选择撤销的级别数（从 2 到 300）。

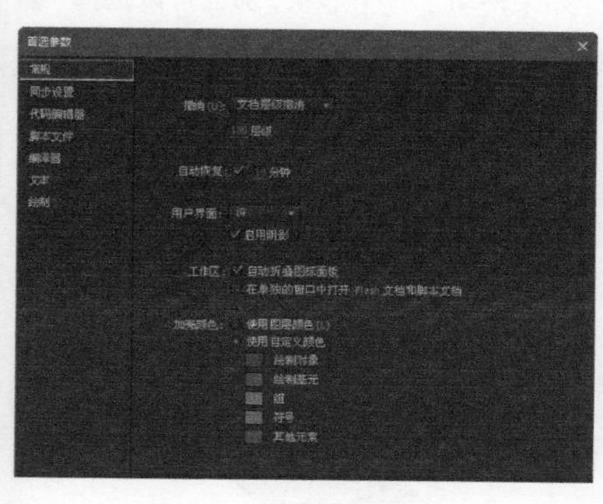

图 3-61 “首选参数”对话框

提示

在默认情况下，在使用“编辑 > 撤销”命令撤销步骤时，文档的文件大小不会改变（即使从文档中删除了项目）。例如，如果将视频文件导入文档，然后撤销导入，那么文档的文件大小仍然包含视频文件的大小。使用“撤销”命令时从文档中删除的任何项目都将保留，以便可以使用“重做”命令恢复。

3.10.2 重做命令

在 Flash 中“重做”命令与“撤销”命令成对出现，只有在文档中使用了“撤销”命令后，才可以使用“重做”

命令。“重做”命令用以将撤销的操作重新制作。

例如，在舞台中绘制一个矩形，使用“撤销”命令将其删除，继续使用“重做”命令，舞台中将恢复删除的矩形。

3.10.3 使用“还原”命令还原文档

在对打开的文档进行编辑后，如果对文档效果不满意，那么可以选择“文件 > 还原”命令，将文档一次性还原到最后一次保存的状态。

选择“文件 > 还原”命令后，系统将弹出对话框，提示用户还原操作将无法撤销，如图 3-62 所示。单击“还原”按钮，即可将文档还原到最初打开状态。

图 3-62 “是否还原？”对话框

课堂练习 制作冰糖葫芦图形

素材文件	素材文件 \ 第 03 章 \31101.fla	扫码观看视频
案例文件	案例文件 \ 第 03 章 \3-11.fla	
教学视频	视频教学 \ 第 03 章 \3-11.mp4	
练习要点	掌握“重复”命令的使用方法	

1.练习思路

要将某个步骤重复应用于同一对象或不同对象，可以使用“重复”命令。如果移动了一个形状，那么可以选择“编辑 > 重复”命令再次移动该形状，或者选择另一形状，选择“编辑 > 重复”命令，将第二个形状移动相同的幅度。

2.制作步骤

Step 01 选择“文件 > 打开”命令，弹出“打开”对话框，选择需要打开的素材“素材文件 \ 第 03 章 \31101.fla”，如图 3-63 所示。单击“打开”按钮，打开素材文件，效果如图 3-64 所示。

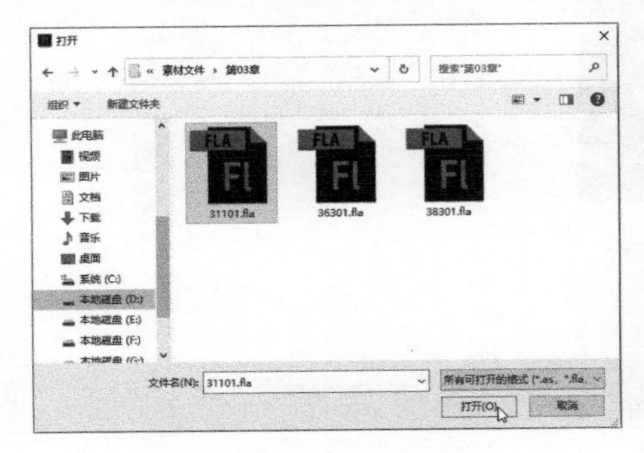

图 3-63 打开素材文件

图 3-64 素材文件效果

Step 02 使用“选择工具”选中椭圆形，按住【Alt】键，按住鼠标左键并向右上方拖曳，复制图形效果如图 3-65 所示。选择“编辑 > 重复直接复制”命令，完成糖葫芦图形的制作，效果如图 3-66 所示。

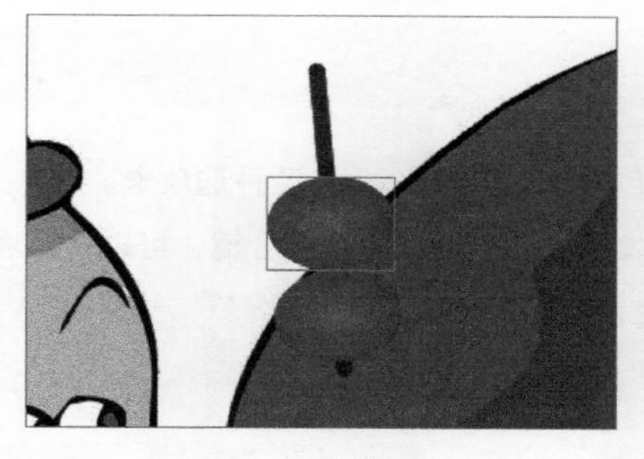

图 3-65 拖动复制

图 3-66 重复直接复制效果

Step 03 继续使用相同的方法，将糖葫芦复制多个，图像效果如图 3-67 所示。按【Ctrl+Enter】组合键，测试动画，效果如图 3-68 所示。

图 3-67 复制图形

图 3-68 测试动画效果

课后习题

一、选择题

1. 在 Flash 中，使用“打开”命令打开文档时，按住（　）键 / 组合键，能够选择多个不相邻的文档。

A.【Ctrl】　B.【Alt】　C.【Shift】　D.【Ctrl+Alt】

2. Flash 可以打开最近的（　）个文档。

A. 20　B. 10　C. 5　D. 15

3. 在默认情况下，Flash 能够恢复（　）步。

A. 200　B. 500　C. 100　D. 2000

4. 按住（　）键 / 组合键，能够实现拖动复制对象。

A.【Ctrl】　B.【Alt】　C.【Shift】　D.【Ctrl+Shift】

5. 按（　）键，可以在时间轴中快速插入关键帧。

A.【F6】　B.【F5】　C.【F4】　D.【F7】

二、填空题

1. 在 Flash“新建文档”对话框中，包括 ______ 和 ______ 两种选项卡。
2. 用户可以按 ______ 键/组合键打开文件，按 ______ 键/组合键，可以快速通过 Bridge 打开文件。
3. 用户可以在 ______ 对话框和 ______ 面板中修改文档的尺寸。

三、案例题

打开素材文件“素材文件\第 03 章\36301.fla”，选择“文件 > 导出 > 导出影片”命令，将动画文件导出为 GIF 动画，完成效果如图 3-69 所示。

图 3-69 导出的 GIF 影片效果

Chapter

04

第04章

颜色的管理

在 Flash 中，用户可以通过不同的操作方法对图形颜色进行修改，其中最常用的就是在“颜色”面板中进行设置。“颜色”面板允许用户快速修改图形的描边颜色和填充颜色，通过设置纯色、渐变色或位图等填充方式来实现不同的效果。

FLASH CC

学习目标

- 掌握 Flash 图形的基本组成
- 掌握修改笔触和填充的方法
- 掌握渐变和位图填充的调整方式

学习重点

- 熟悉“颜色”面板的属性
- 掌握“墨水瓶工具”的使用方法
- 掌握“油漆桶工具”的使用方法
- 掌握“渐变变形工具”的使用方法

笔触和填充

Flash 中的图形结构由笔触和填充两种元素构成，这两种元素的属性决定了矢量图形的轮廓和整体。对图形填充颜色，实际上是对图形的笔触和填充分别进行填色。

4.1.1 使用工具箱设置笔触和填充颜色

在Flash中设置“笔触颜色”和“填充颜色”的方式有很多，使用工具箱中的“笔触颜色” “填充颜色”控件进行设置就是比较常用的操作方法。

使用工具箱可以方便快捷地为绘制的图形创建笔触颜色和填充颜色。用户只需单击“笔触颜色” “填充颜色”色块，如图 4-1 所示，在弹出的面板中选择一个颜色样本，或者直接输入精确的 16 进制颜色值，即可完成颜色的设置和修改。

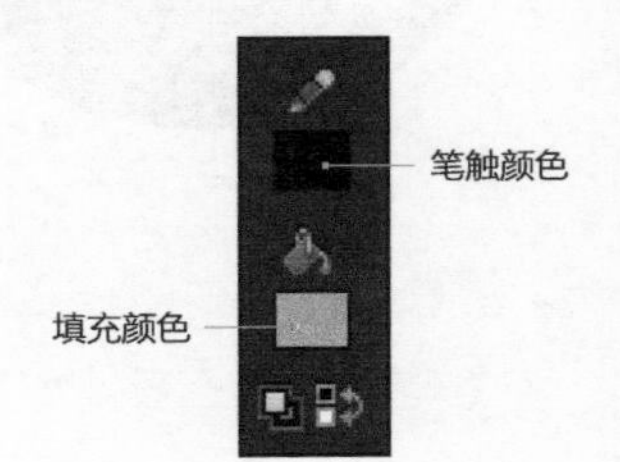

图 4-1 工具箱

课堂案例 绘制卡通云朵图形

素材文件	无
案例文件	案例文件 \ 第 04 章 \4-1-2.fla
教学视频	视频教学 \ 第 04 章 \4-1-2.mp4
案例要点	掌握“填充颜色” “笔触颜色”的设置方法

扫码观看视频

Step 01 新建一个 550 像素 × 400 像素的文档，设置“背景颜色”为“#33CCFF”，如图 4-2 所示。单击工具箱底部的“笔触颜色”色块，设置颜色为“无”，如图 4-3 所示。

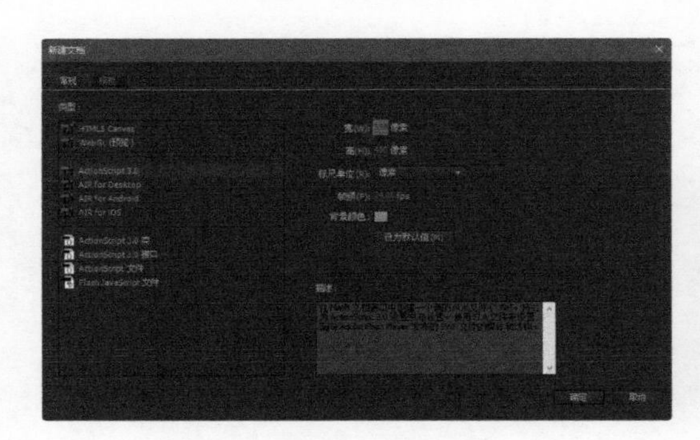

图 4-2 “新建文档”对话框

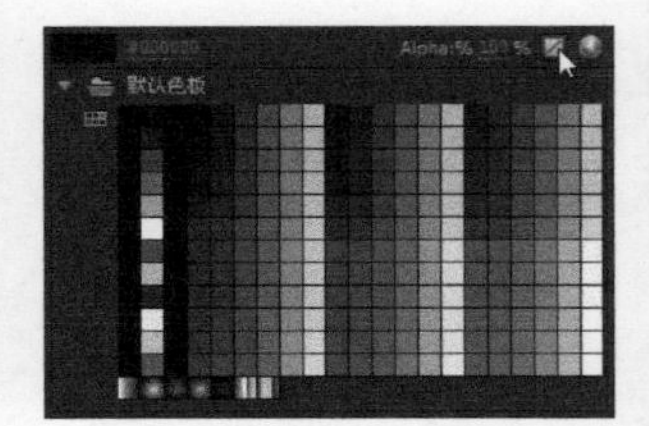

图 4-3 设置“笔触颜色”

Step 02 单击工具箱底部的“填充颜色”控件，设置颜色为白色，“Alpha”为“80%”，如图 4-4 所示。使用“椭圆工具”，在舞台中单击并拖动绘制一个椭圆形，如图 4-5 所示。

Step 03 继续使用“椭圆工具”绘制椭圆形，效果如图 4-6 所示。

图 4-4 设置“填充颜色”　　图 4-5 绘制椭圆形　　图 4-6 继续绘制椭圆形

Step 04 在“图层 1”名称位置单击鼠标右键，在弹出的快捷菜单中选择“复制图层”命令，复制“图层 1”得到“图层 1 复制”图层，如图 4-7 所示。修改复制图层中图形“填充颜色”的“Alpha”值为“100%”，如图 4-8 所示。

Step 05 使用“任意变形工具”，将图形缩小，并调整其位置，完成云朵图形的绘制，效果如图 4-9 所示。

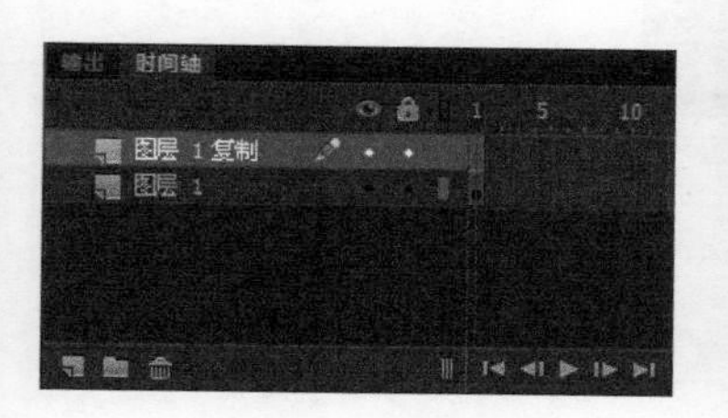

图 4-7 复制图层

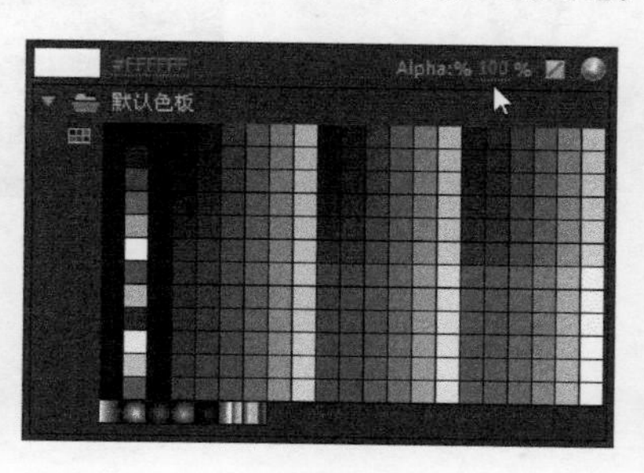

图 4-8 修改填充颜色

图 4-9 云朵图形效果

4.1.2 使用“属性”面板

除了在工具箱中设置颜色，用户还可以在“属性”面板中对笔触和填充进行更精确的设置。“属性”面板中的参数会随着所选对象和工具的变化而变化。在默认情况下，“属性”面板显示在软件界面的右侧。

单击工具箱中的“矩形工具”按钮，选择“窗口 > 属性”命令，打开“属性”面板，如图 4-10 所示。

在“属性”面板中设置笔触和填充颜色的方法与工具箱相同，如图 4-11 所示。此外，在“属性”面板中还提供了更多非常实用的参数，如笔触宽度、笔触样式、端点形状等，方便用户绘制更加丰富的形状。

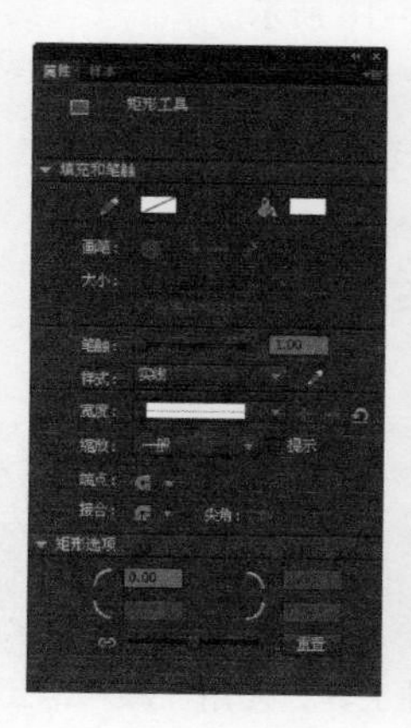

图 4-10 “属性”面板

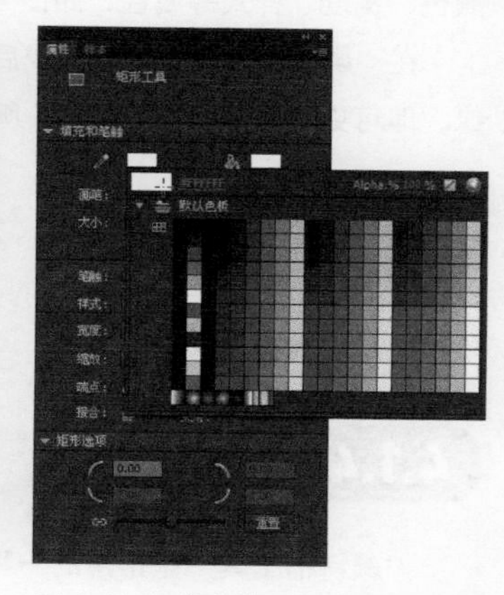

图 4-11 在“属性”面板中设置笔触和填充颜色

课堂案例 使用“属性”面板设置笔触颜色、样式和粗细

素材文件	素材文件 \ 第 04 章 \41401.fla
案例文件	案例文件 \ 第 04 章 \4-1-4.fla
教学视频	视频教学 \ 第 04 章 \4-1-4.mp4
案例要点	掌握使用“属性”面板设置笔触颜色及相关选项的方法

扫码观看视频

Step 01 打开素材文件“素材文件\第04章\41401.fla”，如图4-12所示。将光标移动到图形笔触上，双击选中所有的笔触，如图4-13所示。

Step 02 选择“窗口 > 属性”命令，打开“属性”面板，设置“笔触颜色”为“#000066”、“笔触高度”为“3”、“样式”为“实线”，如图4-14所示，图形笔触效果如图4-15所示。

图4-12 打开素材文件

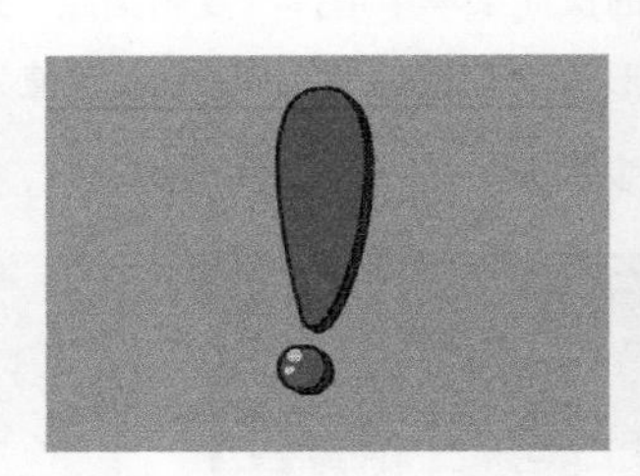
图4-13 选中所有的笔触

图4-14 “属性”面板

图4-15 图形笔触效果

4.1.3 使用“墨水瓶工具”

如果要更改图形线条的轮廓，那么可以使用工具箱中的“墨水瓶工具”。通过“墨水瓶工具”的“属性”面板，可以更改一个或多个线条或者形状轮廓的笔触颜色、宽度、样式等属性，如图4-16所示。

在“属性”面板中设置完成后，单击舞台的形状边缘，即可更改笔触，如图4-17所示。

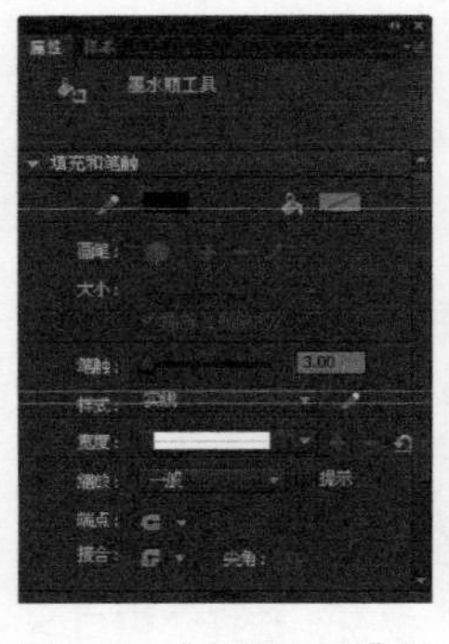
图4-16 “墨水瓶工具”的“属性”面板

图4-17 更改笔触

4.1.4 使用“颜料桶工具”

“颜料桶工具”是常用的一种工具，使用“颜料桶工具”不但可以填充空白区域，还可以对所填充的颜色进行修改。

使用“颜料桶工具”在图形需要填充的位置单击，即可填充空白区域或更改填充区域的颜色，如图4-18所示。用户可以使用纯色、渐变和位图填充。渐变填充效果和位图填充效果如图4-19所示。

图4-18 使用“颜料桶工具”填充

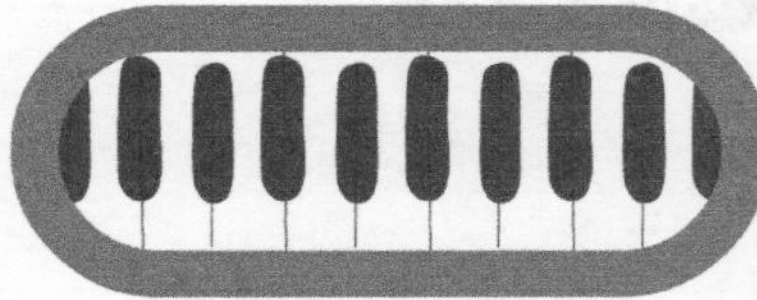
图4-19 渐变填充效果和位图填充效果

使用“颜料桶工具”还可以填充不完全闭合的区域，如图 4-20 所示。单击工具箱底部的“间隔大小”按钮，可以选择不同的填充模式，如图 4-21 所示。

图 4-20 填充不完全闭合的区域

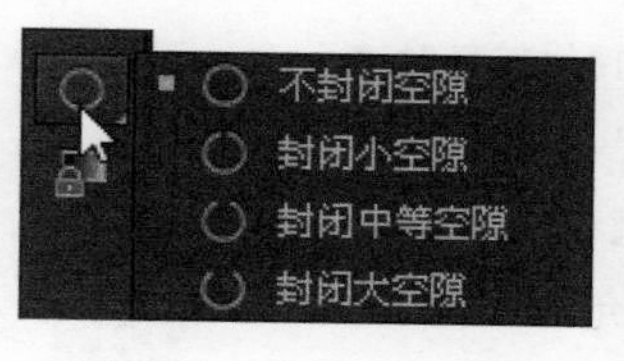

图 4-21 “间隔大小”选项

如果要在填充形状之前手动封闭空隙，那么可以选择“不封闭空隙”选项。对于复杂的图形，手动封闭空隙会更快一些。如果空隙太大，那么必须对其进行手动封闭。

课堂案例 调整河马头像颜色

素材文件	素材文件 \ 第 04 章 \41701.fla	扫码观看视频
案例文件	案例文件 \ 第 04 章 \4-1-7.fla	
教学视频	视频教学 \ 第 04 章 \4-1-7.mp4	
案例要点	掌握“颜料桶工具”的使用方法	

Step 01 打开素材文件“素材文件 \ 第 04 章 \41701.fla”，如图 4-22 所示。设置“填充颜色”为“#E8D5F4”，如图 4-23 所示。

Step 02 使用“颜料桶工具”分别单击河马的头部和耳朵部分，修改其填充颜色，效果如图 4-24 所示。设置“填充颜色”为“#CDACE3”，在工具箱下方设置“间隙大小”为“封闭中等空隙”，如图 4-25 所示。

图 4-22 打开素材文件

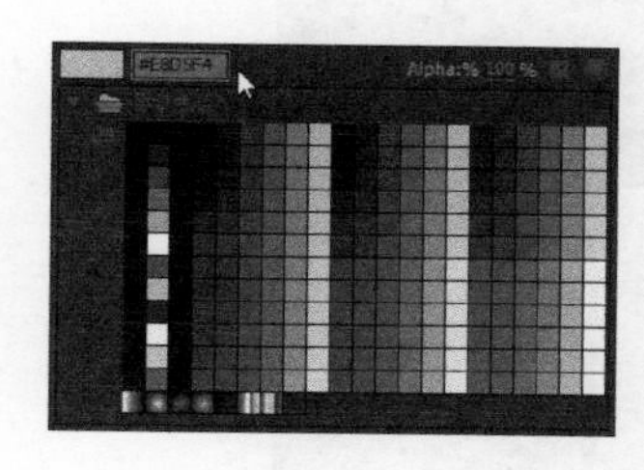

图 4-23 设置“填充颜色”

图 4-24 修改图形“填充颜色”

图 4-25 设置间隙大小

Step 03 使用“颜料桶工具”填充河马耳朵内侧，效果如图 4-26 所示。设置“填充颜色”为“Alpha”为“30%”的白色，填充腮红和头部高光，效果如图 4-27 所示。

图 4-26 填充河马耳朵内侧

图 4-27 填充腮红和头部高光

提示

用户也可以在图形中选中需要更改颜色的笔触部分或填充部分，然后直接在工具箱中修改“笔触颜色”“填充颜色”即可，新的颜色会自动应用到被选中的笔触或填充中。

4.1.5 使用“滴管工具”

对图形进行填色后，还可以通过工具箱中的其他工具对填充后的图形颜色进行快速修改，比如“滴管工具”。

使用“滴管工具”可以从一个对象中复制笔触和填充属性，然后立即将其应用于其他对象。“滴管工具”还允许用户从位图图像取样用作填充。

如果要使用“滴管工具”复制填充属性，那么首先使用“滴管工具”单击一个图形，吸取图形的笔触和填充属性，然后单击其他图形应用吸取到的属性，如图 4-28 所示。

图 4-28 使用“滴管工具”复制填充属性

“颜色”面板

“颜色”面板在 Flash 动画中较为常用。在“颜色”面板中不但可以对“笔触颜色”和“填充颜色”进行设置，还可以设置不同的纯色、渐变色及位图，从而达到不同的绘制效果。

选择“窗口 > 颜色”命令，或按【Ctrl+Shift+F9】组合键，打开“颜色”面板，默认的“颜色类型”为“纯色”，如图 4-29 所示。

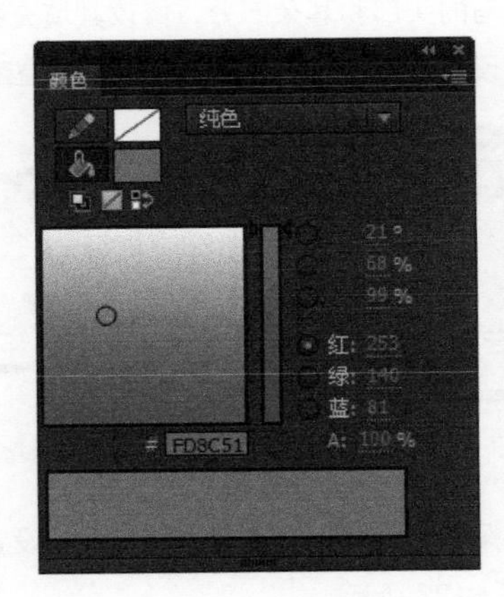

图 4-29 “颜色”面板

默认“样本”面板

选择“窗口 > 样本”命令，或按【Ctrl+F9】组合键，即可打开“样本”面板，如图 4-30 所示。单击该面板中的色块，即可将颜色设定为新的“笔触颜色”或“填充颜色”。

单击面板右上角的▤按钮，弹出面板扩展菜单，如图 4-31 所示。用户可以使用这些选项对颜色样本进行管理。

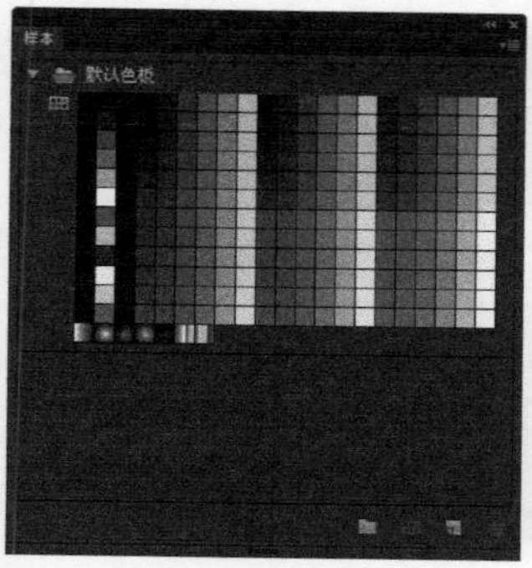

图 4-30 “样本”面板

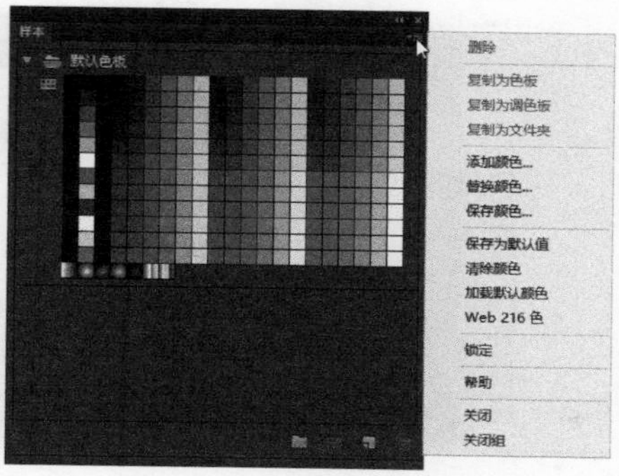

图 4-31 面板扩展菜单

技术看板

“样本”面板显示的是当前调色板中的单独颜色，而“颜色”面板能够提供更改笔触、填充颜色及创建多色渐变的选项。

如果用户需要外部的颜色文件，那么可以导出颜色，导出颜色通过“样本”面板菜单中的“保存颜色”命令来实现。导入颜色通过“替换颜色”命令或者“添加颜色”命令来实现。

用户还可以根据自己的操作习惯和需求对“样本”面板中的颜色进行复制、删除和清除等操作。

单击选择“样本”面板中的颜色，然后在面板菜单中选择“复制为色板”“删除”“加载默认颜色”命令，即可完成颜色的复制、删除和恢复默认颜色的操作，如图 4-32 所示。

如果要从调色板中清除所有的颜色，那么可以在“样本”面板菜单中选择“清除颜色”命令。此操作将从调色板中删除黑、白两色以外的所有颜色。

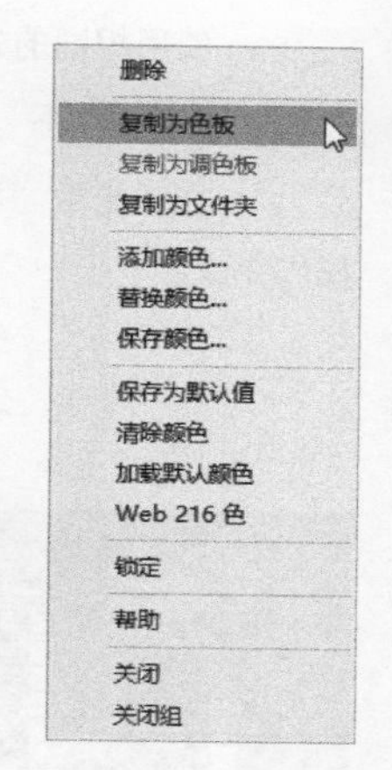

图 4-32 面板菜单

课堂案例 导出自定义调色板

素材文件	素材文件 \ 第 04 章 \42201.png
案例文件	无
教学视频	视频教学 \ 第 04 章 \4-2-2.mp4
案例要点	掌握导出自定义调色板的方法

扫码观看视频

Step 01 选择“文件 > 新建”命令，新建一个 500 像素 × 524 像素的文档，如图 4-33 所示。选择“文件 > 导入 > 导入到舞台”命令，将素材图像“素材文件 \ 第 04 章 \42201.png”导入舞台中，如图 4-34 所示。

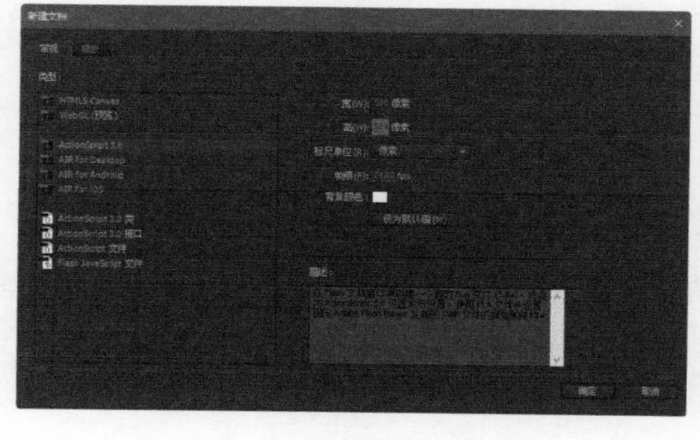

图 4-33 “新建文档”对话框

图 4-34 导入图片素材

Step 02 选择“窗口 > 颜色”命令，打开“颜色”面板，单击“填充颜色”色块，在动物耳朵上单击，吸取颜色，如图 4-35 所示。单击“颜色”面板右上方的按钮，在弹出的菜单中选择“添加样本”命令，将当前颜色创建为新的颜色样本，如图 4-36 所示。

图 4-35 吸取颜色

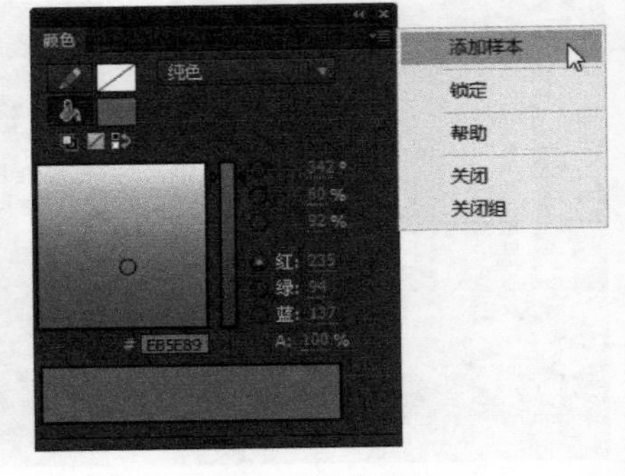

图 4-36 添加样本

Step 03 使用相同的方法分别吸取其他颜色，并分别创建新的颜色样本。这些颜色将会出现在“样本”面板中，如图 4-37 所示。单击“样本”面板右上方的按钮，在弹出的菜单中选择“保存颜色”命令，如图 4-38 所示。

Step 04 在弹出的“导出色样”对话框中设置调色板的存储路径和文件名，将其存储为外部文件，如图 4-39 所示，操作完成。

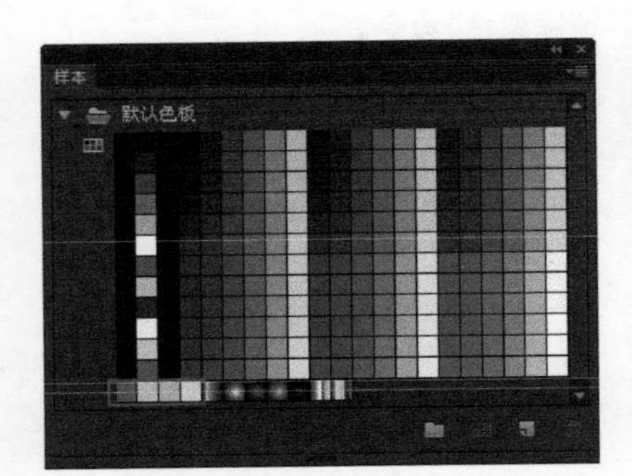

图 4-37 “样本”面板

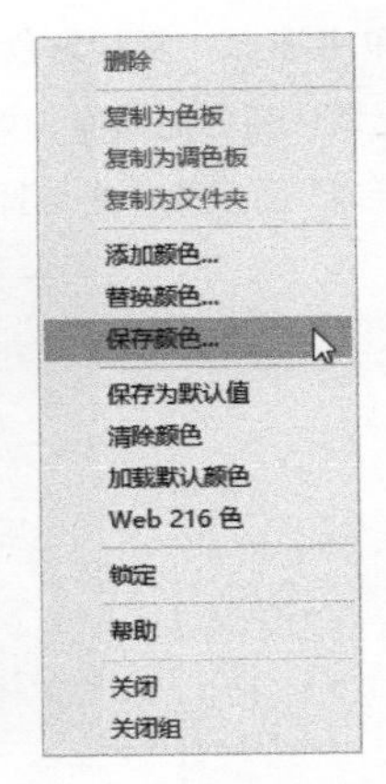

图 4-38 保存颜色

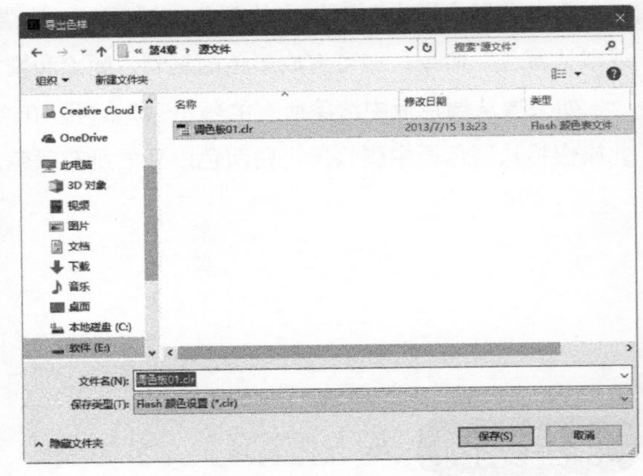

图 4-39 “导出色样”对话框

课堂案例 为图形填充颜色

素材文件	素材文件 \ 第 04 章 \42301.fla	扫码观看视频
案例文件	案例文件 \ 第 04 章 \4-2-3.fla	
教学视频	视频教学 \ 第 04 章 \4-2-3.mp4	
案例要点	掌握纯色填充的方法	

Step 01 选择“文件 > 打开”命令，打开素材文件“素材文件 \ 第 04 章 \42301.fla”，如图 4-40 所示。单击工具箱中的“填充颜色”色块，在弹出的拾色器中设置“填充颜色”为“#ED7A94”，如图 4-41 所示。

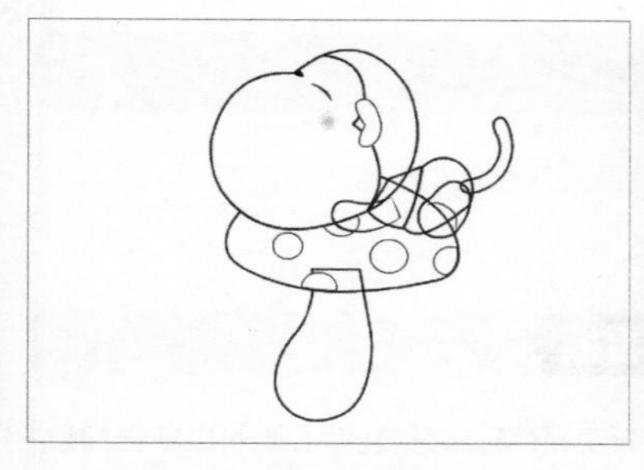

图 4-40 打开素材文件

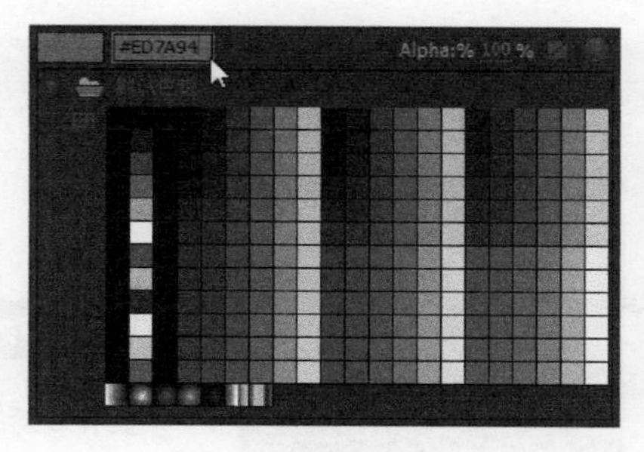

图 4-41 在弹出的拾色器中设置“填充颜色”为“#ED7A94”

技术看板

用户也可以在“颜色”面板中设置“填充颜色”，操作方法和效果是一样的。

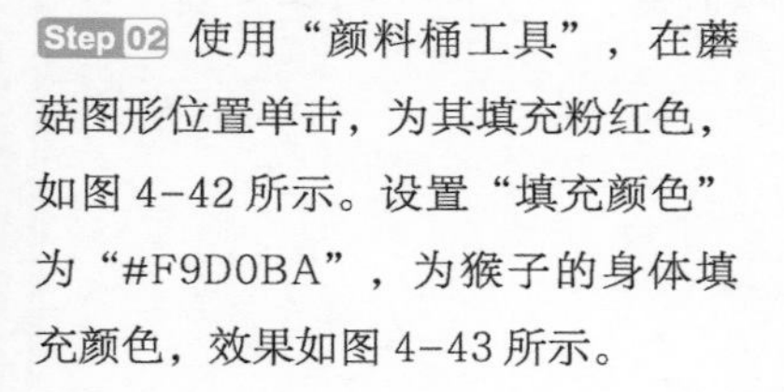

Step 02 使用“颜料桶工具”，在蘑菇图形位置单击，为其填充粉红色，如图 4-42 所示。设置“填充颜色”为“#F9D0BA”，为猴子的身体填充颜色，效果如图 4-43 所示。

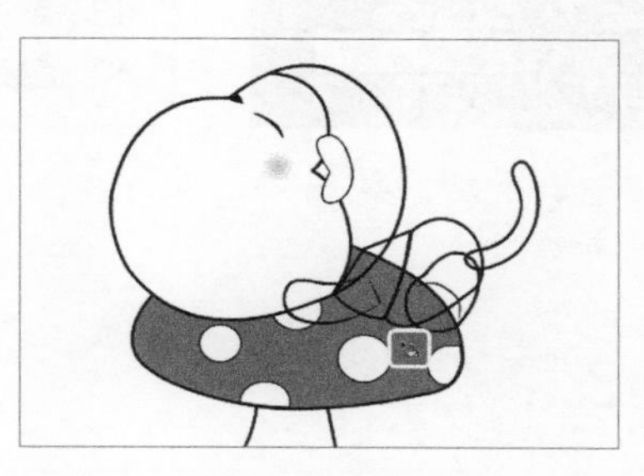

图 4-42 为蘑菇图形填色

图 4-43 为猴子的身体填充颜色

Step 03 使用相同的方法，为猴子的短裤填充白色，并将手臂处不需要的线条删除，如图 4-44 所示。填充完成后选中并删除蘑菇圆点的描边，填充效果如图 4-45 所示。

图 4-44 填充短裤并删除多余描边

图 4-45 填充完成效果

4.3 使用渐变色填充

渐变可以实现一种颜色平滑过渡到另一种颜色的效果， Flash 允许用户创建包含多达 15 种颜色的渐变色，以制作出丰富多变的图形。

Flash 中的渐变包括“线性渐变”和“径向渐变”两种，用户可以在“颜色”面板中设置需要的渐变色。

- **线性渐变**：可以实现沿着一根轴线（水平或垂直）改变颜色的效果。
- **径向渐变**：可以实现从一个中心焦点向外改变颜色的效果。渐变的方向、颜色、焦点位置等属性均可进行修改。

4.3.1 “线性渐变”填充

在“颜色”面板中的“颜色类型”下拉列表中选择“线性渐变”选项，即可显示线性渐变的相关选项，如图 4-46 所示。

图 4-46 “线性渐变”填充

技术看板

若将设置的渐变保存起来重复使用，则可以单击“颜色”面板右上角的三角形按钮，然后在弹出的菜单中选择“添加样本”命令，即可将渐变保存到“样本”面板中。

课堂案例 制作漂亮的夜幕

素材文件	素材文件 \ 第 04 章 \43201.fla	扫码观看视频
案例文件	案例文件 \ 第 04 章 \4-3-2.fla	
教学视频	视频教学 \ 第 04 章 \4-3-2.mp4	
案例要点	掌握线性渐变的设置和填充方法	

Step 01 打开素材文件“素材文件 \ 第 04 章 \43201.fla”，如图 4-47 所示。在“时间轴”面板中新建“图层 2”，并调整图层顺序到“图层 1”下方，如图 4-48 所示。

Step 02 打开“颜色”面板，选择“颜色类型”为“线性渐变”，设置从左到右依次为“#FFFFFF”到“#76D2F0”到“#119BCE”再到“#003366”的渐变色，如图 4-49 所示。使用“矩形工具”在场景中绘制一个与画布等大小的矩形，效果如图 4-50 所示。

图 4-47 打开素材文件

图 4-48 新建图层并调整图层顺序

图 4-49 设置填充颜色

图 4-50 绘制矩形

Step 03 使用“渐变变形工具”，调整线性渐变填充角度，制作出夜幕效果，如图 4-51 所示。单击“多角星形工具”按钮，打开“属性”面板，设置“填充”为白色，如图 4-52 所示。

Step 04 单击“选项”按钮，设置“样式”为“星形”，如图 4-53 所示。新建“图层 3”，使用“多角星形工具”绘制星形，如图 4-54 所示。

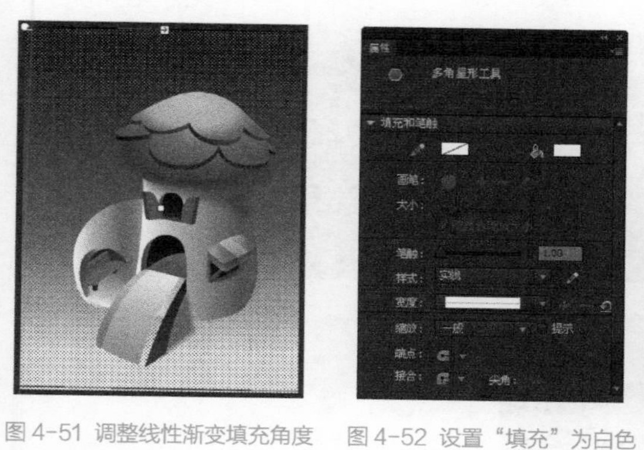

图 4-51 调整线性渐变填充角度　图 4-52 设置“填充”为白色

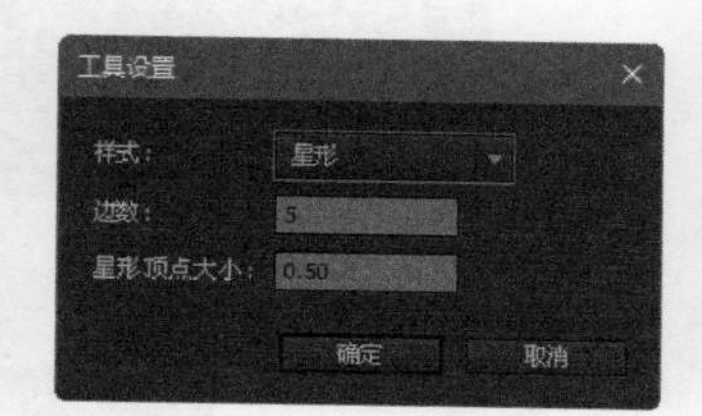

图 4-53 设置“样式”为“星形”

图 4-54 绘制星形

Step 05 按住【Alt】键，使用“选择工具”拖动复制星形，使用“任意变形工具”，调整复制星形的大小和角度，如图 4-55 所示。使用相同的方法制作更多的星形，完成效果如图 4-56 所示。

图 4-55 复制星形

图 4-56 完成效果

4.3.2 “径向渐变”填充

在“颜色”面板中选择“颜色类型”为“径向渐变”，即可显示径向渐变相关的选项，如图 4-57 所示。径向渐变与线性渐变的设置方法完全相同，这里不再赘述。

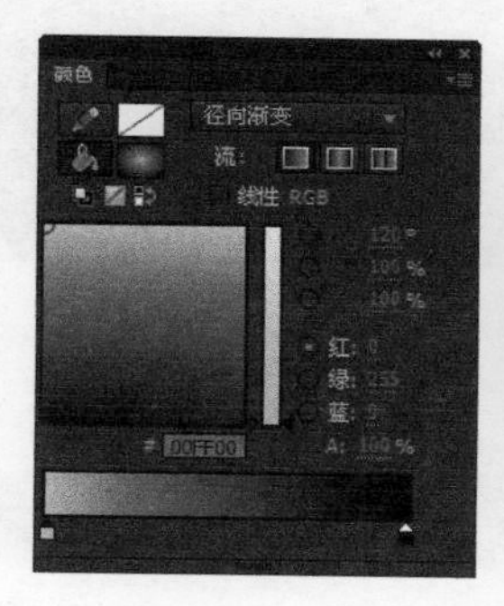

图 4-57 径向渐变效果

课堂案例 制作湛蓝的湖面

素材文件	素材文件 \ 第 04 章 \43401.fla	扫码观看视频
案例文件	案例文件 \ 第 04 章 \4-3-4.fla	
教学视频	视频教学 \ 第 04 章 \4-3-4.mp4	
案例要点	掌握径向渐变的设置和填充方法	

Step 01 打开素材文件“素材文件\第 04 章\43401.fla”，如图 4-58 所示。使用“选择工具”，选中蓝色区域，如图 4-59 所示。

图 4-58 打开素材文件

图 4-59 选中蓝色区域

Step 02 打开“颜色”面板，设置“颜色类型”为“径向渐变”，设置从左到右依次为“#49E6ED”到“#137384”再到“#003F78”的渐变色，如图 4-60 所示，湖面效果如图 4-61 所示。

图 4-60 设置径向渐变

图 4-61 湖面效果

Step 03 使用“渐变变形工具”，对径向渐变填充进行适当调整，如图 4-62 所示。调整完成后单击舞台空白区域查看效果，如图 4-63 所示。

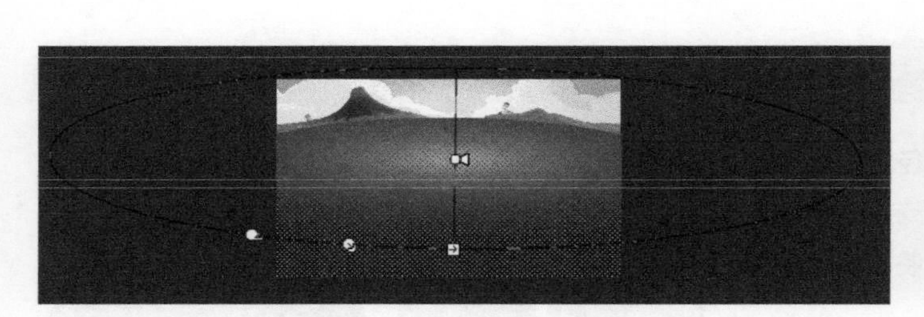
图 4-62 调整渐变效果

图 4-63 完成图形效果

4.3.3 渐变色填充的编辑

使用工具箱中的“渐变变形工具”，可以调整渐变色填充的范围、方向、中心等属性，以获得更符合用户需求的渐变效果。

技术看板

如果在工具箱中看不到渐变变形工具，那么可以单击并按住“任意变形工具”，然后从展开的工具组中选择“渐变变形工具”。

选中填充了渐变色的图形，单击工具箱中的“渐变变形工具”按钮，图形将显示一个带有编辑手柄的边框，如图 4-64 所示。将光标移动到不同的手柄上，按住鼠标左键拖动，即可完成调整渐变中心、旋转渐变、缩放渐变和改变渐变比例的操作，调整渐变效果如图 4-65 所示。

如果图形使用的是线性渐变，那么当使用“渐变变形工具”时，渐变编辑边框效果如图 4-66 所示。拖动控制手柄，可以调整渐变的角度、范围和中心点，如图 4-67 所示。

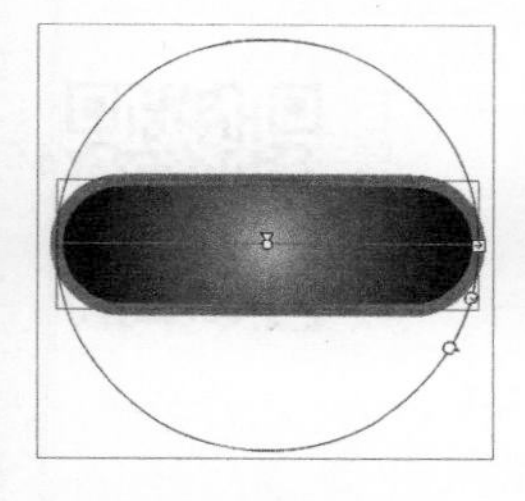
图 4-64 渐变编辑边框

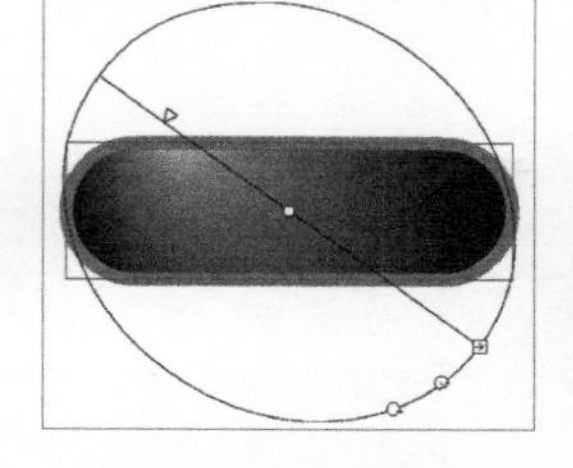
图 4-65 调整渐变效果

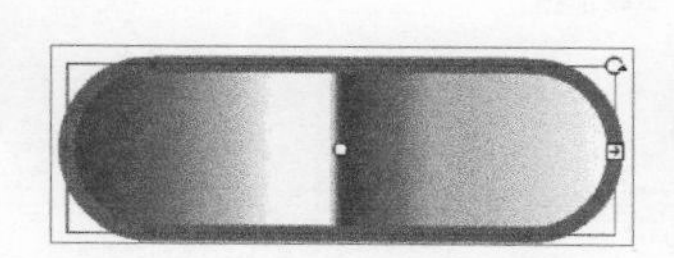
图 4-66 线性渐变编辑边框

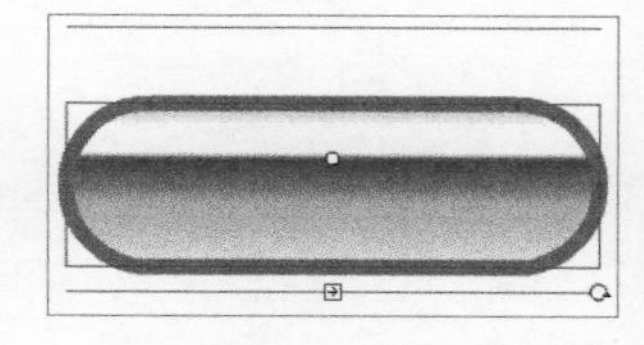
图 4-67 调整线性渐变效果

用户可以在“颜色”面板中为渐变填充设置不同的“流”，以实现不同的填充效果。Flash 为用户提供了扩展颜色、反射颜色和重复颜色 3 种流。当用户使用“渐变变形工具”调整渐变效果时即可获得不同的效果。

4.4 使用位图填充

用户还可以使用位图填充图形，在“颜色”面板中选择“位图填充”选项，在弹出的“导入到库”面板中选择要填充的位图，单击“打开”按钮，即可完成位图填充的操作，填充效果如图 4-68 所示。“颜色”面板如图 4-69 所示。

使用“渐变填充工具”在位图填充的图形上单击，将显示一个带有编辑手柄的边框，如图 4-70 所示，通过拖动手柄可以改变位图填充的大小、中心、旋转角度和倾斜角度，调整后的效果如图 4-71 所示。

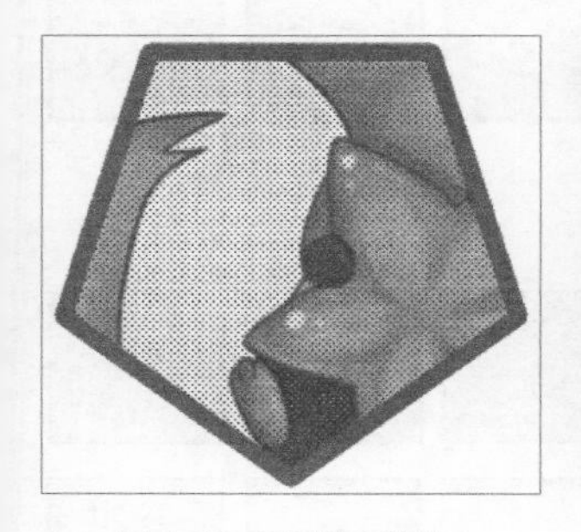
图 4-68 位图填充效果

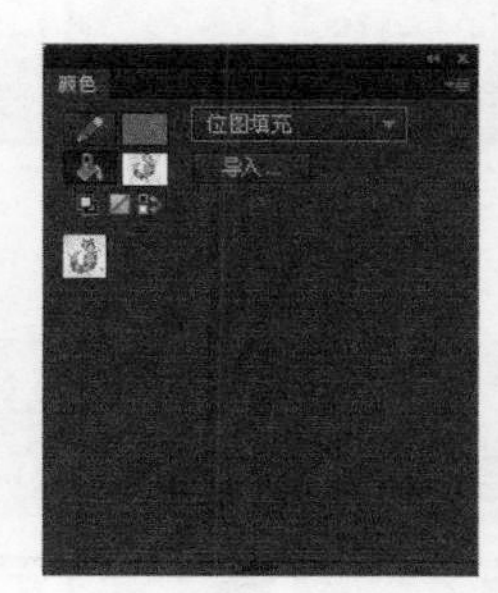

图 4-69 “颜色”面板

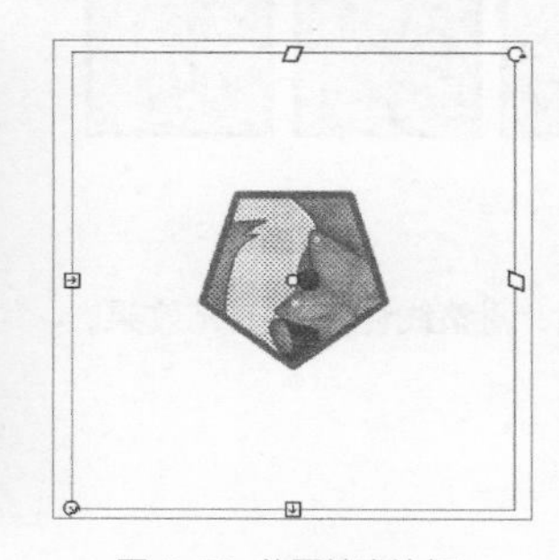
图 4-70 位图填充边框

图 4-71 调整位图填充效果

4.5 锁定填充

用户可以锁定渐变色或位图填充，使填充看起来好像扩展到整个舞台，使用这种方式填充颜色可以显示下层渐变或位图内容的遮罩。

课堂案例 锁定的渐变填充

素材文件	素材文件 \ 第 04 章 \45101.fla
案例文件	案例文件 \ 第 04 章 \4-5-1.fla
教学视频	视频教学 \ 第 04 章 \4-5-1.mp4
案例要点	掌握锁定填充的方法

扫码观看视频

Step 01 打开素材文件“素材文件 \ 第 04 章 \ 45101.fla”，如图 4-72 所示。使用“选对工具”框选中所有矩形，在“颜色”面板中设置“填充颜色”为从“#FF0066”到“#CCCC00”的线性渐变，如图 4-73 所示。

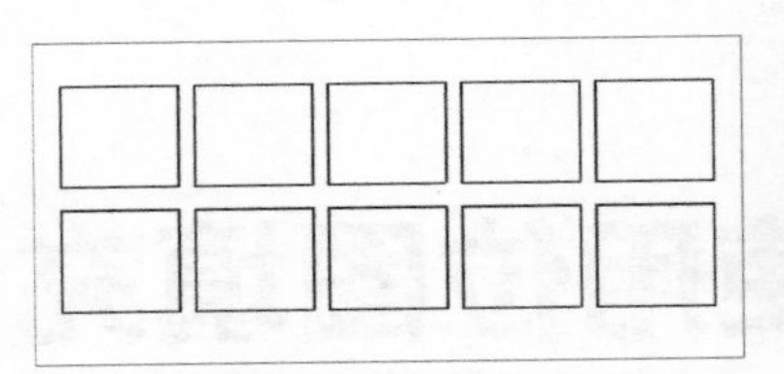
图 4-72 打开素材文件

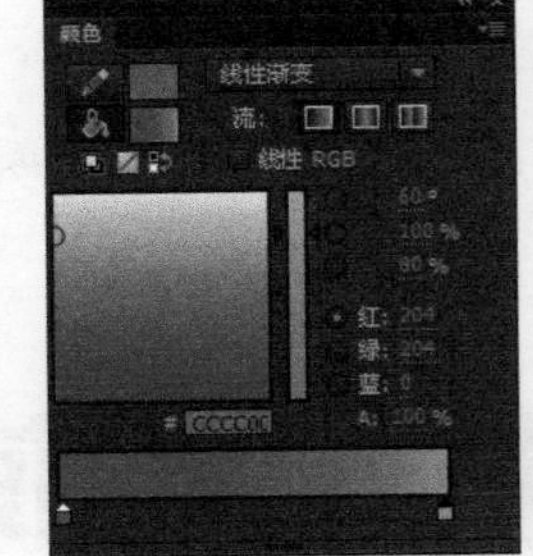

图 4-73 “颜色”面板

Step 02 使用“颜料桶工具”，在矩形上依次单击，填充效果如图 4-74 所示。单击工具箱底部的“锁定填充”按钮，再次在矩形上单击，填充效果如图 4-75 所示。

图 4-74 填充效果

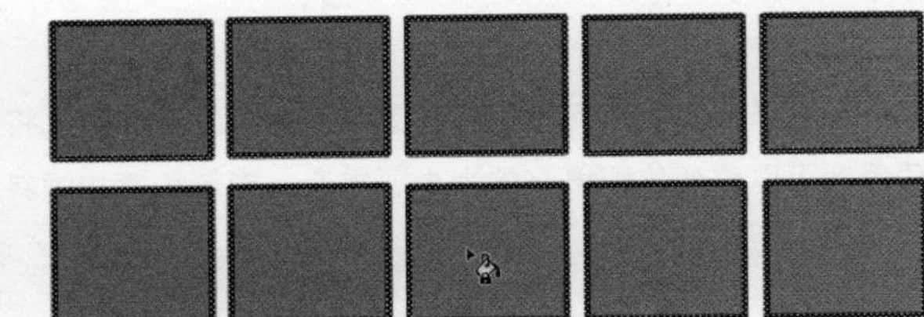
图 4-75 “锁定填充”填充效果

Step 03 使用“渐变变形工具”，调整线性渐变填充效果，如图 4-76 所示。

图 4-76 调整线性渐变填充效果

使用锁定的位图填充

如果使用“颜料桶工具”时启用了“锁定填充”功能，那么填充的位图将扩展至舞台中的涂色对象，未锁定填充与锁定填充效果如图 4-77 所示。

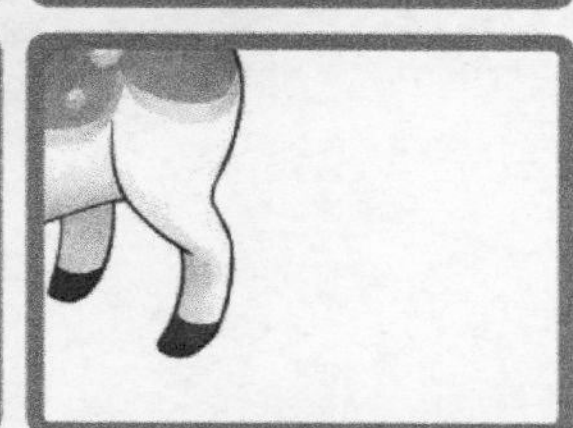

图 4-77 未锁定填充与锁定填充效果

课后习题

一、选择题

1. 在 Flash 中，用户可以在（　）面板中设置图像的笔触和填充效果。

A. “颜色”　　B. “属性”　　C. “样本”　　D. 工具箱

2. 下列选项中，哪一种工具是用来修改笔触颜色的？（　）

A. “墨水瓶工具”　　B. “颜料桶工具”　　C. “渐变工具”　　D. “选择工具”

3. 使用“滴管工具”吸取填充颜色后，将自动激活（　）工具。

A. 渐变　　B. 选择　　C. 墨水瓶　　D. 颜料桶

4. 按住（　）组合键，可以快速打开“样本”面板。

A.【Ctrl+F9】　　B.【Alt+F9】　　C.【Shift+F9】　　D.【Ctrl+Shift+F9】

5. 使用“渐变变形工具”调整渐变和填充时，下拉选项中渐变边框不能调整的是（　）。

A. 大小　　B. 中心　　C. 倾斜　　D. 旋转

二、填空题

1. 在 Flash 中绘制的图像，包括 ______ 和 ______ 两种属性。

2. 用户可以为图形填充 ______、______、______ 和 ______ 4 种效果。

3. Flash 为用户提供了 ______、______ 和 ______ 3 种流。

三、案例题

打开素材文件“素材文件 \ 第 04 章 \46301.fla”，使用“矩形工具”和“椭圆工具”完成场景背景的制作后，将“库”中的图片拖动到场景中，完成动画场景的制作，效果如图 4-78 所示。

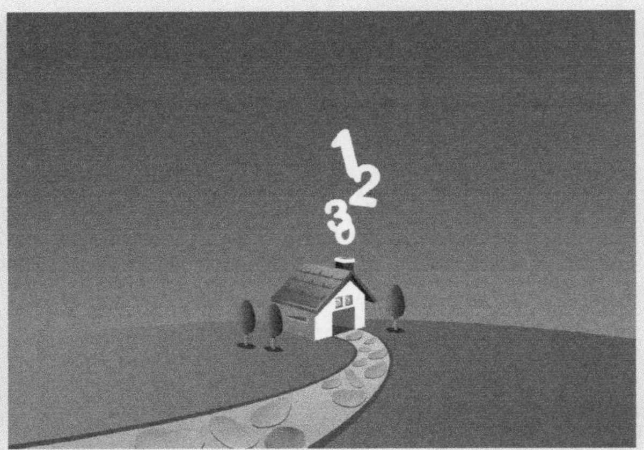

图 4-78 绘制动画场景

Chapter

05

第05章 Flash CC的绘制功能

Flash 拥有强大的矢量绘图功能。通过使用不同的绘图工具，配合使用多种编辑命令和编辑工具，可以制作出精美的矢量图形。在 Flash 中还可以对图形对象进行规则的排列，从而制作出更加精准的图形。本章将带领读者进入 Flash 的奇妙绘图世界。

FLASH CC

学习目标

- 掌握位图与矢量图的区别
- 掌握 Flash 图像的绘制基础
- 熟悉使用各种绘图工具的方法
- 熟练掌握图形的编辑方法

学习重点

- 掌握不同绘图工具的运用
- 掌握编辑图形的方法
- 掌握对图形进行变形的方法

数字图像基础

Flash动画大部分内容由图像来呈现，图像贯穿整个动画。在制作动画时，有时需要插入外部图像，在特定情况下，还需要将插入的图像转换成矢量图形。

5.1.1 位图

位图又称为点阵图，由作为图片元素的像素单个点组成。常见的人物照和风景照都是位图。位图图像色彩丰富，像素点以不同的色彩排列显示，过渡比较自然。位图体积比较大，需要占有较大空间，不能够随意放大、缩小。放大位图时，可以看到构成整个图像的无数单位像素，如图5-1所示。

图5-1 位图局部放大效果

像素是位图图像的基本单位，当放大位图图像时，可以清楚地发现图像是由一个个正方形单色的色块组成的，这些色块就是像素。

单位尺寸内所含像素点的个数称为分辨率。高分辨率的图像比相同尺寸的低分辨率图像包含较多的像素，图像效果也更清晰。

5.1.2 矢量图

矢量图又称为绘图图像，是通过数学公式计算得出的图形效果。矢量文件中的图像元素称为对象，每个对象都是一个自成一体的实体，它具有颜色、形状、轮廓、大小等属性。矢量图可以任意放大或缩小，并且不会出现图像失真的现象，如图5-2所示。

图5-2 矢量图局部放大效果

了解路径

路径由一个或多个直线段或曲线段组成，每个线段的起点和终点由锚点表示。在Flash中绘制线条或形状时，将创建路径。路径可以是闭合的，也可以是开放的，有明显的终点。

路径的锚点分为角点和平滑点。角点路径具有明显的转折效果，而平滑点路径则过渡自然，线条平滑，也可以组合使用这两种锚点，如图 5-3 所示。

选择连接曲线段的锚点时，连接线段的锚点会显示方向手柄，如图 5-4 所示。方向手柄由方向线组成，方向线在方向点处结束。方向线的角度和长度决定曲线段的形状和大小，移动方向点将改变曲线形状，方向线不显示在最终输出上。

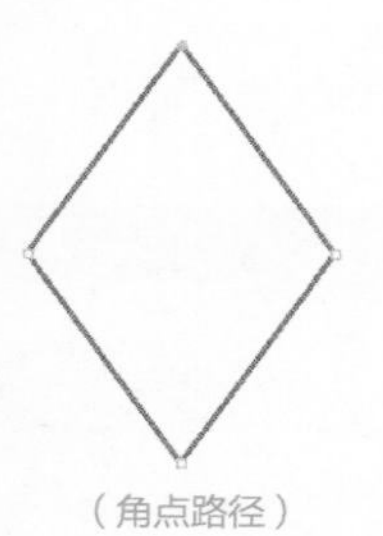

（角点路径）

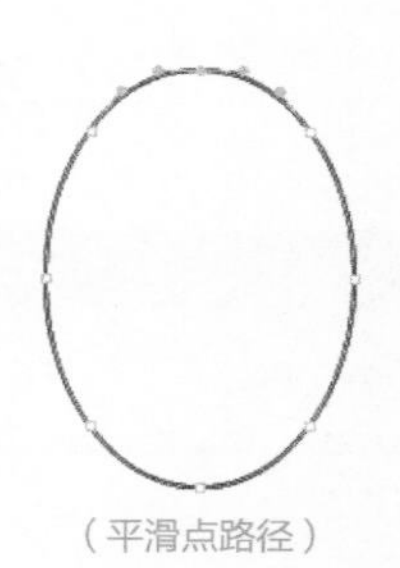

（平滑点路径）

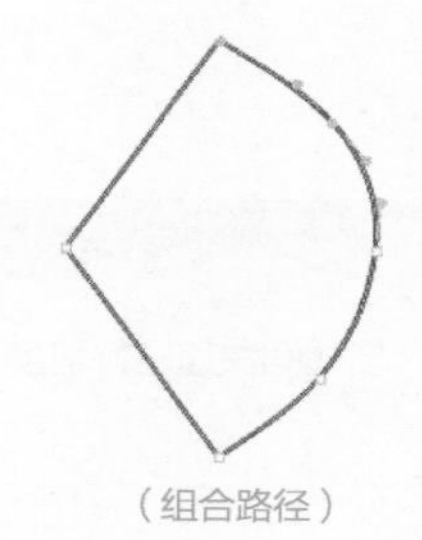

（组合路径）

图 5-3 路径的分类

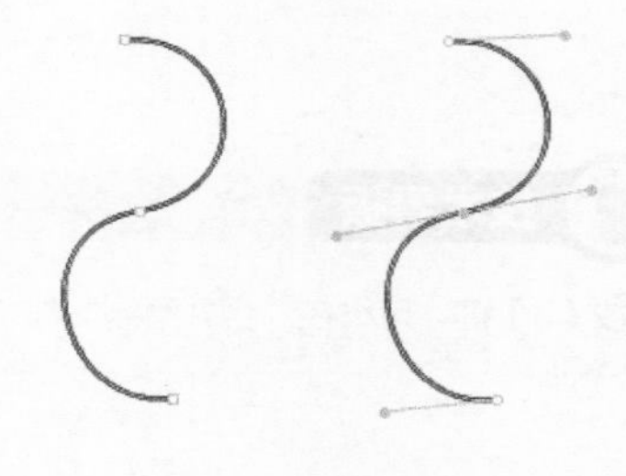

图 5-4 方向手柄

平滑点始终具有两条方向线，方向线始终与锚点处的曲线相切。每条方向线的角度决定曲线的斜率，而每条方向线的长度决定曲线的高度或深度。

在平滑点上移动方向线时，点两侧的曲线段将同步调整，保持该锚点处的连续曲线。

5.3 绘制模式和图形对象

在 Flash 中，用户可以使用不同的绘制模式和绘画工具创建不同的图形对象。了解每种图形对象类型的功能，可以就使用何种类型对象做出最佳决定。

5.3.1 合并绘制和对象绘制

在默认绘制模式下，重叠绘制形状时，形状会自动进行计算。当绘制在同一图层中的图形颜色不同并重叠时，最顶层的形状会截去在其下面与其重叠的形状部分，如图 5-5 所示。当绘制在同一图层中的图形颜色相同并重叠时，两个图形则会合并，如图 5-6 所示。

当形状既包含笔触又包含填充时，笔触和填充可以被单独选择或移动，如图 5-7 所示。

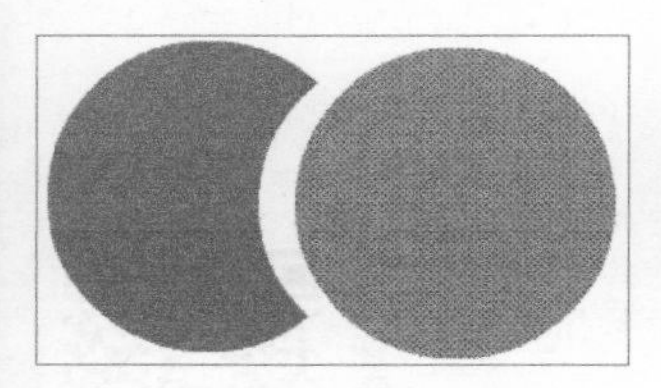

图 5-5 不同颜色图形叠加

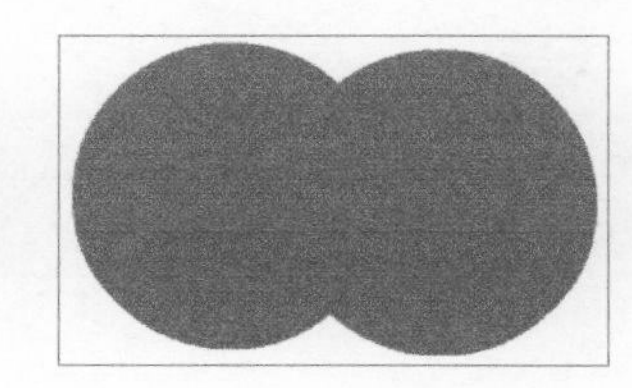

图 5-6 相同颜色叠加

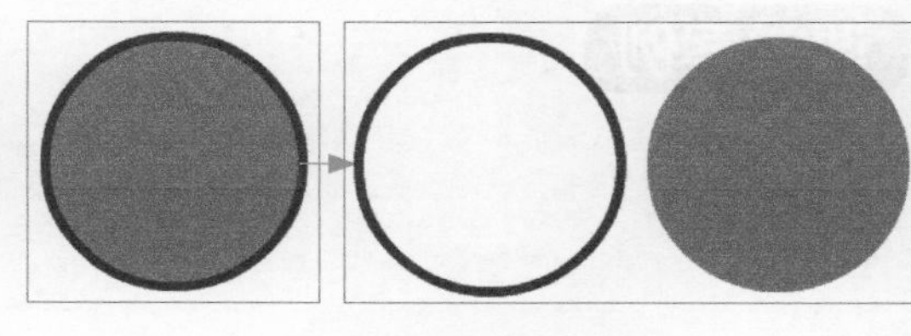

图 5-7 笔触和填充单独移动

选择任意绘图工具，单击工具箱底部的“对象绘制”按钮，激活对象绘制模式。此时绘制的图形在叠加时不会自动合并在一起。Flash 将每个形状创建为单独的对象，可以分别进行处理，如图 5-8 所示。

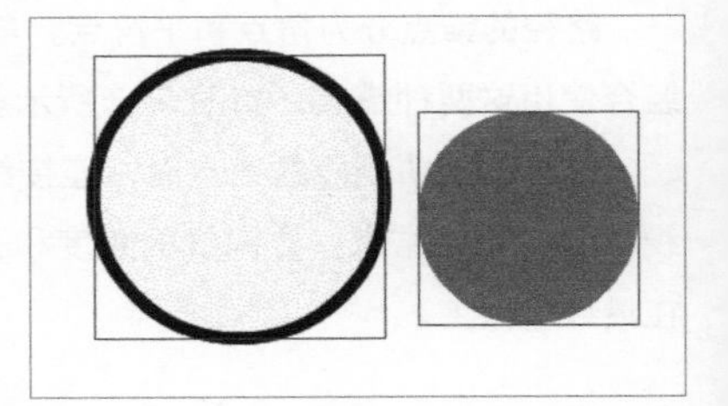

图 5-8 对象绘制模式图形

技术看板

按【J】键，可以在“合并绘制”与“对象绘制”模式间快速进行切换。

5.3.2 重叠形状

当在合并绘制模式下绘制一条与另一条直线或已涂色形状交叉的直线时，重叠直线会在交叉点处分成多条线段。使用“选择工具”可以分别选择、移动每条线段并改变其形状，如图 5-9 所示。

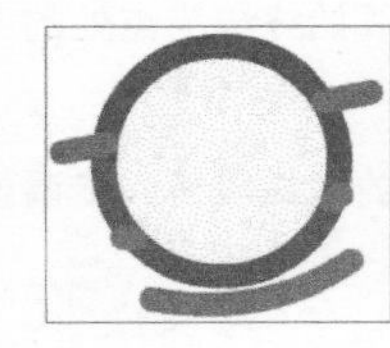

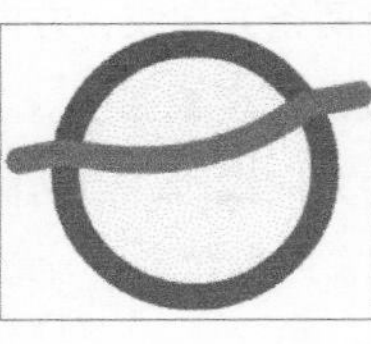

图 5-9 重叠形状

当在图形和线条上涂色时，底下部分将被上面部分替换。同种颜色的颜料将会合并在一起，不同颜色的颜料仍保持不同。

5.4 改变线条和形状

在 Flash 中可以对已绘制的图形进行修改、调整等二次加工，除了可以对形状的整体进行修改，还可以调整形状的微小细节，也可以对图形进行优化处理等操作，使图形效果更加完善。

课堂案例 使用“部分选取工具”调整点

素材文件	素材文件 \ 第 05 章 \54101.fla
案例文件	案例文件 \ 第 05 章 \5-4-1.fla
教学视频	视频教学 \ 第 05 章 \5-4-1.mp4
案例要点	掌握“部分选取工具”的使用方法

扫码观看视频

Step 01 选择“文件 > 打开”命令，打开素材文件“素材文件\第 05 章\54101.fla”，如图 5-10 所示。单击工具箱中的“椭圆工具”按钮，在舞台中绘制一个“填充颜色”为“#CCCCCC”的圆形，如图 5-11 所示。

图 5-10 打开素材文件

图 5-11 绘制圆形

Step 02 单击工具箱中的“部分选取工具”按钮，单击舞台中的圆形，显示其锚点，如图 5-12 所示。单击选中右下角的锚点并向下拖动，如图 5-13 所示。

图 5-12 选中圆形显示锚点

图 5-13 选中并拖动锚点

Step 03 将光标放置在左下角锚点方向点的上方，光标变成黑色箭头形状，如图 5-14 所示。单击并拖动鼠标，调整路径形状，如图 5-15 所示。

图 5-14 光标效果

图 5-15 拖动调整路径形状

技术看板

单击工具箱中的“画笔工具”按钮，设置“刷子模式”为“标准绘画”，设置“刷子形状”为椭圆形，适当设置“刷子大小”，在舞台中即可绘制文字。

Step 04 使用相同的方法，调整其他锚点的方向线，并使用“画笔工具”绘制相应的图形效果，如图 5-16 所示。

图 5-16 图形效果

5.4.1 使用“选择工具”改变形状

使用 Flash 中的“选择工具”不仅可以选择图形对象，还可以改变线条或形状的轮廓。单击工具箱中的“选择工具”按钮，将光标放置在图形对象的上方，根据指针发生的不同变化，进行不同的操作。

- 当光标移至线条的上方时，光标右下方会出现一条弧线，单击并拖动鼠标，可将直线转换为曲线，并调整线条的形状。
- 当光标移至线条的端点上方时，光标右下角会出现一个拐角，单击并拖动鼠标，可调整端点的位置，则线条将延长或缩短。
- 当光标移至线条转角上方时，单击并拖动鼠标，则组成转角的线段在变化或缩短时仍保持伸直。

课堂案例 改变线条或形状轮廓

素材文件	素材文件 \ 第 05 章 \54301.fla	扫码观看视频
案例文件	案例文件 \ 第 05 章 \5-4-3.fla	
教学视频	视频教学 \ 第 05 章 \5-4-3.mp4	
案例要点	掌握使用“选取工具”调整图形的方法	

Step 01 选择“文件 > 打开”命令，打开素材文件“素材文件 \ 第 05 章 \54301.fla”，如图 5-17 所示。单击工具箱中的“选择工具”按钮，将光标移至图形锚点的上方，光标效果如图 5-18 所示。

Step 02 单击并向下拖动鼠标，更改图形的形状，如图 5-19 所示。使用相同的方法，更改同类图形的形状，效果如图 5-20 所示。

图 5-17 打开素材文件

图 5-18 光标效果

图 5-19 更改图形的形状

图 5-20 调整后的图形效果

Step 03 将光标移至如图 5-21 所示位置。单击并拖动图形的边缘改变其形状，效果如图 5-22 所示。

Step 04 使用相同的方法，调整老虎另一只耳朵的形状，效果如图 5-23 所示。将光标移至老虎胡须的上方，当光标右下方出现圆弧时，单击并拖动鼠标，更改直线的形状，如图 5-24 所示。

图 5-21 光标效果

图 5-22 改变图形形状

图 5-23 调整老虎另一只耳朵的形状

图 5-24 调整直线的形状

Step 05 使用相同的方法，更改其他直线的形状，效果如图 5-25 所示。将光标移至老虎头部的顶端，按住【Ctrl】键的同时单击并拖动，拖动出一个角点，如图 5-26 所示。

Step 06 使用相同的方法，拖动出另一个角点，并调整图形轮廓，效果如图 5-27 所示。

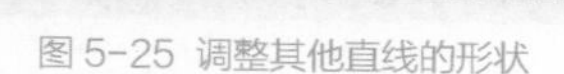

图 5-25 调整其他直线的形状

图 5-26 拖动出角点

图 5-27 图形效果

5.4.2 伸直和平滑线条

在 Flash 中绘制直线段或曲线段后，还可以通过一些辅助操作，使图形更加完善，以符合动画制作的要求。

伸直操作可以将已经绘制的线条和曲线拉直，不会影响直的线段。选择绘制的线段，单击工具箱中的“选择工具”按钮，再单击工具箱底部的“伸直”按钮，即可使选择的线段更加平直，如图 5-28 所示。

平滑操作可以使曲线变柔和并减少曲线整体方向上的突起或其他变化。同时还会减少曲线中的线段数，从而得到一条更易于改变形状的柔和曲线。不过，平滑只是相对的，它并不影响直线段。

选择绘制的线段，单击工具箱底部的“平滑”按钮，即可使选择的线段更加平滑，如图 5-29 所示。

（原效果）

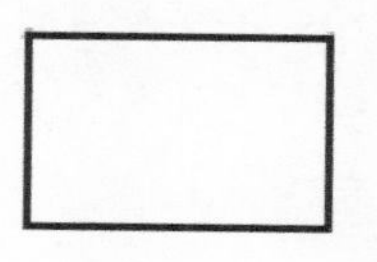

（伸直效果）

图 5-28 伸直线条效果

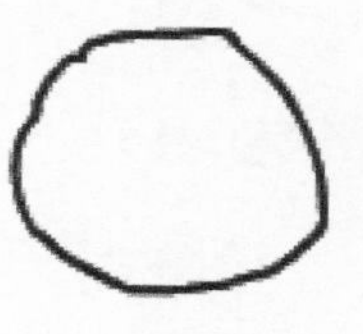

（原效果）

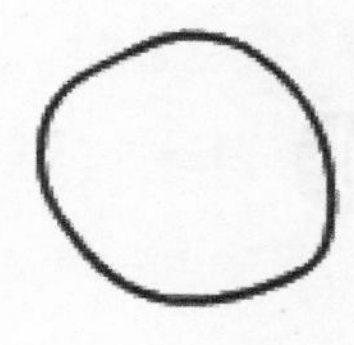

（平滑效果）

图 5-29 平滑线条效果

技术看板

根据每条线段的原始曲直程度，重复应用平滑或伸直操作会使线段更加平滑或更加平直。另外，还可以通过“修改 > 形状 > 平滑”和“修改 > 形状 > 伸直”命令来进行此操作。

用户还可以对图形进行更精确的平滑和伸直操作。选择“修改 > 形状 > 高级平滑”命令，弹出“高级平滑”对话框，如图 5-30 所示，在该对话框中可以精确控制平滑的数值。

选择“修改 > 形状 > 高级伸直”命令，弹出“高级伸直”对话框，如图 5-31 所示，在该对话框中可以精确控制伸直的数值。

图 5-30 “高级平滑”对话框

图 5-31 “高级伸直”对话框

5.4.3 优化曲线

优化功能通过改进曲线和填充轮廓，减少用于定义这些元素的曲线数量来平滑曲线。优化曲线还会减小 Flash 文档（FLA 文件）和导出的应用程序（SWF 文件）的体积大小。Flash 允许对相同元素进行多次优化。

选择“修改 > 形状 > 优化”命令，弹出“优化曲线”对话框，如图 5-32 所示。

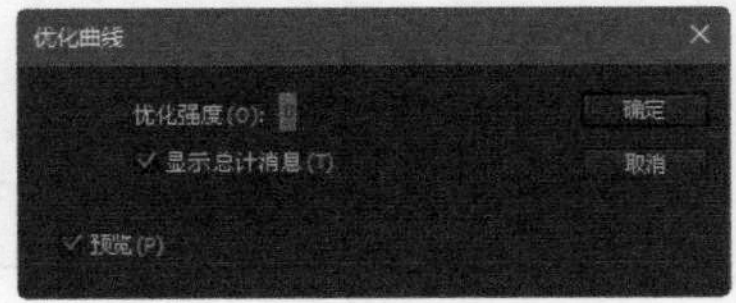

图 5-32 “优化曲线”对话框

5.4.4 将线条转换为填充

在绘制图形时，在一些特殊情况下，需要将笔触转换为填充，使其拥有填充属性以对其进行编辑。选择一条或多条线条，选择“修改 > 形状 > 将线条转换为填充”命令，即可将线条转换为填充。

提示

将线条转换为填充可能会增大文件大小，但同时可以加快一些动画的绘制。

课堂案例 将线条转换为填充

素材文件	无
案例文件	案例文件 \ 第 05 章 \5-4-7.fla
教学视频	视频教学 \ 第 05 章 \5-4-7.mp4
案例要点	掌握将线条转换为填充的操作方法

扫码观看视频

Step 01 选择“文件 > 新建”命令，新建一个空白文档，设置“背景颜色”为“#ADFFFF”，如图 5-33 所示。单击工具箱中的“矩形工具”按钮，在“属性”面板中设置其“笔触颜色”为白色，“填充颜色”为“#FF9900”，其他参数如图 5-34 所示。

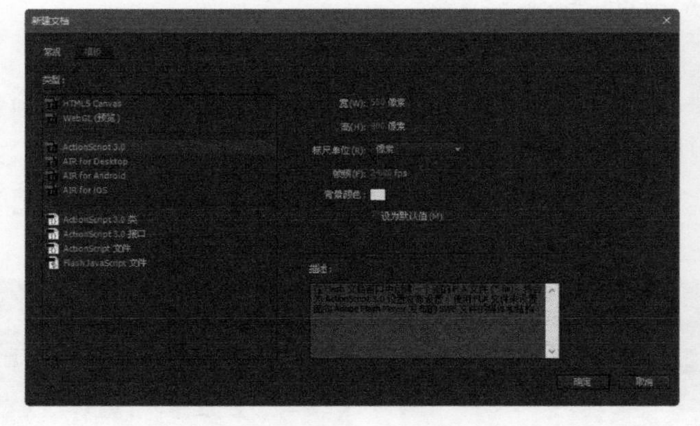
图 5-33 “新建文档”对话框

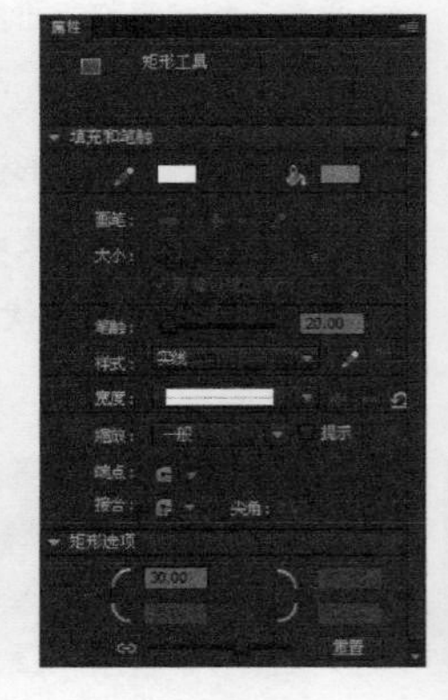
图 5-34 “属性”面板

Step 02 在场景中绘制矩形，效果如图 5-35 所示。使用“选择工具”双击选中笔触，选择“修改 > 形状 > 将线条转换为填充”命令，将笔触转换为填充，“属性”面板如图 5-36 所示。

Step 03 单击工具箱中的“墨水瓶工具”按钮，在“属性”面板中设置“笔触颜色”为“#AA4400”，在黄色矩形边缘位置单击，即可为其添加笔触，效果如图 5-37 所示。

图 5-35 绘制矩形

图 5-36 将笔触转换为填充

图 5-37 添加笔触效果

5.4.5 扩展填充对象

要扩展填充对象的形状，首先要选择一个填充形状，选择“修改 > 形状 > 扩展填充”命令，弹出“扩展填充”对话框，如图 5-38 所示。

在该对话框中用户可以对各参数进行设置，单击“确定”按钮，即可完成形状对象的扩展或收缩操作。

提示

扩展填充功能在没有笔触且不包含很多细节的小型单色填充形状上使用时效果最好。另外，如果填充对象包括笔触，那么选择该命令后，笔触将消失。

5.4.6 柔化填充边缘

利用“柔化填充边缘”命令可以使填充形状对象边缘产生类似模糊的效果，使图形的边缘变得柔和。

选择一个填充形状，选择“修改 > 形状 > 柔化填充边缘”命令，弹出“柔化填充边缘”对话框，如图 5-39 所示。

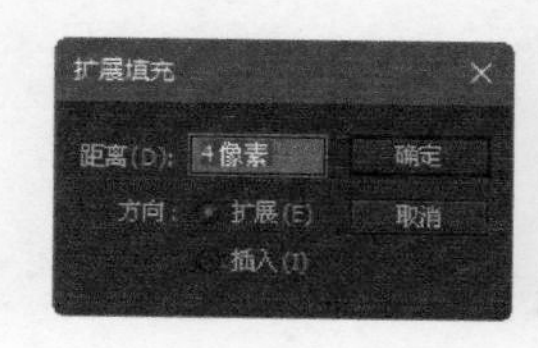

图 5-38 “扩展填充”对话框

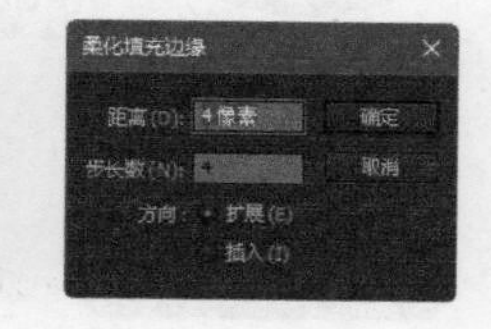

图 5-39 “柔化填充边缘”对话框

5.5 删除内容

Flash 中的“橡皮擦工具”有多种使用方法，最为直接、快捷的删除方法是双击工具箱中的“橡皮擦工具”按钮，即可将舞台上所有内容全部删除。

5.5.1 删除笔触段或填充区域

在Flash中，可以使用“橡皮擦工具”的特殊模式一次性将选择的形状对象删除。单击工具箱中的“橡皮擦工具”按钮，再单击工具箱底部的“水龙头”按钮，在画布中单击填充对象的填充，即可将其删除，如图5-40所示。

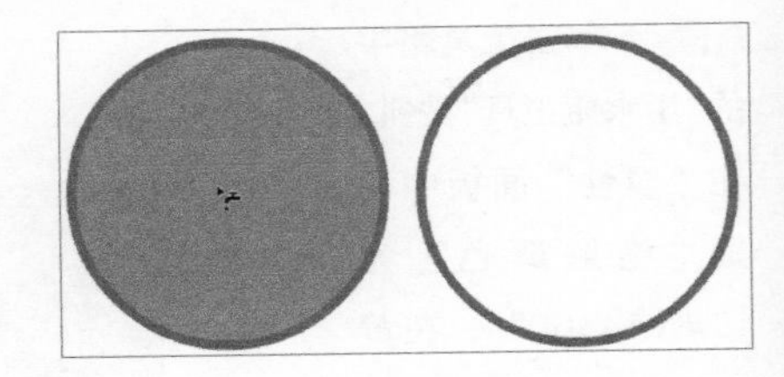

图5-40 删除填充

删除笔触也是同样的方法，将水龙头放置在要删除的笔触上方，单击，即可删除笔触。

5.5.2 通过拖动擦除

“橡皮擦工具”提供多种通过拖动擦除图形对象的模式，单击工具箱中的“橡皮擦工具”按钮，在“选项”区域单击“橡皮擦模式”按钮，可以看到“橡皮擦工具”的多种模式，如图5-41所示。

此外，“橡皮擦工具”还提供了圆形和方形2种橡皮擦形状，如图5-42所示。用户可以根据需要选择大小不同的橡皮擦形状。

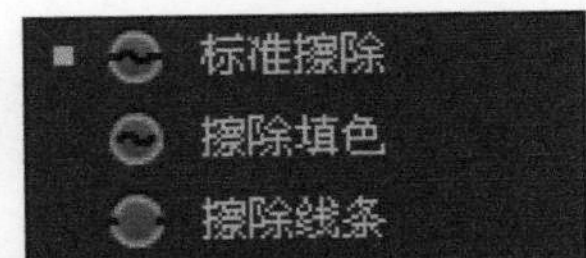

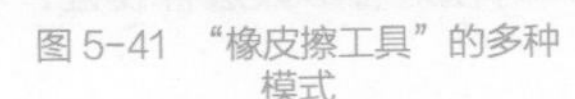

图5-41 “橡皮擦工具”的多种模式

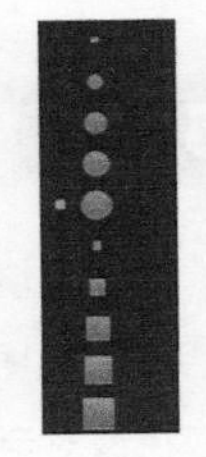

图5-42 橡皮擦形状

5.6 绘制简单线段和形状

Flash具有强大的绘图功能，用户可以根据不同的需要，使用不同的绘图工具，绘制出各不相同的图形对象。本节将介绍如何使用Flash各种常用工具绘制最基本的图形。

课堂案例 使用“线条工具”绘制绳梯

素材文件	素材文件\第05章\56101.fla	扫码观看视频
案例文件	案例文件\第05章\5-6-1.fla	
教学视频	视频教学\第05章\5-6-1.mp4	
案例要点	掌握“线条工具”“选择工具”的使用方法	

Step 01 选择“文件>打开”命令，打开素材文件“素材文件\第05章\56101.fla”，如图5-43所示。单击工具箱中的“线条工具”按钮，在“属性”面板中设置“笔触颜色”为黑色，“笔触高度”为“2”，如图5-44所示。

Step 02 在场景中拖动鼠标绘制一条直线，如图 5-45 所示。使用“选择工具”调整直线形状，效果如图 5-46 所示。

图 5-43 打开素材文件

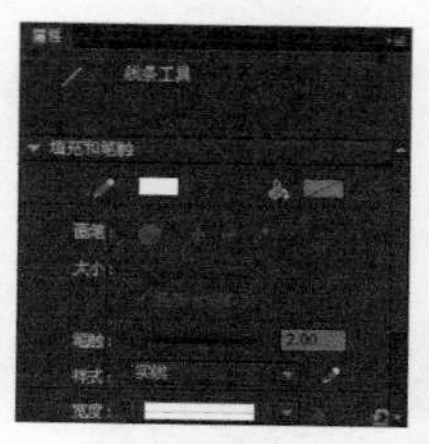

图 5-44 设置线条属性

图 5-45 绘制直线

图 5-46 调整直线形状

Step 03 使用“选择工具”选择线段，在按住【Alt】键的同时拖动复制出另一条线条，如图 5-47 所示。使用相同的方法，使用“线条工具”在两条线段之间绘制直线，效果如图 5-48 所示。

图 5-47 复制线条

图 5-48 绘制线条

5.6.1 使用“矩形工具”和“椭圆工具”

单击工具箱中的“矩形工具”按钮，在舞台中单击并拖动，即可绘制出一个矩形，如图 5-49 所示。在绘制矩形之前，可以在“属性”面板中对矩形的参数进行设置，如图 5-50 所示。

单击工具箱中的“椭圆工具”按钮，在舞台中单击并拖动，即可绘制出一个椭圆形，如图 5-51 所示。在绘制椭圆之前，也可以在“属性”面板中对椭圆的参数进行设置，如图 5-52 所示。

图 5-49 绘制的矩形

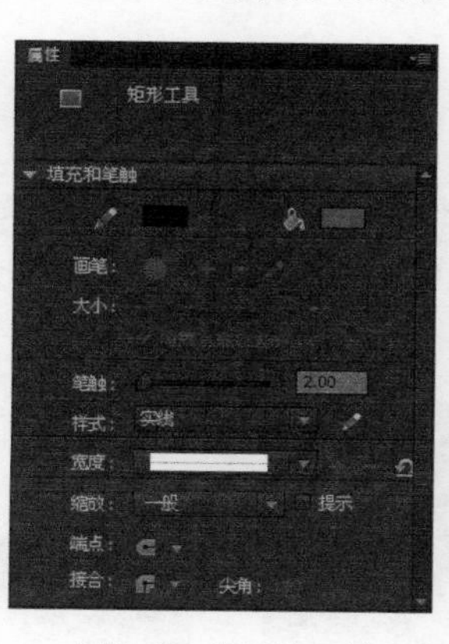

图 5-50 “属性”面板

图 5-51 绘制的椭圆形

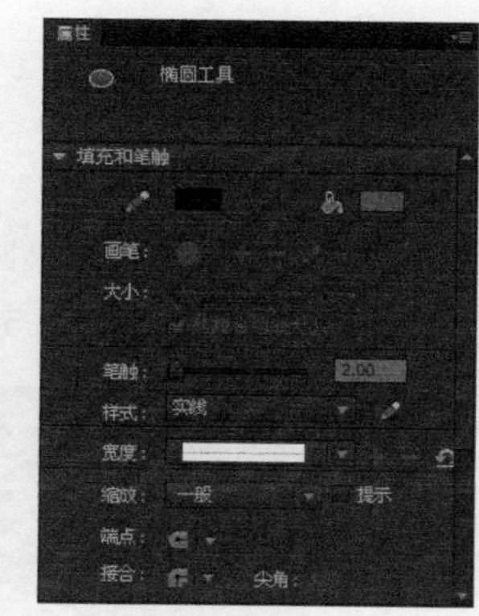

图 5-52 “属性”面板

单击工具箱中的“矩形工具”按钮，按住【Alt】键在舞台空白位置单击，弹出“矩形设置”对话框，如图 5-53 所示。在该对话框中可以指定矩形的宽、高、边角半径，以及是否从中心绘制。当宽和高数值一样时，将按指定的宽、高绘制正方形。

技术看板

按住【Shift】键，使用“椭圆工具”在舞台中拖动，可绘制正圆形；按住【Alt】键，在舞台中拖动，可绘制以单击点为中心向四周扩散的椭圆形。

单击工具箱中的“椭圆工具”按钮，按住【Alt】键在舞台空白位置单击，将弹出“椭圆设置”对话框，如图 5-54 所示。在该对话框中可以指定椭圆的宽和高，以及是否从中心绘制。当宽和高数值一样时，将按指定的宽、高绘制圆形。

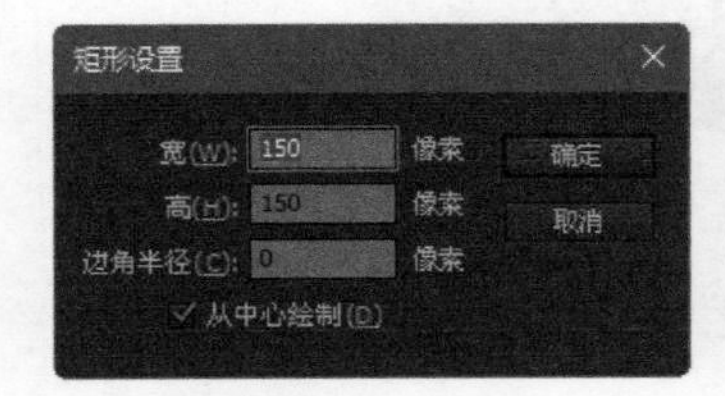

图 5-53 “矩形设置”对话框

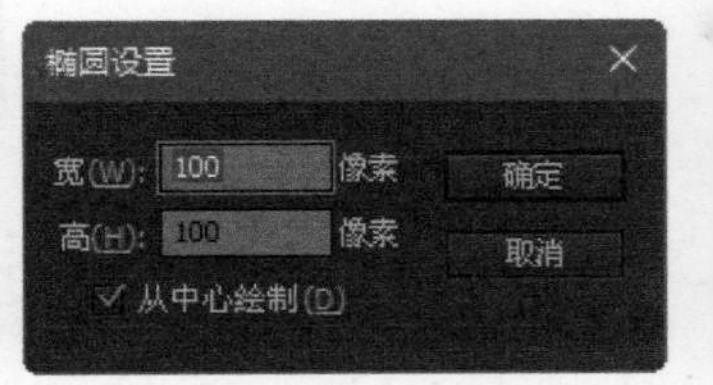

图 5-54 “椭圆设置”对话框

技术看板

“矩形工具”与“椭圆工具”的使用方法有很多相似之处。在使用“矩形工具”绘制矩形时，拖动鼠标的同时按“↑”和“↓”方向箭，可一边绘制矩形一边调整圆角半径。

课堂案例 绘制可爱小猪

素材文件	无
案例文件	案例文件 \ 第 05 章 \5-6-3.fla
教学视频	视频教学 \ 第 05 章 \5-6-3.mp4
案例要点	掌握“椭圆工具”和“选择工具”的使用方法

扫码观看视频

Step 01 选择“文件 > 新建”命令，弹出“新建文档”对话框，单击“确定”按钮，新建一个空白文档，如图 5-55 所示。单击工具箱中的“椭圆工具”按钮，在“属性”面板中设置其“笔触颜色”为“#5B3D22”，“填充颜色”为“#FDCEE1”，如图 5-56 所示。

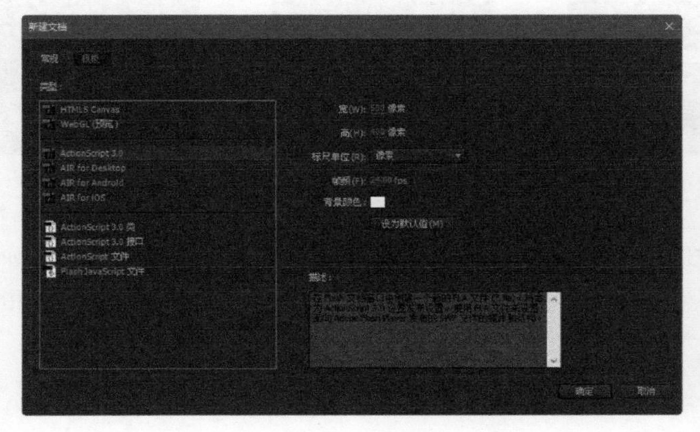

图 5-55 新建文档

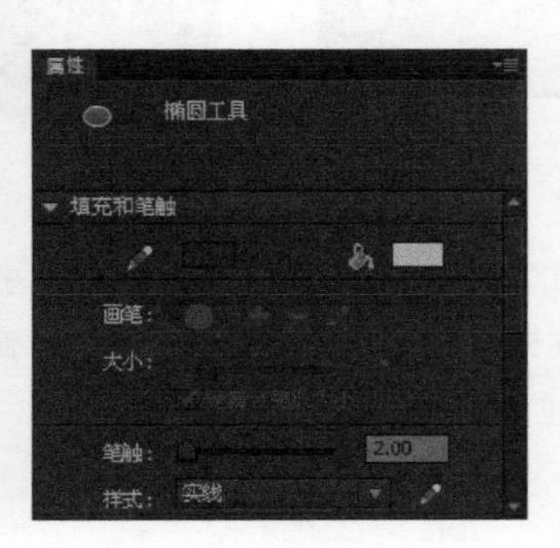

图 5-56 “属性”面板

Step 02 将光标移至场景中拖动绘制椭圆形，如图 5-57 所示。使用“选择工具”调整椭圆的形状，效果如图 5-58 所示。

Step 03 单击“时间轴”面板中的“新建图层”按钮，新建“图层 2”，如图 5-59 所示。继续使用“椭圆工具”绘制圆形，如图 5-60 所示。

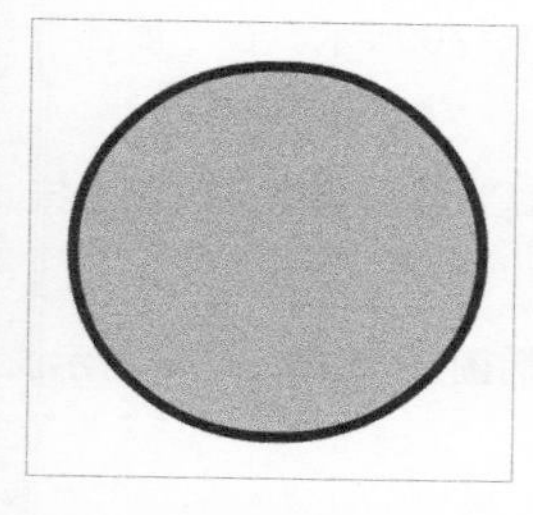

图 5-57 绘制椭圆形

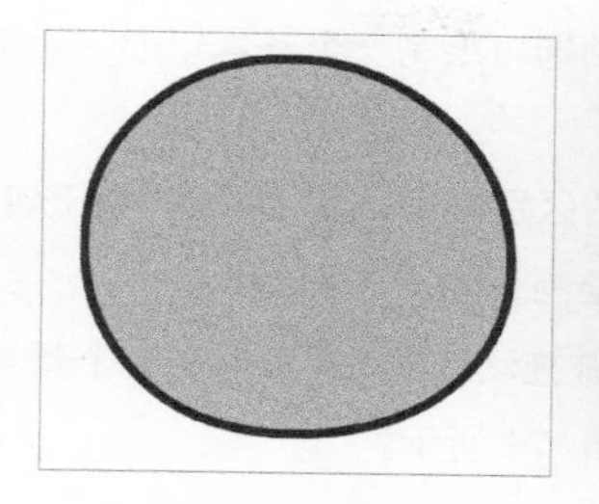

图 5-58 调整椭圆形状

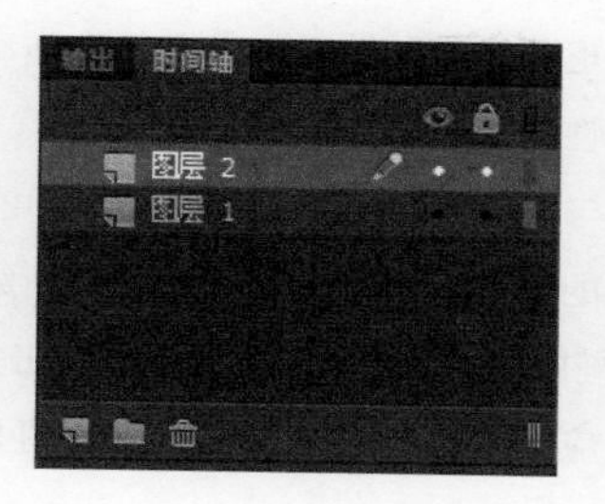

图 5-59 新建图层

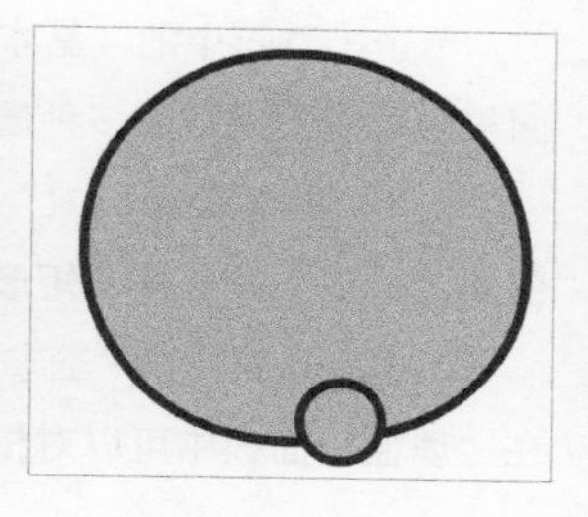

图 5-60 绘制圆形

Step 04 使用“选择工具”调整图形形状，效果如图 5-61 所示。单击工具箱中的“橡皮擦工具”按钮，设置“橡皮擦模式”为“擦除线条”，如图 5-62 所示。

Step 05 使用“橡皮擦工具”擦除不需要的线条，如图 5-63 所示。新建图层，使用“椭圆工具”绘制椭圆形，使用“选择工具”调整椭圆形状，并调整图层顺序，效果如图 5-64 所示。

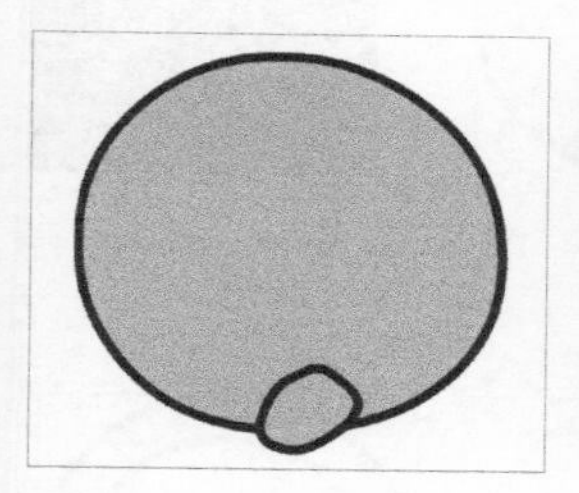

图 5-61 调整图形形状

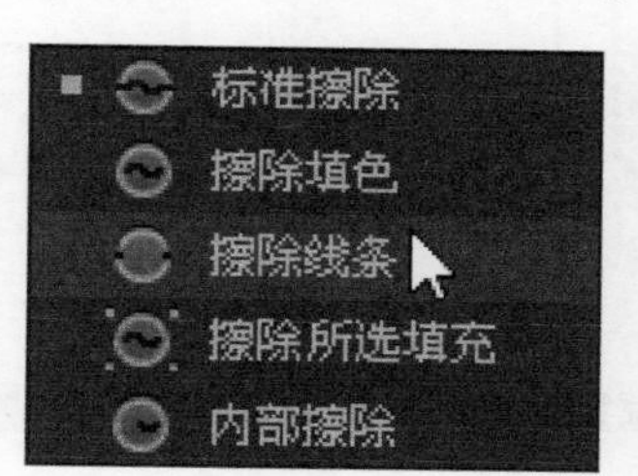

图 5-62 选择“擦除线条”模式

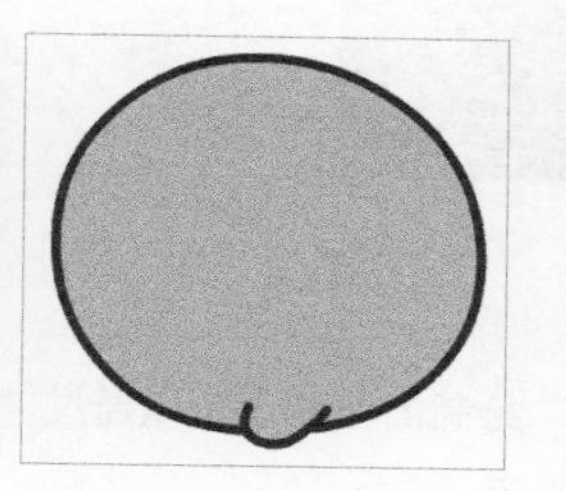

图 5-63 擦除线条

图 5-64 绘制椭圆并调整顺序

Step 06 使用相同的方法，绘制圆形与线条，调整线条的轮廓，如图 5-65 所示。在“属性”面板中设置“笔触”为“#5B3D22”，“填充”为“#BD9CDB”，如图 5-66 所示。使用“椭圆工具”，在场景中绘制椭圆形，如图 5-67 所示。

Step 07 按住【Ctrl】键的同时向椭圆内部拖动，调整其形状，如图 5-68 所示。继续使用相同的方法，制作其他元素，完成效果如图 5-69 所示。

图 5-65 线条效果

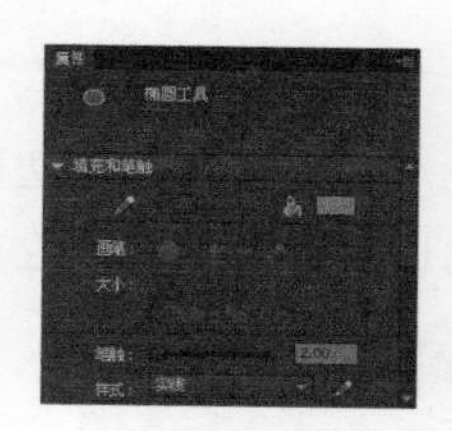

图 5-66 “属性”面板

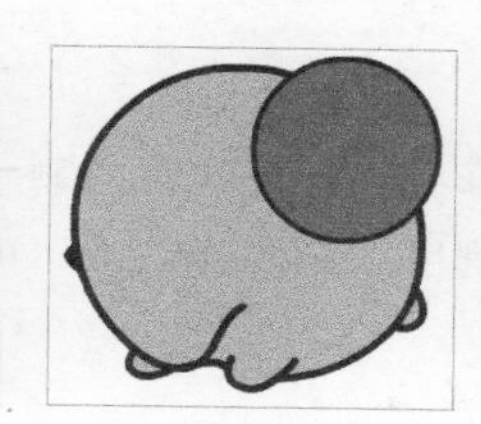

图 5-67 绘制椭圆形

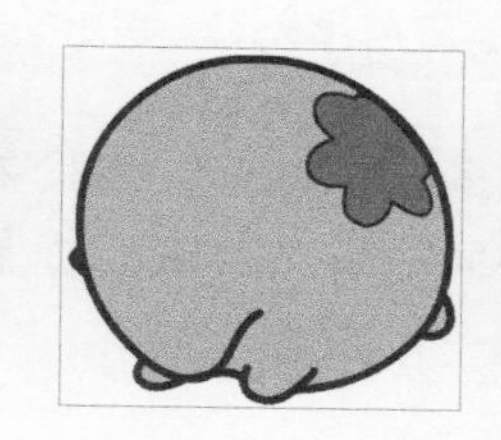

图 5-68 调整形状

图 5-69 完成效果

提示

无论多么复杂的图形，绘制的步骤都一致，首先使用绘图工具将图形的基本形状绘制出来，然后使用不同的编辑工具进行调整。

5.6.2 使用“基本矩形工具”和“基本椭圆工具”

使用基本形状工具可以通过“属性”面板中的选项，设置矩形的角半径以及椭圆的起始角度、结束角度和内径。创建基本形状后，可以选择舞台上的形状，然后通过设置“属性”面板中的选项来更改形状的半径和尺寸。

单击工具箱中的“基本矩形工具”按钮，在场景中拖动即可绘制一个基本矩形，如图 5-70 所示。在“属性”面板中可以对矩形的多种属性进行修改，如图 5-71 所示。

使用“基本矩形工具”与使用“矩形工具”绘制矩形的区别在于，使用“基本矩形工具”绘制图形，可以直接使用“选择工具”拖动矩形的角点进行修改，而无须重新绘制，如图 5-72 所示。

单击工具箱中的“基本椭圆工具”按钮，在舞台中单击并拖动鼠标，即可绘制一个基本椭圆形，如图 5-73 所示。在“属性”面板中可以对相应的属性直接进行修改，如图 5-74 所示。

图 5-70 绘制基本矩形

图 5-71 “属性”面板

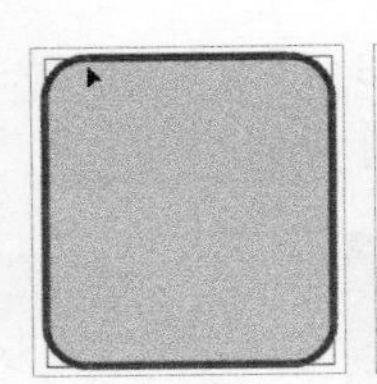

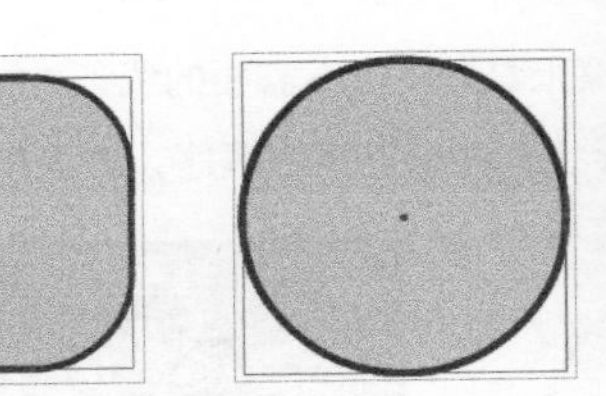

图 5-72 修改矩形角点

图 5-73 绘制基本椭圆形

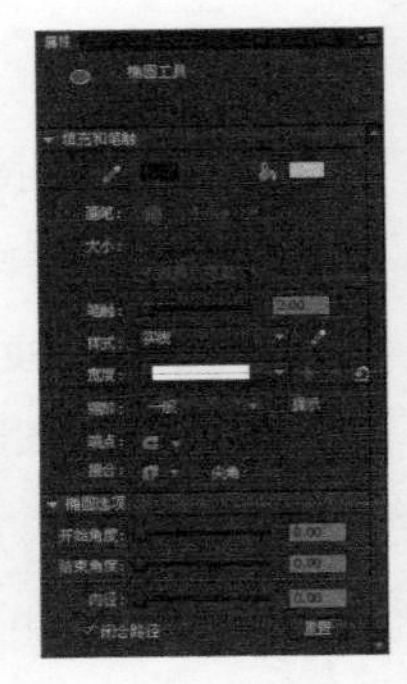

图 5-74 “属性”面板

使用“基本椭圆工具”绘制的图元也可以通过“选择工具”直接调整其形状，如图 5-75 所示。

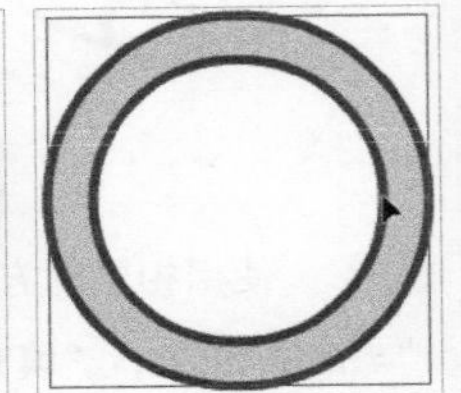

图 5-75 修改基本椭圆

5.6.3 绘制多边形和星形

单击工具箱中的“多角星形工具”按钮，在场景中拖动即可绘制一个系统默认的正五边形，如图 5-76 所示。

与其他绘图工具不同的是，在绘图之前，利用“多角星形工具”可以进行多重设置，在其“属性”面板中，除一些常规设置外，多出一个“选项”按钮，如图 5-77 所示。

单击“属性”面板中的“选项”按钮，弹出“工具设置”对话框，如图 5-78 所示。在该对话框中可以设置多边形的边数及所绘图形的样式。

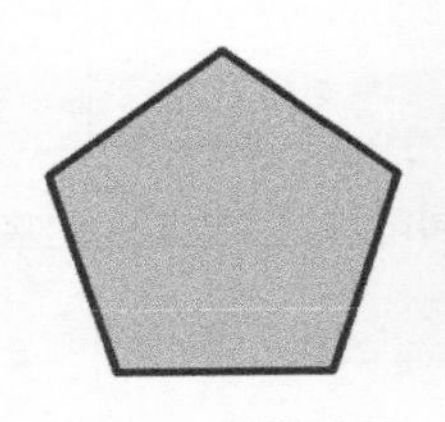

图 5-76 绘制多边形

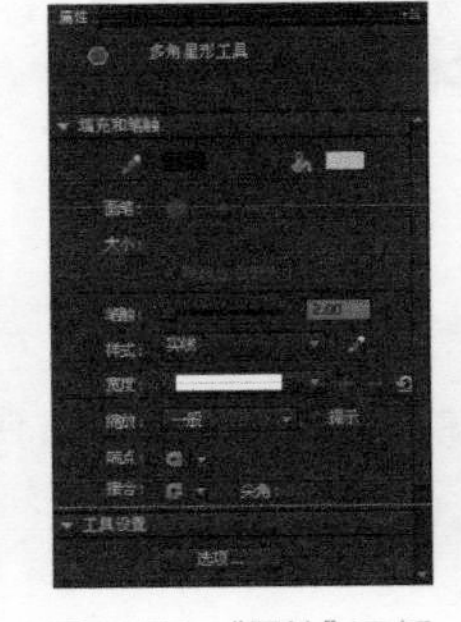

图 5-77 “属性”面板

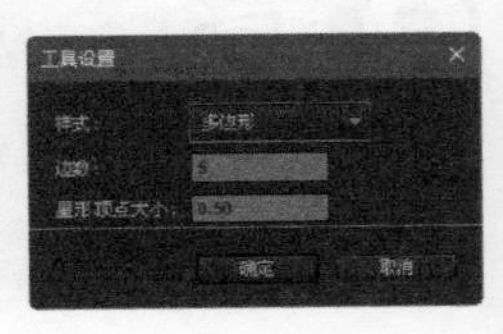

图 5-78 “工具设置”对话框

> **技术看板**
>
> 星形顶点大小的数值越接近 0，创建的顶点就越深（像针一样）。如果是绘制多边形，那么应保持此设置不变，它不会影响多边形的形状。

课堂案例 绘制星形点缀夜空

素材文件	素材文件 \ 第 05 章 \56601.fla	扫码观看视频
案例文件	案例文件 \ 第 05 章 \5-6-6.fla	
教学视频	视频教学 \ 第 05 章 \5-6-6.mp4	
案例要点	掌握“多角星形工具”的使用方法	

Step 01 选择“文件 > 打开”命令，打开素材文件“素材文件 \ 第 05 章 \ 56601.fla”，如图 5-79 所示。单击工具箱中的“多角星形工具”按钮，在“属性”面板中设置“填充颜色”为白色，如图 5-80 所示。

图 5-79 打开素材文件

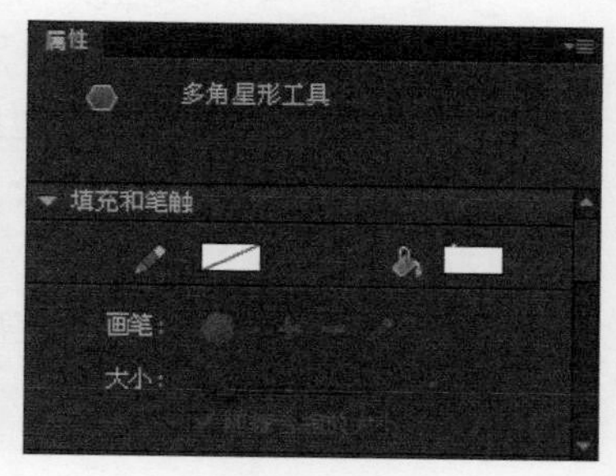

图 5-80 设置“填充颜色”

Step 02 单击“属性”面板中的“选项”按钮，弹出“工具设置”对话框，设置如图 5-81 所示。单击“确定”按钮，在场景中拖动鼠标绘制多个大小不一的星形，效果如图 5-82 所示。

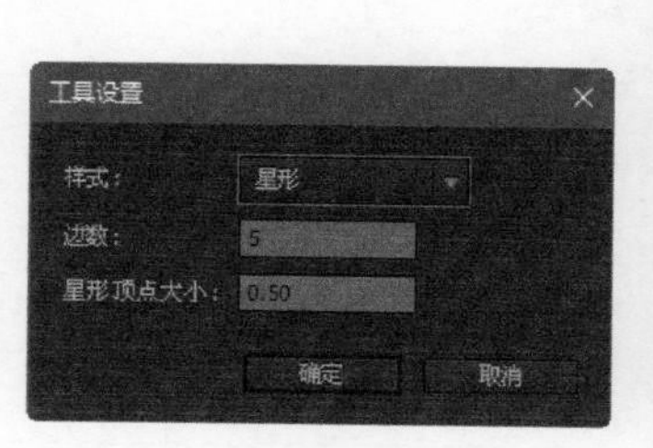

图 5-81 “工具设置”对话框

图 5-82 绘制效果

Step 03 单击“属性”面板中的“选项”按钮，弹出“工具设置”对话框，设置如图 5-83 所示。单击“确定”按钮，继续在画布中绘制多个四角星形，效果如图 5-84 所示。

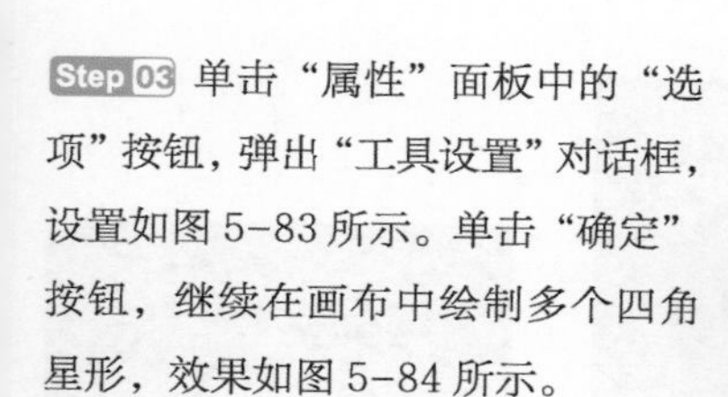

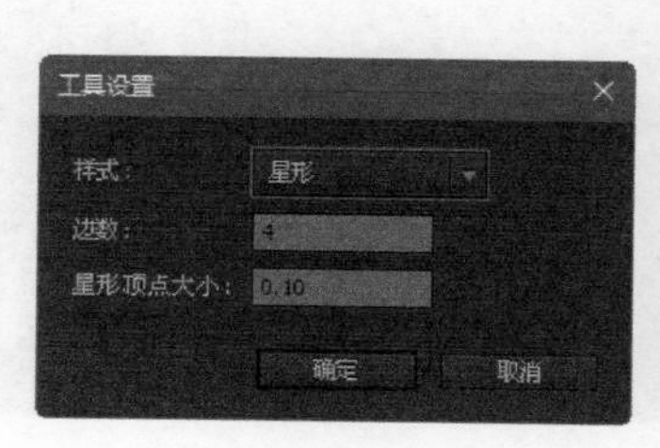

图 5-83 “工具设置”对话框

图 5-84 绘制四角星形

5.6.4 使用“铅笔工具”和“画笔工具”

如果要绘制比较随意的线条，那么可以使用“铅笔工具”，该工具的绘制方式与使用真实铅笔大致相同。如果要在绘制时平滑或伸直线条，那么可以为铅笔工具选择不同的绘制模式。

单击工具箱中的“铅笔工具”按钮，在场景中拖动即可绘制线条，绘制的线条就是鼠标运动的轨迹。使用该工具时，工具箱底部的“选项”区域会出现“铅笔模式”选项，其中包括“伸直”“平滑”“墨水”3 个选项，如图 5-85 所示。

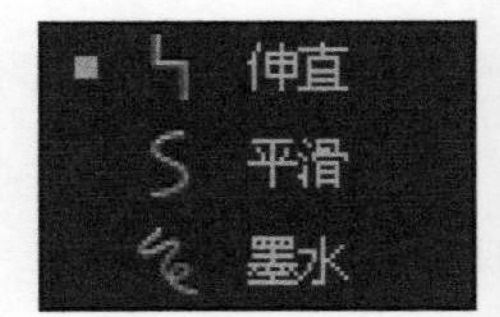

图 5-85 “铅笔模式”选项

提示

使用“铅笔工具”绘制线条时，按住【Shift】键，可将线条控制在水平或垂直方向。

“画笔工具”与“铅笔工具”的用法非常相似，唯一的区别在于，“铅笔工具”绘制的是笔触，而“画笔工具”绘制的是填充属性。

使用“画笔工具”可以创建包括书法效果在内的多种特殊效果。在使用“画笔工具”绘制形状时，可以选择刷子大小和形状，刷子大小不会随舞台的缩放比率而变化。

单击工具箱中的“画笔工具”按钮，在场景中拖动即可绘制形状。在工具箱的“选项”区域将会出现“画笔大小”和“画笔形状”两个按钮，如图 5-86 所示。

图 5-86 画笔按钮

课堂案例 绘制可爱人物

素材文件	无
案例文件	案例文件 \ 第 05 章 \5-6-8.fla
教学视频	视频教学 \ 第 05 章 \5-6-8.mp4
案例要点	掌握“铅笔工具”和“画笔工具”的使用方法

扫码观看视频

Step 01 选择“文件 > 新建”命令，新建一个 550 像素 × 400 像素，“帧频”为“24fps”，“背景颜色”为白色的空白文档，如图 5-87 所示。单击工具箱中的“椭圆工具”按钮，在“属性”面板中设置“填充颜色”为“#61C7D5”，如图 5-88 所示。

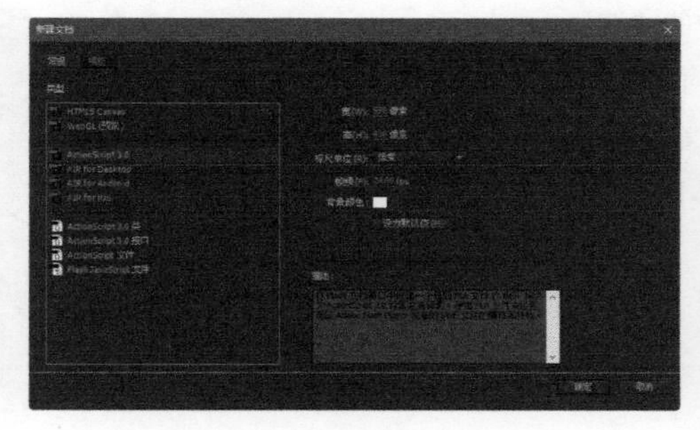

图 5-87 “新建文档”对话框

图 5-88 “属性”面板

Step 02 单击工具箱底部的“对象绘制”按钮，在场景中拖动鼠标绘制椭圆形，如图 5-89 所示。双击椭圆图形，使用“选择工具”调整椭圆的轮廓，如图 5-90 所示。

Step 03 单击工具箱中的“画笔工具”按钮，在“属性”面板中设置其“填充颜色”为“#61C7D5”，如图 5-91 所示。设置“画笔大小”为最大的画笔，在“对象绘制”模式下多次单击，效果如图 5-92 所示。

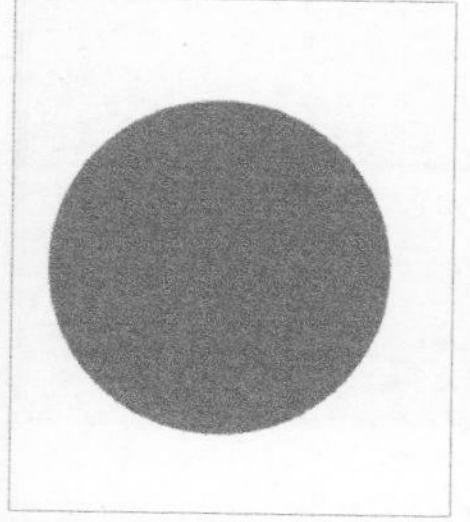

图 5-89 绘制椭圆形

图 5-90 调整椭圆的轮廓

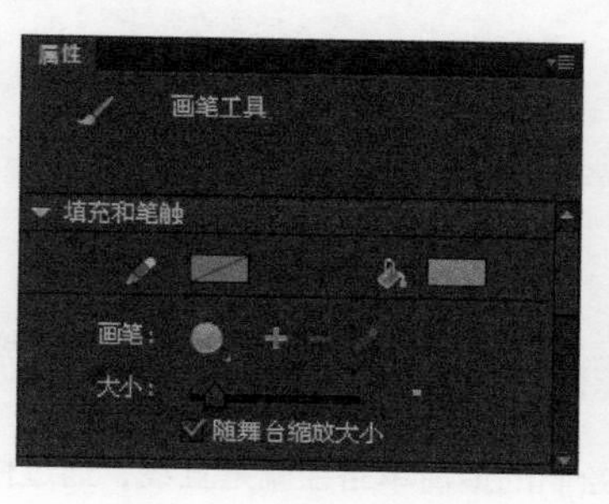

图 5-91 “属性”面板

图 5-92 绘制效果

提示

“刷子模式”也可以设置为“后面绘画”模式，不影响填充。

Step 04 使用“选择工具”拖动选中全部图形，按【Ctrl+G】组合键将其编组，按住【Alt】键的同时拖动鼠标复制图形，双击该图形，在“属性”面板中修改“填充颜色”为“#42B0B7”，效果如图 5-93 所示。

Step 05 单击工具箱中的“任意变形工具”按钮，调整复制对象的大小，选择“修改 > 排列 > 置于底层”命令，调整层级和位置如图 5-94 所示。

Step 06 单击工具箱中的“画笔工具”按钮，设置其“填充颜色”为“#B1DDCD”，绘制图形，如图 5-95 所示。使用相同的方法完成其他图形的绘制，如图 5-96 所示。

图 5-93 编组并复制

图 5-94 调整层级和位置

图 5-95 绘制图形

图 5-96 绘制其他图形

Step 07 使用“线条工具”在图形上方绘制线条，并使用“选择工具”调整线条的轮廓，如图 5-97 所示。继续使用相同的方法完成其他内容的制作，完成效果如图 5-98 所示。

图 5-97 绘制并调整线条

图 5-98 完成效果

使用“钢笔工具”绘图

如果需要绘制精确的路径，例如平滑流畅的曲线，那么可以使用“钢笔工具”。使用“钢笔工具”进行绘制时，单击可以创建直线段上的锚点，而拖动可以创建曲线段上的锚点。绘制完路径后，可以通过调整路径上的锚点来调整直线段和曲线段。

5.7.1 使用“钢笔工具”绘制

使用“钢笔工具”可以绘制的最简单路径就是直线，通过使用“钢笔工具”在场景中不同位置单击即可创建带有两个锚点的直线路径，如图 5-99 所示，继续在其他位置单击可创建由转角锚点连接的直线段组成的路径，如图 5-100 所示。

在绘制直线路径的过程中，按住【Shift】键可将路径的角度限制为 45° 的倍数。如果要创建曲线路径，那么可以使用“钢笔工具”在场景中拖动，即可拖出构成曲线的方向线，方向线的长度和斜率决定了曲线路径的形状，如图 5-101 所示。

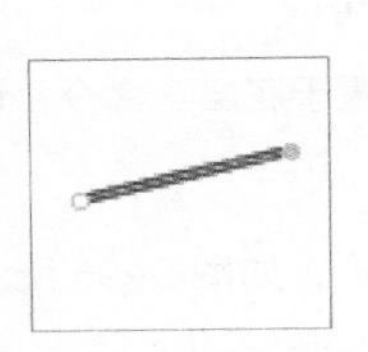

图 5-99 直线路径

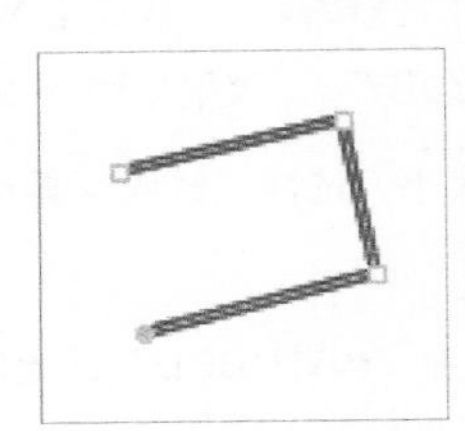

图 5-100 由转角锚点连接的直线段组成的路径

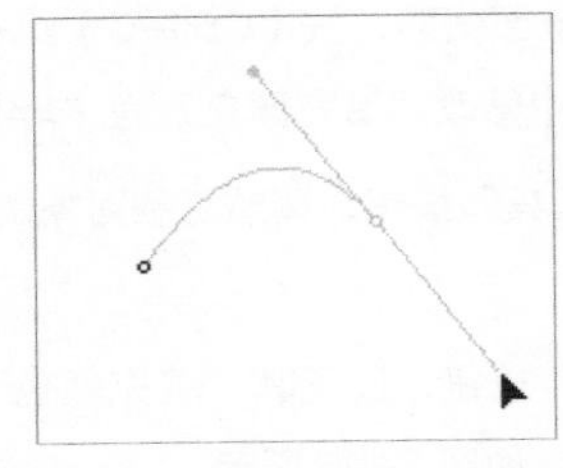

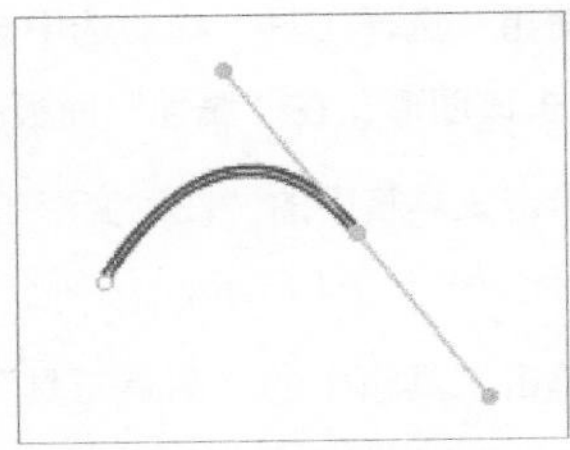

图 5-101 曲线路径

5.7.2 添加或删除锚点

添加锚点可以使用户更好地控制路径，但最好不要添加不必要的锚点。锚点越少的路径越容易编辑、显示和打印。

工具箱包含 3 个用于添加或删除锚点的工具：“钢笔工具”“添加锚点工具”“删除锚点工具”。

在默认情况下，当用户将“钢笔工具”定位在选定路径上时，它会变为“添加锚点工具”，如图 5-102 所示，单击即可添加锚点。当用户将“钢笔工具”定位在锚点上时，它会变为“删除锚点工具”，如图 5-103 所示，单击即可将该锚点删除。

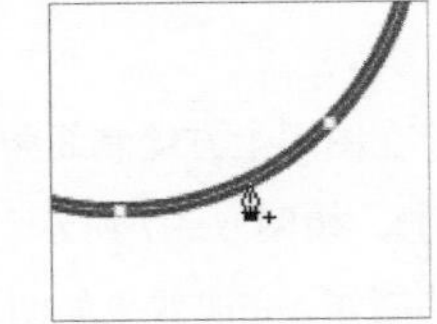

图 5-102 添加锚点

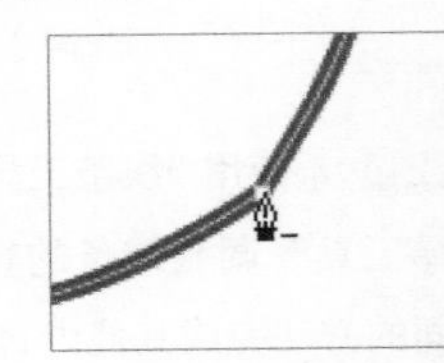

图 5-103 删除锚点

5.7.3 调整路径

使用“部分选取工具”单击路径，路径将显示其锚点。单击并拖动锚点，可以更改锚点的位置，进而调整路径的形状。移动锚点上的切线手柄，可以调整路径的方向和倾斜角度。

当移动曲线锚点上的切线手柄时，可以调整该点两边的曲线，如图 5-104 所示；当移动转角锚点上的切线手柄时，只能调整该点的切线手柄所在的那一边的曲线，如图 5-105 所示。

按住【Alt】键，使用“部分选取工具”单击并拖动转角锚点，可将转角锚点转换为曲线锚点，如图 5-106 所示。使用“钢笔工具”单击曲线锚点，当光标旁边出现角标记时，单击该锚点即可将曲线锚点转换为转角锚点，如图 5-107 所示。

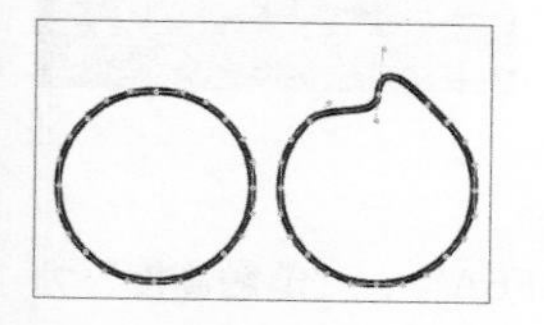

图 5-104 调整锚点两边的曲线

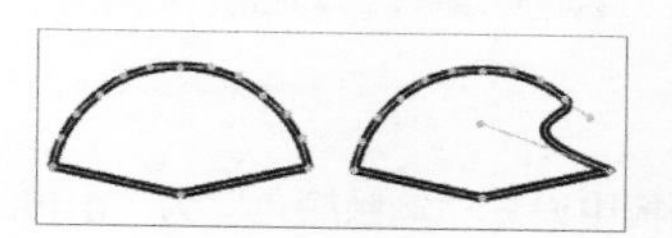

图 5-105 调整角点曲线

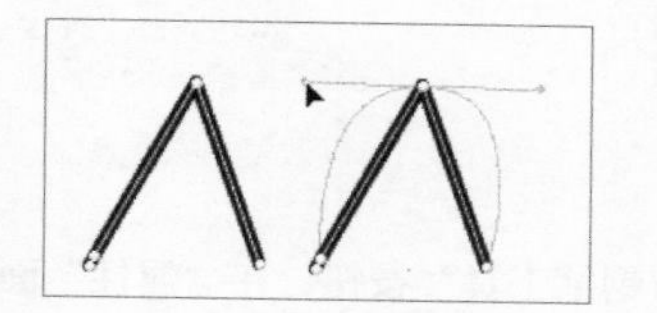

图 5-106 将转角锚点转换为曲线锚点

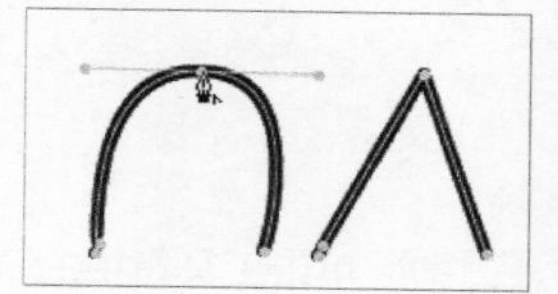

图 5-107 将曲线锚点转换为转角锚点

技术看板

使用“转换锚点工具”可以直接在转角点和平滑点之间转换。

课堂案例 绘制可爱卡通形象

素材文件	无	扫码观看视频
案例文件	案例文件 \ 第 05 章 \5-7-4.fla	
教学视频	视频教学 \ 第 05 章 \5-7-4.mp4	
案例要点	掌握“钢笔工具”的使用方法	

Step 01 新建一个 Flash 文档，选择“窗口 > 颜色”命令，打开“颜色”面板，设置“笔触颜色”为“无”，“填充颜色”为从“#A6F8FF”到“#D2FFFF”的线性渐变，如图 5-108 所示。使用“矩形工具”在场景中绘制一个与舞台一样大小的矩形，效果如图 5-109 所示。

Step 02 单击“工具箱”中的“渐变变形工具”按钮，调整渐变颜色填充角度，如图 5-110 所示。使用“线条工具”在场景中绘制直线，并使用“选择工具”调整其形状，如图 5-111 所示。

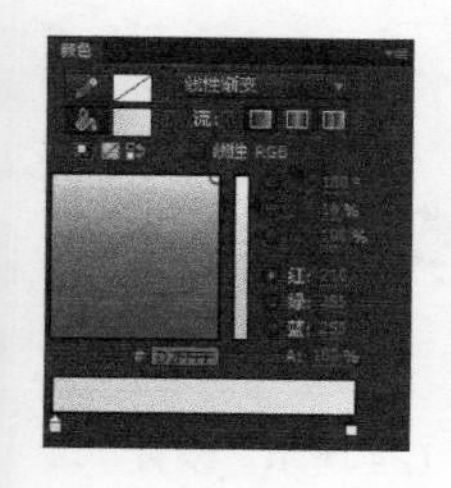

图 5-108 设置“填充颜色”

图 5-109 绘制矩形

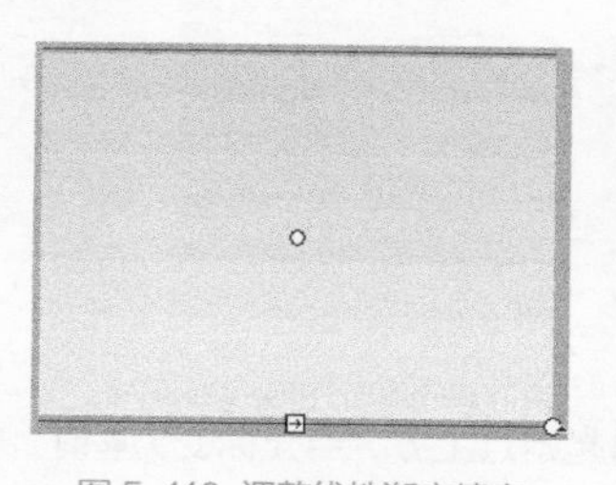

图 5-110 调整线性渐变填充

图 5-111 绘制并调整线条

Step 03 使用“选择工具”单击选择线段右下方的形状，如图 5-112 所示。更改形状的“填充颜色”为“#C1C336”，删除线段，如图 5-113 所示。

Step 04 使用相同的方法，完成其他类似内容的制作，效果如图 5-114 所示。在“时间轴”面板中新建“图层 2”，如图 5-115 所示。

图 5-112 选择形状

图 5-113 修改“填充颜色”

图 5-114 制作其他类似内容

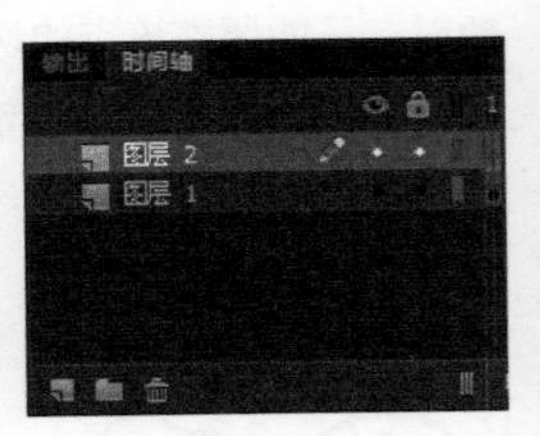

图 5-115 新建“图层 2”

Step 05 单击工具箱中的“钢笔工具”按钮，在“属性”面板中设置“笔触颜色”为“#B68F6A”，“笔触高度”为“1 像素”。将光标移至舞台单击创建一个锚点，将光标移至舞台其他位置，单击并拖动鼠标创建曲线段，如图 5-116 所示。

Step 06 将光标移至第二个锚点的上方，当光标变成时，单击该锚点以删除其中一条方向线，如图 5-117 所示。

Step 07 使用相同的方法，创建不同的曲线段，如图 5-118 所示。将光标移至舞台的其他位置单击，创建直线段，如图 5-119 所示。

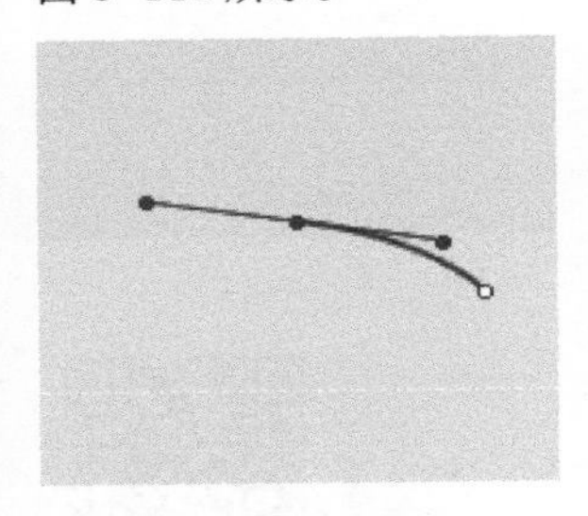
图 5-116 创建曲线段

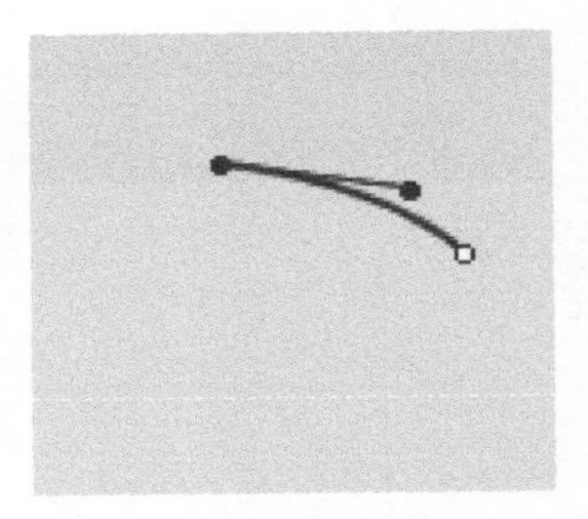
图 5-117 删除一条方向线

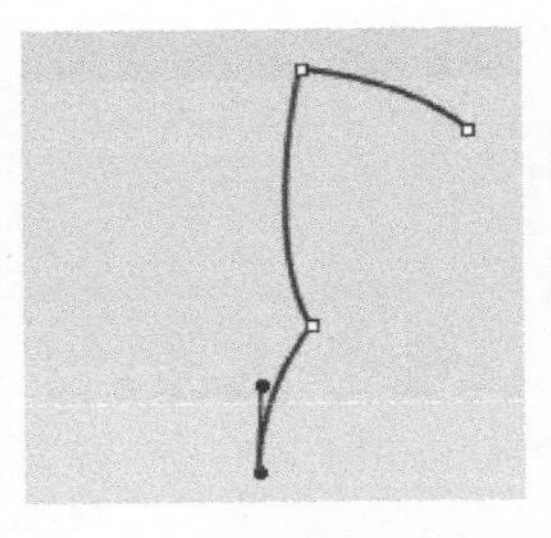
图 5-118 创建曲线段

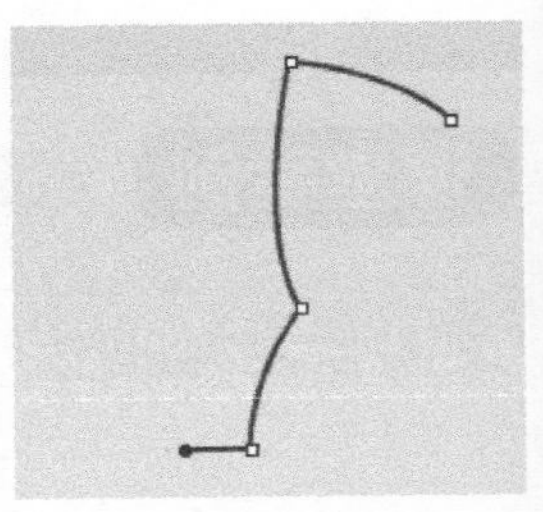
图 5-119 创建直线段

Step 08 使用相同的方法，创建不同的曲线段和直线段，如图 5-120 所示。将光标移至舞台其他位置，单击并拖动鼠标创建曲线段，如图 5-121 所示。

Step 09 将光标移至舞台其他位置单击创建曲线段，如图 5-122 所示。使用相同的方法，绘制不同的线段，如图 5-123 所示。

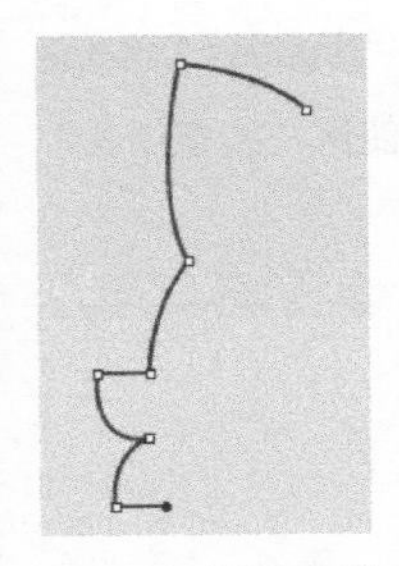
图 5-120 创建不同的曲线段和直线段

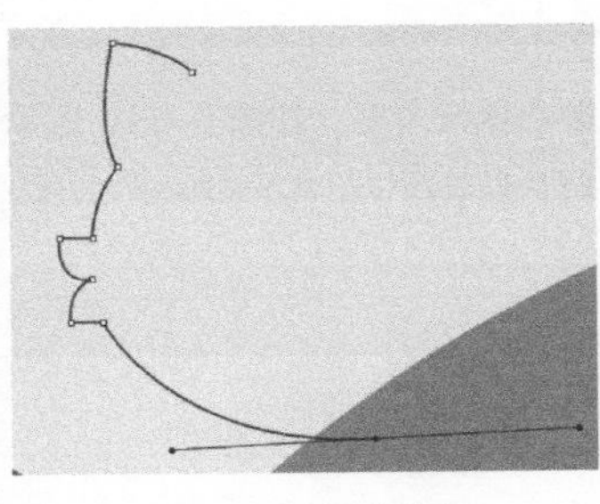
图 5-121 创建曲线段

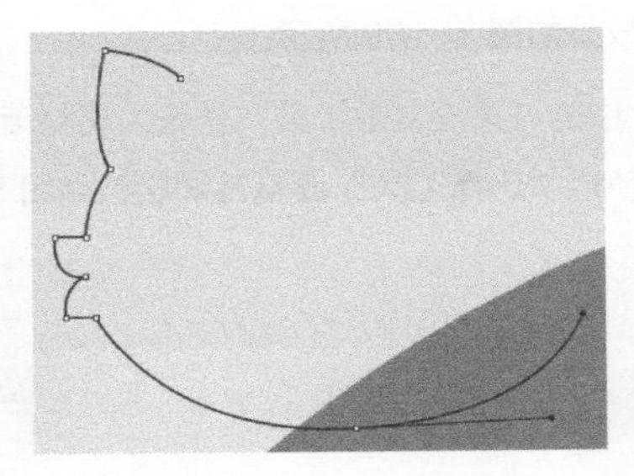
图 5-122 继续创建曲线段

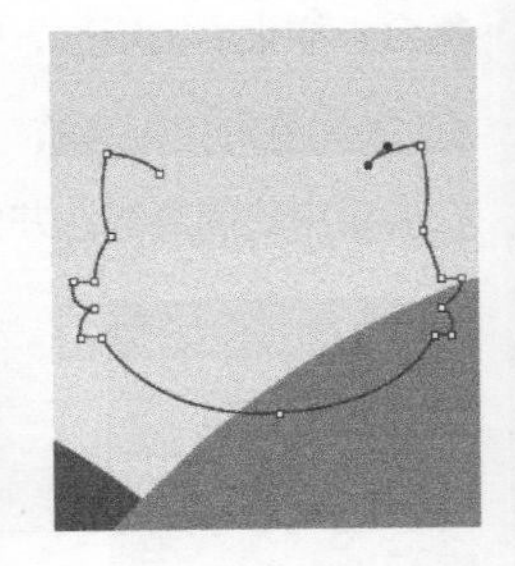
图 5-123 绘制其他线段

Step 10 将光标移至整个线段的起始点上方，当光标变为时，单击并拖动鼠标闭合路径，如图 5-124 所示。设置“填充颜色”为“#CDA177”，使用“颜料桶工具”为其填充颜色，效果如图 5-125 所示。

Step 11 在场景中绘制多条线段并使用“选择工具”调整其形状，如图 5-126 所示。更改顶部形状的“填充颜色”为“#A27CA8”，效果如图 5-127 所示。

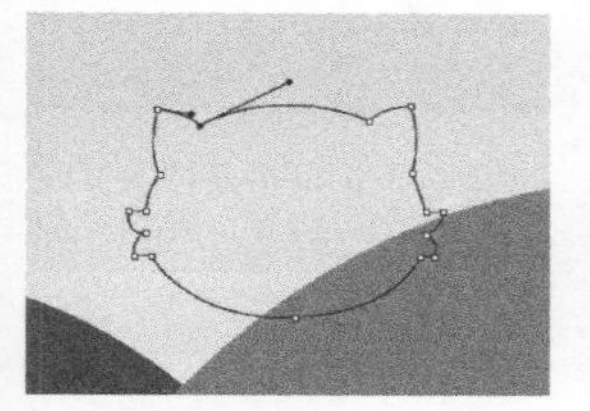

图 5-124 闭合路径

图 5-125 填充颜色

图 5-126 绘制线段并调整形状

图 5-127 更改顶部形状的“填充颜色”

Step 12 使用“墨水瓶工具”修改脑袋顶部线段的“笔触颜色”为“#906F96”，效果如图 5-128 所示。删除线段，使用相同的方法，制作其他图形，完成效果如图 5-129 所示。

图 5-128 修改“笔触颜色”

图 5-129 完成图形效果

课后习题

一、选择题

1. 在使用“钢笔工具”绘制时，将光标移动到锚点上并单击，将会（ ）。

A. 删除方向线　B. 删除一条方向线　C. 删除锚点　D. 转换为“直线工具”

2. 将“线条”转换为“填充”可能（ ）文件大小，但同时可以加快一些动画的绘制。

A. 增大　B. 减小　C. 不影响　D. 以上都不正确

3. 选择（ ）模式，绘制的图形在叠加时不会自动合并在一起。

A. 独立　B. 元件　C. 一般　D. 对象绘制

4. 双击工具箱中的“橡皮擦工具”按钮，即可将舞台上所有内容全部（ ）。

A. 选中　B. 删除　C. 放大　D. 复制

5. 在（ ）模式下绘制一条与另一条直线交叉的直线时，重叠直线会在交叉点处分成多条线段。

A. 对象绘制　B. 合并绘制　C. 单独绘制　D. 群组绘制

二、填空题

1. 在场景中绘制的图形，______ 和 ______ 可以被单独选择或移动。

2. 按住 ______ 键在舞台空白位置单击，将弹出“矩形设置”对话框。

3. 多边星形工具的“工具设置”对话框中，共包含 ______、______ 和 ______3 个选项。

三、案例题

新建一个 Flash 文档，使用“钢笔工具”绘制卡通动画角色，完成效果如图 4-130 所示。通过图形的绘制，熟练“钢笔工具”的使用，以及 Flash 绘制的流程和技巧。

图 5-130 绘制卡通动物角色

第06章 元件、实例和库

元件、实例和库在 Flash 中的联系非常紧密。元件和实例是组成一部影片的基本元素，通过综合使用不同的元件可以制作出丰富多彩的动画效果。在“库”面板中可以对文档中的图像、声音视频等资源进行统一管理，以方便在动画制作时使用。本章的知识将为以后的 Flash 动画制作打下良好的基础。

FLASH CC

学习目标

- 掌握 Flash 中元件的分类
- 熟悉不同类别元件的区别和应用
- 掌握“库”面板的使用技巧
- 了解滤镜的使用方法和技巧
- 理解混合模式的使用

学习重点

- 掌握创建元件的方法
- 掌握编辑元件的方法
- 熟悉“库”的使用方法
- 熟练运用元件实例的混合模式

6.1 关于元件

元件是指在 Flash 中创建过的图形、按钮或影片剪辑，元件允许用户在同一文档或其他文档中重复使用。

6.1.1 元件的分类

元件的类型分为图形、按钮和影片剪辑，不同的类型有不同的功能，用户可根据需要创建不同类型的元件。

图形元件可以用来创建连接到主时间轴的可重用动画片段，图形元件与主时间轴同步运行。交互式控件和声音在图形元件的动画序列中不起作用。

按钮元件可以创建用于响应鼠标单击、滑过或其他动作的交互式按钮。可以定义与各种按钮状态关联的图形，然后将动作指定给按钮实例。

提示

按钮元件在 Flash 动画制作中的作用很大，要想实现用户和动画之间的交互功能，一般要通过按钮元件来进行。

影片剪辑元件可以用于创建动画，在主场景中可以重复使用。影片剪辑元件的时间轴与场景中的主时间轴是相互独立的，可以将“图形”和“按钮”元件实例放在“影片剪辑”元件中，也可以将“影片剪辑”元件实例放在“按钮”元件中创建动画按钮。“影片剪辑”还支持 ActionScript 脚本语言控制动画。

技术看板

元件在舞台中被选中时，周围会出现一个边框，用户可以选择“视图 > 隐藏边缘”命令，将边缘隐藏，以便更清楚地查看操作效果。

课堂案例 创建图形元件

素材文件	素材文件 \ 第 06 章 \61201.png	扫码观看视频
案例文件	案例文件 \ 第 06 章 \6-1-2.fla	
教学视频	视频教学 \ 第 06 章 \6-1-2.mp4	
案例要点	掌握图形元件的创建方法	

Step 01 选择“文件 > 新建”命令，新建一个“背景颜色”为“#0099ff”的文档，如图 6-1 所示，舞台效果如图 6-2 所示。

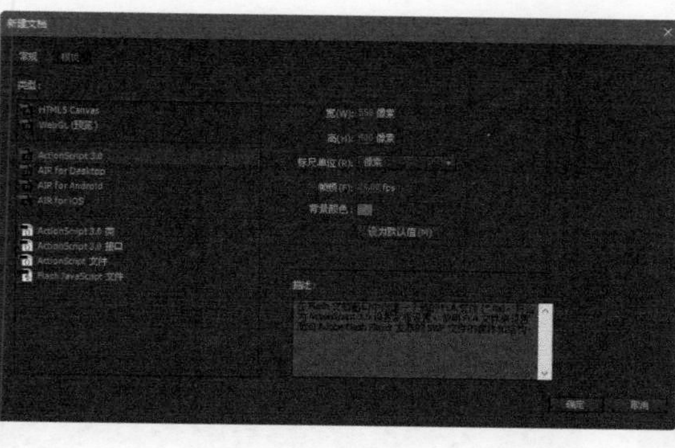

图 6-1 “新建文档”对话框

图 6-2 舞台效果

Step 02 选择“插入 > 新建元件”命令或者按【Ctrl+F8】组合键，弹出“创建新元件”对话框，设置如图 6-3 所示。单击“确定”按钮，进入元件编辑模式，如图 6-4 所示。

Step 03 选择“文件 > 导入 > 导入到舞台”命令，导入素材图像“素材文件 \ 第 06 章 \61201.png”，单击“打开”按钮，图片就被导入元件编辑区，如图 6-5 所示。

Step 04 单击编辑栏中的“场景 1”文字，返回到主场景中，选择“窗口 > 库”命令，打开“库”面板，将刚刚创建的元件拖入舞台中，如图 6-6 所示。

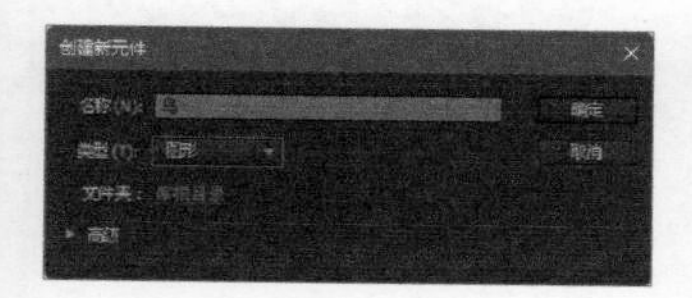

图 6-3 “创建新元件”对话框

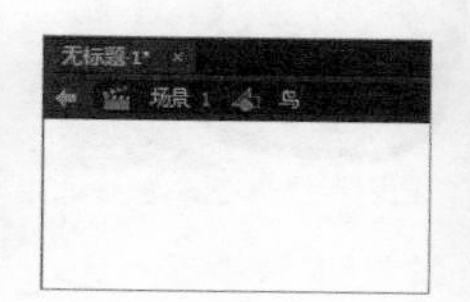

图 6-4 进入元件编辑模式

图 6-5 导入素材图像

图 6-6 使用图形元件

课堂案例 创建按钮元件

素材文件	素材文件 \ 第 06 章 \61301.fla	扫码观看视频
案例文件	案例文件 \ 第 06 章 \6-1-3.fla	
教学视频	视频教学 \ 第 06 章 \6-1-3.mp4	
案例要点	掌握按钮元件的创建方法	

Step 01 打开素材文档“第 6 章 \ 素材 \61301.fla”，如图 6-7 所示。选择舞台中的按钮，单击鼠标右键，在弹出的快捷菜单中选择“转换为元件”命令，如图 6-8 所示，弹出“转换为元件”对话框，设置如图 6-9 所示。

图 6-7 打开素材文件

图 6-8 选择“转换为元件”命令

图 6-9 “转换为元件”对话框

Step 02 单击“确定”按钮，打开“库”面板，可以看到新创建的按钮元件，如图 6-10 所示。双击该按钮元件，进入该按钮元件的编辑状态，如图 6-11 所示。

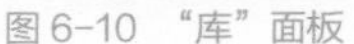

图 6-10 “库”面板

图 6-11 进入元件编辑状态

Step 03 单击“时间轴”面板中的“指针经过”状态，选择“插入 > 时间轴 > 关键帧”命令，插入关键帧。“时间轴”面板如图 6-12 所示。使用“颜料桶工具”为两只眼睛填充与脸相同的颜色，如图 6-13 所示。

Step 04 使用“直线工具”绘制图形效果，如图 6-14 所示。使用相同的方法制作按钮的嘴巴，并在按住【Shift+Alt】组合键的同时使用“任意变形工具”将按钮放大，如图 6-15 所示。

图 6-12 插入关键帧

图 6-13 填充效果

图 6-14 绘制图形

图 6-15 放大图形

Step 05 继续使用相同的方法为“按下”和“点击”状态插入关键帧，并分别调整图形效果，按【Ctrl+Enter】组合键，测试动画，效果如图 6-16 所示。

图 6-16 测试动画效果

课堂案例 创建影片剪辑元件

素材文件	素材文件 \ 第 06 章 \61401.png	扫码观看视频
案例文件	案例文件 \ 第 06 章 \6-1-4.fla	
教学视频	视频教学 \ 第 06 章 \6-1-4.mp4	
案例要点	掌握影片剪辑元件的创建方法	

Step 01 新建一个空白文档。选择“插入 > 新建元件”命令，弹出“创建新元件”对话框，设置如图 6-17 所示。单击“确定”按钮，选择“文件 > 导入 > 导入到舞台”命令，将图像素材“素材文件 \ 第 06 章 \61401.png”导入舞台，如图 6-18 所示。

Step 02 继续新建一个“名称”为“气球漂浮”的“影片剪辑”元件，如图 6-19 所示。单击“确定”按钮，将“热气球”图形元件从“库”面板中拖动到舞台中，如图 6-20 所示。

图 6-17 “创建新元件”对话框

图 6-18 导入图像素材

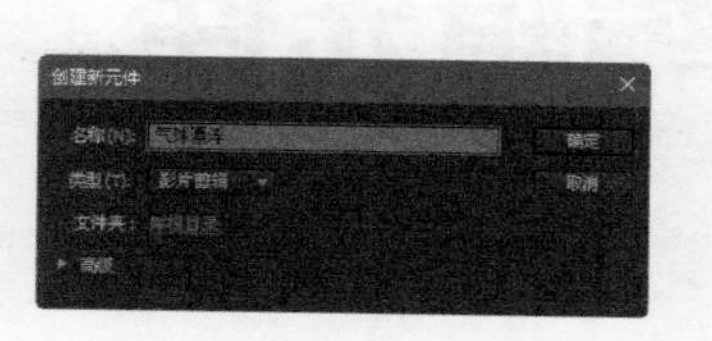
图 6-19 创建影片剪辑元件

图 6-20 使用图形元件

Step 03 单击“时间轴”面板中的第 10 帧位置，选择“插入 > 时间轴 > 关键帧”命令，插入关键帧，“时间轴”面板如图 6-21 所示。使用相同的方法，在时间轴第 20 帧位置插入关键帧，“时间轴”面板如图 6-22 所示。

Step 04 将第 10 帧中的元件实例向上移动 7 像素。在第 1 帧位置单击鼠标右键，在弹出的快捷菜单中选择“创建传统补间”命令，“时间轴”面板如图 6-23 所示。使用相同的方法，为第 10 帧添加传统补间，“时间轴”面板如图 6-24 所示。

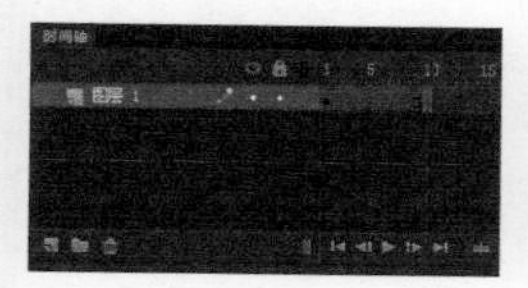
图 6-21 插入关键帧

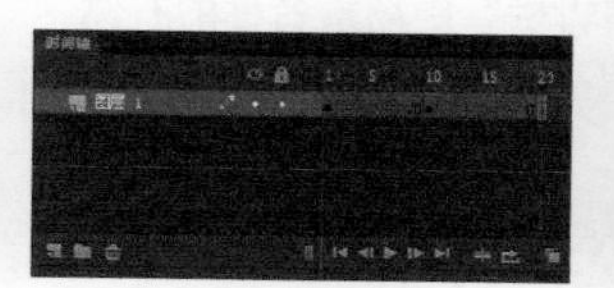
图 6-22 插入关键帧

图 6-23 创建传统补间动画

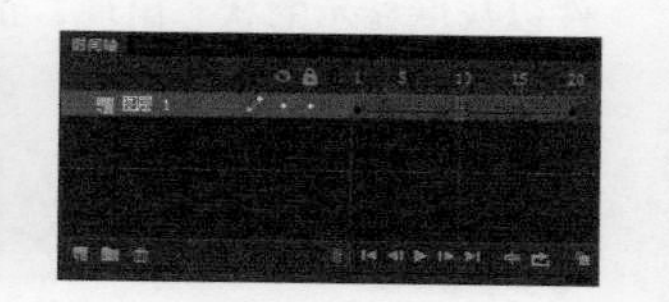
图 6-24 添加传统补间

Step 05 返回“场景 1”编辑状态，在“颜色”面板中设置“填充颜色”为从“#3BB4E8”到“#FBFDFE”的线性渐变，如图 6-25 所示。使用“矩形工具”在舞台中绘制矩形，并使用“渐变变形工具”调整渐变效果，如图 6-26 所示。

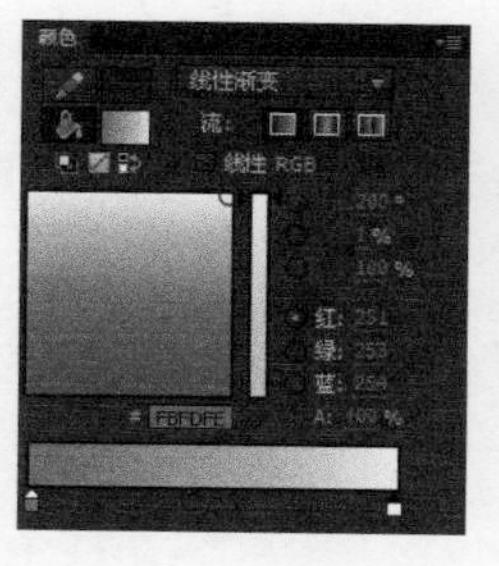
图 6-25 设置线性渐变填充颜色

图 6-26 矩形效果

Step 06 将“气球漂浮”影片剪辑元件从“库”面板中拖动到舞台中，效果如图 6-27 所示。按【Ctrl+Enter】组合键，测试动画，效果如图 6-28 所示。

图 6-27 使用影片剪辑元件

图 6-28 测试动画

6.1.2 启用简单按钮

用户可以通过选择“控制 > 启用简单按钮”命令，预览舞台上按钮元件的状态。此命令允许用户无须使用“控制 > 测试”命令即可查看按钮元件的状态。

6.2 编辑元件

在编辑元件时，Flash 会更新文档中该元件的所有实例，可以通过“在当前位置编辑”“在新窗口中编辑”“在元件的编辑模式下编辑”3 种方式编辑元件，用户可以根据习惯选择其中一种编辑方式。

6.2.1 在当前位置编辑元件

在舞台中选中一个实例，选择“编辑 > 在当前位置编辑”命令，进入“在当前位置”编辑状态。此时其他元件以灰度显示的状态出现，正在编辑的元件名称出现在“编辑栏”中场景名称的右侧。

6.2.2 在新窗口中编辑元件

在舞台元件实例上单击鼠标右键，在弹出的快捷菜单中选择“在新窗口中编辑”命令，即可在一个新窗口中对元件进行编辑。

提示

编辑完成后，单击窗口选项卡的“关闭”按钮，退出“在新窗口中编辑元件”状态。

6.2.3 在元件的编辑模式下编辑元件

在“库”面板中双击要编辑的元件，即可直接进入该元件的编辑状态。还有一种方法，即在舞台中选中元件实例，选择“编辑 > 编辑所选项目”命令，即可在元件的编辑模式下编辑元件。

提示

在一般情况下，直接双击元件实例编辑元件，用户可以根据自己的习惯选择一种编辑元件的方式。

复制元件

通过复制元件，用户可以使用现有的元件作为创建元件的起始点。如果想创建具有不同风格的各版本元件，那么可以使用实例。

6.3.1 使用“库”面板复制元件

选中“库”面板中的元件，单击“库”面板右上角的扩展菜单按钮，选择“直接复制”选项，如图6-29所示，或者在“库”面板的元件名称上单击鼠标右键，在弹出的快捷菜单中选择“直接复制”命令，即可创建当前所选元件的副本。

图6-29 选择“直接复制”选项

课堂案例 使用“库”面板复制元件

素材文件	素材文件\第06章\63201.fla	扫码观看视频
案例文件	案例文件\第06章\6-3-2.fla	
教学视频	视频教学\第06章\6-3-2.mp4	
案例要点	掌握复制元件的方法	

Step 01 打开素材“素材文件\第06章\63201.fla”，效果如图6-30所示。打开“库”面板，将“绿铅笔”图形元件拖动到舞台中，并调整其位置和大小，如图6-31所示。

图6-30 打开素材文件

图6-31 使用图形元件

Step 02 在“库”面板中的“绿铅笔”元件上单击鼠标右键，在弹出的快捷菜单中选择“直接复制”命令，弹出“直接复制元件”对话框，如图6-32所示。单击“确定”按钮，得到“绿铅笔 复制”元件，如图6-33所示。

Step 03 将“绿铅笔 复制”元件拖动到舞台中，双击进入元件编辑状态，修改图形填充效果，如图 6-34 所示。使用相同的方法制作其他铅笔，效果如图 6-35 所示。

图 6-32 “直接复制元件”对话框

图 6-33 复制元件

图 6-34 修改图形填充效果

图 6-35 制作其他铅笔效果

6.3.2 通过选择实例来复制元件

选中舞台中的一个元件实例，选择“修改 > 元件 > 直接复制元件”命令，如图 6-36 所示。弹出“直接复制元件”对话框，如图 6-37 所示。

单击“确定”按钮，该元件就会被复制，且原来的元件实例会被复制的元件实例替代。

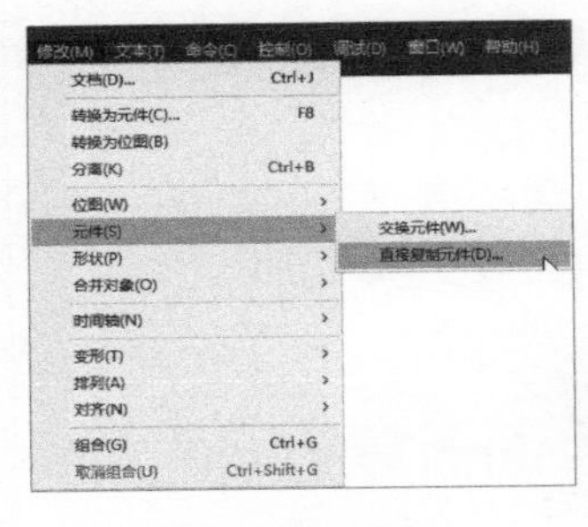
图 6-36 选择命令

图 6-37 “直接复制元件”对话框

6.4 交换元件与位图

使用 Flash 制作动画，可以利用交换元件与位图对动画进行场景和角色的替换和翻新。选择要替换的元件或位图，单击“属性”面板中的“交换”按钮，在弹出的“交换元件”或“交互位图”对话框中选择要交换的元件或位图，单击“确定”按钮，即可交换元件或位图。

提示

使用交换元件与位图，可以保留原实例的所有属性，不必在替换实例后对其属性重新进行编辑。

课堂案例 交换多个元件

素材文件	素材文件 \ 第 06 章 \64101.fla	扫码观看视频 
案例文件	案例文件 \ 第 06 章 \6-4-1.fla	
教学视频	视频教学 \ 第 06 章 \6-4-1.mp4	
案例要点	掌握交换元件与位图的方法	

Step 01 打开素材“素材文件 \ 第 06 章 \64101.fla”，效果如图 6-38 所示。按住【Shift】键，使用“选择工具”逐个单击，将舞台中所有气球元件选中，如图 6-39 所示。

图 6-38 打开素材文件

图 6-39 选中所有气球元件

Step 02 单击“属性”面板中的“交换”按钮，弹出“交换元件”对话框，选择名称为“云朵”的图形元件，如图 6-40 所示。单击“确定”按钮，舞台中的气球元件被交换为云朵元件，效果如图 6-41 所示。

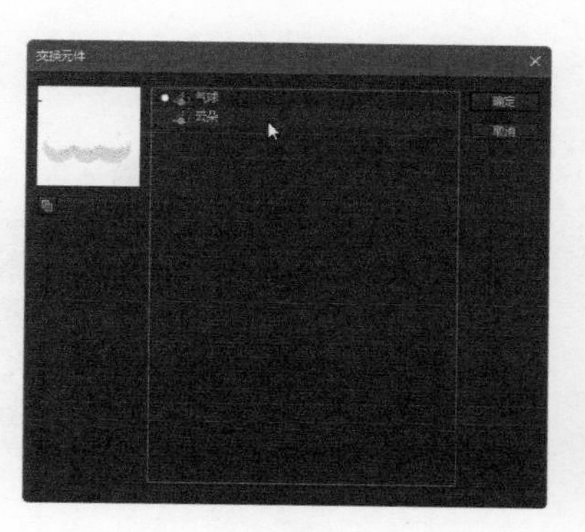

图 6-40 “交换元件”对话框

图 6-41 元件交换效果

交换多个位图

在 Flash 中，还可以在不改变原位图属性的情况下一次性交换多个位图。

在舞台中选择所有要替换的位图，单击“属性”面板中的“交换”按钮，在弹出的“交换位图”对话框中选择替换选定位图的实例，如图 6-42 所示。单击“确定”按钮，即可交换所有被选定的位图。

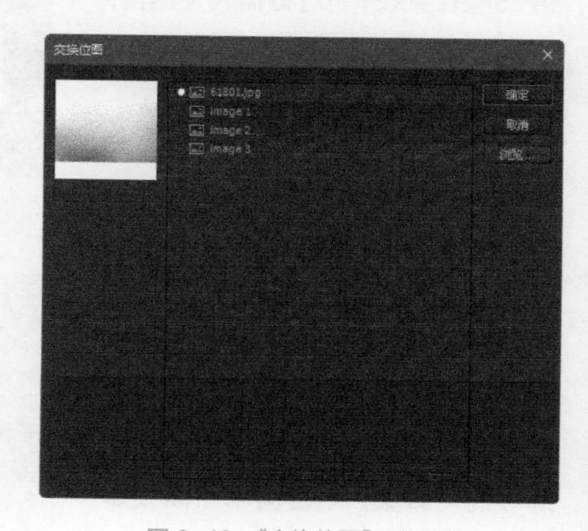

图 6-42 “交换位图”对话框

6.5 使用元件实例

元件实例是指舞台上或嵌套在另一个元件内的元件副本，编辑元件会更新它的所有实例。将元件从“库”面板中拖动到舞台中，即可创建一个实例。实例可以与其父元件在颜色、大小和功能方面有差别。

课堂案例 创建元件实例

素材文件	素材文件 \ 第 06 章 \65101.fla
案例文件	案例文件 \ 第 06 章 \6-5-1.fla
教学视频	视频教学 \ 第 06 章 \6-5-1.mp4
案例要点	掌握创建元件实例的方法

扫码观看视频

Step 01 打开素材“素材文件 \ 第 06 章 \65101.fla”，效果如图 6-43 所示。在“时间轴”面板第 25 帧位置单击，按【F5】键插入帧，“时间轴”面板如图 6-44 所示。

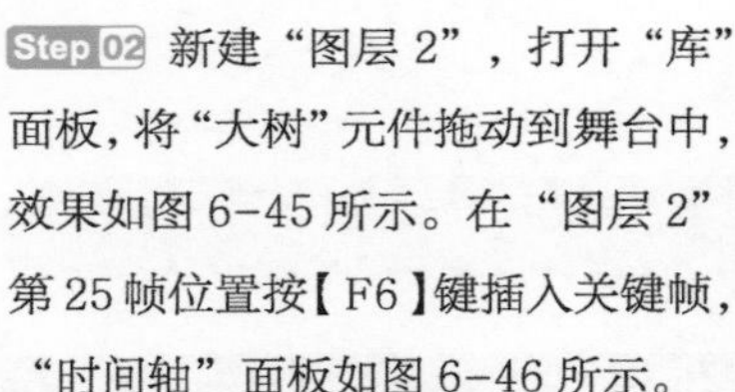

图 6-43 打开素材文件

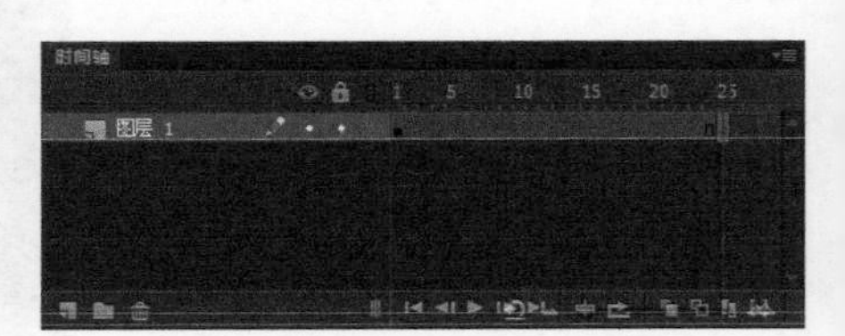

图 6-44 “时间轴”面板

Step 02 新建“图层 2”，打开“库”面板，将“大树”元件拖动到舞台中，效果如图 6-45 所示。在“图层 2”第 25 帧位置按【F6】键插入关键帧，“时间轴”面板如图 6-46 所示。

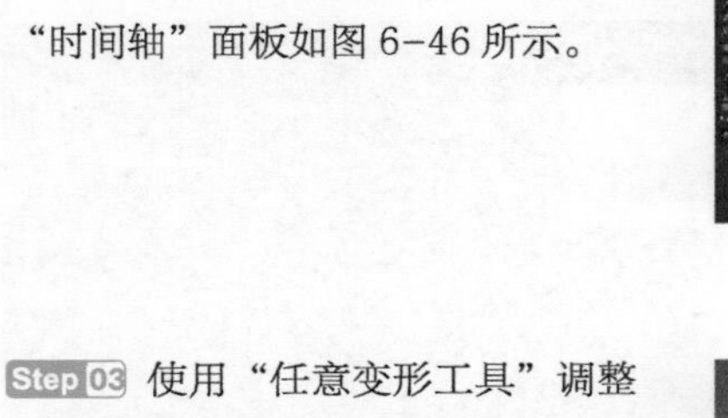

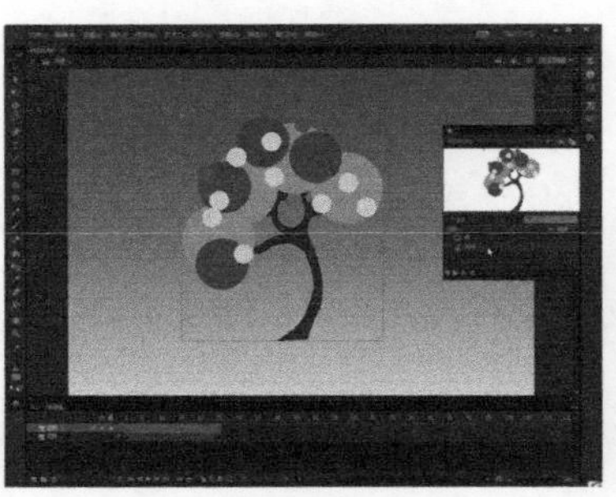

图 6-45 创建元件实例

图 6-46 “时间轴”面板

Step 03 使用“任意变形工具”调整元件的大小和位置，效果如图 6-47 所示。在“图层 2”上单击鼠标右键，在弹出的快捷菜单中选择“创建传统补间”命令，“时间轴”面板如图 6-48 所示。

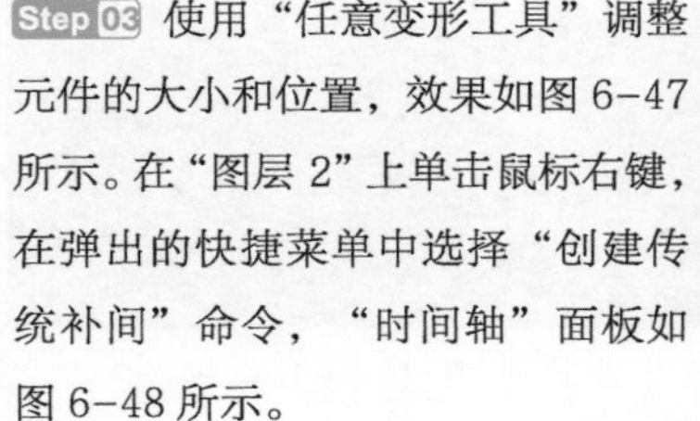

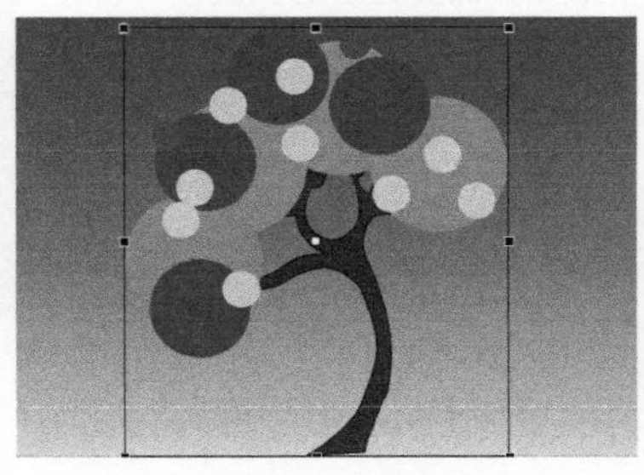

图 6-47 调整元件的大小和位置

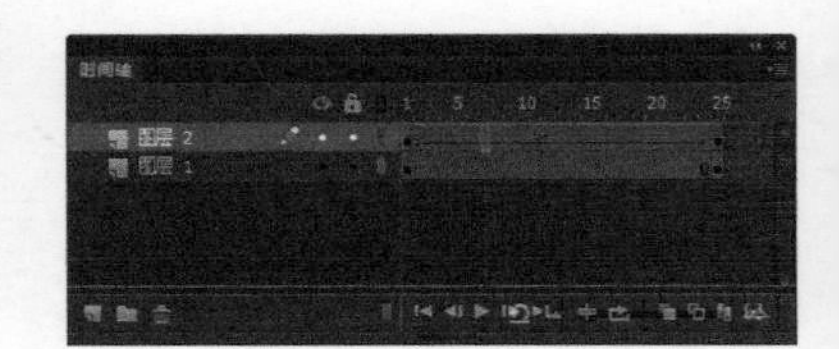

图 6-48 创建传统补间动画

Step 04 完成动画的制作，按【Ctrl+Enter】组合键，测试动画效果，如图 6-49 所示。

图 6-49 测试动画效果

课堂案例 复制实例

素材文件	素材文件 \ 第 06 章 \65201.fla
案例文件	案例文件 \ 第 06 章 \6-5-2.fla
教学视频	视频教学 \ 第 06 章 \6-5-2.mp4
案例要点	掌握复制元件实例的方法

扫码观看视频

Step 01 打开素材“素材文件 \ 第 06 章 \65201.fla”，效果如图 6-50 所示。选择“图层 1”，打开“库”面板，将“城堡”元件拖动到舞台中，效果如图 6-51 所示。

图 6-50 打开素材文件

图 6-51 创建元件实例

Step 02 选中舞台中的元件实例，按住【Alt】键，使用“选择工具”拖动复制一个实例并调整其大小和位置，如图 6-52 所示。打开“属性”面板，在“色彩效果”选项区中的“样式”下拉列表中选择“Alpha”选项，并设置数值为“70%”，如图 6-53 所示。

图 6-52 复制元件实例

图 6-53 设置元件不透明度

Step 03 使用相同的方法复制另一个城堡，场景效果如图 6-54 所示。

图 6-54 场景效果

6.5.1 隐藏和删除实例

通过取消勾选“属性”面板中的“可见”复选框，隐藏舞台上的影片剪辑元件和按钮元件实例。与将元件的 Alpha 属性设置为“0%”相比，使用“可见”属性可以提供更快的呈现性能。

选择舞台上的一个影片剪辑元件实例，取消勾选“属性”面板中“显示”选项区中的“可见”复选框，如图 6-55 所示，即可将选中实例隐藏。

选中舞台实例，按【Delete】键即可将其删除。

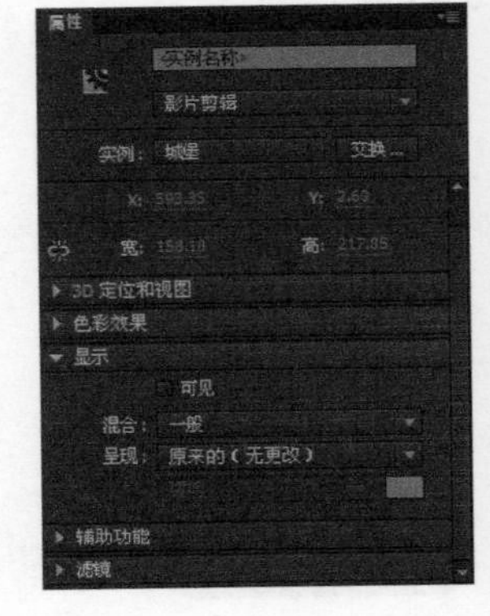

图 6-55 取消勾选“可见”复选框

6.5.2 转换实例和元件的类型

选中舞台中的一个元件实例，选择“窗口 > 属性”命令，打开“属性”面板，在“实例行为”下拉列表中选择想要转换的类型，如图 6-56 所示。

打开“库”面板，在想要转换类型的元件上单击鼠标右键，在弹出的快捷菜单中选择“属性”命令，弹出“元件属性”对话框，在“类型”下拉列表中选择想要转换的类型，单击“确定”按钮，即可完成元件类型的转换，如图 6-57 所示。

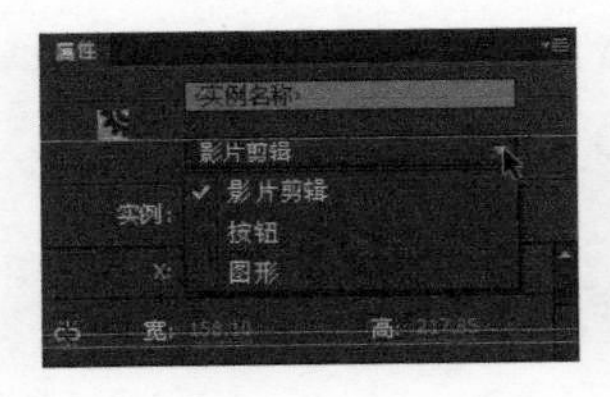

图 6-56 转换实例的类型

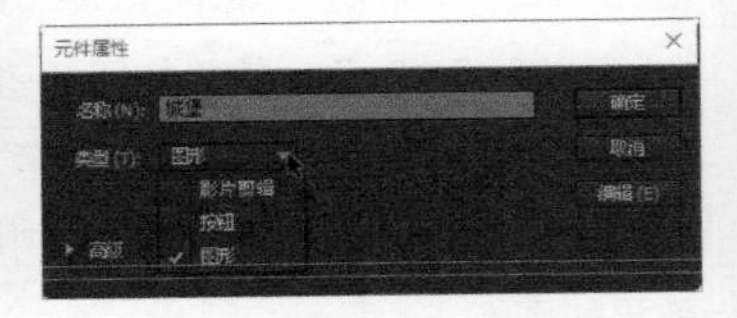

图 6-57 转换元件的类型

6.5.3 为图形元件设置循环

在通常情况下，图形元件为一个静止对象。无论元件时间轴有什么内容，都会显示第 1 帧内容。通过设置其“循环”属性，可以使图形元件像影片剪辑元件那样动起来。

在舞台中选中一个图形元件实例，打开“属性”面板，在“循环”选项区中的“图形选项”下拉列表中选择“循环”选项，即可设置图形元件实例的循环属性，如图 6-58 所示。

- 循环：按照当前实例占用的帧数来循环包含在该实例内的所有动画序列。
- 播放一次：从指定帧开始播放动画序列直到动画结束，然后停止。
- 单帧：显示动画序列的一帧。指定要显示的帧。

图 6-58 选择“循环”选项

提示

如果要指定循环时首先显示的图形元件的帧，那么可以在“第一帧”后的文本框中输入帧编号，“单帧”选项也可以使用此处指定的帧编号。

6.5.4 分离元件实例

想要单独编辑实例而又不影响元件，可以通过分离元件实例，来断开实例与元件的链接。

选中舞台中的一个元件实例，选择“修改 > 分离”命令，该实例将被分离成独立的图形元素，如图 6-59 所示。

图 6-59 分离元件

分离之后，可以使用各种绘制工具对图形的局部进行修改。

课堂案例 交换实例

素材文件	素材文件 \ 第 06 章 \65701.fla	扫码观看视频
案例文件	案例文件 \ 第 06 章 \6-5-7.fla	
教学视频	视频教学 \ 第 06 章 \6-5-7.mp4	
案例要点	掌握交换实例的方法	

Step 01 打开素材文件“第 06 章 \ 素材 \65701.fla”，如图 6-60 所示。分别在第 20 帧和第 21 帧位置按【F6】键插入关键帧，“时间轴”面板如图 6-61 所示。

Step 02 打开“属性”面板，选择第 21 帧上的元件，单击“属性”面板中的“交换”按钮，弹出“交换元件”对话框，选择名称为“闭眼”的元件，如图 6-62 所示。单击“确定”按钮，舞台实例变化效果如图 6-63 所示。

图 6-60 打开素材文件

图 6-61 插入关键帧

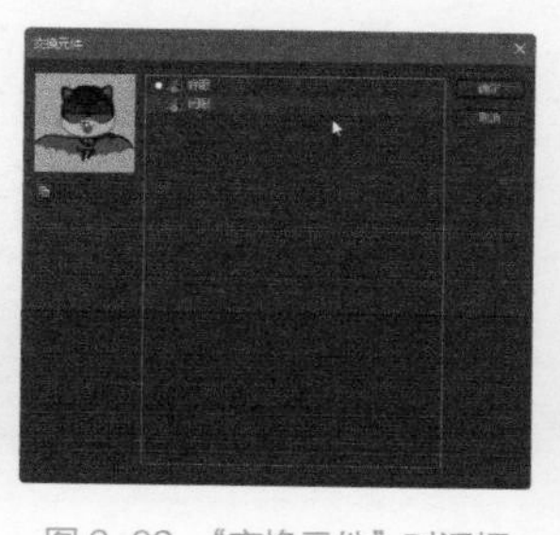

图 6-62 “交换元件”对话框

图 6-63 交换元件效果

Step 03 完成制作后，按【Ctrl+Enter】组合键，测试动画，效果如图 6-64 所示。

图 6-64 测试动画效果

6.6 使用“库”

“库”面板可以用于存放元件、图像、视频、声音等元素，使用“库”面板可以对库资源进行有效的管理。

6.6.1 “库”面板简介

选择“窗口 > 库”命令或按【Ctrl+L】组合键，即可打开“库”面板，如图 6-65 所示。用户可以在“库”面板中完成元件的新建、删除和复制，也可以通过新建文件夹，对不同类别的元件进行管理。

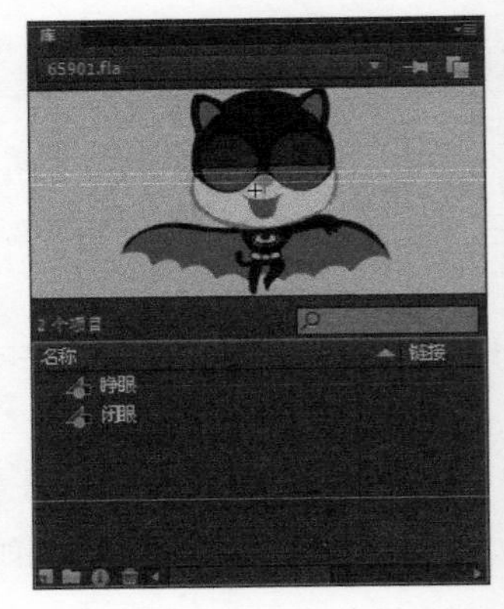

图 6-65 “库”面板

课堂案例 在其他Flash文件中打开库

素材文件	素材文件 \ 第 06 章 \66201.fla、66202.fla
案例文件	案例文件 \ 第 06 章 \6-6-2.fla
教学视频	视频教学 \ 第 06 章 \6-6-2.mp4
案例要点	掌握“库”面板的使用方法

扫码观看视频

Step 01 打开素材文件“素材文件\第06章\66201.fla和66202.fla”，效果如图6-66所示。选择“66201.fla”文件，打开“库”面板，在“库”面板中的“文档列表”中选择名称为“66202.fla”的选项，如图6-67所示。

图6-66 打开素材文件

图6-67 选择文件

Step 02 将“小黑板”图形元件拖动到舞台中，使用“任意变形工具”调整大小，如图6-68所示。使用相同的方法，将“望远镜”和“小汽车”图形元件分别拖动到舞台中，效果如图6-69所示。

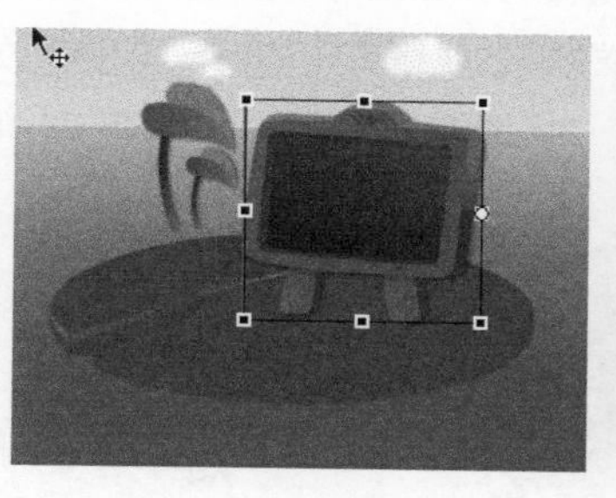

图6-68 拖动元件到场景中

图6-69 拖动其他元件到场景中

6.6.2 解决库资源之间的冲突

将一个资源导入或者复制到另一个已经含有同名的不同资源文档中时，可以选择是否使用新项目替换现有项目。

当用户尝试在文档中放置与现有项目名称冲突的项目时，会弹出“解决库冲突”对话框，如图6-70所示。用户可以根据需求选择“不替换现有项目”或“替换现有项目”，也可以选择“将重复的项目放置到文件夹中”。

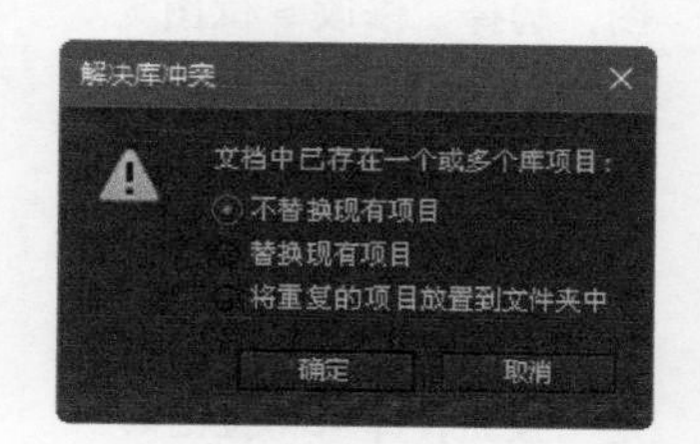

图6-70 “解决库冲突”对话框

提示

当用户要从源文档中复制一个已在目标文档中存在的项目，并且这两个项目具有不同的修改日期时，就会出现冲突，通过组织文档库中文件夹内的资源来避免出现命名冲突。

6.7 矢量图与位图的转换

在制作Flash动画时，会同时使用位图和矢量图，由于两种类型的图像作用不同，常常需要相互转换，以方便动画的制作和获得好的动画效果。

课堂案例 矢量图与位图的转换

素材文件	素材文件 \ 第 06 章 \67101.fla	扫码观看视频
案例文件	案例文件 \ 第 06 章 \6-7-1.fla	
教学视频	视频教学 \ 第 06 章 \6-7-1.mp4	
案例要点	掌握转换矢量图与位图的方法	

Step 01 打开素材文件"素材文件 \ 第 06 章 \67101.fla"，效果如图 6-71 所示。选中舞台上的图形元件并单击鼠标右键，在弹出的快捷菜单中选择"转换为位图"命令，打开"库"面板，查看"Bitmap 1"为刚刚转换的位图，如图 6-72 所示。

图 6-71 打开素材文件

图 6-72 "库"面板

Step 02 选择场景中的位图，选择"修改 > 位图 > 转换位图为矢量图"命令，如图 6-73 所示。弹出"转换位图为矢量图"对话框，设置各项参数后，单击"确定"按钮，即可将位图转换为矢量图，如图 6-74 所示。

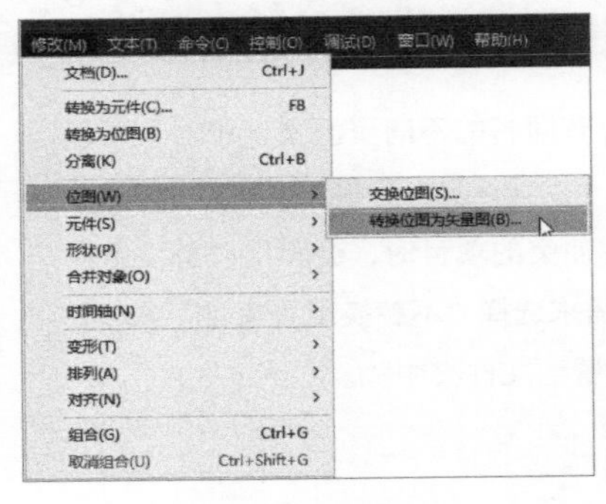

图 6-73 选择命令

图 6-74 位图转换为矢量图

在舞台上以位图形式呈现实例

使用"导出为位图"选项可以在创作期间将影片剪辑元件和按钮元件的实例作为位图呈现在舞台上。可以避免 Flash Player 在运行时执行转换操作影响播放速度，使动画可以在较低性能的设备上更好地呈现。

选择场景中的影片剪辑元件实例或按钮元件实例，在"属性"面板中"显示"选项区中的"呈现"下拉列表中选择"导出为位图"选项，如图 6-75 所示。

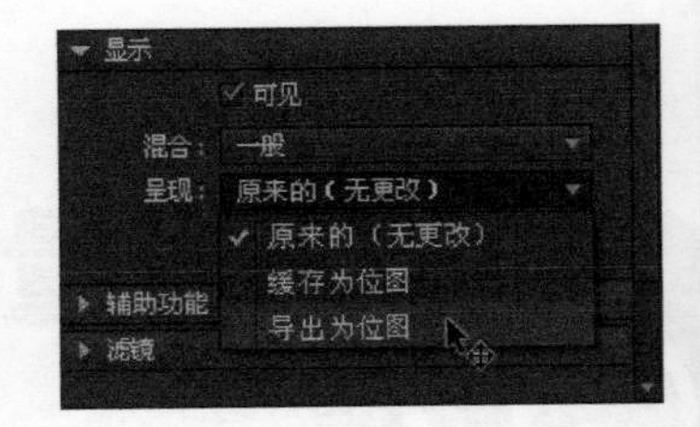

图 6-75 "导出为位图"选项

混合模式

混合模式是一种元件的属性，并且只对影片剪辑元件或按钮元件起作用，通过设置混合模式中的选项，可以为影片剪辑元件创建独特的视觉效果。

6.8.1 混合模式简介

创建影片剪辑元件或按钮元件的实例后，可以通过更改实例的混合模式来创建混合对象，混合是改变两个或两个以上重叠对象的透明度或者颜色相互关联的过程。可以混合重叠影片剪辑中的颜色，创造出别具一格的视觉效果。

提示

由于在发布 SWF 文件时，多个图形元件会合并为一个形状，所以不能对不同的图像元件应用不同的混合模式。

6.8.2 混合模式类型

混合模式的创建是通过“属性”面板中“显示”选项区中的“混合”选项来实现的，如图 6-76 所示，单击“混合”选项后面的三角形按钮，在弹出的下拉列表中可以选择多种混合模式选项，如图 6-77 所示。

提示

混合模式不仅取决于要应用混合的对象的颜色，还取决于基础颜色。在使用时用户可试验不同的混合模式，以获得所需效果。

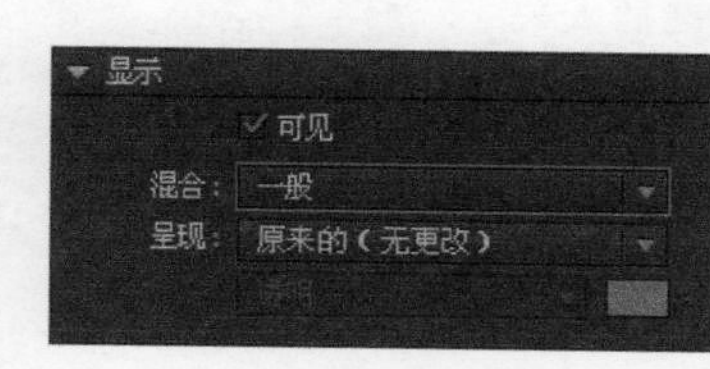

图 6-76 “显示”选项区

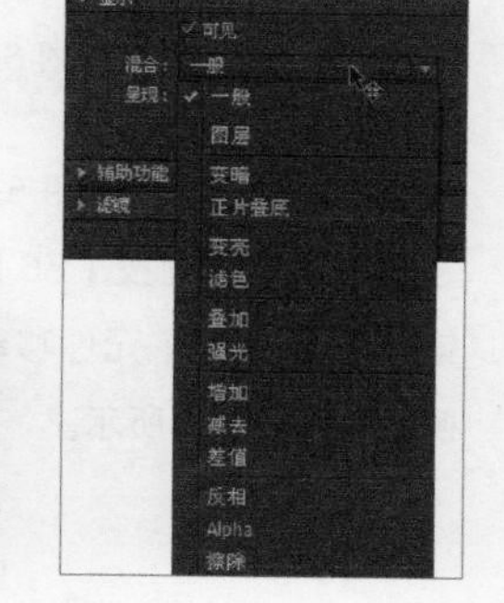

图 6-77 “混合模式”下拉列表

课堂案例 使用混合模式

素材文件	素材文件 \ 第 06 章 \68301.jpg、68302.jpg	扫码观看视频
案例文件	案例文件 \ 第 06 章 \6-8-3.fla	
教学视频	视频教学 \ 第 06 章 \6-8-3.mp4	
案例要点	掌握“混合模式”的使用方法	

Step 01 选择“文件 > 新建”命令，新建一个 550 像素 ×400 像素的空白文档，如图 6-78 所示。选择“文件 > 导入 > 导入到舞台”命令，导入素材图像“素材文件 \ 第 06 章 \ 68301.jpg”，如图 6-79 所示。

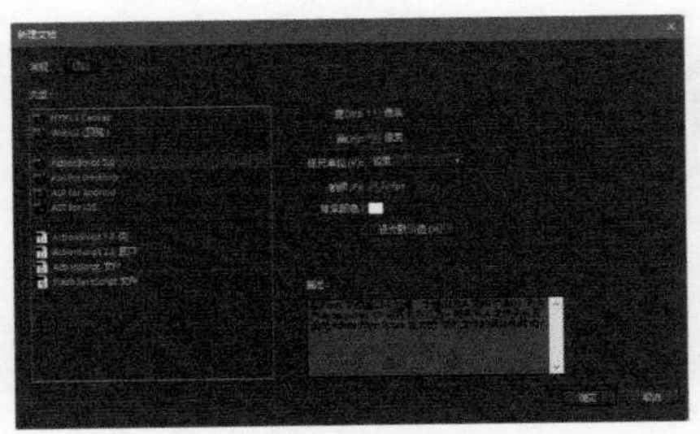

图 6-78 “新建文档”对话框

图 6-79 导入素材图像

Step 02 在第 30 帧位置按【F5】键插入帧，如图 6-80 所示。新建“图层 2”，导入素材图像“素材文件 \ 第 06 章 \68302.jpg”，调整到合适的大小和位置，如图 6-81 所示。

图 6-80 插入帧

图 6-81 导入素材图像

Step 03 按【F8】键，将其转换为“名称”为“小汽车”的影片剪辑元件，如图 6-82 所示。单击“确定”按钮，在“属性”面板中设置其“混合”选项为“变暗”，如图 6-83 所示。

图 6-82 “转换为元件”对话框

图 6-83 设置“混合”选项

Step 04 元件效果如图 6-84 所示。在第 30 帧位置按【F6】键插入关键帧，将小汽车元件移动到场景左侧，如图 6-85 所示。

图 6-84 元件效果

图 6-85 移动元件

Step 05 在“图层 2”上单击鼠标右键，在弹出的快捷菜单中选择“创建传统补间”命令，“时间轴”面板如图 6-86 所示。按【Ctrl+Enter】组合键，测试动画，效果如图 6-87 所示。

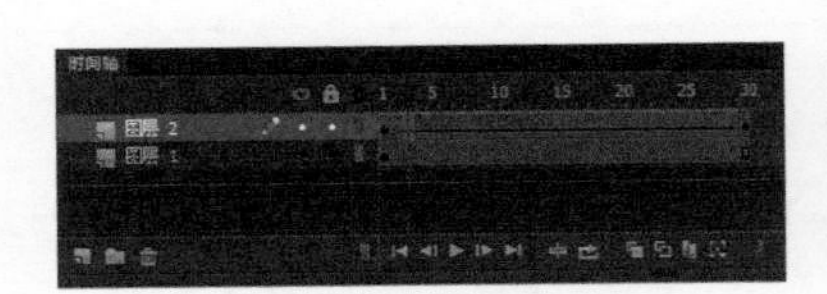

图 6-86 “时间轴”面板

图 6-87 测试动画效果

使用滤镜

Flash 中包含“投影”“模糊”“发光”“斜角”“渐变发光”“渐变斜角”“调整颜色”7种滤镜，除了可以为元件、文本和图片增添视觉效果，还可以通过使用补间动画制作滤镜动画。

选择场景中需要添加滤镜的对象，打开“属性”面板，单击“滤镜”选项区的按钮，在弹出的下拉列表中选择需要添加的滤镜，即可完成相应滤镜的添加，在“滤镜”选项区中显示所添加滤镜的相关设置选项，如图 6-88 所示。可以同时对一个对象添加多个滤镜，添加后的滤镜将显示在下方的滤镜列表中，如图 6-89 所示。

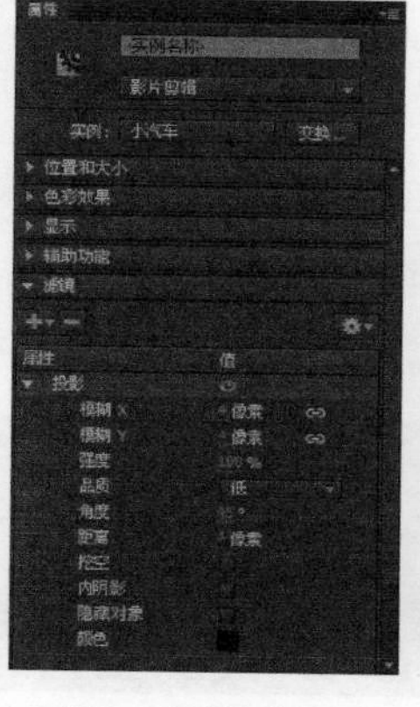

图 6-88 添加滤镜

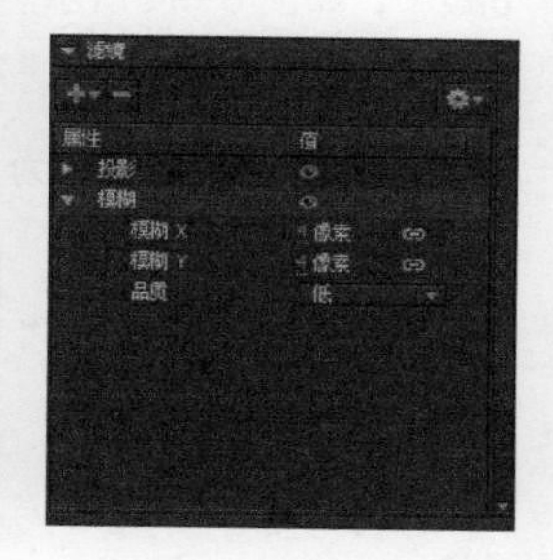

图 6-89 滤镜列表

6.9.1 投影

“投影”滤镜能够模拟对象投影到一个表面的效果或在背景中通过剪出一个与对象相似的形状模拟对象的外观，“投影”滤镜添加前后对比效果如图 6-90 所示。

在“属性”面板中为元件添加“投影”滤镜后，“属性”面板中将显示“投影”滤镜的各项参数，如图 6-91 所示。

图 6-90 “投影”滤镜添加前后对比效果

图 6-91 “投影”滤镜的参数

课堂案例 应用“模糊”滤镜

素材文件	素材文件 \ 第 06 章 \69201.fla、69202.png
案例文件	案例文件 \ 第 06 章 \6-9-2.fla
教学视频	视频教学 \ 第 06 章 \6-9-2.mp4
案例要点	掌握“模糊”滤镜的添加与设置方法

扫码观看视频

Step 01 打开文档“素材文件\第06章\69201.fla”，如图6-92所示。选择“插入>新建元件”命令，弹出“创建新元件”对话框，设置如图6-93所示。

图6-92 打开素材文件

图6-93 “创建新元件”对话框

Step 02 单击“确定”按钮，选择“文件>导入>导入到舞台”命令，导入素材图像“素材文件\第06章\69202.png”，如图6-94所示。在第5帧位置按【F5】键插入帧，新建“图层2”，“时间轴”面板如图6-95所示。

Step 03 使用“矩形工具”绘制一个“填充颜色”为“#A8A8A8”的矩形，并调整其形状和位置，如图6-96所示。按【F8】键，将其转换为“名称”为“螺旋桨”的影片剪辑元件，如图6-97所示。

图6-94 导入素材图像

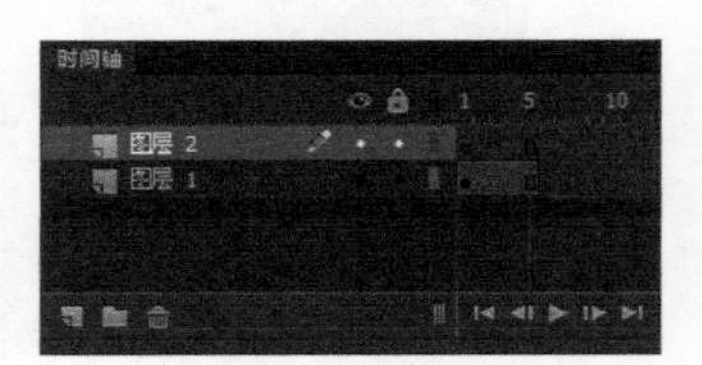

图6-95 插入帧并新建“图层2”

图6-96 绘制并调整矩形

图6-97 转换为影片剪辑元件

Step 04 在第1帧位置单击，选择“插入>补间动画”命令，创建补间动画，“时间轴”面板如图6-98所示。选中“螺旋桨”元件，在“属性”面板中为其添加“模糊”滤镜，设置如图6-99所示。

Step 05 单击“图层2”第5帧位置，使用“任意变形工具”调整“螺旋桨”元件实例的旋转角度，如图6-100所示，“时间轴”面板如图6-101所示。

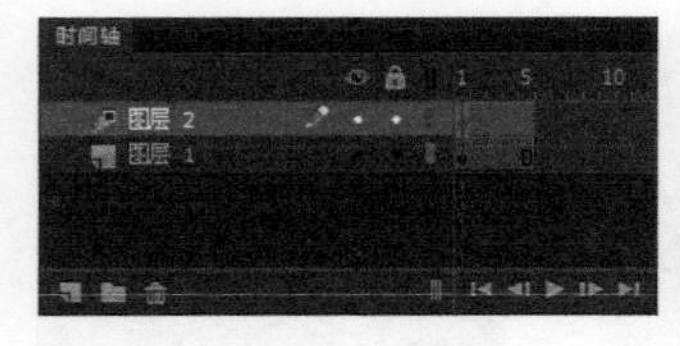

图6-98 “时间轴”面板

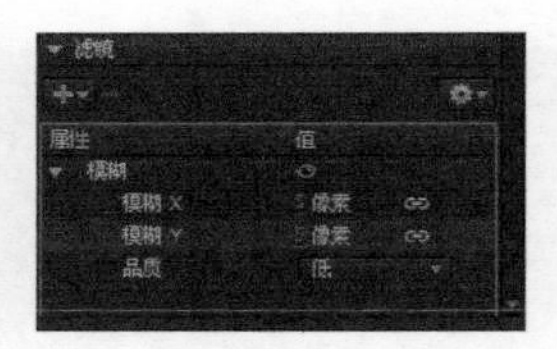

图6-99 添加“模糊”滤镜

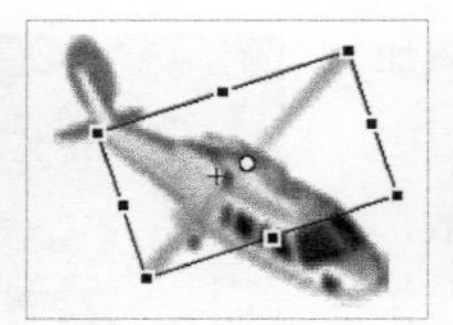

图6-100 旋转元件

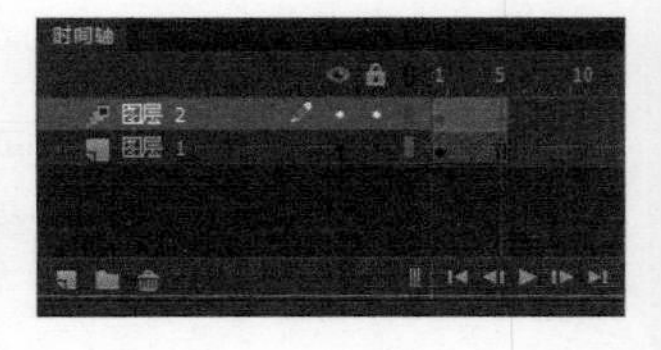

图6-101 “时间轴”面板

Step 06 单击编辑栏中的“场景1”文字，返回“场景1”编辑状态，分别在所有图层的第45帧位置按【F5】键插入帧。新建“图层4”，“时间轴”面板如图6-102所示。

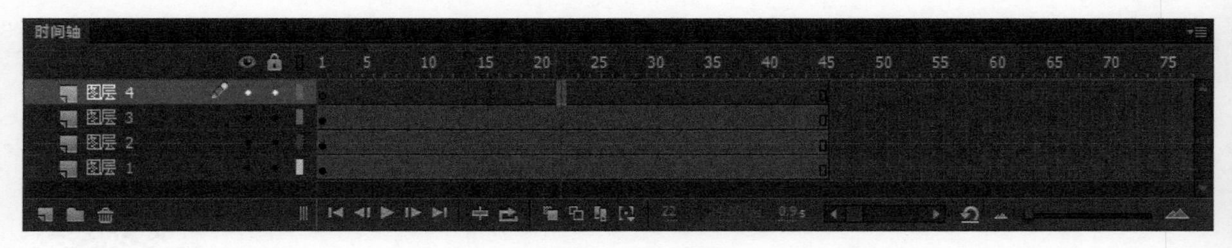

图6-102 “时间轴”面板

Step 07 将“飞机”元件从“库”面板中拖动到舞台中，如图 6-103 所示。单击“图层 4”第 1 帧位置，选择“插入 > 补间动画”命令，创建补间动画，“时间轴”面板如图 6-104 所示。

图 6-103 将元件拖入舞台

图 6-104 创建补间动画

Step 08 单击“图层 4”第 45 帧位置，将“飞机”实例拖动到舞台右下角位置，如图 6-105 所示。按【Ctrl+Enter】组合键，测试动画，效果如图 6-106 所示。

图 6-105 调整实例位置

图 6-106 测试动画效果

6.9.2 发光与渐变发光

“发光”滤镜可以为对象的周围应用颜色，为当前对象赋予光晕效果，如图 6-107 所示。“渐变发光”滤镜可以使选择对象在发光表面产生带渐变颜色的发光效果，如图 6-108 所示。

选择“发光”选项，显示“发光”滤镜的各项参数，如图 6-109 所示。选择“渐变发光”选项，显示“渐变发光”滤镜的各项参数，如图 6-110 所示。

图 6-107 “发光”滤镜效果

图 6-108 “渐变发光”滤镜效果

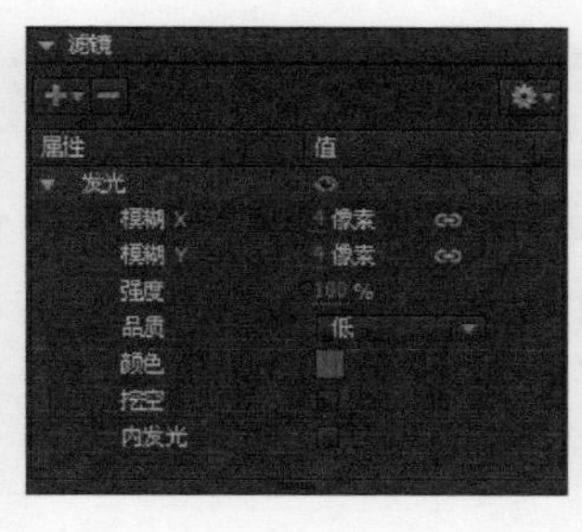

图 6-109 “发光”滤镜参数

图 6-110 “渐变发光”滤镜参数

6.9.3 斜角与渐变斜角

使用“斜角”滤镜可以为对象应用加亮效果，使其看起来凸出于背景表面，效果如图 6-111 所示。使用“渐变斜角”滤镜可以使对象产生斜面浮雕的效果，并且斜角表面有渐变颜色的效果，效果如图 6-112 所示。

选择“斜角”选项，显示“斜角”滤镜的各项参数，如图 6-113 所示。选择“渐变斜角”选项，显示“渐变斜角”滤镜的各项参数，如图 6-114 所示。

图 6-111 “斜角”滤镜效果

图 6-112 “渐变斜角”滤镜效果

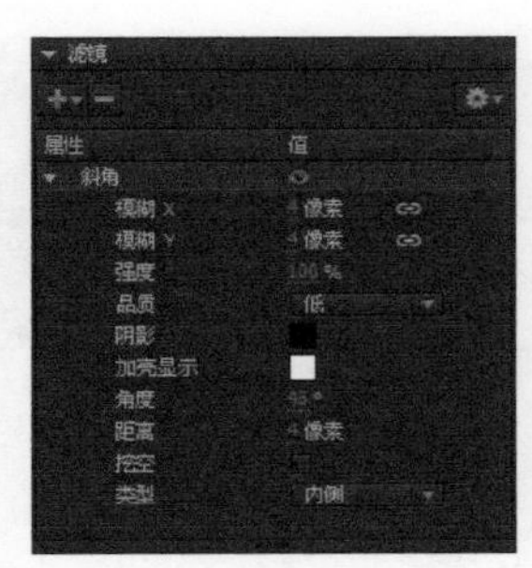

图 6-113 “斜角”滤镜参数

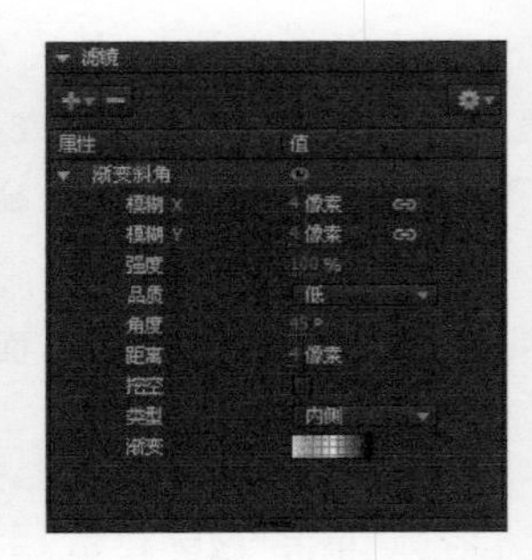

图 6-114 “渐变斜角”滤镜参数

6.9.4 调整颜色

使用“调整颜色”滤镜可以通过设置各项参数来改变被选择对象的颜色属性，如图 6-115 所示。

选择“调整颜色”选项，显示“调整颜色”滤镜的各项参数，如图 6-116 所示。

图 6-115 调整颜色效果

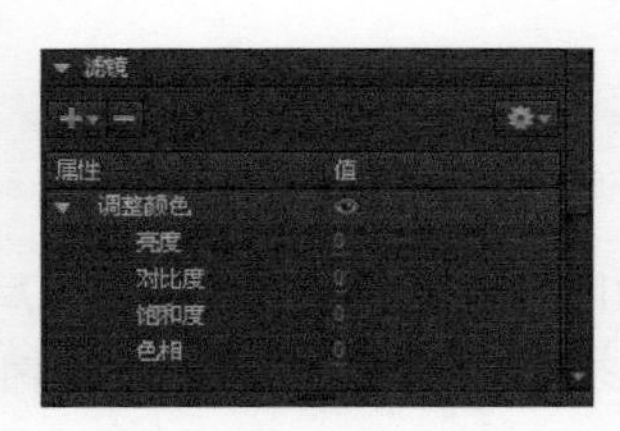

图 6-116 “调整颜色”滤镜参数

提示

对元件的实例应用“调整颜色”滤镜后，选择“修改 > 分离”命令，将会失去“调整颜色”滤镜效果，返回原来的颜色属性。

6.9.5 使用滤镜动画

为对象添加滤镜后，可以通过在“时间轴”面板中制作补间动画，让滤镜动起来，效果如图 6-117 所示。为对象应用滤镜后，修改不同的帧上对象滤镜参数，然后创建补间动画，即可完成滤镜动画的制作，“时间轴”面板如图 6-118 所示。

图 6-117 滤镜动画效果

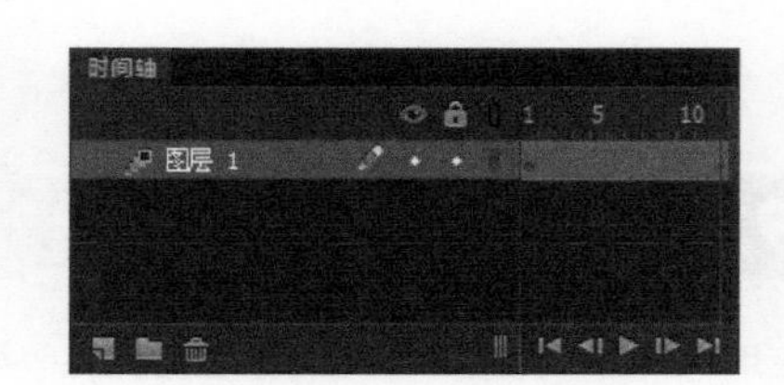

图 6-118 “时间轴”面板

创建补间动画后，中间帧上会显示补间的相应的滤镜参数，如果某个滤镜在补间的另一端没有相匹配的滤镜，系统就会自动添加匹配的滤镜，以确保在动画序列的末端出现该效果。

6.9.6 滤镜和Flash Player的性能

滤镜的类型、数量和质量会影响SWF文件的播放性能。应用的滤镜越多，Flash Player需要的处理量就越大。为了获得流畅的播放效果，建议对一个对象只应用有限数量的滤镜。

技术看板

如果计算机运行的速度较慢，那么使用较低的设置可以提高性能；如果要创建在不同性能的计算机上播放的内容，那么可以将滤镜品质级别设置为“低”，以实现最佳的播放性能。

6.10 元件的导出

使用Flash中的导出命令，不仅可以将元件导出PNG序列和Sprite表，还可以导出SWF和SWC文件。在“库”面板中选中一个想要导出的元件对象，单击鼠标右键，可以在弹出的快捷菜单中选择导出不同类型的文件，如图6-119所示。

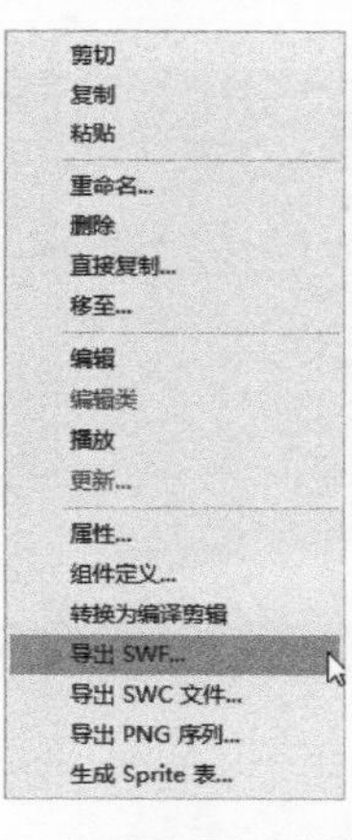

图6-119 选择导出文件类型

课后习题

一、选择题

1. 按键盘上的（ ）键，可以在时间轴上快速插入一个关键帧。

A.【F5】 B.【F6】 C.【F7】 D.【F8】

2. 下列选项中，不属于Flash创建的元件类型的是（ ）。

A. 图形元件 B. 按钮元件 C. 影片剪辑元件 D. 视频元件

3. 能在“属性”面板中设置“循环”的元件是（   ）。

A. 图形元件　　B. 按钮元件　　C. 影片剪辑元件　　D. 视频元件

4. 将一个资源导入或者复制到另一个已经含有同名的不同资源文档中时，不能选择的选项是（   ）。

A. 不替换现有项目

B. 替换现有项目

C. 将重复的项目放置到文件夹中

D. 复制项目

5. 下列选项中，元件不能导出的文件格式是（   ）。

A. SWF　　B. SWC　　C. EXE　　D. PNG

二、填空题

1. 用户可以通过启动 ______，预览舞台上按钮元件的状态。

2. 按钮元件包括 ______、______、______ 和 ______4 个状态。

3. 混合模式是一种元件的属性，并且只对 ______ 元件或 ______ 元件起作用。

三、案例题

新建一个 Flash 文档，创建影片剪辑元件，制作滤镜动画，完成下雪的动画效果，如图 6-120 所示。通过制作动画，理解 Flash 元件的概念及滤镜的使用方法和技巧。

图 6-120　绘制卡通动物角色

第07章 使用“时间轴”面板

“时间轴”面板的主要功能就是组织和控制一定时间内图层和帧中的内容。更简单地讲，就是用于控制不同图形元素在不同时间的状态。当“时间轴”中的帧在不同的图层中被快速播放时，就形成了连续的动画效果。

FLASH CC

学习目标

- 了解“时间轴”面板的功能
- 认识不同类型动画的表现形式
- 认识不同的图层
- 熟悉使用场景的方法

学习重点

- 掌握对图层的基本操作
- 掌握分散到图层的操作方法
- 理解不同类型的动画和不同类型的帧
- 掌握对帧的编辑操作方法

认识“时间轴”面板

“时间轴”面板最主要的功能是组织图层和放置帧，当“时间轴”中的帧在不同的图层中快速播放时，就形成了连续的动画效果。

7.1.1 “时间轴”面板

选择“窗口 > 时间轴”命令，打开“时间轴”面板，如图 7-1 所示。“时间轴”面板从形式上可以分为两部分，即左侧的图层操作区和右侧的帧操作区。

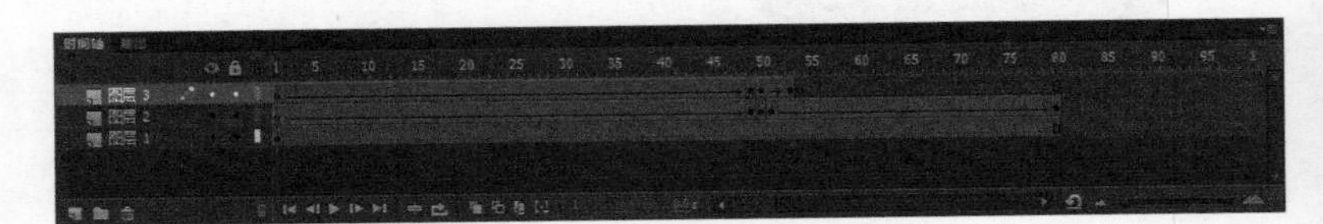

图 7-1 “时间轴”面板

7.1.2 在“时间轴”面板中标识不同类型的动画

在“时间轴”面板中，不同的动画类型采用不同的颜色或时间轴元素进行标识区分，使用户可以快速了解动画的制作方法。

- 逐帧动画通常通过一个具有一系列连续关键帧的图层来表示，如图 7-2 所示。
- 传统补间动画背景呈现蓝色，在开始和结束时是关键帧，在关键帧之间是黑色的箭头（表示补间），如图 7-3 所示。

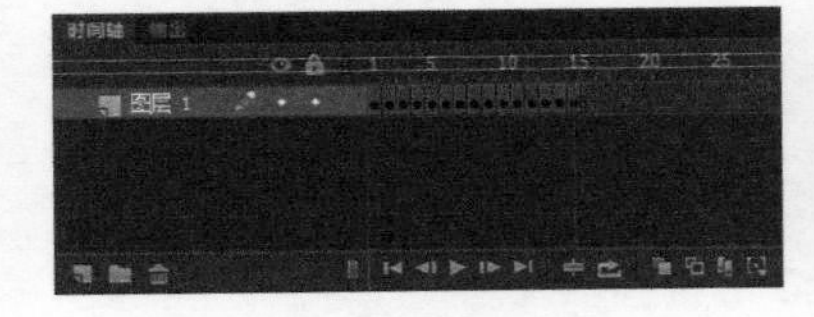

图 7-2 逐帧动画

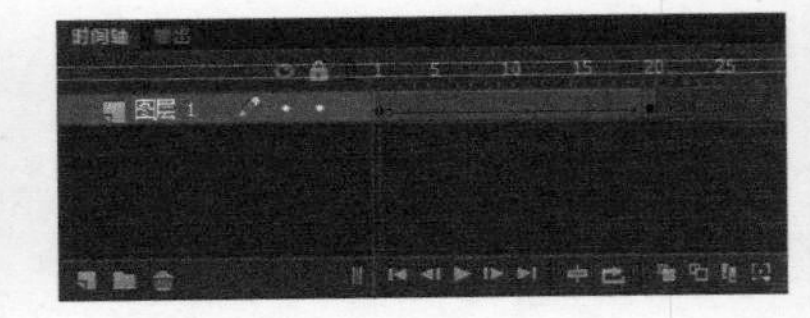

图 7-3 传统补间动画

- 形状补间动画类似传统补间动画，在开始和结束时是关键帧，中间是黑色的箭头（表示补间），不同之处在于形状补间动画中间的帧以浅绿色显示，而不是蓝色，如图 7-4 所示。
- 形状补间动画与传统补间动画大不相同，背景呈现浅蓝色，范围的第一帧中的黑点表示补间范围分配有目标对象。黑色菱形表示最后一个帧和任何其他属性关键帧。属性关键帧是包含由显式定义的属性更改的帧，如图 7-5 所示。

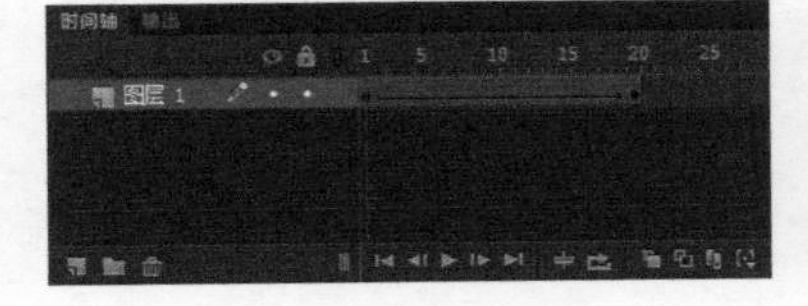

图 7-4 形状补间动画

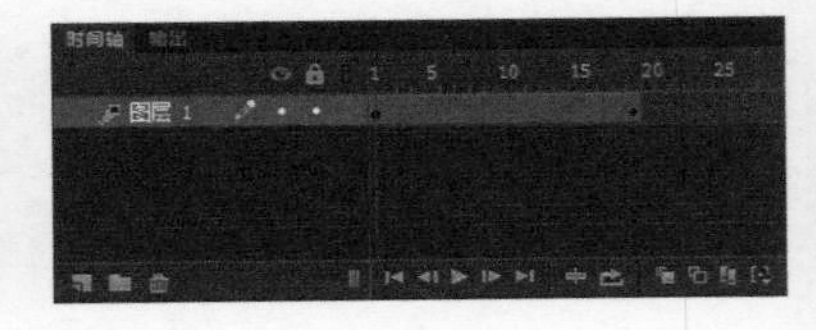

图 7-5 补间动画

第一帧中的空心点表示补间动画的目标对象已删除。补间范围仍包含其属性关键帧，并可应用新的目标对象，如图 7-6 所示。

图 7-6 补间动画的目标对象已删除

当关键帧后面跟随的是虚线时，表示传统补间动画是不完整的，通常是由于最后的关键帧被删除或没有添加，如图 7-7 所示。

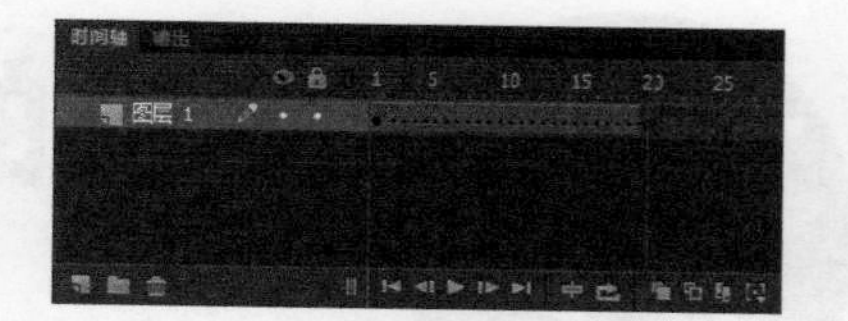

图 7-7 传统补间动画不完整

如果一系列灰色的帧以一个关键帧开头，并以一个空的矩形结束，那么在关键帧后面的所有帧都具有相同的内容，如图 7-8 所示。

如果帧或关键帧带有小写的 a，那么表示它是动画中帧动作（全局函数）被添加的点，如图 7-9 所示。

红色的小旗表示该帧包含一个帧标签；绿色的双斜杠表示该帧包含注释；金色的锚记表明示帧是一个命名锚记，如图 7-10 所示。

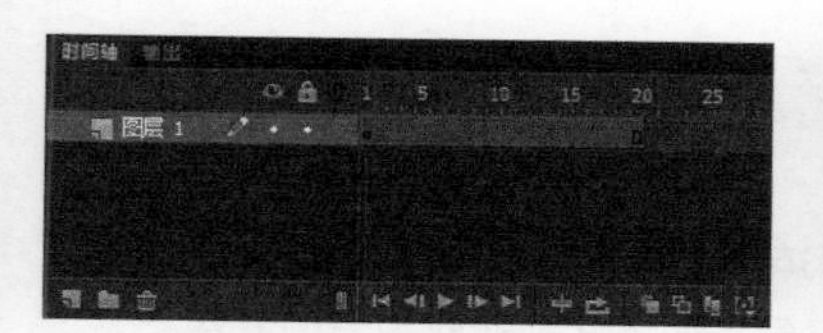

图 7-8 关键帧的延续

图 7-9 添加了动作的关键帧

图 7-10 关键帧的不同标记效果

7.1.3 图层的作用

图层可以帮助用户组织文档中的插图，可以在一个图层上绘制和编辑对象，而不会影响其他图层上的对象。在图层上没有内容的舞台区域中，可以透过该图层看到下面的图层。

图层按照功能划分，可以分为普通图层、引导图层和遮罩层，如图 7-11 所示。

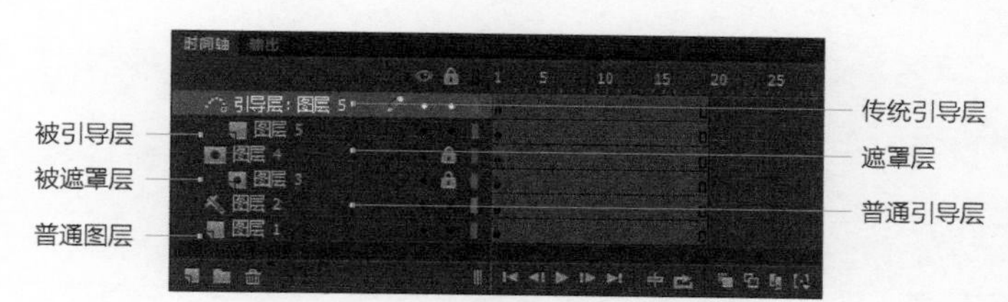

图 7-11 关键帧的不同标记效果

- 普通图层：Flash 默认的图层，放置的对象一般是最基本的动画元素，如矢量对象、位图对象和元件等。普通图层起着存放帧（画面）的作用。使用普通图层可以将多个帧（多幅画面）按照一定的顺序叠放，以形成一幅动画。
- 普通引导层：起到辅助静态对象定位的作用，无须使用“被引导层”，可以单独使用，层上的内容不会被输出。
- 被遮罩层：位于遮罩层下方并与之关联的图层。被遮罩层中只有未被遮罩层覆盖的部分才可见。
- 遮罩层：利用遮罩层可以将与其相链接图层中的图像遮盖起来。可以将多个图层组合起来放在一个遮罩层下，以创建多种效果。在遮罩层中也可以使用各种类型的动画使遮罩层中的对象动起来，但是在遮罩层中不能使用按钮元件。
- 被引导层：与引导层关联的图层。可以沿引导层上的笔触排列被引导层上的对象，或为这些对象创建动画效果。被引导层可以包含静态图形和传统补间，但不能包含补间动画。
- 传统引导层：在引导层中创建的图形并不随影片的输出而输出，而是作为被引导层的运动轨迹。引导层不会增大作品文件的大小，可以多次使用。

图层的创建与基本操作

在创建 Flash 文档时，默认仅包含一个图层。要在文档中组织插图、动画和其他元素，可以添加更多图层，还可以隐藏、锁定或重新排列图层。可以创建的图层数仅受计算机内存的限制，并且图层不会增加发布的 SWF 文件的大小，只有放入图层的对象才会增加文件的大小。

7.2.1 创建图层

创建一个图层后，该图层将出现在所选图层的上方，新添加的图层将成为活动图层。在制作比较复杂的动画时，可以创建多个图层，分别用于放置不同的图形对象，以免产生混乱。Flash 提供了如下 3 种新建图层的方法：

（1）单击“时间轴”面板左下方的“新建图层”按钮，即可创建新图层，如图 7-12 所示。

（2）选择“插入 > 时间轴 > 图层”菜单命令，插入新图层。

（3）在“时间轴”面板中的图层名称上单击鼠标右键，在弹出的快捷菜单中选择“插入图层”命令，如图 7-13 所示。

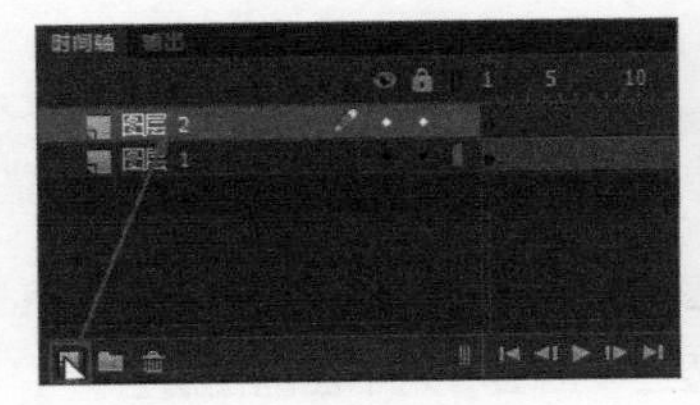

图 7-12 单击“新建图层”按钮

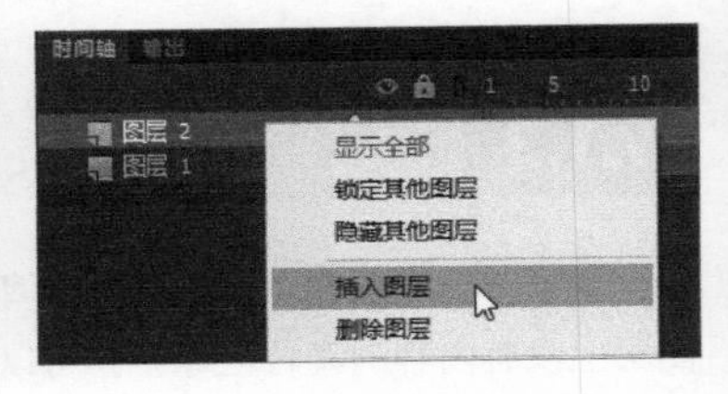

图 7-13 选择“插入图层”选项

课堂案例 制作有趣的载入条动画

素材文件	素材文件 \ 第 07 章 \72201.fla	扫码观看视频
案例文件	案例文件 \ 第 07 章 \7-2-2.fla	
教学视频	视频教学 \ 第 07 章 \7-2-2.mp4	
案例要点	掌握图层的基本操作方法	

Step 01 选择“文件 > 打开”命令，打开素材文件“素材文件 \ 第 07 章 \72201.fla”，打开“属性”面板，修改该文档的“帧频”为 24fps，“舞台”为“##FF9DA7”，如图 7-14 所示。使用“基本矩形工具”绘制一个任意颜色的矩形，然后适当调整其圆角大小，效果如图 7-15 所示（启用“对象绘制”模式）。

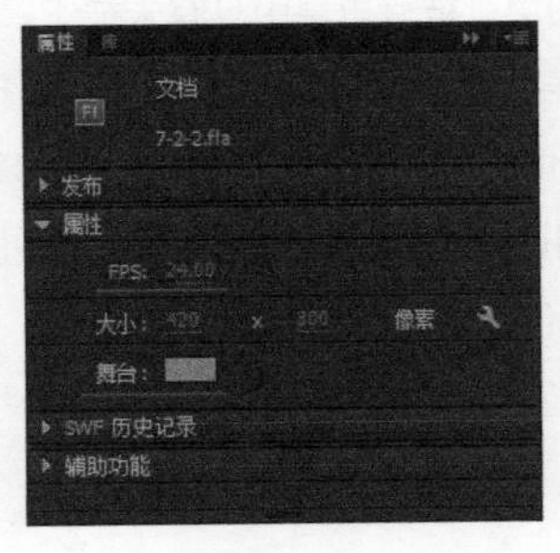

图 7-14 修改相关属性

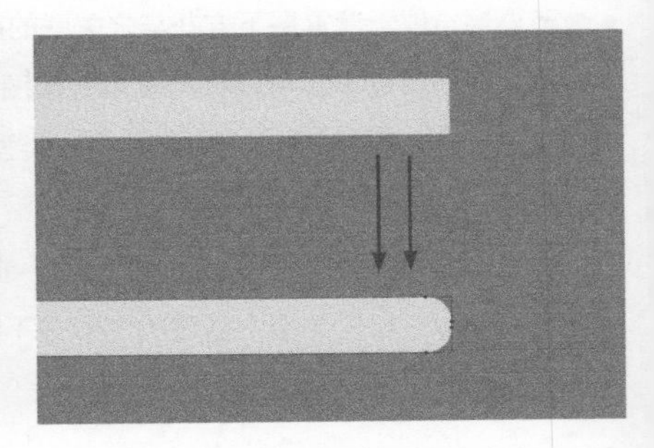

图 7-15 绘制矩形并调整圆角大小

Step 02 在“颜色”面板中设置该形状的“填充颜色”为从“50%# 5EA518”到“50% 白色”的线性渐变，如图 7-16 所示。使用“渐变变形工具”适当调整渐变色填充效果，如图 7-17 所示。

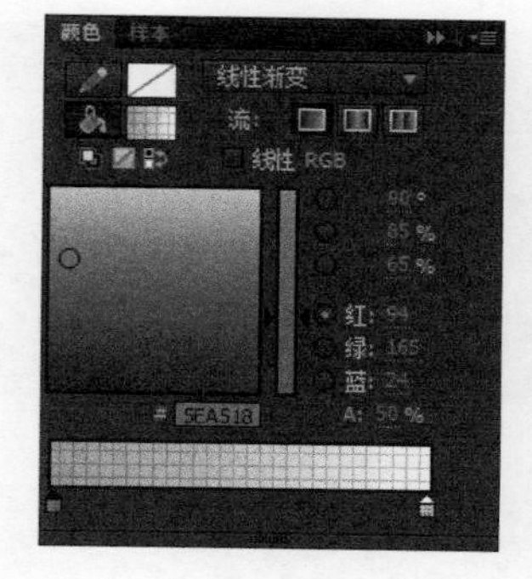

图 7-16 设置线性渐变颜色

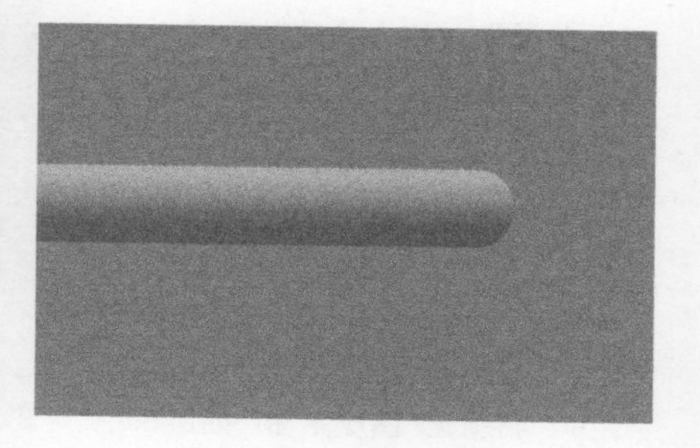

图 7-17 调整渐变填充效果

Step 03 使用相同的方法制作另一个圆角矩形，作为载入条的高光部分，如图 7-18 所示。单击选中“图层 1”的第 40 帧，按【F5】键插入帧，如图 7-19 所示。

图 7-18 绘制圆角矩形

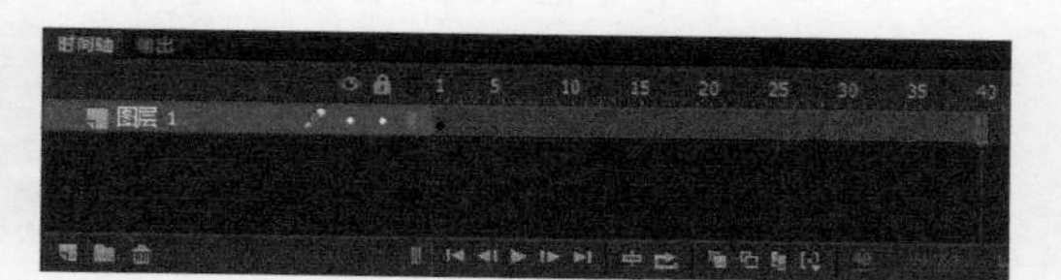

图 7-19 “时间轴”面板

Step 04 新建“图层 2”，将其调整到“图层 1”的下方，使用“矩形工具”绘制一个“填充颜色”为“#FF6600”的圆角矩形，如图 7-20 所示。选中“图层 2”第 40 帧，按【F6】键插入关键帧，然后使用“直接选择工具”将该圆角矩形调整得略长一些，如图 7-21 所示。

图 7-20 绘制圆角矩形

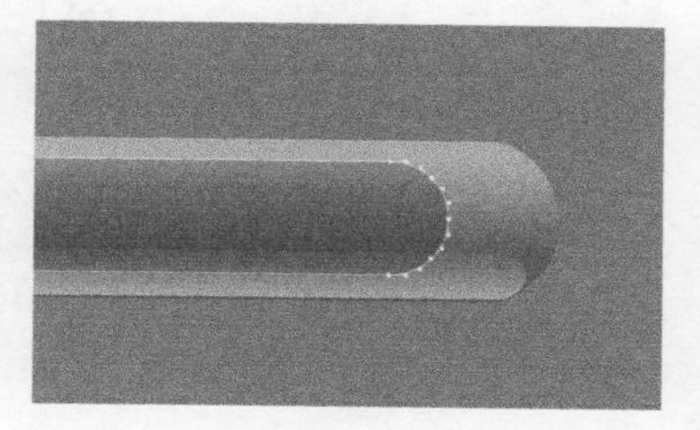

图 7-21 修改圆角矩形形状

提示

在绘制该圆角矩形时，可使用“矩形工具”在不启用“对象绘制”的状态下绘制。因为对于独立的对象无法使用“直接选择工具”选择单个的锚点进行调整，而使用“任意变形工具”强制拽长圆角矩形则会使圆角产生明显的变形。

技术看板

在调整圆角矩形的长度时难免会误选上方图层的载入条，可暂时将载入条所在的“图层 1”锁定。

Step 05 在第 1 帧上单击鼠标右键，在弹出的快捷菜单中选择“创建补间形状”命令，如图 7-22 所示。在图层最上方新建“图层 3”，将“人物”元件从“库”面板中拖动到载入条左侧，如图 7-23 所示。

图 7-22 创建形状补间动画

图 7-23 拖入元件

Step 06 选中第 40 帧，按【F6】键插入关键帧，将人物移动到载入条的最右侧，如图 7-24 所示。为第 1 帧创建传统补间动画，“时间轴”面板如图 7-25 所示。

图 7-24 移动元件

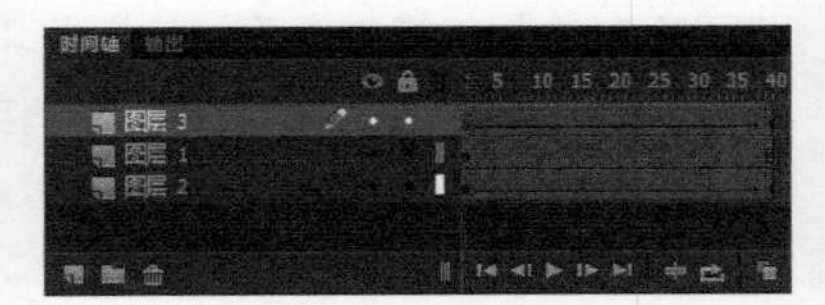

图 7-25 创建传统补间动画

Step 07 再新建“图层 4”和“图层 5”，分别将“LOGO 动画”和“文字动画”元件从“库”面板中拖动到舞台，并适当调整其位置，如图 7-26 所示。新建“图层 6”，选中第 40 帧，选择“窗口 > 动作”命令，打开“动作”面板，输入如图 7-27 所示的代码。

图 7-26 拖入元件

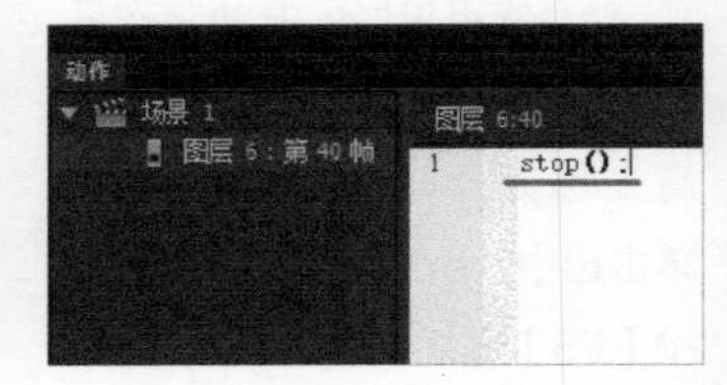

图 7-27 输入脚本代码

Step 08 动画制作完成，按【Ctrl+Enter】组合键，测试动画效果，如图 7-28 所示。

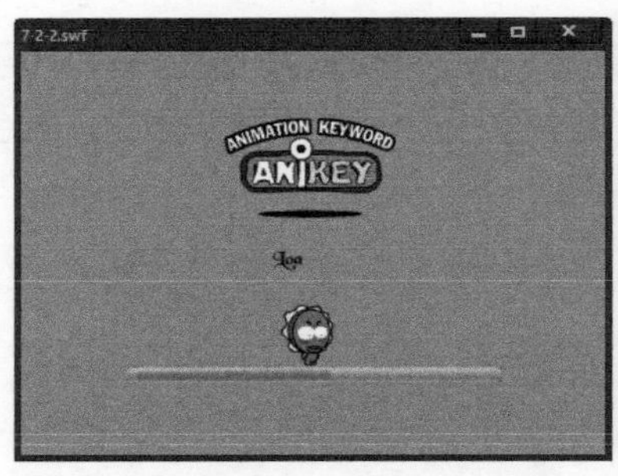

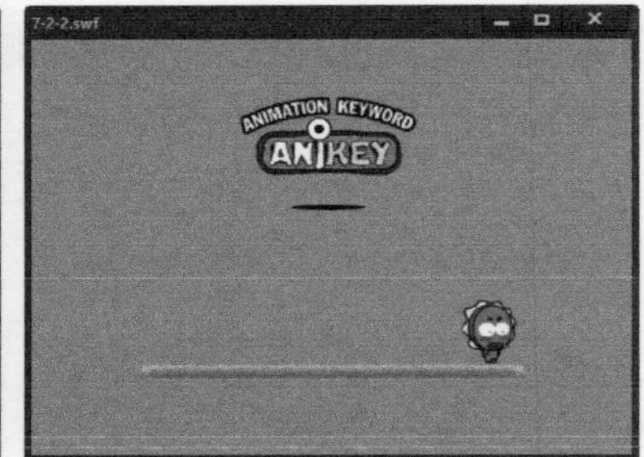

图 7-28 测试动画效果

7.2.2 选择图层

如果要对图层、文件夹和各元素进行修改，就必须先选择相应的图层。Flash 提供了多种选择图层的方法。

单击“时间轴”面板中图层的名称可以直接选择该图层，如图 7-29 所示；在“时间轴”面板中单击要选择图层的任意帧，即可选择该图层，如图 7-30 所示；在舞台中选择要选择图层上的对象，同样可以选择图层。

如果需要选择连续的几个图层，那么可以在按住【Shift】键的同时单击“时间轴”面板中连续的多个图层中的第一个图层名称和最后一个图层名称，如图 7-31 所示。如果需要选择多个不连续的图层，那么需要在按住【Ctrl】键的同时单击“时间轴”面板中的多个不连续图层名称，如图 7-32 所示。

图 7-29 单击图层名称选择图层

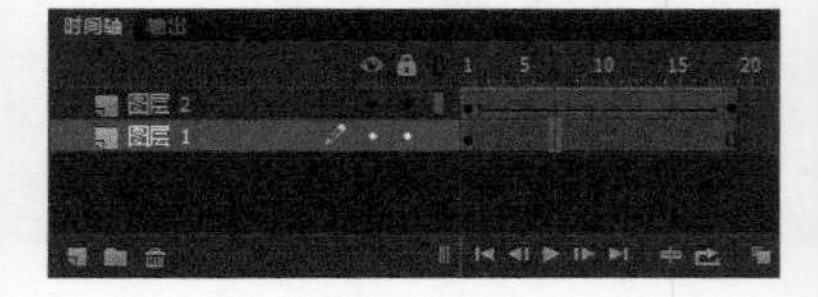

图 7-30 单击任意帧选择图层

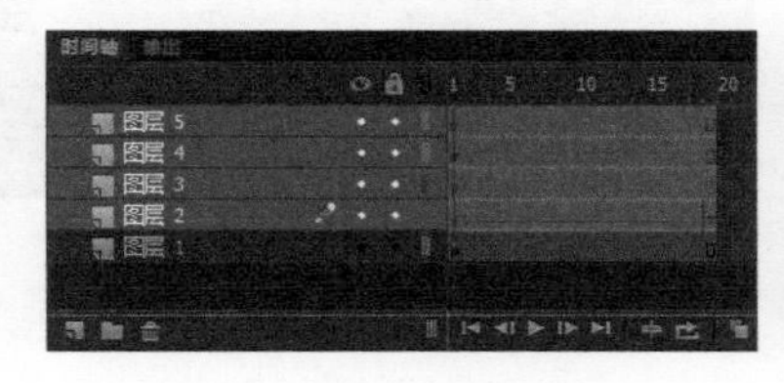

图 7-31 同时选择多个连续的图层

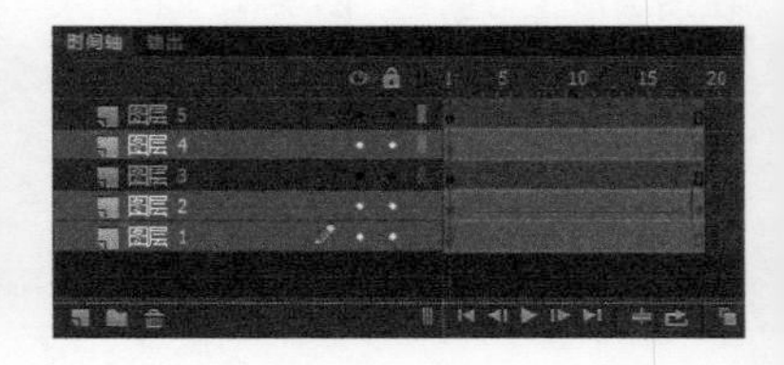

图 7-32 同时选择多个不连续的图层

当选中一个图层时，被选中的图层将突出显示为棕黄色，并会在图层名称的后面显示一个小铅笔图标，表示当前图层正在被使用，该图层中的元素也会在画布中被选中，向舞台上添加的任何元素都将被分配给该图层。在舞台中选中某个对象后，包含该对象的图层便成为当前图层。

课堂案例 选择图层删除多余图形对象

素材文件	素材文件\第07章\72401.fla	扫码观看视频
案例文件	案例文件\第07章\7-2-4.fla	
教学视频	视频教学\第07章\7-2-4.mp4	
案例要点	掌握图层的基本操作方法	

Step 01 选择“文件 > 打开”命令，打开素材文件“素材文件\第07章\72401.fla”，如图7-33所示。使用“选择工具”在舞台中单击选择草莓部分，如图7-34所示。

图7-33 舞台效果

图7-34 单击选择草莓部分

Step 02 观察“时间轴”面板，可以看到“图层6”呈现蓝色，如图7-35所示，表示选中的草莓在该图层上。在“时间轴”面板中单击“图层6”名称，该图层中的图形将全部被选中，如图7-36所示。

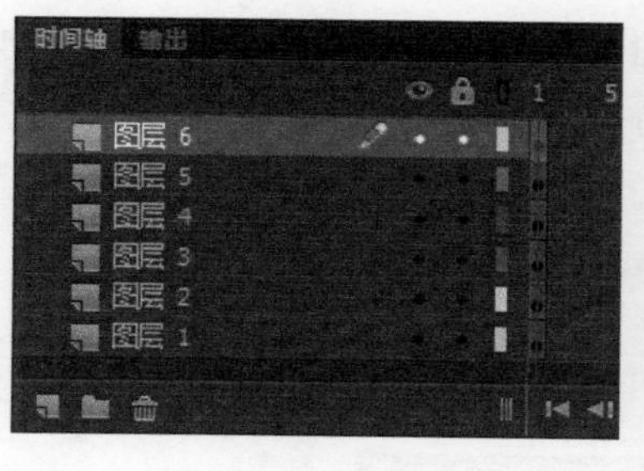

图7-35 选择“图层6”

图7-36 图层中的图形全部被选中

Step 03 按【Delete】键将选中的图形删除，图形效果如图7-37所示。

图7-37 删除选中的图形

提示

对形状、颜色比较复杂的图形而言，单击相应图层选中比使用“选择工具”拖动选中更快速、更有效。

7.2.3 图层的基本操作

除了可以对图层进行创建和选择，还可以对图层进行重命名、复制、删除等多种操作。下面介绍图层的基本操作。

1. 重命名图层

在默认情况下，新创建的图层总是按照“图层 1”“图层 2”“图层 3”的方式顺序命名。为了更好地管理图层内容，可以对图层进行重命名。

双击图层的名称，图层名称会呈蓝色背景显示，处于编辑状态，输入新的名称，在空白位置单击或按【Enter】键即可，如图 7-38 所示。

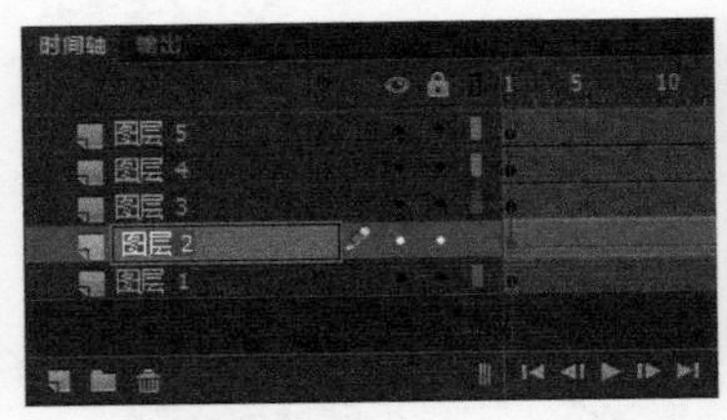

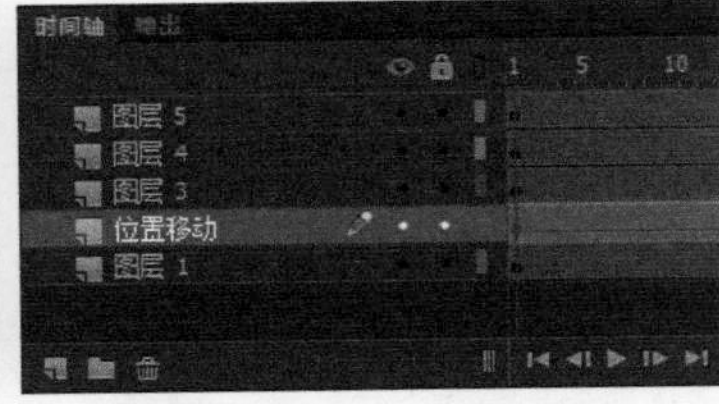

图 7-38 图层的重命名操作

技术看板

用户也可以选择图层，选择“修改 > 时间轴 > 图层属性”命令，或在图层名称上单击鼠标右键，在弹出的快捷菜单中选择“属性”命令，在弹出的“图层属性”对话框中对图层名称进行修改。

2. 复制图层

这里所讲的复制图层并不是复制某一个对象或图形，而是将整个图层中的元素，包括图层上的每一帧完整地复制出来。

用户可以将复制的内容粘贴到同一时间轴或单独的时间轴中，并且可以复制任何类型的图层。此外，在复制和粘贴图层时，还可以保留图层组的结构。

如果要完整地复制图层，那么可以先选中相应的图层，选择“编辑 > 时间轴 > 拷贝图层 / 剪切图层”命令，还可以在图层上单击鼠标右键，在弹出的快捷菜单中选择“拷贝图层 / 剪切图层”命令，如图 7-39 所示。

选中要插入图层的图层（可以是同一文档或不同文档的某个图层），选择“编辑 > 时间轴 > 粘贴图层”命令，之前复制的图层就会被复制到该图层的上方，如图 7-40 所示。

此外，用户还可以直接选择“编辑 > 时间轴 > 直接复制图层”命令，或者在图层上单击鼠标右键，在弹出的快捷菜单中选择“复制图层”命令来复制图层，复制的图层将出现在当前图层上方。

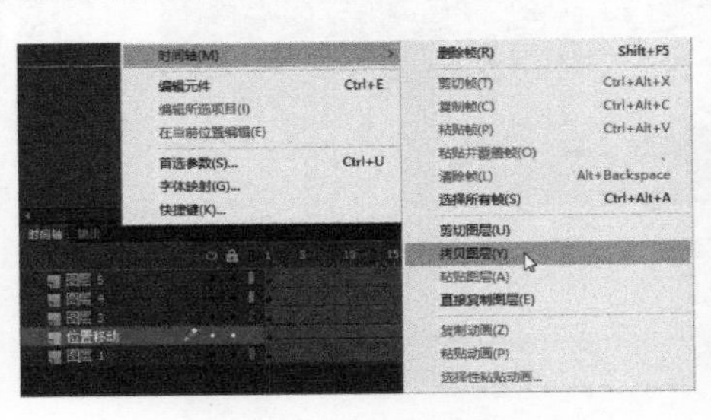

图 7-39 选择“拷贝图层”选项

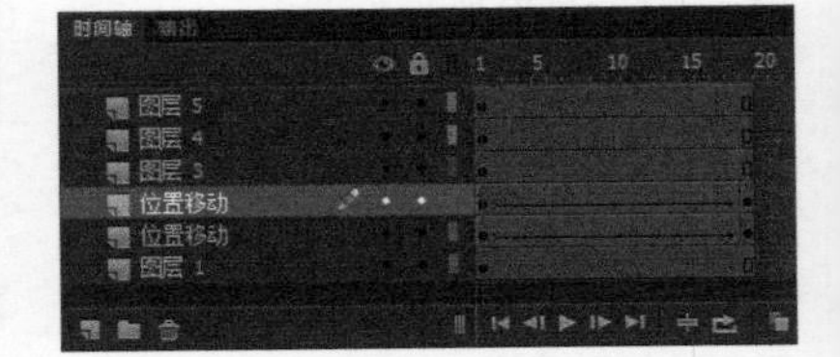

图 7-40 粘贴图层操作

提示

如果要将图层粘贴到遮罩层或引导层，那么必须先在该遮罩层或引导层下选择一个图层，再粘贴，不能在遮罩层或引导层下粘贴遮罩层、引导层或文件夹图层。

3. 删除图层

选择要删除的图层，单击“时间轴”面板下方的“删除”按钮，即可将其删除，如图 7-41 所示，也可以直接将要删除的图层拖动至“删除”按钮将其删除。

还可以在要删除的图层名称上单击鼠标右键，在弹出的快捷菜单中选择“删除图层”命令，将图层删除。

可以使用相同的方法删除图层文件夹。当图层文件中包含图层时，系统将弹出提示框，如图 7-42 所示。单击“确定”按钮，该文件夹中的所有图层均会被删除。

4. 设置图层属性

在特殊情况下，如果需要更改图层的属性，那么可以选择“修改 > 时间轴 > 图层属性”命令，或双击图层名称左侧的图标，或者在图层名称上单击鼠标右键，在弹出的快捷菜单中选择“属性”命令，打开“图层属性”对话框，如图 7-43 所示，用户可以在该对话框中修改图层的名称、类型、轮廓颜色、图层高度等属性。

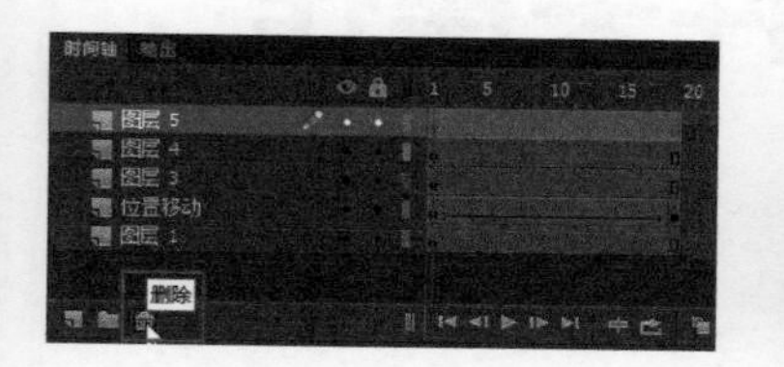

图 7-41 单击“删除”按钮

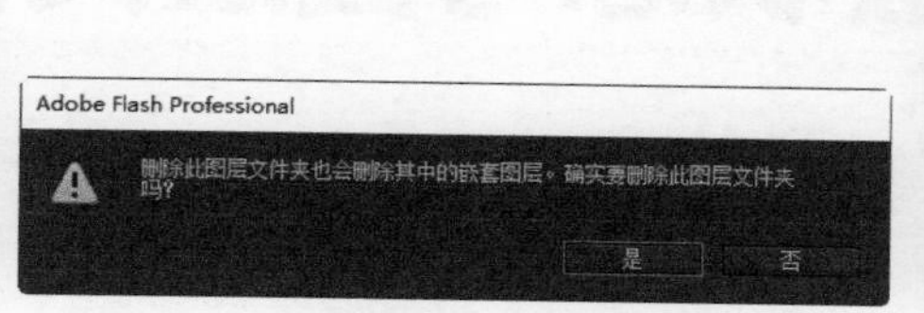

图 7-42 提示框

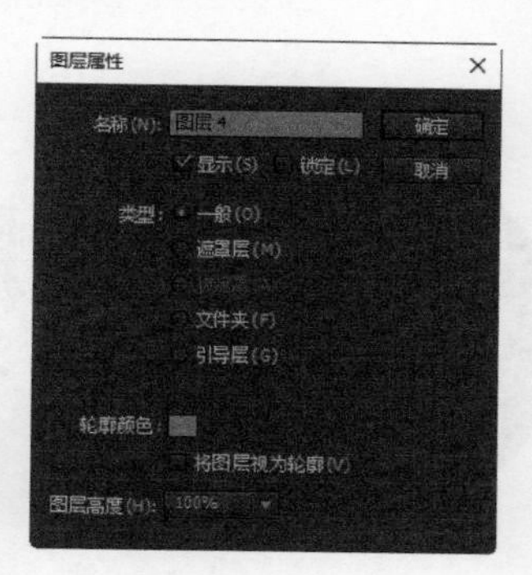

图 7-43 “图层属性”对话框

课堂案例 复制图层

素材文件	素材文件 \ 第 07 章 \72601.fla	扫码观看视频
案例文件	案例文件 \ 第 07 章 \7-2-6.fla	
教学视频	视频教学 \ 第 07 章 \7-2-6.mp4	
案例要点	掌握复制图层的方法	

Step 01 选择“文件 > 打开”命令，打开素材文件“素材文件 \ 第 07 章 \ 72601.fla”，效果如图 7-44 所示。在“图层 4”上单击鼠标右键，在弹出的快捷菜单中选择“复制图层”命令，得到“图层 4 复制”图层，“时间轴”面板如图 7-45 所示。

图 7-44 舞台效果

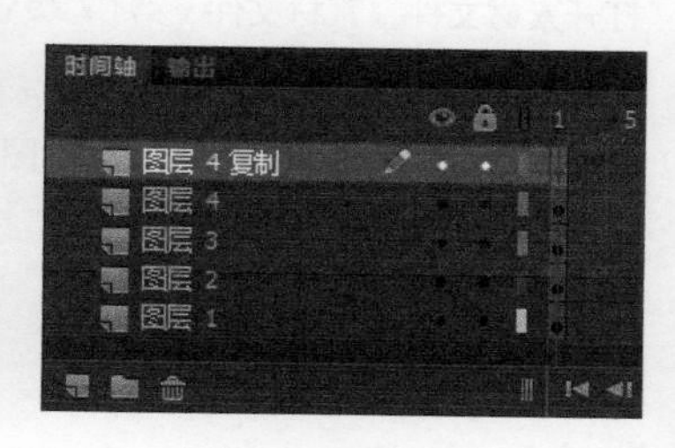

图 7-45 复制图层

Step 02 使用“任意变形工具”调整“图层 4 复制”图层中图形的位置和大小，如图 7-46 所示。使用相同的方法再次将“图层 4 复制”图层复制，分别调整复制得到的房子的位置和大小，得到最终效果，如图 7-47 所示。

图 7-46 调整复制得到的图形的位置和大小

图 7-47 复制图层并调整复制得到的图形

7.3 图层状态与图层文件夹操作

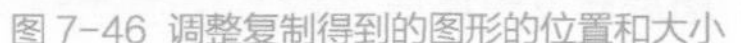

在 Flash 中，可以通过单击“图层属性”对话框或“时间轴”面板中相应的小按钮来控制图层的状态。用户不仅可以控制其显示状态，还可以控制图层的显示效果，以方便绘制图形或查看编辑效果。

课堂案例 调整图层顺序

素材文件	素材文件 \ 第 07 章 \73101.fla
案例文件	案例文件 \ 第 07 章 \7-3-1.fla
教学视频	视频教学 \ 第 07 章 \7-3-1.mp4
案例要点	掌握调整图层顺序的方法

扫码观看视频

Step 01 选择“文件 > 打开”命令，打开素材文件“素材文件 \ 第 07 章 \ 73101.fla”，效果如图 7-48 所示。在“时间轴”面板中分别为两个图层更改名称，如图 7-49 所示。

图 7-48 舞台效果

图 7-49 更改图层名称

Step 02 选择“尾巴”图层，按住鼠标左键拖动该图层至“身体”图层的下方，松开鼠标，调整图层叠放顺序，如图 7-50 所示。此时可以看到舞台显示效果发生了变化，如图 7-51 所示。

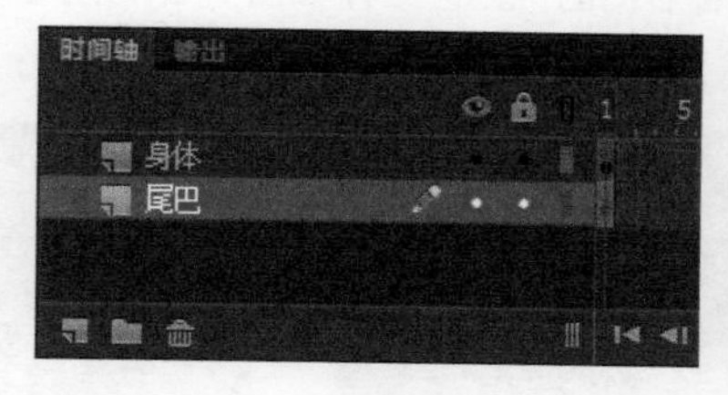

图 7-50 调整图层顺序

图 7-51 调整图层顺序后的效果

Step 03 在图层最上方新建图层，使用“椭圆工具”，在“属性”面板中设置“描边”为“无”，“填充”为“15%”的黑色，在舞台中为动物绘制阴影，效果如图 7-52 所示。将该图层名称修改为“影子”，然后将其调整到所有图层的最下方，得到最终图形效果，如图 7-53 所示。

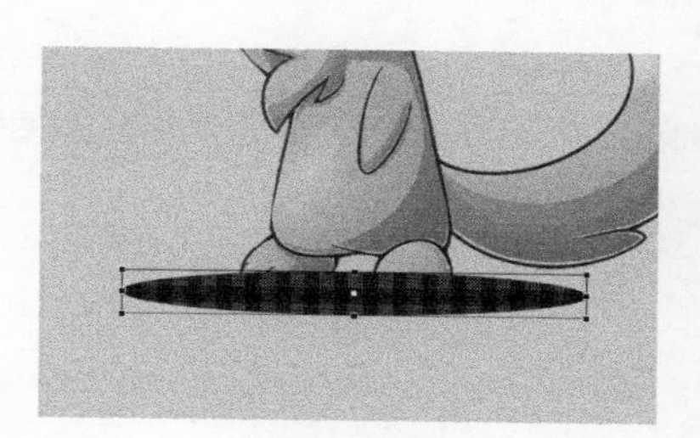
图 7-52 绘制阴影

图 7-53 最终图形效果

7.3.1 显示与隐藏图层

在绘制图形、制作动画的过程中，有时为了方便查看某个图层中的图形效果，会将部分元素隐藏。当图层被隐藏后，图层名称对应的图标下面的小黑点会呈现一个叉。

要隐藏某个图层，可单击“时间轴”面板中该图层名称右侧的“眼睛”列，如图 7-54 所示。再次单击，可显示该图层。

要隐藏“时间轴”面板中的所有图层，可直接单击眼睛图标，如图 7-55 所示。再次单击该图标，即可重新显示所有图层。

要隐藏除当前图层外的所有图层，可按住【Alt】键单击图层右侧的隐藏图标，如图 7-56 所示。要显示所有图层，可再次按住【Alt】键单击相应的图标。

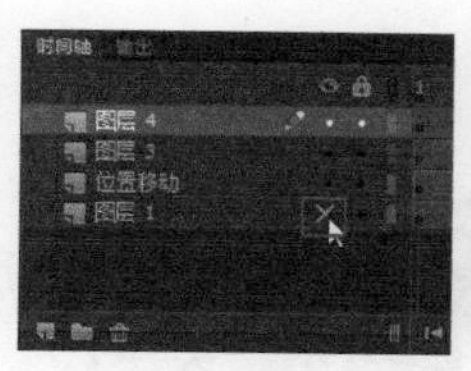

图 7-54 隐藏单个图层

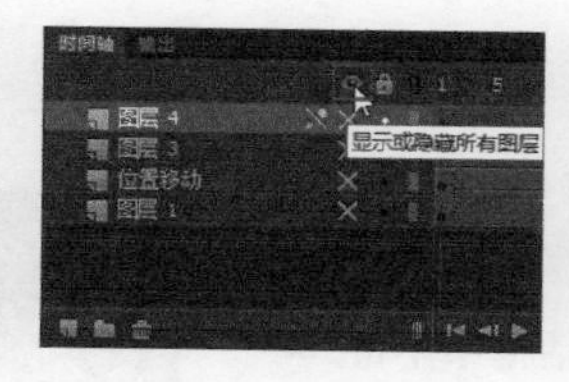

图 7-55 隐藏所有图层

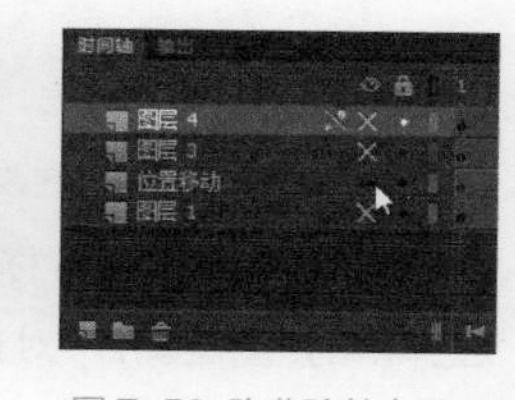

图 7-56 隐藏除单击图层外的图层

要显示或隐藏多个连续的图层，可在“眼睛”列中拖动鼠标。图层被隐藏后，将不能对该图层中的任何对象进行编辑。

7.3.2 锁定与解锁图层

在绘制比较烦琐的图形时，为了避免对图形对象的误操作，会将其所在的图层暂时锁定或永远锁定。

要锁定某个图层，可单击该图层名称右侧的“锁定”列，如图 7-57 所示。要解锁该图层，可再次单击“锁定”列。

要锁定所有图层，可单击挂锁图标，如图 7-58 所示。要解锁所有图层，可再次单击挂锁图标。

要锁定所有其他图层，可在按住【Alt】键的同时单击图层名称右侧的锁定图标，如图 7-59 所示。要解锁所有图层，可再次按住【Alt】键，单击“锁定”列。

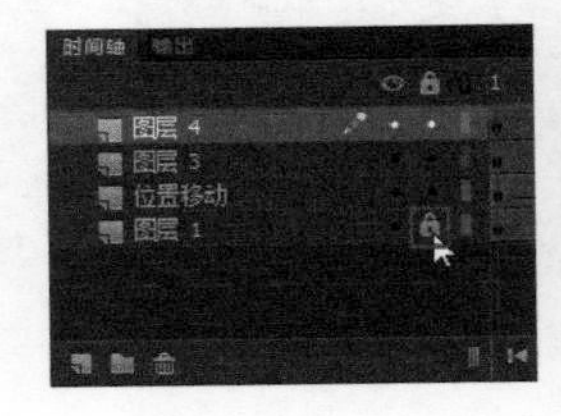

图 7-57 锁定单个图层

图 7-58 锁定所有图层

图 7-59 锁定除单击图层外的图层

要锁定或解锁多个图层，可直接在锁定队列中拖动鼠标。

技术看板

要锁定单个对象而不是锁定整个图层，可以在舞台中选定某个对象，选择“修改 > 排列 > 锁定”命令。如果要解除锁定，那么可以选择“修改 > 排列 > 解除全部锁定”命令。如果意外地拖动了未锁定的图层中的某些内容，那么可以按【Ctrl+Z】组合键撤销更改。

7.3.3 图层轮廓

为了快速区分图形对象所属的图层，常常以轮廓显示图层内容，不同的图层拥有不同的轮廓颜色。

使用轮廓显示图层内容还可以减轻系统负担，加快动画显示的速度。图 7-60 所示为将图形正常显示和以轮廓方式显示的对比效果。

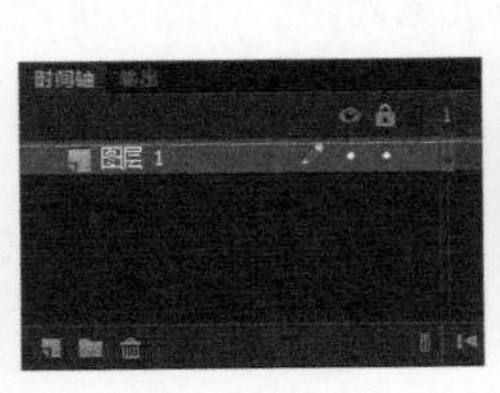

（正常显示）

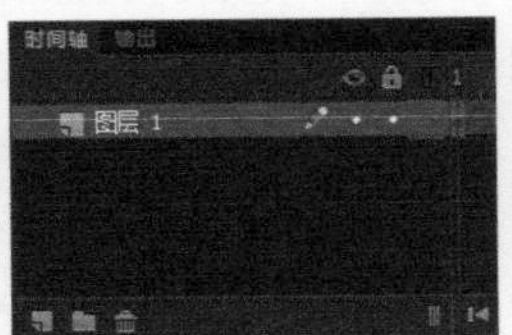

（轮廓显示）

图 7-60 图层正常显示与轮廓显示对比效果

Flash 允许用户更改每个图层的轮廓颜色。双击图层名称左侧的图标，在弹出的“图层属性”对话框中单击“轮廓颜色”右侧的色块，在弹出的拾色器中选择其他颜色，如图 7-61 所示。单击“确定”按钮，即可更改图层轮廓颜色，如图 7-62 所示。

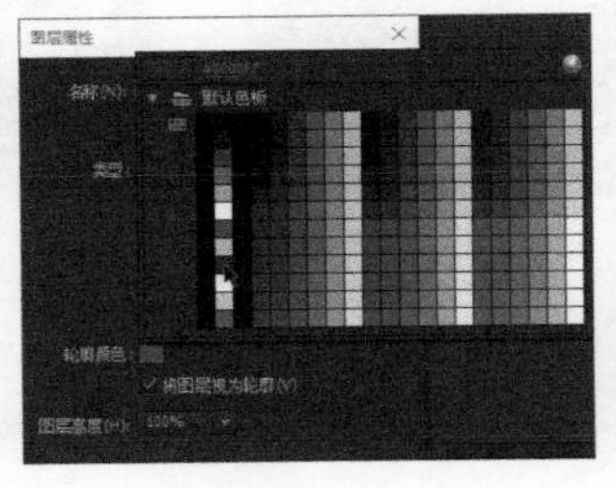
图 7-61 选择轮廓颜色

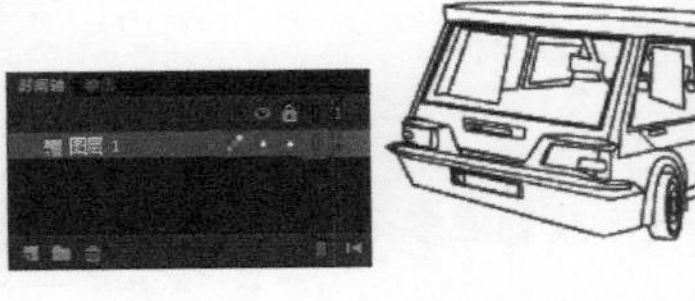
图 7-62 更改图层轮廓颜色后的效果

7.3.4 使用文件夹组织图层

当 Flash 文档中的图层过多时，管理起来会有诸多不便，给查找图形对象带来很大的麻烦。此时，可以通过创建图层组的方法来分类管理图层，有效地对图层进行检索，解决图层过多带来的问题，提高工作效率。

1. 创建图层文件夹

要组织和管理图层，可创建图层文件夹（新文件夹将出现在所选图层或文件夹的上方），然后将图层放入其中。可以在“时间轴”面板中展开或折叠图层文件夹，而不会影响在舞台中看到的内容。

单击“时间轴”面板中的“新建文件夹”按钮，即可创建图层文件夹，如图 7-63 所示；在“时间轴”面板中的图层或图层文件夹名称上单击鼠标右键，在弹出的快捷菜单中选择“插入文件夹”命令，如图 7-64 所示；选择“插入 > 时间轴 > 图层文件夹”菜单命令，同样可以创建图层文件夹。

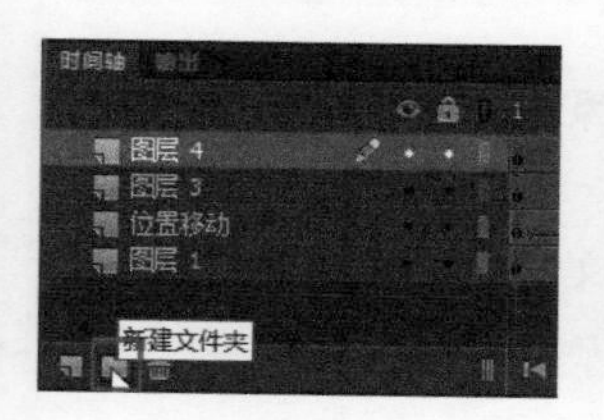

图 7-63 单击“新建文件夹”按钮

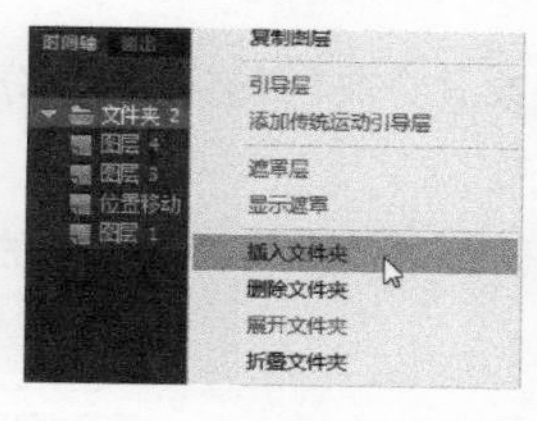

图 7-64 选择“插入文件夹”选项

提示

在图层文件夹中还可以嵌套文件夹。同样具有很多与图层相同的属性，如锁定 / 解锁、显示 / 隐藏、命名，以及轮廓颜色等。图层文件夹的处理方法与图层几乎是一样的。

通过图层文件夹，可以将图层放在一个树形结构中，这样有助于厘清工作流程。文件夹中可以包含图层，也可以包含其他文件夹，使用户可以像在计算机中组织文件一样来组织图层。

2. 将图层移入、移出图层文件夹

将图层移入图层文件夹的操作方法与调整图层顺序类似。

若要将图层移入文件夹，则先选中相应的一个或多个图层，将其拖动至图层文件夹的下方，此时会出现一条线段，如图 7-65 所示。释放鼠标，即可将选定的图层移入图层文件夹，图层以缩进方式显示，如图 7-66 所示。

若要将图层文件夹中的图层移出文件夹，则单击并拖动相关图层至图层文件夹的外侧，此时会出现一条线段，如图 7-67 所示，释放鼠标，即可将指定图层移出图层文件夹，如图 7-68 所示。

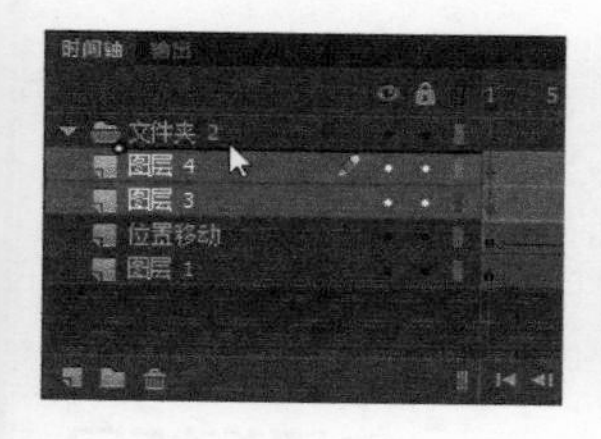

图 7-65 将图层拖入文件夹

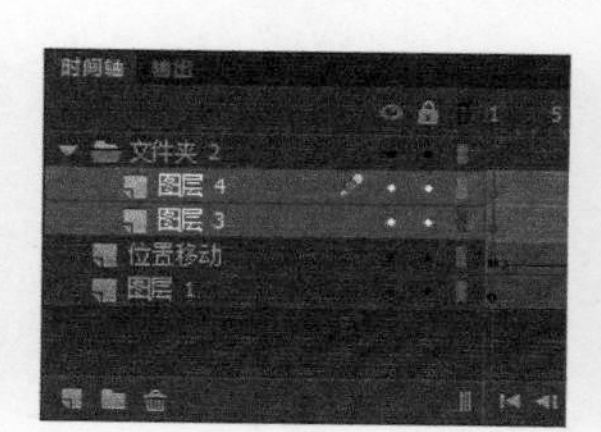

图 7-66 在文件夹中图层以缩进方式显示

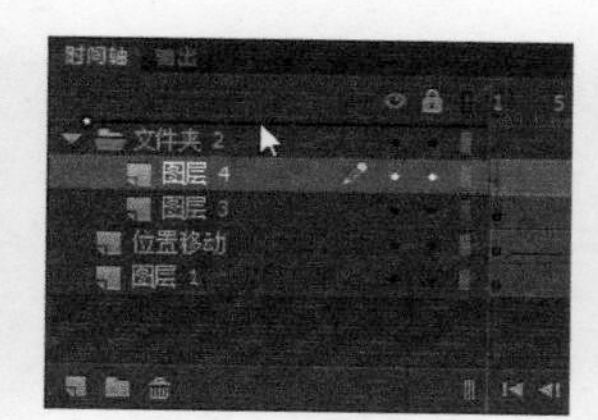

图 7-67 将图层拖出文件夹

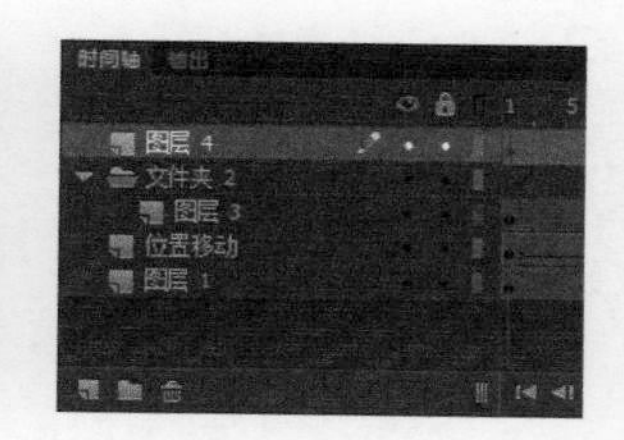

图 7-68 将指定图层移出文件夹效果

3. 展开、折叠图层文件夹

若要展开或折叠图层文件夹中的图层，则只需单击图层文件夹名称前面的小三角图标即可。当三角形向下指时，当前图层文件夹处于展开状态，如图 7-69 所示。当三角形向右指时，当前图层文件夹处于折叠状态，如图 7-70 所示。

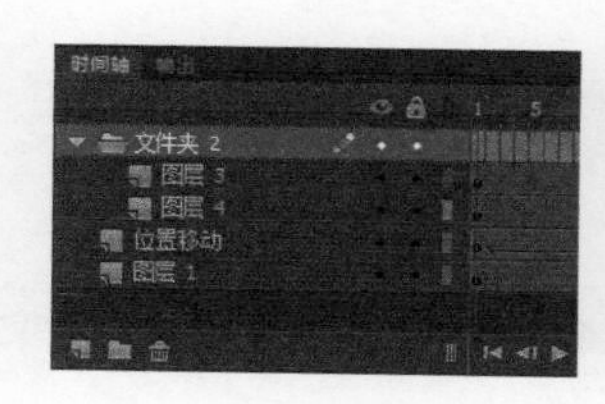

图 7-69 展开图层文件夹

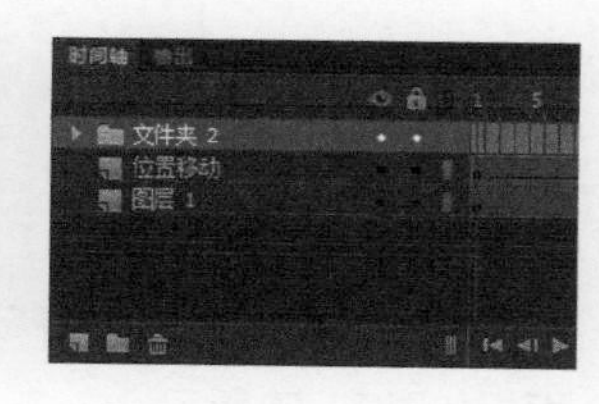

图 7-70 折叠图层文件夹

7.4 分散到图层

在导入外部矢量图形时，通常会将图形对象的不同部分导入同一个图层中，给素材的使用带来很多不必要的麻烦。在这种情况下，可以使用“分散到图层”命令，将一个图层或多个图层上的一帧中的对象快速分散到各个独立的图层，以便将不同类型的补间动画应用到不同的对象上。

将对象分散到图层

如果要将文本分散到不同的图层中，那么可以选择“修改 > 分离”命令将文本分离，此时整串文本将不再是一个整体，而是被分离成一个个单独的字符，如图 7-71 所示。

保持文本的选中状态，选择“修改 > 时间轴 > 分散到图层”命令，即可将不同的文字分散到不同的图层中，如图 7-72 所示。

图 7-71 将文本分离为单个字符

图 7-72 将不同的文字分散到不同的图层中

Flash 会将分散出的图层插入选中图层的下方。新图层从上到下排列，按照所选中的元素最初的创建顺序排列。分离文本中的图层按字符顺序排列，可以从左到右、从右到左或从上到下。

包含分离文本符的新图层用该字符来命名，如果新图层中包含图形对象，那么新图层名称为“图层 1”“图层 2”“图层 3”……依此类推。

课堂案例 对对象分层应用动画

素材文件	素材文件 \ 第 07 章 \74201.fla
案例文件	案例文件 \ 第 07 章 \7-4-2.fla
教学视频	视频教学 \ 第 07 章 \7-4-2.mp4
案例要点	掌握分散到图层的方法

扫码观看视频

Step 01 选择“文件 > 打开”命令，打开素材文件“素材文件 \ 第 07 章 \74201.fla”，如图 7-73 所示，“时间轴”面板如图 7-74 所示。

Step 02 单击“图层 2”的名称，选中该图层中的所有图形对象，如图 7-75 所示。选择“修改 > 时间轴 > 分散到图层”命令，将所选对象快速分散到每个独立的图层中，如图 7-76 所示。

图 7-73 打开素材文件

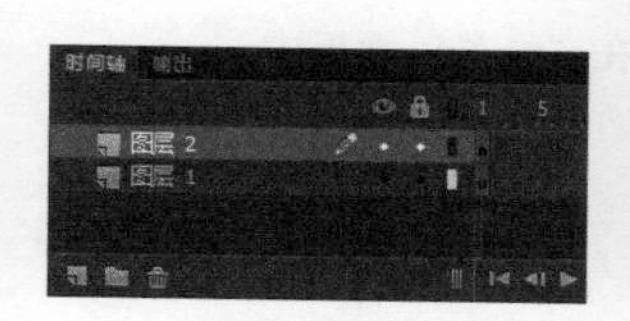
图 7-74 “时间轴”面板

图 7-75 选中图层中的所有图形对象

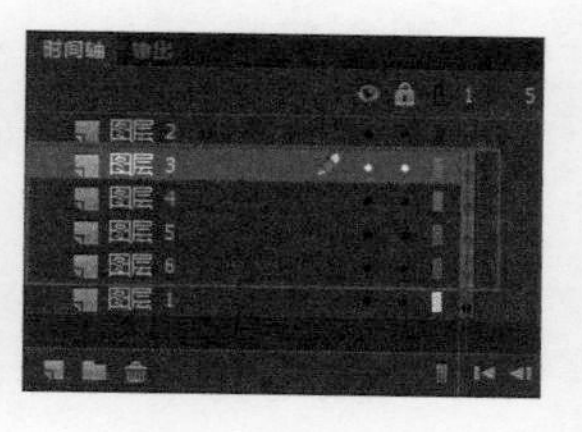
图 7-76 分散到图层

Step 03 在“时间轴”面板中第 15 帧位置拖动光标，同时选中“图层 3”至“图层 1”的第 15 帧，按【F5】键插入帧，如图 7-77 所示。单击舞台中动物的头部，按【F8】键，弹出“转换为元件”对话框，设置如图 7-78 所示。单击“确定”按钮，将其转换为图形元件。

Step 04 单击“时间轴”面板中“图层 4”中的第 8 帧，按【F6】键插入关键帧，如图 7-79 所示。使用“任意变形工具”将头部略微向左旋转，如图 7-80 所示。

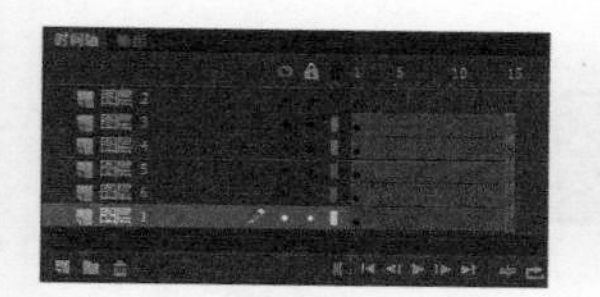
图 7-77 为多个图层插入帧

图 7-78 “转换为元件”对话框

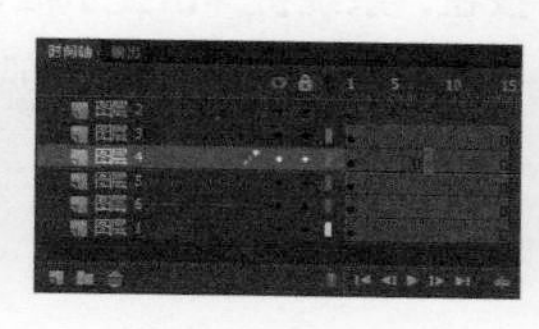
图 7-79 插入关键帧

图 7-80 旋转元件

Step 05 单击“图层 4”中的第 1 帧，选择“插入 > 传统补间”命令，为第 1 帧创建传统补间动画，如图 7-81 所示。使用相同的方法，创建其他传统补间动画，如图 7-82 所示。

Step 06 完成动画的制作，按【Ctrl+Enter】组合键，测试动画效果，如图 7-83 所示。

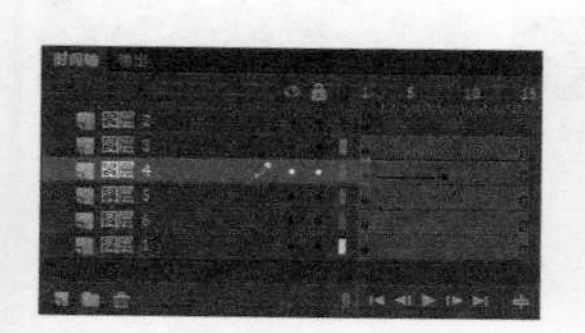
图 7-81 创建传统补间动画

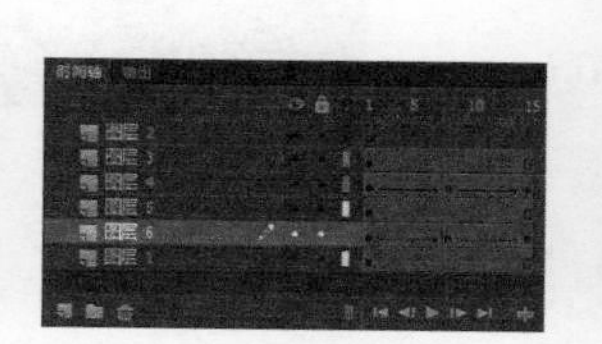
图 7-82 创建其他传统补间动画

图 7-83 测试动画效果

7.5 使用场景

使用场景类似于将几个不同的 FLA 文件拼在一起创建一个更丰富、复杂的演示文稿。每个场景都有一个时间轴，文档中的帧都是按场景顺序连续编号的。在使用场景时，不再考虑管理几个 FLA 文件的问题，因为每个场景都包含在单个的 FLA 文件中。

7.5.1 "场景"面板

选择"窗口 > 场景"命令，或者按【Shift+F2】组合键，打开"场景"面板，如图 7-84 所示。Flash 中的所有场景按照一定的顺序放置在"场景"面板中。

图 7-84 "场景"面板

7.5.2 添加"删除场景"

若要插入场景，则选择"插入 > 场景"命令，或单击"场景"面板下方的"添加场景"按钮，即可在当前场景的下方添加一个新的场景，如图 7-85 所示。

若要删除一个场景，则选定相应的场景，单击"场景"面板中的"删除场景"按钮，系统将弹出提示框，如图 7-86 所示，单击"确定"按钮，即可将当前选中的场景删除。若"场景"面板中只包含一个场景，则该场景无法被删除。

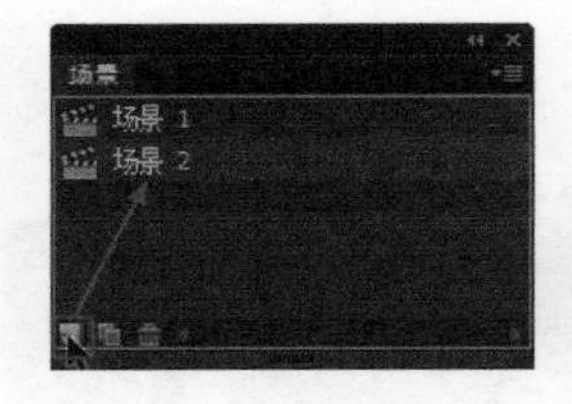

图 7-85 添加场景

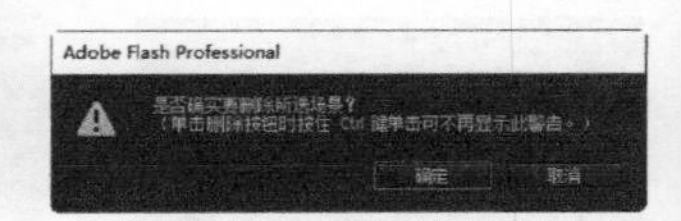

图 7-86 "删除场景"提示框

7.5.3 更改场景顺序

若要调整场景顺序，则先选中相应的场景，将其拖动至新的位置，此时会出现一条棕色的线段，释放鼠标，即可更改场景的顺序，如图 7-87 所示。

动画将按照"场景"面板中的排列顺序从上到下依次播放。

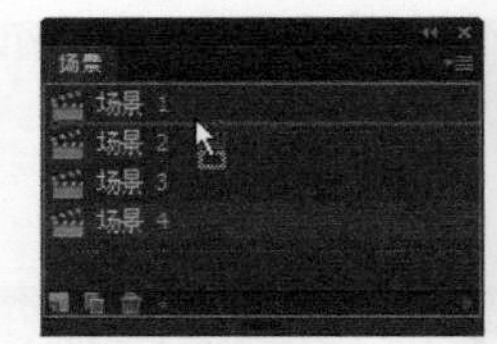

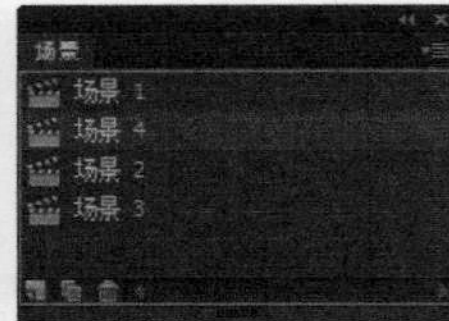

图 7-87 调整场景顺序

7.5.4 查看特定场景

若要查看指定的场景，则选择"视图 > 转到"命令，子菜单中将显示文档中的所有场景，用户可选择不同的场景进行查看，如图 7-88 所示。

此外，也可以单击文档窗口右上角的"编辑场景"按钮，从弹出的菜单中选择不同的场景进行查看，如图 7-89 所示。

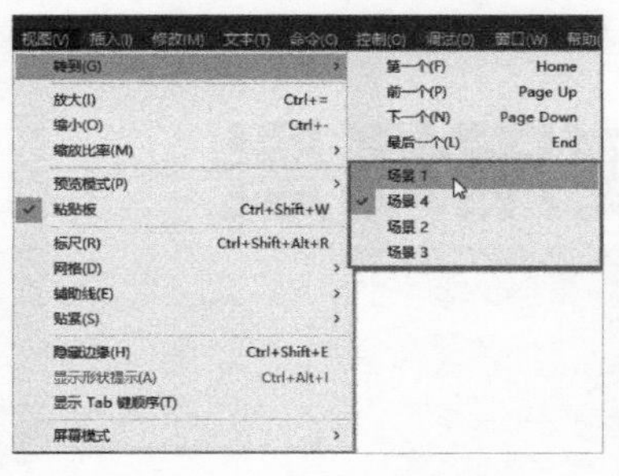

图 7-88 "转到"命令子菜单

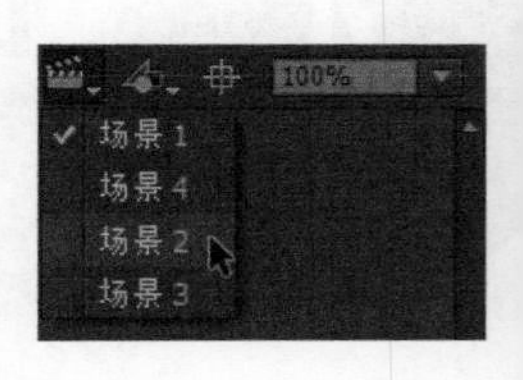

图 7-89 "编辑场景"弹出菜单

7.5.5 更改场景名称

更改场景名称的方法与更改图层名称的方法相同，只需双击相应场景的名称，在激活的文本框中输入新的名称，如图 7-90 所示，然后按【Enter】键即可。

7.5.6 重制场景

当不同的场景中具有相关的内容时，为了避免过多的重复操作，可以单击“场景”面板中的“重制场景”按钮直接复制场景，如图 7-91 所示。

图 7-90 更改场景名称

图 7-91 重制场景

课堂案例 制作多场景动画

素材文件	素材文件 \ 第 07 章 \75701.fla	扫码观看视频
案例文件	案例文件 \ 第 07 章 \7-5-7.fla	
教学视频	视频教学 \ 第 07 章 \7-5-7.mp4	
案例要点	掌握多场景动画的制作方法	

Step 01 选择“文件 > 打开”命令，打开素材文件“素材文件 \ 第 07 章 \75701.fla”。选择“窗口 > 库”命令，打开“库”面板，如图 7-92 所示。在“颜色”面板中设置 “笔触颜色”为“无”，“填充颜色”为“素材文件 \ 第 07 章 \75701.jpg”的位图填充，如图 7-93 所示。

Step 02 使用“矩形工具”绘制一个与舞台相同大小的矩形，如图 7-94 所示。使用“渐变变形工具”调整位图的填充效果，如图 7-95 所示。

图 7-92 “库”面板

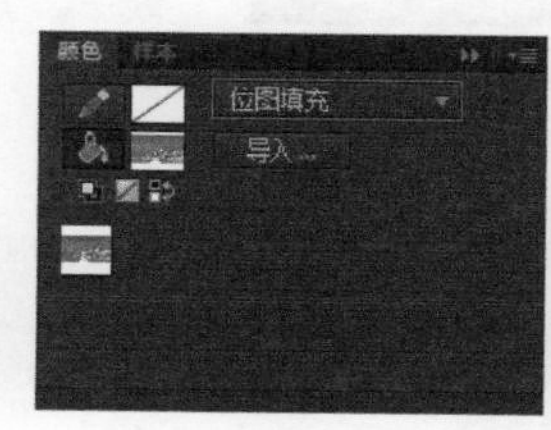

图 7-93 设置位图填充

图 7-94 绘制位图填充矩形

图 7-95 调整位图填充效果

Step 03 单击第 24 帧，按【F5】键插入帧，单击“新建图层”按钮，新建“图层 2”，如图 7-96 所示。从“库”面板中将“角色”图形元件拖入舞台的左上方，如图 7-97 所示。

图 7-96 新建“图层 2”

图 7-97 拖入元件

Step 04 单击“图层 2”中的第 1 帧，选择“插入 > 补间动画”命令创建补间动画，“时间轴”面板如图 7-98 所示。单击选中第 24 帧，将舞台中的元件实例拖动到舞台的右下方，如图 7-99 所示。

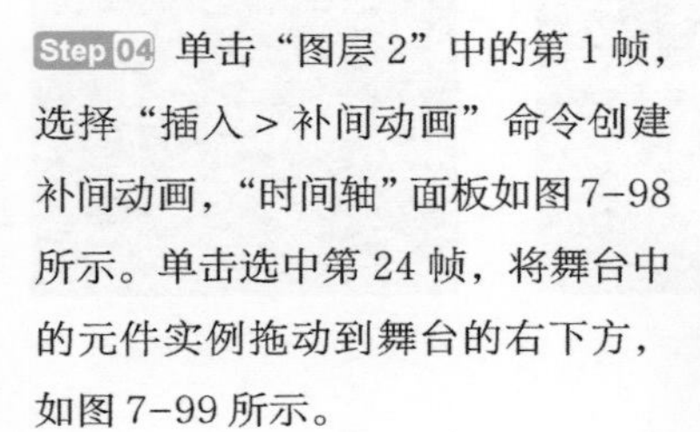

图 7-98 创建补间动画

图 7-99 移动元件位置

Step 05 单击“图层 1”的第 1 帧，按【Ctrl+C】组合键，复制图层内容。选择“窗口 > 场景”命令，打开“场景”面板，新建“场景 2”，如图 7-100 所示。按【Ctrl+Shift+V】组合键，原位粘贴图层内容，并使用“渐变变形工具”调整位图填充效果，如图 7-101 所示。

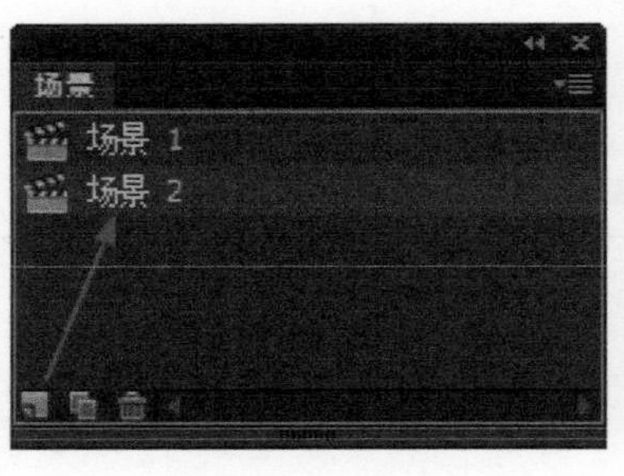

图 7-100 新建场景

图 7-101 调整位图填充效果

Step 06 在第 50 帧位置按【F5】键插入帧，并新建“图层 2”，“时间轴”面板如图 7-102 所示。从“库”面板中将“角色”图形元件拖动到舞台的左上角，如图 7-103 所示。

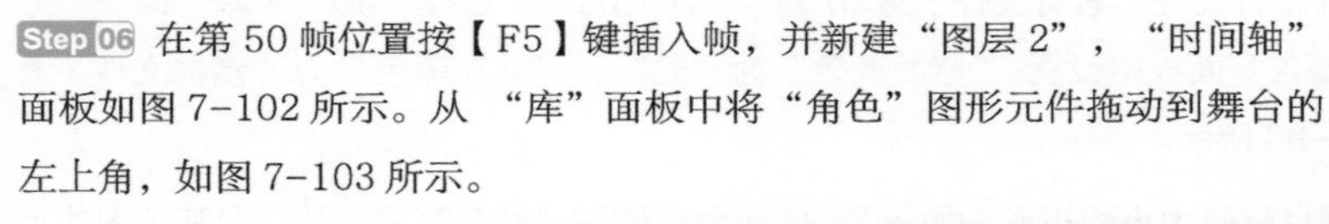

图 7-102 新建图层

图 7-103 拖入元件

Step 07 使用相同的方法创建补间动画，单击“图层 2”中的第 25 帧，将舞台中的元件实例拖动到合适的位置，并调整其大小，如图 7-104 所示，“时间轴”面板如图 7-105 所示。

图 7-104 调整元件位置和大小

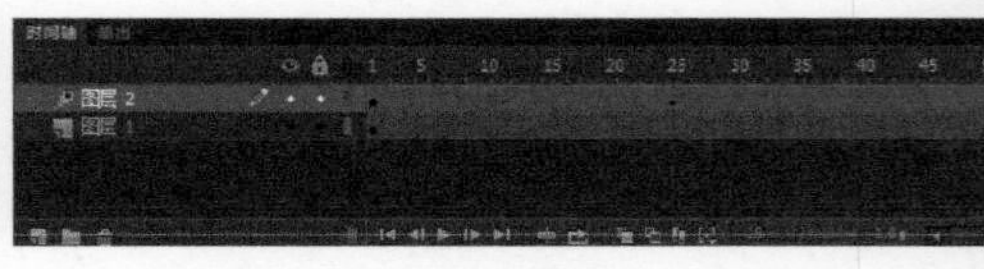

图 7-105 “时间轴”面板

Step 08 至此完成该案例的全部制作过程，按【Ctrl+Enter】组合键，测试动画，效果如图 7-106 所示。

图 7-106 测试动画效果

7.6 动画基础知识

像 Flash 中的大多数内容一样，动画不需要任何 ActionScript。当然，如果用户愿意，那么可以使用 ActionScript 创建动画。本节将介绍 Flash 中动画的基本类型，以及制作动画所运用的媒介。

7.6.1 动画的类型

Flash CC 提供了多种方法用来创建动画和特殊效果，这些功能为用户创作精彩的动画内容提供了多种可能性。Flash 支持如下类型的动画。

补间动画：使用补间动画可以通过设置对象在不同帧中的属性来完成动画的制作。例如，设置对象在不同帧之中的位置和不透明度。

补间动画功能强大，并且易于创建。对由对象的连续运动或变形构成的动画来说，补间动画是很有用的。补间动画在时间轴中显示为连续的帧范围，在默认情况下可以作为单个对象进行选择。

传统补间：与补间动画类似，但是创建起来更复杂。传统补间允许一些特定的动画效果，使用基于范围的补间不能实现这些效果。

形状补间：在形状补间中，可以在时间轴中的特定帧绘制一个形状，然后更改该形状，或在另一个特定帧绘制另一个形状。然后，Flash 将内插中间的帧的中间形状，创建一个形状变形为另一个形状的动画。

逐帧动画：可以为时间轴中的每个帧指定不同的艺术作品。使用此技术可创建与快速连续播放的影片帧类似的效果。对每个帧的图形元素必须不同的复杂动画而言，这种技术非常有用。

7.6.2 关于帧频

帧频是指动画播放的速度，以每秒播放的帧数 (fps) 为度量单位。帧频太慢会导致动画效果不够流畅，而帧频太快则会导致动画的细节变得模糊。Flash 文档默认的帧频为 24fps，该播放素材通常能够在 Web 上提供较好的动画效果。标准的动画速率也是 24fps。

动画的复杂程度和计算机的性能会影响播放的流畅程度。若要确定最佳帧速率，则可在各种不同的计算机上测试动画。

如果需要修改 Flash 文档的帧频，那么可单击舞台的空白位置，在“属性”面板中的“帧频”文本框中设置新的帧频，如图 7-107 所示，或者选择“修改 > 文档”命令，在弹出的“文档设置”对话框中进行设置，如图 7-108 所示。

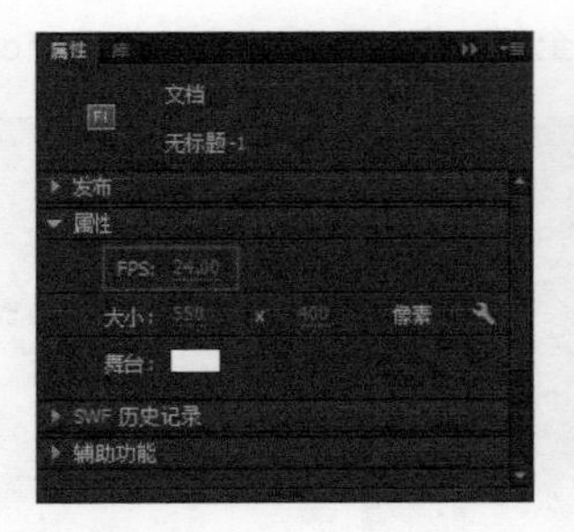

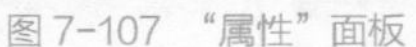
图 7-107 “属性”面板

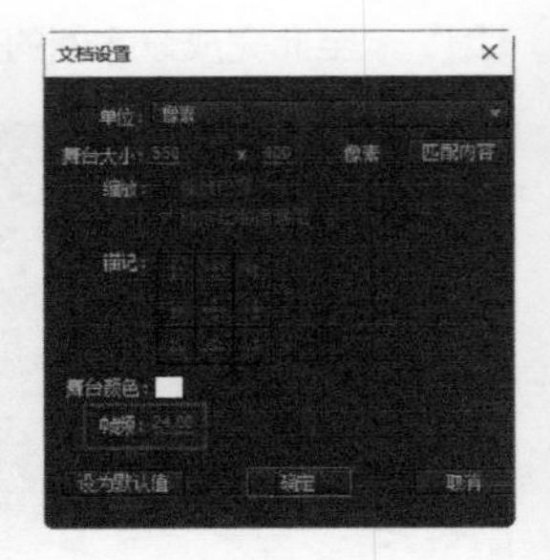

图 7-108 “文档设置”对话框

动画的播放速度会直接影响动画的效果，并且 Flash 仅允许为一个文档指定唯一的帧频，所以最好在制作动画开始之前就确定好帧频。

7.6.3 帧的基本类型

在 Flash 中承载动画内容和用来创建动画的帧可分为不同的类型，而不同类型的帧发挥的作用也不相同。

Flash 中的帧大致分为帧、关键帧和空白关键帧 3 个基本类型，不同类型的帧在时间轴中的显示方式也不相同。

帧

帧又称为“普通帧”和“过渡帧”。通常在关键帧后面添加一些起延续作用的帧，被称为“普通帧”；在起始和结束关键帧之间的帧具体体现动画的变化过程，被称为“过渡帧”，如图 7-109 所示。

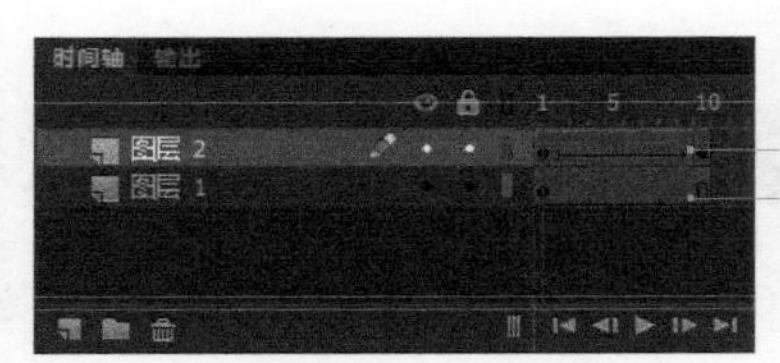

图 7-109 普通帧和过渡帧

当选中过渡帧时，在舞台中可以预览这一帧的具体效果，但是过渡帧的具体内容由计算机自动生成，无法进行编辑。

空白关键帧

新建文档或图层时，在默认情况下，图层的第 1 帧就是空白关键帧，呈现为一个空白圆，表示该关键帧中不包含任何对象和元素，如图 7-110 所示。

关键帧

在空白关键帧选中的状态下，向舞台中添加内容，空白关键帧将转换为关键帧，关键帧呈现为一个实心圆点，如图 7-111 所示。

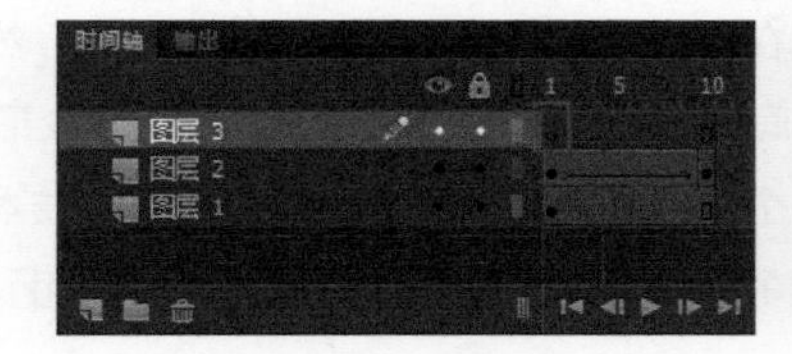

图 7-110 空白关键帧

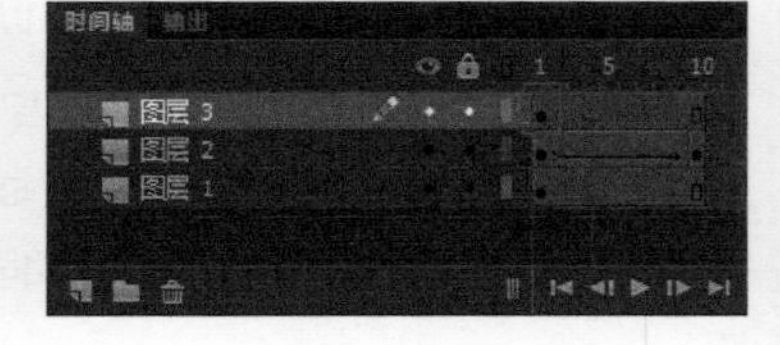

图 7-111 关键帧

两个关键帧的中间可以没有过渡帧，但过渡帧前后肯定有关键帧，因为过渡帧附属于关键帧，关键帧的内容决定了帧的内容。

7.6.4 插入不同类型的帧

在制作动画的过程中，Flash 允许用户根据不同的需要插入不同类型的帧，以制作出不同的动画效果。

插入帧：如果要插入帧，那么可以在时间轴中单击选中相应的帧，选择“插入 > 时间轴 > 帧”命令，或者按【F5】键，或单击鼠标右键，从弹出的快捷菜单中选择“插入帧”命令。

插入关键帧：如果要插入关键帧，那么可以在时间轴中单击选中相应的帧，选择“插入 > 时间轴 > 关键帧”命令，或者选择“修改 > 时间轴 > 转换为关键帧”命令，或按【F6】键，或单击鼠标右键，从弹出的快捷菜单中选择“插入关键帧”命令。

插入空白关键帧：如果要插入空白关键帧，那么可以在时间轴中单击选中相应的帧，选择“插入 > 时间轴 > 空白关键帧”命令，或者选择“修改 > 时间轴 > 转换为空白关键帧”命令，或者按【F7】键，或者单击鼠标右键，从弹出的快捷菜单中选择“插入空白关键帧”命令。

课堂案例 制作采蘑菇动画

素材文件	素材文件 \ 第 07 章 \76501.fla
案例文件	案例文件 \ 第 07 章 \7-6-5.fla
教学视频	视频教学 \ 第 07 章 \7-6-5.mp4
案例要点	掌握不同类型帧的基本操作方法

扫码观看视频

Step 01 选择“文件 > 新建”命令，新建一个 550 像素 ×400 像素的文档，如图 7-112 所示。将素材图像“素材文件 \ 第 07 章 \76501.jpg”导入舞台中，如图 7-113 所示。

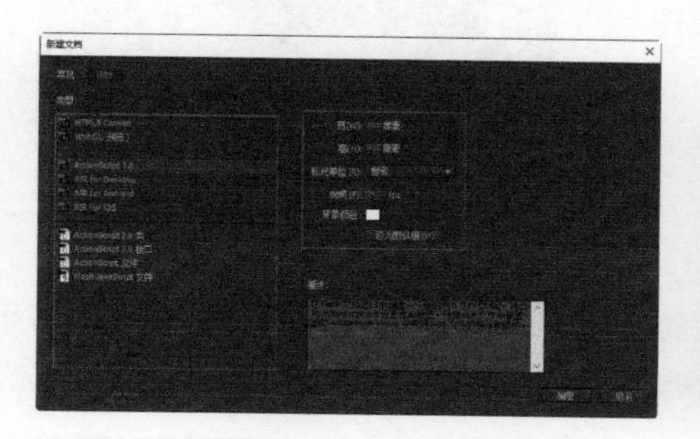

图 7-112 “新建文档”对话框

图 7-113 导入素材图像

Step 02 选中第 80 帧，按【F5】键插入帧。新建“图层 2”，将幽灵素材“素材文件 \ 第 07 章 \76502.png”导入舞台，如图 7-114 所示。按【F8】键将其转换为“名称”为“幽灵”的“图形”元件，如图 7-115 所示。

图 7-114 导入素材图像

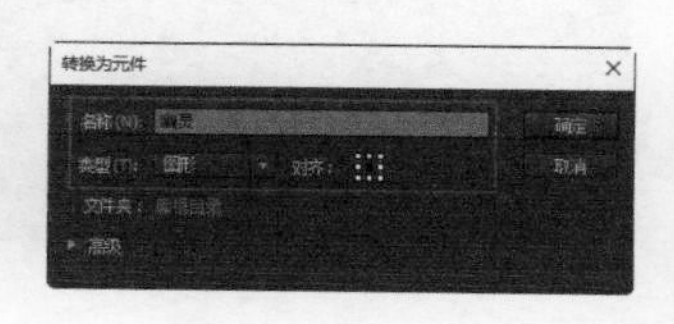

图 7-115 “转换为元件”对话框

Step 03 在第 49 帧按【F6】键插入关键帧，适当调整幽灵的位置，如图 7-116 所示。在两个关键帧之间创建传统补间动画，如图 7-117 所示。

图 7-116 移动元件

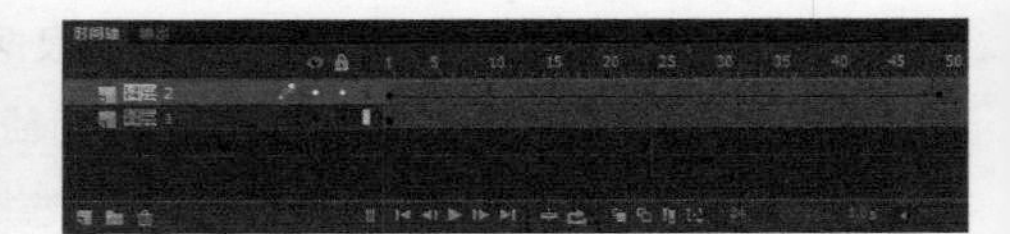
图 7-117 创建传统补间动画

Step 04 在第 50 帧按【F6】键插入关键帧，单击选中舞台中的元件，打开“属性”面板，设置其“亮度”为“66%”，效果如图 7-118 所示。在第 51 帧按【F6】键插入关键帧，将元件向下移动 1 像素，并使用相同的方法完成其他内容的制作，如图 7-119 所示。

图 7-118 设置元件的“亮度”

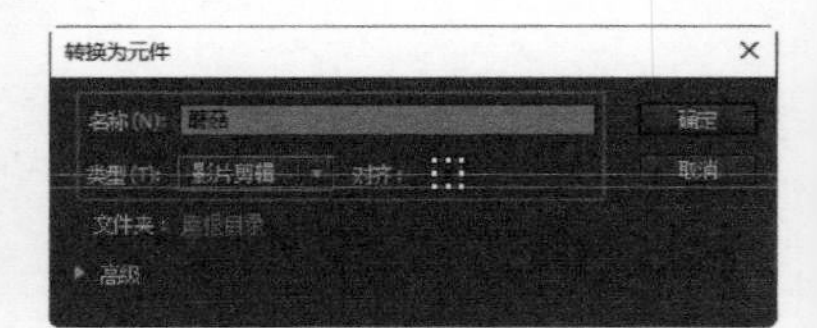

图 7-119 制作其他动画效果

Step 05 新建“图层 3”，将蘑菇素材导入舞台，如图 7-120 所示。然后按【F8】键将其转换为“名称”为“蘑菇”的“影片剪辑”元件，如图 7-121 所示。

图 7-120 导入图像素材

图 7-121 “转换为元件”对话框

Step 06 使用前面讲解过的方法制作该图层中元件移动的动画，“时间轴”面板如图 7-122 所示。选中第 50 帧，按【F6】键插入关键帧。在舞台中选中蘑菇，打开“属性”面板，适当设置参数值，元件效果如图 7-123 所示。

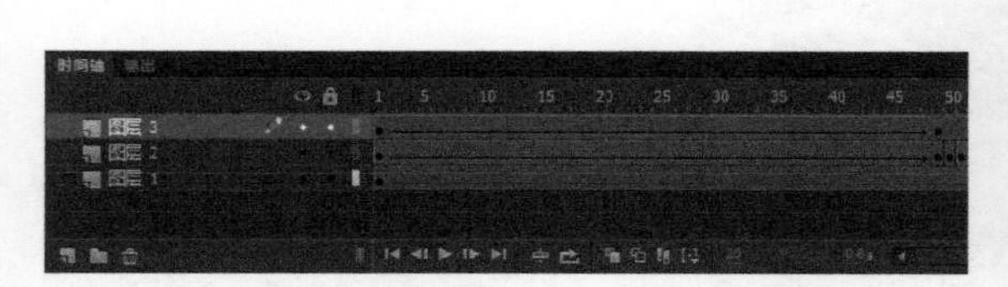

图 7-122 “时间轴”面板

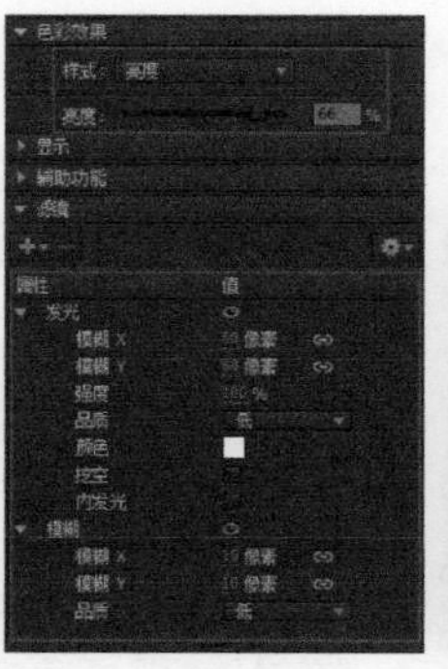

图 7-123 添加相应的属性设置

Step 07 在第 53 帧插入关键帧，将蘑菇缩小一些，并在“属性”面板中设置 Alpha 值为“0%”，如图 7-124 所示，元件效果如图 7-125 所示。

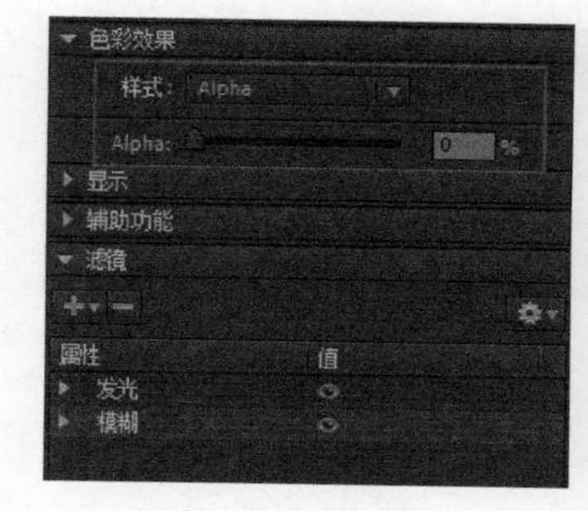

图 7-124 设置 Alpha 值为“0%”

图 7-125 元件效果

Step 08 在第 50 帧上单击鼠标右键，在弹出的快捷菜单中选择“创建传统补间”命令，如图 7-126 所示。然后选中第 54 帧，按【F7】键插入空白关键帧，如图 7-127 所示。

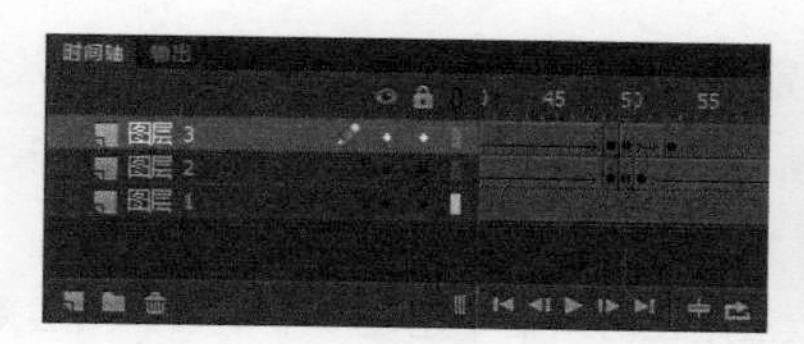

图 7-126 选择“创建传统补间”选项

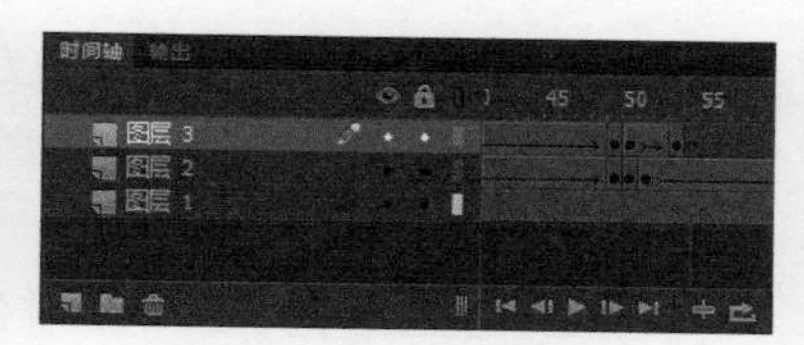

图 7-127 插入空白关键帧

Step 09 动画制作完成，按【Ctrl+Enter】组合键，测试动画，效果如图 7-128 所示。

图 7-128 测试动画效果

7.6.5 选择帧

单击“时间轴”面板右上方的按钮，在弹出的菜单中选择“基于整体范围的选择”命令，此后单击图层中的任何一个帧，都将选中相邻的完整帧片段。

此外，Flash 提供多种选择帧的方法，可以使用户快速对单帧以及连续或不连续的多帧进行选择。

如果要选择一个帧，那么可以单击该帧。如果已启用“基于整体范围的选择”命令，那么可以按住【Ctrl】键单击该帧进行选择。

如果要选择多个连续的帧，那么可以在帧上单击连续帧中的第 1 帧，拖动鼠标至最后一帧，或按住【Shift】键单击第 1 帧和最后一帧，如图 7-129 所示。

如果要选择多个不连续的帧，那么可以按住【Ctrl】键逐个单击需要选择的多个帧，如图 7-130 所示。

如果要选择时间轴中的所有帧，那么可以选择“编辑 > 时间轴 > 选择所有帧”命令。

如果要选择整个静态帧范围，那么可以双击两个关键帧之间的帧，如图 7-131 所示。

如果要选择整个帧范围（补间动画），并且启用了“基于整体范围的选择”命令，那么可以单击补间上的任意帧。若要选择多个范围，则在按住【Shift】键的同时单击每个范围。

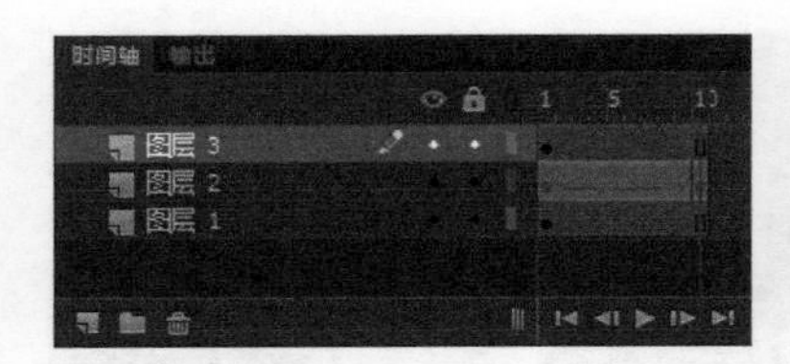

图 7-129 选择多个连续的帧

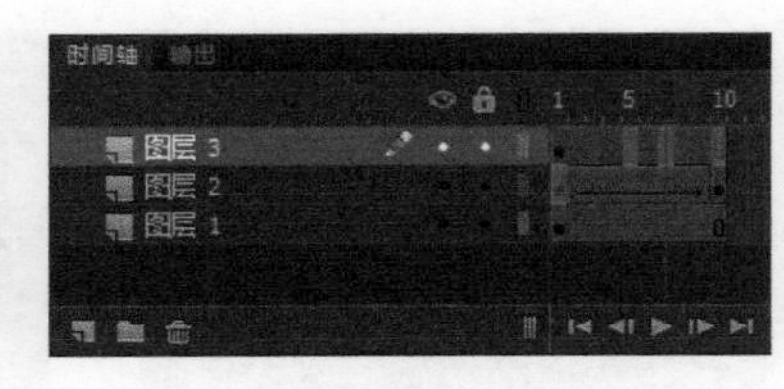

图 7-130 选择多个不连续的帧

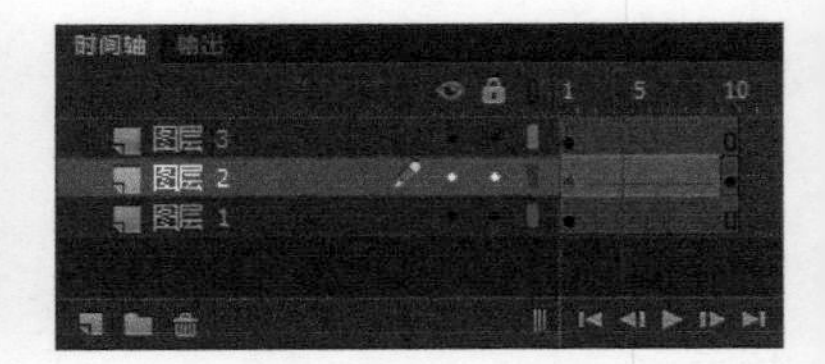

图 7-131 选择整个静态帧范围

7.6.6 帧标签

可以为时间轴中的帧添加标签作为帮助组织动画内容的一种方式，还可以为一个帧添加标签以便在 ActionScript 中按其标签引用该帧。这样，如果重新排列时间轴并将该标签移至其他帧编号，那么 ActionScript 仍可引用该帧标签而无须更新。

帧标签只能应用于关键帧，最佳做法是在时间轴中创建一个单独的图层来包含帧标签。

在时间轴上选中一个关键帧，在“属性”面板中的“帧”文本框中为关键帧命名，即可创建帧标签，如图 7-132 所示。

选中刚刚创建标签的帧，在“属性”面板中的“标签类型”下拉列表中可以选择帧标签的类型，分别为“名称”“注释”“锚记”。选择不同的类型，在时间轴中的表现效果也不相同，如图 7-133 所示。

图 7-132 输入关键帧名称

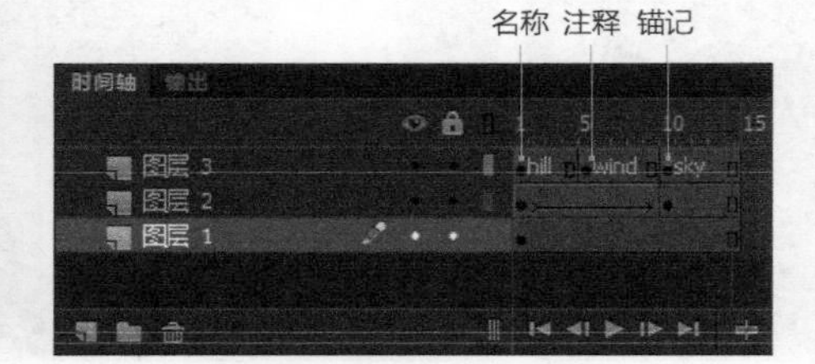

图 7-133 不同类型帧标签的表现效果

7.6.7 复制、粘贴帧

在制作动画的过程中，可以根据需要复制帧或帧序列。如果要复制单个帧，那么可以按住【Alt】键将一个帧拖动到相应的位置，也可以在要复制的帧上单击鼠标右键，在弹出的快捷菜单中选择“复制帧”命令，在要粘贴的位置选择“粘贴帧”命令，如图 7-134 和图 7-135 所示。

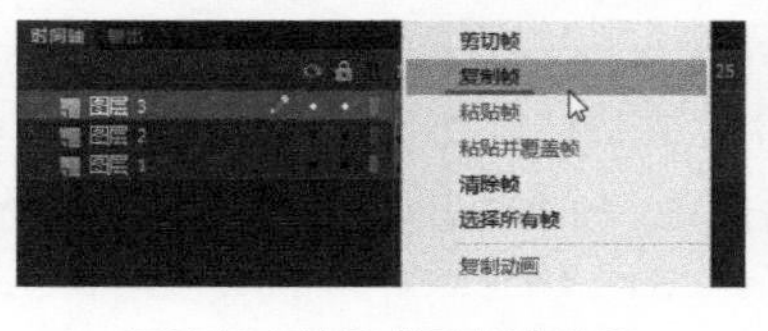

图 7-134 选择“复制帧”选项

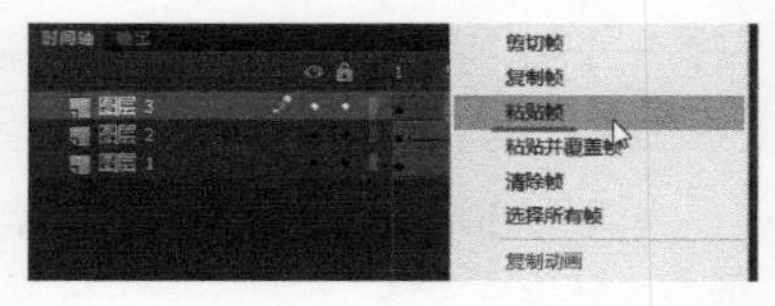

图 7-135 选择“粘贴帧”选项

如果要复制帧序列，那么可以选择相应的帧序列，选择“编辑 > 时间轴 > 复制帧 \ 剪切帧”命令，在要替换的帧或帧序列选择“编辑 > 时间轴 > 粘贴帧”命令，如图 7-136 所示。

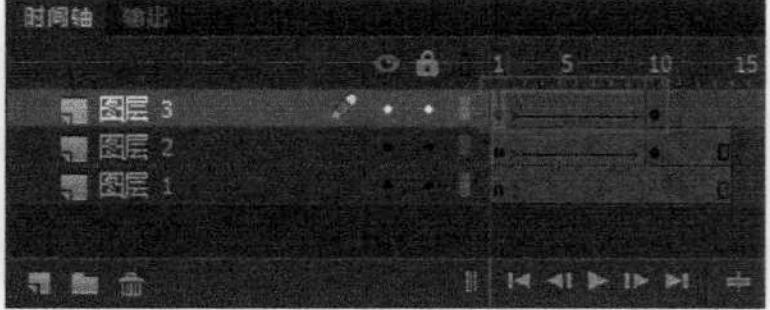

图 7-136 复制并粘贴帧序列

7.6.8 删除、清除帧

选择要删除的帧或帧序列，选择“编辑 > 时间轴 > 删除帧”命令，可将选择的所有帧删除，周围的帧保持不变，如图 7-137 所示。

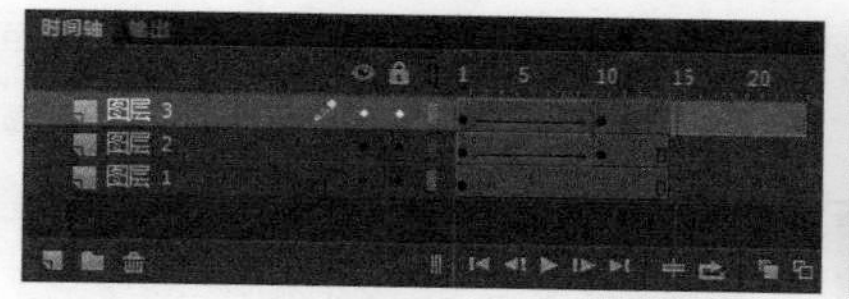

图 7-137 删除选中的帧

清除帧与删除帧的操作基本一致，这里不再赘述。二者的区别在于，清除帧只是删除帧中的内容，而帧依然存在，如图 7-138 所示。

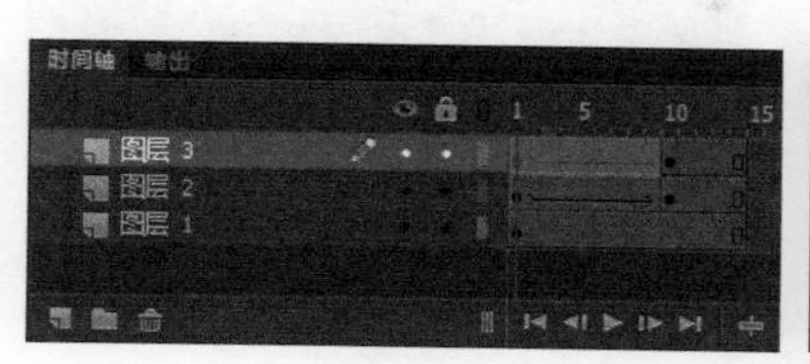

图 7-138 清除选中的帧

7.6.9 移动帧

选择需要移动的帧或帧序列，将光标放置在所选帧范围的上方，光标右下角将出现一个矩形框，如图 7-139 所示。此时，单击并拖动鼠标，即可将其移动到其他位置，如图 7-140 所示。

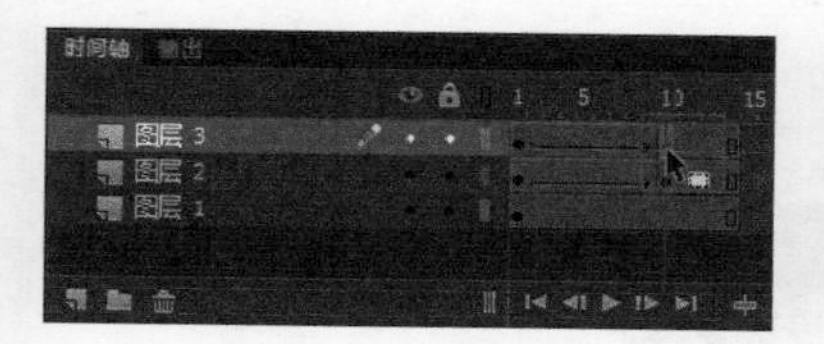

图 7-139 单击选择需要移动的帧

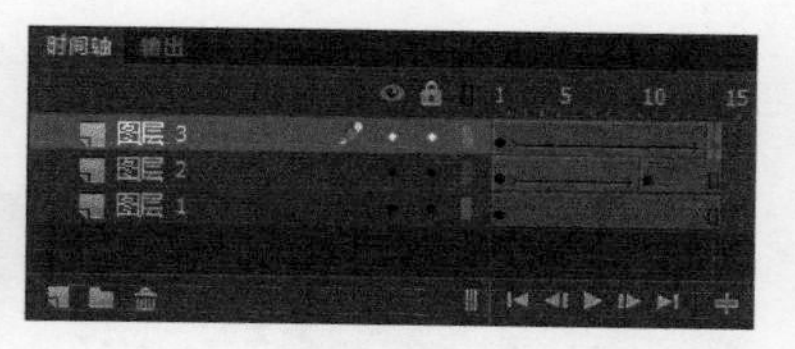

图 7-140 拖动鼠标进行移动操作

提示

将过渡帧移动后，该帧会在新位置自动转换为关键帧。向左或向右移动动画中的关键帧时，会更改动画的播放长度。

7.6.10 转换帧

Flash 允许用户在不同的帧类型之间相互转换。在帧上单击鼠标右键，在弹出的快捷菜单中选择“转换为关键帧”或“转换为空白关键帧”命令，可以将帧转换为关键帧或空白关键帧，如图 7-141 所示。

若要将关键帧或空白关键帧转换为普通的帧，则可以在相应的关键帧或空白关键帧上单击鼠标右键，在弹出的快捷菜单中选择“清除关键帧”命令，如图 7-142 所示。

被清除的关键帧以及到下一个关键帧之间的所有帧的内容，都将被该关键帧之前的帧的内容所替换。此时它们的作用就和普通的帧一样，可以延长上一状态的播放时间。

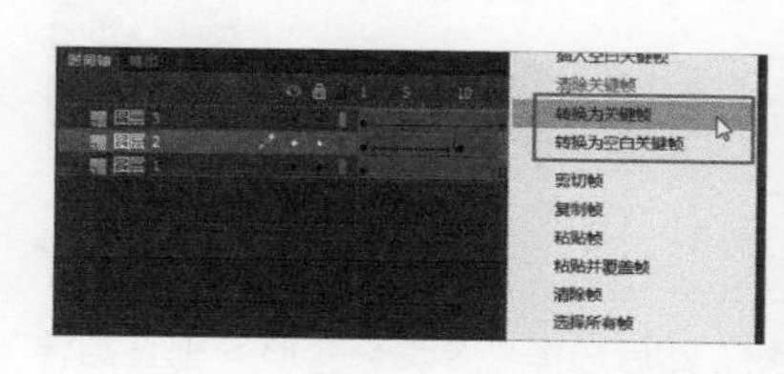

图 7-141 将帧转换为关键帧或空白关键帧

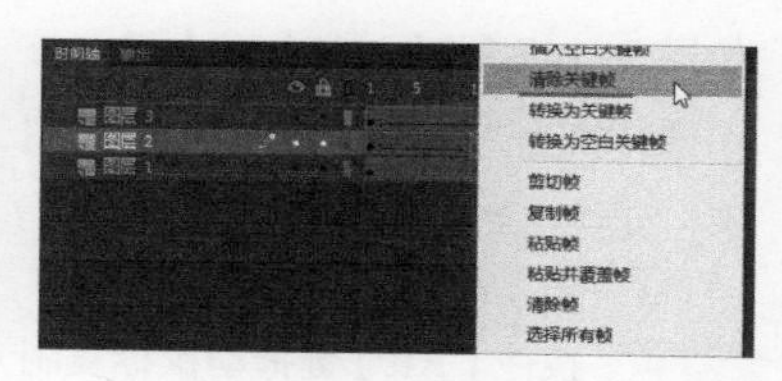

图 7-142 选择“清除关键帧”选项

7.6.11 翻转帧

在“时间轴”面板中选择帧序列，如图 7-143 所示，选择“修改 > 时间轴 > 翻转帧”命令，或单击鼠标右键，在弹出的快捷菜单中选择“翻转帧”命令，即可对选择的帧序列进行翻转操作，如图 7-144 所示。

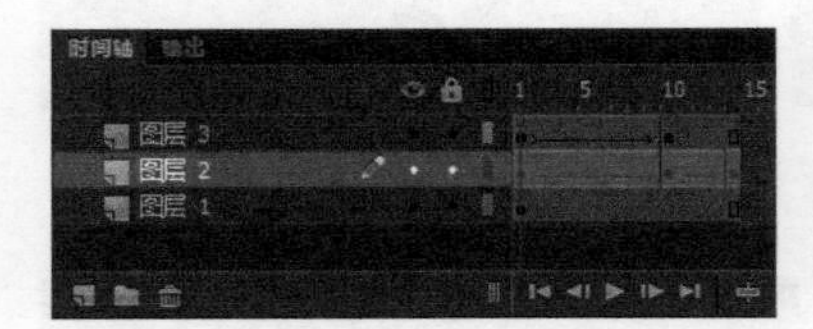

图 7-143 选择需要翻转的帧序列

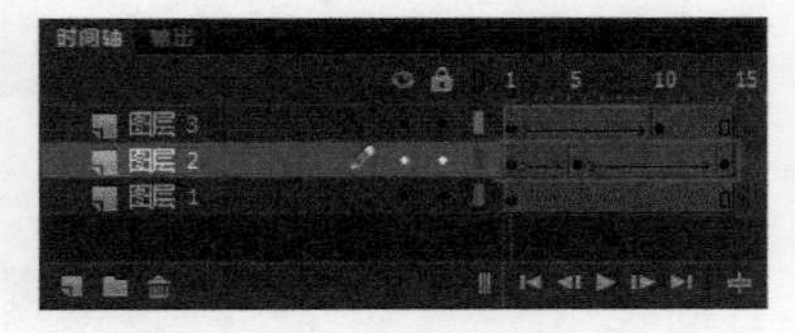

图 7-144 翻转帧操作后的效果

提示

若要对帧序列应用“翻转帧”命令，则帧序列的起始帧和结束帧必须都是关键帧，否则该功能将不可用。

课堂案例 制作漂亮的滑冰动画

素材文件	素材文件 \ 第 07 章 \761301.fla
案例文件	案例文件 \ 第 07 章 \7-6-13.fla
教学视频	视频教学 \ 第 07 章 \7-6-13.mp4
案例要点	掌握传统补间动画制作和翻转帧操作方法

扫码观看视频

Step 01 选择“文件 > 新建”命令，新建一个 560 像素 ×420 像素的空白文档，如图 7-145 所示。选择“文件 > 导入 > 导入到舞台”命令，将背景素材“素材文件 \ 第 07 章 \ 761301.jpg”导入舞台，适当调整其位置，选中第 130 帧，按【F5】键插入帧，如图 7-146 所示。

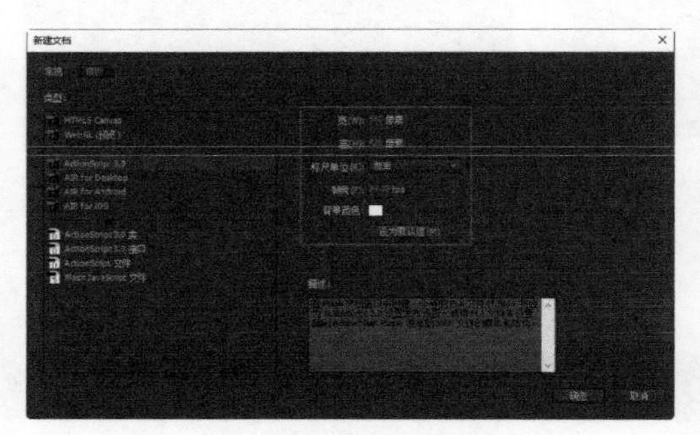

图 7-145 “新建文档”对话框

图 7-146 导入素材图像

Step 02 新建“图层 2”，使用相同的方法将人物素材“素材文件 \ 第 07 章 \761302.jpg”导入舞台右侧，如图 7-147 所示。按【F8】键将该图像转换为“名称”为“人物”的“图形”元件，如图 7-148 所示。

图 7-147 导入素材图像

图 7-148 “转换为元件”对话框

Step 03 按住【Alt】键拖动鼠标复制人物，然后选择“修改 > 变形 > 垂直翻转”命令，如图 7-149 所示。打开“属性”面板，设置元件的 Alpha 值为“40%”，制作倒影效果，如图 7-150 所示。

图 7-149 复制并垂直翻转

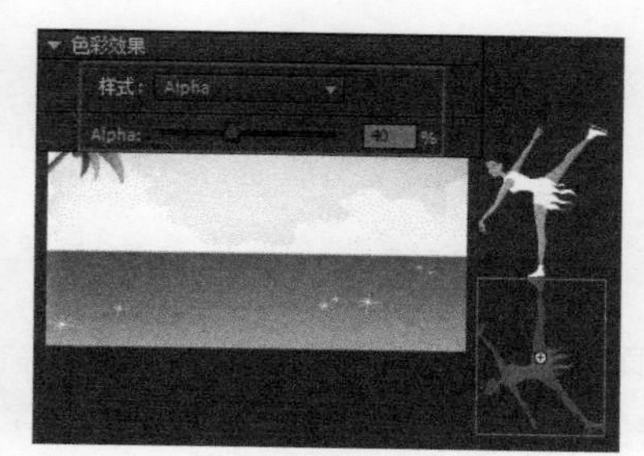

图 7-150 设置 Alpha 值

在按住【Alt】键拖动复制对象时，需要将对象副本拖动到其他位置，停止拖动后才能松开【Alt】键。

Step 04 按【Ctrl+G】组合键，将人物和倒影编组，然后选中第 45 帧，按【F6】键插入关键帧，将人物移动到画布的左侧，如图 7-151 所示。选中第 1 帧到第 45 帧之间的任意帧，选择“插入 > 传统补间”命令，创建传统补间动画，如图 7-152 所示。

图 7-151 移动元件

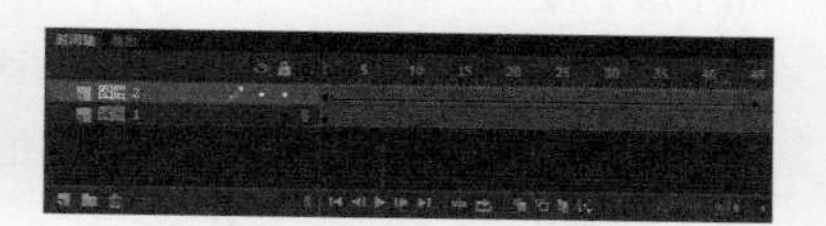

图 7-152 创建传统补间动画

Step 05 选中第 1 帧至第 45 帧，单击鼠标右键，在弹出的快捷菜单中选择“复制帧”命令，然后在第 65 帧上单击鼠标右键，在弹出的快捷菜单中选择“粘贴帧”命令，如图 7-153 所示。选中复制得到的帧，单击鼠标右键，在弹出的快捷菜单中选择“翻转帧”命令，如图 7-154 所示。

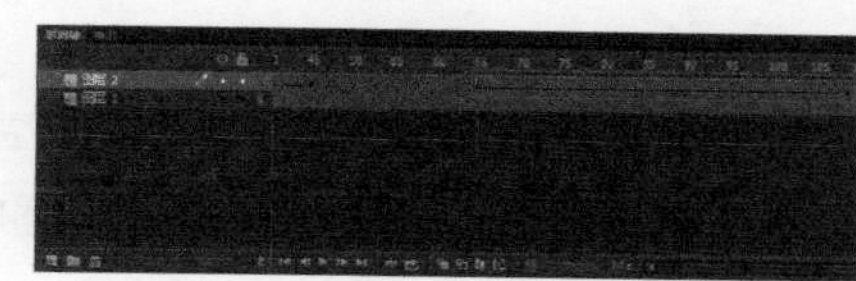

图 7-153 复制并粘贴帧

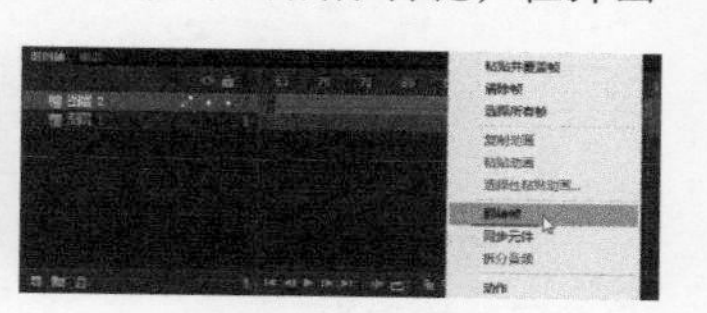

图 7-154 翻转帧

Step 06 单击选中第 65 帧，选择“修改 > 变形 > 水平翻转”命令，将人物水平翻转，如图 7-155 所示。使用相同的方法水平翻转第 110 帧中的人物，如图 7-156 所示。

图 7-155 将元件水平翻转（1）

图 7-156 将元件水平翻转（2）

Step 07 完成该动画的制作，按【Ctrl+Enter】组合键，测试动画，效果如图 7-157 所示。

图 7-157 测试动画效果

课后习题

一、选择题

1. 以下哪个选项不是“时间轴”面板中所包含的图层类型？（　）

A. 背景图层　　B. 普通图层　　C. 引导图层　　D. 遮罩图层

2. 要隐藏除当前图层外的所有图层，可按住（　），单击图层右侧的隐藏图标。

A.【Ctrl】键　　B.【Shift】键　　C.【Alt】键　　D.【Ctrl+Shift】组合键

3. 选择“窗口 > 场景”命令，或按（　）组合键，打开“场景”面板。

A.【Ctrl+B】　　B.【Shift+F2】　　C.【Ctrl+F2】　　D.【Ctrl+F3】

4. 使用（　）可以通过设置对象在不同帧中的属性，来完成动画的制作。例如设置对象在不同帧之中的位置和不透明度。

A. 形状补间动画　　B. 补间动画　　C. 传统补间动画　　D. 逐帧动画

5. 以下哪个选项不属于帧标签的类型？（　）

A. 名称　　B. 注释　　C. 锚记　　D. 属性

二、填空题

1. ______ 是指动画播放的速度，以每秒播放的帧数 (fps) 为度量单位。

2. Flash 中的帧大致分为 ______、______ 和 ______ 3 个基本类型，不同类型的帧在时间轴中的显示方式也不相同。

3. 通常在关键帧后面添加一些起延续作用的帧，被称为 ______；在起始和结束关键帧之间的帧具体体现动画的变化过程，被称为 ______。

三、案例题

新建一个 Flash 文档，通过导入图像序列来制作奔跑的动画效果，与传统补间动画相结合，完成奔跑动画的制作，测试动画效果如图 7-158 所示。

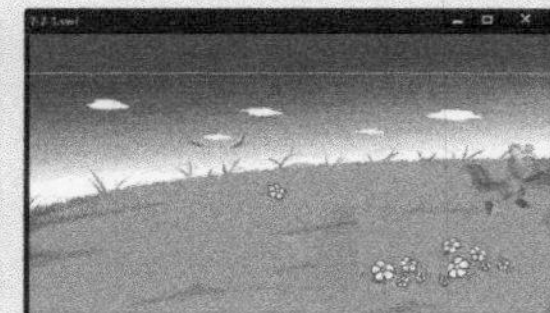

图 7-158 奔跑动画效果

Chapter

08

第08章

Flash基本动画制作

本章将讲解 Flash 基本动画制作的基本内容。Flash 中的基本动画包括逐帧动画、形状补间动画、传统补间动画和补间动画，本章将针对这些内容进行详细的讲解，使读者可以熟练运用 Flash 制作比较简单的动画效果。

FLASH CC

学习目标

- 了解逐帧动画
- 了解形状补间动画和形状提示功能
- 了解传统补间动画
- 了解补间动画与传统补间动画之间的区别

学习重点

- 掌握逐帧动画的制作方法
- 掌握形状补间动画的制作方法
- 掌握传统补间动画沿路径运动的制作方法
- 掌握补间动画的制作方法

8.1 逐帧动画

逐帧动画在每一帧中都会更改舞台内容，它最适合于图像在每一帧中都在变化而不仅是在舞台上移动的复杂动画。逐帧动画增加文件大小的速度比补间动画快得多。在逐帧动画中，Flash 会存储每个完整帧的值。

了解逐帧动画

在逐帧动画中每个帧都是关键帧，然后为每个帧创建不同的图像。每个新关键帧最初包含的内容和它前面的关键帧是一样的，因此可以递增地修改动画中的帧。

在 Flash 中可以直接导入图像序列以创建逐帧动画，导入图像序列时，只需选择图像序列的开始帧。当导入图像序列中的图像时，系统会弹出提示框，提示是否导入序列中的所有图像，如图 8-1 所示。

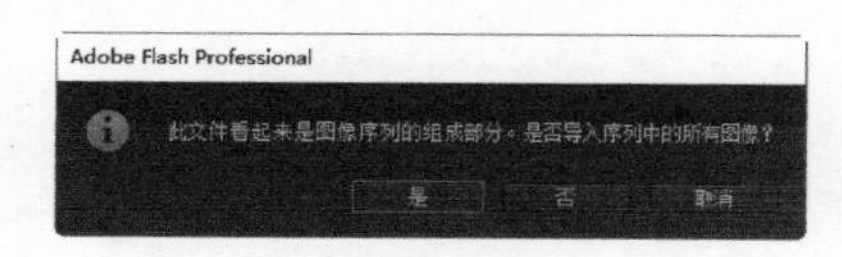

图 8-1 提示框

单击“是”按钮，将导入序列中的所有图像制作逐帧动画；单击“否”按钮，则只导入序列中选择的图像。

课堂案例 导入逐帧动画

素材文件	素材文件 \ 第 08 章 \81201.gif	扫码观看视频
案例文件	案例文件 \ 第 08 章 \8-1-2.fla	
教学视频	视频教学 \ 第 08 章 \8-1-2.mp4	
案例要点	掌握导入 GIF 格式图片创建逐帧动画的方法	

Step 01 选择“文件 > 新建”命令，新建 300 像素 × 300 像素，“帧频”为 12fps 的空白文档，如图 8-2 所示。按【Ctrl+R】组合键，将素材文件“素材文件 \ 第 08 章 \81201.gif”导入舞台，如图 8-3 所示。

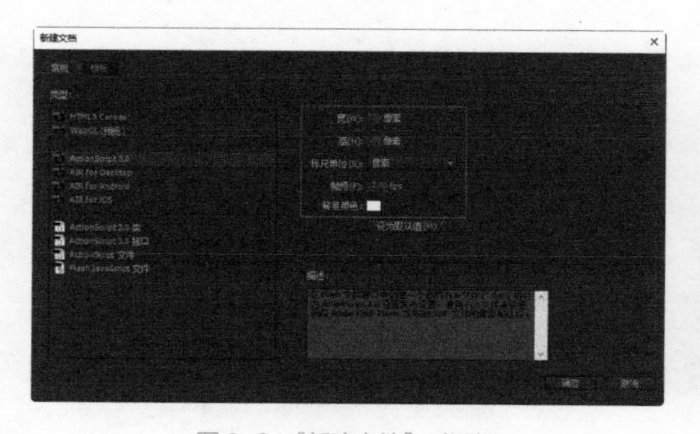

图 8-2 “新建文档”对话框

图 8-3 导入素材图像

提示

如果新建的文档不符合要求，那么用户可以选择“修改 > 文档”命令，或者单击文档空白区域，在“属性”面板中修改文档的属性。

Step 02 被导入的 GIF 文件在“时间轴”面板中将呈现为逐帧动画，如图 8-4 所示。完成该动画的制作，按【Ctrl+Enter】组合键，测试动画效果，如图 8-5 所示。

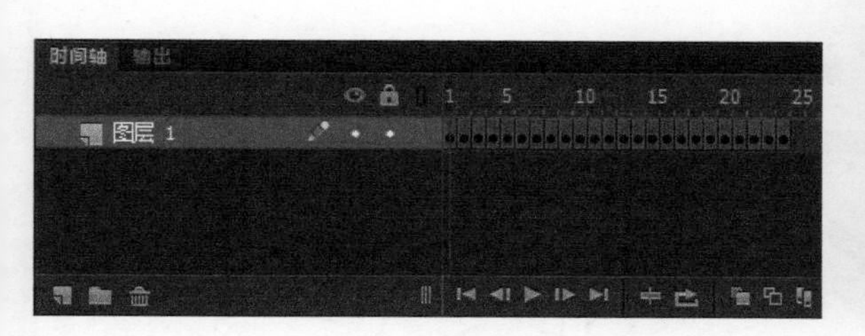

图 8-4 “时间轴”面板

图 8-5 测试逐帧动画效果

课堂案例 导入并制作逐帧动画

素材文件	素材文件 \ 第 08 章 \81301.png ~ 81308.png	扫码观看视频
案例文件	案例文件 \ 第 08 章 \8-1-3.fla	
教学视频	视频教学 \ 第 08 章 \8-1-3.mp4	
案例要点	掌握导入图像序列制作逐帧动画的方法	

Step 01 新建一个 550 像素 ×400 像素，“帧频”为 12fps 的空白文档，如图 8-6 所示。单击工具箱中的“矩形工具”按钮，设置“填充颜色”为“#E1D7BF”，在舞台中绘制一个同舞台大小的矩形，如图 8-7 所示。

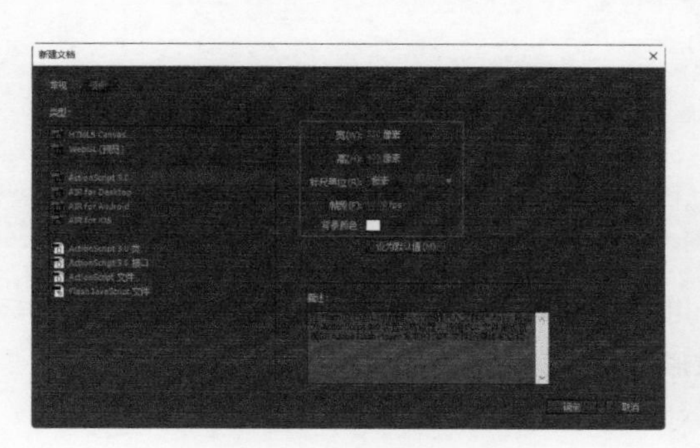

图 8-6 “新建文档”对话框

图 8-7 绘制矩形

Step 02 在“图层 1”的第 8 帧位置按【F5】键插入帧，新建“图层 2”，“时间轴”面板如图 8-8 所示。单击“图层 2”中的第 1 帧，按【Ctrl+R】组合键，将图像素材“素材文件 \ 第 08 章 \81301.png”导入舞台，系统将弹出提示框，如图 8-9 所示。

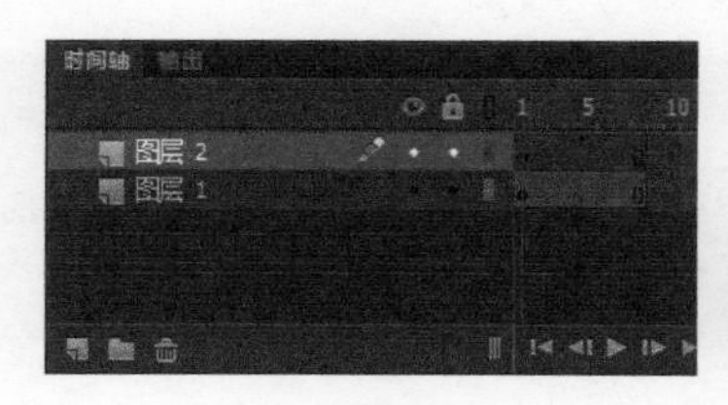

图 8-8 “时间轴”面板

图 8-9 提示框

Step 03 单击“是”按钮，导入序列图片，如图 8-10 所示，“时间轴”面板如图 8-11 所示。

图 8-10 导入序列图片

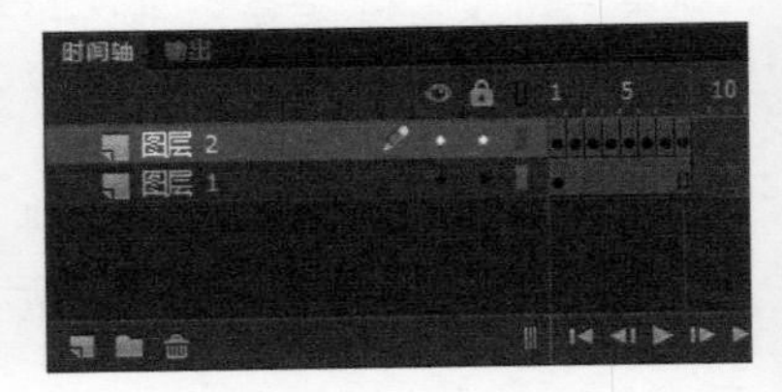

图 8-11 “时间轴”面板

Step 04 完成逐帧动画的制作，按【Ctrl+Enter】组合键，测试动画效果，如图 8-12 所示。

图 8-12 测试逐帧动画效果

8.2 形状补间动画

在时间轴中的一个特定帧上绘制矢量形状后更改该形状，然后在另一个特定帧上绘制另一个形状。Flash 将内插中间帧的形状创建变形为另一个形状的动画。

8.2.1 了解形状补间动画

形状补间动画最适合用于简单形状，应避免使用部分被挖空的形状制作动画，也可以使用形状提示来指定起始形状上的哪些点应与结束形状上的哪些点对应。

形状补间动画也可以对形状的位置和颜色进行补间。

用户可以选择“插入 > 补间形状”命令，在两个关键帧之间添加形状补间动画。

提示

若要对组、实例或位图图像应用形状补间，则应分离这些元素。若要对文本应用形状补间，则应将文本分离两次，从而将文本转换为图形对象。

课堂案例 制作太阳转动动画

素材文件	素材文件 \ 第 08 章 \82201.jpg	扫码观看视频
案例文件	案例文件 \ 第 08 章 \8-2-2.fla	
教学视频	视频教学 \ 第 08 章 \8-2-2.mp4	
案例要点	掌握改变图形形状制作形状补间动画的方法	

Step 01 选择“文件 > 新建”命令，新建一个 500 像素 ×500 像素，帧频为 12fps 的空白文档，如图 8-13 所示。按【Ctrl+F8】组合键，新建一个“名称”为“笑脸”的“图形”元件，如图 8-14 所示。

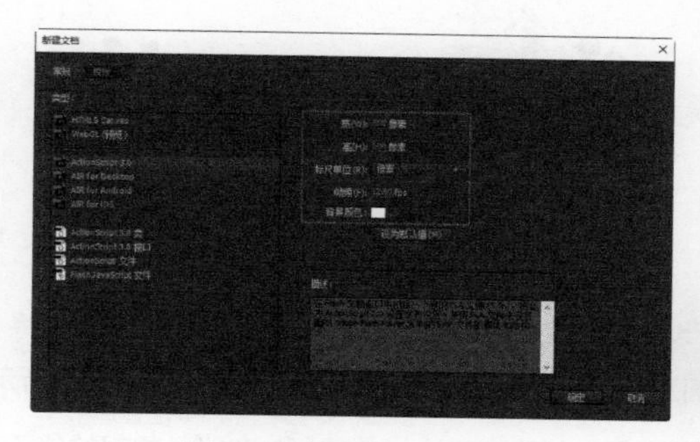

图 8-13 “新建文档”对话框

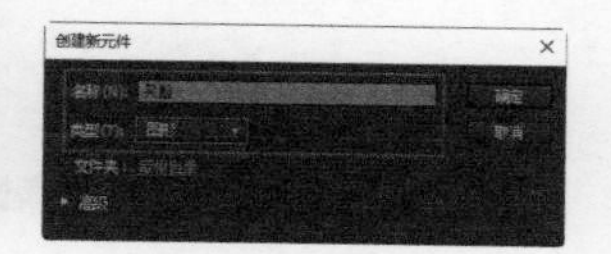

图 8-14 “创建新元件”对话框

Step 02 打开“颜色”面板，设置“径向渐变”填充，颜色从左向右依次为“#FED61D”和“#FFFF33”，如图 8-15 所示。使用“椭圆工具”设置“笔触填充”为“无”，在舞台中绘制一个正圆形，如图 8-16 所示。

Step 03 使用“椭圆工具”，在“属性”面板中设置“笔触颜色”为“#FF9900”，“填充颜色”为白色，如图 8-17 所示。新建图层，在舞台中绘制椭圆形，并使用“选择工具”适当调整形状，如图 8-18 所示。

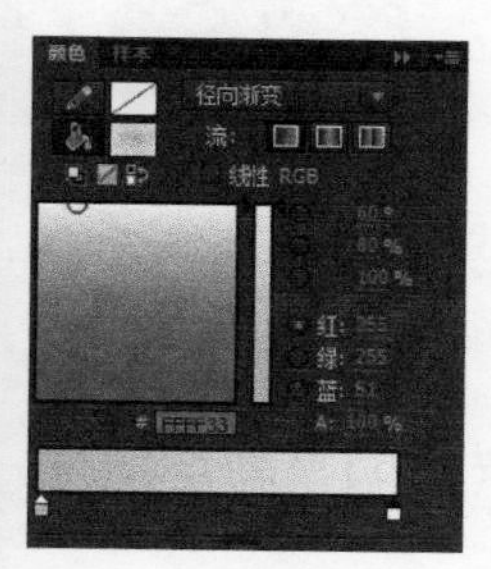

图 8-15 设置径向渐变颜色

图 8-16 绘制一个正圆形

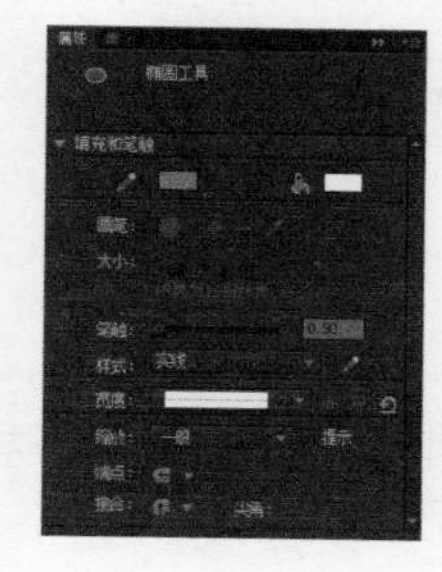

图 8-17 设置填充和笔触颜色

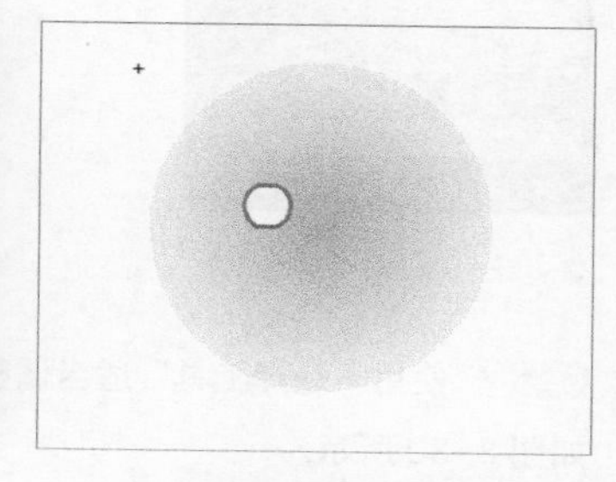

图 8-18 绘制椭圆形并调整其形状

Step 04 使用“椭圆工具”，设置“笔触颜色”为“无”，“填充颜色”为黑色，在舞台中绘制一个椭圆形，并使用“选择工具”适当调整形状，如图 8-19 所示。选中该图层所有形状，选择“编辑 > 复制”命令，继续选择“编辑 > 粘贴到当前位置”命令，选择“修改 > 变形 > 水平翻转”命令，适当调整位置，如图 8-20 所示。

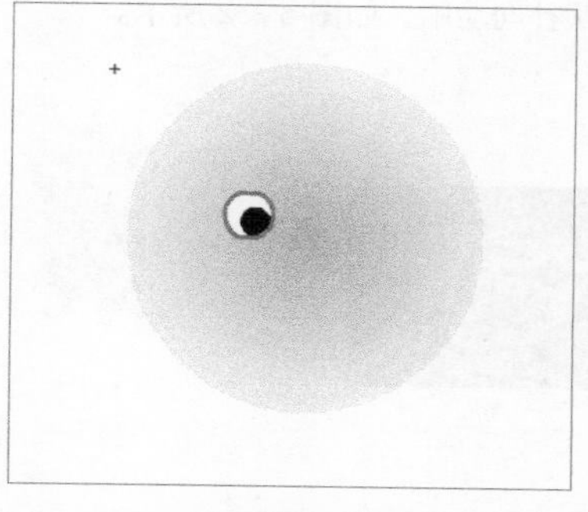

图 8-19 绘制椭圆形并调整其形状

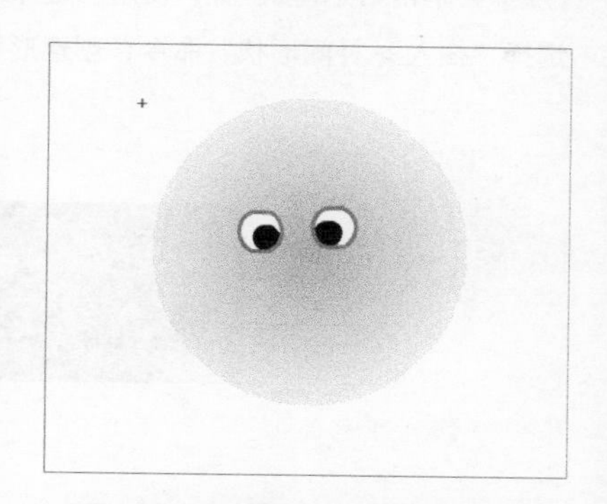

图 8-20 复制图形并水平翻转调整位置

Step 05 打开“颜色”面板，设置“径向渐变”填充，颜色从左向右依次为“#FF1717”和 Alpha 值为“0%”，如图 8-21 所示。使用“椭圆工具”在舞台中绘制椭圆形，如图 8-22 所示。

Step 06 使用“线条工具”，设置“笔触颜色”为“#FF9900”，“笔触高度”为“0.5 像素”，在舞台中绘制一条直线，并使用“选择工具”适当调整形状，如图 8-23 所示。按【Ctrl+F8】组合键，新建一个“名称”为“光动”的“影片剪辑”元件，如图 8-24 所示。

图 8-21 设置径向渐变颜色

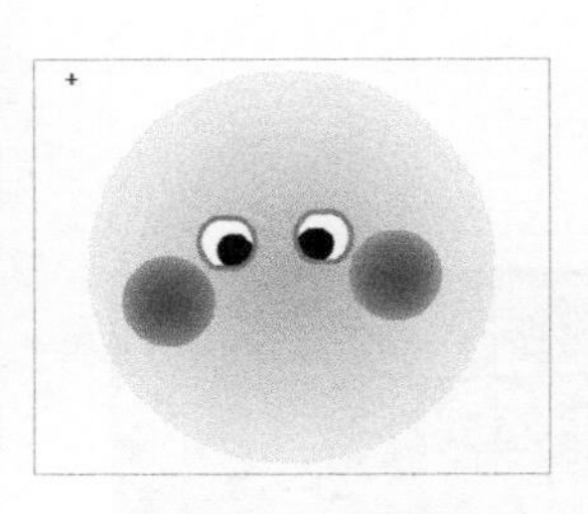

图 8-22 绘制椭圆形

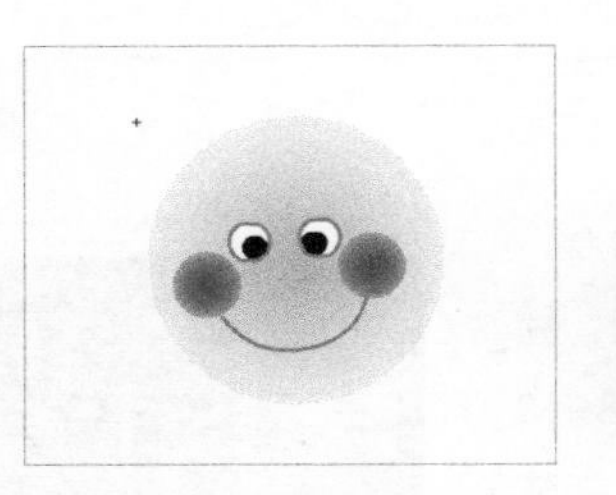

图 8-23 绘制直线并调整

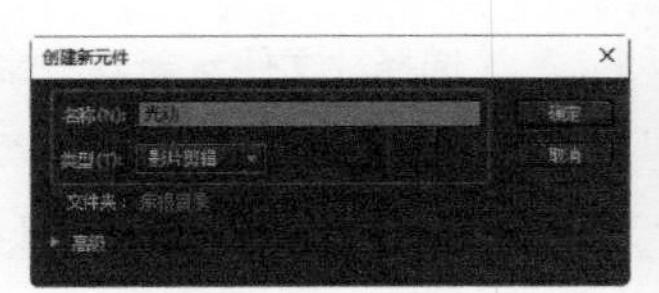

图 8-24 “创建新元件”对话框

Step 07 打开“颜色”面板，设置“径向渐变”填充，颜色从左向右依次为“# FF9900”“FF9900”“FFE124”，如图 8-25 所示。使用“椭圆工具”在舞台中绘制一个椭圆形，如图 8-26 所示。

Step 08 使用“多边形工具”在舞台中创建直线边缘的路径，在路径的起始位置双击，选择闭合路径，如图 8-27 所示。选中路径范围内的图形，使用“选择工具”将其拖出，删除多余的图形，如图 8-28 所示。

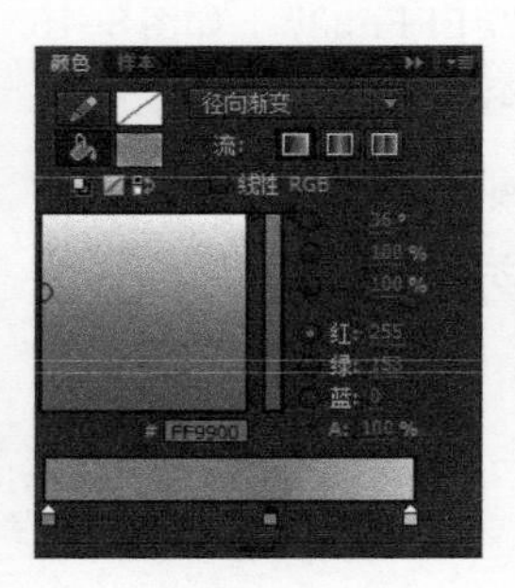

图 8-25 设置径向渐变颜色

图 8-26 绘制椭圆形

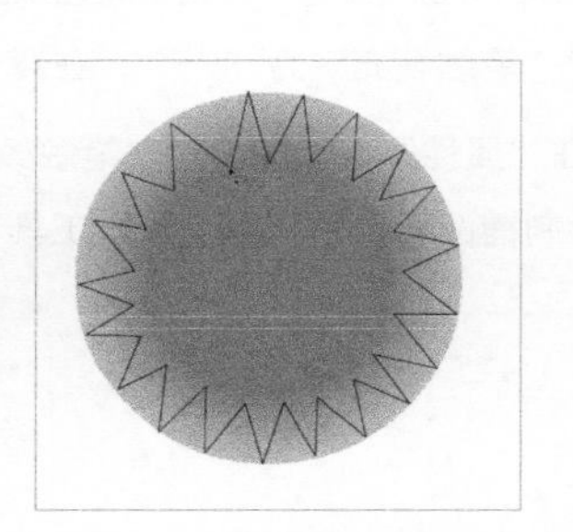

图 8-27 绘制多边形路径

图 8-28 删除多余图形

Step 09 使用“选择工具”适当调整图形，如图 8-29 所示。分别在第 10 帧和第 20 帧位置，按【F6】键插入关键帧，如图 8-30 所示。

Step 10 单击第 10 帧位置，使用“选择工具”适当调整图形形状，如图 8-31 所示。分别在图层的第 1 帧和第 10 帧，选择“插入 > 补间形状”命令，创建形状补间动画，如图 8-32 所示。

图 8-29 调整图形形状

图 8-30 “时间轴”面板

图 8-31 调整图形形状

图 8-32 创建形状补间动画

Step 11 按【Ctrl+F8】组合键，新建一个“名称”为“太阳动画”的“影片剪辑”元件，如图 8-33 所示。从“库”面板中将“光动”元件拖动到舞台中，如图 8-34 所示。

Step 12 选中该元件，选择“编辑 > 复制”命令，新建图层，选择“编辑 > 粘贴到当前位置”命令，使用“任意变形工具”将形状等比例缩小，如图 8-35 所示。新建“图层 3”，从“库”面板中将“笑脸”元件拖动到舞台中，如图 8-36 所示。

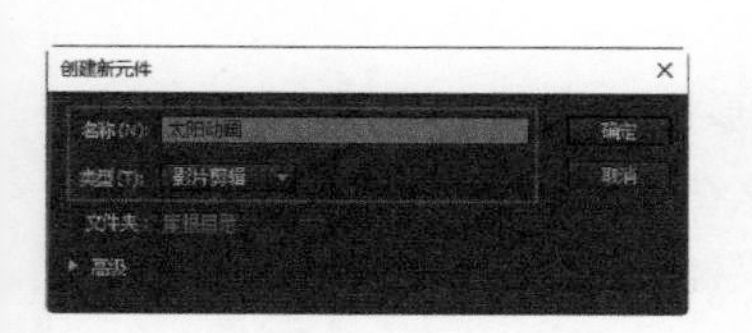

图 8-33 “创建新元件”对话框

图 8-34 拖入元件

图 8-35 复制元件并缩小

图 8-36 拖入元件

Step 13 单击“编辑栏”中的“场景 1”名称，返回主场景中，按【Ctrl+R】组合键，将相应的背景素材导入舞台，效果如图 8-37 所示。从“库”面板中将“太阳动画”影片剪辑元件拖动到舞台中，并适当调整位置，如图 8-38 所示。

图 8-37 导入背景素材图像

图 8-38 拖入元件

Step 14 完成该动画的制作，按【Ctrl+Enter】组合键，测试动画效果，如图 8-39 所示。

图 8-39 测试动画效果

8.2.2 使用形状提示

若要控制更加复杂或罕见的形状变化，则可以使用形状提示。形状提示会标识起始形状和结束形状中的相对应的点。

形状提示包含从 a ~ z 的字母，用于识别起始形状和结束形状中相对应的点，最多可以使用 26 个形状提示。

创建形状补间动画后，选择“修改 > 形状 > 添加形状提示”命令，则会在该形状的某处显示为一个带有字母 a 的红色圆圈，如图 8-40 所示。将形状提示移动到要标记的点。

选择补间序列中的最后一个关键帧，将形状提示移动到要标记的点。结束形状提示会在该形状的某处显示为一个带有字母 a 的绿色圆圈，如图 8-41 所示。

图 8-40 添加形状提示

图 8-41 结束形状提示

提示

当将起始帧与结束帧的标记都移动到要标记的点上时，起始帧中的标记将变成黄色。

要在创建补间形状时获得最佳效果，应遵循如下准则：

- 在复杂的补间形状中，需要创建中间形状再进行补间，而不要只定义起始和结束的形状。
- 确保形状提示是符合逻辑的。例如，如果在一个三角形中使用 3 个形状提示，那么在原始三角形和要补间的三角形中它们的顺序必须相同。它们的顺序不能在第一个关键帧中是 a、b、c，而在第二个关键帧中是 a、c、b。
- 如果按逆时针顺序从形状的左上角开始放置形状提示，那么它们的工作效果最好。

技术看板

当包含形状提示的图层和关键帧处于活动状态时，选择“视图 > 显示形状提示”命令， 可以显示所有形状提示。若要删除某个形状提示，则将其拖离舞台即可。选择“修改 > 形状 > 删除所有提示”命令，可以删除所有形状提示。

课堂案例 导入逐帧动画

素材文件	素材文件 \ 第 08 章 \82401.jpg	扫码观看视频
案例文件	案例文件 \ 第 08 章 \8-2-4.fla	
教学视频	视频教学 \ 第 08 章 \8-2-4.mp4	
案例要点	掌握形状提示的添加与调整方法	

Step 01 选择“文件 > 新建”命令，新建一个系统默认的空白文档，如图 8-42 所示。按【Ctrl+R】组合键，将图像素材“素材文件 \ 第 08 章 \ 82401.jpg”导入舞台，如图 8-43 所示。

Step 02 在第 30 帧位置按【F5】键插入帧，并新建“图层 2”，“时间轴”面板如图 8-44 所示。设置“填充颜色”为“#638688”，Alpha 值为“30%”，按住【Shift】键，使用“基本椭圆工具”在舞台中绘制正圆形，并使用“选择工具”调整图形的形状，如图 8-45 所示。

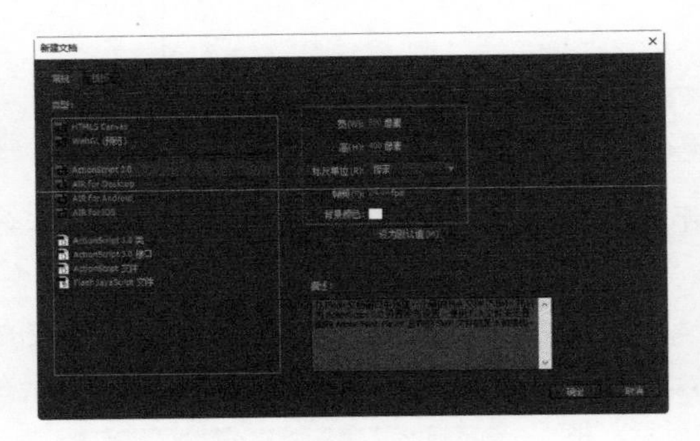

图 8-42 “新建文档”对话框

图 8-43 导入素材图像

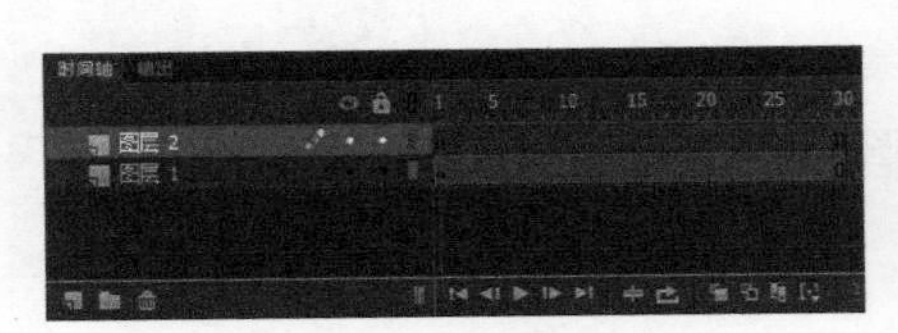

图 8-44 “时间轴”面板

图 8-45 绘制图形并调整

Step 03 在“图层 2”中的第 15 帧位置按【F6】键插入关键帧，并调整第 15 帧中图形的形状，如图 8-46 所示。分别选择第 1 帧和第 15 帧中的图形，按【Ctrl+B】组合键，将其打散，并为第 1 帧创建形状补间动画，如图 8-47 所示。

Step 04 单击“图层 2”中的第 1 帧，按 3 次【Ctrl+Shift+H】组合键，使用“选择工具”将舞台中的形状提示移动到合适的位置，如图 8-48 所示。单击第 15 帧，将舞台中的形状提示移动到合适的位置，如图 8-49 所示。

图 8-46 调整图形形状

图 8-47 创建形状补间动画

图 8-48 添加形状提示并调整位置

图 8-49 调整形状提示位置

Step 05 完成该动画的制作，按【Ctrl+Enter】组合键，测试动画效果，如图 8-50 所示。

图 8-50 测试动画效果

8.3 传统补间动画

传统补间动画是早期用来在 Flash 中创建动画的一种方式。这些补间类似于较新的补间动画，但创建过程有点儿复杂，并且不够灵活。不过传统补间动画所具有的某些类型的动画控制功能是补间动画所不具备的。

8.3.1 了解传统补间动画

传统补间动画在起始帧和结束帧两个关键帧中定义，两个关键帧中的内容必须是同一个元件，可以对元件进行变形等操作。用户可以选择“插入 > 传统补间”命令，在两个关键帧之间创建传统补间动画。

在传统补间动画中，只有关键帧是可编辑的。若要编辑补间帧，则需要修改关键帧，或者在起始和结束关键帧之间插入一个新的关键帧。

在 Flash 中可以对实例、组及类型的位置、大小、旋转和倾斜进行补间，还可以对实例和类型的颜色进行补间。

技术看板

选择“修改 > 时间轴 > 同步元件”命令会重新计算补间的帧数，从而匹配时间轴上分配给它的帧数。如果元件中动画序列的帧数不是文档中图形实例占用帧数的偶数倍，那么应该使用该命令。

课堂案例 制作按钮过光动画

素材文件	素材文件 \ 第 05 章 \53201.jpg
案例文件	案例文件 \ 第 05 章 \8-3-2.fla
教学视频	视频教学 \ 第 05 章 \8-3-2.mp4
案例要点	掌握传统补间动画的制作方法

扫码观看视频

Step 01 选择“文件 > 新建”命令，新建一个 282 像素 × 120 像素，“帧频”为“50fps”，“背景颜色”为“#666666”的空白文档，如图 8-51 所示。按【Ctrl+F8】组合键，新建一个“名称”为“光晕 1”的“图形”元件，如图 8-52 所示。

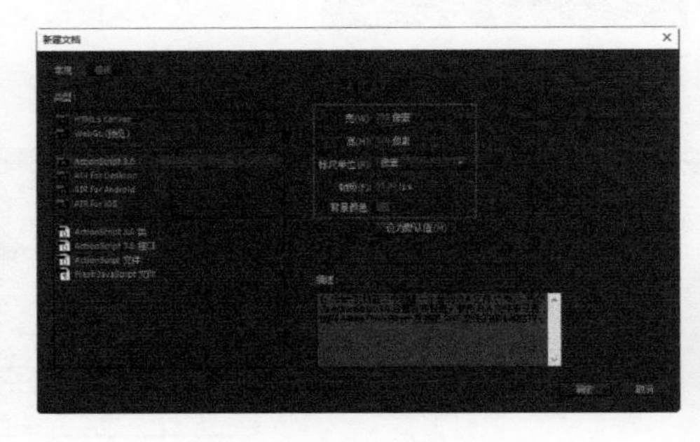

图 8-51 “新建文档”对话框

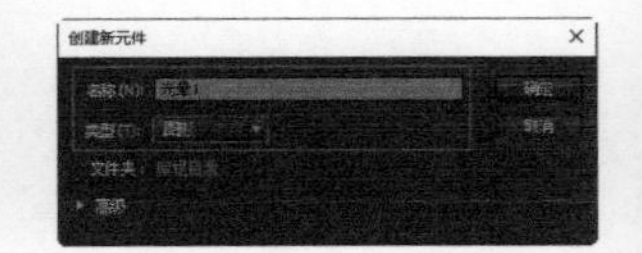

图 8-52 “创建新元件”对话框

Step 02 打开“颜色”面板，设置“线性渐变”填充，颜色从左向右依次为“Alpha0%”“#FCF5F1 Alpha80%”“FCF8F1 Alpha80%”“Alpha0%”，如图 8-53 所示。使用“矩形工具”，在“属性”面板中设置“笔触颜色”为“无”，在舞台中绘制一个矩形，如图 8-54 所示。

Step 03 复制该形状，将其顺时针旋转 90°，如图 8-55 所示。按【Ctrl+F8】组合键，新建一个“名称”为“光晕 2”的“图形”元件，如图 8-56 所示。

图 8-53 设置线性渐变颜色

图 8-54 绘制矩形

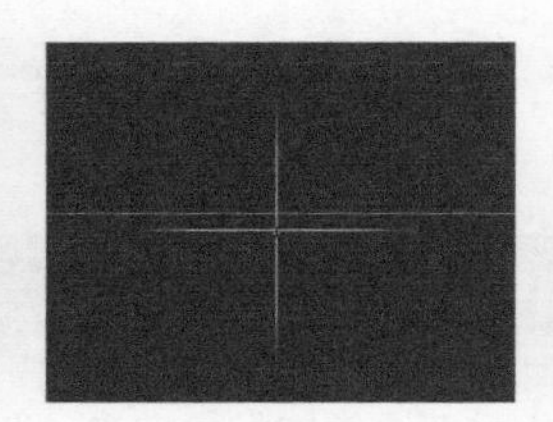

图 8-55 复制图形并旋转

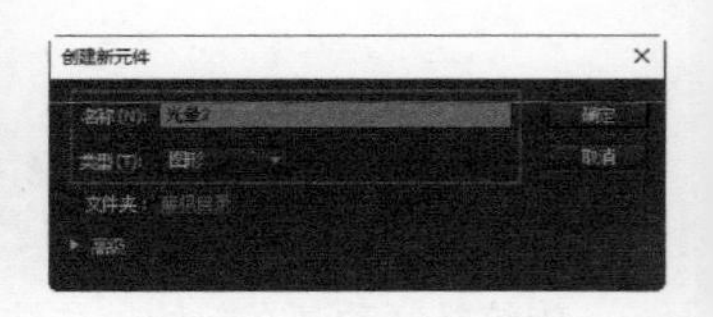

图 8-56 “创建新元件”对话框

Step 04 打开“颜色”面板，设置相应的“径向渐变”填充，颜色从左向右依次为“白色”“白色 Alpha90%”“白色 Alpha45%”“白色 Alpha45%”“Alpha0%”，如图 8-57 所示。使用“椭圆工具”设置“笔触颜色”为“无”，在画布中绘制一个正圆形，如图 8-58 所示。

Step 05 按【Ctrl+F8】组合键，新建一个“名称”为“光晕 3”的“图形”元件，如图 8-59 所示。使用“椭圆工具”，在“属性”面板中设置“笔触颜色”为“白色 Alpha50%”，“填充颜色”为“无”，在舞台中绘制一个正圆形圆环，选中该形状，选择“修改 > 形状 > 将线条转换为填充”命令，如图 8-60 所示。

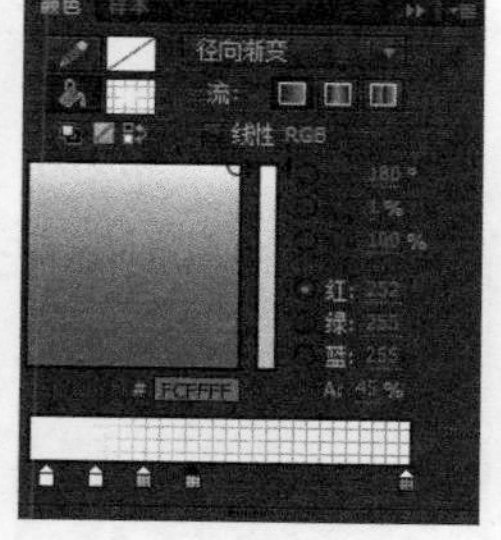

图 8-57 设置径向渐变颜色

图 8-58 绘制正圆形

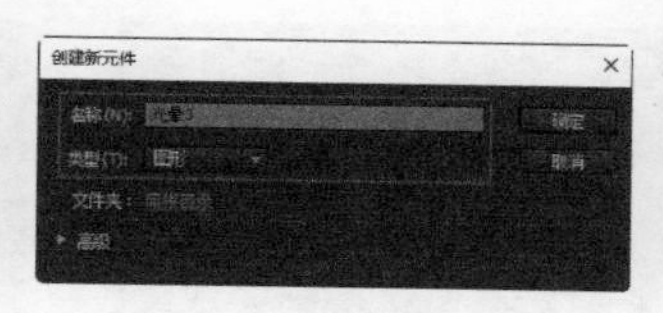

图 8-59 “创建新元件”对话框

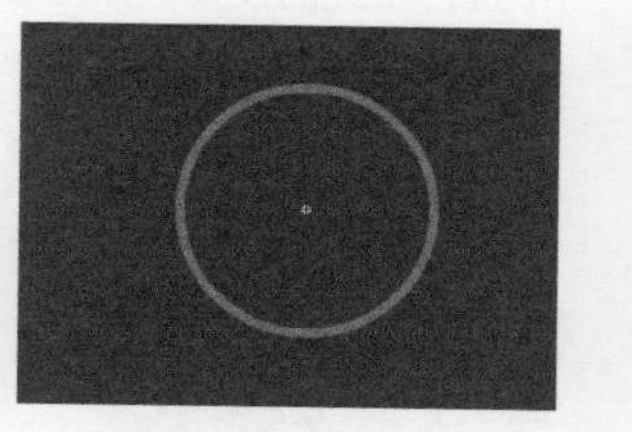

图 8-60 绘制圆环图形

Step 06 使用相同的方法完成元件“光晕 4”的制作，如图 8-61 所示。按【Ctrl+F8】组合键，新建一个“名称”为“光晕 5”的“图形”元件，如图 8-62 所示。

Step 07 打开“颜色”面板，设置“径向渐变”填充，颜色从左向右依次为“Alpha0%”“Alpha0%”“白色 Alpha72%”，如图 8-63 所示。使用“椭圆工具”，在“属性”面板中设置“笔触颜色”为“无”，在舞台中绘制一个正圆形，如图 8-64 所示。

图 8-61 绘制圆环图形

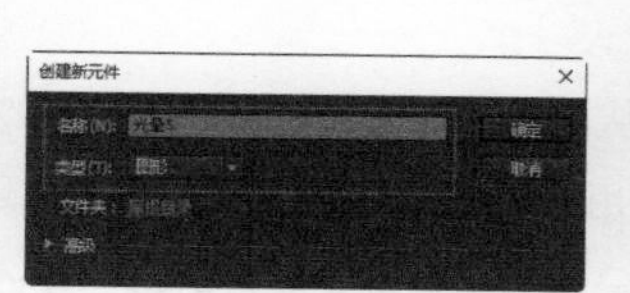

图 8-62 “创建新元件”对话框

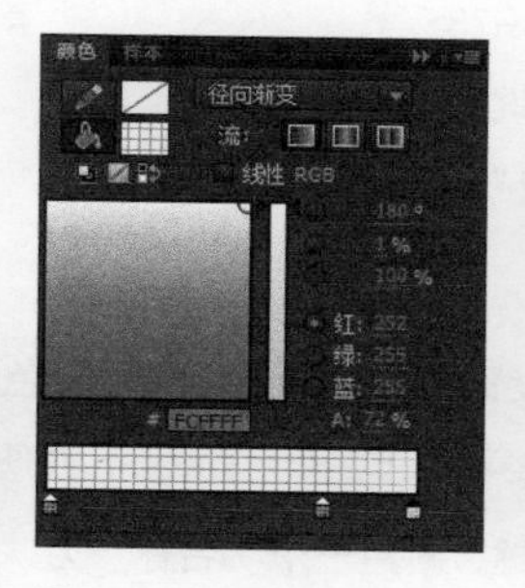

图 8-63 设置径向渐变颜色

图 8-64 绘制正圆形

Step 08 按【Ctrl+F8】组合键，新建一个“名称”为“光晕”的“影片剪辑”元件，如图 8-65 所示。在“时间轴”面板中新建图层，分别按照不同图层，从“库”面板中将“光晕 1”到“光晕 5”拖动到舞台中，并适当调整角度和位置，如图 8-66 所示。

图 8-65 “创建新元件”对话框

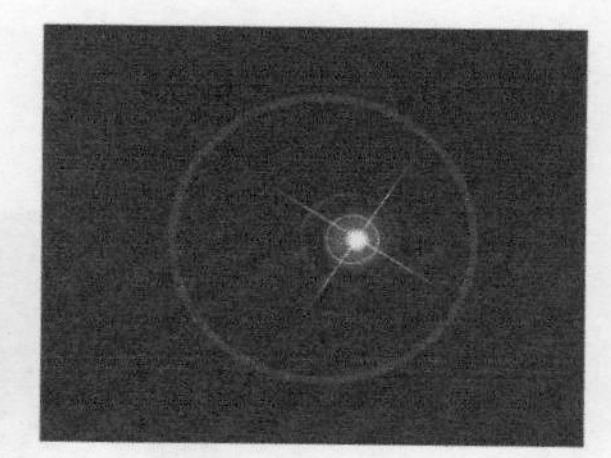

图 8-66 分别拖入元件并调整

Step 09 分别在所有图层的第 26 帧和第 60 帧位置按【F6】键插入关键帧，如图 8-67 所示。按住【Shift】键选中所有图层的第 1 帧，选中形状，在“属性”面板中进行相应的设置，如图 8-68 所示。

图 8-67 插入关键帧

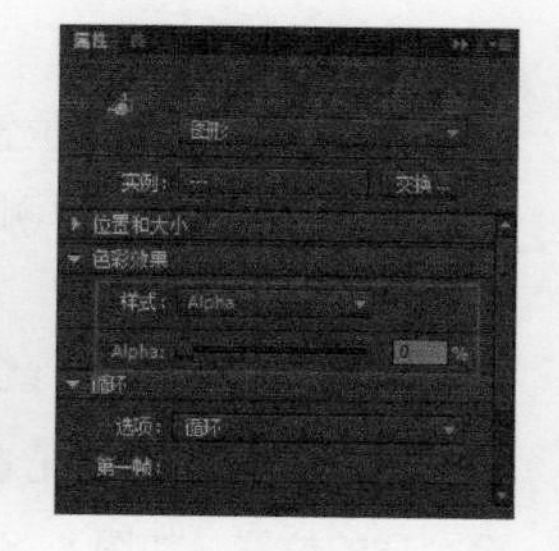

图 8-68 设置相关属性

Step 10 选中所有图层的第 26 帧，使用“任意变形工具”调整形状的大小和旋转角度，并在“属性”面板中进行相应的设置，如图 8-69 所示，舞台效果如图 8-70 所示。

Step 11 选中所有图层的第 60 帧，适当调整形状的大小和旋转角度，舞台效果如图 8-71 所示。然后在“属性”面板中进行相应的设置，如图 8-72。

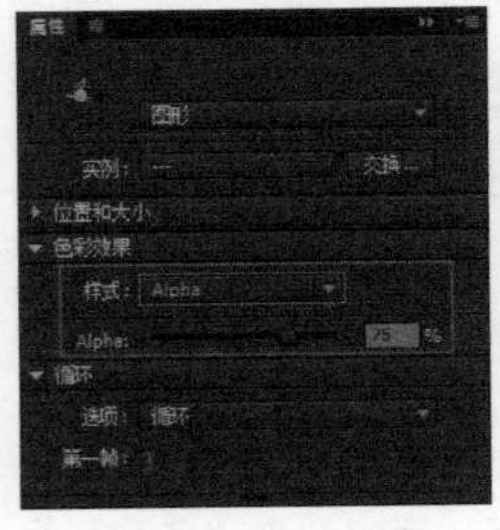

图 8-69 设置相关属性

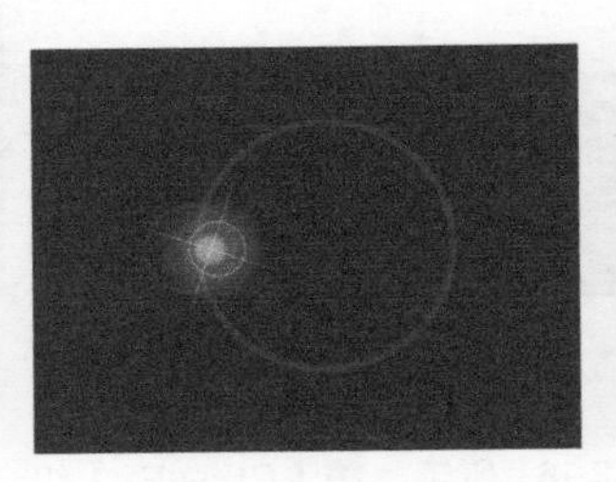

图 8-70 舞台效果（1）

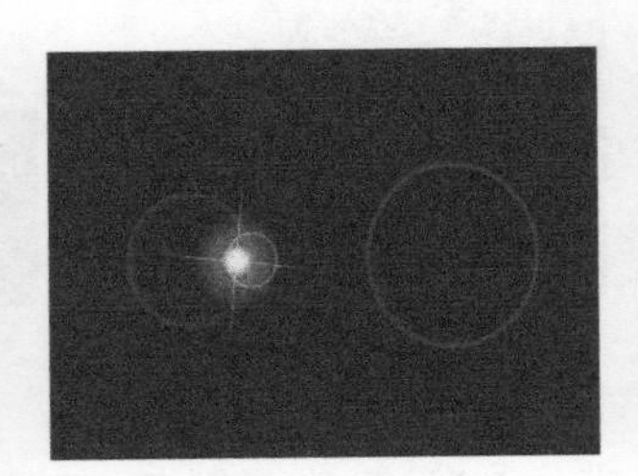

图 8-71 舞台效果（2）

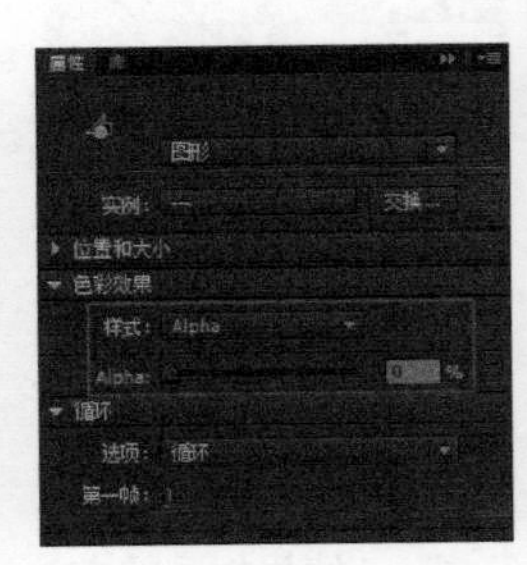

图 8-72 设置相关属性

Step 12 分别单击所有图层的第 1 帧和第 26 帧的位置，选择“插入 > 插入 > 传统补间”命令，为其创建传统补间动画，如图 8-73 所示。按【Ctrl+F8】组合键，新建一个“名称”为“矩形”的“图形”元件，如图 8-74 所示。

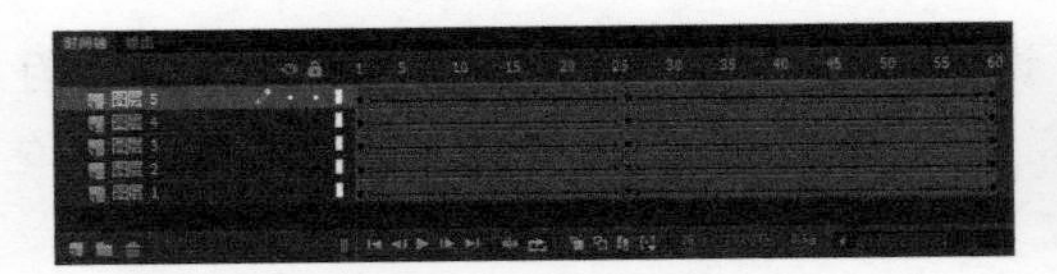

图 8-73 创建传统补间动画

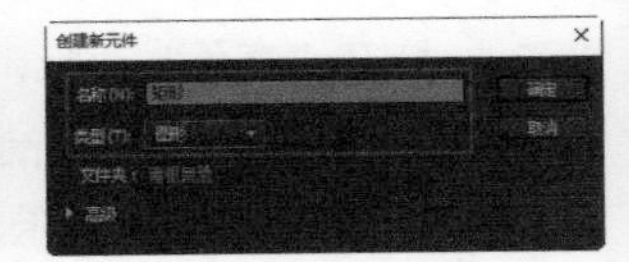

图 8-74 “创建新元件”对话框

Step 13 打开“颜色”面板，设置“线性渐变”填充，颜色从左向右依次为“白色 Alpha40%”和“Alpha0%”，如图 8-75 所示。使用“矩形工具”，在舞台中绘制一个矩形，并使用“渐变变形工具”适当调整颜色角度，如图 8-76 所示。

Step 14 按【Ctrl+F8】组合键，新建一个“名称”为“过光动画”的“影片剪辑”元件，如图 8-77 所示。从“库”面板中，将“矩形”元件拖动到舞台中，并使用“任意变形工具”适当倾斜形状，如图 8-78 所示。

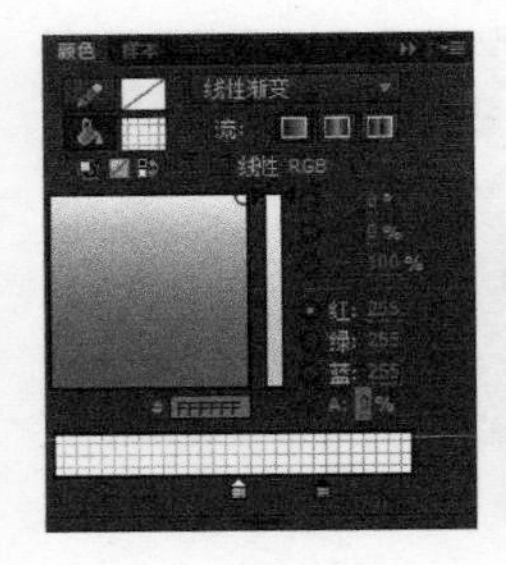

图 8-75 设置线性渐变颜色

图 8-76 绘制矩形并调整颜色角度

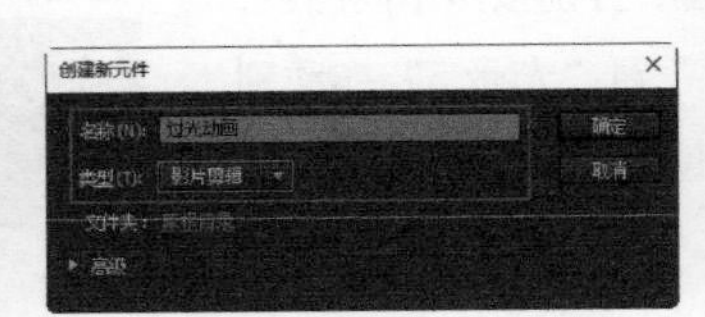

图 8-77 “创建新元件”对话框

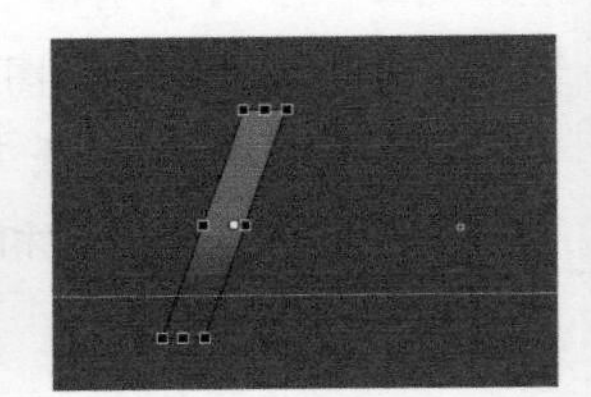

图 8-78 拖入元件并进行倾斜操作

Step 15 在第 105 帧的位置按【F5】键插入帧，并在第 44 帧的位置按【F6】键插入关键帧，“时间轴”面板如图 8-79 所示。单击第 44 帧的位置，将该帧上的元素向右移动至合适的位置，如图 8-80 所示。

图 8-79 插入帧和关键帧

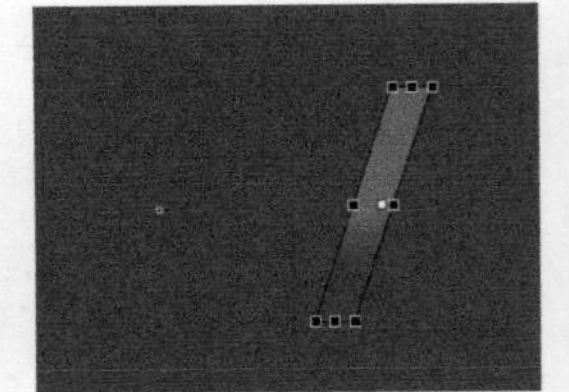

图 8-80 移动元件

Step 16 单击第 1 帧，选择“插入 > 传统补间”命令，为第 1 帧创建传统补间动画，如图 8-81 所示。新建图层，使用“矩形工具”，在“属性”面板中设置“笔触颜色”为“无”，“填充颜色”为“#0000FF”，在舞台中绘制矩形，并使用“选择工具”适当调整形状，如图 8-82 所示。

Step 17 在“图层 2”的名称上单击鼠标右键，在弹出的快捷菜单中选择“遮罩层”命令，“时间轴”面板如图 8-83 所示。新建“图层 3”，在第 47 帧位置按【F6】键插入帧，从“库”面板中将“光晕”元件拖动到舞台中，并适当调整位置，如图 8-84 所示。

图 8-81 创建传统补间动画

图 8-82 绘制矩形并调整形状

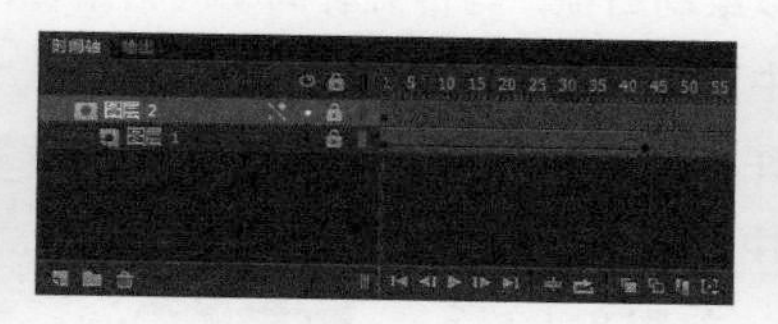

图 8-83 “时间轴”面板

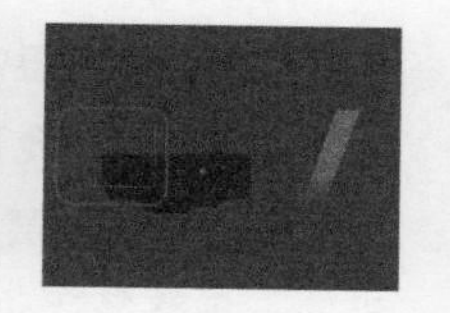

图 8-84 拖入元件并调整位置

Step 18 按【Ctrl+F8】组合键，新建一个“名称”为“按钮”的“按钮”元件，如图 8-85 所示。选择“文件 > 导入 > 导入到舞台”命令，将素材图像“素材文件 \ 第 08 章 \83201.jpg”导入舞台，如图 8-86 所示。

Step 19 在“点击”状态下，按【F5】键插入帧，并新建“图层 2”，在“指针滑过”状态下，按【F6】键插入关键帧，从“库”面板中将“过光动画”影片剪辑元件拖动到舞台中，适当调整位置，如图 8-87 所示，“时间轴”面板如图 8-88 所示。

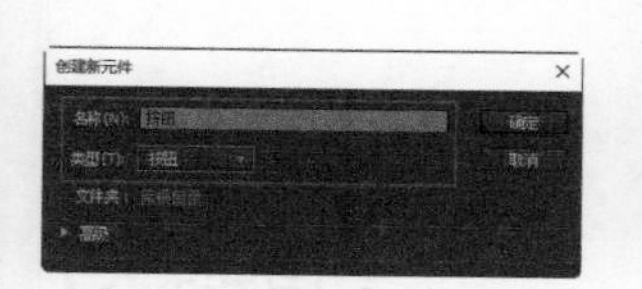

图 8-85 “创建新元件”对话框

图 8-86 导入素材图像

图 8-87 拖入元件

图 8-88 “时间轴”面板

Step 20 单击“编辑栏”中的“场景 1”名称，返回到主场景中，从“库”面板中将“按钮”元件拖动到舞台中，如图 8-89 所示。完成该动画的制作，按【Ctrl+Enter】组合键，测试动画效果，如图 8-90 所示。

图 8-89 拖入元件

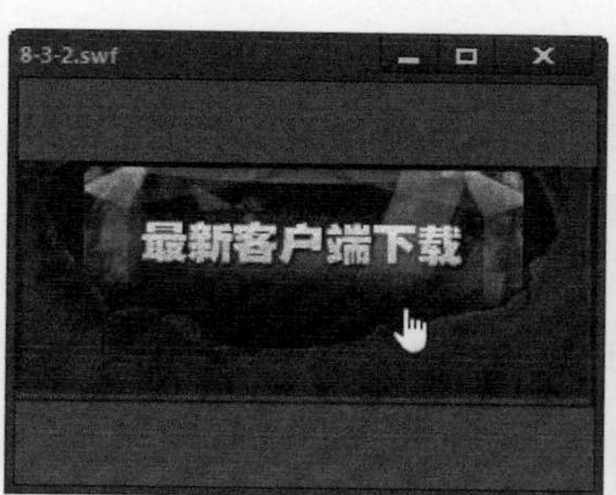

图 8-90 测试动画效果

8.3.2 编辑、修改传统补间动画

创建传统补间动画后，可以对动画效果进行更精细的控制。选择传统补间动画上的任意一帧，在“属性”中可以对该补间的相关参数进行设置，如图 8-91 所示。

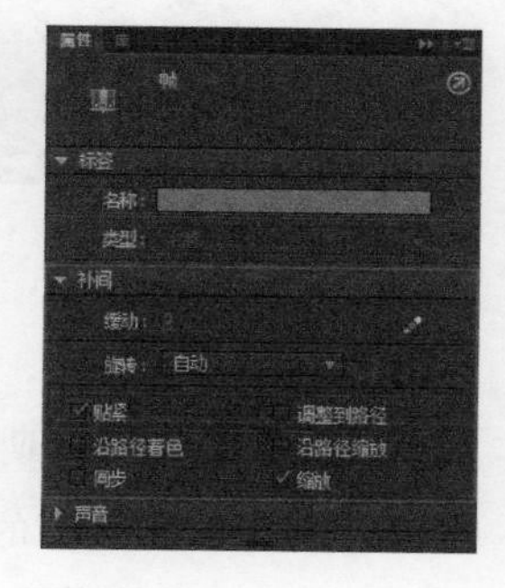

图 8-91 补间的相关设置选项

8.3.3 沿路径创建传统补间动画

在 Flash 中可以绘制路径，与传统补间动画相结合，使实例沿路径进行运动。绘制的路径可以放置在引导层或传统运动引导层中，如图 8-92 所示。

在 Flash 中允许将多个层链接到一个运动引导层中，使多个对象沿同一条路径运动，如图 8-93 所示。

图 8-92 “时间轴”面板（1）

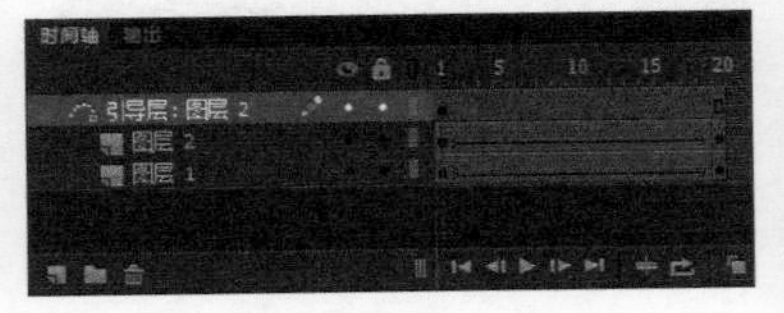

图 8-93 “时间轴”面板（2）

在 Flash 中创建引导层的方法有两种，除了将现有图层转换为“引导层”，还可以在当前图层的上方添加传统运动引导层，在添加的引导层中绘制所需路径，使用传统补间动画层中的元件实例沿路径运动。

制作引导线动画时，元件实例的中心点一定要紧贴至引导层中的路径上，否则将不能沿路径运动。

课堂案例 创建引导层动画

素材文件	素材文件 \ 第 08 章 \83501.fla	扫码观看视频
案例文件	案例文件 \ 第 08 章 \8-3-5.fla	
教学视频	视频教学 \ 第 08 章 \8-3-5.mp4	
案例要点	掌握引导层动画的制作方法	

Step 01 选择“文件 > 打开”命令，打开素材文件“素材文件 \ 第 08 章 \83501.fla”，如图 8-94 所示。按【Ctrl+F8】组合键，新建一个“名称”为“蜻蜓动画”的“影片剪辑”元件，如图 8-95 所示。

Step 02 从“库”面板中将“翅膀 1”图形元件拖动到舞台中，如图 8-96 所示。在第 20 帧位置按【F6】键插入关键帧，并新建“图层 2”，从“库”面板中将“翅膀 2”图形元件拖动到舞台中，如图 8-97 所示。

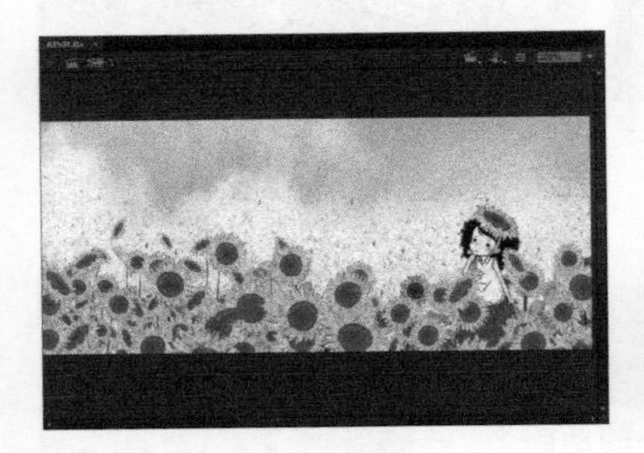

图 8-94 打开素材文件

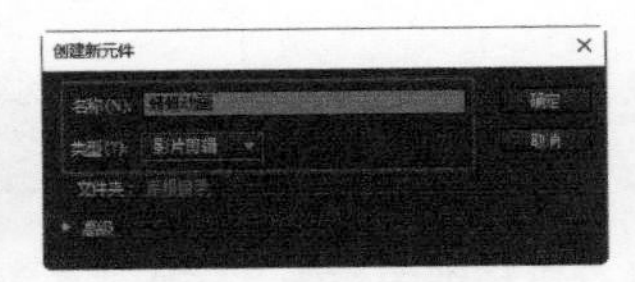

图 8-95 “创建新元件”对话框

图 8-96 拖入“翅膀 1”图形元件

图 8-97 拖入“翅膀 2”图形元件

Step 03 新建“图层 3”，并从“库”面板中将“身体”图形元件拖动到舞台中，如图 8-98 所示。单击“图层 1”的第 1 帧，单击工具箱中的“任意变形工具”按钮，调整元件的变形点位置，如图 8-99 所示。

Step 04 单击“图层 1”的第 10 帧位置，按【F6】键插入关键帧，适当调整元件的旋转角度，如图 8-100 所示。分别为“图层 1”的第 1 帧和第 10 帧创建传统补间动画，如图 8-101 所示。

图 8-98 拖入“身体”图形元件

图 8-99 调整元件的变形点位置

图 8-100 调整元件的旋转角度

图 8-101 创建传统补间动画

Step 05 单击“图层 2”的第 1 帧，调整元件的变形点位置，如图 8-102 所示。在“图层 2”的第 10 帧和第 20 帧位置分别按【F6】键插入关键帧。选择“图层 2”中的第 10 帧，适当调整元件的旋转角度，如图 8-103 所示。

Step 06 分别为“图层 2”的第 1 帧和第 10 帧创建传统补间动画，如图 8-104 所示。单击“编辑栏”中的“场景 1”名称，返回主场景中，在“图层 1”的第 100 帧位置插入帧，新建图层，从“库”面板中将“蜻蜓动画”元件拖动到舞台中，如图 8-105 所示。

图 8-102 调整元件的变形点位置

图 8-103 调整元件的旋转角度

图 8-104 创建传统补间动画

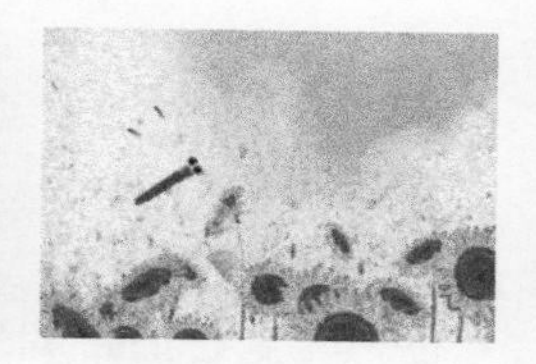

图 8-105 拖入“蜻蜓动画”元件

Step 07 在第 100 帧位置按【F6】键插入关键帧，并为第 1 帧创建传统补间动画，如图 8-106 所示。新建“图层 3”，使用“钢笔工具”在舞台中绘制路径，如图 8-107 所示。

图 8-106 创建传统补间动画

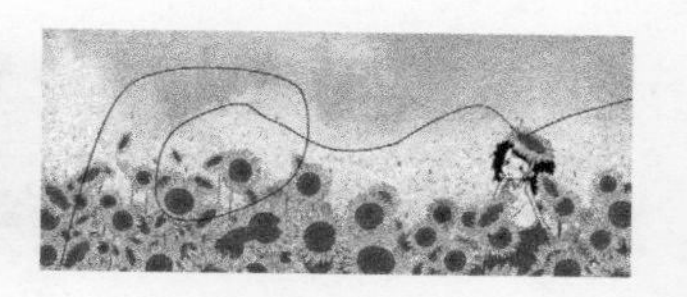

图 8-107 绘制曲线路径

Step 08 在“图层 3”名称上单击鼠标右键，在弹出的快捷菜单中选择“引导层”命令，如图 8-108 所示。选中“图层 2”向上拖动，将“图层 2”转换为被引导图层，如图 8-109 所示。

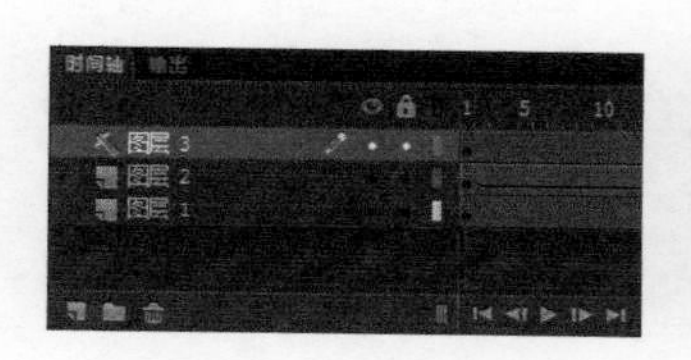

图 8-108 设置引导层

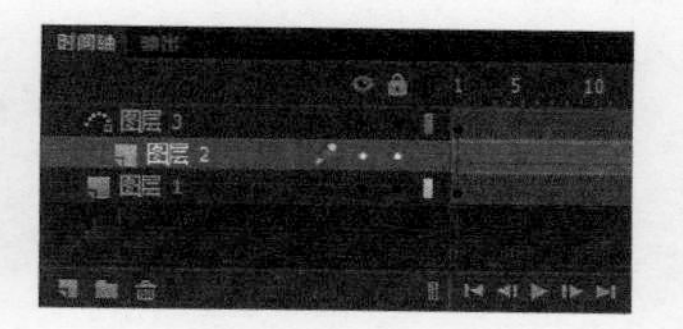

图 8-109 设置被引导层

Step 09 单击“图层 2”中的第 2 帧，将元件的中心点与线条对齐，如图 8-110 所示。单击“图层 2”中的第 100 帧，将元件的中心点与线条对齐，并将其移动到合适的位置，如图 8-111 所示。

Step 10 单击“图层 2”中的第 19 帧，按【F6】键插入关键帧，使用“任意变形工具”适当调整元件的旋转角度，如图 8-112 所示。单击“图层 2”中的第 30 帧，按【F6】键插入关键帧，使用“任意变形工具”适当调整元件的旋转角度，如图 8-113 所示。

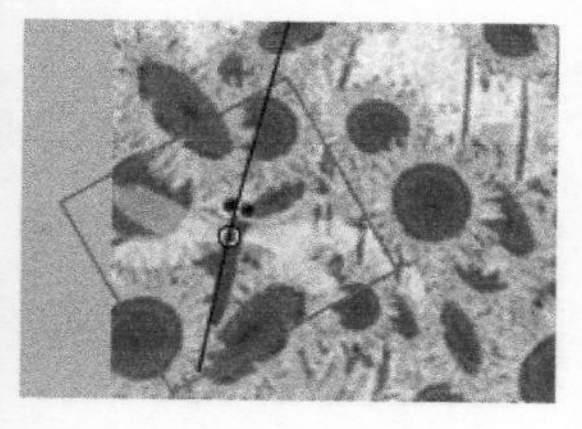

图 8-110 调整元件的中心点与线条对齐

图 8-111 调整元件的位置

图 8-112 旋转元件（1）

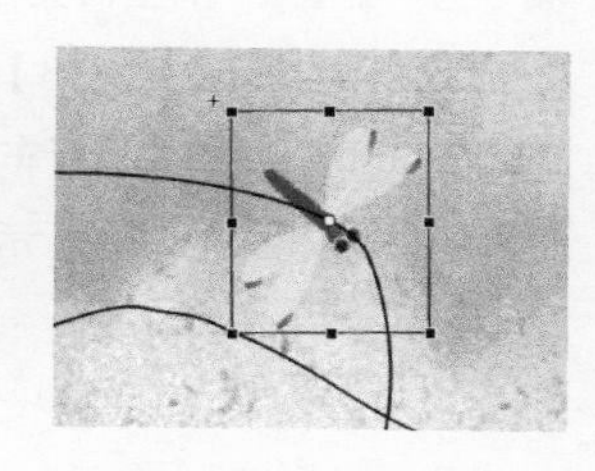

图 8-113 旋转元件（2）

Step 11 单击“图层 2”中的第 33 帧，按【F6】键插入关键帧，使用“任意变形工具”适当调整元件的旋转角度，如图 8-114 所示。使用相同的方法完成其他内容的制作，如图 8-115 所示。

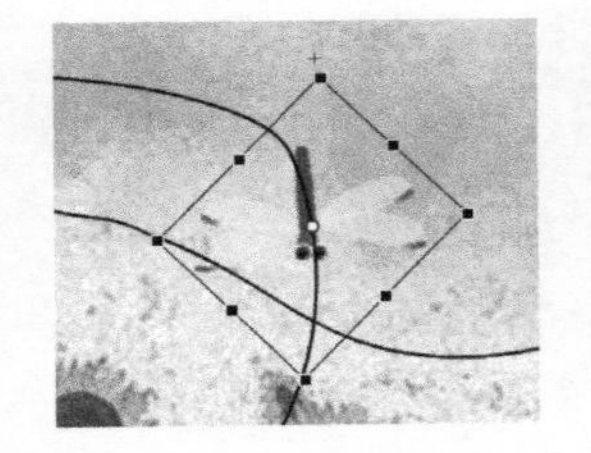

图 8-114 旋转元件(3)

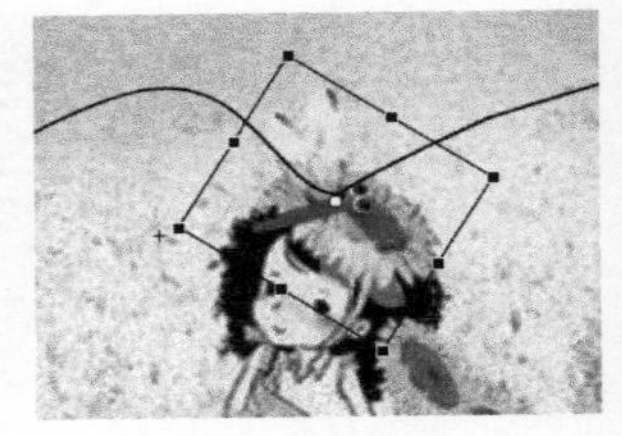

图 8-115 旋转元件(4)

Step 12 完成该动画的制作，按【Ctrl+Enter】组合键，测试动画效果，如图 8-116 所示。

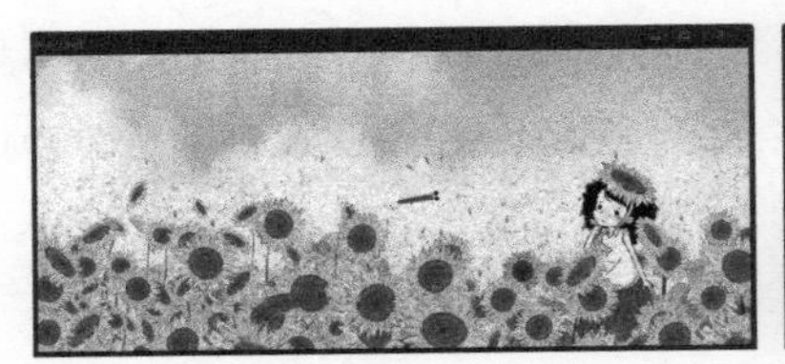

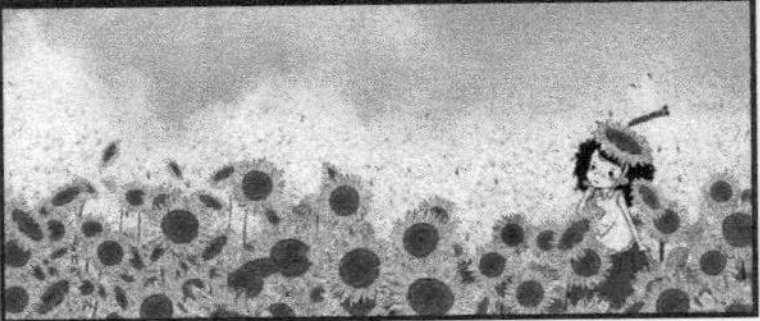

图 8-116 测试动画效果

提示

位于运动起始位置的对象如果与线条的距离很近，那么其中心点通常会自动连接到引导线，但结束位置的对象必须通过手动方式来连接到引导线。

提示

引导层不能导出，因此，其不会显示在发布的 SWF 文件中，引导层中的路径只是用来引导对象运动的辅助线。

课堂案例 创建传统引导层动画

素材文件	素材文件 \ 第 08 章 \83601.jpg 和 83602.jpg
案例文件	案例文件 \ 第 08 章 \8-3-6.fla
教学视频	视频教学 \ 第 08 章 \8-3-6.mp4
案例要点	掌握传统引导层动画的制作方法

扫码观看视频

Step 01 新建一个系统默认大小，“帧频”为“12fps”的空白文档，如图 8-117 所示。按【Ctrl+F8】组合键，新建一个“名称”为“自行车”的“图形”元件，如图 8-118 所示。

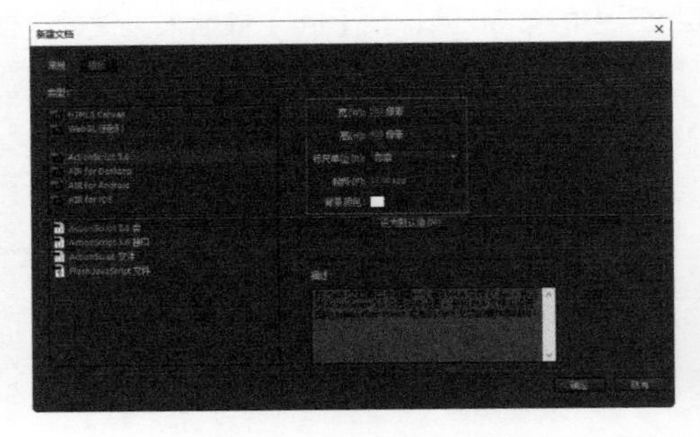

图 8-117 “新建文档”对话框

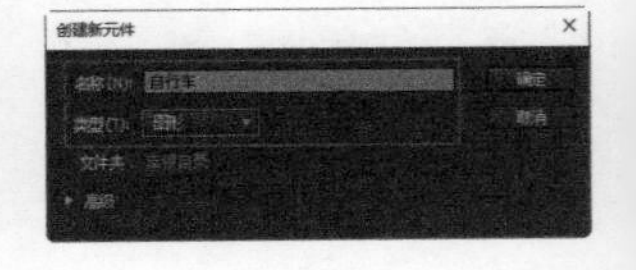

图 8-118 “创建新元件”对话框

Step 02 按【Ctrl+R】组合键，将素材图像“素材文件\第 08 章\83601.png”导入舞台，效果如图 8-119 所示。单击“编辑栏”中的“场景 1”名称，返回到主场景中。按【Ctrl+R】组合键，将素材图像“素材文件\第 08 章\83602.jpg”导入舞台，如图 8-120 所示。

Step 03 在第 25 帧位置按【F5】键插入帧，新建“图层 2”，从“库”面板中将“自行车”元件拖动到舞台中，并使用“任意变形工具”调整其大小，如图 8-121 所示。在第 25 帧位置按【F6】键插入关键帧，并为第 1 帧创建传统补间动画，如图 8-122 所示。

图 8-119 导入素材图像

图 8-120 导入素材图像

图 8-121 拖入元件

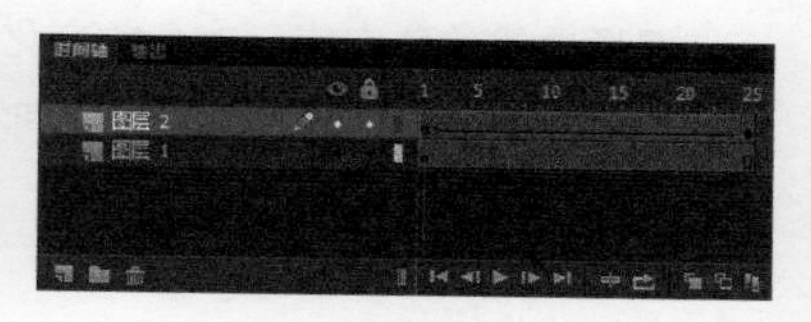

图 8-122 创建传统补间动画

Step 04 在“图层 2”的名称上单击鼠标右键，在弹出的快捷菜单中选择“添加传统运动引导层”命令，添加传统运动引导层，并且“图层 2”名称以缩放形式显示，如图 8-123 所示。使用“椭圆工具”，设置“填充颜色”为“无”，“笔触颜色”为任意颜色，按住【Shift】键，在舞台中绘制正圆形，如图 8-124 所示。

Step 05 使用“选择工具”，选择部分路径并将其删除，传统补间动画起始帧中的对象中心将自动对齐路径，如图 8-125 所示。单击“图层 2”中的第 25 帧，将舞台中的元件中心点与路径端点对齐，如图 8-126 所示。

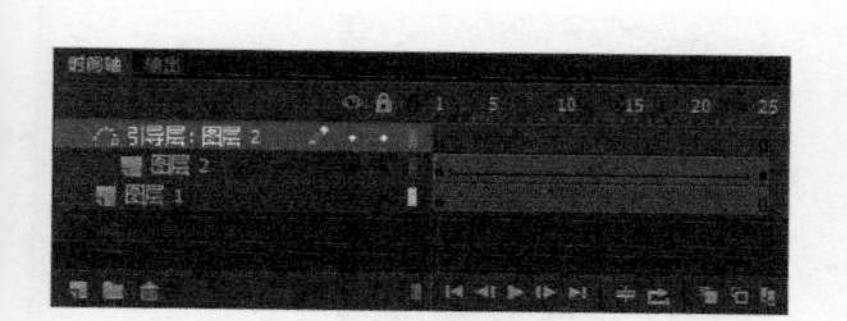

图 8-123 添加传统运动引导层

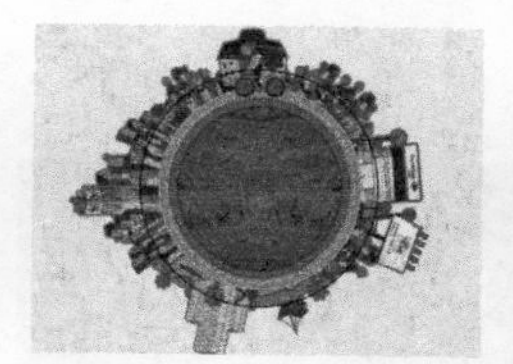

图 8-124 绘制正圆形路径

图 8-125 删除部分正圆形路径

图 8-126 将元件中心点与路径端点对齐

Step 06 单击传统补间动画中的任意一帧，在“属性”面板中勾选“调整到路径”复选框，如图 8-127 所示。动画制作完成，按【Ctrl+Enter】组合键，测试动画效果，如图 8-128 所示。

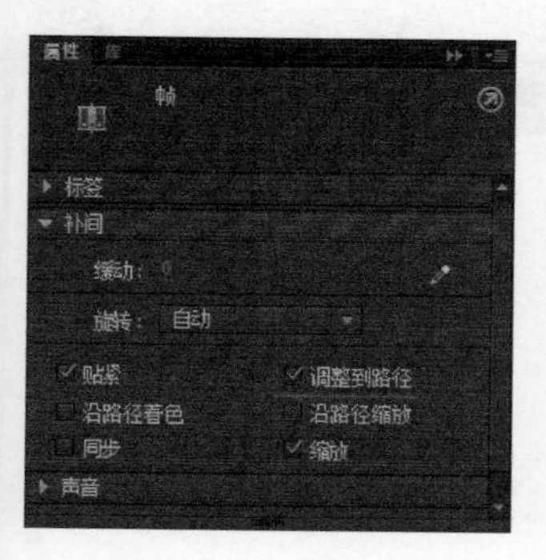

图 8-127 勾选相应的选项

图 8-128 测试动画效果

8.3.4 自定义缓入/缓出

单击传统补间动画中的任意一帧，在“属性”面板中单击“编辑缓动”按钮，打开“自定义缓入 / 缓出”对话框，如图 8-129 所示。

在该对话框中显示了一个表示运动程序随时间而变化的坐标图。水平轴表示帧，垂直轴表示变化的百分比。第一个关键帧表示百分比为“0%”，最后一个关键帧表示百分比为“100%”。

图形曲线的斜率表示对象的变化速率。曲线水平时，变化速率为零；曲线垂直时，变化速率最大，一瞬间完成变化。

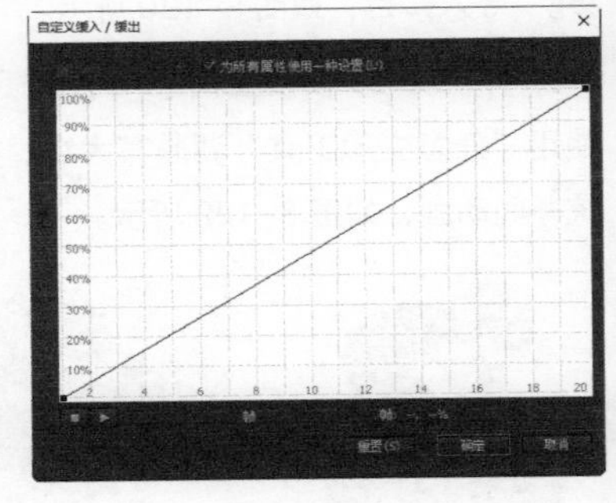

图 8-129 “自定义缓入 / 缓出”对话框

8.3.5 粘贴传统补间动画属性

在 Flash 中可以将补间属性从一个补间范围复制到另一个补间范围。补间属性将用于新目标对象，但目标对象的位置不会发生变化。

在舞台上选择需要复制的补间范围，如图 8-130 所示，在补间范围中的任意帧位置单击鼠标右键，在弹出的快捷菜单中选择“复制动画”命令，或者选择“编辑 > 时间轴 > 复制动画”命令，如图 8-131 所示。

选择需要粘贴的目标对象位置，如图 8-132 所示，在选择的范围中任意帧位置单击鼠标右键，在弹出的快捷菜单中选择“粘贴动画”命令，或选择“编辑 > 时间轴 > 粘贴动画”命令。

Flash 即会对目标补间范围应用补间属性并调整补间范围的长度，以与所复制的补间范围相匹配，如图 8-133 所示。

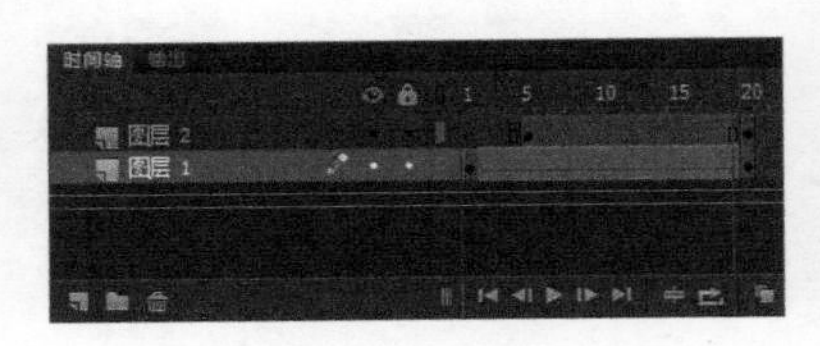

图 8-130 选择需要复制的补间范围

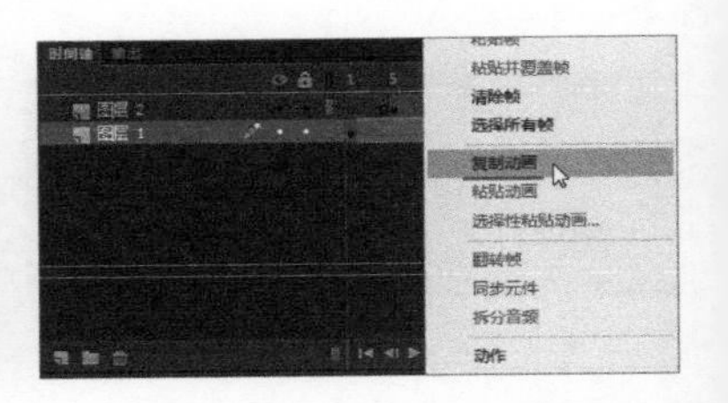

图 8-131 选择“复制动画”选项

图 8-132 选择需要粘贴的目标对象位置

图 8-133 粘贴复制的补间动画

8.4 补间动画

补间动画是通过为不同帧中的对象属性指定不同的值而创建的动画，Flash 计算这两个帧之间该属性的值。

8.4.1 了解补间动画

补间范围是时间轴中的一组帧，其中的某个对象具有一个或多个随时间变化的属性。用户可以选择“插入 > 补间动画”命令，为关键帧插入补间动画。补间范围在时间轴中显示为具有蓝色背景的单个的图层中的一组帧，如图 8-134 所示。

可将这些补间范围作为单个对象进行选择，并从时间轴中的一个位置拖动到另一个位置，包括拖动到另一个图层。在每个补间范围中，只能对舞台上的一个对象进行动画处理，此对象称为补间范围的目标对象。

属性关键帧是在补间范围内为补间目标对象显示定义一个或多个属性值的帧，这些属性可包括位置、Alpha、色调等。用户定义的每个属性都有它自己的属性关键帧。

如果在单个帧中设置了多个属性，那么其中每个属性的属性关键帧会驻留在该帧中。如果补间对象在补间过程中更改其舞台位置，那么补间范围具有与之关联的运动路径，此路径显示补间对象在舞台上移动的运动路径，如图 8-135 所示。

图 8-134 创建补间动画

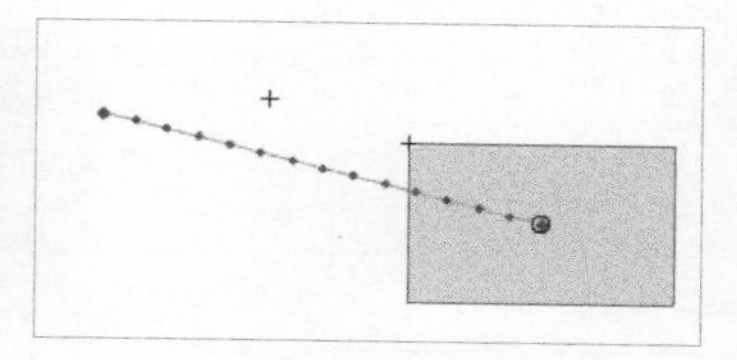

图 8-135 显示移动的运动路径

可以使用“选择”“部分选取”“转换关键帧”“删除关键帧”“任意变形”等工具以及“修改”菜单中的命令来编辑舞台上的运动路径。若不对位置进行补间，则舞台上不显示运动路径。

提示

补间动画是一种在最大限度地减小文件大小的同时，创建随时间移动和变化的动画的有效方法。在补间动画中，只有用户指定的属性关键帧的值存储在 FLA 文件和发布的 SWF 文件中。

8.4.2 补间动画和传统补间动画之间的差异

Flash 支持两种不同类型的补间以创建动画。补间动画功能强大且易于创建，通过补间动画可对补间的动画进行最大限度的控制，传统补间动画的创建过程较为复杂。

补间动画提供了更多的补间控制，而传统补间动画提供了一些用户可能希望使用的某些特定功能。补间动画和传统补间动画之间的差异包括如下内容：

- 传统补间动画使用关键帧，关键帧是其中显示对象的新实例的帧。补间动画只能具有一个与之关联的对象实例，并使用属性关键帧而不是关键帧。
- 补间动画在整个补间范围上由同一个目标对象组成。传统补间动画允许在两个关键帧之间进行补间，其中包含相同或不同元件的实例。
- 补间动画和传统补间动画都只允许对特定类型的对象进行补间。在将补间动画应用到不允许的对象类型时，Flash 在创建补间时会将这些对象类型转换为影片剪辑，应用于传统补间会将它们转换为图形元件。
- 补间动画会将文本视为可补间的类型，而不会将文本对象转换为影片剪辑。传统补间动画会将文本对象转换为图形元件。
- 在补间动画范围上不允许出现帧脚本，传统补间动画允许出现帧脚本。
- 对补间目标上的任何对象脚本都无法在补间动画范围的过程中更改。
- 可以在时间轴中对补间动画进行拉伸和调整大小，并将它们视为单个对象。传统补间动画包括时间轴中可分别选择的帧的组。

- 要选择补间动画范围中的单个帧，需要在按住【Ctrl】键的同时单击该帧。
- 对于传统补间动画，缓动可应用于补间内关键帧之间的帧组。对于补间动画，缓动可应用于补间动画范围的整个长度，若要仅对补间动画的特定帧应用缓动，则需要创建自定义缓动曲线。
- 利用传统补间动画，可以在两种不同的色彩效果之间创建动画。补间动画可以对每个补间应用一种色彩效果。
- 只可以使用补间动画来为 3D 对象创建动画效果，无法使用传统补间动画为 3D 对象创建动画效果。
- 只有补间动画可以另存为动画预设。
- 对于补间动画，无法交换元件或设置属性关键帧中显示的图形元件的帧数。应用了这些技术的动画要求使用传统补间动画。
- 在同一图层中可以有多个传统补间或补间动画，但在同一图层中不能同时出现两种补间类型。

课堂案例 创建补间动画

素材文件	素材文件 \ 第 08 章 \84301.jpg 和 84302.png	扫码观看视频
案例文件	案例文件 \ 第 08 章 \8-4-3.fla	
教学视频	视频教学 \ 第 08 章 \8-4-3.mp4	
案例要点	掌握补间动画的制作方法	

Step 01 新建一个 600 像素 ×400 像素，“帧频”为“6fps”，“背景颜色”为“#999999”的空白文档，如图 8-136 所示。按【Ctrl+F8】组合键，新建一个“名称”为“云朵”的“图形”元件，如图 8-137 所示。

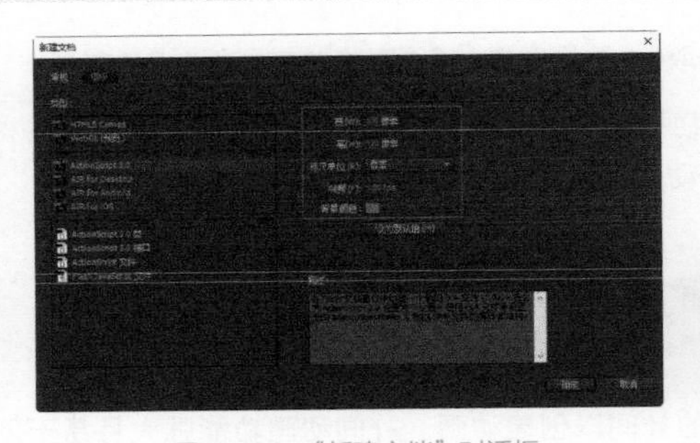

图 8-136 “新建文档”对话框

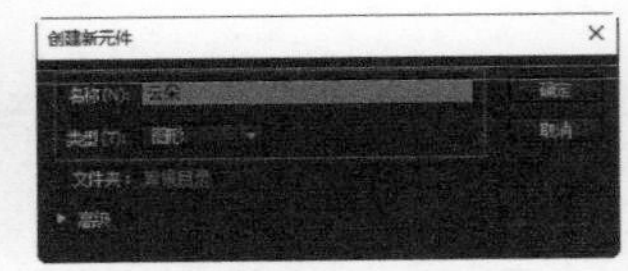

图 8-137 “创建新元件”对话框

Step 02 按【Ctrl+R】组合键，将素材图像“素材文件 \ 第 08 章 \84302.png”导入舞台，如图 8-138 所示。按【Ctrl+R】组合键，新建一个“名称”为“云朵飘动”的“影片剪辑”元件，如图 8-139 所示。

图 8-138 导入素材图像

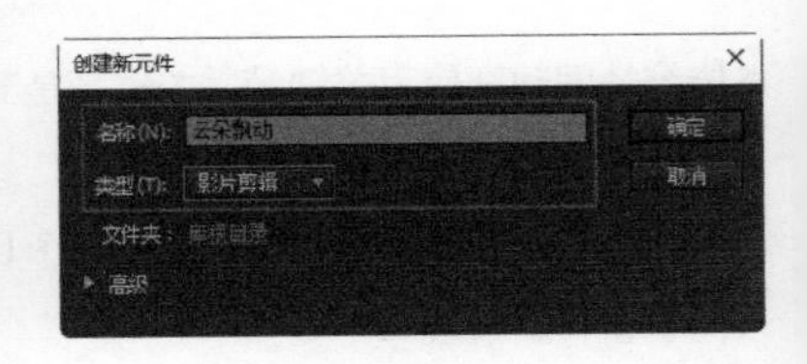

图 8-139 “创建新元件”对话框

Step 03 从“库”面板中将“云朵”图形元件拖动到舞台中，并为第 1 帧创建补间动画，如图 8-140 所示。将光标放置在第 6 帧的上方，单击并拖动鼠标，使光标在第 24 帧的上方，调整补间动画范围，如图 8-141 所示。

图 8-140 创建补间动画

图 8-141 调整补间动画范围

Step 04 分别将播放头移至第 12 帧和第 25 帧位置，按【F6】键插入属性关键帧，如图 8-142 所示。使用“选择工具”，水平向右移动第 12 帧中的元件，如图 8-143 所示。

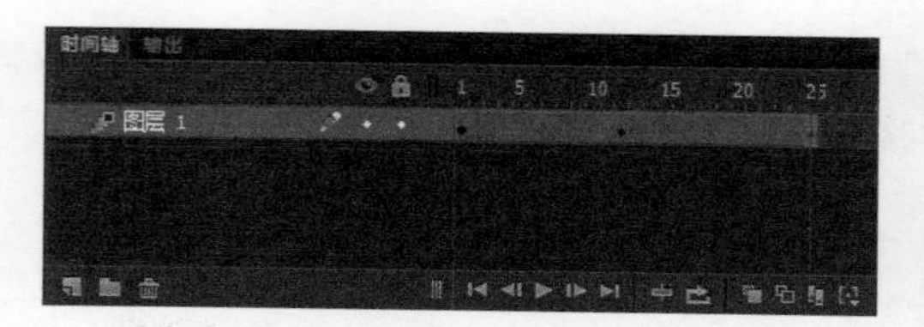

图 8-142 插入关键帧

图 8-143 移动元件

Step 05 单击“编辑栏”中的“场景 1”名称，返回到主场景中。按【Ctrl+R】组合键，将素材图像“素材文件\第 08 章\84301.jpg”导入舞台，如图 8-144 所示。从“库”面板中将“云朵飘动”影片剪辑元件拖动到舞台中，复制多个并调整其大小，如图 8-145 所示。

图 8-144 导入素材图像

图 8-145 拖入元件并复制多次

Step 06 单击左上方的“云朵飘动”元件，在“属性”面板中对其进行相应的设置，如图 8-146 所示。使用相同的方法，设置其他影片剪辑元件，并在第 25 帧位置按【F5】键插入帧，如图 8-147 所示。

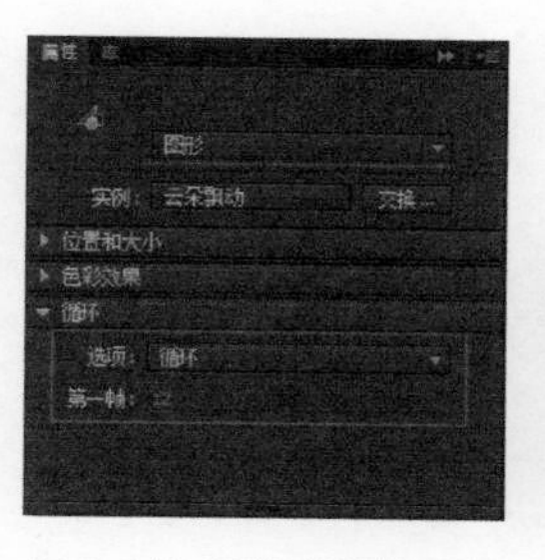

图 8-146 设置“属性”面板

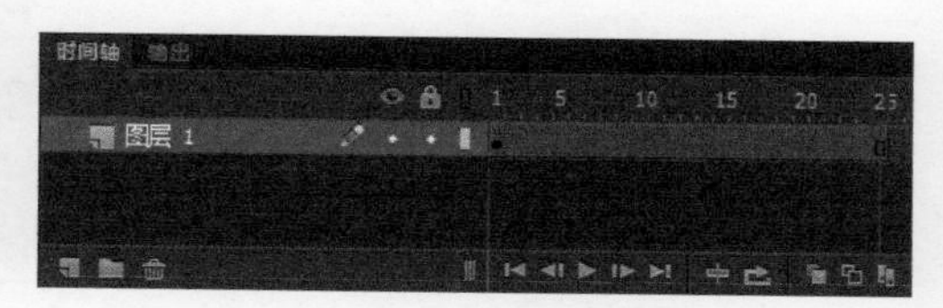

图 8-147 “时间轴”面板

Step 07 完成动画的制作，按【Ctrl+Enter】组合键，测试动画效果，如图 8-148 所示。

图 8-148 测试动画效果

8.4.3 编辑补间动画路径

创建补间动画后，还可以通过多种方法对补间运动路径进行调整。可以使用如下方式编辑或更改补间动画的运动路径：

- 在补间范围的任何帧中更改对象的位置。
- 使用“选择工具”“部分选择工具”“任意变形工具”更改路径的形状或大小。使用“选择工具”可以通过拖动的方式来改变线段的形状，如图 8-149 所示。

使用“部分选取工具”可以公开路径上对应于每个位置属性关键帧的控制点和贝塞尔手柄，可以使用这些手柄改变属性关键帧点周围的路径形状，效果如图 8-150 所示。

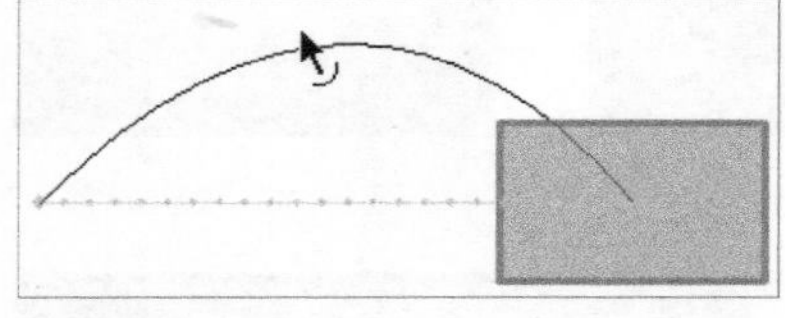
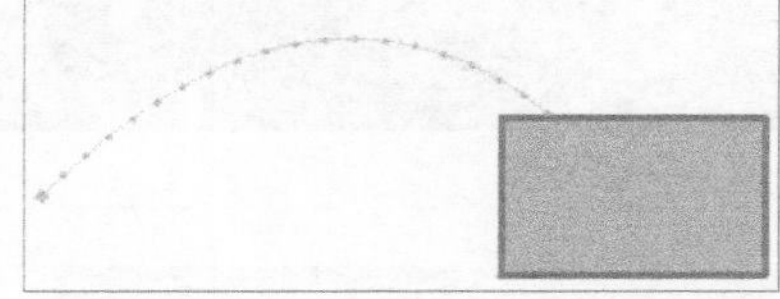

图 8-149 将运动路径变为曲线

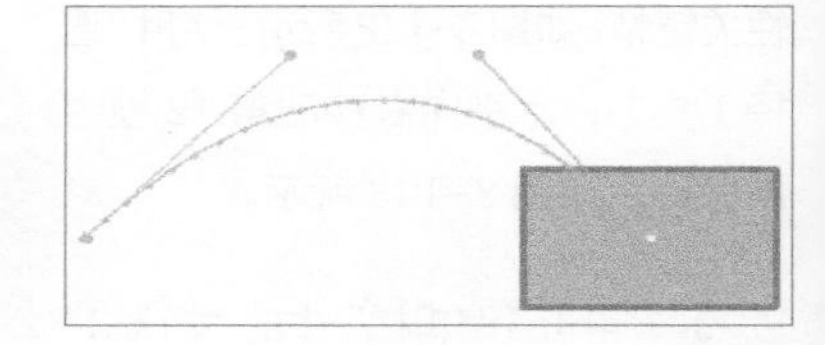

图 8-150 显示运动路径锚点方向线

- 使用“变形”和“属性”面板更改路径的形状或大小。单击选择舞台中的路径，在“属性”面板中将会显示相应的“路径”选项，如图 8-151 所示。
- 使用“修改 > 变形”菜单命令。
- 将自定义笔触作为运动路径进行应用。从不同于补间图层的图层中选择笔触，将其复制到剪贴板，在补间范围保持选中的状态下粘贴笔触，Flash 会将笔触作为选定补间范围的新运动路径进行应用，补间的目标实例将沿着新路径运动。

图 8-151 “路径”选项

课堂案例 将自定义笔触作为运动路径

素材文件	素材文件 \ 第 08 章 \84501.png 和 84502.png
案例文件	案例文件 \ 第 08 章 \8-4-5.fla
教学视频	视频教学 \ 第 08 章 \8-4-5.mp4
案例要点	掌握补间动画运动路径的修改处理方法

扫码观看视频

Step 01 新建一个默认大小，“帧频”为“12fps”，“背景颜色”为“#5BBAED”的空白文档，如图 8-152 所示。将素材图像“素材文件 \ 第 08 章 \84501.png”导入舞台，如图 8-153 所示。

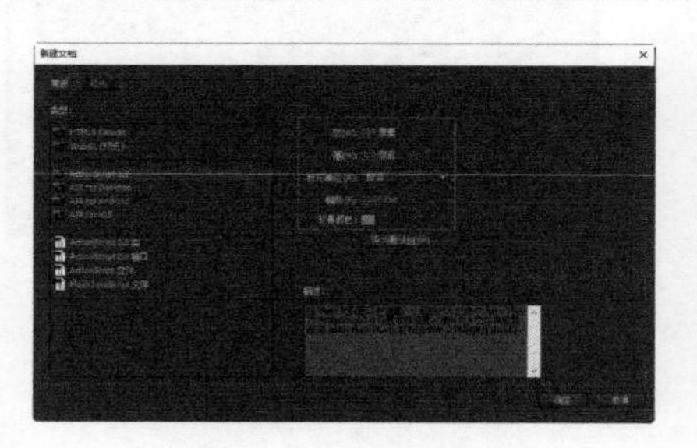

图 8-152 “新建文档”对话框

图 8-153 导入素材图像

Step 02 在第 25 帧位置按【F5】键插入帧，并新建“图层 2”，“时间轴”面板如图 8-154 所示。按【Ctrl+R】组合键，将素材图像“素材文件 \ 第 08 章 \84502.png”导入舞台，并调整其大小和位置，如图 8-155 所示。

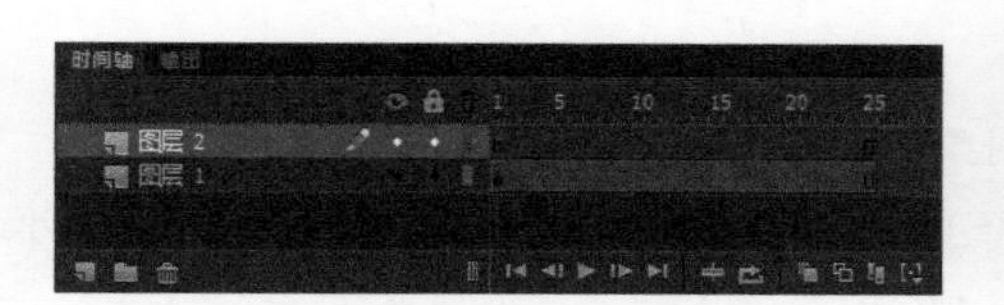

图 8-154 “时间轴”面板

图 8-155 导入素材图像

Step 03 保持图像的选择状态，按【F8】键，将其转换成“名称”为“渡船”的“图形”元件，如图 8-156 所示。单击“图层 2”中的第 1 帧，选择“插入 > 补间动画”命令，为其创建补间动画，如图 8-157 所示。

图 8-156 “转换为元件”对话框

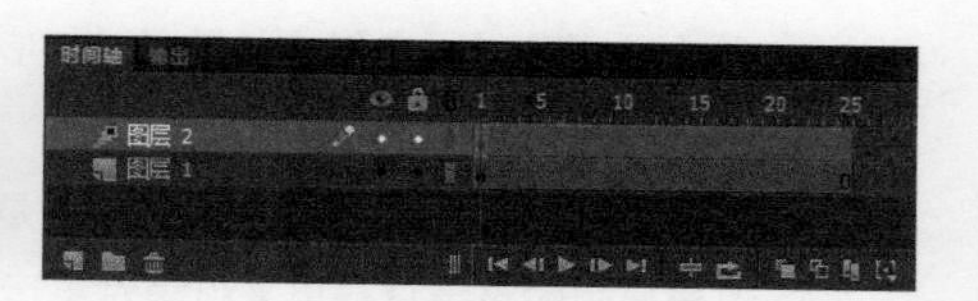
图 8-157 创建补间动画

Step 04 单击“图层 2”中的第 25 帧，调整舞台中实例的位置及旋转角度，如图 8-158 所示。新建“图层 3”，使用“铅笔工具”在舞台中绘制路径，如图 8-159 所示。

Step 05 使用“选择工具”，选择路径，按【Ctrl+C】组合键，复制路径，选择整个补间范围，如图 8-160 所示。按【Ctrl+Shift+V】组合键，补间路径将与绘制的路径完全吻合，如图 8-161 所示。

图 8-158 移动元件并旋转角度

图 8-159 绘制曲线路径

图 8-160 选择补间范围

图 8-161 粘贴路径

提示

在上述操作步骤中应注意：一定要选择整个补间范围，如果只是选择了补间动画中的某一帧，那么粘贴路径操作将无效。

Step 06 将播放头移至第 12 帧位置，使用“任意变形工具”调整舞台中元件的旋转角度，如图 8-162 所示。删除“图层 3”，完成该动画的制作，按【Ctrl+Enter】组合键，测试动画效果，如图 8-163 所示。

图 8-162 调整元件的旋转角度

图 8-163 测试动画效果

课后习题

一、选择题

1. “导入到舞台”命令的组合键是（ ）。

A.【Shift+R】 B.【Ctrl+R】 C.【Ctrl+D】 D.【Ctrl+E】

2. 通过导入序列图像所创建的动画是（　）。

A. 逐帧动画　　B. 形状补间动画　　C. 传统补间动画　　D. 引导线动画

3. 什么动画可以用来创建矢量图形的形状、位置和颜色变化的动画效果？（　）

A. 逐帧动画　　B. 形状补间动画　　C. 传统补间动画　　D. 引导线动画

4. 关于引导线动画，以下说法错误的是（　）。

A. 引导层中的路径只是用来引导对象运动的辅助线。

B. 位于运动起始位置的对象如果与线条的距离很近，那么其中心点通常会自动连接到引导线。

C. 一个引导层只能有一个被引层图层。

D. 引导层不能导出，因此，不会显示在发布的 SWF 文件中。

5. 要选择补间动画范围中的单个帧，需要在按住（　）键/组合键的同时单击该帧。

A.【Shift】　　B.【Alt】　　C.【Ctrl】　　D.【Ctrl+Shift】

二、填空题

1. ______动画在起始帧和结束帧两个关键帧中定义，两个关键帧中的内容必须是同一个元件，可以对元件进行变形等操作。

2. 制作引导线动画时，元件实例的______一定要紧贴至引导层中的路径上，否则将不能沿路径运动。

3. 如果补间对象在补间过程中更改其舞台位置，那么会自动创建补间对象在舞台上移动的______。

三、案例题

新建一个 Flash 文档，导入素材图像并制作传统补间动画，在“属性”面板中设置传统补间的“旋转”属性，从而制作出指南针旋转的动画效果，如图 8-164 所示。

图 8-164 指南针旋转动画效果

Chapter 09

第09章 Flash高级动画制作

本章将对 Flash 中的高级动画进行讲解，主要包括遮罩动画和 3D 动画。遮罩动画可以将内容控制在一定的范围内显示，3D 动画可以使用 2D 图形制作出 3D 动画效果，使动画更具立体空间感。通过前面对基本动画的学习，读者在学习本章的内容时会很轻松。

FLASH CC

学习目标

- 理解遮罩层与被遮罩层
- 了解 Flash 中的 3D 图形
- 掌握 3D 平移和 3D 旋转工具的使用方法

学习重点

- 掌握遮罩动画的制作方法
- 掌握编辑遮罩层的操作方法
- 掌握 3D 平移和 3D 旋转动画的制作

遮罩动画

若要获得聚光灯效果和过渡效果，则可以使用遮罩层创建一个孔，通过这个孔可以看到下面图层的内容。遮罩项目可以是填充的形状、文字对象、图形元件的实例或影片剪辑。将多个图层组织在一个遮罩层下可以创建复杂的动画效果。

9.1.1 了解遮罩层和被遮罩层

在创建遮罩动画时，遮罩层和被遮罩层将成组出现，遮罩层位于上方，用于定义待显示区域的形状范围；被遮罩层位于遮罩层的下方，用来插入待显示区域对象的图层。图 9-1 和图 9-2 分别所示为创建遮罩前的效果和创建遮罩后的效果。

图 9-1 创建遮罩前的效果

图 9-2 创建遮罩后的效果

创建遮罩层后，将出现一个遮罩层图标，表示该层为遮罩层。紧贴它下面的图层将链接到遮罩层，其内容会透过遮罩上的填充区域显示出来。被遮罩图层的名称将以缩进形式显示，它的图标将会更改为一个被遮罩的图层的图标。

若要创建动态效果，则可以让遮罩层动起来。对于用作遮罩的填充形状，可以使用补间形状；对于类型对象、图形实例或影片剪辑，可以使用补间动画。当使用影片剪辑实例作为遮罩时，可以让遮罩沿着运动路径运动。

若要创建遮罩层，则将遮罩项目放在要用作遮罩的图层上。与填充或笔触不同，遮罩项目就像一个窗口一样，透过它可以看到位于它下面的链接层区域。除了透过遮罩项目显示的内容，其余的所有内容都被遮罩层的其余部分隐藏起来。一个遮罩层只能包含一个遮罩项目，遮罩层不能在按钮内部，也不能将一个遮罩应用于另一个遮罩。

提示

不能对遮罩层上的对象使用 3D 工具，包含 3D 对象的图层也不能用作遮罩层。

课堂案例 创建遮罩层动画

素材文件	素材文件 \ 第 09 章 \91201.fla
案例文件	案例文件 \ 第 09 章 \9-1-2.fla
教学视频	视频教学 \ 第 09 章 \9-1-2.mp4
案例要点	掌握遮罩层动画的制作方法

扫码观看视频

Step 01 打开素材文件“素材文件 \ 第 09 章 \91201.fla”，效果如图 9-3 所示。按【Ctrl+F8】组合键，新建一个“名称”为“转动”的“影片剪辑”元件，如图 9-4 所示。

图 9-3 舞台效果

图 9-4 “创建新元件”对话框

Step 02 使用“矩形工具”，绘制一个“填充颜色”为“#E9D3C9”的矩形，如图 9-5 所示。使用“刷子工具”，在矩形中分别绘制颜色为“#D7B09F”和“#C58970”的圆点，如图 9-6 所示。

图 9-5 绘制矩形

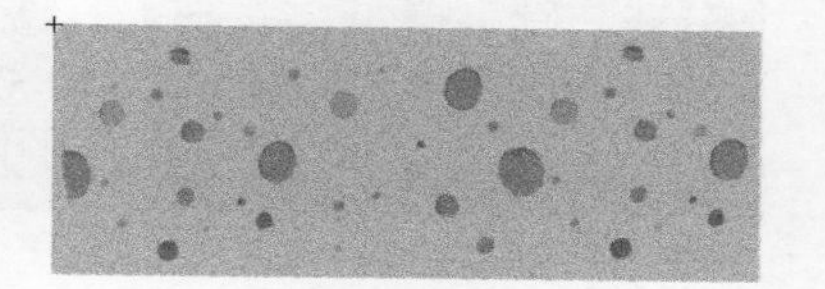

图 9-6 绘制圆点图形

Step 03 使用“选择工具”将图形全选，然后按【F8】键，将其转换成“名称”为“球面”的“图形”元件，如图 9-7 所示。单击“确定”按钮，为第 1 帧创建补间动画，如图 9-8 所示。

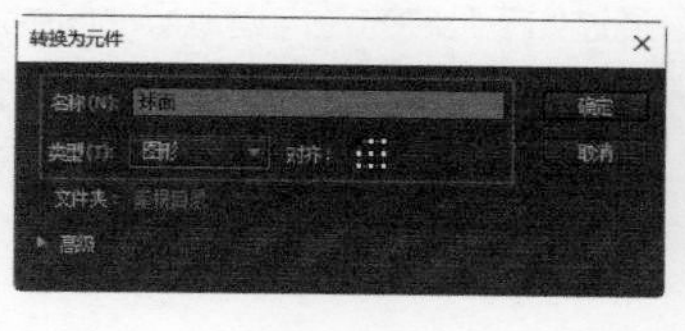

图 9-7 “转换为元件”对话框

图 9-8 创建补间动画

Step 04 单击第 24 帧，将舞台中的元件略微向左移动，如图 9-9 所示。新建“图层 2”“时间轴”面板如图 9-10 所示。

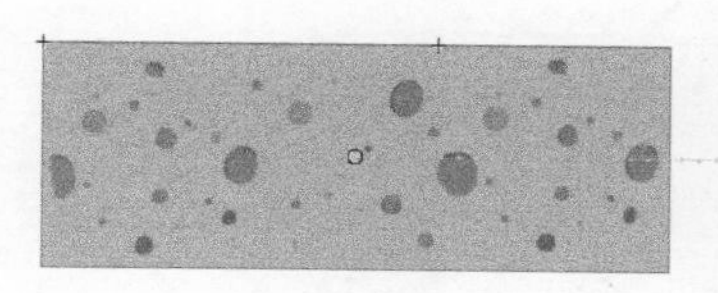

图 9-9 向左移动元件

图 9-10 “时间轴”面板

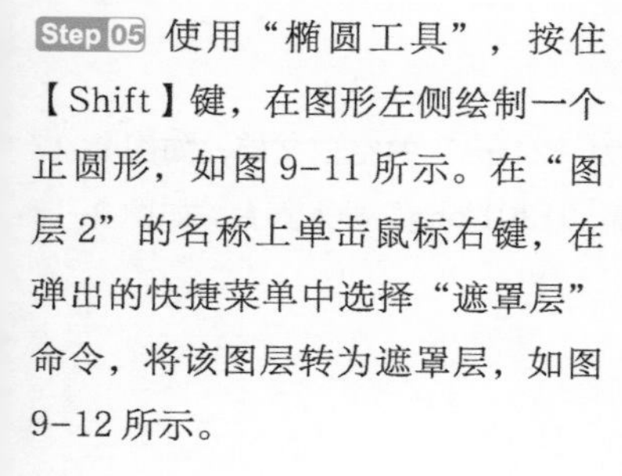

Step 05 使用“椭圆工具”，按住【Shift】键，在图形左侧绘制一个正圆形，如图 9-11 所示。在“图层 2”的名称上单击鼠标右键，在弹出的快捷菜单中选择“遮罩层”命令，将该图层转为遮罩层，如图 9-12 所示。

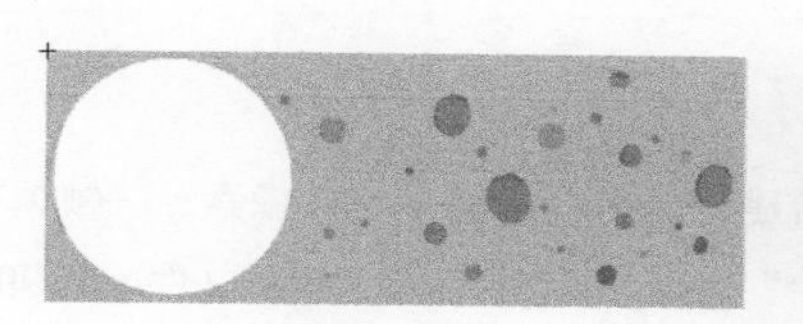

图 9-11 绘制正圆形

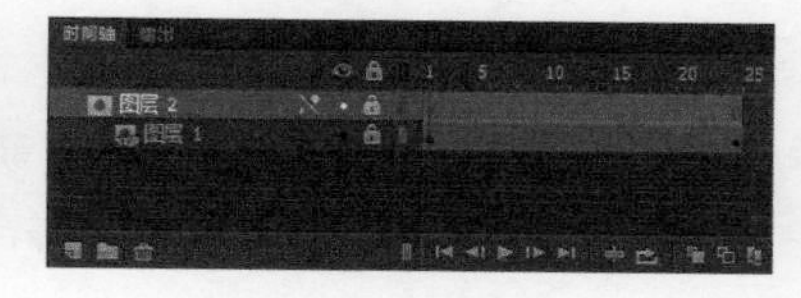

图 9-12 创建遮罩层

Step 06 新建“图层 3”，使用绘图工具分别绘制“填充颜色”为“#996600”，“Alpha”为“13%”和“20%”的图形，如图 9-13 所示。单击编辑栏中的“场景 1”名称返回到主场景，从“库”面板中将“转动”影片剪辑元件拖动到舞台中，如图 9-14 所示。

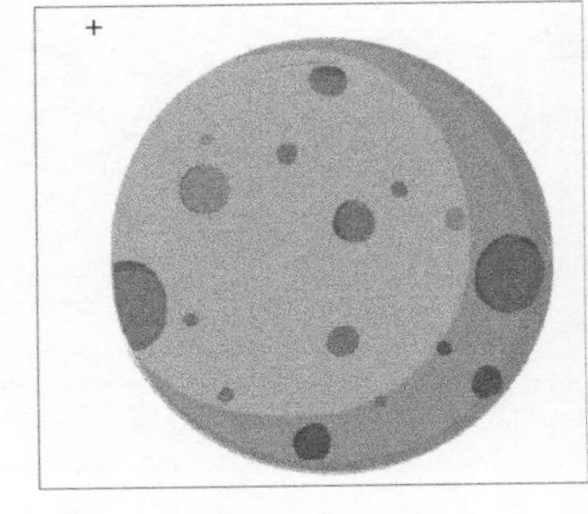

图 9-13 绘制图形

图 9-14 拖入元件

Step 07 单击舞台的空白位置，在“属性”面板中设置“FPS”选项为“12”，如图 9-15 所示。完成该动画的制作，按【Ctrl+Enter】组合键，测试动画效果，如图 9-16 所示。

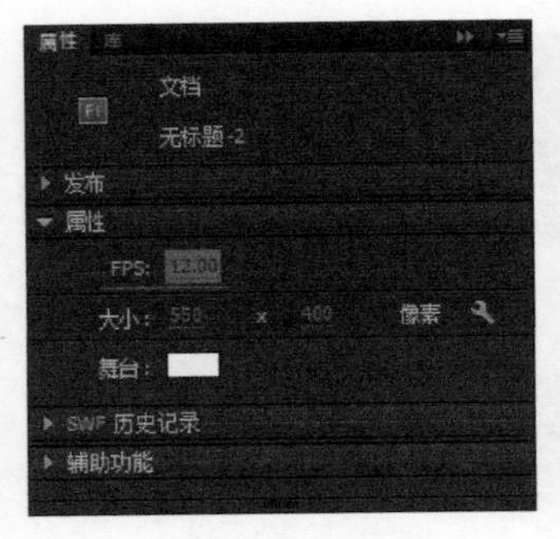

图 9-15 设置 FPS 选项

图 9-16 测试动画效果

技术看板

在遮罩层动画中可以包含多个被遮罩层。可以通过如下几种方法向遮罩层动画中添加被遮罩层：将现有的图层直接拖动到遮罩层下面；在遮罩层下面的任何地方创建一个新图层；选择“修改 > 时间轴 > 图层属性”命令，在弹出的“图层属性”对话框中选择“被遮罩”选项。

课堂案例 制作春花绽放的动画效果

素材文件	素材文件 \ 第 09 章 \91301.png ~ 91310.png
案例文件	案例文件 \ 第 09 章 \9-1-3.fla
教学视频	视频教学 \ 第 09 章 \9-1-3.mp4
案例要点	掌握遮罩动画的制作方法

扫码观看视频

Step 01 选择“文件 > 新建”命令，新建一个 800 像素 ×600 像素，“帧频”为“24fps”的空白文档，如图 9-17 所示。选择“文件 > 导入 > 导入到舞台”命令，将素材图像“素材文件 \ 第 09 章 \91301.png”导入舞台，如图 9-18 所示。

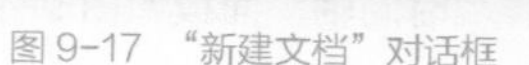
图 9-17 “新建文档”对话框

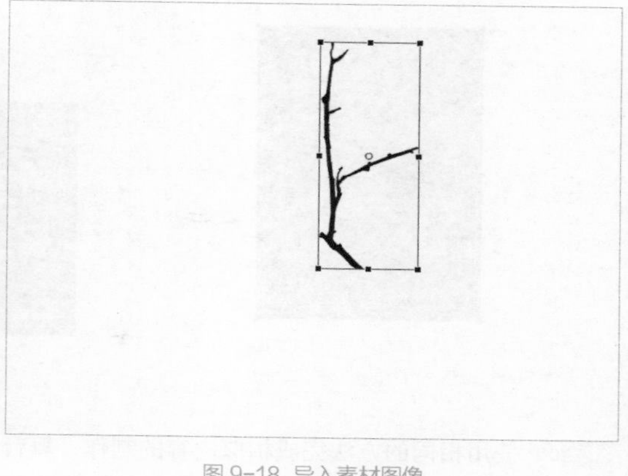
图 9-18 导入素材图像

Step 02 在第 150 帧按【F5】键插入帧。新建“图层 2”，使用“矩形工具”在树枝下半部分绘制一个任意颜色的矩形，效果如图 9-19 所示。在第 30 帧插入关键帧，使用“任意变形工具”将矩形拉长，如图 9-20 所示。

图 9-19 绘制矩形

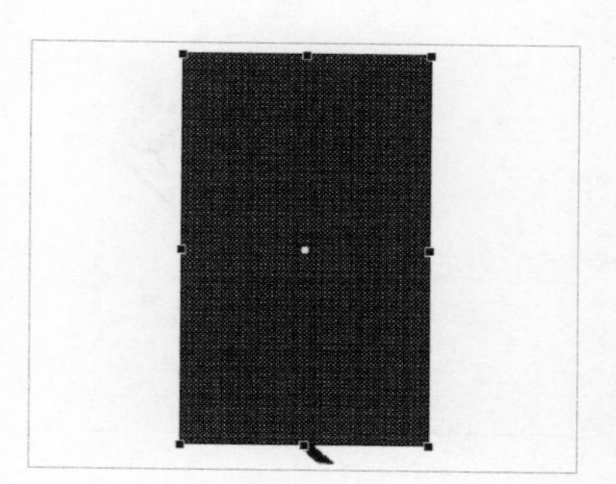
图 9-20 调整矩形大小

Step 03 在两个关键帧之间创建补间形状，如图 9-21 所示。在“图层 2”的名称部分上单击鼠标右键，在弹出的快捷菜单中选择“遮罩层”命令，创建遮罩层，“时间轴”面板如图 9-22 所示。

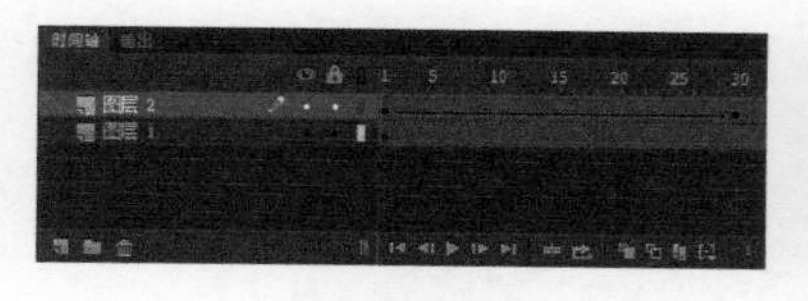
图 9-21 创建补间形状动画

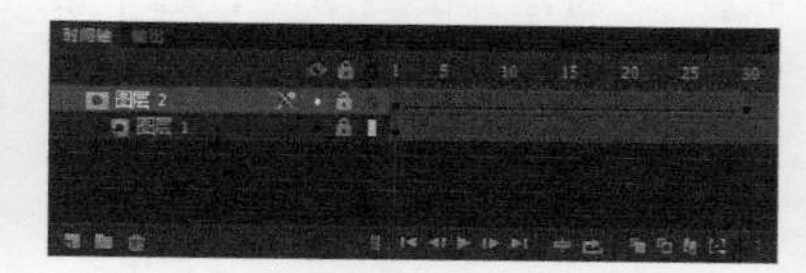
图 9-22 创建遮罩层

Step 04 新建“图层 3”，选中第 20 帧，按【F6】键插入关键帧，将另一个树枝素材“素材文件\第 09 章\91302.png”导入舞台，并适当调整位置，如图 9-23 所示。新建“图层 4”，选中第 20 帧，按【F6】键插入关键帧，使用“矩形工具”，在树枝下方绘制一个任意颜色的矩形，如图 9-24 所示（为了减少干扰，这里暂时隐藏了另一根树枝）。

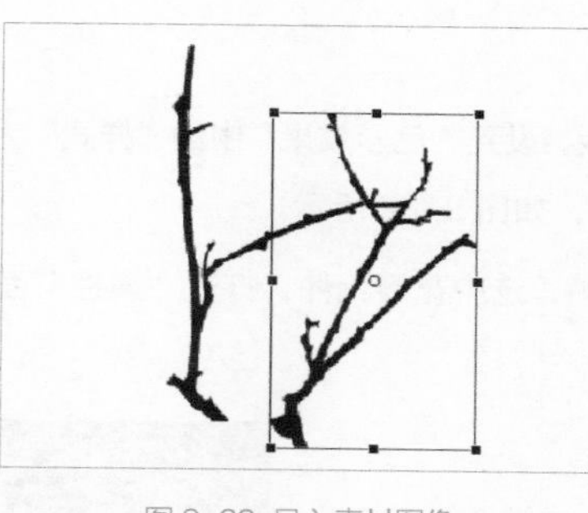
图 9-23 导入素材图像

图 9-24 绘制矩形

Step 05 在第 40 帧插入关键帧，使用“任意变形工具”将矩形拉长，如图 9-25 所示。在两个关键帧之间创建补间形状，在“图层 4”的名称部分上单击鼠标右键，在弹出的快捷菜单中选择“遮罩层”命令，创建遮罩层，“时间轴”面板如图 9-26 所示。

图 9-25 调整矩形大小

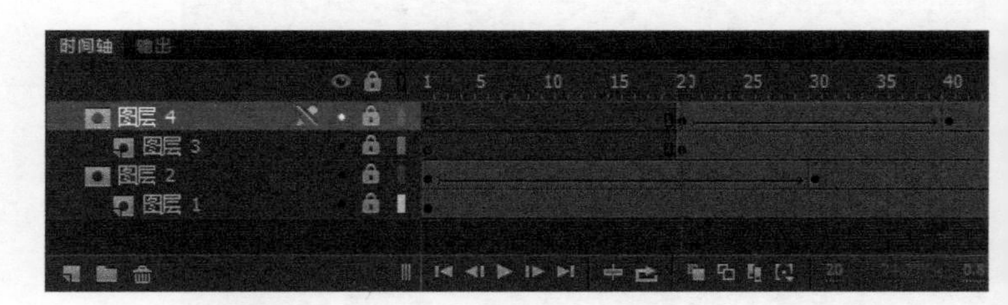

图 9-26 创建补间形状和遮罩层

Step 06 使用相同的方法完成相似内容的制作，舞台效果如图 9-27 所示，“时间轴”面板如图 9-28 所示。

图 9-27 舞台效果

图 9-28 “时间轴”面板

Step 07 新建“图层 18”，选中第 70 帧，按【F6】键插入关键帧，将花瓣素材“素材文件\第 09 章\91310.png”导入舞台，并适当调整位置，如图 9-29 所示。按【F8】键，弹出“转换为元件”对话框，将该图像转换为“名称”为“花瓣”的“图形”元件，如图 9-30 所示。

图 9-29 导入素材图像

图 9-30 “转换为元件”对话框

Step 08 单击选中花瓣，打开“属性”面板，设置“色彩效果”中的“样式”为“高级”，并适当更改其透明度和颜色，如图 9-31 所示。元件将在舞台中不可见，如图 9-32 所示。

Step 09 在第 70 帧按【F6】键插入关键帧，选中花瓣元件，打开“属性”面板，设置“Alpha”为“100%”，如图 9-33 所示，效果如图 9-34 所示。

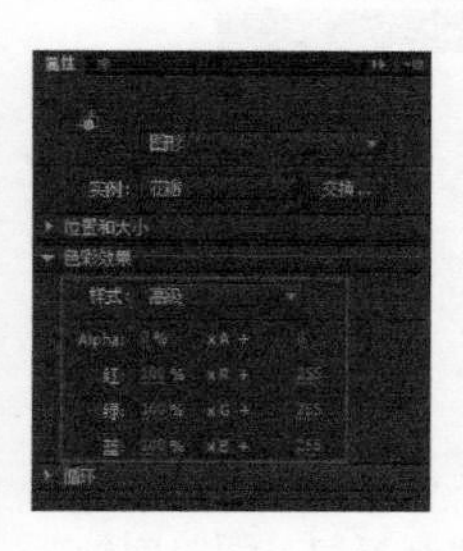

图 9-31 设置“样式”选项

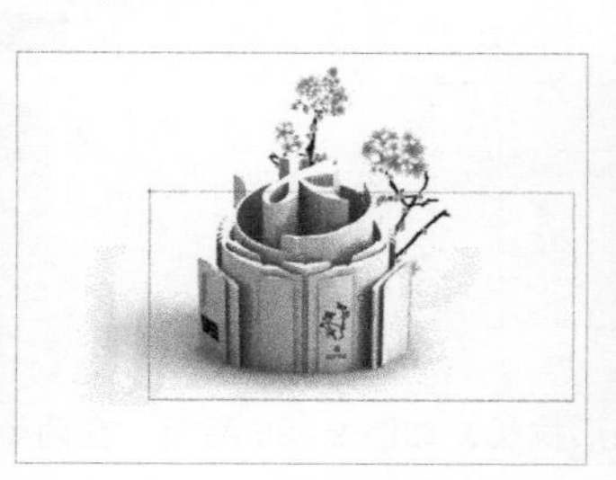

图 9-32 元件在舞台中不可见

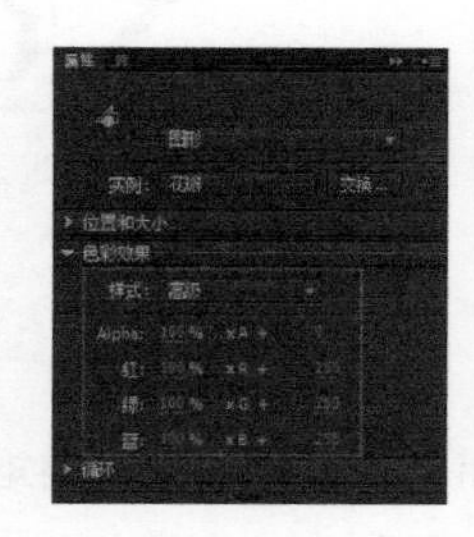

图 9-33 设置“样式”选项

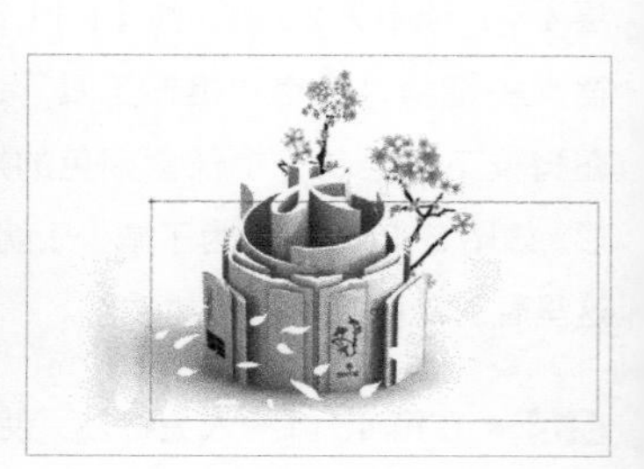

图 9-34 舞台中的元件效果

Step 10 在第 100 帧按【F6】键插入关键帧，在舞台中单击选中花瓣，然后打开“属性”面板，设置“色彩效果”为“无”，如图 9-35 所示。设置完成后得到花瓣效果，如图 9-36 所示。

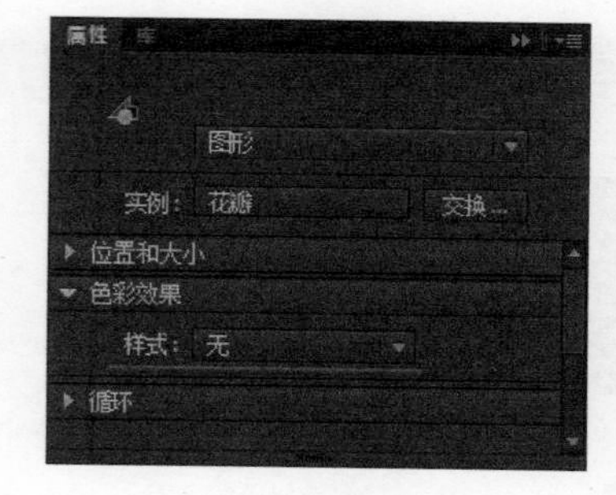

图 9-35 设置“样式”选项

图 9-36 舞台中的元件效果

Step 11 分别在第 70 帧和第 80 帧位置创建传统补间动画，如图 9-37 所示。新建“图层 19”，选中第 70 帧，按【F6】键插入关键帧，使用“椭圆工具”，在舞台左上方创建一个任意颜色的正圆形，如图 9-38 所示。

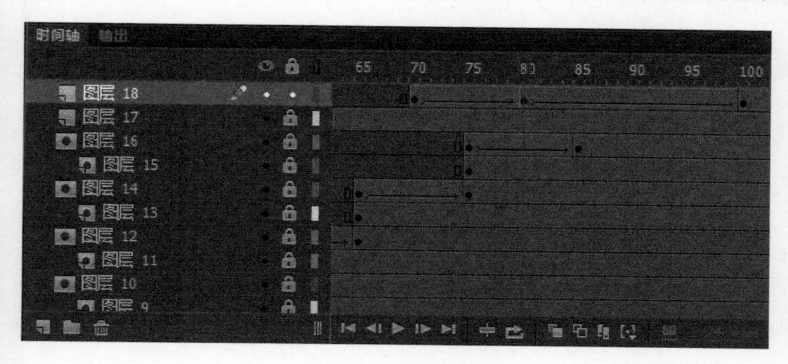

图 9-37 创建传统补间动画

图 9-38 创建正圆形

Step 12 在第 85 帧按【F6】键插入关键帧，使用“任意变形工具”适当调整正圆形的大小，如图 9-39 所示。在第 70 帧创建补间形状，将“图层 19”转为遮罩层，如图 9-40 所示。

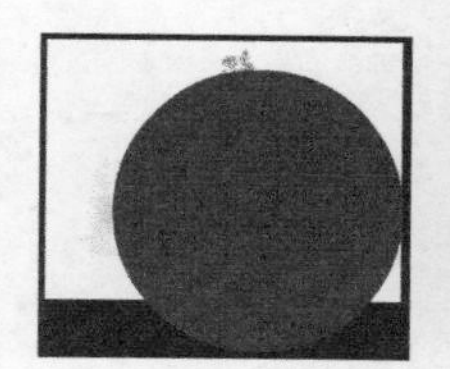

图 9-39 调整正圆形的大小

图 9-40 创建补间形状和遮罩层

Step 13 完成该动画的制作。按【Ctrl+Enter】组合键，测试动画效果，如图 9-41 所示。

图 9-41 测试动画效果

9.1.2 断开图层和遮罩层的链接

创建遮罩层动画之后，Flash依然允许将被遮罩层脱离遮罩层。单击并向左拖动被遮罩层，此时会出现一条黑色线段，如图 9-42 所示。释放鼠标，即可断开与遮罩层的链接，如图 9-43 所示。

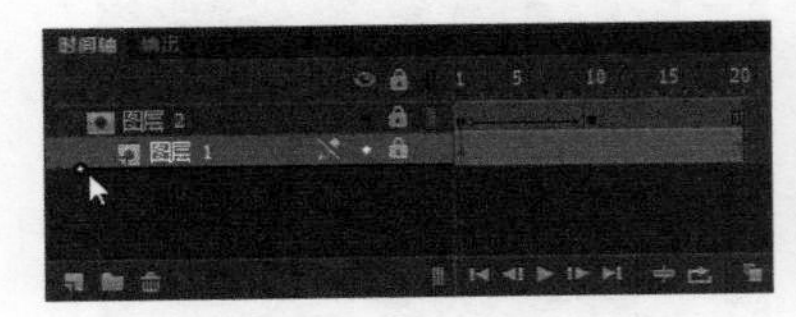

图 9-42 向左拖动被遮罩层

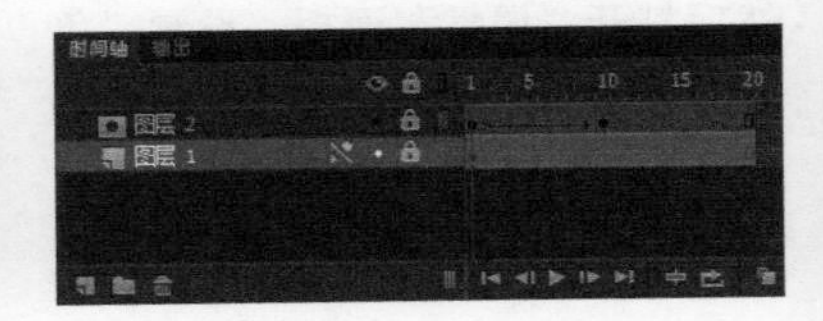

图 9-43 断开遮罩层与被遮罩层

还可以选择被遮罩层，选择“修改 > 时间轴 > 图层属性”命令，在弹出的“图层属性”对话框中选择“一般”选项，将被遮罩层转为普通的图层。取消链接后的被遮罩层中的内容将不再受遮罩层的影响。

课堂案例 制作水波荡漾的动画效果

素材文件	素材文件 \ 第 09 章 \91501.jpg	扫码观看视频
案例文件	案例文件 \ 第 09 章 \9-1-5.fla	
教学视频	视频教学 \ 第 09 章 \9-1-5.mp4	
案例要点	掌握遮罩动画的制作方法	

Step 01 选择“文件 > 新建”命令，新建一个 585 像素 ×400 像素的空白文档，如图 9-44 所示。新建一个“名称”为“水波荡漾”的“影片剪辑”元件，如图 9-45 所示。

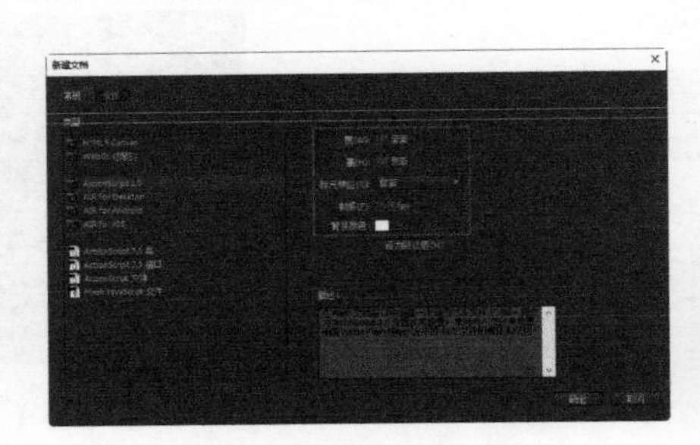

图 9-44 “新建文档”对话框

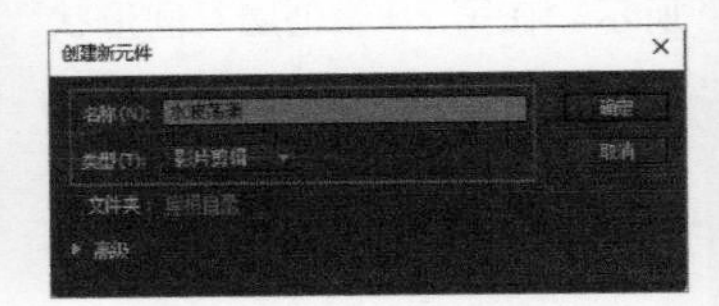

图 9-45 “创建新元件”对话框

Step 02 使用“矩形工具”在舞台中绘制矩形，并复制多个，如图 9-46 所示。选择全部图形，按【F8】键，弹出“转换为元件”对话框，将其转换成“名称”为“水波”的“图形”元件，如图 9-47 所示。

图 9-46 绘制矩形并复制

图 9-47 “转换为元件”对话框

Step 03 在第 50 帧按【F6】键插入关键帧，并为第 1 帧创建传统补间动画，如图 9-48 所示。单击第 50 帧，向下移动元件，如图 9-49 所示（这里启用了“绘图纸外观”功能）。

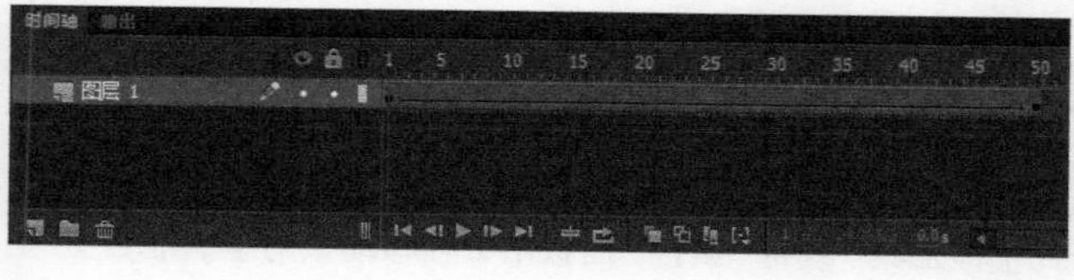

图 9-48 创建传统补间动画

图 9-49 向下移动元件

Step 04 返回主场景，将图像素材“素材文件 \ 第 09 章 \91501.jpg”导入舞台，并适当调整其位置和大小，如图 9-50 所示。在“图层 1”的名称部分上单击鼠标右键，在弹出的快捷菜单中选择“复制图层”命令，复制该图层，如图 9-51 所示。将该图层中的图向下移动 2 像素。

Step 05 新建“图层 2”，从“库”面板中将“水波荡漾”元件拖动到舞台，并适当调整其大小，如图 9-52 所示。在“图层 2”名称部分上单击鼠标右键，在弹出的快捷菜单中选择“遮罩层”命令，创建遮罩层，“时间轴”面板如图 9-53 所示。

图 9-50 导入素材图像

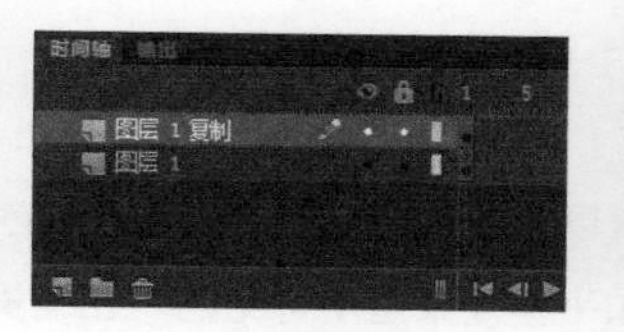

图 9-51 复制图层

图 9-52 拖入元件

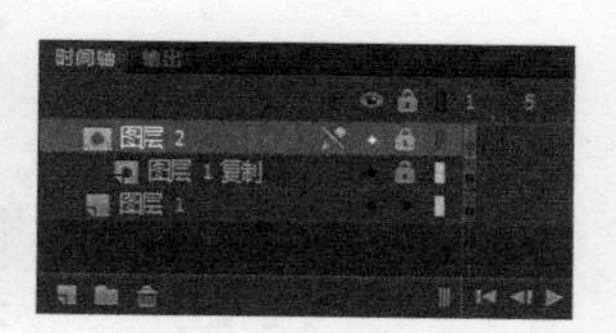

图 9-53 创建遮罩层

Step 06 完成该动画的制作，按【Ctrl+Enter】组合键，测试动画效果，如图 9-54 所示。

图 9-54 测试动画效果

9.2 3D动画

“3D 平移工具”和“3D 旋转工具”将 Flash 动画从二维带向了三维。使用这两个工具可以使图形对象在三维空间中进行移动和旋转，使动画效果更加具有立体感。

9.2.1 关于Flash中的3D图形

Flash 允许用户通过在舞台的 3D 空间中移动和旋转影片剪辑来创建 3D 效果。

用户可以向影片剪辑实例中添加 3D 透视效果，方法是通过使用“3D 平移工具”来使这些实例沿 *X* 轴移动，或使用“3D 旋转工具”使其围绕 *X* 轴或 *Y* 轴旋转。

在 3D 术语中，在 3D 空间中移动一个对象称为平移，在 3D 空间中旋转一个对象称为变形。将这两种效果中的任意一种应用于影片剪辑后，Flash 会将其视为一个 3D 影片剪辑。每当选择该影片剪辑时，就会显示一个重叠在其上面的彩轴指示符，如图 9-55 所示。

若要使对象看起来离查看者更近或更远，则使用“3D 平移工具”或将“属性”面板沿 *Z* 轴移动该对象，如图 9-56 所示。若要使对象看起来与查看者之间形成某一角度，则使用“3D 旋转工具”绕对象的 *X* 轴、*Y* 轴或 *Z* 轴旋转影片剪辑，如图 9-57 所示。通过组合使用这些工具，可以创建逼真的透视效果。

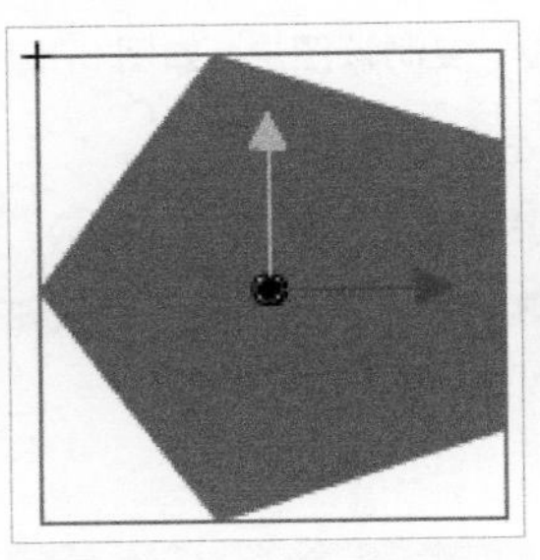
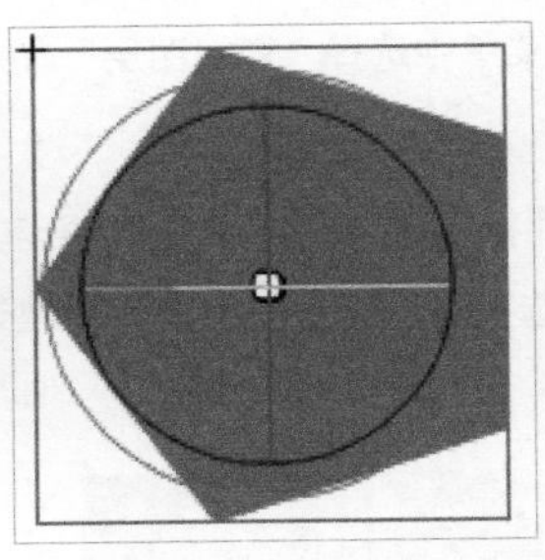

图 9-55 3D 平移和 3D 旋转

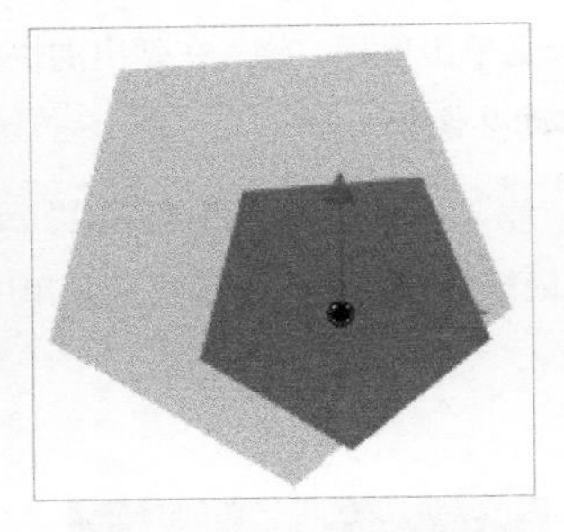

图 9-56 沿 *Z* 轴移动对象

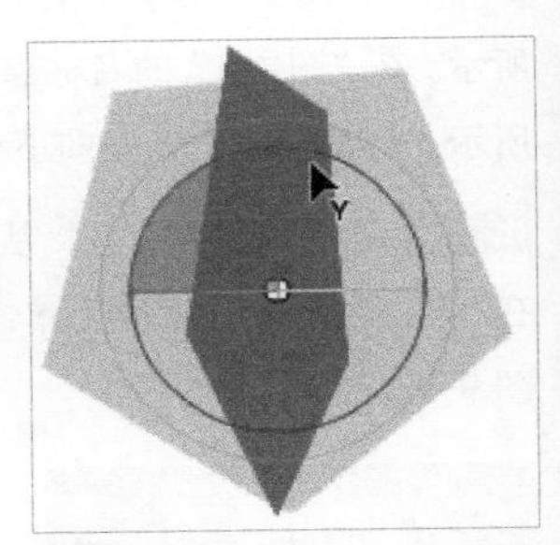

图 9-57 3D 旋转对象

通过在 FLA 文件中使用影片剪辑实例的 3D 属性，可以创建多种图形效果，而不必复制库中的影片剪辑。不过，若要编辑库中的影片剪辑元件，则已经应用的 3D 变形和平移效果是不可见的。在编辑影片剪辑的内容时，只能看到嵌套的影片剪辑的 3D 变形。

提示

在为影片剪辑实例添加 3D 变形后，不能在“在当前位置编辑”模式下编辑该实例的父影片剪辑元件。

9.2.2 使用“3D平移工具”

可以使用“3D 平移工具”在 3D 空间中移动影片剪辑实例。在使用该工具选择影片剪辑后，影片剪辑的 *X*、*Y* 和 *Z* 三个轴将显示在舞台上对象的顶部。

X 轴和 *Y* 轴控件是每个轴上的箭头，按控件箭头的方向拖动其中一个控件可沿所选轴移动对象，如图 9-58 所示。*Z* 轴控件是影片剪辑中间的黑点，上下拖动 *Z* 轴控件可以沿着 *Z* 轴上下移动对象。

选择舞台中的多个影片剪辑元件，单击“工具箱”中的“3D 平移工具”按钮，3D 平移控件将显示在其中一个元件上方，如图 9-59 所示。

通过双击 *Z* 轴控件，也可以将轴控件移动到多个所选对象的中间，如图 9-60 所示。按住【Shift】键并双击其中一个选中对象可将轴控件移动到该对象上方，如图 9-61 所示。

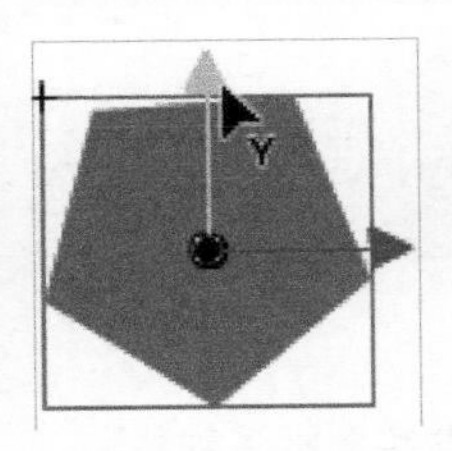

图 9-58 拖动 *X* 或 *Y* 轴箭头

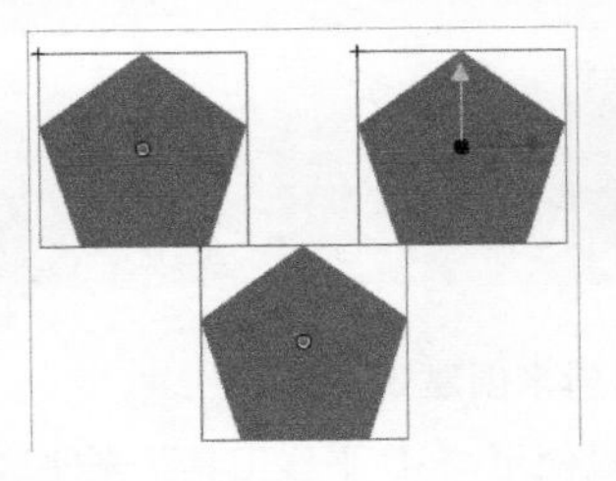

图 9-59 在其中一个元件上显示控件

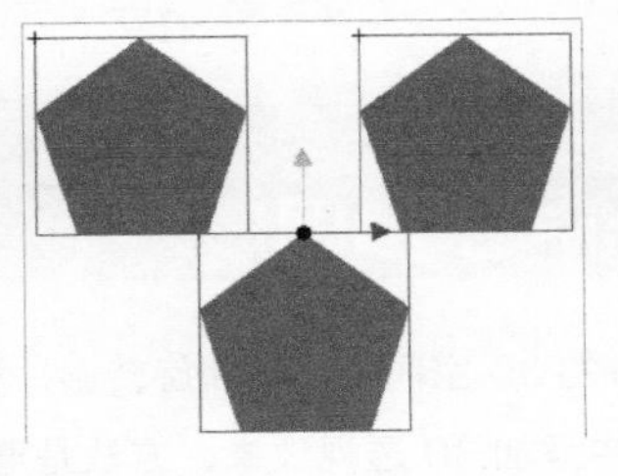

图 9-60 将轴控件移至多个对象的中间

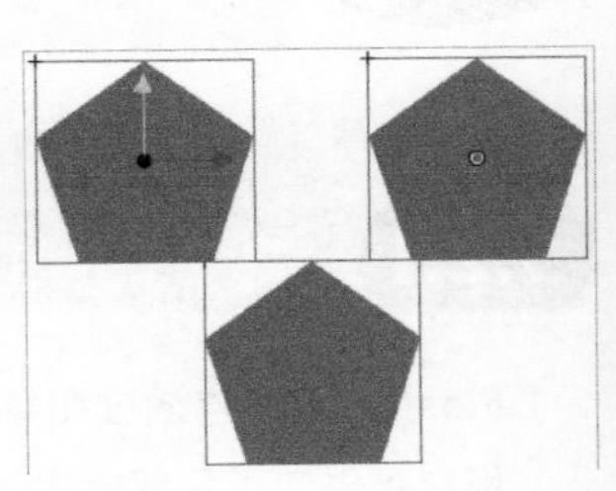

图 9-61 将轴控件移至单个对象上方

课堂案例 创建3D平移动画

素材文件	素材文件 \ 第 09 章 \92301.fla	扫码观看视频
案例文件	案例文件 \ 第 09 章 \9-2-3.fla	
教学视频	视频教学 \ 第 09 章 \9-2-3.mp4	
案例要点	掌握“3D 平移工具”的使用方法和 3D 平移动画的制作方法	

Step 01 打开素材文件“素材文件 \ 第 09 章 \92301.fla”，如图 9-62 所示。在第 25 帧位置按【F5】键插入帧，新建“图层 2”，从“库”面板中将“飞船”元件拖动到舞台中，如图 -63 所示。

图 9-62 舞台效果

图 9-63 拖入元件

Step 02 为“图层 2”的第 1 帧创建补间动画，如图 9-64 所示。选择第 25 帧，使用“3D 平移工具”沿 *Z* 轴将元件放大，图形效果如图 9-65 所示。

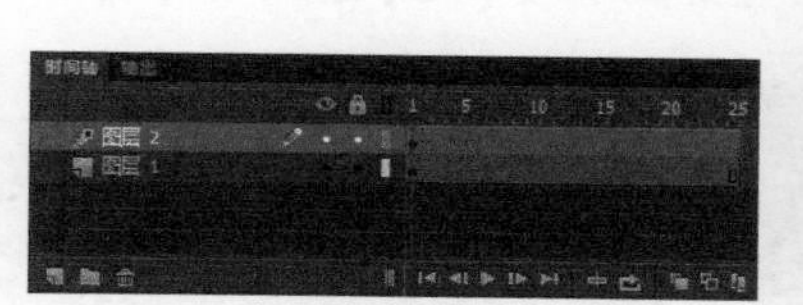

图 9-64 创建补间动画

图 9-65 沿 Z 轴将元件放大

Step 03 使用“3D 平移工具”分别沿 *X* 轴和 *Y* 轴移动元件，使其位于画布的右下角，如图 9-66 所示。使用“选择工具”适当调整元件的运动轨迹，如图 9-67 所示。

Step 04 完成该动画的制作，按【Ctrl+Enter】组合键，测试动画效果，如图 9-68 所示。

图 9-66 移动元件

图 9-67 调整元件的运动轨迹

图 9-68 测试动画效果

9.2.3 使用“3D旋转工具”

使用“3D 旋转工具”可以在 3D 空间中旋转影片剪辑实例。使用“3D 旋转工具”选中影片剪辑元件后，会出现相应的控件。其中 X 控件为红色、Y 控件为绿色、Z 控件为蓝色。使用橙色的自由旋转控件可同时绕 *X* 轴和 *Y* 轴旋转。

3D 旋转控件将显示为叠加在所选对象上，如果这些控件出现在其他位置，那么双击控件的中心点可以将其移动到选定的对象。

若要相对于影片剪辑重新定位旋转控件中心点，则直接拖动中心点至其他位置，如图 9-69 所示。若要按 45° 增量约束中心点的移动，则在按住【Shift】键的同时进行拖动。移动旋转中心点可以控制旋转对于对象及其外观的影响。

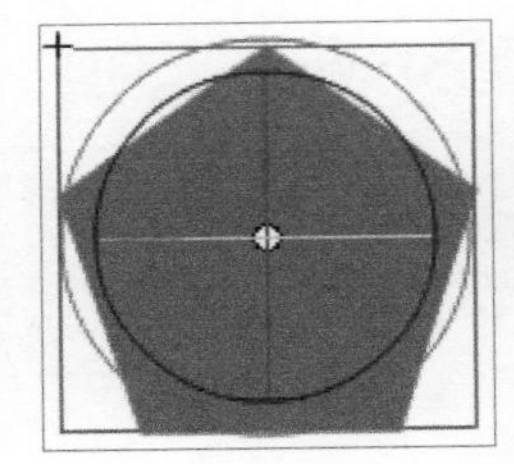
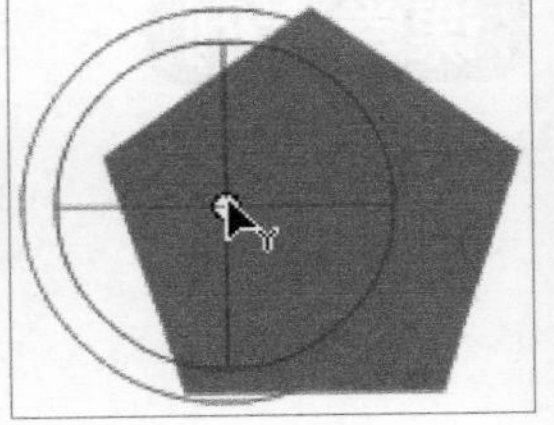
图 9-69 调整旋转控件中心点的位置

课堂案例 创建3D旋转动画

素材文件	素材文件 \ 第 09 章 \92501.jpg、92502.png、92503.png	扫码观看视频
案例文件	案例文件 \ 第 09 章 \9-2-5.fla	
教学视频	视频教学 \ 第 09 章 \9-2-5.mp4	
案例要点	掌握“3D 旋转工具”的使用方法和 3D 旋转动画的制作方法	

Step 01 选择“文件 > 新建”命令，新建一个 467 像素 ×200 像素的空白文档，如图 9-70 所示。将背景素材“素材文件 \ 第 9 章 \92501.jpg”导入舞台，在第 40 帧按【F5】键插入帧，如图 9-71 所示。

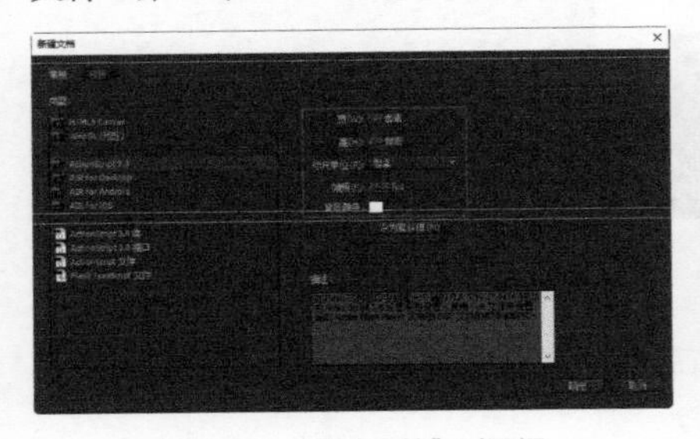
图 9-70 “新建文档”对话框

图 9-71 导入素材图像

Step 02 新建“图层 2”，将雪人素材“素材文件 \ 第 09 章 \92502.png”导入舞台，并适当调整其位置，如图 9-72 所示。选中雪人，按【F8】键将图像转换为“名称”为“雪人 1”的“影片剪辑”元件，如图 9-73 所示。

图 9-72 导入素材图像

图 9-73 “转换为元件”对话框

Step 03 使用“3D 旋转工具”，单击选中雪人元件，沿 *Y* 轴旋转，效果如图 9-74 所示。为第 1 帧创建补间动画，如图 9-75 所示。

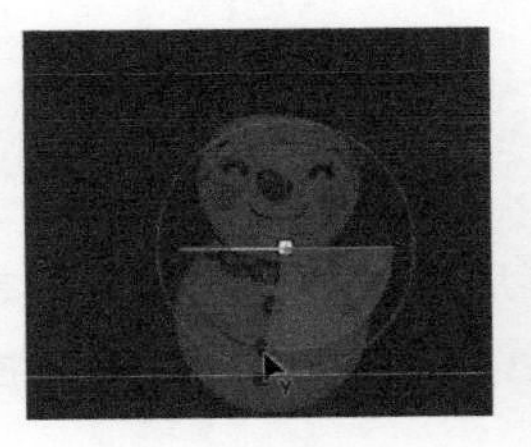
图 9-74 沿 *Y* 轴旋转

图 9-75 创建补间动画

Step 04 单击第 10 帧，使用“移动工具”将变形的元件向下移动到背景中，如图 9-76 所示，“时间轴”面板如图 9-77 所示。

图 9-76 向下移动元件

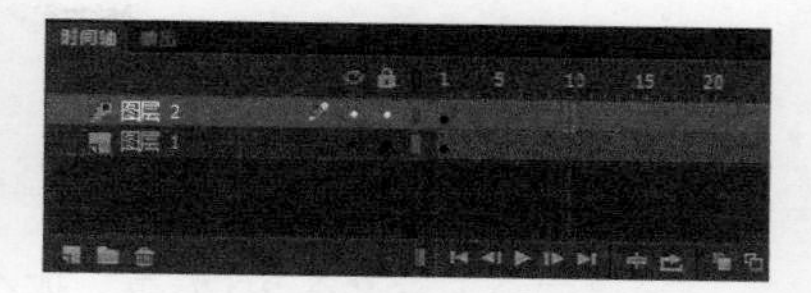

图 9-77 “时间轴”面板

Step 05 选中第 15 帧，使用“3D 旋转工具”将雪人沿 *Y* 轴旋转，使其恢复原来的样子，如图 9-78 所示，“时间轴”面板如图 9-79 所示。

图 9-78 沿 *Y* 轴旋转

图 9-79 “时间轴”面板

Step 06 使用相同的方法完成另一个雪人的制作，舞台效果如图 9-80 所示，“时间轴”面板如图 9-81 所示。

图 9-80 舞台效果

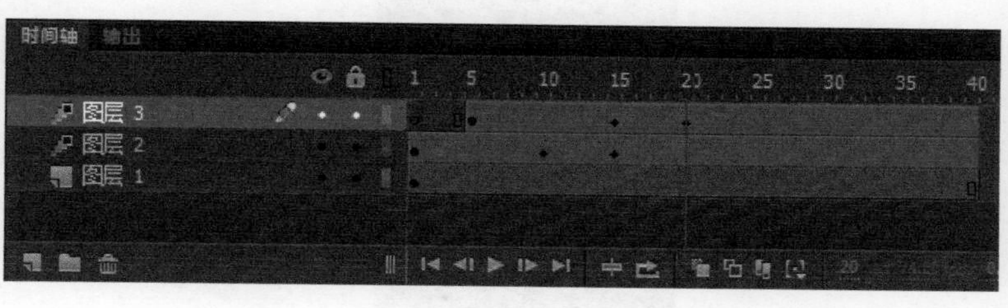

图 9-81 “时间轴”面板

Step 07 完成该动画的制作，按【Ctrl+Enter】组合键，测试动画效果，如图 9-82 所示。

图 9-82 测试动画效果

9.2.4 全局转换与局部转换

“3D 平移工具”和“3D 旋转工具”都允许用户在全局 3D 空间或局部 3D 空间中操作对象。全局 3D 空间即为舞台空间，全局变形和平移与舞台相关。局部 3D 空间即为影片剪辑空间，局部变形和平移与影片剪辑空间相关。

例如，如果影片剪辑包含多个嵌套的影片剪辑，那么嵌套的影片剪辑的局部 3D 变形与容器影片剪辑内的绘图区域相关。

“3D 平移工具”和“3D 旋转工具”的默认模式是全局。若要在局部模式中使用这些工具，则可单击工具箱中“选项”部分中的“全局转换”按钮。

9.2.5 调整透视角度和消失点

如果舞台上有多个 3D 对象，那么可以通过调整 FLA 文件的“透视角度”和“消失点”属性来将特定的 3D 效果添加到所有对象中，这些对象作为一组出现。

“透视角度”属性具有缩放舞台视图的效果，“消失点”属性具有在舞台上平移 3D 对象的效果。这些设置只影响应用 3D 变形或平移的影片剪辑的外观。

在 Flash 创作工具中，只能控制一个视点，或者称为摄像头。FLA 文件的摄像头视图与舞台视图相同，每个 FLA 文件只有一个“透视角度”和“消失点”设置。

使用“3D 平移工具”或“3D 旋转工具”单击舞台中的影片剪辑元件实例，在“属性”面板中将显示相应的参数，如图 9-83 所示。

- **透视角度：**用来设置影片剪辑元件实例在 3D 空间进行旋转或平移时的透视角度。该值越大，3D 对象看起来就越接近查看者，如图 9-84 所示。默认透视角度为 55°，类似于普通照相机的镜头，该选项取值范围为 1° ~ 180° 。
- **消失点：**用来控制舞台中 3D 影片剪辑实例的 *Z* 轴方向，FLA 文件中所有 3D 影片剪辑的 *Z* 轴都朝着消失点后退。通过重新定位消失点可以更改沿 *Z* 轴平移对象时对象的移动方向，消失点的默认位置是舞台中心。

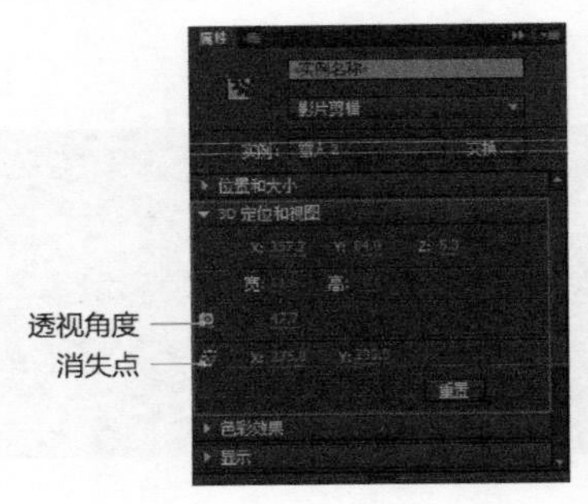

图 9-83 “3D 定位和视图”选项区

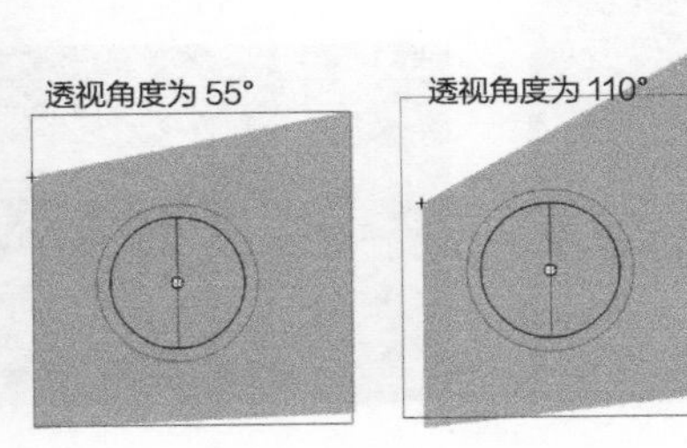

图 9-84 设置不同透视角度的效果

课后习题

一、选择题

1. 使用“创建新元件”命令可以按（　）键 / 组合键。

A.【Alt+F8】　B.【F8】　C.【Ctrl+F8】　D.【Ctrl+J】

2. 使用“转换为元件”命令可以按（　）键 / 组合键。

A.【Alt+F8】　B.【F8】　C.【Ctrl+F8】　D.【Ctrl+J】

3. 关于遮罩层动画，以下说法错误的是（   ）。

A. 创建遮罩层后，将出现一个遮罩层图标，表示该层为遮罩层

B. 紧贴遮罩层下面的图层将链接到遮罩层，其内容会透过遮罩上的填充区域显示出来

C. 一个遮罩层只能有一个被遮罩层

D. 不能对遮罩层上的对象使用 3D 工具，包含 3D 对象的图层也不能用作遮罩层

4. 要使对象看起来离查看者更近或更远，可使用“3D 平移工具”或将“属性”面板沿（   ）移动该对象。

A. *X* 轴　　B. *Y* 轴　　C. *Z* 轴　　D. 任意轴

5. 在舞台中同时选中多个影片剪辑元件，使用“3D 平移工具”，按住（   ）键并双击其中一个选中对象可将轴控件移动到该对象上方。

A.【Shift】　　B.【Alt】　　C.【Ctrl】　　D.【Enter】

二、填空题

1. 创建遮罩动画时，______ 和 ______ 将成组出现，______ 位于上方，用于定义待显示区域的形状范围；位于 ______ 的下方，用来插入待显示区域对象的图层。

2. Flash 中所包含的 3D 工具主要是 ______ 和 ______。

3. 使用“3D 旋转工具”选中影片剪辑元件后，会出现相应的控件。其中 ______ 为红色、______ 为绿色、______ 为蓝色。

三、案例题

新建一个 Flash 文档，在影片剪辑元件中制作出矩形变形的动画效果，将矩形变形的动画影片剪辑元件作为图片的遮罩层，从而制作出图片遮罩切换的动画效果，如图 9-85 所示。

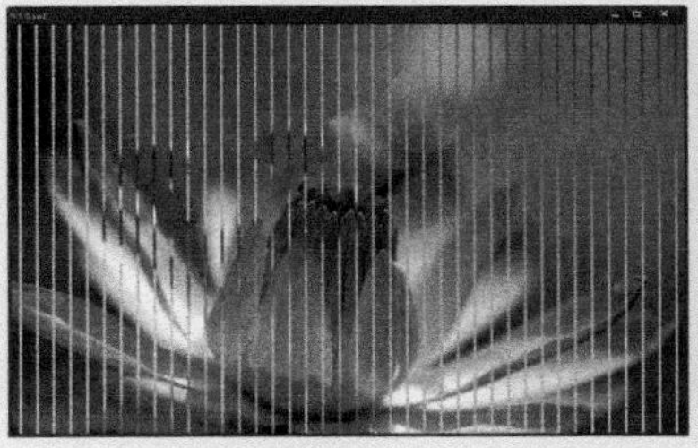

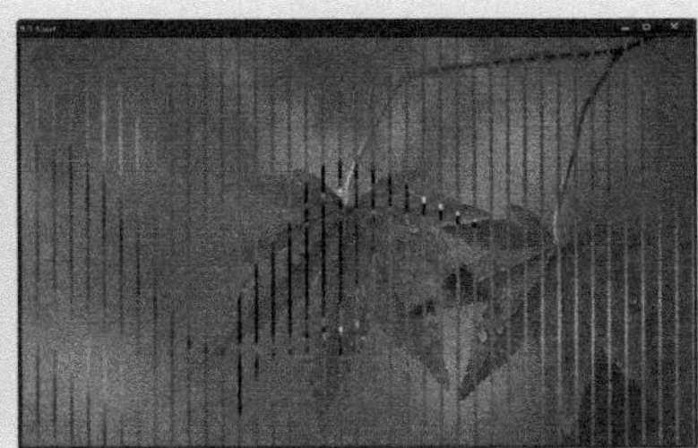

图 9-85 图片遮罩切换的动画效果

Chapter 10

第10章 在Flash中使用文本

文本是制作动画必不可少的元素，它可以使动画主题更为突出，起到画龙点睛的作用。Flash 中的文本功能非常完善，用户不仅可以创建静态文本、动态文本和输入文本，还可以创建字符样式和段落样式，并且可以通过“属性”面板来对文本进行多重设置，使得到的文本效果更美观，更符合需求。

FLASH CC

学习目标

- 了解“文本工具”的属性
- 掌握文本调整的方法
- 理解静态文本、动态文本和输入文本的概念
- 掌握为文本创建超链接和嵌入文本的方法

学习重点

- 掌握输入文字并设置文字属性的方法
- 掌握创建不同类型文本的方法
- 掌握文字动画的制作方法

关于“文本工具”

单击工具箱中的“文本工具”按钮，然后打开“属性”面板，单击“文本类型”按钮，弹出如图 10-1 所示的菜单。用户可以根据具体需求创建包含静态文本的文本字段，或者创建动态文本字段和输入文本字段。

动态文本能够显示不断更新的文本，如股票报价或头条新闻等；输入文本允许用户输入表单或调查表等文本内容。

Flash 提供了很多种处理文本的方法，例如，可以水平或垂直放置文本，设置字体、大小、样式、颜色、行距等属性，检查拼写，对文本进行旋转、倾斜或翻转等变形，链接文本，使文本可选择，使文本具有动画效果，控制字体替换，以及将字体用作共享库的一部分。

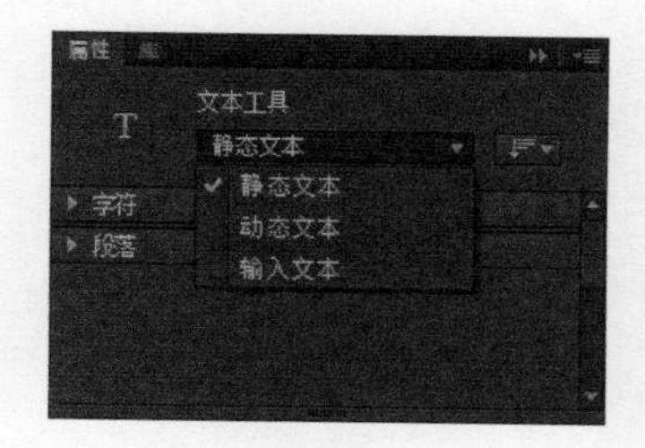

图 10-1 “文本类型”选项

10.1.1 使用字符样式

要设置字符样式，可以使用“属性”面板中的“字符”和“段落”部分对文本进行设置。使用“文本工具”，其完整的“属性”面板如图 10-2 所示。

- 文本方向：用于设置文本输入的方向，其下拉列表中包括“水平”“垂直”“垂直，从左向右”3 个选项，如图 10-3 所示。图 10-4 所示为不同文本方向的具体应用效果。

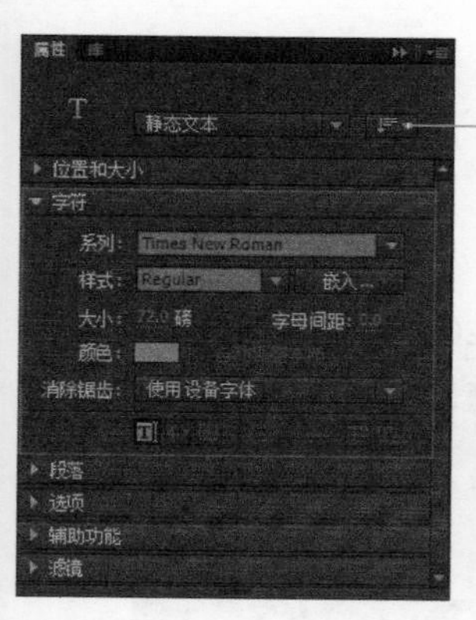

图 10-2 “字符”选项区

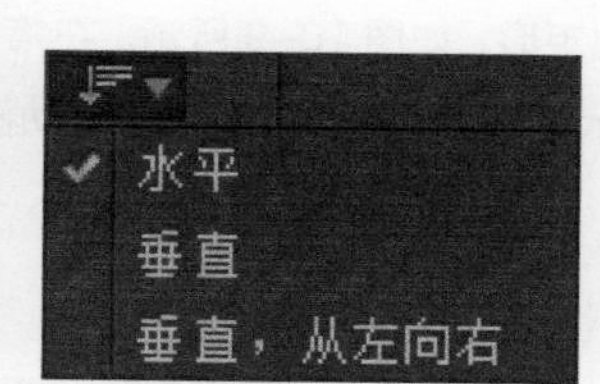

图 10-3 “文本方向”选项

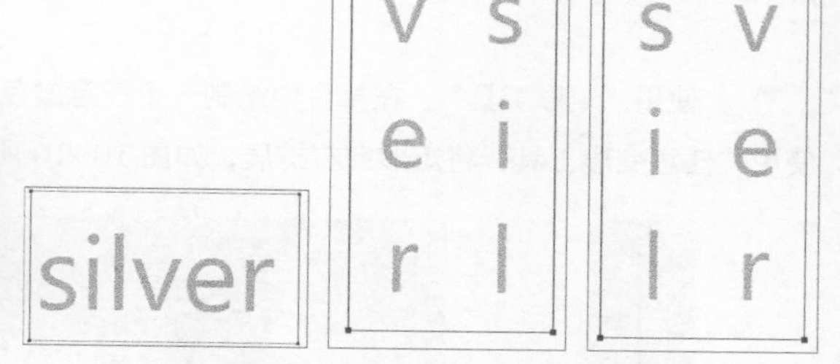

图 10-4 不同文本方向的具体应用效果

- 可选：若选择该选项，则在发布 SWF 动画后，动画中的这些文本可以被选中，如图 10-5 所示。若不选择该选项，则这些文本将只能被浏览，无法被选中，也就无法被复制、粘贴，这是一种强有力的保护知识产权的方法。
- 将文本呈现为 HTML：若选择该选项，则可以使 Flash 中的文本按照与网页文本类似的格式进行显示，比如使用 HTML 标记、CSS 样式等。
- 在文本周围显示边框：若选择该选项，则在发布 SWF 动画后，该字符串周围会显示边框，如图 10-6 所示。该选项仅当设置“文本类型”为“动态文本”和“输入文本时”才可用。

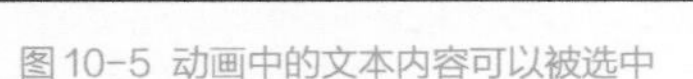

图 10-5 动画中的文本内容可以被选中

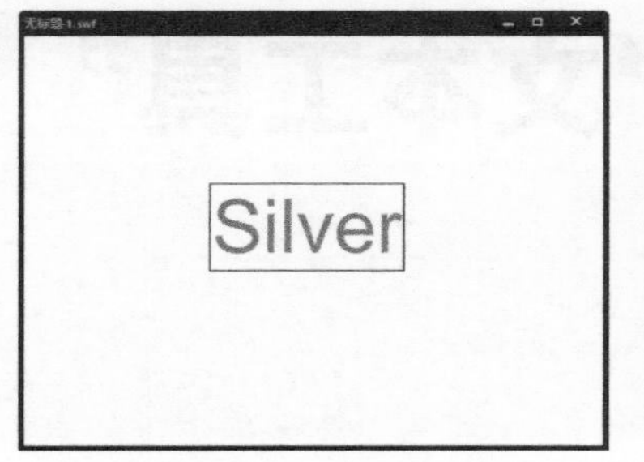

图 10-6 文本内容周围显示边框

提示

“字符”选项区中的其他设置选项与其他软件中的文字设置选项相似，例如与 Photoshop 中“字符”面板设置选项相似，这里不再赘述。

课堂案例 输入文字内容

素材文件	素材文件 \ 第 10 章 \101201.jpg	扫码观看视频 
案例文件	案例文件 \ 第 10 章 \10-1-2.fla	
教学视频	视频教学 \ 第 10 章 \10-1-2.mp4	
案例要点	掌握文字的输入与文字遮罩动画的制作方法	

Step 01 选择“文件 > 新建”命令，新建一个 500 像素 × 300 像素，“背景颜色”为“#FF9900”的空白文档，如图 10-7 所示。选择“插入 > 元件”命令，弹出“创建新元件”对话框，新建一个“名称”为“矩形动画”的“影片剪辑”元件，如图 10-8 所示。

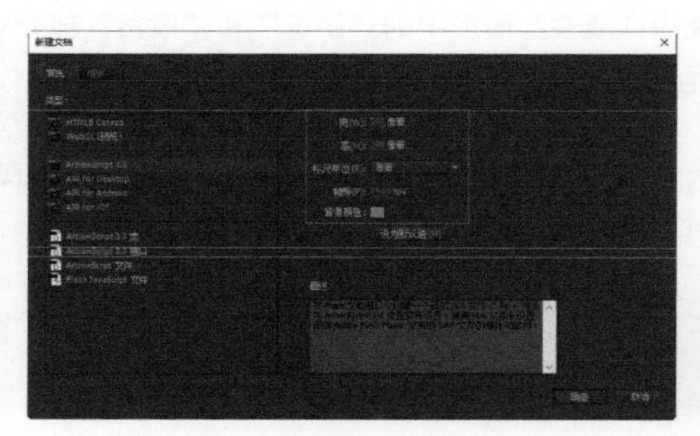

图 10-7 “新建文档”对话框

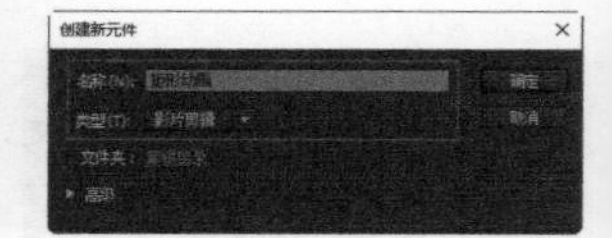

图 10-8 “创建新元件”对话框

Step 02 使用“矩形工具”，在舞台中绘制一个任意颜色的矩形，如图 10-9 所示。在第 20 帧按【F6】键插入关键帧，使用“任意变形工具”将矩形向右扩展，如图 10-10 所示。在第 1 帧创建补间形状动画，如图 10-11 所示。

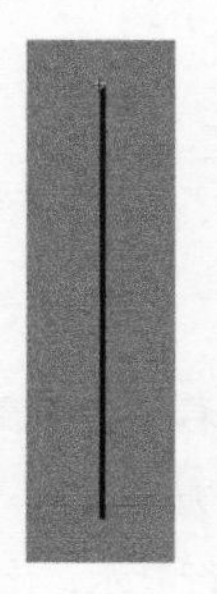

图 10-9 绘制矩形

图 10-10 调整矩形宽度

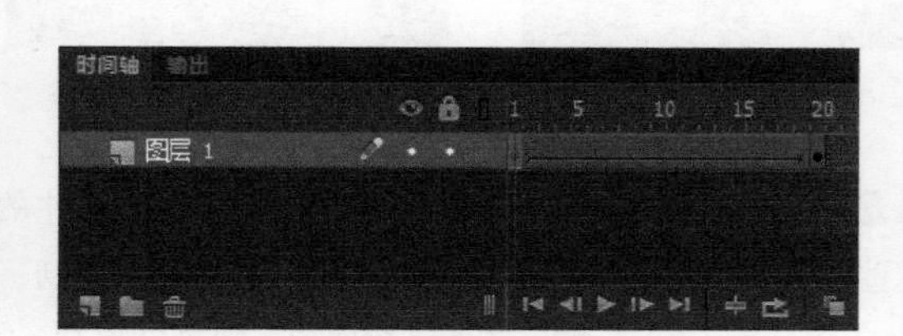

图 10-11 创建补间形状动画

Step 03 新建“图层 2”，选中第 20 帧，按【F6】键插入关键帧，打开“动作”面板输入相应的代码，如图 10-12 所示，“时间轴”面板如图 10-13 所示。

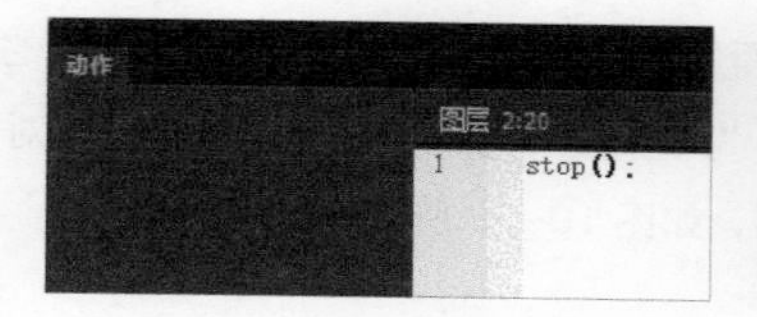

图 10-12 输入脚本代码

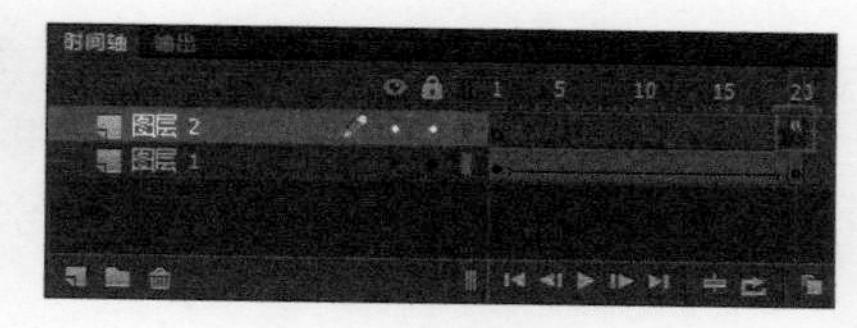

图 10-13 “时间轴”面板

Step 04 选择“插入 > 元件”命令，新建一个“名称”为“整体矩形动画”的“影片剪辑”元件，如图 10-14 所示。从“库”面板中将“矩形动画”元件拖入舞台，如图 10-15 所示。

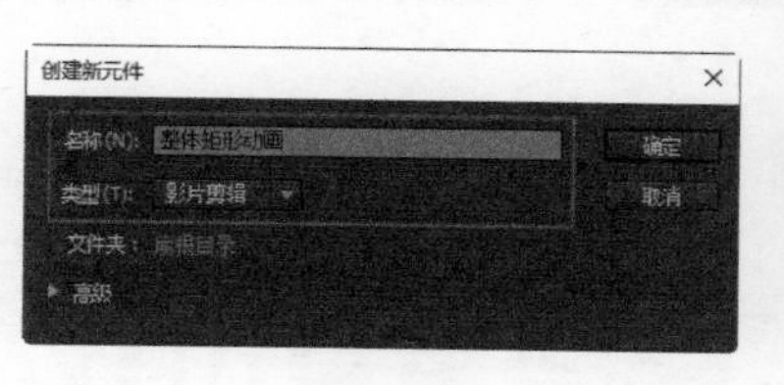

图 10-14 “创建新元件”对话框

图 10-15 拖入元件（1）

Step 05 选中第 50 帧，按【F5】键插入帧，新建“图层 2”，选中第 2 帧，按【F6】键插入关键帧，将“矩形动画”元件拖入舞台，如图 10-16 所示。新建“图层 3”，选中第 3 帧，按【F6】键插入关键帧，再次将“矩形动画”元件拖动到舞台，如图 10-17 所示。

图 10-16 拖入元件（2）

图 10-17 拖入元件（3）

Step 06 使用相同的方法完成相似内容的制作，如图 10-18 所示，“时间轴”面板如图 10-19 所示。

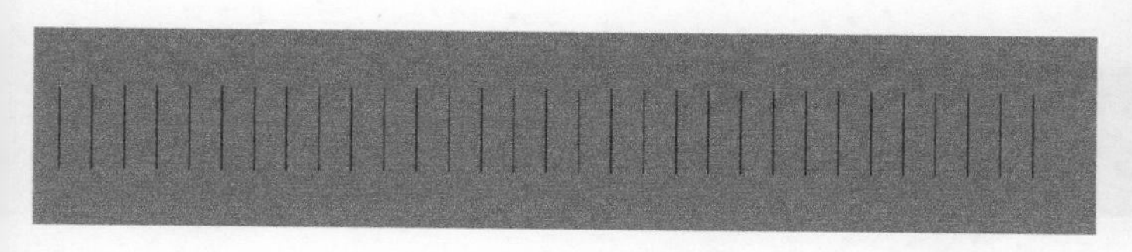

图 10-18 舞台效果

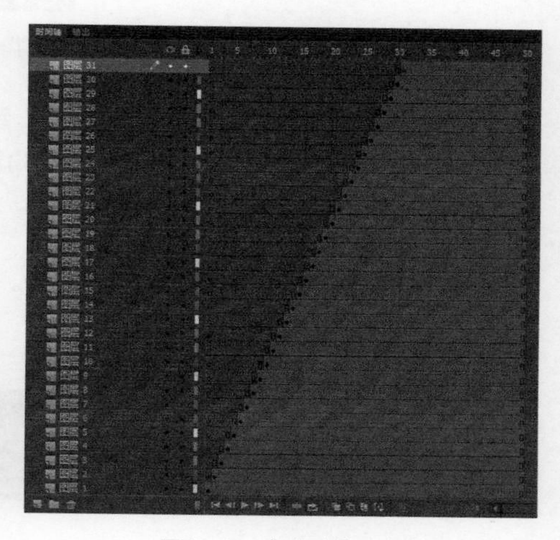

图 10-19 “时间轴”面板

Step 07 新建“图层 32”，选中第 50 帧，按【F6】键插入关键帧，按【F9】键打开“动作”面板，并输入相应的脚本代码，如图 10-20 所示，“时间轴”面板如图 10-21 所示。

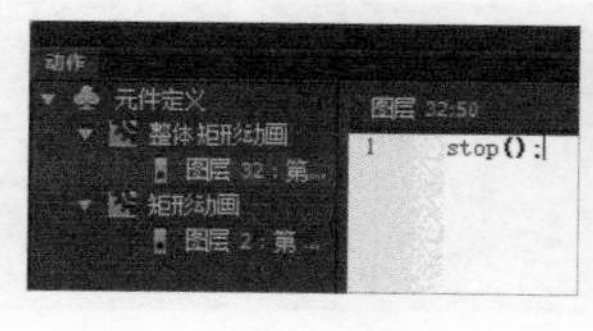

图 10-20 输入相应的脚本代码

图 10-21 “时间轴”面板

Step 08 选择“插入 > 新建元件”命令，新建一个“名称”为“文字动画 1”的“影片剪辑”元件，如图 10-22 所示。使用“文本工具”，在“属性”面板中对相关选项进行设置，在舞台中单击并输入文字，如图 10-23 所示。

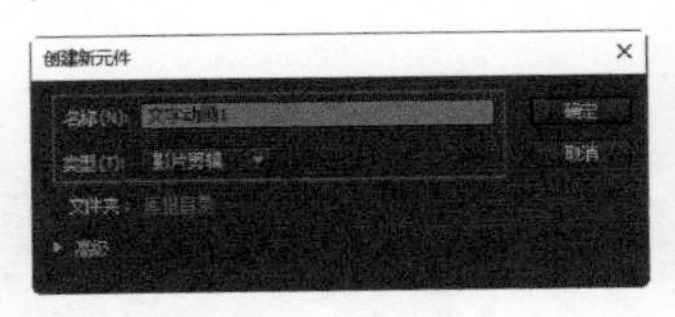

图 10-22 “创建新元件”对话框

图 10-23 输入文字

Step 09 新建“图层 2”，将“整体矩形动画”元件从“库”面板中拖入舞台，如图 10-24 所示。将该图层设置为遮罩层，如图 10-25 所示。

图 10-24 拖入元件（4）

图 10-25 创建遮罩层

Step 10 使用相同的方法完成“文字动画 2”和“文字动画 3”元件的制作，如图 10-26 所示。返回主场景，将背景素材“素材文件 \ 第 10 章 \ 101201.jpg”导入舞台，如图 10-27 所示。

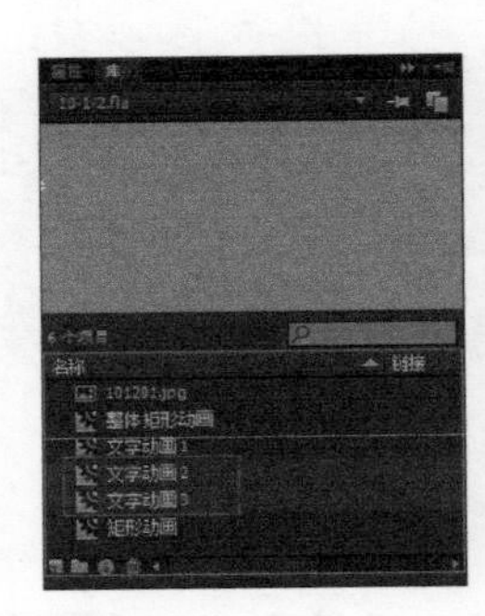

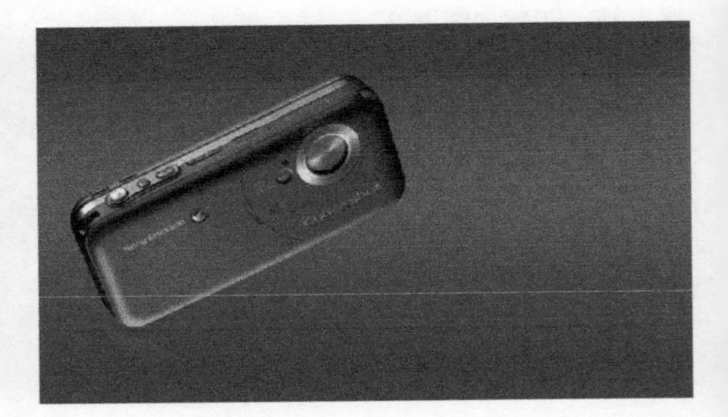

图 10-26 “库”面板

图 10-27 导入素材图像

Step 11 选中第 270 帧，按【F5】键插入帧。新建“图层 2”，将“文字动画 1”元件从“库”面板中拖动到背景右下方，如图 10-28 所示。分别在第 90 帧和第 180 帧位置按【F7】键插入空白关键帧，分别拖入“文字动画 2”和“文字动画 3”元件，如图 10-29 所示。

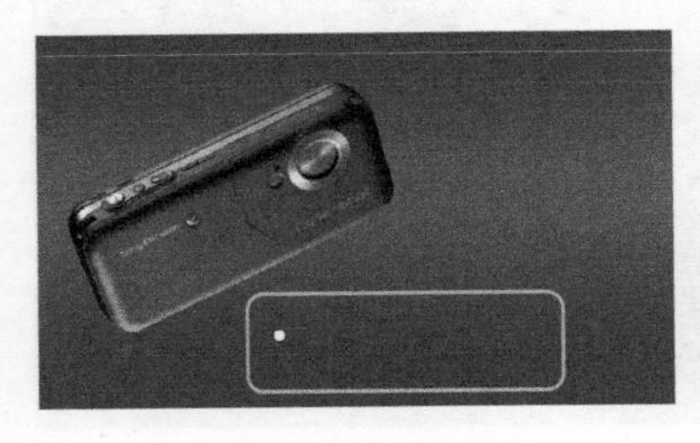

图 10-28 拖入元件（5）

图 10-29 “时间轴”面板

Step 12 完成动画的制作，按【Ctrl+Enter】组合键，测试动画效果，如图 10-30 所示。

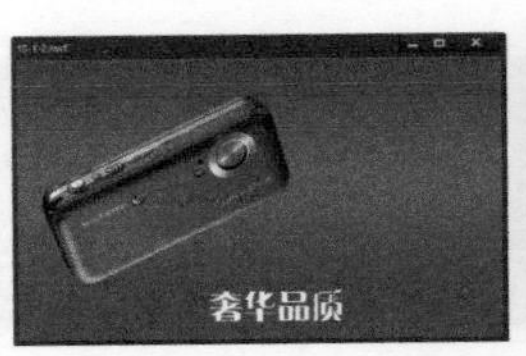

图 10-30 测试动画效果

10.1.2 使用段落样式

若要对段落文字的样式进行设置，则可以使用“文本工具”，在“属性”面板中“段落”选项区中对相关选项进行设置，如图 10-31 所示。

- “格式”：用于设置段落文本的对齐方式，包括“左对齐”“居中对齐”“右对齐”“两端对齐”4 种方式。用户也可以选择“文本 > 对齐”命令设置文本对齐方式。
- “间距”：包括“缩进”和“行距”两项参数。其中“缩进”用于指定所选段落的第一个词的缩进量，以像素为单位。“行距”则用于指定两行文字之间的距离。
- “边距”：包括“左边距”和“右边距”两项参数，分别用于设置左边距的宽度和右边距的宽度，以像素为单位，默认值为 0。
- “行为”：用来控制文本框如何随文本量的增加而扩展。其下拉列表中包括“单行”“多行”“多行不换行”3 个选项。

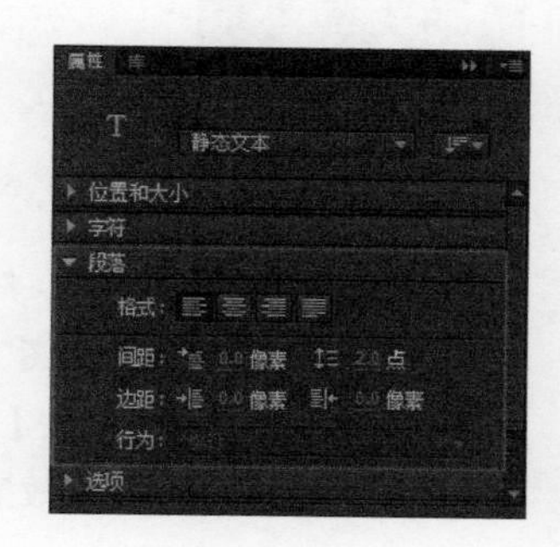

图 10-31 “段落”选项区

课堂案例 输入段落文字

素材文件	素材文件 \ 第 10 章 \101401.fla	扫码观看视频
案例文件	案例文件 \ 第 10 章 \10-1-4.fla	
教学视频	视频教学 \ 第 10 章 \10-1-4.mp4	
案例要点	掌握段落文字的输入和设置方法	

Step 01 打开素材文件“素材文件 \ 第 10 章 \101401.fla”，如图 10-32 所示。使用“文本工具”，在“属性”面板中进行相应设置，“文本颜色”为“#009999”，在舞台中拖出文本框，并输入相应的文字，如图 10-33 所示。

图 10-32 打开素材文件

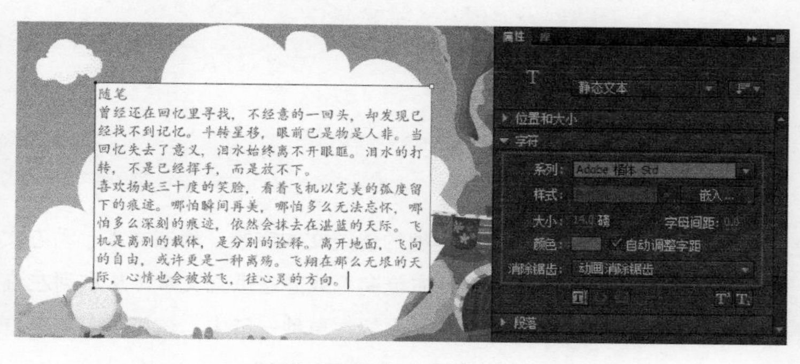

图 10-33 绘制文本框并输入文字

Step 02 选择第一行文字，在“属性”面板中的“段落”选项区中设置“格式”为“居中对齐”，效果如图 10-34 所示。选择剩余的文字内容，在“属性”面板中的“段落”选项区中设置“缩进”为“28 像素”，效果如图 10-35 所示。

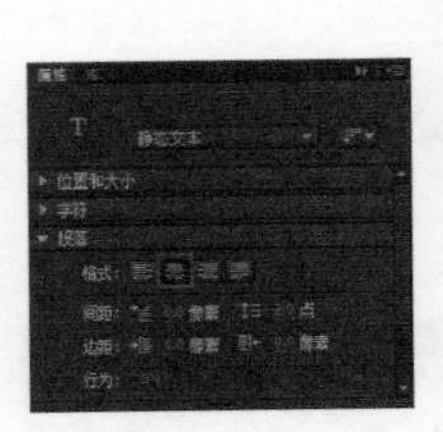

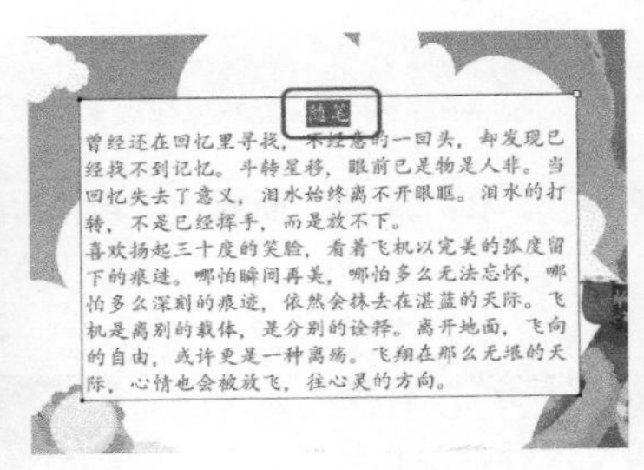

图 10-34 设置文字居中对齐

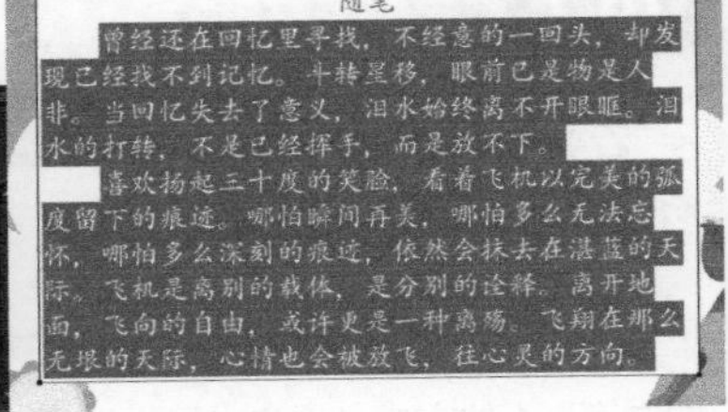

图 10-35 设置文字首行缩进

Step 03 调整文本框的大小，然后将文字移动到云朵的中央，如图 10-36 所示。完成动画的制作，按【Ctrl+Enter】组合键，测试动画效果，如图 10-37 所示。

图 10-36 调整文本框大小和文字位置

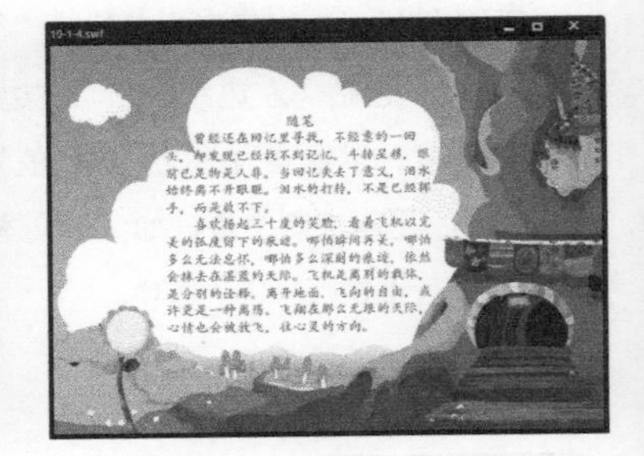

图 10-37 测试动画效果

10.2 使用传统文本

可以使用 HTML 标签和属性在文本字段中保留丰富的文本格式。在动态文本字段或输入文本字段的内容中使用 HTML 文本时，可以使文本围绕图像排列。

文本字段实例也是具有属性和方法的 Action Script 对象。通过为文本字段指定实例名称，可以用 Action Script 控制它。但是，不能在文本实例内部编写 Action Script 代码，因为文本实例没有时间轴。

10.2.1 使用传统文本字段

在 Flash 中可以创建 3 种类型的传统文本字段：静态文本、动态文本和输入文本。

可以创建水平文本（从左到右流向）或静态垂直文本（从右到左流向或从左到右流向）。

在创建静态文本时，可以将文本放在单独一行中，该行会随着用户输入文本而扩展，也可以将文本放在定宽字段（适用于水平文本）或定高字段（适用于垂直文本）中，这些字段会自动扩展和折行。在创建动态文本或输入文本时，可以将文本放在单独一行中，也可以创建定宽和定高的文本字段。所有传统文本字段都支持 Unicode。

Flash 在每个文本字段的一角显示一个手柄，用以标识该文本字段的类型。

- 对于具有固定宽度的静态水平文本，会在该文本字段的右上角出现一个方形手柄，如图 10-38 所示。
- 对于文本流向为从右到左并且高度固定的静态垂直文本，会在该文本字段的左下角出现一个方形手柄，如图 10-39 所示。
- 对于文本流向为从左到右并且高度固定的静态垂直文本，会在该文本字段的右下角出现一个方形手柄，如图 10-40 所示。

- 对于动态可滚动传统文本字段，圆形或方形手柄由空心变为实心黑块，如图 10-41 所示。用户可以选择“文本 > 可滚动”命令使动态文本可滚动。

图 10-38 固定宽度的静态文本

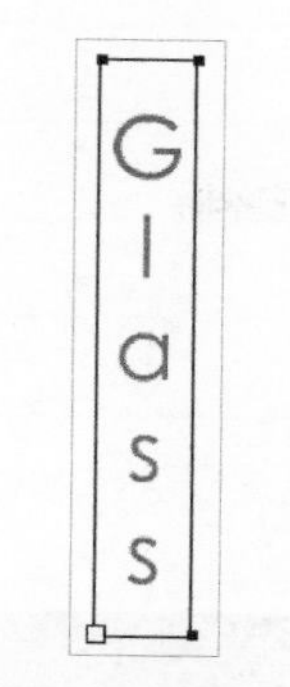

图 10-39 文本框效果（1）

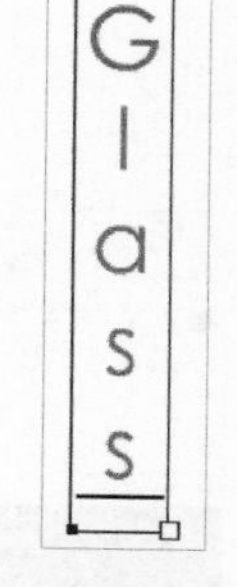

图 10-40 文本框效果（2）

图 10-41 动态可滚动传统文本字段

技术看板

可以在按住【Shift】键的同时双击动态和输入文本字段的手柄，以创建在舞台上输入文本时不扩展的文本字段。当输入的字符超出文本框时，就会实现滚动文本的效果。

使用“文本工具”创建文本字段之后，用户仍然可以使用“属性”面板中的各种参数来修改字符的各项属性，还可以设置文本字段在 SWF 文件中的显示方式。

10.2.2 设置动态和输入文本选项

在舞台中选择动态文本框或创建动态文本时，“属性”面板将显示其相应的选项，如图 10-42 所示。

- 实例名称：为文本设置一个名称，方便后期使用 ActionScript 通过名字调用该文本对象。
- 行为：该选项只有在设置“文本类型”为“动态文本”或“输入文本”时才可用。

设置“行为”为“单行”，将文本显示为一行，当输入的字符超过文本显示范围的部分时，将在舞台上不可见，不识别【Enter】键；设置“行为”为“多行”，将文本显示为多行，当输入的字符超过文本显示范围的部分时，将会自动换行，识别【Enter】键；设置“行为”为“多行不换行”，将文本显示为多行，且仅当最后一个字符是换行字符时，才可以换行。

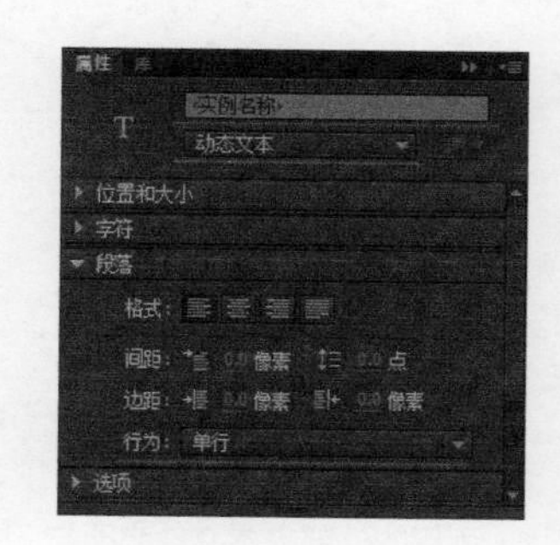

图 10-42 动态文本选项

当设置“文本类型”为“输入文本”时，在“属性”面板中的“选项”部分会出现一个“最大字符数”选项，如图 10-43 所示。

- 最大字符数：用于设置可输入的字符数上限，此功能在实际项目中很实用。

图 10-43 “最大字符数”选项

课堂案例 载入外部文本

素材文件	素材文件 \ 第 10 章 \102301.jpg、content.txt
案例文件	案例文件 \ 第 10 章 \10-2-3.fla
教学视频	视频教学 \ 第 10 章 \10-2-3.mp4
案例要点	掌握使用 ActionScript 脚本加载外部文本的方法

扫码观看视频

Step 01 选择“文件 > 新建”命令，新建一个 538 像素 ×400 像素的空白文档，如图 10-44 所示。将图像素材“素材文件 \ 第 10 章 \102301.jpg”导入舞台，如图 10-45 所示。

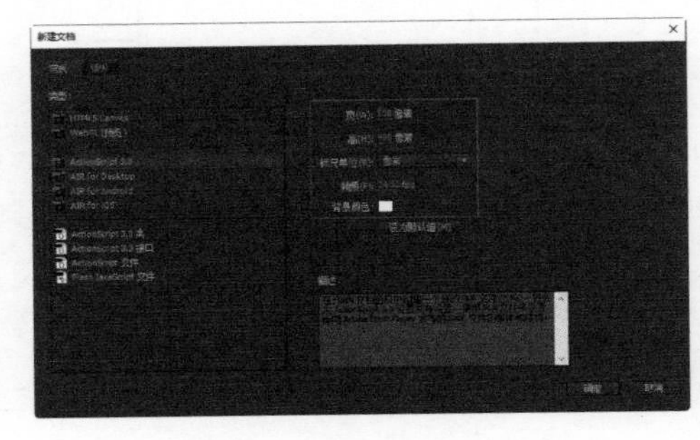

图 10-44 “新建文档”对话框

图 10-45 导入素材图像

Step 02 分别拖出 4 条参考线，定义出一个矩形区域，我们想让文本显示到该区域中，如图 10-46 所示。单击第 1 帧，选择“窗口 > 动作”命令，在打开的“动作”面板中输入相应的代码，如图 10-47 所示。

Step 03 动画制作完成，按【Ctrl+Enter】组合键，测试动画效果，如图 10-48 所示。

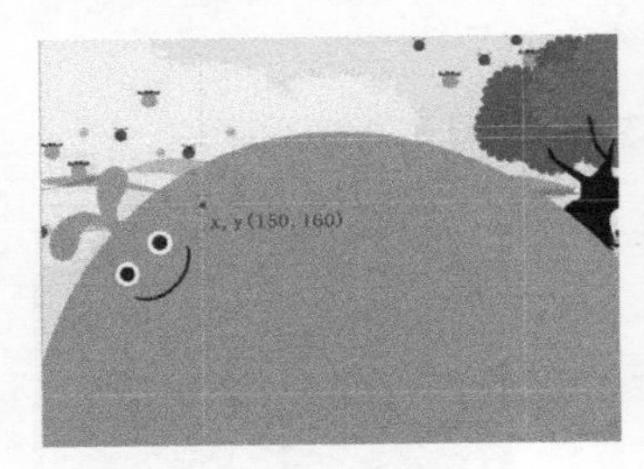

图 10-46 定位文本框范围

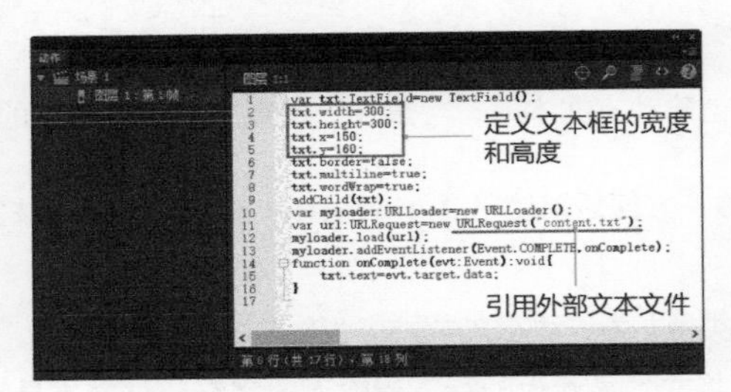

图 10-47 输入脚本代码

图 10-48 测试动画效果

提示

引用的外部文本文件必须与 Flash 文档在同一根目录下，并且编码为 UTF-8。

10.2.3 创建和编辑文本字段

在默认情况下，文本是沿水平方向扩展的，但是静态文本也可以垂直对齐。可以使用最常用的文字处理方法编辑 Flash 中的文本。

使用“剪切”“复制”“粘贴”命令可以在 Flash 文件内或其他应用程序之间移动文本。

使用“文本工具”按钮，在“属性”面板中选择文本类型，单击文本的起始位置，可以创建在一行中显示文本的文本字段；单击文本的起始位置，并拖动鼠标到所需宽度（对于水平文本）或高度（对于垂直文本），可以创建定宽或定高的文本字段。

技术看板

如果创建的文本字段在输入文本时延伸到舞台边缘以外，那么文本将不会丢失。若要使手柄再次可见，则可添加换行符，移动文本字段，或选择“视图 > 剪贴板”命令。

选中文本后，会出现一个蓝色边框，可以通过拖动其中一个手柄来调整文本字段的大小。静态文本字段有 4 个手柄，使用它们可以沿水平方向调整文本字段的大小，如图 10-49 所示。动态文本字段有 8 个手柄，使用它们可以沿垂直、水平或对角线方向调整文本字段的大小，如图 10-50 所示。

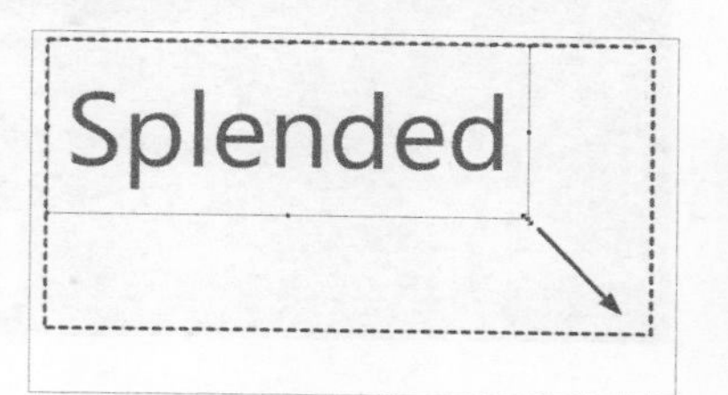

技术看板

双击调整大小手柄，可在定宽或定高与可延伸之间切换文本字段。

Splended

图 10-49 沿水平方向调整文本字段大小

图 10-50 沿对角线方向调整文本字段大小

使用“文本工具”，在文本字段内部单击并拖动可以选择字符，如图 10-51 所示；双击可以选择一个单词；单击指定选定内容的开头，按【Shift】键单击选定内容的末尾，可以选择一段指定范围的文本，如图 10-52 所示；按【Ctrl+A】组合键可以选中字段中的所有文本。

图 10-51 选择字符

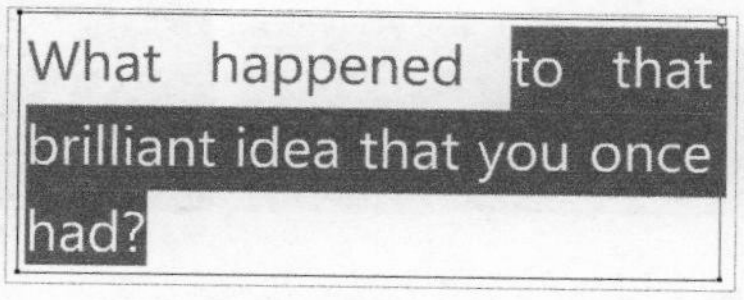

What happened to that brilliant idea that you once had?

图 10-52 选择一段指定范围的文本

10.2.4 转换文本

用户可以将传统文本分离，将每个字符置于单独的文本字段中，然后快速地将文本字段分布到不同的图层，并使每个字段具有动画效果。但是，无法分离可滚动传统文本字段中的文本。

此外，用户还可以将文本转换为组成它的线条和填充，以将文本作为图形，对其进行改变形状、擦除及其他操作。

与处理其他形状一样，用户可以单独将这些转换后的字符分组，或者将它们转换为元件，并为其制作动画效果。将文本转换为图形和填充后，便无法再编辑它们的字符属性。

提示

为了防止用户的计算机缺少字体而无法正常显示动画效果的情况发生，一般在动画制作完成后，会将文字全部分离为图形，使其不再具有文字的属性。

课堂案例 制作文字动画

素材文件	素材文件 \ 第 10 章 \102601.jpg
案例文件	案例文件 \ 第 10 章 \10-2-6.fla
教学视频	视频教学 \ 第 10 章 \10-2-6.mp4
案例要点	掌握文字打散操作方法以及简单文字动画的制作方法

扫码观看视频

Step 01 新建一个 500 像素 ×400 像素的空白文档，如图 10-53 所示。选择“插入 > 新建元件”命令，新建一个“名称”为“文字动画”的“影片剪辑”元件，如图 10-54 所示。

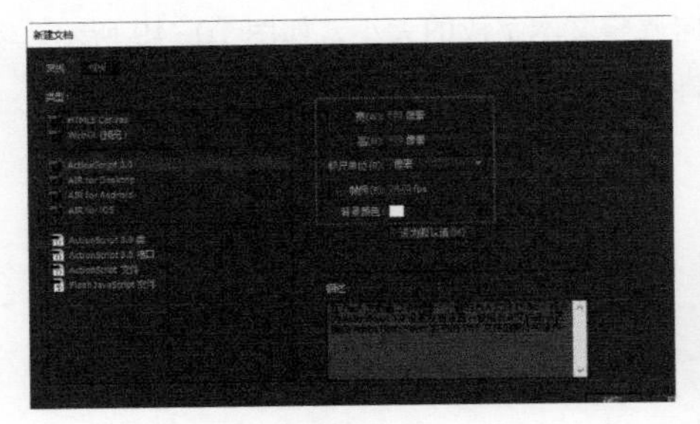
图 10-53 “新建文档”对话框

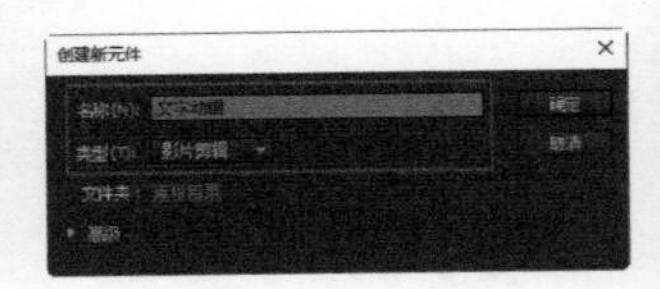
图 10-54 “创建新元件”对话框

Step 02 使用“文本工具”，在“属性”面板中进行相应设置，在舞台中单击并输入文字，如图 10-55 所示。选择“修改 > 分离”命令，将文本分离为单独的字符，如图 10-56 所示。

图 10-55 输入文字

图 10-56 将文本分离为单独的字符

Step 03 选择“修改 > 时间轴 > 分散到图层”命令，将 6 个字符分散到不同的图层，如图 10-57 所示。选中“让”字，按【F8】键将其转换为“名称”为“让”的“影片剪辑”元件，如图 10-58 所示。

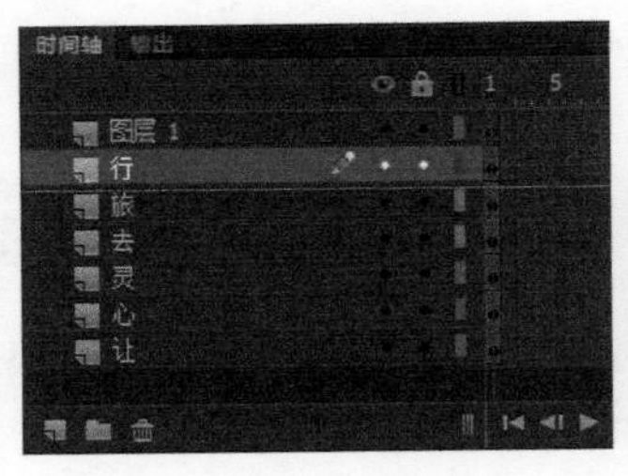

图 10-57 “时间轴”面板

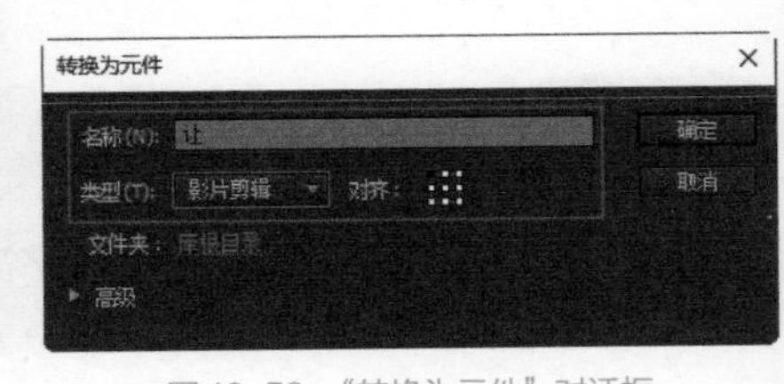

图 10-58 “转换为元件”对话框

Step 04 双击元件，进入“让”元件编辑状态，将其复制一份，选择“修改 > 分离”命令，将其中一份文字打散为图形，如图 10-59 所示。使用“墨水瓶工具”，打开“属性”面板，适当设置参数值，为打散的文字添加描边，如图 10-60 所示。

图 10-59 复制文字并打散为图形

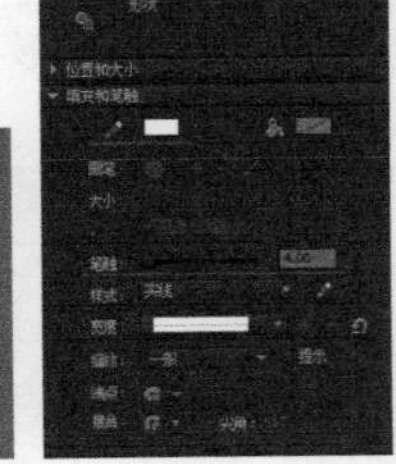
图 10-60 为打散的文字添加描边

Step 05 将复制出的文字移动到描边文字上，完成文字描边效果的制作，如图 10-61 所示。返回“文字动画”元件，在舞台中选中“让”字，在“属性”面板中设置该元件的“Alpha”为“0%”，使其不可见，效果如图 10-62 所示。

图 10-61 完成文字描边制作

图 10-62 设置元件的 Alpha 值

Step 06 在第 15 帧按【F6】键插入关键帧，在“属性”面板中设置“样式”选项为“无”，使其重新可见，在第 1 帧创建传统补间动画，“时间轴”面板如图 10-63 所示。分别在第 95 帧和第 110 帧插入关键帧，选中第 110 帧上的元件，在“属性”面板中设置“Alpha”为“0%”，在第 95 帧创建传统补间动画，“时间轴”面板如图 10-64 所示。

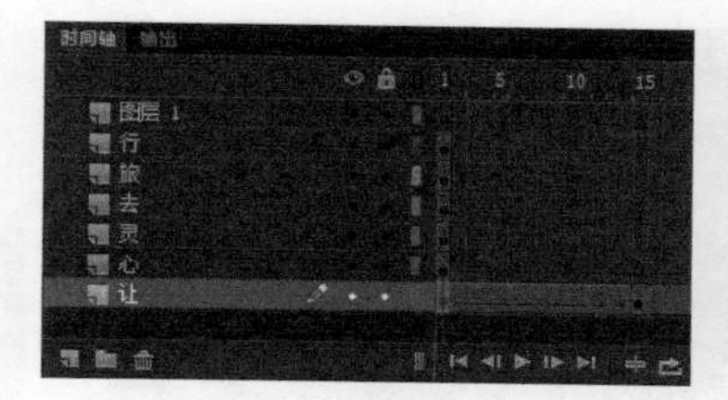

图 10-63 “时间轴”面板

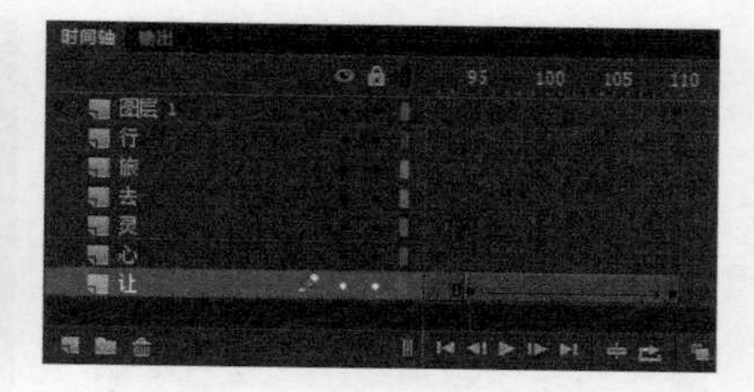

图 10-64 “时间轴”面板

Step 07 使用相同的制作方法，可以完成其他图层中字符的动画效果制作，“时间轴”面板如图 10-65 所示。

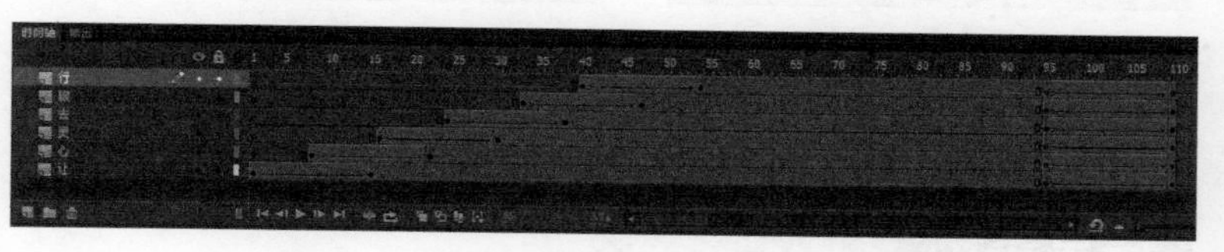

图 10-65 “时间轴”面板

Step 08 返回主场景，将背景素材“素材文件\第 10 章\102601.jpg”导入舞台，如图 10-66 所示。新建“图层 2”，将“文字动画”元件从“库”面板中拖动到背景左侧空白处，效果如图 10-67 所示。

图 10-66 导入素材图像

图 10-67 拖入元件

Step 09 完成动画的制作，按【Ctrl+Enter】组合键，测试动画效果，如图 10-68 所示。

图 10-68 测试动画效果

10.2.5 创建文本超链接

如果要为文本字段中的文字添加超链接，那么可以使用“文本工具”选择文字。如果要为整个文本字段添加超链接，那么可以使用“选择工具”选择文本字段。

在“属性”面板中输入要链接到的 URL，如图 10-69 所示。如果要创建指向电子邮件地址的链接，那么应该使用 mailto：电子邮件地址，如图 10-70 所示。

“属性”面板中的“目标”选项用来设置指定URL要加载到其中的窗口，其目标包括4种类型，如图10-71所示。

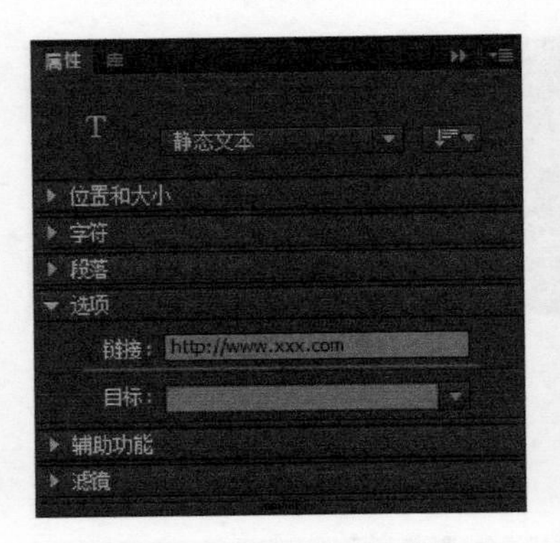

图 10-69 设置 URL 链接地址

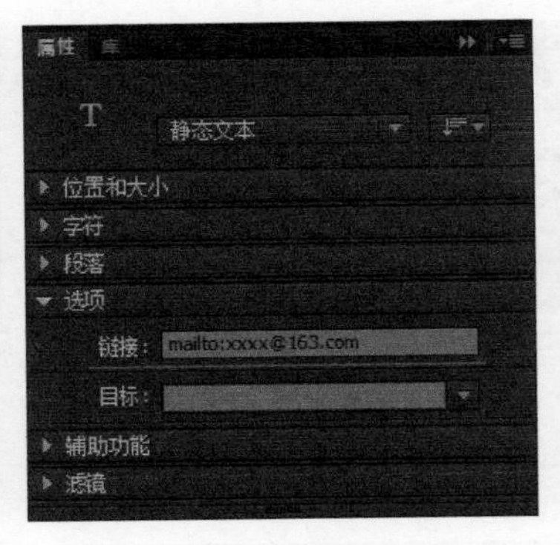

图 10-70 设置电子邮件地址

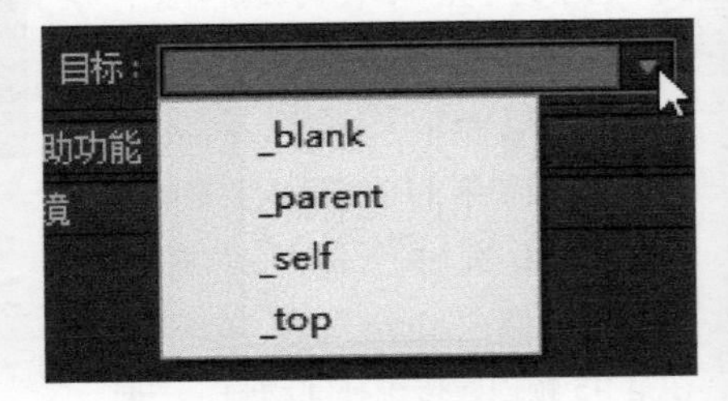

图 10-71 “目标”选项下拉列表

课堂案例 创建动态滚动文本

素材文件	素材文件 \ 第 10 章 \102801.fla	扫码观看视频 
案例文件	案例文件 \ 第 10 章 \10-2-8.fla	
教学视频	视频教学 \ 第 10 章 \10-2-8.mp4	
案例要点	掌握动态滚动文本的创建方法	

Step 01 打开素材文件“素材文件 \ 第 10 章 \102801.fla”，如图 10-72 所示。新建一个“名称”为“云动画”的“影片剪辑”元件，如图 10-73 所示。

图 10-72 打开素材文件

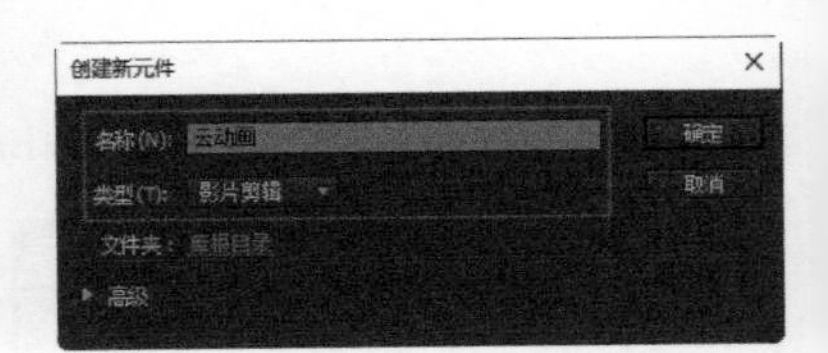

图 10-73 “创建新元件”对话框

Step 02 将“云朵 2”素材从“库”面板中拖入舞台，如图 10-74 所示。选中云朵，按【F8】键将其转换为“名称”为“云”的“图形”元件，如图 10-75 所示。

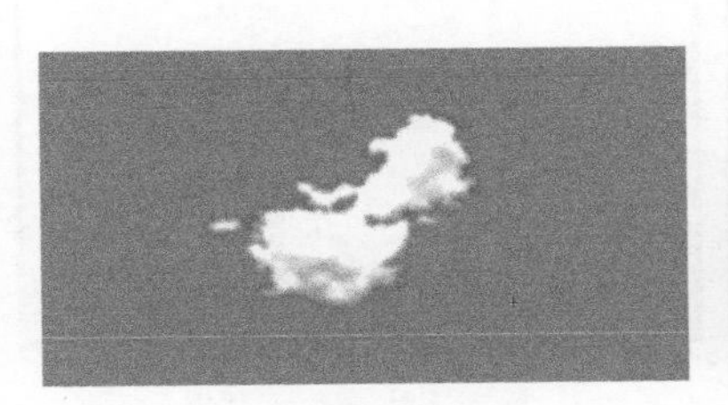
图 10-74 拖入素材图像

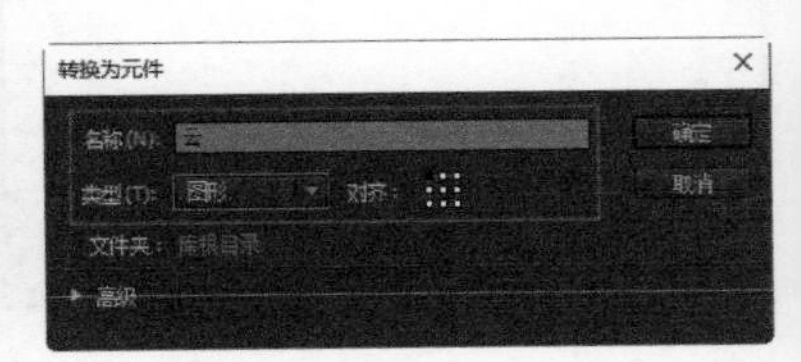

图 10-75 “转换为元件”对话框

Step 03 在第 400 帧按【F6】键插入关键帧，将舞台中的云朵向右移动，如图 10-76 所示。为第 1 帧创建传统补间动画，如图 10-77 所示。

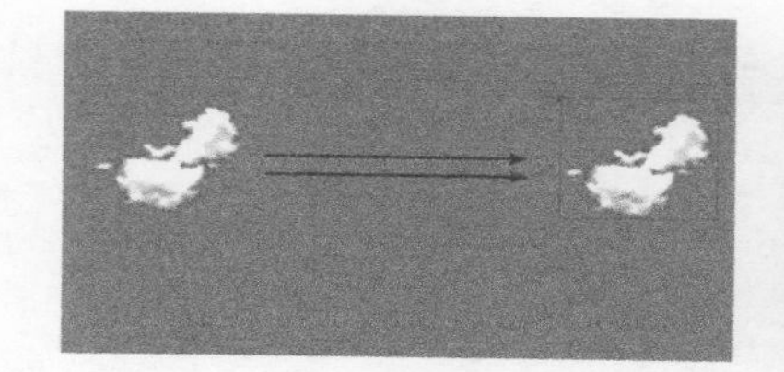
图 10-76 移动元件

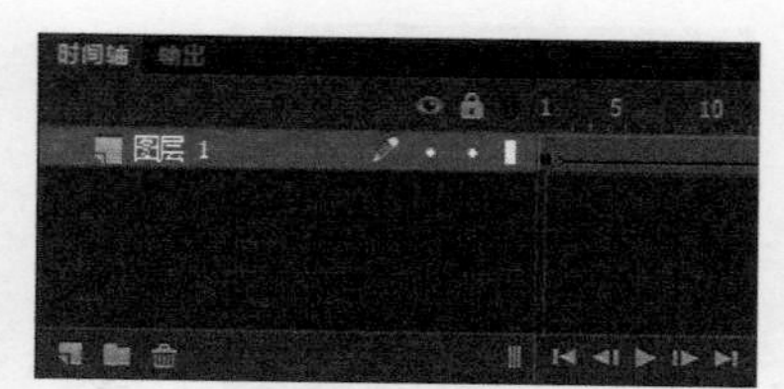

图 10-77 创建传统补间动画

Step 04 新建一个“名称”为“小草动画 1”的“影片剪辑”元件，如图 10-78 所示。使用“直线工具”“选择工具”“颜料桶工具”绘制一根小草，如图 10-79 所示。

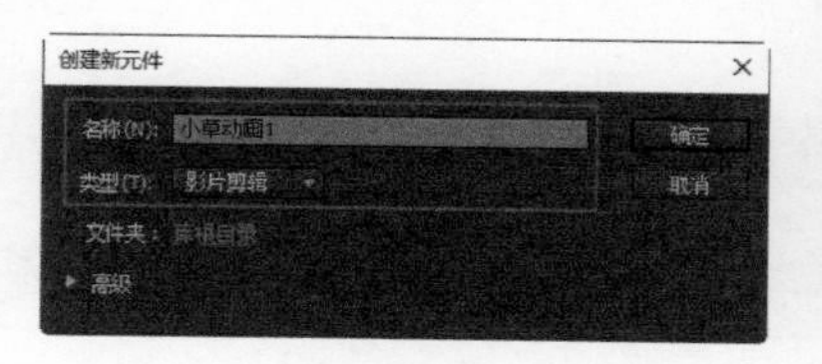

图 10-78 “创建新元件”对话框

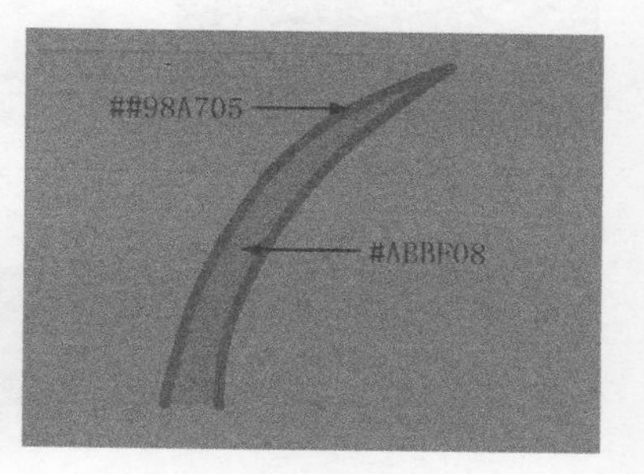

图 10-79 绘制小草图形

Step 05 按【F8】键，将绘制的小草图形转换为“名称”为“小草 1”的“图形”元件，如图 10-80 所示。在第 7 帧按【F6】键插入关键帧，将小草适当旋转，如图 10-81 所示。

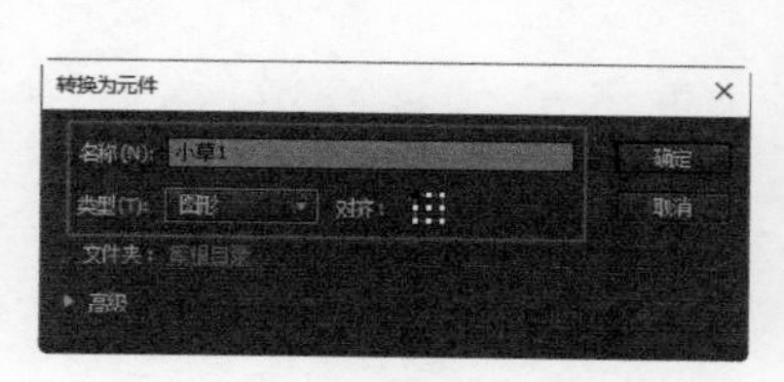

图 10-80 “转换为元件”对话框

图 10-81 旋转元件

Step 06 为第 1 帧创建传统补间动画，使用相同的制作方法，可以制作出小草左右摆动的动画效果，“时间轴”面板如图 10-82 所示。使用相同的制作方法，可以制作出其他的小草元件，如图 10-83 所示。

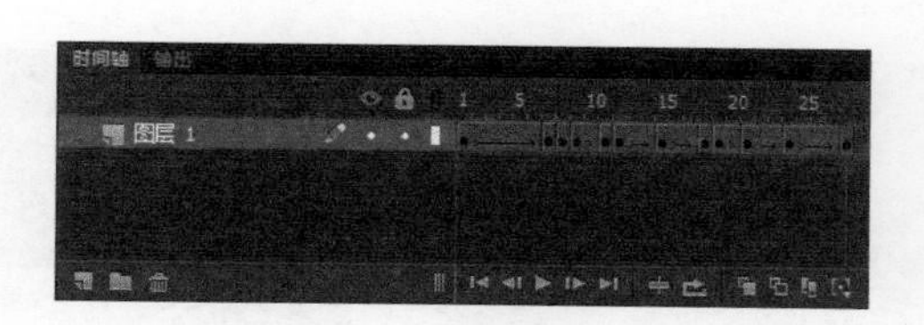

图 10-82 “时间轴”面板

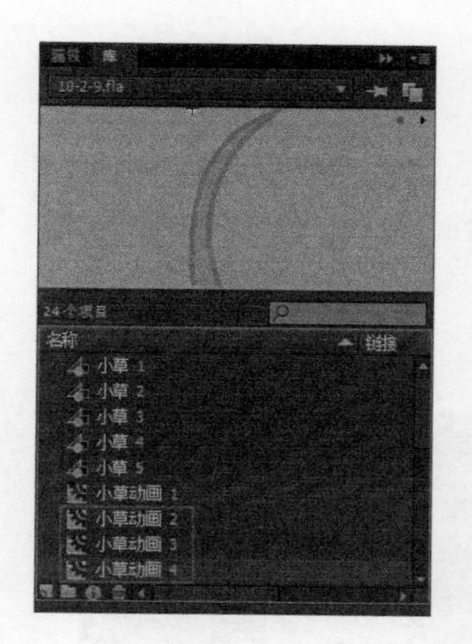

图 10-83 制作出其他的小草元件

Step 07 根据小草动画的制作方法，制作 3 个花朵动画，如图 10-84 所示。返回主场景，在“图层 1”上方新建图层，将“花动画 2”从“库”面板中拖动到舞台，如图 10-85 所示。

Step 08 将其他花动画分别拖动到舞台，如图 10-86 所示。新建图层，分别将不同的小草元件和花元件拖动到舞台，如图 10-87 所示。

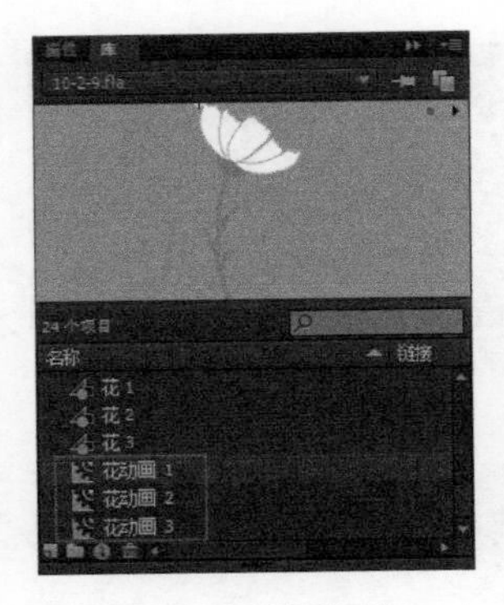

图 10-84 制作花元件

图 10-85 拖入元件（1）

图 10-86 拖入元件（2）

图 10-87 拖入元件（3）

提示

用户可以使用【Ctrl+Shift+↑】组合键（上移一层）和【Ctrl+Shift+↓】组合键（下移一层）对一个对象的排列顺序进行调整。

Step 09 新建图层，将“云动画”拖动到舞台左上方，如图 10-88 所示。新建图层，使用“矩形工具”在背景中央创建一个“填充颜色”为“40% 白色”的矩形，如图 10-89 所示。

图 10-88 拖入元件（5）

图 10-89 绘制矩形

Step 10 使用“文本工具”，在“属性”面板中设置字符属性，在舞台中单击并输入文字，如图 10-90 所示。在“属性”面板中重新设置字符属性，在舞台上绘制文本框并输入文字，如图 10-91 所示。

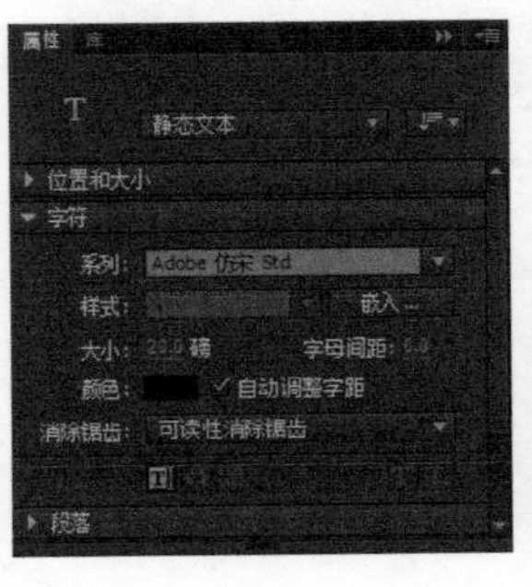

图 10-90 输入文字

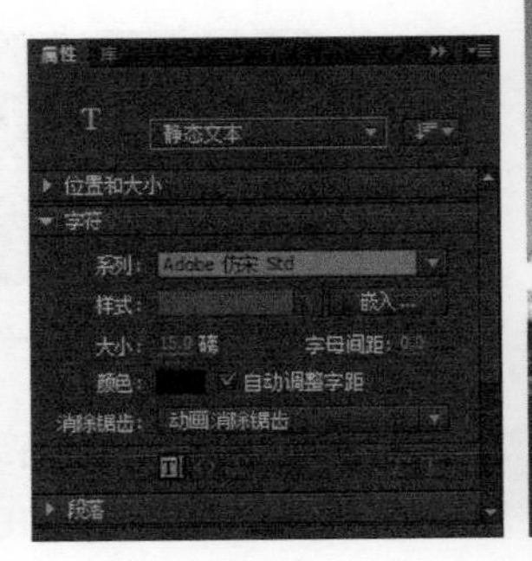

图 10-91 绘制文本框并输入文字

Step 11 选择文本，在“属性”面板中设置“文本类型”为“输入文本”，如图 10-92 所示。在舞台中调整文本框的高度，选择“文本 > 可滚动”命令，将其转换为可滚动文本，如图 10-93 所示。

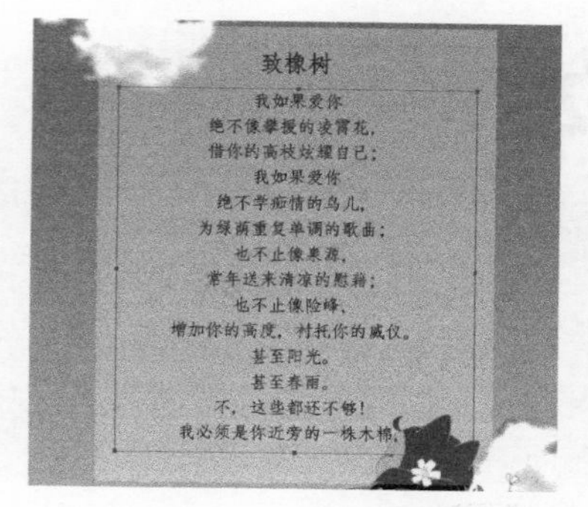

图 10-92 设置“文本类型”选项　　图 10-93 调整文本框高度并将其转换为可滚动文本

提示

只有将“文本类型”设置为“动态文本”或“输入文本”，才可以调整文本框的高度，从而将部分文本隐藏。

Step 12 完成动画制作，按【Ctrl+Enter】组合键，测试动画效果，如图 10-94 所示。

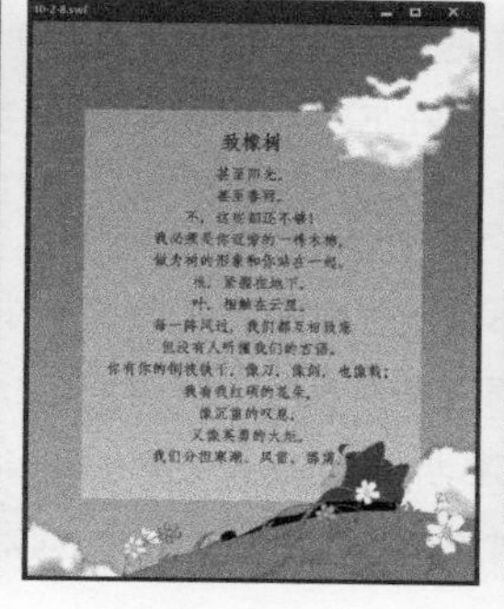

图 10-94 测试动画效果

10.2.6 查找和替换

Flash CC 的“查找和替换”功能允许对文档中的文字、代码、颜色、元件、位图等元素进行查找，并替换为其他的元素。总结而言，“查找和替换”工具允许用户完成如下操作：

- 搜索文本字符串、字体、颜色、元件、声音文件、视频文件或导入的位图文件。
- 使用相同类型的另一元素替换指定的元素。根据指定元素的类型，“查找和替换”对话框提供不同的选项。
- 查找和替换当前文档或当前场景中的各种元素。
- 搜索下一个或所有出现的元素，并替换当前出现或所有出现的元素。

若要查找和替换文档中的相关元素，则选择“编辑 > 查找和替换”命令，弹出如图 10-95 所示的对话框。

提示

在基于屏幕的文档中，可以查找和替换当前文档或当前屏幕中的元素，但不能使用场景。

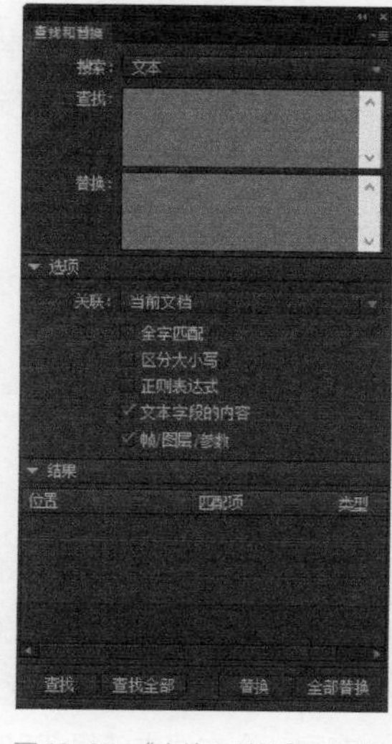

图 10-95 “查找和替换”对话框

嵌入字体

当计算机通过 Internet 播放用户发布的 SWF 文件时，不能保证使用的字体在这些计算机上可用。要确保文本保持所需外观，可以嵌入全部字体或某种字体的特定字符子集。

通过在发布的 SWF 文件中嵌入字符，可以使该字体在 SWF 文件中可用，而无须考虑播放该文件的计算机。嵌入字体后，即可在发布的 SWF 文件中的任何位置使用。

从 Flash CS 6 开始，对于包含文本的任何文本对象使用的所有字符，Flash 均会自动嵌入。如果用户自己创建嵌入字体元件，就可以使文本对象使用其他字符，对于“消除锯齿” 属性设置为“使用设备字体”的文本对象，没有必要嵌入字体。指定要在 FLA 文件中嵌入的字体后，Flash 会在用户发布 SWF 文件时嵌入指定的字体。

通常，出现如下 4 种情况时，需要通过在 SWF 文件中嵌入字体来确保正确的文本外观：

- 在要求文本外观一致的设计过程中需要在 FLA 文件中创建文本对象时。
- 在使用“消除锯齿”选项而非“使用设备字体”时，必须嵌入字体，否则文本可能会消失或者不能正确显示。
- 当使用 ActionScript 创建动态文本时，必须在 ActionScript 中指定要使用的字体。
- 当 SWF 文件包含文本对象，并且该文件可能由尚未嵌入所需字体的其他 SWF 文件加载时。

要在 SWF 文件中嵌入某种字体的字符，可以使用如下任意一种方法：

- 选择“文本 > 字体嵌入”命令。
- 在“库”面板选项菜单中，选择“添加字体”命令。
- 在“库”面板的空白位置单击鼠标右键，在弹出的快捷菜单中选择“新建字型”命令。
- 单击文本“属性”面板中的“嵌入”按钮。

无论执行哪种操作，都会弹出“字体嵌入”对话框，如图 10-96 所示。在“字体嵌入”对话框中的树形视图中，显示了当前 FLA 文件中的所有字体元件，并且这些字体元件根据字体系列进行了组织。打开该对话框后，可以编辑其中任何或所有字体，然后单击“确定”按钮提交更改。

在“字体嵌入”对话框中，用户可以执行如下操作：

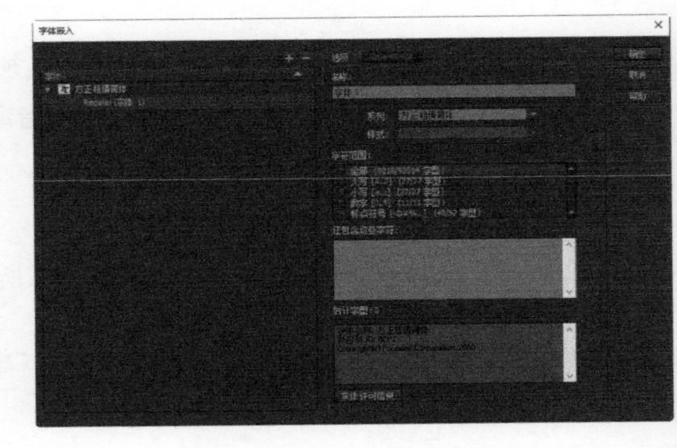

图 10-96 “字体嵌入”对话框

- 在一个位置管理所有嵌入的字体。
- 为每个嵌入的字体创建字体元件。
- 为字体选择自定义范围嵌入字符以及预定义范围嵌入字符。
- 在同一个文件中使用 TLF 文本和传统文本，并在每个文本中使用嵌入字体。

10.4 消除锯齿

Flash 提供了增强的字体光栅化处理功能，使用户可以指定字体的消除锯齿属性。改进的消除锯齿功能只能用于针对 Flash Player 8 或更高版本发布的 SWF 文件。如果针对较早版本的 Flash Player 发布文件，那么只能使用“动画消除锯齿”功能。

消除锯齿需要嵌入文本字段使用的字体。如果不嵌入字体，那么文本字段可能对传统文本显示空白。如果将“消除锯齿”设置更改为“使用设备字体”导致文本不能正确显示，那么需要嵌入字体，Flash 会自动为已经在舞台上创建的文本字段中存在的文本嵌入字体。

如果计划允许文本在运行时更改，那么应该手动嵌入字体。在“属性”面板中的“消除锯齿”下拉列表中，选择“动画消除锯齿”选项，如图 10-97 所示。

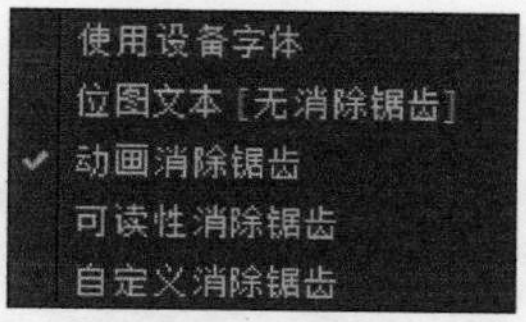

使用设备字体
位图文本 [无消除锯齿]
✔ 动画消除锯齿
可读性消除锯齿
自定义消除锯齿

图 10-97 选择“动画消除锯齿”选项

课后习题

一、选择题

1. Flash 中的文本类型不包括（　）。

A. 静态文本　　B. 段落文本　　C. 动态文本　　D. 输入文本

2. 可以在按住（　）键 / 组合键的同时双击动态和输入文本字段的手柄，以创建在舞台上输入文本时不扩展的文本字段。

A.【Ctrl】　　B.【Alt】　　C.【Shift】　　D.【Ctrl+Shift】

3. 只有设置“文本类型”为“动态文本”或“输入文本”时，“属性”面板中“段落”选项区中的（　）选项才可用。

A. 格式　　B. 间距　　C. 边距　　D. 行为

4. 使用“文本工具”在文本字段内部单击，按（　）组合键可选中字段中的所有文本。

A.【Ctrl+A】　　B.【Ctrl+C】　　C.【Ctrl+D】　　D.【Ctrl+R】

5. 如果要创建指向电子邮件地址的链接，那么在“属性”面板中的“链接”文本框中应该输入（　）。

A. URL 地址　　B. 电子邮件地址

C. mailto: 电子邮件地址　　D. mailto:URL 地址

二、选择题

1. ______能够显示不断更新的文本，例如股票报价或头条新闻；______允许用户输入表单或调查表等文本内容。
2. 为文本设置一个 ______，可以方便后期使用 ActionScript 通过名字调用该文本对象。
3. 只有将“文本类型”设置为 ______ 或 ______，才可以调整文本框的高度，从而将部分文本隐藏。

三、案例题

新建一个 Flash 文档，新建影片剪辑元件，输入文字并将文字转换为图形元件，制作出文字上、下移动的动画效果，再次拖入文字元件并进行垂直翻转，同样制作出上、下移动的动画效果，最终完成文字倒影动画的制作，效果如图 10-98 所示。

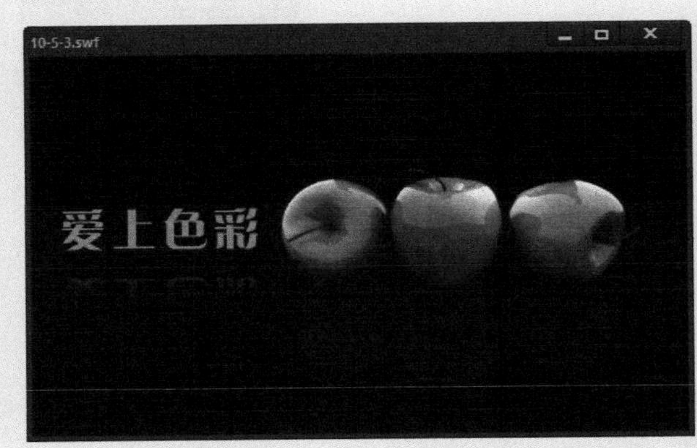

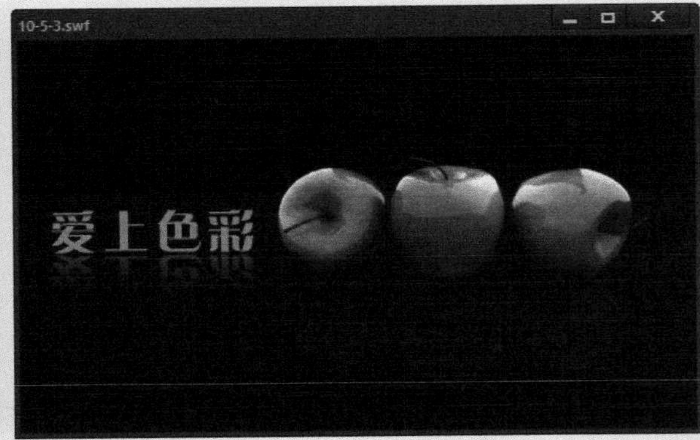

图 10-98 文字倒影动画效果

Chapter 11

第11章 声音和视频的应用

在 Flash 动画中运用声音和视频元素能够对动画氛围起到很好的烘托作用，使 Flash 动画本身也更加丰富。本章主要针对声音和视频的添加和应用进行详细的讲解，以帮助读者深刻理解声音和视频的运用技巧。

FLASH CC

学习目标

- 了解声音的格式、采样率和位深
- 了解在 Flash 动画中使用声音的不同方法
- 掌握在 Flash 中对声音的编辑方法
- 了解在 Flash 中支持的视频格式
- 掌握在 Flash 中导入视频的方法

学习重点

- 掌握在 Flash 动画中应用声音的方法
- 掌握使用代码片段载入声音的方法
- 掌握在 Flash 中使用视频的多种方式
- 掌握使用代码片段控制视频的方法

11.1 了解声音

Flash 提供了多种使用声音的方式，使用时间轴可以将动画与音轨保持同步。

影响声音质量的因素主要包括声音的采样率、声音的位深、声道、声音的保存格式等。其中，声音的采样率和声音的位深直接影响声音的质量，甚至影响声音的立体感，为了确保声音的质量，应尽量减少音量。

11.1.1 声音的格式

声音文件本身比较大，会占有较大的磁盘空间和内存，所以在制作动画时尽量选择效果较好的、文件较小的声音文件。下面介绍声音的格式。

- ASND. 适用于 Windows 或 Macintosh。
- WAV：适用于 Windows。
- AIFF：适用于 Macintosh。
- MP 3：适用 Windows 或 Macintosh。

如果系统中安装了 QuickTime® 4 或更高版本的软件，那么可以导入如下附加的声音文件的格式。

- AIFF：适用于 Windows 或 Macintosh。
- Designer® II：适用于 Macintosh。
- QuickTime 影片：适用于 Windows 或 Macintosh。
- Sun AU：适用于 Windows 或 Macintosh。
- System 7 声音：适用于 Macintosh。
- WAV：适用于 Windows 或 Macintosh。

提示

MP 3 声音数据是经过压缩处理的，所以比 WAV 或 AIFF 文件较小。如果使用 WAV 或 AIFF 文件，那么要使用 16 位 22kHz 单声，如果要向 Flash 中添加声音效果，那么最好导入 16 位声音。当然，如果内存有限，就尽可能地使用短的声音文件或用 8 位声音文件。

选择“文件 > 导入 > 导入到库”命令，可以将外界各种类型的声音文件导入当前文档的库中，并不是所有格式的声音都可以导入 Flash 中。

11.1.2 采样率和位深

采样率指单位时间内对音频信号采样的次数，即在一秒钟的声音中采集了多少声音样本，用赫兹（Hz）来表示。在一定的时间内，采集的声音样本越多，声音就与原始声音越接近，采样率越高，声音越好，但是相对占用的空间也越大。

在日常听到的声音中，CD 音乐的采样率是 44.1kHz（每秒钟采样 44 100 次），而广播的采样率只有 22.5kHz。声音采样率与声音品质的关系如表 11-1 所示。

表 11-1　声音采样率和与声音品质的关系

声音采样率	声音品质
48 kHz	演播质量，用于数字媒体上的声音或音乐
44.1 kHz	CD品质，用于高保真声音和音乐
32 kHz	接近CD品质，用于专业数字摄像机音频
22.05 kHz	FM收音品质效果，用于较短的高质量音乐片段
11 kHz	作为声效可以接受，用于演讲、按钮声音等效果
5 kHz	可接受简单的演讲、电话

声音的位深是指录制每一个声音样本的精确程度。位深就是位的数量，如果以级数来表示，那么级数越多，样本的精确程度就越高，声音的质量就越好。声音品质的好坏取决于声音样本质量，而决定样本质量的因素是位深。

声音位深与声音品质的关系如表 11-2 所示。

表 11-2　声音位深与声音品质的关系

声音位深	声音品质
24位	专业录音棚效果，用于制作音频母带
16位	CD效果，用于高保真声音或音乐
12位	接近CD效果，用于效果好的音乐片段
10位	FM收音品质效果，用于较短的高质量音乐片段
8位	可接受简单的人声演讲、电话

提示

几乎所有声卡内置的采样频率都是 44.1 kHz，所以在 Flash 动画中播放的声音的采样率应该是 44.1 的倍数，如 22.05、11.025 等。如果使用了其他采样率的声音，那么 Flash 会对它们进行重新采样，虽然可以播放，但是最终播放出来的声音可能会比原始声音的声调偏高或偏低。

11.1.3 声道

声道也就是声音通道。把一个声音分解成多个声音通道，再分别进行播放，各个通道的声音在空间内进行混合，就模拟出了声音的立体效果。

人耳是非常灵敏的，具有立体感，能够辨别声音的方向和距离。数字声音为了给人的耳朵提供具有立体感的声音，因此引入了声道的概念。

通常所说的立体声，其实就是双声道，即左声道和右声道。随着科技的发展，已经出现了四声道、五声道甚至更多声道的数字声音。每个声道的信息量几乎是一样的，因此增加一个声道也就意味着多一倍的信息量，声音文件也相应大一倍，这对 Flash 动画作品的发布有很大的影响，为减小声音文件大小，在 Flash 动画中通常使用单声道。

在Flash中使用声音

在 Flash 中使用声音包括：为按钮添加声音和为影片添加声音，下面将进行详细的讲解。

11.2.1 导入声音

选择“文件 > 导入 > 导入到库”命令，弹出“导入到库”对话框中，如图 11-1 所示。通过该对话框定位并打开所需声音文件，在“库”面板中可以看到刚刚导入的声音文件，如图 11-2 所示。

图 11-1 选择需要导入的声音文件

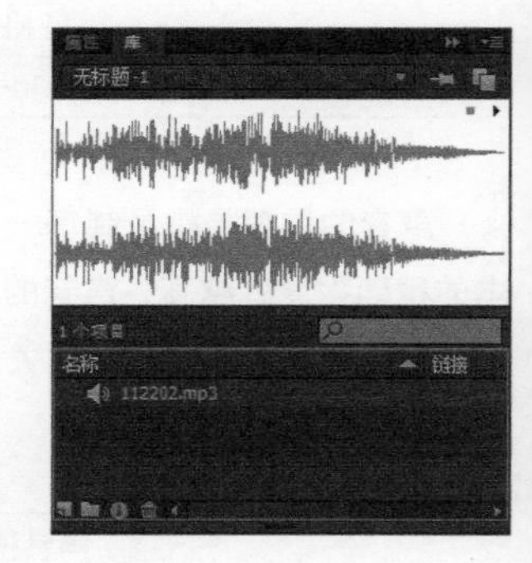

图 11-2 导入“库”面板中的声音文件

课堂案例 为按钮添加声音

素材文件	素材文件 \ 第 11 章 \112201.fla、112202.mp3
案例文件	案例文件 \ 第 11 章 \11-2-2.fla
教学视频	视频教学 \ 第 11 章 \11-2-2.mp4
案例要点	掌握为按钮元件应用声音素材的方法

扫码观看视频

Step 01 选择“文件 > 打开”命令，打开素材文件“素材文件 \ 第 11 章 \ 112201.fla”，如图 11-3 所示。选择“插入 > 新建元件”命令，新建一个“名称”为“按钮”的“按钮”元件，如图 11-4 所示。

图 11-3 打开素材文件

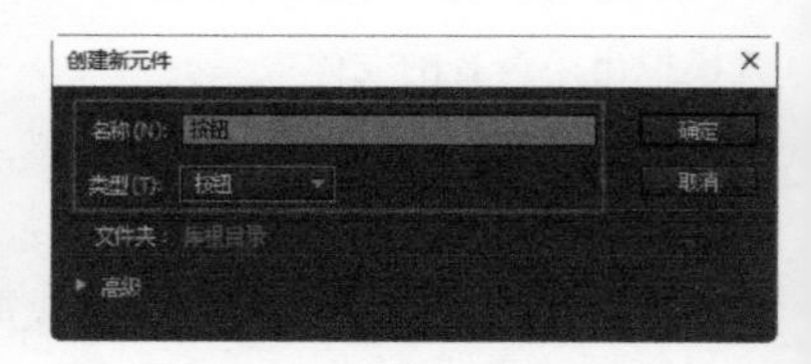

图 11-4 “创建新元件”对话框

Step 02 单击“确定”按钮，进入元件编辑状态，打开“库”面板，将名称为“小船”的图形元件拖动到舞台，如图 11-5 所示。选择“指针经过”状态，按【F5】键插入帧，“时间轴”面板如图 11-6 所示。

图 11-5 拖入元件（1）

图 11-6 “时间轴”面板

Step 03 新建图层，将名称为“文字”的图形元件拖动到舞台，并适当调整位置和大小，如图 11-7 所示。选择“指针经过”状态，按【F6】键插入关键帧，使用“任意变形工具”，将该帧上的元件进行适当缩小，如图 11-8 所示。

图 11-7 拖入元件（2）

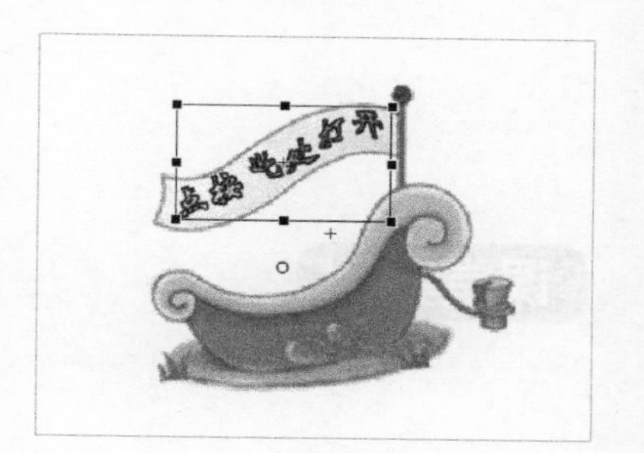

图 11-8 缩小元件

Step 04 选择“按下”状态，按【F7】键插入空白关键帧，将“房子”元件拖动到舞台，适当调整其位置和大小，如图 11-9 所示。选择“点击”状态，按【F5】键插入帧，“时间轴”面板如图 11-10 所示。

Step 05 选择“文件 > 导入 > 导入到库”命令，将音乐素材文件“素材文件 \ 第 11 章 \112202.mp3”导入“库”面板中，如图 11-11 所示。选择“按下”状态，按【F7】键插入空白关键帧，在“属性”面板中的“声音”选项区中，在“名称”下拉列表中选择需要应用的声音，如图 11-12 所示。

图 11-9 拖入元件（3）

图 11-10 “时间轴”面板

图 11-11 导入声音素材

图 11-12 选择需要应用的声音

Step 06 “时间轴”面板如图 11-13 所示。返回“场景 1”编辑状态，将“按钮”元件从“库”面板中拖动到舞台，如图 11-14 所示。

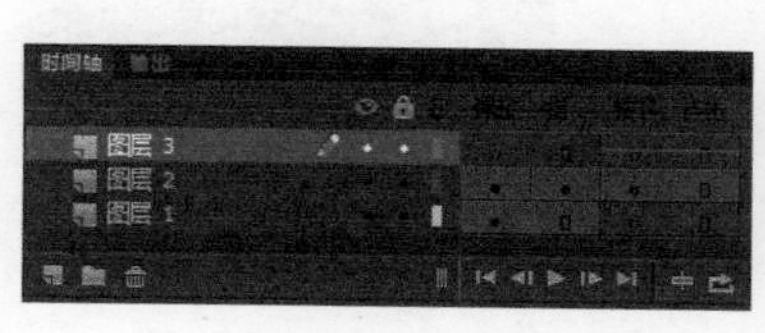

图 11-13 “时间轴”面板

图 11-14 拖入元件（4）

Step 07 完成该动画的制作，按【Ctrl+Enter】组合键，测试动画效果，如图 11-15 所示。

图 11-15 测试动画效果

课堂案例 为影片剪辑添加声音

素材文件	素材文件 \ 第 11 章 \112301.fla、112302.wav	扫码观看视频
案例文件	案例文件 \ 第 11 章 \11-2-3.fla	
教学视频	视频教学 \ 第 11 章 \11-2-3.mp4	
案例要点	掌握为影片剪辑应用声音素材的方法	

Step 01 选择“文件 > 打开”命令，打开文档“素材文件 \ 第 11 章 \ 112301.fla”，如图 11-16 所示。打开“库”面板，新建“图层 2”，将名称为“闪光”的影片剪辑元件拖动到舞台，如图 11-17 所示。

图 11-16 打开素材文件

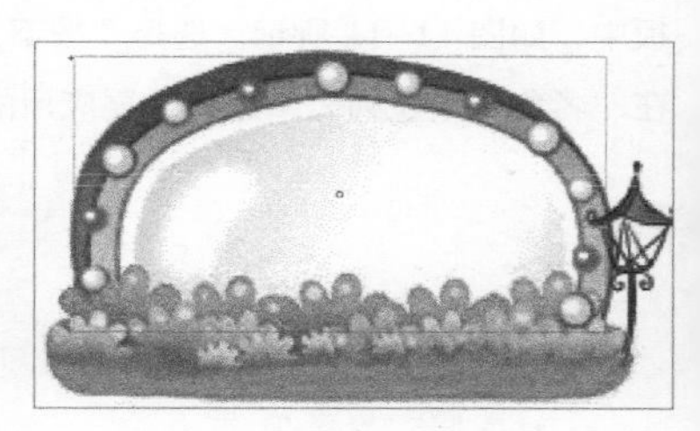

图 11-17 拖入元件

Step 02 选择“文件 > 导入 > 导入到库”命令，将声音素材“素材文件 \ 第 11 章 \112302.wav”导入“库”面板中，如图 11-18 所示。新建“图层 3”，从“库”面板中将名称为“声音”的素材文件直接拖动到舞台，“时间轴”面板如图 11-19 所示。

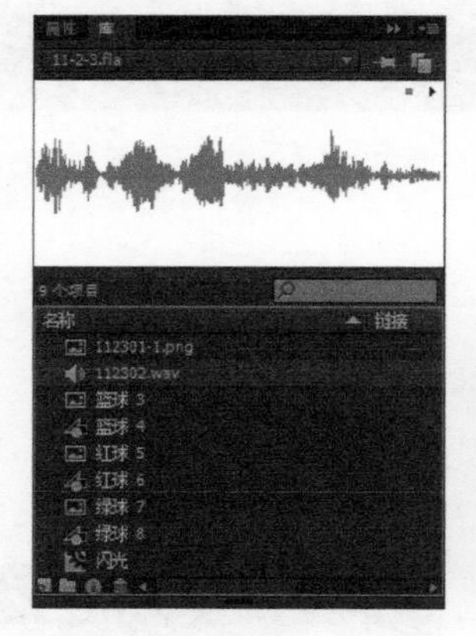

图 11-18 导入声音素材文件

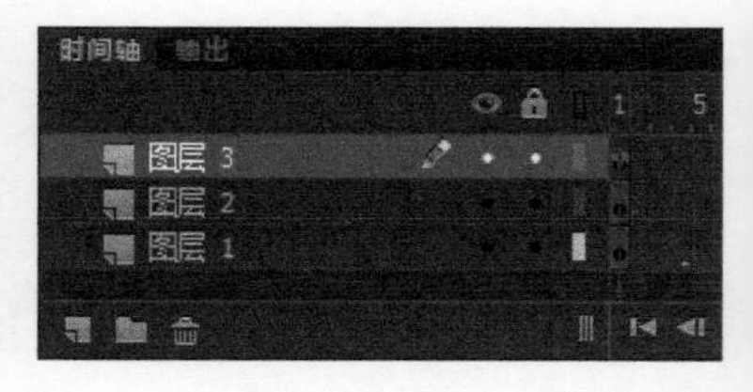

图 11-19 “时间轴”面板

Step 03 完成该动画的制作，按【Ctrl+Enter】组合键，测试动画效果，如图 11-20 所示。

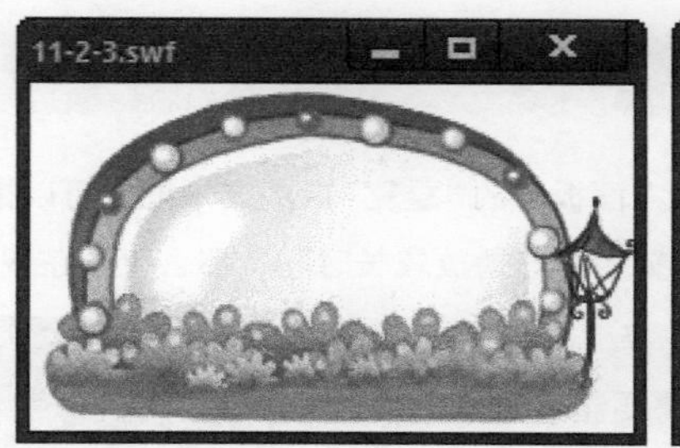

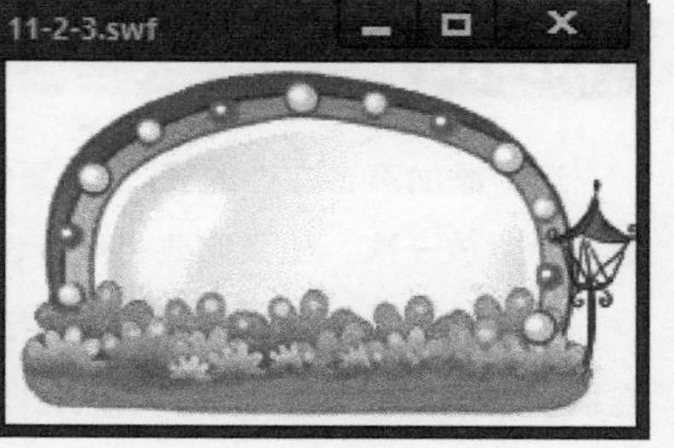

图 11-20 测试动画效果

11.2.2 静音

在 Flash 软件中播放时间轴时，如果不需要音频参与测试，那么可以选择“控制 > 静音”命令，如图 11-21 所示，再次播放时间轴时，时间轴中的声音素材将不再播放。

图 11-21 选择“静音”命令

11.3 在Flash中编辑声音

在 Flash 中，用户可以定义声音的起始点或在播放时控制声音的音量。用户还可以改变声音开始播放和停止播放的位置。这对于通过删除声音文件的无用部分来减小文件的大小是很有用的。

11.3.1 设置声音的属性

设置声音属性的方式有两种：一种是打开“库”面板，在声音文件上单击鼠标右键，在弹出的快捷菜单中选择“属性”命令；另一种是双击“库”面板中的声音文件前的图标，可以弹出“声音属性”对话框，如图 11-22 所示。

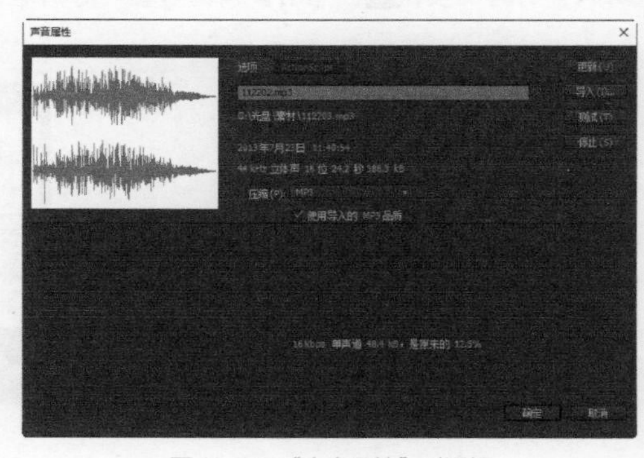

图 11-22 “声音属性”对话框

11.3.2 设置声音重复

选中添加声音文件的帧，在“属性”面板中的“重复”后的文本框中可以指定声音播放的次数，如图 11-23 所示，默认为播放一次，如果需要将声音设置为持续播放较长时间，那么可以在该文本框中输入较大的数值。

还可以在“重复”下拉列表中选择“循环”选项以连续播放声音，如图 11-24 所示。需要注意的是，如果将声音设置为循环播放，帧就会添加到文件中，文件的大小就会根据声音循环播放的次数而倍增，所以通常情况下不建议设置为循环播放。

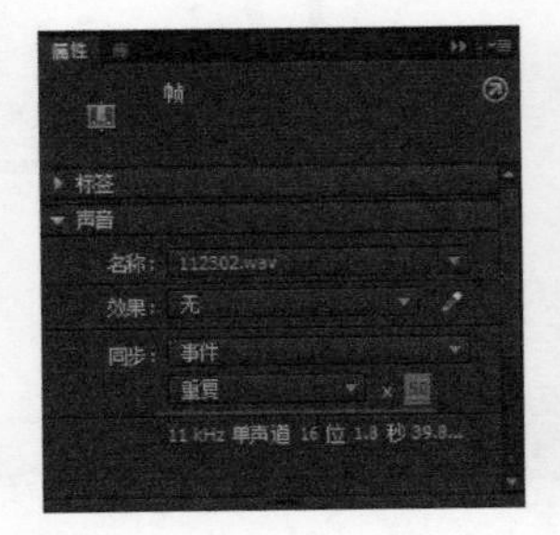

图 11-23 设置声音重复次数

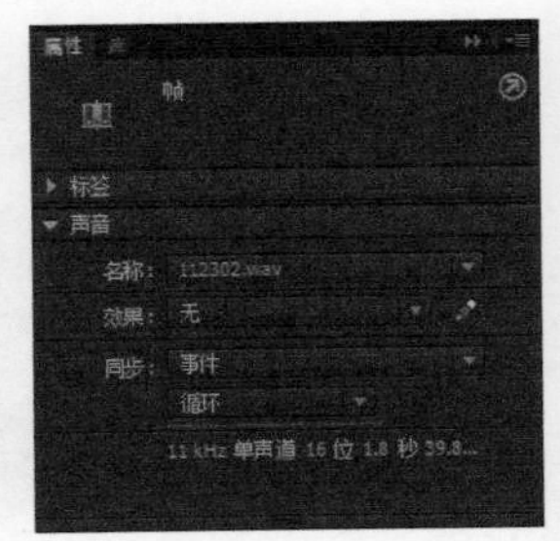

图 11-24 设置声音循环播放

11.3.3 声音与动画同步

如果想使声音与动画同步，那么在 Flash 中可以通过对声音设置开始关键帧和停止关键帧，来让声音与动画保持同步，声音的关键帧要和场景中事件的关键帧相对应，然后在“属性”面板中的“同步”下拉列表中选择“事件”选项即可，如图 11-25 所示。在“同步”下拉列表中还提供了其他几个选项，如图 11-26 所示。

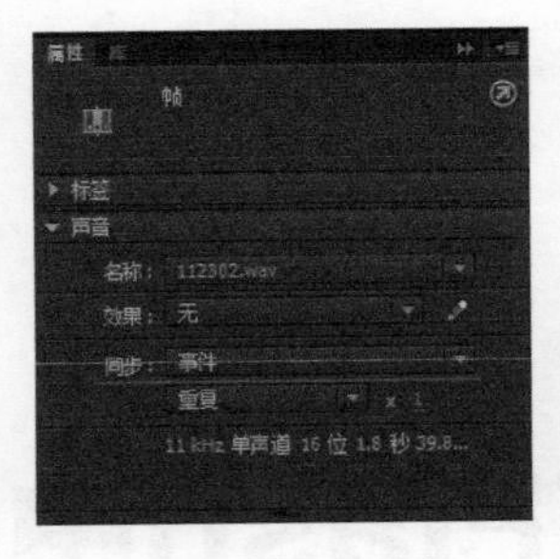

图 11-25 设置“同步”选项为“事件”

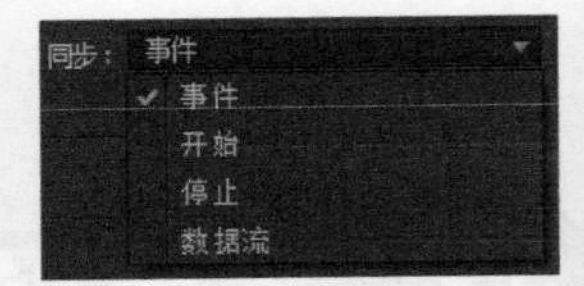

图 11-26 “同步”下拉列表选项

11.3.4 声音编辑器

使用“声音编辑器”可以定义声音的起始点、终止点及播放过程中的音量大小。除此之外，使用这一功能还可以去除声音中多余部分以减小声音文件的大小。

单击选中需要编辑声音的动画帧，在“属性”面板中的“效果”下拉列表中选择“自定义”选项，或者直接单击“编辑声音封套”按钮，弹出“编辑封套”对话框，在该对话框中可以进行声音文件的各种编辑，如图 11-27 所示。

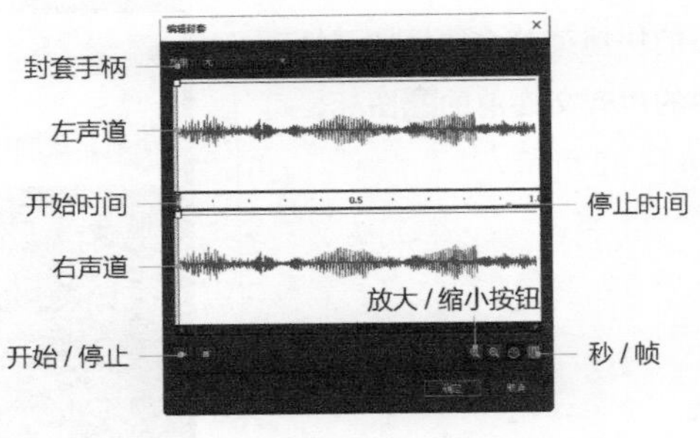

图 11-27 “编辑封套”对话框

11.3.5 为声音添加效果

用户可以为引到时间轴上的声音添加效果，只有在声音“属性”面板中进行适当的属性设置，才能更好地发挥声音的效果。

在包含需要更改的声音效果的任意一帧中单击，在“属性”面板中的“效果”下拉列表中可以设置一种效果，如图 11-28 所示。

还可以单击“编辑声音封套”按钮，在弹出的“编辑封套”对话框中也可以对其效果进行设置，如图 11-29 所示。

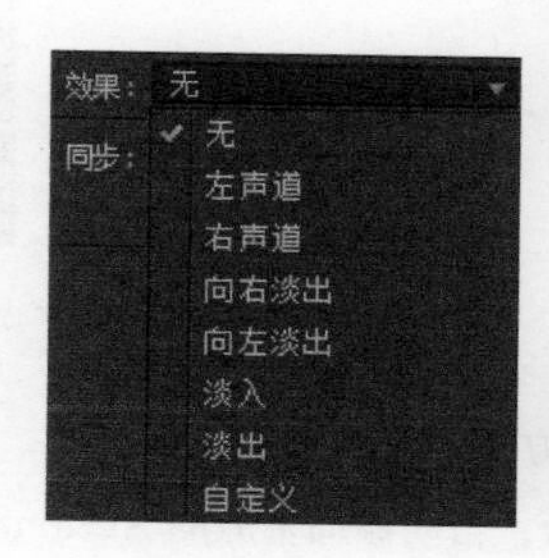

图 11-28 “效果”下拉列表选项

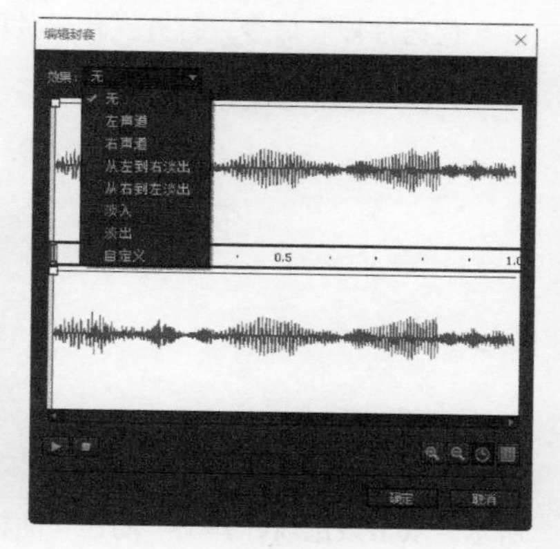

图 11-29 “编辑封套”对话框中的效果列表

11.3.6 使用代码片段控制声音

使用 ActionScript 脚本，可以在运行时控制声音，也可以在 FLA 文件中创建交互和其他功能，仅使用时间轴是不能创建它们的。

在 Flash 中，通过使用代码片段，可以将声音添加至文档并控制声音的播放。使用这些代码添加声音将会创建声音的实例，然后使用该实例控制声音。

课堂案例 使用代码片段载入声音

素材文件	素材文件 \ 第 11 章 \113701.fla	扫码观看视频
案例文件	案例文件 \ 第 11 章 \11-3-7.fla	
教学视频	视频教学 \ 第 11 章 \11-3-7.mp4	
案例要点	掌握使用代码片段控制声音的方法	

Step 01 选择“文件 > 打开”命令，打开素材文档“素材文档 \ 第 11 章 \113701.fla”，如图 11-30 所示。新建图层，将名称为“按钮”的按钮元件拖动到舞台，并适当调整其位置和大小，如图 11-31 所示。

图 11-30 打开素材文件

图 11-31 拖入元件

Step 02 保持该元件为选中状态，打开“属性”面板，修改其“实例名称”为“button_1”，如图 11-32 所示。选择“窗口 > 代码片段”命令，打开“代码片段”面板，如图 11-33 所示。

图 11-32 设置实例名称

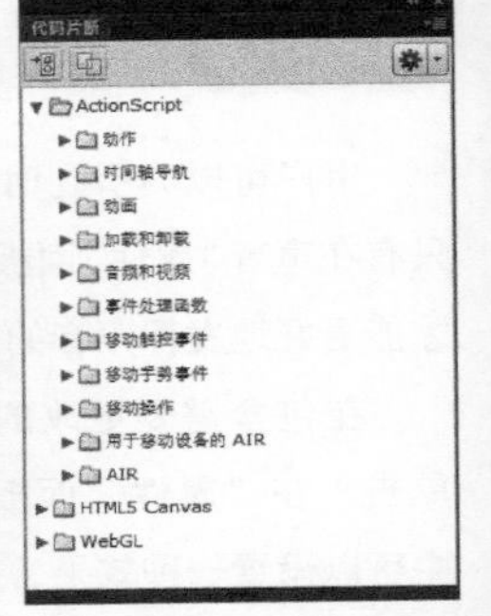

图 11-33 “代码片段”面板

Step 03 展开“ActionScript”选项下方的“音频和视频”选项，选择“单击以播放 / 停止声音”选项，如图 11-34 所示。双击该选项，弹出“动作”面板，自动添加相应的 ActionScript 脚本代码，如图 11-35 所示。

Step 04 完成该动画的制作，按【Ctrl+Enter】组合键，测试动画效果，单击动画中的按钮，可以播放 ActionScript 脚本代码中默认的声音素材，再次单击可以停止播放，如图 11-36 所示。

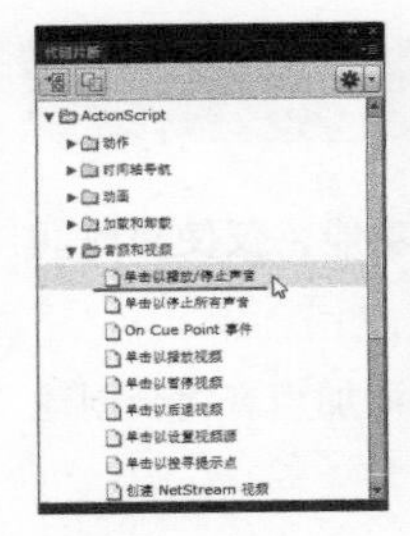

图 11-34 选择“单击以播放 / 停止声音”选项

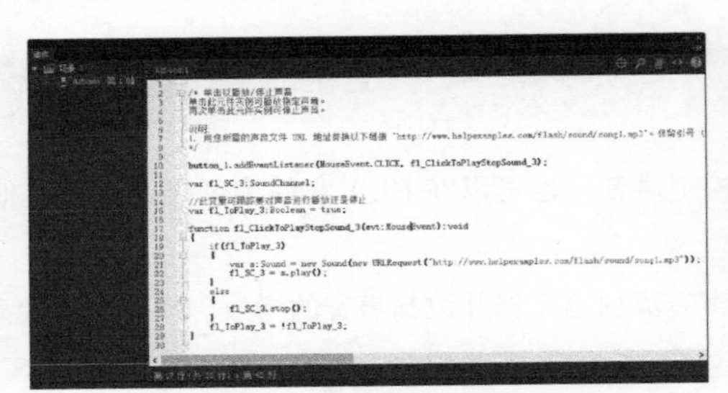
图 11-35 自动添加相应的 ActionScript 脚本代码

图 11-36 测试动画效果

11.4 声音的导出

如果将 Flash 动画导入网页中，由于网络速度的限制，那么必须考虑制作后 Flash 动画的大小，尤其是带有声音的文件。在导出时压缩声音可以在不影响动画效果的同时减少数据量，下面进行详细的讲解。

11.4.1 压缩声音导出

可以选择单个事件声音的压缩选项，然后用这些设置导出声音，也可以为单个音频流选择压缩选项，但是，文档中的所有音频流都将导出为单个的流文件，而且所用的设置是所有应用于单个音频流的设置中的最高级别。这包括视频对象中的音频流。

在“声音属性”对话框中的压缩下拉列表中可以选择不同的压缩选项，从而控制单个声音文件的导出质量大小，如图 11-37 所示。

如果没有定义声音的压缩设置，那么可以选择“文件 > 发布设置”命令，弹出“发布设置”对话框，在该对话框中按自己的需求进行设置，如图 11-38 所示。

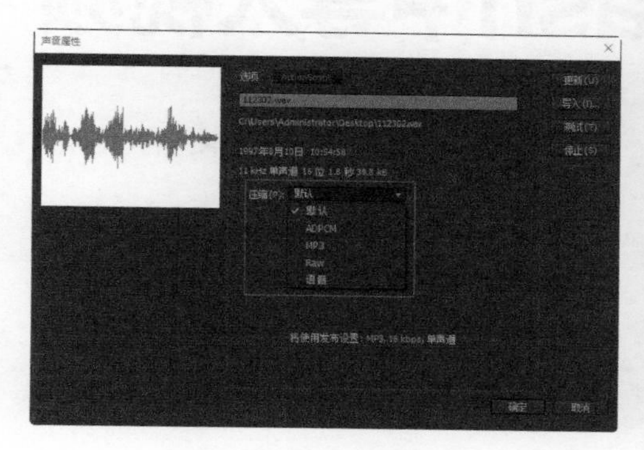

图 11-37 “压缩”下拉列表

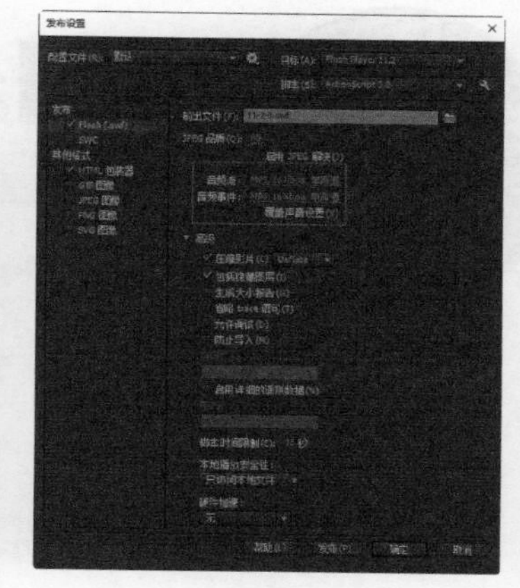

图 11-38 “发布设置”对话框

技术看板

如果在本地播放 Flash 影片，那么可以创建高保真的音频效果。反之，如果影片在 Web 中播放，那么适当降低高保真效果、缩小声音文件是必需的。

提示

在导出影片时，采样和压缩比将显著影响声音和大小，压缩比越高，采样率越低，那么文件越小，音质越差，要想取得最好的效果，必须经过不断尝试才能获得最佳平衡。

11.4.2 导出Flash声音准则

除了采样比率和压缩，还可以使用如下几种方法在文档中有效地使用声音并保持较小的文件：

- 设置切入和切出点，避免静音区域保存在 Flash 文件中，从而减小声音文件的大小。
- 通过在不同的关键帧上应用不同的声音效果（如音量封套、循环播放和切入 / 切出点等），从同一声音中获得更多的变化。只需一个声音文件即可得到很多声音效果。
- 循环播放短声音作为背景音乐。
- 不要将音频流设置为循环播放。
- 从嵌入的视频剪辑中导出音频时，应该记住音频是使用“发布设置”对话框中所选的全局流设置来导出的。
- 当在编辑器中预览动画时，使用流同步使动画和音轨保持同步。如果计算机不够快，绘制动画帧的速度跟不上音轨，那么 Flash 会跳过帧。
- 当导出 QuickTime 影片时，可以根据需要使用任意数量的声音和声道，不用担心文件大小。 将声音导出为 QuickTime 文件时，声音将被混合在一个单音轨中。 使用的声音数不会影响最终的文件大小。

在Flash中导入视频

Flash 提供了多种将视频合并到 Flash 文档并为用户播放的方法，但并不是所有格式的视频都可以导入 Flash 中，在视频导入时，如果视频不是 Flash 可以播放的格式，那么 Flash 会自动提醒。

11.5.1 可导入的视频格式

导入 Flash 中的视频格式，必须是 FLV 或 F4V，如图 11-39 所示。Flash 可以将数字视频素材编入基于 Web 的演示中。FLV 和 F4V（H.264）视频格式具有技术和创意优势，允许用户将视频和数据、图形、声音和交互式控件融合在一起。通过 FLV 和 F4V 视频，用户可以轻松地将视频以几乎任何人都可以查看的格式放到网页上。

如果视频格式不是 FLV 和 F4V 的，那么可以使用 Adobe Flash Video Encoder 将其转换为需要的格式。

Adobe Flash Video Encoder 是独立的编码应用程序，可以支持几乎所有的常见格式，这样就使 Flash 对视频文件的引用变得更加方便、快捷。

图 11-39 FLV 和 F4V 视频格式图标

11.5.2 视频导入向导

视频导入向导为所选的导入和播放方法提供了基本级别的配置，之后可以进行修改以满足特定的要求。

选择“文件 > 导入 > 导入视频”命令，即可弹出“导入视频”对话框，如图 11-40 所示。用户可以根据该对话框中对应的向导，导入视频文件。

在该对话框中提供了如下 3 个视频导入选项。

- 使用播放组件加载外部视频：导入视频并通过 FLV Playback 组件创建视频外观。
- 在 SWF 中嵌入 FLV 并在时间轴中播放：将所导入的 FLV 视频格式文件嵌入 Flash 文档中，导入的视频将直接置于时间轴中，可以看到时间轴所表示的各个视频帧的位置。
- 将 H.264 视频嵌入时间轴：将所导入的 F4V（H.264）视频格式文件嵌入 Flash 文档的时间轴中。

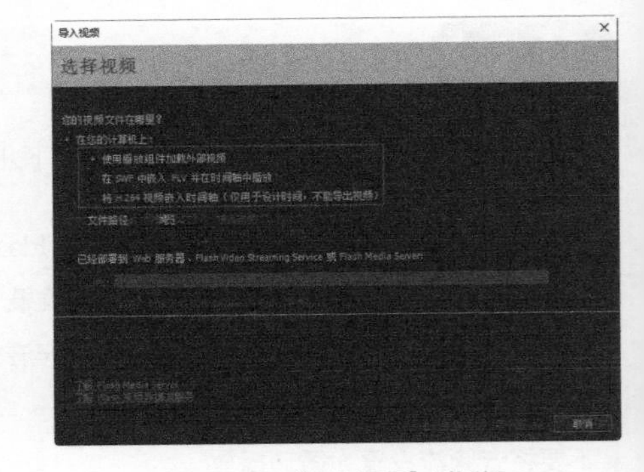

图 11-40 “导入视频”对话框

技术看板

将视频内容直接嵌入 Flash 文档中，SWF 文件中会显著增加发布文件的大小，该选项适合于小的视频文件。

11.5.3 渐进式下载视频

渐进式下载视频方式允许用户使用脚本将外部的 FLV 格式文件加载到 SWF 文件中，并且可以在播放时控制给定文件的播放或回放。由于视频内容独立于其他 Flash 内容和视频回放控件，因此只更新视频内容而无须重复发布 SWF 文件，使视频内容的更新更加容易。

嵌入式视频是直接将视频文件嵌入时间轴中，在播放视频的同时播放动画。只有等动画文件全部下载后才能播放。渐进式下载具有如下优点：

- 可以快速预览，缩短制作预览的时间。
- 播放时，下载完第一段并缓存到本地计算机的磁盘驱动器后，即可开始播放。
- 播放时，视频文件将从计算机驱动器加载到 SWF 文件上，并且没有文件大小和持续的时间限制。不存在音频同步的问题，也没有内存的限制。
- 视频文件的帧频可以不同于 SWF 文件的帧频，减少了烦琐的制作步骤。

课堂案例 导入渐进式下载视频

素材文件	素材文件 \ 第 11 章 \115401.flv	扫码观看视频
案例文件	案例文件 \ 第 11 章 \11-5-4.fla	
教学视频	视频教学 \ 第 11 章 \11-5-4.mp4	
案例要点	掌握导入视频的方法	

Step 01 新建一个 320 像素 ×180 像素，“帧频”为“24fps”，“背景颜色”为白色的空白文档，如图 11-41 所示。选择“文件 > 导入 > 导入视频”命令，弹出“导入视频”对话框，如图 11-42 所示。

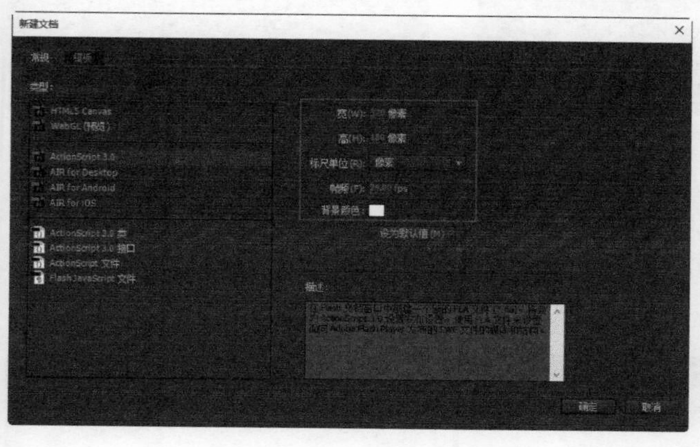

图 11-41 “新建文档”对话框

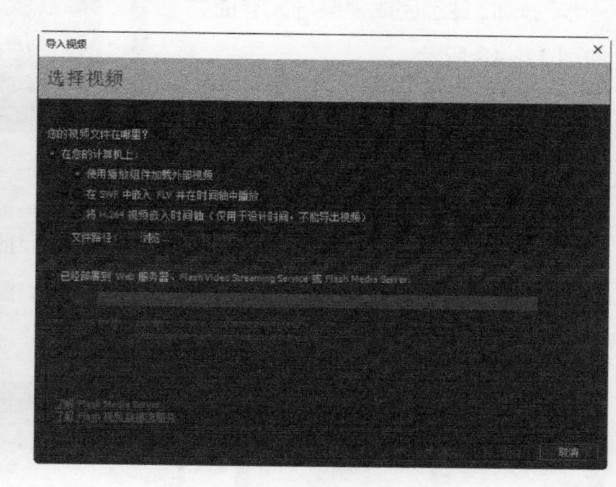

图 11-42 “导入视频”对话框

Step 02 在文件路径后单击“浏览”按钮，弹出“打开”对话框，从中选择需要导入的视频文件，如图 11-43 所示。单击“打开”按钮，关闭“打开”对话框，在“导入视频”对话框中可以看到导入的视频路径，如图 11-44 所示。

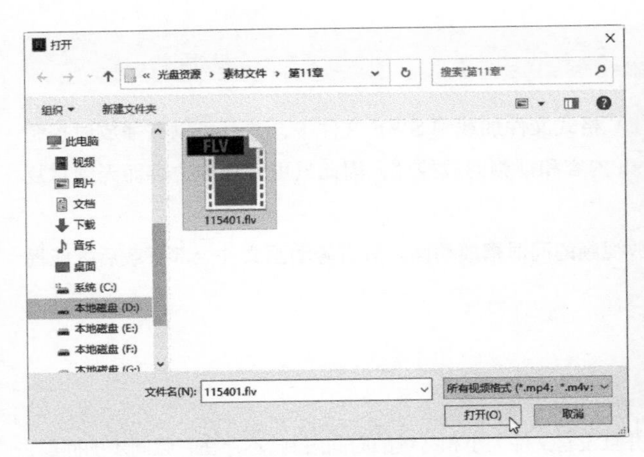

图 11-43 选择需要导入的视频文件

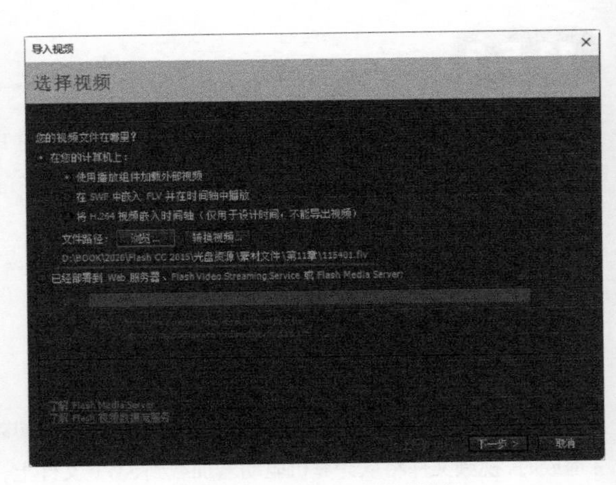

图 11-44 显示所导入的视频路径

Step 03 继续选择视频导入选项，在这里默认选择“使用播放组件加载外部视频”选项，如图 11-45 所示。单击“下一步”按钮，弹出“导入视频”对话框，在这里可以选择一种视频的外观，如图 11-46 所示。

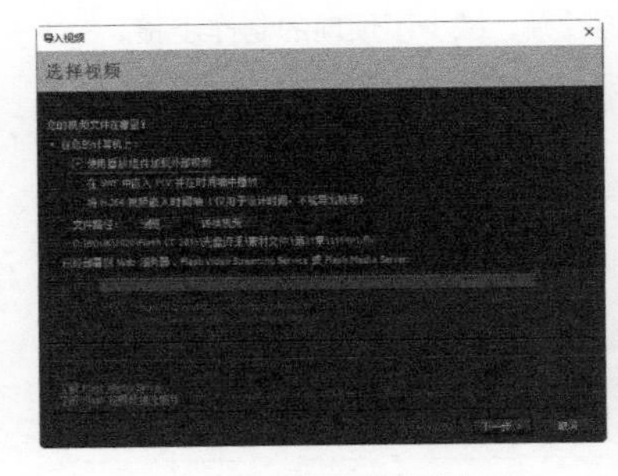

图 11-45 选择视频处理方式

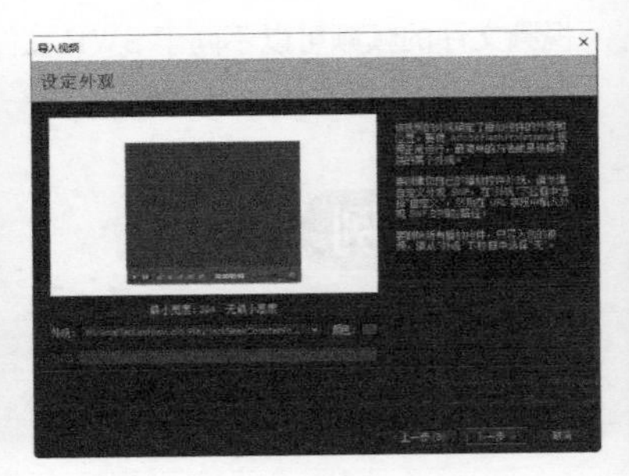

图 11-46 选择视频播放器外观

Step 04 在“外观”下拉列表中还可以选择其他的预定义外观，如图 11-47 所示，Flash 会将外观复制到 FLA 文件所在的文件夹。单击“下一步”按钮，显示完成视频导入界面，如图 11-48 所示。

图 11-47 “外观”下拉列表选项

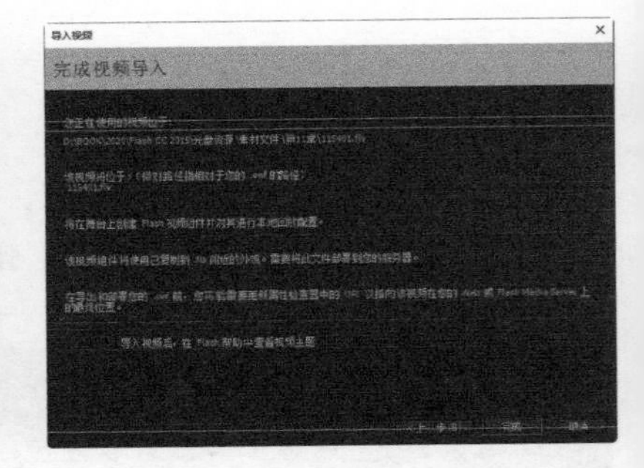

图 11-48 显示完成视频导入界面

Step 05 单击“完成”按钮，即可完成视频的导入，此时在舞台中可以看到刚刚导入的视频文件效果，如图 11-49 所示。完成该动画的制作，按【Ctrl+Enter】组合键，测试动画，可以通过默认的视频播放控制组件来控制视频的播放，如图 11-50 所示。

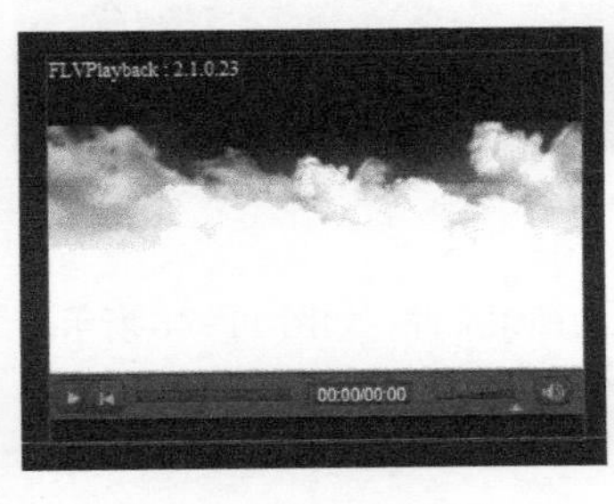

图 11-49 导入视频素材

图 11-50 测试动画效果

11.5.4 嵌入视频

嵌入视频是直接将视频嵌入 SWF 文档中，该视频将被放置在时间轴上，与导入的其他文件一样，嵌入的视频就成了 Flash 文档的一部分。

不过嵌入的视频有一定的局限性，下面来详细讲解：

- 嵌入的视频文件不宜过大，否则在下载播放的过程中会占用系统过多的资源，从而导致动画播放失败。
- 较长的视频文件（长度超过 10 秒）通常会在视频和音频之间存在同步问题，不能达到很好的播放效果。
- 要播放嵌入的 SWF 文件的视频，必须先下载整个影片，所以，如果嵌入的视频过大，就需要一个漫长的等待过程。
- 将视频嵌入文档后，将无法对其进行编辑，必须重新编辑和导入其他视频文件。
- 在通过 Web 发布 SWF 文件时，必须将整个视频都下载到浏览者的计算机上，然后才能开始播放视频。
- 在运行时，整个视频必须放入播放计算机的本地内存中。
- 导入的视频文件长度不超过 16 000 帧。
- 视频帧速率必须与 Flash 时间轴帧速率相同。设置 Flash 文件的帧速率以匹配嵌入视频的帧速率。

课堂案例 使用嵌入视频

素材文件	素材文件 \ 第 11 章 \115601.flv	扫码观看视频
案例文件	案例文件 \ 第 11 章 \11-5-6.fla	
教学视频	视频教学 \ 第 11 章 \11-5-6.mp4	
案例要点	导入视频并嵌入时间轴	

Step 01 新建一个 890 像素 ×525 像素，“帧频”为“24fps”，“背景颜色”为白色的空白文档，如图 11-51 所示。选择“文件 > 导入 > 导入视频”命令，弹出“导入视频”对话框，在文件路径后单击“浏览”按钮，弹出“打开”对话框，从中选择需要导入的视频，如图 11-52 所示。

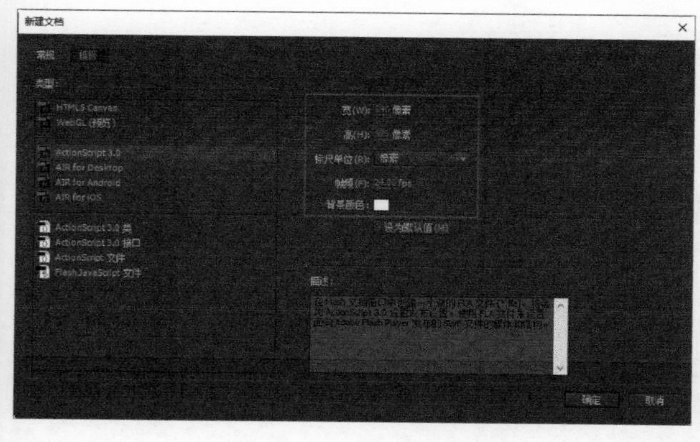

图 11-51 “新建文档”对话框

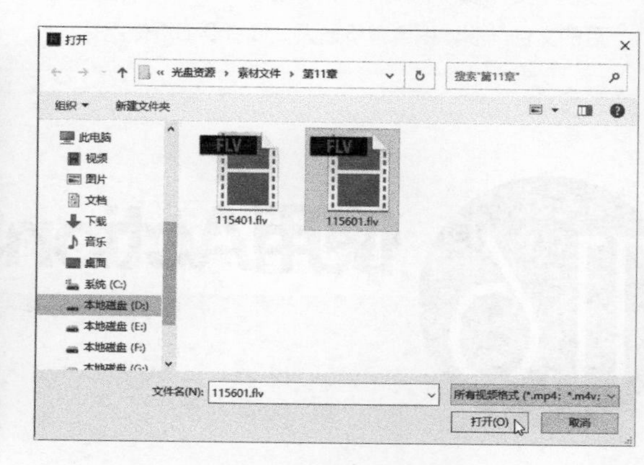

图 11-52 选择需要导入的视频文件

Step 02 单击“打开”按钮，关闭“打开”对话框，将视频导入选项设置为“在 SWF 中嵌入 FLV 并在时间轴中播放”，如图 11-53 所示。单击“下一步”按钮，进入嵌入窗口，从中可以选择用于将视频嵌入 SWF 文件的元件类型，如图 11-54 所示。

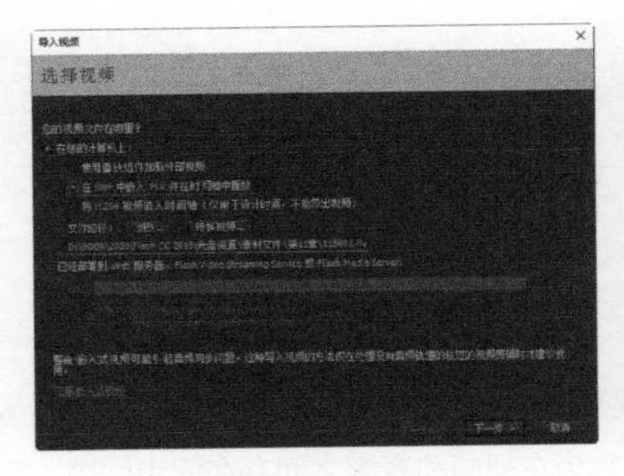

图 11-53 选择视频处理方式

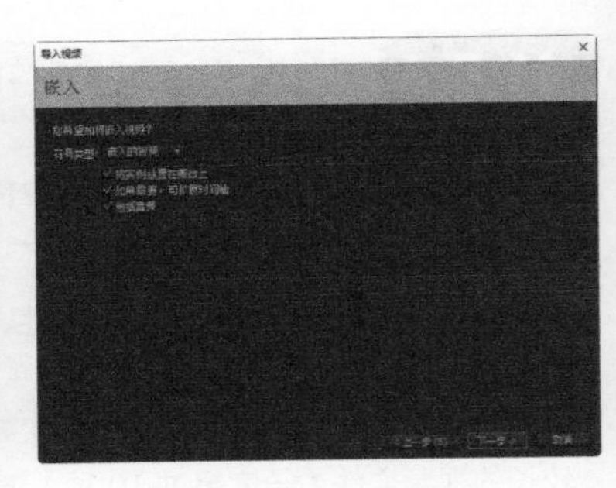

图 11-54 设置嵌入选项

Step 03 单击“下一步”按钮，弹出完成视频导入窗口，如图 11-55 所示。单击“完成”按钮，即可完成视频的导入，此时在舞台中可以看到刚刚导入的视频文件效果，如图 11-56 所示。

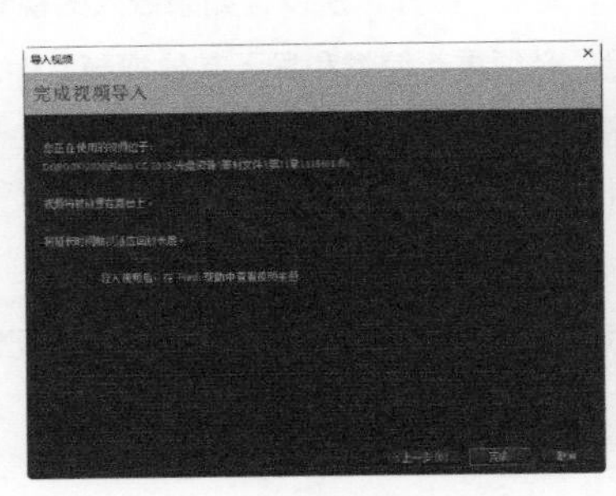

图 11-55 显示完成视频导入界面

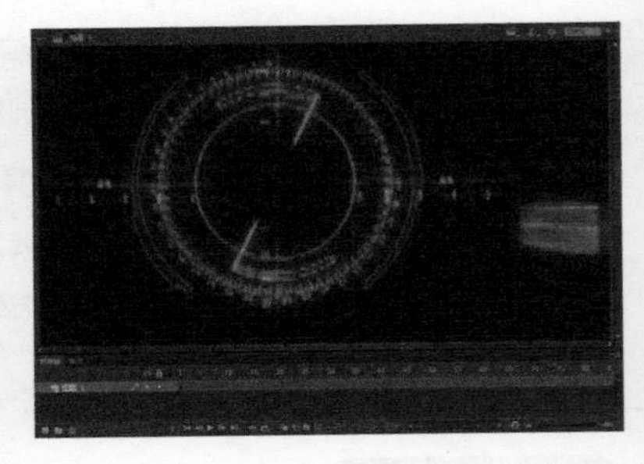

图 11-56 完成视频的导入

Step 04 完成该案例的制作，按【Ctrl+Enter】组合键，测试动画效果，如图 11-57 所示。

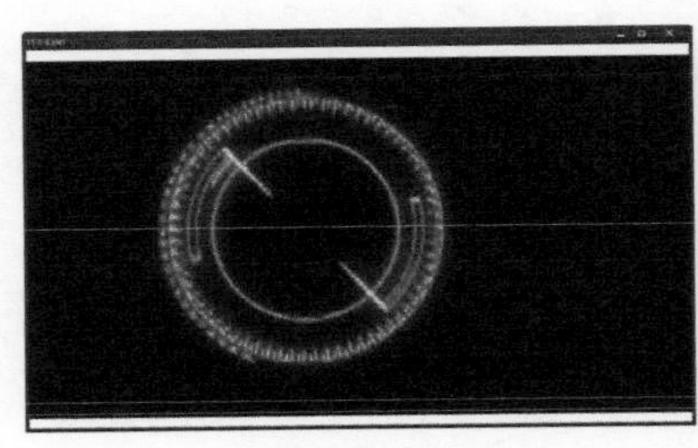

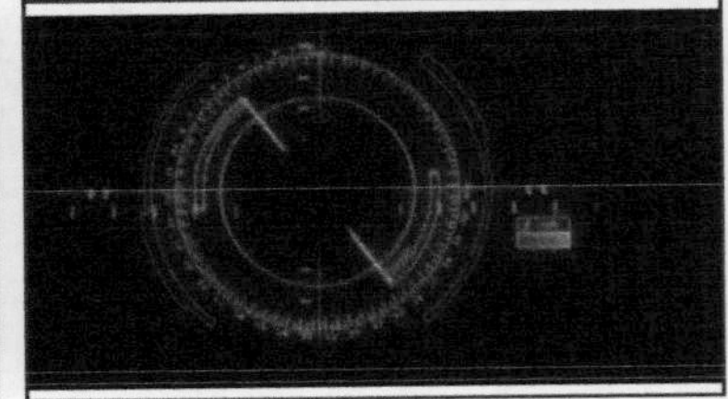

图 11-57 测试嵌入视频播放效果

提示

让视频文件参与 Flash 常规动画制作中，可以使动画效果更加丰富，有时还可以达到让人匪夷所思的效果，但是加入视频后的文件一般体积会有所增大，读者要慎重使用。

11.6 使用ActionScript控制外部视频

将视频导入 Flash 创作环境的另一种方法是，使用 FLV Playback 组件或 ActionScript 在 Flash Player 中动态播放外部 FLV 或 F4V 文件，也可以一起使用 FLV Playback 组件和 ActionScript。

11.6.1 动态播放FLV或F4V文件

如果要播放外部 FLV 或 F4V 文件，那么需要向 Flash 文档添加 FLV Playback 组件或 ActionScript 代码，才能控制 FLV 或 F4V 文件的播放。

使用外部 FLV 或 F4V 文件，可以提供使用导入的视频时不可用的如下功能：

- 可以使用较长的视频剪辑，而不会减慢播放速度。外部 FLV 或 F4V 文件是用“缓存内存”进行播放的，即分小段存储大文件并进行动态访问；它们需要的内存要小于嵌入的视频文件。
- 外部 FLV 或 F4V 文件可以与在其中播放它的 Flash 文档有不同的帧频。
- 使用外部 FLV 或 F4V 文件，在加载视频文件时不需要中断 Flash 文档播放，而导入的视频文件有时会中断文档播放，以执行某些功能，如访问 CD-ROM 驱动器，而 FLV 或 F4V 文件可以独立于 Flash 文档执行一些功能，因此不会中断播放 Flash。
- 对于外部 FLV 或 F4V 文件，更容易向视频内容添加字幕。

11.6.2 在视频播放中使用代码片段

代码片段提供一种方法控制视频播放，代码片段是预先编写的 ActionScript 脚本，可将其添加到某个触发对象，以控制其他对象。

“代码片段”在不必自行编写 ActionScript 代码的情况下，就可以将 ActionScript 编码的强大功能、控制能力及灵活性添加到文档中。视频行为包括播放、停止、暂停、后退、快进、显示及隐藏视频剪辑，如表 11-3 所示。

表 11-3　视频行为说明

行为	目的	参数
播放视频	在当前文档中播放指定的视频	目标视频的实例名称
停止视频	停止指定视频的播放	目标视频的实例名称
暂停视频	暂停指定视频的播放	目标视频的实例名称
后退视频	按指定的帧数后退视频	目标视频的实例名称和帧数
快进视频	按指定的帧数快进视频	目标视频的实例名称和帧数
显示视频	显示指定的视频	目标视频的实例名称

选择要触发该行为的影片剪辑，选择“窗口 > 代码片段”命令，打开“代码片段”面板，展开 ActionScript 选项下的“音频和视频”选项，如图 11-58 所示。选择舞台中用来控制视频的影片剪辑实例，并在“属性”面板中设置其实例名称，如图 11-59 所示。

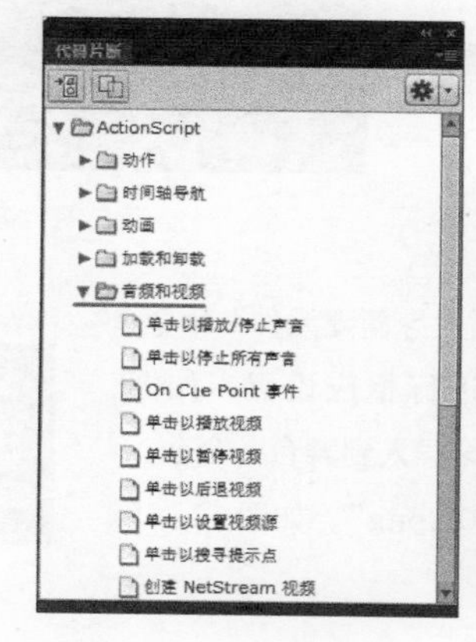

图 11-58 展开“音频和视频”选项

图 11-59 设置实例名称

选择一个选项并双击，例如选择“单击以播放视频”选项，即可弹出“动作”面板并自动添加相应的 ActionScript 脚本代码，如图 11-60 所示。

如果在舞台中所选择的影片剪辑实例并没有设置其实例名称，直接在“代码片段”面板中双击某一个控制选项，那么会弹出设置实例名称的提示框，如图 11-61 所示。单击“确定”按钮，系统将自动为所选择的影片剪辑实例设置一个默认的实例名称。

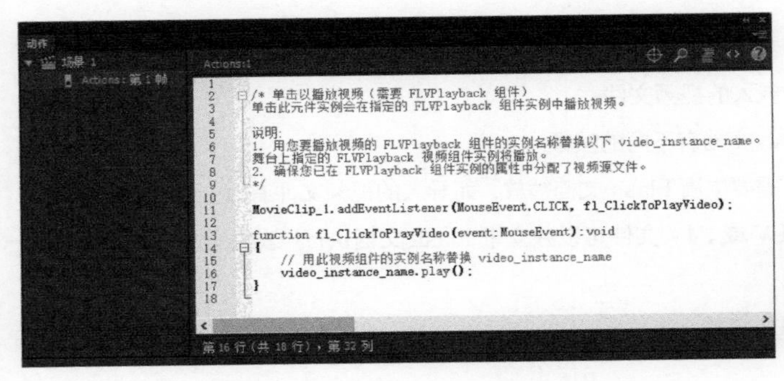

图 11-60 自动添加 ActionScript 脚本代码

图 11-61 提示框

课堂案例 使用代码片段控制视频

素材文件	素材文件 \ 第 11 章 \116301.png、116302.png、116303.png、116304.png 和 116305.flv
案例文件	案例文件 \ 第 11 章 \11-6-3.fla
教学视频	视频教学 \ 第 11 章 \11-6-3.mp4
案例要点	掌握使用代码片段控制视频的方法

扫码观看视频

Step 01 选择“文件 > 新建”命令，新建一个 628 像素 × 568 像素，“帧频”为“24fps”，“背景颜色”为白色的空白文档，如图 11-62 所示。选择“文件 > 导入 > 导入到舞台”命令，导入“素材文件 \ 第 11 章 \ 116301.png”，如图 11-63 所示。

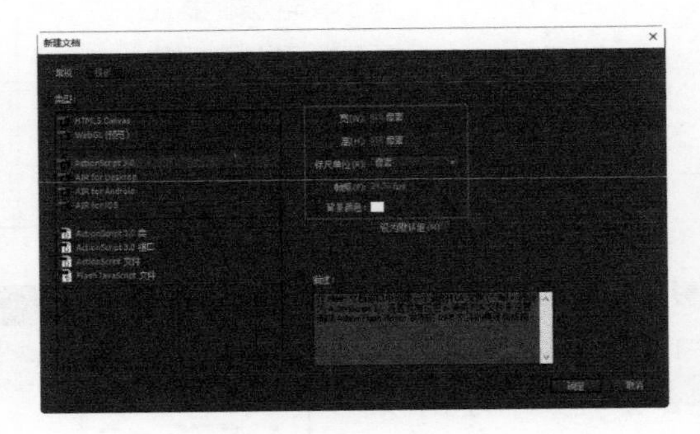

图 11-62 “新建文档”对话框

图 11-63 导入素材图像

Step 02 新建“图层 2”，选择“插入 > 新建元件”命令，弹出“创建新元件”对话框，进行相应设置，如图 11-64 所示。选择“文件 > 导入 > 导入到舞台”命令，导入“素材文件 \ 第 11 章 \116302.png”，如图 11-65 所示。

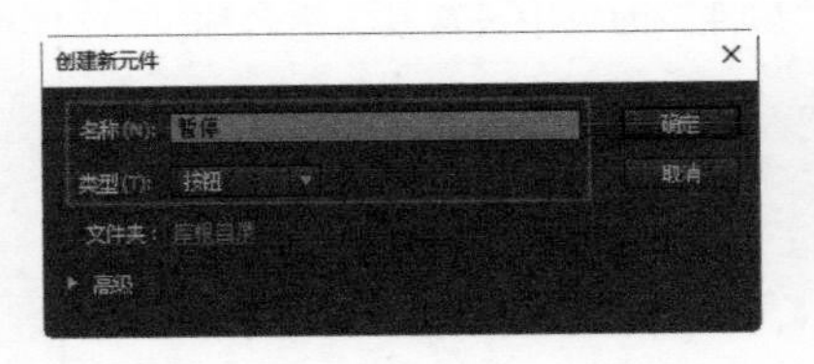

图 11-64 “创建新元件”对话框

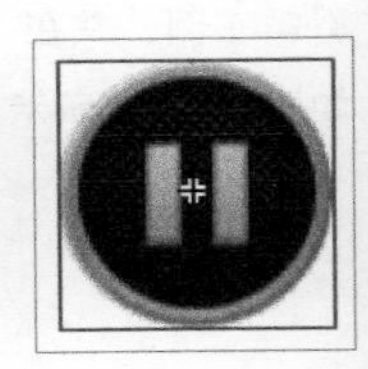

图 11-65 导入素材图像

Step 03 返回“场景 1”，打开“库”面板，将名称为“暂停”的按钮元件拖入舞台中，如图 11-66 所示。选择“文件 > 导入 > 导入到舞台”命令，导入视频素材“素材文件 \ 第 11 章 \116305.flv”，弹出“导入视频”对话框，设置如图 11-67 所示。

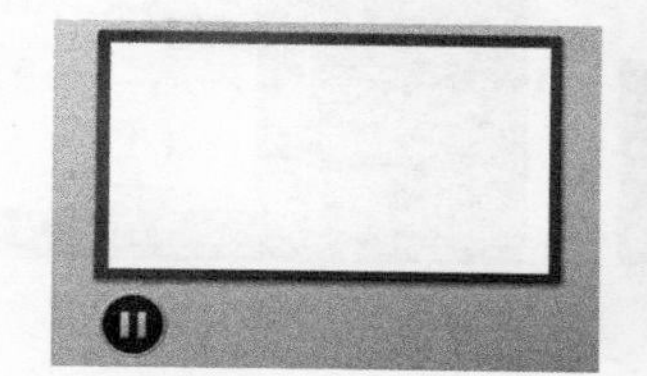

图 11-66 拖入元件

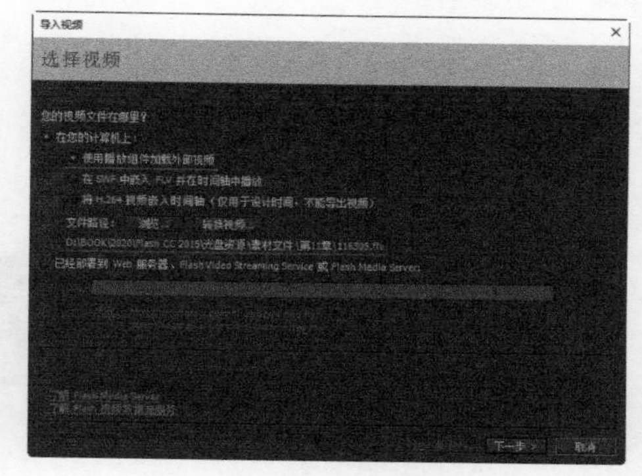

图 11-67 设置“导入视频”对话框

Step 04 单击“下一步”按钮，切换到设定外观界面中，设置“外观”选项为“无”，如图 11-68 所示。单击“下一步”按钮，切换到完成视频导入界面中的操作，如图 11-69 所示。

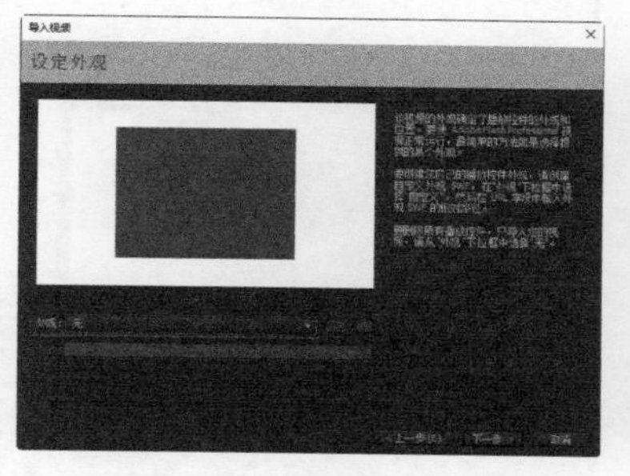

图 11-68 设置“外观”选项

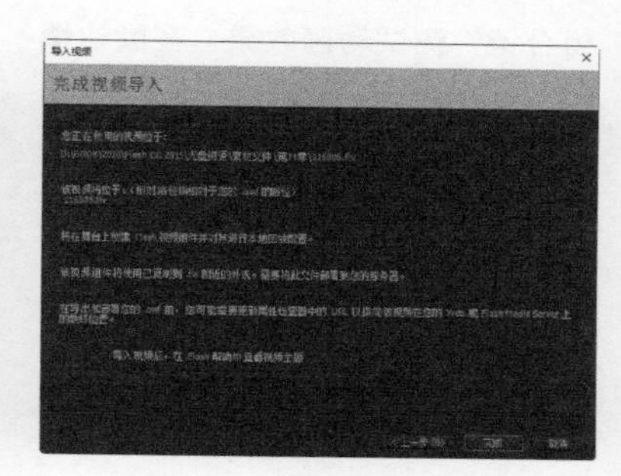

图 11-69 完成视频导入界面

Step 05 单击“完成”按钮，将视频导入舞台中，调整视频到合适位置，如图 11-70 所示。选择舞台中的视频，打开“属性”面板，设置其实例名称为“shipin”，如图 11-71 所示。

Step 06 选中舞台中名称为“暂停”的影片剪辑实例，选择“窗口 > 代码片段”命令，打开“代码片段”面板，如图 11-72 所示。选择“音频和视频”文件夹下的“单击以暂停视频”选项，如图 11-73 所示。

图 11-70 导入视频素材

图 11-71 设置实例名称

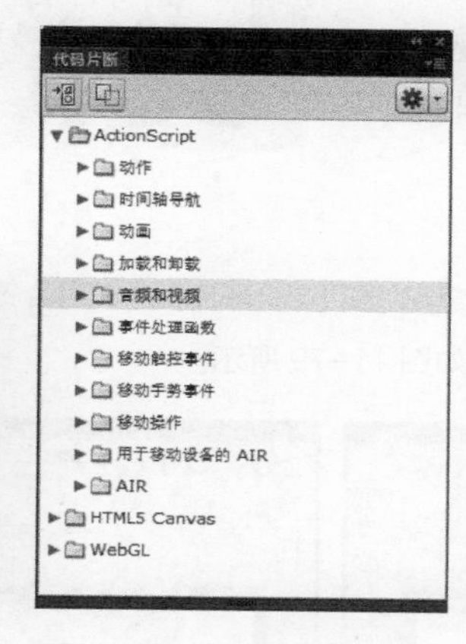

图 11-72 “代码片段”面板

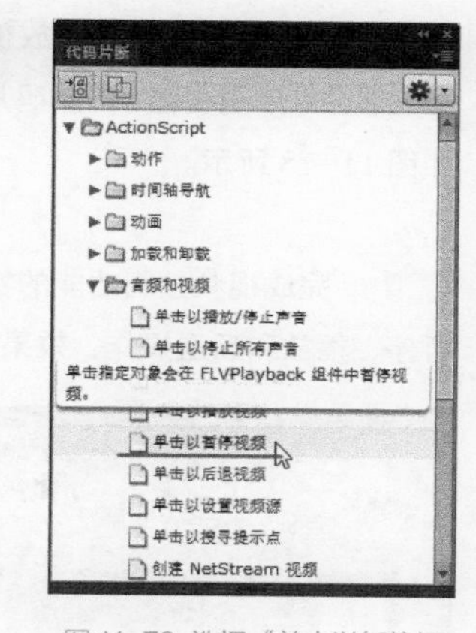

图 11-73 选择“单击以暂停视频”选项

Step 07 双击“单击以暂停视频”选项，弹出创建实例名称提示框，如图 11-74 所示。单击“确定”按钮，弹出“动作”面板并自动添加相应的 ActionScript 脚本代码，将代码中的“video_instance_name”改为“shipin”，如图 11-75 所示。

图 11-74 提示框

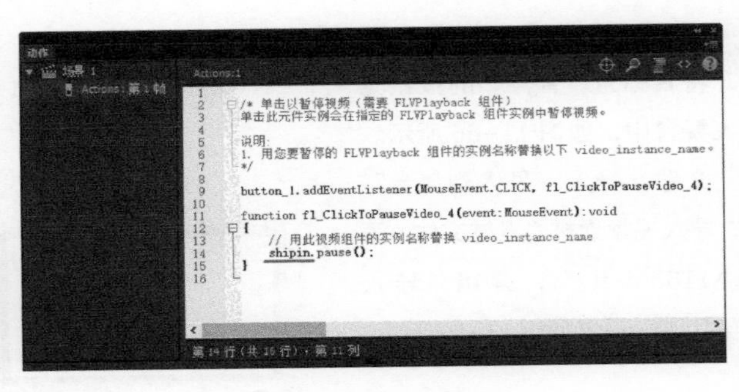

图 11-75 修改局部代码

Step 08 保存文件，按【Ctrl+Enter】组合键，测试动画效果，在默认情况下视频会自动播放，单击“暂停”按钮，会暂停视频的播放，如图 11-76 所示。

图 11-76 测试“暂停”按钮功能

Step 09 使用制作“暂停”按钮元件的方法，分别制作“播放”和“后退”按钮元件，并将这两个元件拖入舞台中，如图 11-77 所示。分别为这两个元件应用“单击以播放视频”和“单击以后退视频”的代码片段，如图 11-78 所示。

图 11-77 分别拖入相应的元件

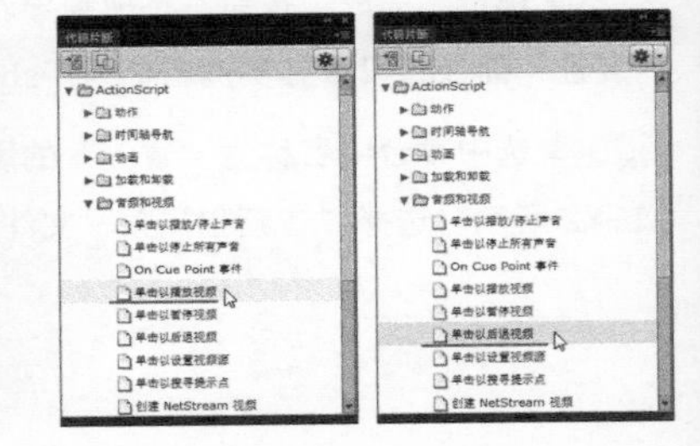

图 11-78 分别应用相应的代码片段

Step 10 完成视频控制功能的实现，按【Ctrl+Enter】组合键，测试动画效果，可以通过自定义的按钮来控制视频的暂停、播放和后退操作，效果如图 11-79 所示。

图 11-79 测试视频控制功能

课后习题

一、选择题

1. Flash 不支持以下哪种音频格式？（　）

A. MP 3　　B. WAV　　C. WMV　　D. ASND

2. 以下关于在 Flash 中使用声音的描述，错误的是（　）。

A. 如果在本地播放 Flash 动画，那么可以创建高保真的音频效果。

B. 如果 Flash 动画要在 Web 中播放，那么需要适当降低高保真效果、缩小声音文件，这样可以有效缩小 Flash 动画文件的大小。

C. 将 Flash 动画中的声音设置为循环播放，并不会增加 Flash 动画文件的大小。

D. 选中添加声音文件的帧，在“属性”面板中“重复”后的文本框中可以指定声音播放的次数。

3. 在“导入视频”对话框中提供了 3 个导入视频选项，以下哪个选项不是导入视频选项？（　）

A. 使用播放组件加载外部视频　　B. 在 SWF 中嵌入 FLV 并在时间轴中播放

C. 将 H.264 视频嵌入时间轴　　D. 导入视频到库

4. 以下关于渐进式下载视频优点的描述，错误的是（　）。

A. 可以快速预览，缩短制作预览的时间。

B. 视频文件的帧频必须与 SWF 文件的帧频相同，否则会出现不一致的情况。

C. 播放时，下载完第一段并缓存到本地计算机的磁盘驱动器后，即可开始播放。

D. 播放时，视频文件将从计算机驱动器加载到 SWF 文件上，并且没有文件大小和持续的时间限制。

5. 关于嵌入视频的局限性，以下说法错误的是（　）。

A. 要播放嵌入的 SWF 文件的视频，必须先下载整个影片。

B. 嵌入的视频文件不宜过大，否则在下载播放的过程中会占用系统过多的资源。

C. 嵌入视频的帧速率可以与 Flash 时间轴帧速率不同。

D. 将视频嵌入文档后，将无法对其进行编辑，必须重新编辑和导入其他视频文件。

二、填空题

1. 如果需要为关键帧应用声音，那么可以选中关键帧，在“属性”面板中的“声音”选项区中，在 ______ 下拉列表中选择需要应用的声音。

2. 如果想使声音和动画同步，那么在 Flash 中可以通过对声音设置开始关键帧和停止关键帧，来让声音与动画保持同步，声音的关键帧要和场景中事件的关键帧相对应，然后在“属性”面板中的“同步”下拉列表中选择 ______ 选项即可。

3. 导入 Flash 中的视频格式，必须是 ______ 或 ______。

三、案例题

打开素材文档，进入按钮元件的编辑状态，将两个声音素材导入“库”面板中，在按钮元件的“指针经过”帧和“按下”帧分别应用不同的声音素材，从而实现按钮在不同状态有不同的声音效果，测试动画，效果如图11-80所示。

图 11-80 测试按钮声音效果

Chapter 12

第12章 组件、动画预设和命令

通过将组件与 ActionScript 3.0 结合，可以使用户更快速地完成 Flash 应用程序的开发，应用“动画预设”面板中的预设动画可帮助用户快速制作补间动画。此外，用户还可以将日常工作中常用到的操作保存为命令，以方便取用，减少重复操作，这些自定义的命令均被保存在“命令”菜单下。

FLASH CC

学习目标

- 了解 Flash 组件和“组件”面板
- 熟练使用“动画预设”面板
- 了解动画预设的基本操作方法
- 了解命令的操作方法

学习重点

- 掌握使用“动画预设”制作动画的方法
- 掌握自定义命令的创建和使用方法

12.1 Flash组件简介

Flash 中的组件是向 Flash 文档添加特定功能的可重用打包模块。组件可以包括图形及代码，因此它们是可以轻松包括在 Flash 项目中的预置功能。

12.1.1 了解Flash组件

组件可以是单选按钮、对话框、预加载栏，或者是根本没有图形的某个项，如定时器、服务器连接实用程序或自定义 XML 分析器。

如果对编写 ActionScript 还不够熟练，那么可以向文档添加组件，在“属性”面板中设置其参数，然后使用“代码片段”面板处理其事件。

用户无须编写任何 ActionScript 代码，就可以将“转到 Web 页”行为附加到一个 Button 组件，用户单击此按钮时会在 Web 浏览器中打开一个 URL。

如果希望创建功能更加强大的应用程序，那么可以通过动态方式创建组件，使用 ActionScript 在运行时设置属性和调用方法，还可以使用事件侦听器模型来处理事件。

12.1.2 “组件”面板

首次将组件添加到文档时，Flash 会将其作为影片剪辑导入“库”面板中。还可以将组件从“组件”面板中直接拖动到“库”面板中，然后将其实例添加到舞台上。在任何情况下，用户都必须将组件添加到库中，才能访问其类元素。选择“窗口 > 组件”命令，打开“组件”面板，如图 12-1 所示。

打开不同的文件夹，将该面板中的组件实例拖动到舞台或“库”面板中，添加到库中后，就可以将多个实例拖动到舞台上。通过“属性”面板，根据需要配置组件。

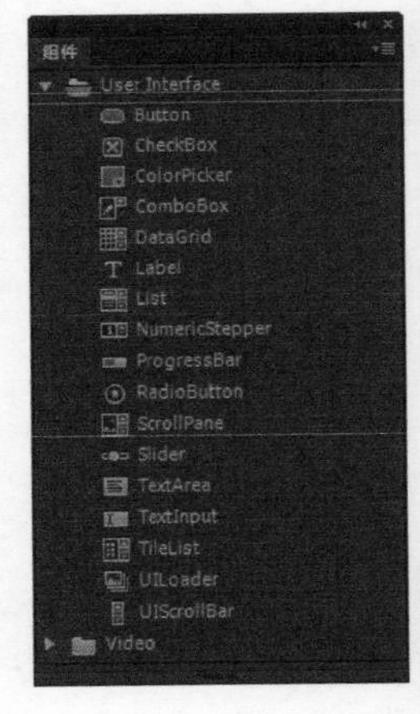

图 12-1 “组件”面板

提示

用户可以使用 Useher Interface 中的各种组件来完成用户界面的设计。若选择“视图 > 显示 Tab 键顺序”命令，则当表单运行时，用户可以按 Tab 键选择表单中的控件，使焦点在控件间移动。

12.2 使用动画预设

动画预设是预设配置的补间动画，可以将其应用于舞台上的对象，只需选择对象并单击“动画预设”面板中的“应用”按钮。

使用动画预设是学习在 Flash 中添加动画的基础知识的快捷方法。用户一旦了解了预设的工作方式，制作动画就非常容易。

12.2.1 预览动画预设

Flash 自带的每个动画预设都包括预览，可以在“动画预设”面板中查看其预览。通过预览可以了解在将动画应用于 FLA 文件中的对象时所获得的效果。对于创建或导入的自定义预设，可以添加自己的预览。

选择“窗口 > 动画预设”命令，打开“动画预设”面板，在“默认预设”文件夹中选择一个默认的动画预设，即可预览默认动画预设的效果，如图 12-2 所示。如果需要停止预览播放，那么在“动画预设”面板外单击即可。

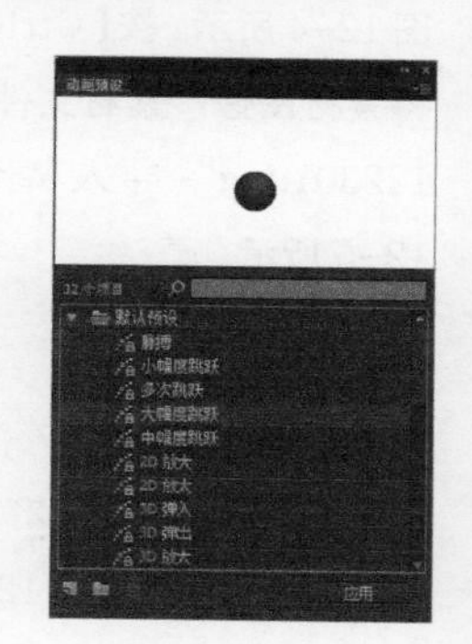

图 12-2 “动画预设”面板

12.2.2 应用动画预设

在舞台中选中了可补间的对象（元件实例或文本字段）后，在“动画预设”面板中选择一种需要应用的动画预设选项，单击“应用”按钮，即可为选中的对象应用所选择的动画预设。

每个对象只能应用一个动画预设，若将第二个动画预设也应用于该对象，则会弹出提示框，提示是否替换当前动画预设，如图 12-3 所示。单击“是”按钮，第二个预设将替换第一个预设。

一旦将动画预设应用于舞台上的对象，在时间轴中创建的补间就不再与“动画预设”面板有任何关系。

在“动画预设”面板中删除或重命名某个动画预设对以前使用该预设创建的所有补间没有任何影响。如果在面板中的现在预设上保存新预设，那么它对使用原始预设创建的任何补间没有影响。

每个动画预设都包含特定数量的帧，在应用预设时，在时间轴中创建的补间范围将包含此数量的帧。

如果目标对象已应用了不同长度的补间，那么补间范围将进行调整，以符合动画预设的长度，可以在应用预设后调整时间轴中补间范围的长度。

图 12-3 提示框

提示

包含 3D 动画的动画预设只能应用于影片剪辑元件实例。已补间的 3D 属性不适用于图形或按钮元件，也不适用于传统文本字段。可以将 2D 或 3D 动画预设应用于任何 2D 或 3D 影片剪辑。

课堂案例 应用动画预设创建动画

素材文件	素材文件 \ 第 12 章 \122301.jpg、122302.png	扫码观看视频
案例文件	案例文件 \ 第 12 章 \12-2-3.fla	
教学视频	视频教学 \ 第 12 章 \12-2-3.mp4	
案例要点	掌握为元件应用动画预设的方法	

Step 01 选择“文件 > 新建”命令，新建一个系统默认的空白文档，如图 12-4 所示。按【Ctrl+R】组合键，将素材图像“素材文件 \ 第 12 章 \ 122301.jpg”导入舞台中，如图 12-5 所示。

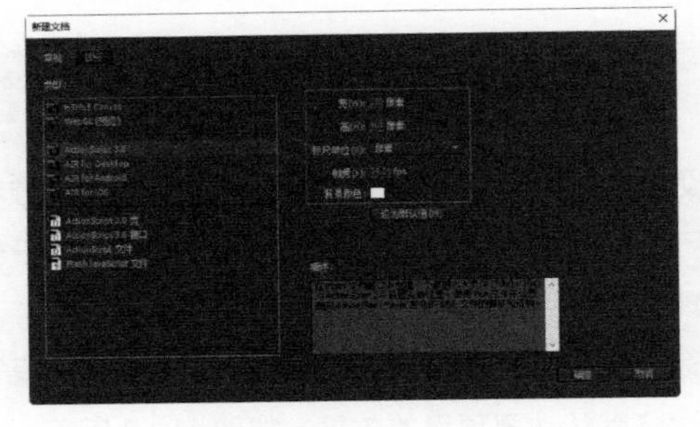

图 12-4 “新建文档”对话框

图 12-5 导入素材图像

Step 02 新建“图层 2”，导入素材图像“素材文件 \ 第 12 章 \122302.png”，并调整其大小和位置，如图 12-6 所示。按【F8】键，将其转换成“名称”为“飞机”的“图形”元件，如图 12-7 所示。

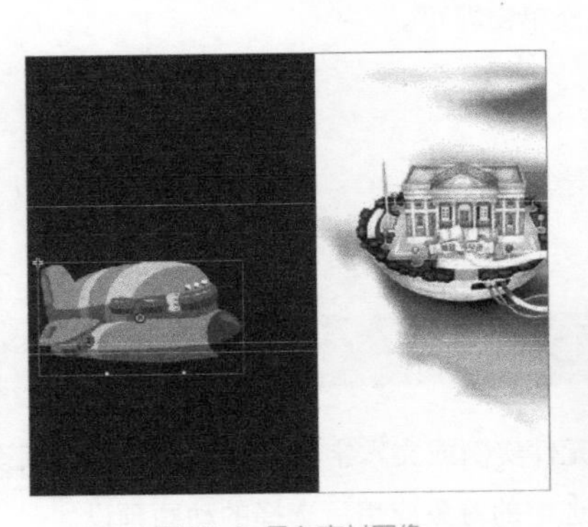

图 12-6 导入素材图像

图 12-7 “转换为元件”对话框

Step 03 保持元件实例的选择状态，打开“动画预设”面板，在“默认预设”文件夹中选择相应的选项，如图 12-8 所示。单击“应用”按钮，为舞台中的元件实例应用所选择的动画预设，效果如图 12-9 所示。

图 12-8 选择动画预设

图 12-9 为元件应用相应的动画预设

Step 04 在“图层 1”中的第 45 帧位置按【F5】键插入帧，“时间轴”面板如图 12-10 所示。完成该动画的制作，按【Ctrl+Enter】组合键，测试动画效果，如图 12-11 所示。

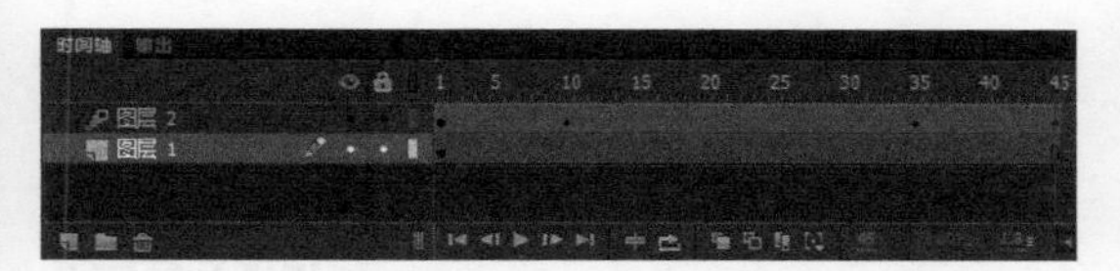

图 12-10 “时间轴”面板

图 12-11 测试动画效果

12.2.3 导入和导出动画预设

动画预设存储为 XML 文件，导入 XML 补间文件可将其添加到“动画预设”面板。单击“动画预设”面板右上角的倒三角按钮，在打开的菜单中选择“导入”命令，如图 12-12 所示，即可在弹出的“打开”对话框中选择需要导入的文件。

可以将动画预设导出为 XML 文件，以便与其他 Flash 用户共享。在“动画预设”面板中选择需要导出的预设，从面板菜单中选择“导出”命令，在弹出的“另存为”对话框中，为 XML 文件选择名称和位置，如图 12-13 所示，单击“保存”按钮即可。

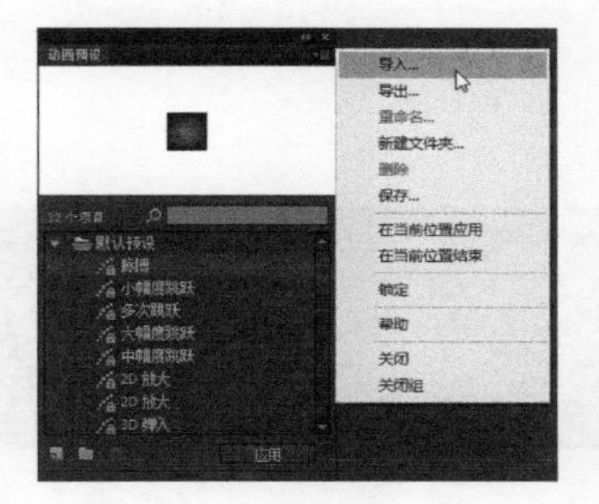

图 12-12 选择“导入”命令

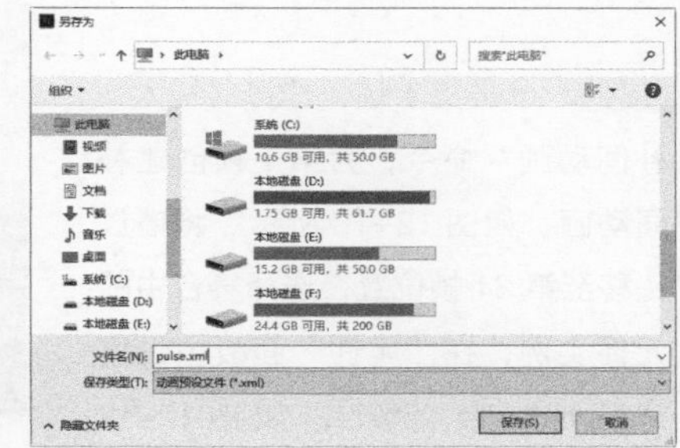

图 12-13 “另存为”对话框

12.2.4 将补间另存为自定义动画预设

如果用户创建自己的补间，或者对从“动画预设”面板应用的补间进行更改，那么可以将它另存为新的动画预设。新预设将显示在“动画预设”面板中的“自定义预设”文件夹中。

选择时间轴中的补间范围或舞台上的应用了自定义补间的对象或运动路径，单击“动画预设”面板中的“将选区另存为预设”按钮，系统将弹出“将预设另存为”对话框，如图 12-14 所示。

在该对话框中为预设命名，单击“确定”按钮，新预设将出现在“动画预设”面板中，如图 12-15 所示。

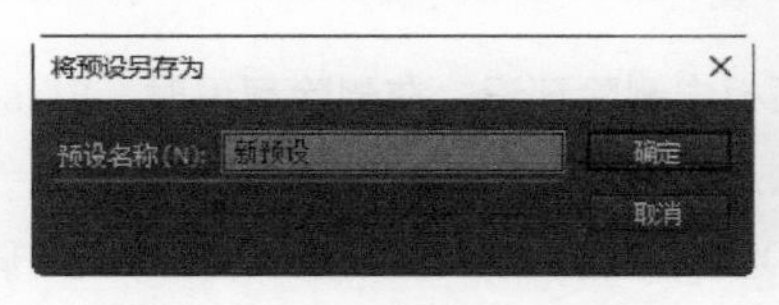

图 12-14 “将预设另存为”对话框

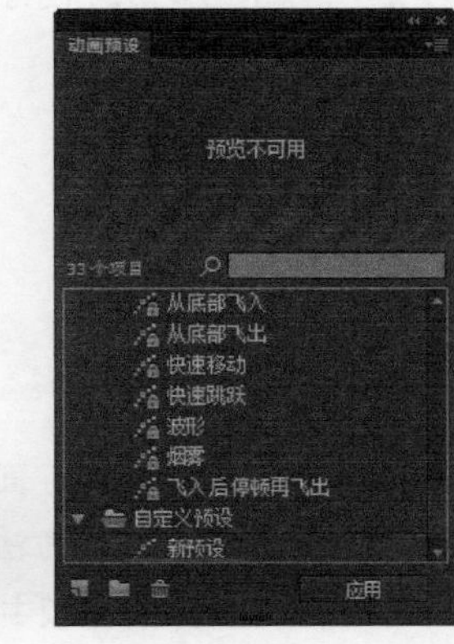

图 12-15 “动画预设”面板

课堂案例 自定义动画预设

素材文件	无
案例文件	无
教学视频	视频教学 \ 第 12 章 \12-2-6.mp4
案例要点	掌握自定义动画预设的方法

扫码观看视频

Step 01 新建一个空白的 Flash 文档，使用“矩形工具”在舞台中绘制一个矩形，如图 12-16 所示。选择刚绘制的矩形，按【F8】键，将其转换成“名称”为“形状”的“图形”元件，如图 12-17 所示。

图 12-16 绘制矩形

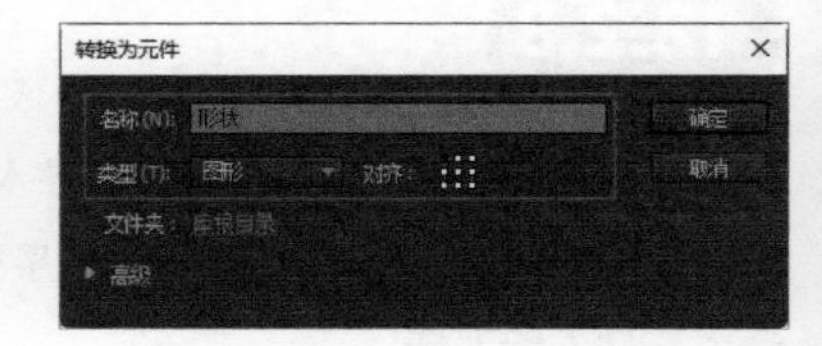

图 12-17 “转换为元件”对话框

Step 02 单击第 1 帧，选择“插入 > 补间动画”命令，为第 1 帧创建补间动画，如图 12-18 所示。将播放头移至第 24 帧位置，选择舞台中的元件实例，在“属性”面板中设置“Alpha”为“0%”，如图 12-19 所示。

图 12-18 创建补间动画

图 12-19 设置“样式”选项

Step 03 保持补间范围的选中状态，单击“动画预设”面板中的“将选区另存为预设”按钮，在弹出的“将预设另存为”对话框中设置“预设名称”，如图 12-20 所示。单击“确定”按钮，自定义动画预设将添加到“动画预设”面板中的“自定义预设”文件夹中，如图 12-21 所示。

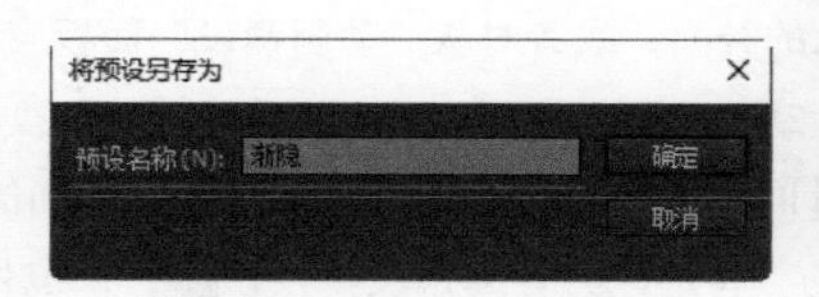

图 12-20 设置“预设名称”

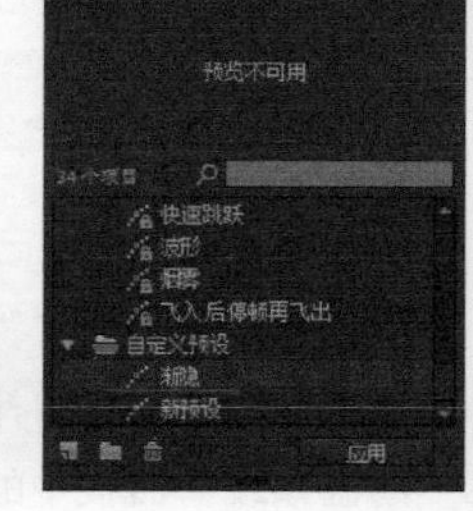

图 12-21 创建自定义动画预设

12.2.5 删除动画预设

可以从“动画预设”面板中删除预设。在删除预设时，Flash 将从磁盘删除其 XML 文件，考虑要在以后再次使用任何预设的备份，方法是先导出这些预设的副本。

在“动画预设”面板中选择要删除的预设，单击面板中的“删除项目”按钮，系统将弹出提示框，如图 12-22 所示，单击“删除”按钮即可将其删除。另外，Flash 中默认的动画预设是无法删除的。

图 12-22 “删除预设”提示框

12.3 使用命令

要重复同一任务，可以通过“历史记录”面板中的步骤在“命令”菜单中创建一个命令，然后再次使用该命令，将完全按照原先的执行顺序来重放这些步骤，不能在重放步骤时对其进行修改。

如果需要在下次启动 Flash 时使用这些步骤，那么创建并保存一个命令。命令将被永久保留直到被用户删除。在复制其他内容时，使用“历史记录”面板的“复制步骤”命令所复制的步骤将被放弃。可以通过“历史记录”面板中的选定步骤创建命令，在“管理保存的命令”对话框中，可以重命名或删除命令。

12.3.1 创建命令

在“历史记录”面板中选择一个步骤或一组步骤，单击鼠标右键，在弹出的快捷菜单中选择“另存为命令”命令，如图 12-23 所示。

在弹出的“另存为命令”对话框中输入命令名称，如图 12-24 所示。单击“确定”按钮，即可在“命令”菜单中创建一个命令，如图 12-25 所示。

图 12-23 “另存为命令”命令

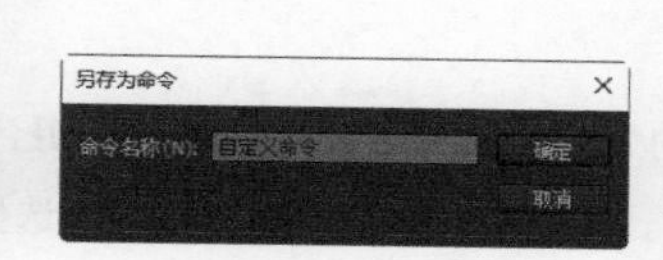

图 12-24 “另存为命令”对话框

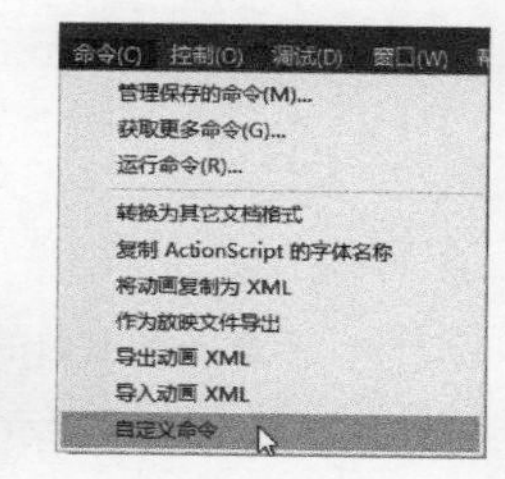

图 12-25 在“命令”菜单中创建一个命令

课堂案例 自定义命令

素材文件	无	扫码观看视频
案例文件	无	
教学视频	视频教学 \ 第 12 章 \12-3-2.mp4	
案例要点	掌握自定义命令的方法	

Step 01 新建一个空白的 Flash 文档，使用“多角星形工具”在舞台中绘制一个正五边形，如图 12-26 所示。选择刚绘制的正五边形，按【F8】键，将其转换成“名称”为“形状”的“图形”元件，如图 12-27 所示。

图 12-26 绘制正五边形

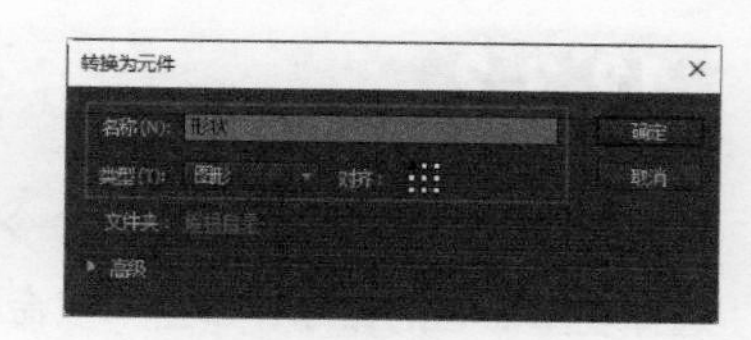

图 12-27 “转换为元件”对话框

Step 02 选择“窗口 > 历史记录”命令，打开“历史记录”面板，选择“转换为元件”选项，如图 12-28 所示。单击该面板中的“将选定步骤保存为命令”按钮，在弹出的“另存为命令”对话框中为其命名，如图 12-29 所示。

Step 03 单击“确定”按钮，该命令将添加到“命令”菜单中，如图 12-30 所示。

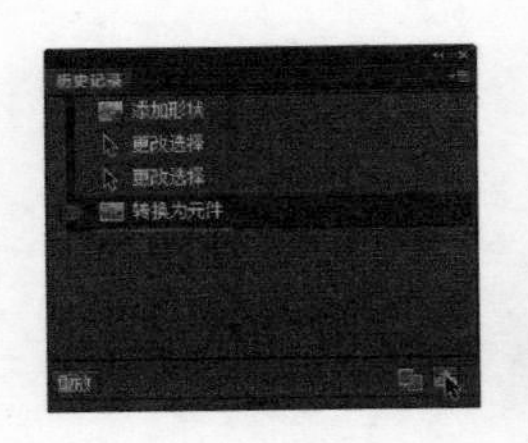

图 12-28 选择相应的选项

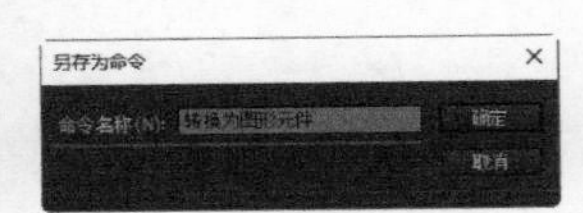

图 12-29 “另存为命令”对话框

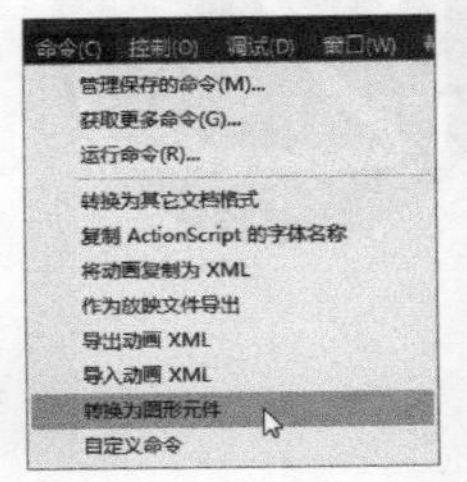

图 12-30 自定义的命令菜单

课堂案例 运行命令

素材文件	素材文件 \ 第 12 章 \123301.png	扫码观看视频
案例文件	无	
教学视频	视频教学 \ 第 12 章 \12-3-3.mp4	
案例要点	掌握如何使用自定义命令	

Step 01 新建一个空白的 Flash 文档，按【Ctrl+R】组合键，将素材图像“素材文件 \ 第 12 章 \123301.png”导入舞台，如图 12-31 所示。保持素材图像的选择状态，选择“命令 > 转换为图形元件”命令，如图 12-32 所示。

Step 02 导入的素材图像将被转换成图形元件，可以在“属性”面板中查看其属性，如图 12-33 所示。在“库”面板中可以看到自动生成的“名称”为“元件 1”的图形元件，如图 12-34 所示。

图 12-31 导入素材图像

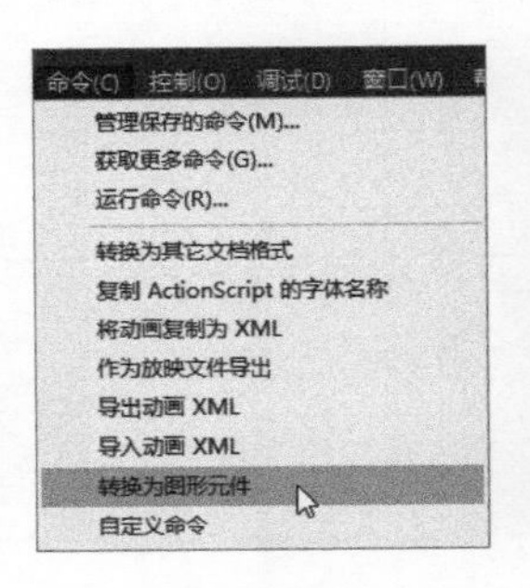

图 12-32 选择自定义命令

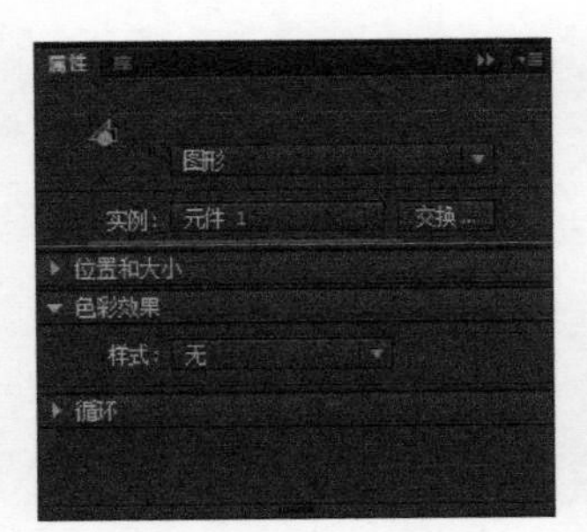

图 12-33 “属性”面板

图 12-34 “库”面板

12.3.2 重命名命令

选择“命令 > 管理保存的命令”命令，将弹出“管理保存的命令”对话框，如图 12-35 所示。在该对话框中选择要重命名的命令，单击“重命名”按钮，在弹出的“重命名命令”对话框中输入新名称，单击“确定”按钮，如图 12-36 所示。

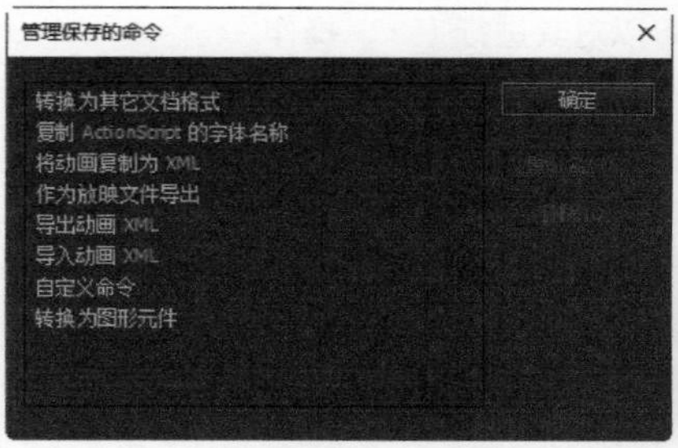

图 12-35 “管理保存的命令”对话框

图 12-36 “重命名命令”对话框

12.3.3 删除命令

在“管理保存的命令”对话框中选择要删除的命令，单击“删除”按钮，弹出系统提示框，如图 12-37 所示，单击“是”按钮，即可将其删除。

图 12-37 提示框

12.3.4 不能在命令中使用的步骤

某些任务不能保存为命令或使用“编辑 > 重复”菜单项重复。这些命令可以撤销和重做，但无法重复。

无法保存为命令或重复的动作示例包括：选择帧或修改文档大小。如果尝试将不可重复的动作保存为命令，那么不会保存该命令。

课后习题

一、选择题

1. 以下哪种类型不属于 Flash 中的元件。（ ）

A. 图形　　B. 按钮　　C. 组件　　D. 影片剪辑

2. 按钮元件包含几帧？（ ）

A. 3　　B. 4　　C. 6　　D. 无数

3. 以下关于组件的描述，正确的是（ ）。

A. 图形元件不能转换为组件　　B. 组件是影片剪辑元件的一种扩展形式

C. 组件是定义了参数的影片剪辑　　D. 以上都对

4. 以下选项中，不能转换为 Flash 元件的是（ ）。

A. 在 Flash 中绘制的矢量图形　　B. 导入 Flash 中的位图图像

C. 导入 Flash 中的音频素材　　D. 在 Flash 中输入的文字

5. 在 Flash 中，对于想保留却不需要显示的图层，可以对其进行（　）操作。

A. 隐藏　　B. 删除　　C. 锁定　　D. 移动

二、填空题

1. 包含 3D 动画的动画预设只能应用于 ______ 元件实例。

2. Flash 中的 ______ 是向 Flash 文档添加特定功能的可重用打包模块。

3. 在 ______ 面板中选择一个步骤或一组步骤，单击鼠标右键，在弹出的快捷菜单中选择“另存为命令”命令，即可创建一个自定义命令。

三、案例题

新建一个 Flash 文档，导入素材图像，打开“组件”面板，分别将 TextInput 组件、CheckBox 组件和 Button 组件拖入舞台中，并分别对这些组件的属性进行设置，完成登录表单的制作，测试效果如图 12-38 所示。

图 12-38 使用组件制作登录表单效果

Chapter

13

第13章 掌握ActionScript

本章主要介绍了一些有关 ActionScript 3.0 语言的基本语法知识，通过对本章内容的学习，读者能够快速掌握 ActionScript 3.0 的使用方法。读者如果之前学习过 ActionScript 2.0，就需要仔细比较二者之间的不同。

FLASH CC

学习目标

- 了解 ActionScript 脚本代码
- 了解“代码片段”面板和代码片段的添加
- 掌握在 Flash 动画中添加 ActionScript 脚本代码的方法
- 掌握 ActionScript 脚本代码的使用

学习重点

- 理解 ActionScript 的基本语法结构
- 创建类和使用类的方法
- 掌握使用鼠标事件的方法
- 使用 ActionScript 控制影片剪辑

关于ActionScript

ActionScript 脚本语言允许用户向应用程序添加复杂的交互性、播放控制和数据显示。可以使用“动作”面板或外部编辑器在创作环境内添加 ActionScript。

ActionScript 包含了多个版本，可以满足各类开发人员和播放硬件的需求。

13.1.1 ActionScript 3.0

ActionScript 3.0 是一个完全基于 OOP 的标准化面向对象语言，与旧版本的 Flash 相比，它不是 ActionScript 2.0 的简单升级，而是另一种思想的语言。可以说，ActionScript 3.0 全面采用了面向对象的思想，ActionScript 2.0 则仍然停留在面向过程阶段。

技术看板

把面向对象的思想应用于软件开发过程，指导开发活动的系统方法，简称 OO，而面向对象程序设计技术，简称 OOP。

13.1.2 认识“动作”面板

在一般情况下，在 Flash 中会通过在“动作”面板中输入脚本来完成程序的编写。使用“动作”面板，初学者和熟练的程序员都可以迅速而有效地编写出功能强大的程序。Flash 的“动作”面板提供代码提示、代码格式自动识别及搜索替换功能。

选择“文件 > 新建”命令，新建一个 ActionScript 3.0 文档。选择“窗口 > 动作”命令，打开“动作”面板，如图 13-1 所示。

图 13-1 “动作”面板

- 工具栏：在工具栏中有在创建代码时常用的一些工具，如“插入”“查找”“设置代码格式”“代码片段”“帮助”等。
- 脚本编辑窗口：主要用来编辑 ActionScript 脚本。此外也可以创建导入应用程序的外部脚本文件。

技术看板

用户可以选择“文件 >ActionScript 设置”命令，对 ActionScript 3.0 进行相应的设置和管理。

技术看板

如果需要创建外部文件，那么可以选择“文件 > 新建”命令，选择要创建的外部文件类型（ActionScript 文件、ActionScript 通信文件、Flash JavaScript 文件等），在打开的脚本编辑窗口中直接输入代码即可。

课堂案例 使用“动作”面板添加脚本

素材文件	素材文件 \ 第 13 章 \131301.fla	扫码观看视频
案例文件	案例文件 \ 第 13 章 \13-1-3.fla	
教学视频	视频教学 \ 第 13 章 \13-1-3.mp4	
案例要点	掌握在“动作”面板中添加 ActionScript 脚本代码的方法	

Step 01 选择“文件 > 打开”命令，打开素材文件“素材文件 \ 第 13 章 \131301.fla”，效果如图 13-2 所示。新建图层，在该图层最后一帧位置按【F6】键插入关键帧。选择“窗口 > 动作”命令，打开“动作”面板，如图 13-3 所示。

图 13-2 打开素材文件

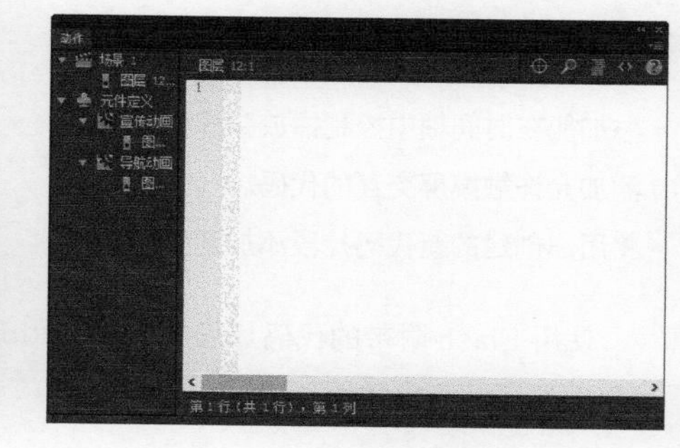

图 13-3 “动作”面板

Step 02 在脚本编辑窗口中输入 ActionScript 脚本代码，如图 13-4 所示，“时间轴”面板如图 13-5 所示。

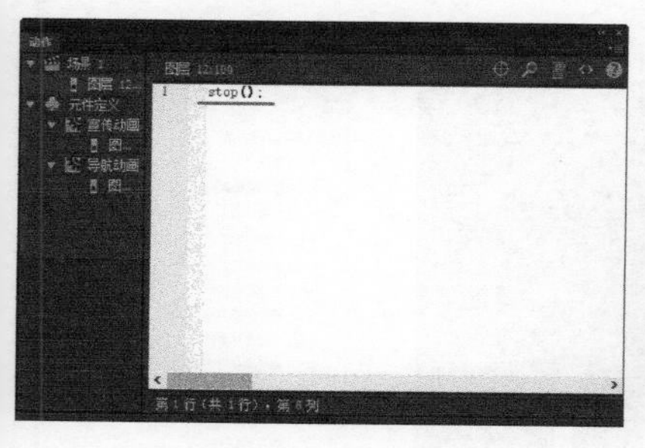

图 13-4 输入 ActionScript 脚本代码

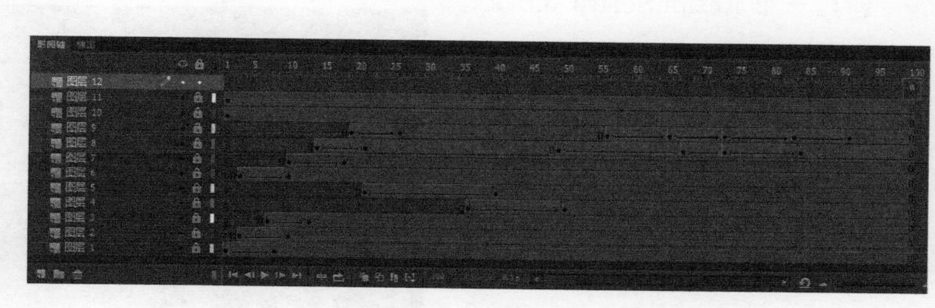

图 13-5 “时间轴”面板

Step 03 完成该动画的制作，按【Ctrl+Enter】组合键，测试动画，当动画播放完后将自动停止循环播放，如图 13-6 所示。

图 13-6 测试动画效果

13.2 使用“代码片段”面板

“代码片段”是 Flash 提供的一种非常方便的工具，可以帮助用户在不精通编程的前提下，使用 ActionScript 制作动画效果。

“代码片段”面板旨在使非编程人员能快速、轻松地使用简单的 ActionScript 3.0。借助该面板，用户可以将 ActionScript 3.0 代码添加到 FLA 文件中以实现常用功能。

13.2.1 “代码片段”面板的功能

在 Flash 中，利用“代码片段”面板，用户可以完成如下功能：

- 添加能影响对象在舞台上行为的代码。
- 添加能在时间轴中控制播放头移动的代码。
- 添加允许触摸屏交互的代码。
- 将用户创建的新代码片段添加到面板中。

使用 Flash 附带的代码片段是学习 ActionScript 3.0 的一个好途径。通过学习片段中的代码并遵循代码说明，可以很快了解代码结构和词汇。

13.2.2 添加代码片段

新建一个 ActionScritp 3.0 文档，如图 13-7 所示。选择“窗口 > 代码片段”命令，即可打开“代码片段”面板，如图 13-8 所示。

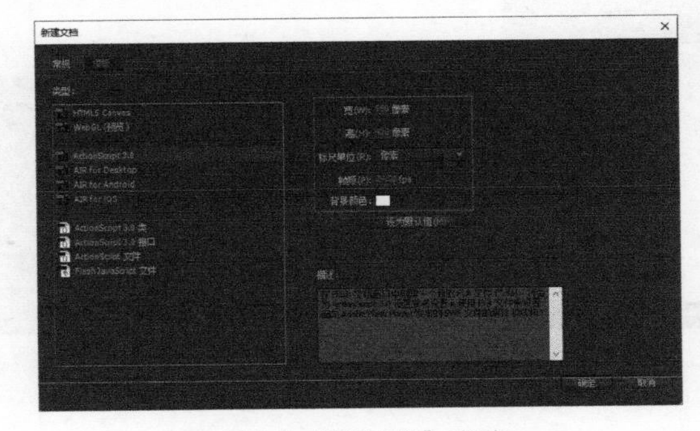

图 13-7 “新建文档”对话框

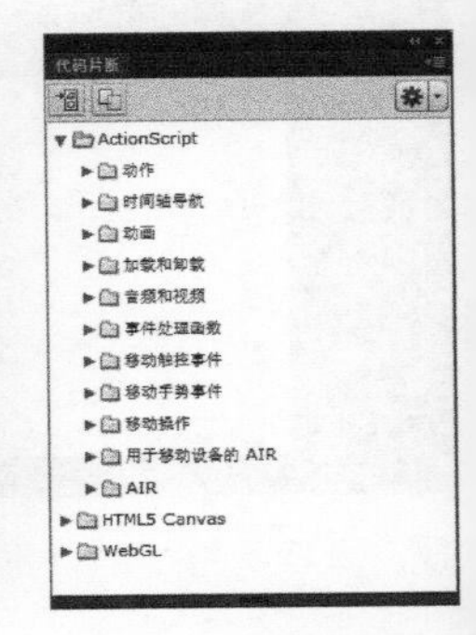

图 13-8 “代码片段”面板

根据需要添加的脚本类型，选择相应的文件夹，如图 13-9 所示。双击所需要添加的功能选项，可以在“动作”面板中自动添加相应功能的 ActionScript 脚本代码，如图 13-10 所示。

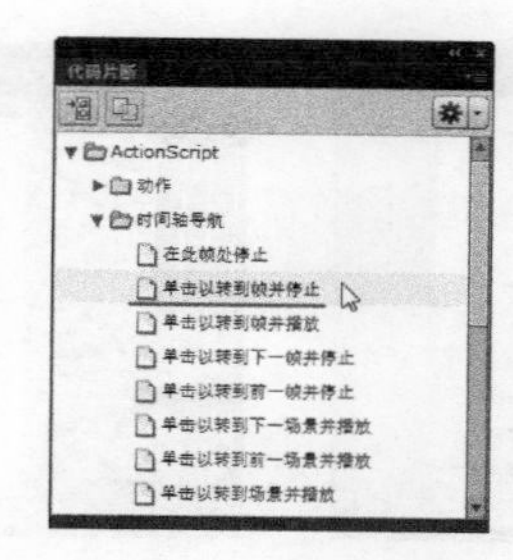

图 13-9 双击相应的选项

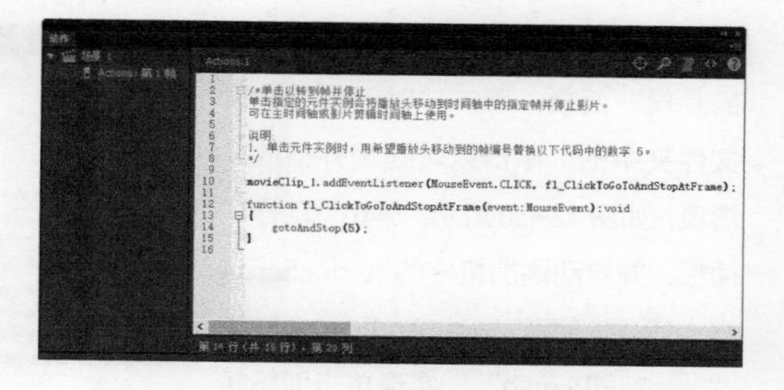

图 13-10 自动添加相应功能的 ActionScript 脚本代码

在一般情况下，为了使 ActionScript 能够控制舞台上的对象，此对象必须在“属性”面板中设定实例名称，如图 13-11 所示。添加代码片段之后，会自动新建一个名称为“Actions”的图层，在该图层的关键帧中放置 ActionScript 脚本代码，“时间轴”面板如图 13-12 所示。

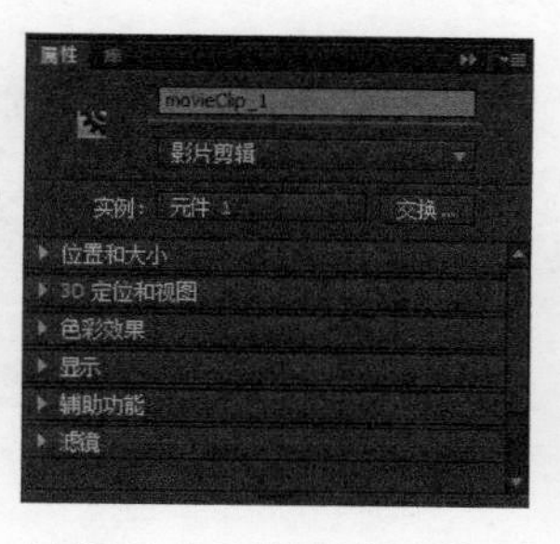

图 13-11 为元件设置“实例名称”

图 13-12 “时间轴”面板

课堂案例 使用“代码片段”制作动画

素材文件	素材文件 \ 第 13 章 \132301.fla	扫码观看视频
案例文件	案例文件 \ 第 13 章 \13-2-3.fla	
教学视频	视频教学 \ 第 13 章 \13-2-3.mp4	
案例要点	掌握代码片段的添加和使用方法	

Step 01 选择“文件 > 打开”命令，打开素材文档“素材文件 \ 第 13 章 \132301.fla”，如图 13-13 所示。单击选中舞台中的播放按钮元件，打开“属性”面板，设置“实例名称”为“start”，如图 13-14 所示。

图 13-13 打开素材文件

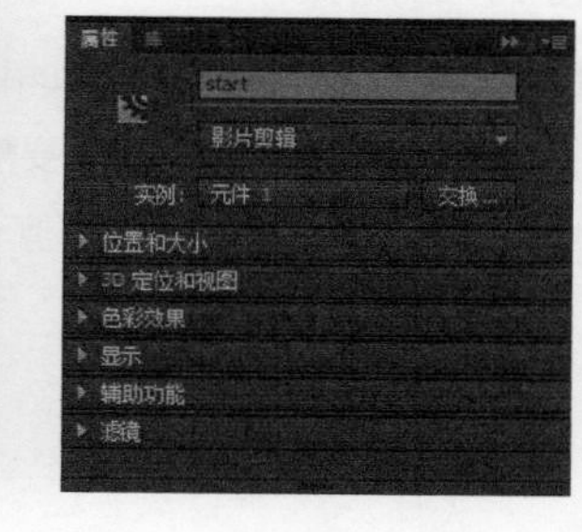

图 13-14 设置“实例名称”

Step 02 保持元件选中状态，打开“代码片段”面板，双击“时间轴导航”文件夹中的“单击以转到帧并播放”选项，如图 13-15 所示。弹出“动作”面板，并自动添加相应的 ActionScript 脚本代码，修改“gotoAndPlay(5)”为“gotoAndPlay(2)”，实现单击即跳转到第 2 帧播放动画效果，如图 13-16 所示。

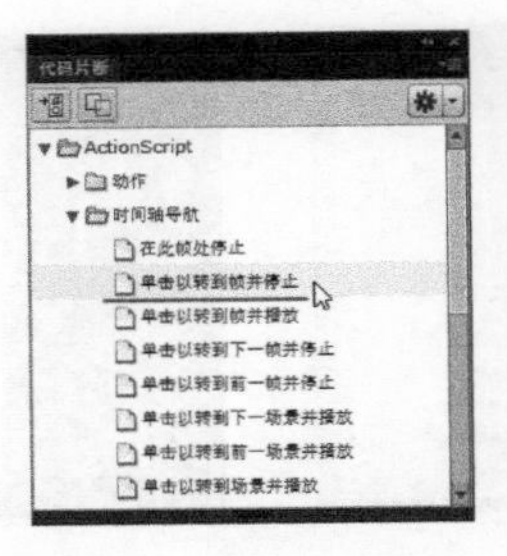

图 13-15 双击相应的代码片段选项

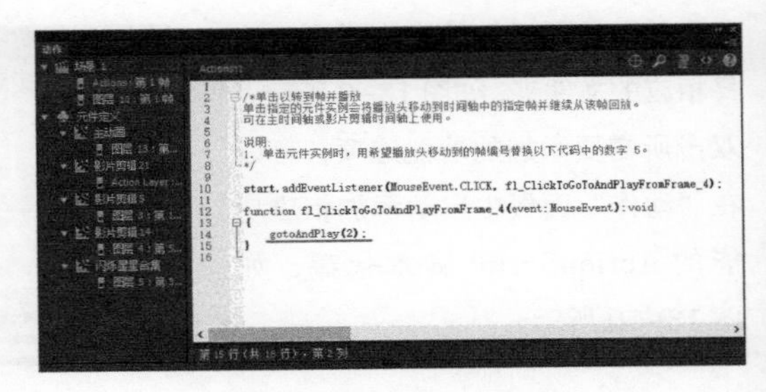

图 13-16 修改部分代码

Step 03 完成该动画的制作，按【Ctrl+Enter】组合键，测试动画效果，如图 13-17 所示。

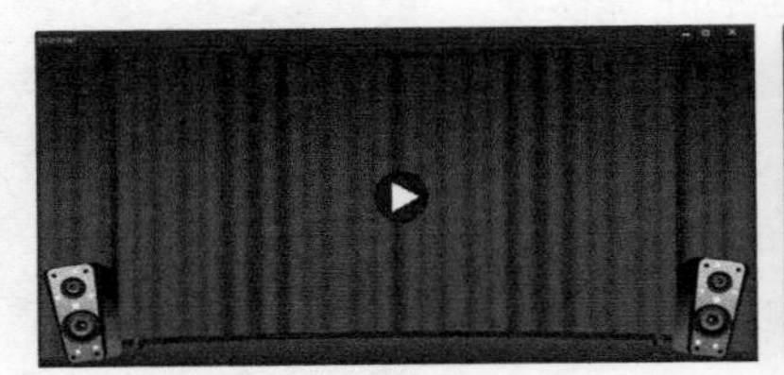

图 13-17 预览动画效果

课堂案例 为动画添加超链接

素材文件	素材文件 \ 第 13 章 \132301.fla	扫码观看视频
案例文件	案例文件 \ 第 13 章 \13-2-4.fla	
教学视频	视频教学 \ 第 13 章 \13-2-4.mp4	
案例要点	掌握代码片段的添加和使用方法	

Step 01 选择“文件 > 打开”命令，打开素材文件“素材文档 \ 第 13 章 \132401.fla”，如图 13-18 所示。选择第 10 帧上的文字元件，如图 13-19 所示。

Step 02 在“属性”面板中设置其“实例名称”为“movieClip_2”，如图 13-20 所示。打开“代码片段”面板，双击“动作”文件夹中的“单击以转到 Web 页”选项，如图 13-21 所示。

Step 03 弹出“动作”面板，并自动添加相应的 ActionScript 脚本代码，如图 13-22 所示。根据需要修改 ActionScript 脚本代码中的链接地址，如图 13-23 所示。

图 13-18 打开素材文件

图 13-19 选择文字元件

图 13-20 设置“实例名称”

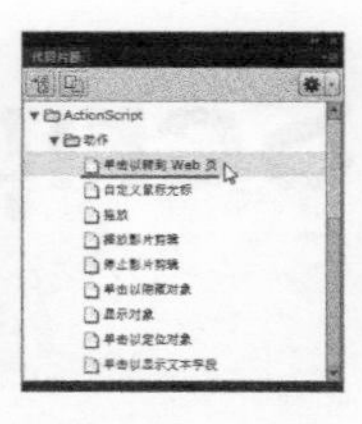
图 13-21 双击相应的代码片段选项

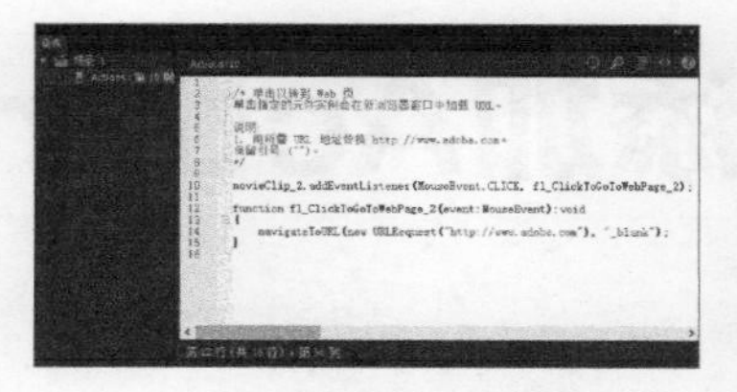
图 13-22 自动添加相应的 ActionScript 脚本代码

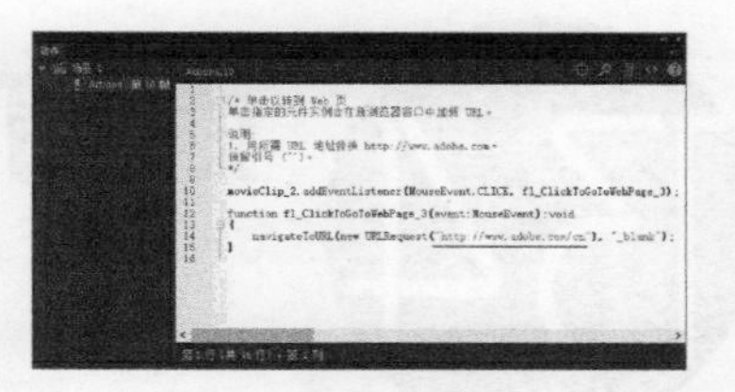
图 13-23 修改链接地址

Step 04 完成该动画的制作，按【Ctrl+Enter】组合键，测试动画效果，如图 13-24 所示，单击动画中的文字，即可在系统默认的浏览器中打开所设置的链接地址页面，如图 13-25 所示。

图 13-24 测试动画效果

图 13-25 打开链接地址页面

13.3 自定义ActionScript编辑器环境

在 Flash 中，用户可以根据自己的习惯定制“动作”面板中编辑器的环境参数。通过定制可以对编辑器的背景色和前景色进行设置，也可以定制保留字、语法关键字、字符串和注释的颜色、字体、大小等参数。

选择“编辑 > 首选参数”命令，弹出“首选参数”对话框，在左侧选择“代码编辑器”选项，如图 13-26 所示，即可对 Flash 中内置的 ActionScript 编辑器的代码编辑环境进行设置。单击“修改文本颜色”按钮，弹出“代码编辑器文本颜色”对话框，可以对代码编辑器中默认的代码文本颜色进行自定义设置，如图 13-27 所示。

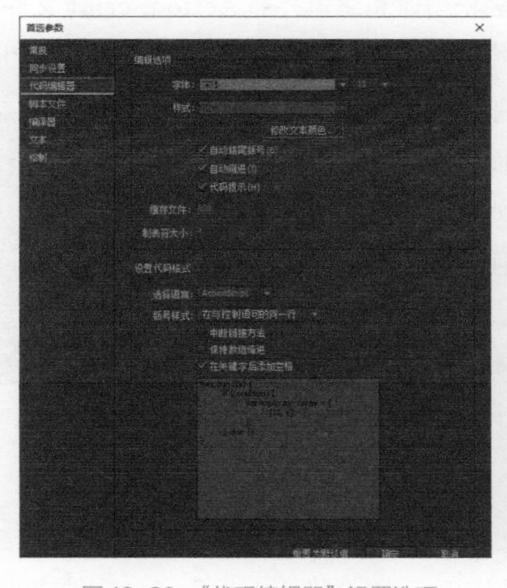
图 13-26 “代码编辑器”设置选项

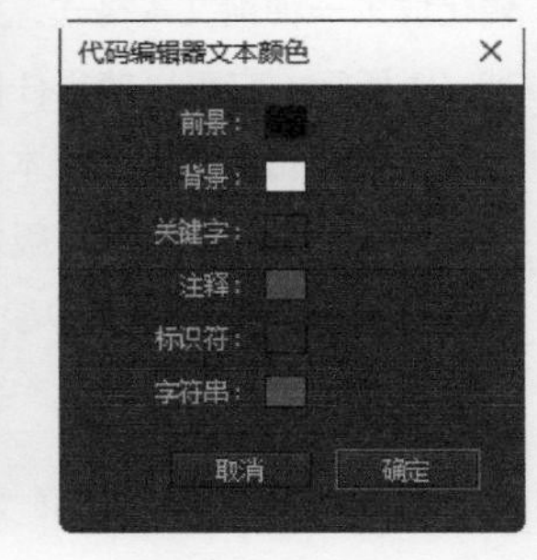

图 13-27 “代码编辑器文本颜色”对话框

如何添加ActionScript

在 Flash 中可以将 ActionScript 脚本代码写在 Fla 文件中，也可以将其作为一个单独的 AS 文件保存。

13.4.1 放在时间轴的帧上

将 ActionScript 脚本代码编写在时间轴的关键帧上是最常见的方法。选择时间轴上的某一个关键帧，打开“动作”面板，即可为该关键帧编写 ActionScript 脚本代码。

当在关键帧中编写 ActionScript 脚本代码时，“动作”面板顶部的选项卡会提示为“帧代码”，并在左侧的选项卡中提示程序代码位于哪一个图层的哪一帧，如图 13-28 所示。

添加 ActionScript 脚本代码后的关键帧上会出现一个小写的 a，表示该关键帧中包含 ActionScript 脚本代码，如图 13-29 所示。

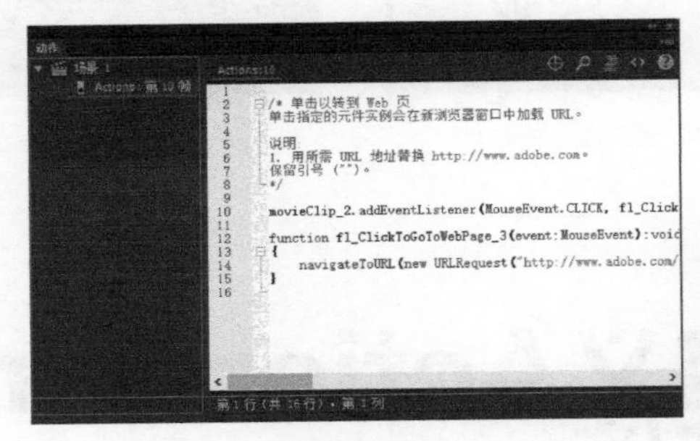

图 13-28 显示当前脚本代码的位置

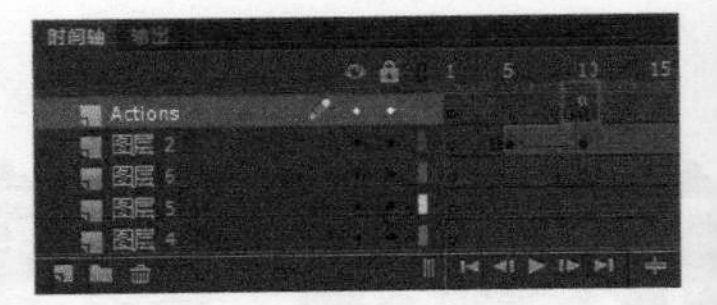

图 13-29 添加了脚本代码的关键帧效果

13.4.2 在外部ActionScript文件中编写代码

为了增加 Flash 动画的安全性，可以将 ActionScript 脚本代码写在位于外部的 ActionScript 文件中，然后可以使用多种方法将外部 ActionScript 文件中的定义应用到当前的应用程序。

使用 Flash，用户可以轻松创建和编辑外部 ActionScript 文件，选择“文件 > 新建”命令，在弹出的对话框中选择“ActionScript 文件”选项，即可创建一个外部 ActionScript 文件，如图 13-30 所示。

创建的 ActionScript 编辑器将不再是“动作”面板，而是转化成了一种纯文本格式，如图 13-31 所示。它可以使用任何文本编辑器编辑，例如记事本，并且无须定义 ActionScript 版本，因为最终将被加载到帧中编译。

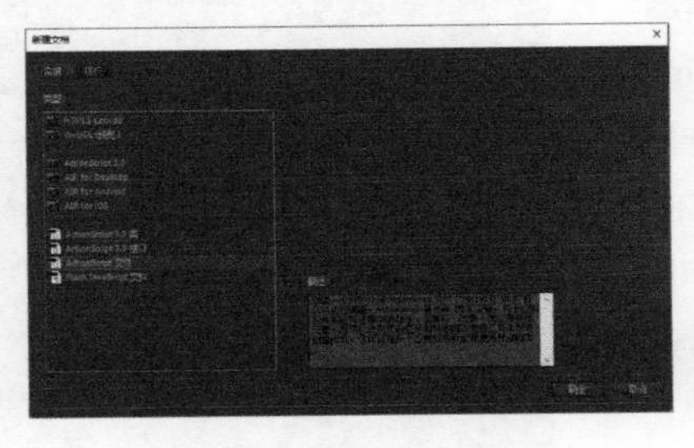

图 13-30 选择“ActionScript 文件”选项

图 13-31 ActionScript 文件编辑界面

外部的 ActionScript 文件并非全部是类文件，有些是为了管理方便，将帧代码按照功能放置在一个一个的 ActionScript 文件中。使用 include 指令将 ActionScript 文件中的代码导入当前帧中，指令格式如下所示。

```
include "[path]filename.as"
```

技术看板

include 指令在编译时调用，并不是动态调用的。因此，如果对外部文件进行了更改，那么必须保存该文件，并重新编译所有使用它的源文件。

不但可以在帧代码中使用 include 指令，还可以在 ActionScript 文件中使用 include 指令，但不能在 ActionScript 类文件中使用该指令。

include 可以对要包括的文件不指定路径、指定相对路径或指定绝对路径。

课堂案例 调整外部ActionScript文件

素材文件	素材文件 \ 第 13 章 \134301.fla	扫码观看视频
案例文件	案例文件 \ 第 13 章 \13-4-3.fla	
教学视频	视频教学 \ 第 13 章 \13-4-3.mp4	
案例要点	掌握调用外部 ActionScript 文件的方法	

Step 01 选择“文件 > 打开”命令，打开素材文件“素材文件 \ 第 13 章 \134301.fla”，效果如图 13-32 所示。打开“库”面板，在位图上单击鼠标右键，选择“属性”命令，如图 13-33 所示。

图 13-32 打开素材文档

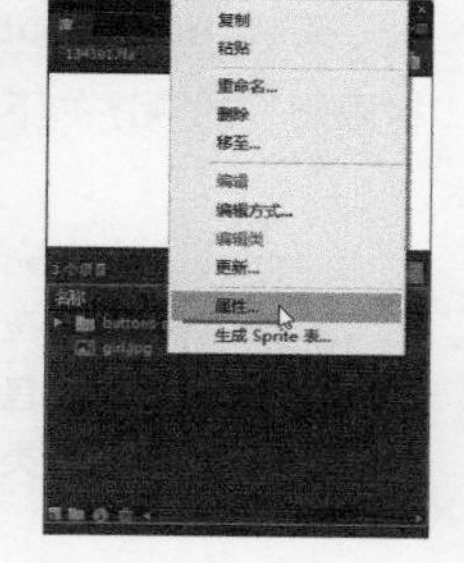

图 13-33 选择“属性”命令

Step 02 弹出“位图属性”对话框，勾选“为 ActionScript 导出”复选框，设置“类”名称为“MyImage”，如图 13-34 所示。选择“文件 > 新建”命令，新建一个 ActionScript 文件，如图 13-35 所示。

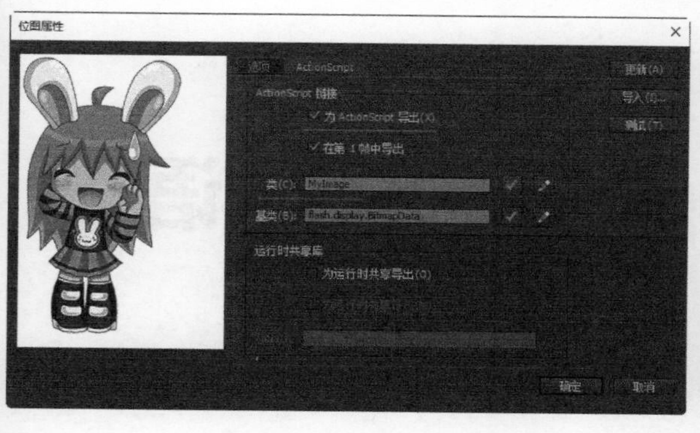

图 13-34 “位图属性”对话框

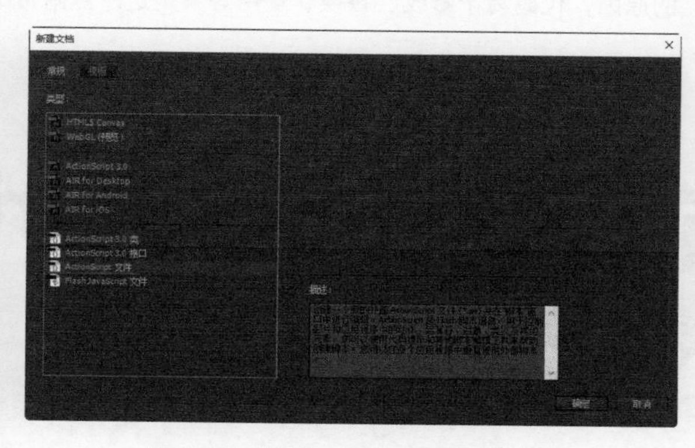

图 13-35 选择“ActionScript 文件”选项

Step 03 在编辑器中输入代码，如图 13-36 所示。选择“文件 > 保存”命令，将文件保存为“案例文件 \ 第 13 章 \13-4-3.as”。返回 Fla 文件，按【F9】键，打开“动作”面板，输入如图 13-37 所示代码。

Step 04 完成该动画的制作。按【Ctrl+Enter】组合键，测试动画效果，如图 13-38 所示，单击动画中的“Enter”按钮，将调用指定的图片素材显示在动画中，如图 13-39 所示。

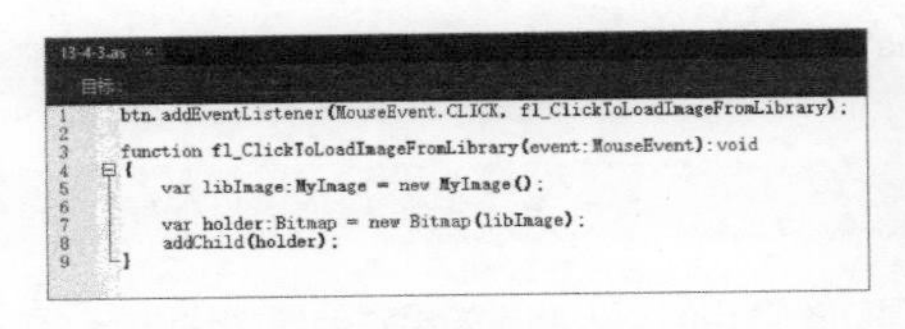

图 13-36 输入 ActionScript 脚本代码

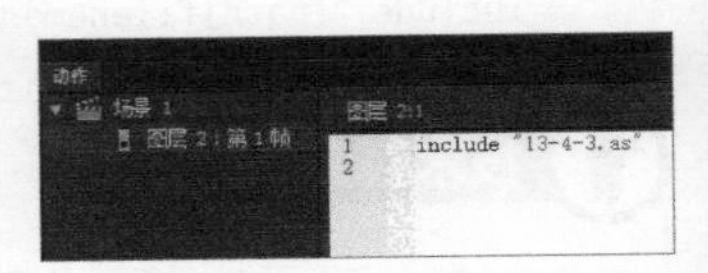

图 13-37 调用外部 ActionScript 文件

图 13-38 测试动画效果

图 13-39 加载素材图片显示

13.4.3 封装ActionScript代码

为了增加 Flash 的安全性，方便管理维护，现在越来越多的网站都采用了代码封装的方式制作 Flash 动画。

封装又叫隐藏实现，具体的意思是将实现的细节隐藏起来，只将必要的功能接口对外公开。比如手机，用户只需知道如何使用手机打游戏、上网即可，具体的关于手机里的构造细节，用户不用知道，而这些细节就属于封装。

在 ActionScript 3.0 中，使用“访问控制说明符”来控制代码的可见度。访问控制说明符从“毫无限制”到“严格限制”的顺序如下：

```
public      完全公开
protected   在private的基础上，允许子类访问
internal    包内可见
private     类内可见
```

由于封装是将代码分成一个个相对独立的单元，内容的代码结构可以任意改动，保证了代码单元的修改和替换更加安全，软件维护的成本大大降低了。

同时，通过将程序封装也使得修改代码更加容易和安全。模块化，降低复杂度才是封装这个思想产生的最真实的原因，代码易于修改、替换、复用等只是这一点附带的好处。

13.5 ActionScript 3.0的基本语法

与其他程序开发语言一样，ActionScript 具有语法和标点规则，这些规则用来定义创建代码的字符（character）、单词（word）、语句（statement），以及撰写它们的 deep 顺序。下面就这些基本的语法规则进行学习。

13.5.1 空白和多行书写

首先了解“空白”这个概念，“空白”包括空格键插入的空格、Tab 键插入的缩进，以及按回车键执行。

```
varmyAlign;

var myAlign myAlign = "right";
```

在关键字 var 和 myAlign 之间应该有空格（空格键插入的空格），var myAlign 和 myAlign = "right"; 是两条语句，它们之间应该使用分号（;）作为分隔符。

一条语句必须在一行内完成，但是，如果一行代码过长，那么可以采用多行书写的方式，由于 ActionScrip 将分号(;)作为语句之间的分隔符，所以，只需使用空格键或者按回车键换行就可以完成多行书写的方式，代码如下：

```
var myArray: Array=["鼠", "牛", "虎", "兔",
                    "龙", "蛇", "马", "羊",
                    "猴", "鸡", "狗", "猪"];
```

这样，代码更容易阅读，但是不能将引号内的字符串放到两行中，否则将会导致程序错误。

13.5.2 点语法

在 ActionScript 中，点（.）用来表明与某个对象相关的属性和方法，它也用于标识变量的目标路径。点语法表达式由对象名开始，接着是一个点，紧跟的是要指定的属性、方法或变量。

```
myArr.height
```

height 是 Array 对象的属性，它是指数组的元素数量。表达式是指 Array 类实例 myArr 的 height 属性。

表达一个对象的方法遵循相同的模式。例如，myArr 实例的 join 方法把 myArr 数组中所有的元素连接成为一个字符串：

```
myArr.join();
```

表达一个影片剪辑的方法遵循相同的模式。例如，man_mc 实例的 play 方法移动 man_mc 的时间轴播放头，开始播放：

```
man_mc.play();
```

点语法有两个特殊的别名：root 和 parent。 root 是指主时间轴，可以使用 root 创建一个绝对路径：

```
root.functions.myFunc();
```

上述代码的意思就是调用主时间轴上影片剪辑实例 functions 内的 myFunc() 函数，也可以使用别名 parent 引用嵌套当前影片剪辑的影片剪辑，还可以用 parent 创建一个相对目标路径：

```
parent.stop();
```

影片剪辑 dog_mc 被嵌套在影片剪辑 animal_mc 中，实例 dog_mc 将在执行命令后停止播放。

13.5.3 花括号

ActionScript 语句常使用花括号（{}）分块，如下代码，使用花括号来包围函数的代码：

```
function myFunction(): void {
var myDate: Date = new Date();
var currentMonth: Number = myDate.getMonth();
}
```

条件语句、循环语句也经常用花括号进行分块。

13.5.4 分号

ActionScript 语句以换行符作为一条语句的结束，但也可以使用分号作为一条语句的分隔符，这可以实现在一行中书写多条语句：

```
var var_a = true;  var var_c=20100807;
```

如果省略了这行语句中间的分号，程序就会报错，并中止执行后面的代码。程序代码最后一个分号可以省略。

13.5.5 圆括号

当定义函数时，要把参数放在圆括号中：

```
myFunction("steve", 10, true);
```

圆括号也可以用来改变 ActionScript 运算符的优先级，或者使编写的 ActionScript 程序更容易理解。
还可以用圆括号来计算语法中点左边的表达式：

```
(new Array("steve", 10, true).concat(2010);
```

圆括号中的表达式创建一个新的数组对象。如果没有加括号，那么代码需要修改为：

```
var myArray = new Array("steve", 10, true);
myArray.concat(2010);
```

13.5.6 字母的大小写

在 ActionScript 中，变量和对象对大小写的区分十分严格，如下语句就定义了 2 个不同的变量。

```
var ppr: Number = 0;
var PPR: Number = 2;
```

如果在书写关键字时没有正确使用大小写，那么程序将会出现错误。当在“动作”面板中启用语法突出显示功能时，用正确的大小写书写的关键字显示为蓝色。

13.5.7 程序注释

一般程序有很多行，为了方便阅读修改，可以在“动作”面板中使用注释语句给代码添加注释。添加注释有助于合作开发者更好地理解编写的程序，从而提高工作效率。

为程序添加了注释，使得复杂的程序变得更易理解。

```
//创建新的日期对象
var myDate: Date = new Date();
var currentMont:Number = myDate.getMouth();
//把用数字表示的月份转换为用文字表示的月份
var monthName:Namber =
calcMonth(currentMonth);
var year:Number = myDate.getFullYear();
var currentDate:Number = myDate.getDate();
```

如果要使用多行注释，那么可以使用“/*”和“*/”。位于注释开始标签（/*）和注释结束标签（*/）之间的任何字符都被 ActionScript 解释程序解释为注释并忽略。

需要注意：在使用多行注释时，不要让注释陷入递归循环中，否则会引起错误：

```
/*
“使用多行注释时要注意”; /*递归注释会引起问题*/
*/
```

在“动作”面板中，注释内容以灰色显示，长度不限，并且注释不会影响输出文件的大小，也不需要遵循 ActionScript 语法规则。

13.5.8 关键字

ActionScript 保留一些单词用于特定的用途。因此，不能用这些保留字作为变量名、函数名或者标签名。

13.6 变量和常量

ActionScript 是一种编程语言，弄懂一些常规计算机编程概念，对用户学习 ActionScript 会很有帮助。

13.6.1 变量的数据类型

和任何程序语言一样，ActionScript 语法也必须有基本的变量定义。

在声明变量时要严格指定数据类型（在变量名后面需要跟一个冒号，然后是数据类型）。接下来先来学习变量的数据类型。

数据类型就是将各种数据加以分类，是对数据或变量类的说明，它指示该数据或变量可能取值的范围。很多程序语言都提供了一些标准的数据类型，如逻辑型、字符型、整型、浮点型等。ActionScript 的数据类型极其丰富，并且允许用户自定义类型。

数据类型分为简单数据类型和复杂数据类型。

1. 简单数据类型

简单数据类型是构成数据的最基本元素。下面介绍 ActionScript 中的简单数据类型。

Boolean 数据类型

Boolean 为逻辑数据类型，逻辑值是 true 或 false 中的一个。ActionScript 也会在适当的时候将值 true 和 false 转化为 1 和 0。逻辑值经常与 ActionScript 语句中通过比较来控制程序流的逻辑运算符一起使用。

String 数据类型

String 为字符串类型，无论是单一字符还是数千字字符串都使用该变量类型，除了内存限制，对其长度没有限制。值得注意的是，要赋字符串值给变量，须在首尾加上双引号或单引号。

int、Number 和 uint 数据类型

int、Number 和 uint 数据类型都是数字，但是数字的取值范围不同。

```
Number > int    Number > uint
```

在使用数值类型时，能用整数值时优先使用 int 和 uint；整数值有正负之分时，使用 int；只处理正整数，优先使用 uint；处理与颜色相关的数值时，使用 uint；如果涉及小数点，那么要使用 Number。

Null 数据类型

Null 数据类型可以被认为是常量，它只有一个值，即 null。这意味着没有值，即缺少数据。在很多情况下可以指定 Null 值，以指示某个属性或变量尚未复制。

Undefined 数据类型

Undefined 数据类型也可以被认为是常量，它只有一个值，即 undefined，可以使用 Undefined 数据类型检查是否已设置或定义某个变量。此数据类型允许编写只在应用程序运行时执行的代码，代码如下：

```
if (init == undefined) {
  trace("正在下载……")
  init= true;
}
```

如果应用程序中有很多帧，那么代码不会执行第二次，因为 init 变量不再是未定义的了。

2. 复杂数据类型

ActionScript 中包含很多复杂数据类型，并且用户也可以自定义复杂的数据类型，所有的复杂数据类型都是由简单数据类型组成的。

Void 数据类型

Void 数据类型仅有一个值 Undefined，用来在函数定义中指示函数不返回值，代码如下：

```
//创建返回类型为void的函数
function  myFunction(): void{}
```

Array 数据类型

在编程中，常常需要将一些数据放在一起使用，例如一个班级所有学生的姓名，这个清单就是一个数组。在ActionScript 中数组是极为常用的数据结构。

Array 为数组变量，数组可以是连续数字索引的数组，也可以是复合数组，ActionScript 不可以用来定义三维、二维或多维数组。数组中的元素很自由，可以是 String、Number 或 Boolean，也可以是复杂的数据类型。

Object 数据类型

Object 是属性的集合，属性是用来描述对象特性的。例如，对象的透明度是描述其外观的一个特性。因此 alpha（透明度）是一个属性。每个属性都有名称和值。属性的值可以是任何 Flash 数据类型，也可以是 Object 数据类型。这样就可以使对象包含对象（将其嵌套）。

MovieClip 数据类型

影片剪辑是 Flash 应用程序中可以播放动画的元件，它也是一个数据类型，同时被认为是构成 Flash 应用的最核心元素。

MovieClip 数据类型允许使用 MovieClip 类的方法控制影片剪辑元件的实例。

13.6.2 定义和命名变量

ActionScript 使用关键字 var 声明变量并遵守变量命名约定，并且变量是区分大小写的。如下语句声明了一个名为 mc1 的字符串类型变量：

```
var mc1:String;
```

还可以在一条语句中声明多个变量，用逗号分隔各个声明：

```
var mc1:String, mc2:String, mc3:String;
```

在声明变量时也可以直接为变量赋值，程序如下：

```
var mc1:String="begin";
```

或者一条语句定义多个变量，同时为这些变量赋值：

```
var mc1:String="begin", mc2:String="end", mc3:String="middle";
```

ActionScript 变量区分大小写，如下两个变量是不相同的：

```
var UserName: String;
var userName: String;
```

13.6.3 变量的命名规则

变量名必须是一个 ActionScript 标识符，ActionScript 标识符应该遵循如下标准的命名规则：

- 第一个字符必须为字母、下划线或美元符号。
- 后面可以跟字母、下划线、美元符号、数字，最好不要包含其他符号。虽然可以使用其他 Unicode 符号作为 ActionScript 标识符，但不推荐使用，以避免代码混乱。
- 变量不能是一个关键字或逻辑常量（true、false、null 或 undefined）。保留的关键字是一些英文单词，因为这些单词是保留给 ActionScript 使用的，所以不能在代码中将其用作变量、实例、自定义类等。
- 变量不能是 ActionScript 语言中的任何元素，例如不能是类名称。
- 变量名在它的作用范围内必须是唯一的。

13.6.4 常量

常量也是变量，但它是一个用来表示其值永远不会改变的变量，任何一种语言都会定义一些内建的常量，ActionScript 语言中的常量如表 13-1 所示。

表 13-1　ActionScript 语言中的常量

常量	说明
true	一个表示与false相反的唯一逻辑值，表示逻辑真
false	一个表示与true相反的唯一逻辑值，表示逻辑假
undefined	一个特殊值，通常用来指示变量尚未赋值
infinity	表示正无穷大的IEEE-754值。trace（1/0）返回infinity
-infinity	表示负无穷大的IEEE-754值。trace（-1/0）返回-infinity
NaN	表示IEEE-754定义的非数字值。trace（0/0）返回NaN
*	指定变量是无类型的
null	一个可以分配给变量的或由未提供数据的函数返回的特殊值

用户可以使用 const 关键字自定义常量，并给它们赋原义值，例如：

```
const  myName:Boolean = true;
const  myHeight:int = 172;
//错误的操作，试图改变常量数值
myHeight = 180;
```

技术看板

为了避免在运行脚本时对常量重新赋值，最好采用统一的命名方案区分变量和常量。例如，可以使用 con_ 作为常量的前缀，或者常量名的所有字母大写。将常量和变量区分开，可以在复杂脚本开发时避免混乱。

13.7 在程序中使用变量

声明变量后，就可以在程序中使用变量，同时包括为变量赋值等。

13.7.1 为变量赋值

在变量名后直接使用“=”即可为变量赋值，如下代码为变量 mc1 赋值：

```
var mc1:String;
mc1="myname";
```

首先声明一个变量，然后为该变量赋值，如果要在测试环境中显示变量 mc1 的值，那么可以使用 trace() 语句。在“动作”面板中输入如图 13-40 所示的代码。

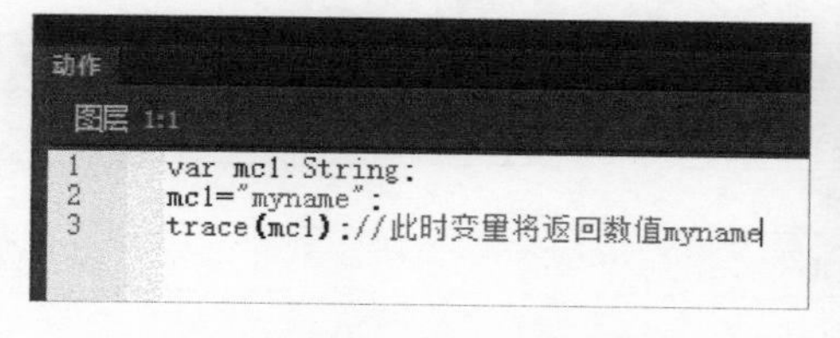

图 13-40 输入 ActionScript 脚本代码

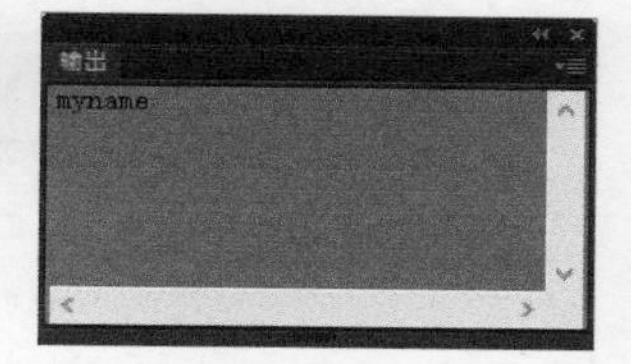

图 13-41 “输出”面板

按【Ctrl+Enter】组合键，测试效果，“输出”面板如图 13-41 所示。

还可以在声明变量的同时为变量赋值，上述代码可以写为如下形式：

```
var mc1:String = "myname";
trace(mc1);
```

技术看板

如果变量值是字符串类型，那么必须使用引号括起来。如果是逻辑、整数或者浮点类型，就不需要使用引号。

13.7.2 变量值中包含引号

如果在变量值中包含引号（双引号或单引号），那么此时必须使用转义符（\），例如在“动作”面板中输入如图 13-42 所示的代码。

按【Ctrl+Enter】组合键，测试效果，“输出”面板如图 13-43 所示。

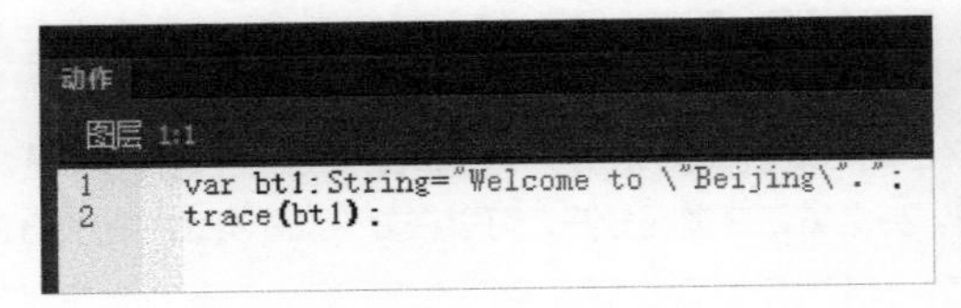

图 13-42 输入 ActionScript 脚本代码

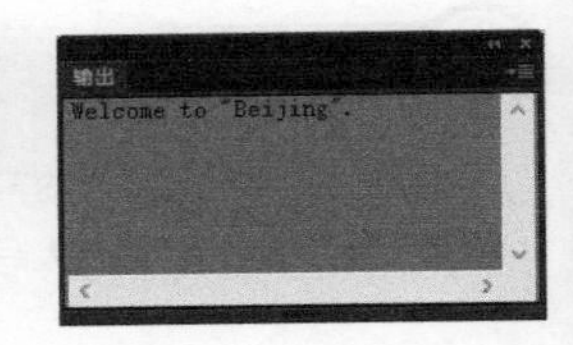

图 13-43 “输出”面板

如果代码中使用了不同的引号交替包含就无须使用转义符了，例如在“动作”面板中输入如图 13-44 所示的代码。

按【Ctrl+Enter】组合键，测试效果，“输出”面板如图 13-45 所示。

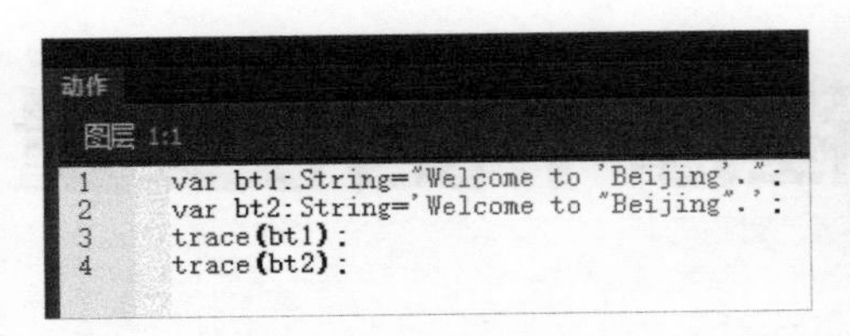

图 13-44 输入 ActionScript 脚本代码

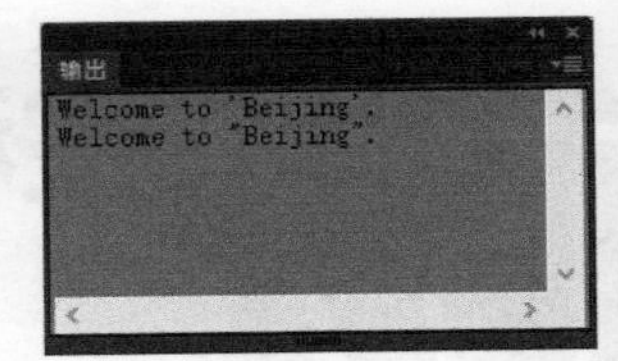

图 13-45 “输出”面板

13.7.3 变量的默认值

在 ActionScript 3.0 中，如果定义了变量，但没有为其赋值，那么运行环境会为其指定一个默认值。表 13-2 所示为 ActionScript 中不同数据类型变量的默认值。

表 13-2 ActionScript 中不同数据类型变量的默认值

数据类型	默认值
Boolean	false
int	0
uint	0
Number	NaN
Object	null
String	null
未声明	undefined
其他所有类	null

在“动作”面板中输入如图 13-46 所示的代码。按【Ctrl+Enter】组合键，在“输出”面板中可以看到不同数据类型变量的默认值，如图 13-47 所示。

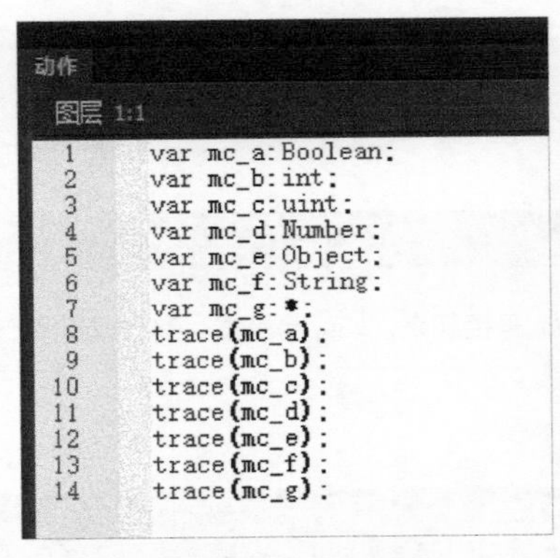

图 13-46 输入 ActionScript 脚本代码

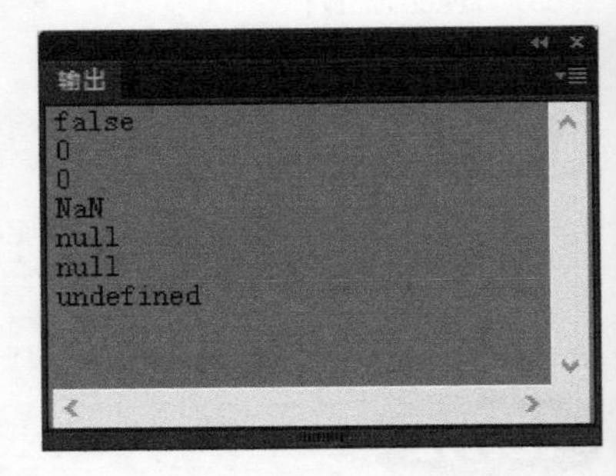

图 13-47 “输出”面板

创建和使用对象(Object)

ActionScript 是一种面向对象的编程语言。面向对象的编程只是一种编程方法，组织程序中代码的方法只有一种，即使用对象。

在面向对象的编程中，程序指令分布在不同对象中。代码被编组为功能区块，因此相关的功能类型或相关的各条信息被编组到一个容器中。

在 ActionScript 中，类是属性和方法的集合。每个对象都有各自的名称，并且都是特定类的实例。

内建对象都是在 ActionScript 中预定义的类，它们是预定义类的实例。例如，内建的 Date 类可以提供用户计算机系统日期的信息；可以使用内建的 LoadVars 类将变量加载到 SWF 文件中。

ActionScript 中内建了一个名为 Object 的类。通过创建一个 Object 实例可以保存数据的集合，例如一个公司的名称、电话和地址，也可以创建一个 Object 实例来保存图形的颜色信息。使用 Object 组织数据有助于更好地组织 Flash 文档。

在 ActionScript 中创建一个 Object 有很多方法。要创建 Object，就必须首先使用 new 运算符创建一个该类的实例，代码创建了一个新的 Object 实例并在该 Object 中定义了几个属性：

```
var person:Object = new Object();
person.sex = "male";
person.age = 30;
person.birthday = new Date(1977,4,12);//1977年4月12日
```

使用构造器语法创建一个 Objecit 的实例（使用 new 运算符创建实例也称为构造器语法），然后使用实例为 Object 定义属性和赋值。这一过程也可以按如下形式简写，直接在构造器中定义属性和赋值：

```
var person:object ={sex: "male", age:30,
birthday:new Date(1977,4,12)};
```

一旦创建了 Object 实例并被赋予了属性，就可以使用该实例引用该属性，如下代码就可以访问 person 对象的 birthday 属性并返回该属性的值：

```
trace(person.birthday)
```

使用如下语句可以在“输出”面板中显示 Object 的属性：

```
var person:Object = new Object();
person.sex = "male";
person.age = 30;
person.birthday = new Date(1977,4,12);
var i:String;
for (i in person){
```

```
trace(i+":"+ person[i]);
}
```

按【Ctrl+Enter】组合键，测试影片，在“输出”面板中获得如图 13-48 所示结果。

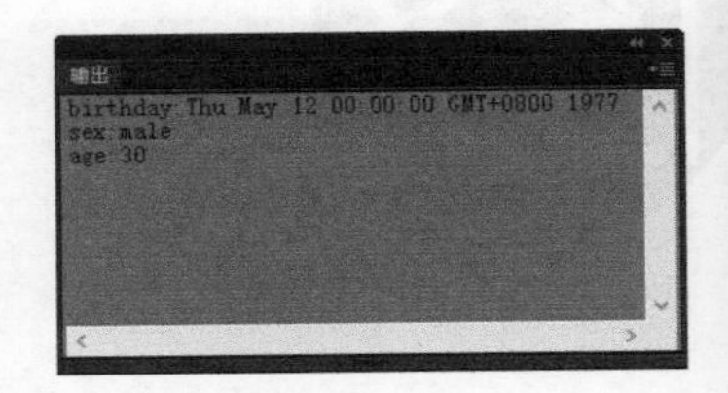

图 13-48 “输出”面板

创建和使用数组（Array）

在编程中，会经常对一些数据进行编制，将其放在一起使用，比如编制一个清单，包含一个班级所有学生的名字。这个清单就是一个数组。

数组 Array 是一种极为常用的数据结构。几乎所有的编程语言都支持它。

13.9.1 创建数组

数组是一个类，要使用它，必须首先使用 new 运算符创建一个该类的实例，例如创建一个简单的日期名称数组：

```
var myArr:Array = new Array();
myArr[0] = "Monday";
myArr[1] = "Tuesday";
myArr[2] = "Wednesday";
myArr[3] = "Thursday";
```

首先使用构造器语法创建一个 Array 的实例，然后使用实例为数组元素赋值。这一数组也可以按如下形式重写，直接在构造器中进行赋值：

```
var myArr:Array =new Array
("Monday","Tuesday","Wednesday","Thursday");
```

使用“[ ]”运算符也可以创建 Array 类的实例，例如：

```
var myArr:Array =new Array
["Monday","Tuesday","Wednesday","Thursday"];
```

在 ActionScript 中，Array 是一个强大的数据类型，用户可以创建一维数组，也可以创建多维数组，并且数组中元素的数据类型可以不同，甚至元素的内容可以是其他的类，从而还可以创建复合数组。

13.9.2 创建和使用索引数组

索引数组存储了一系列值，可以为一个或多个。可以通过项目在数组中的位置查找它们，第一个索引始终是数字 0，添加到数组中的每个后续元素的索引以 1 为增量递增。例如，在“动作”面板中输入如图 13-49 所示的代码。按【Ctrl+Enter】组合键，在“输出”面板中可以看到输出的数组值，如图 13-50 所示。

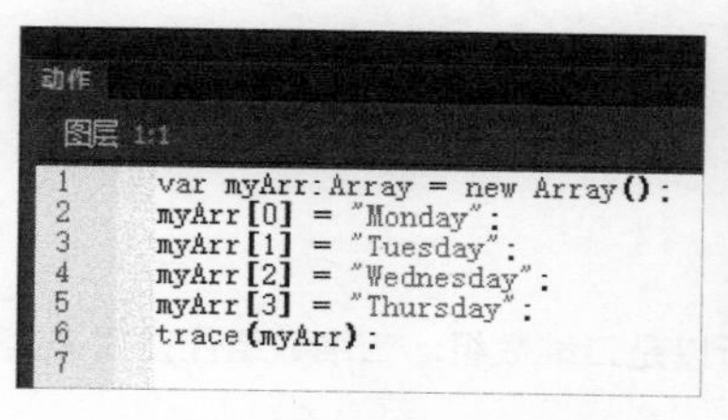

图 13-49 输入 ActionScript 脚本代码

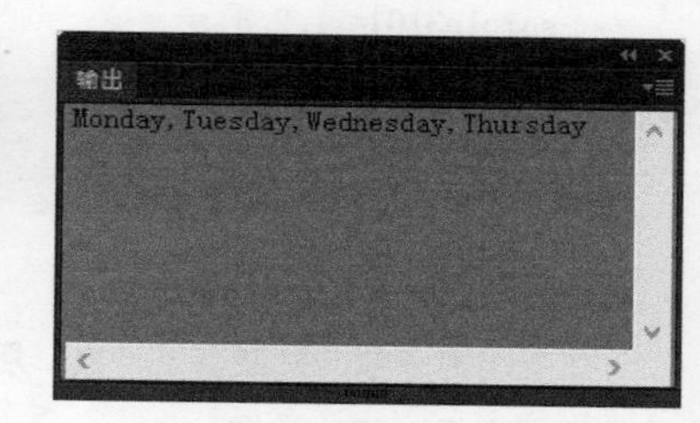

图 13-50 “输出”面板

如果想修改数组中某个元素的值，那么可以直接使用赋值语句，例如：

```
myArr[1] = "sunday";
```

数组的维数可以自动扩展，但如果使用赋值语句指定了当前的最大维数，那么运行时就会自动认定该数组的维数。如果数组中某一个小于维数索引上的元素未定义，那么会将该元素自动赋一个 undefined 值，例如：

```
var myArr:Array = new Array();
myArr[0] = "Monday";
myArr[2] = "Wednesday";
trace (myArr[1]) ; //返回undefined
```

13.9.3 创建和使用多维数组

在 ActionScript 中，可以将数组实现为嵌套数组，其本质上就是数组的数组。嵌套数组又称为多维数组，可以将其看作矩阵或网格。

代码如下：

```
//直接使用方括号嵌套来创建多维数组
var sample:Array=[[1,2,3],[4,5,6],[7,8,9]];
trace(sample[2]);
//注意数组索引是由零开始的，所以输出的是第三个数组：7,8,9
trace (sample[2][1]) ;
//输出第三个数组及第二个元素：8
//使用构造函数来创建多维数组
var sample2:Array=
new Array(new Array(1,2,3,),
new Array(4,5,6,),new Array(7,8,9));
        trace(sample2[2][1]);
//输出：8
```

```
//先定义数组的长度，再一一添加子数组
var sample3:Array=new Array(3);
sample3[0]=[1,2,3];
sample3[1]=[4,5,6];
sample4[2]=[7,8,9,];
trace(sample3[2][1]);
//输出：8
```

在上述例子中，只嵌套了一次，所以是二维数组。二维数组往往用来表示矩形或者网格。如果嵌套两次，那么就是三维数组。依此类推。

13.10 表达式和运算符

要完成对数据的处理和变量的运算，就必须有运算符。定义好变量后，需要对它们进行赋值、改变和执行计算，这些都是由运算符来完成的。运算符是指怎样结合、比较或修改表达式值的字符。

运算符可以用来处理数字、字符串及其他需要进行比较运算的条件。ActionScript 内建了非常丰富的运算符，用来完成表达式运算功能。

13.10.1 表达式

运算符必须有运算对象才可以进行运算。运算对象和运算符的组合，称为表达式。

ActionScript 表达式是指能够被 ActionScript 解释计算并生成 ActionScript “短语”，短语可以包含文字、变量、运算符等。生成的单个值可以是任何有效的 ActionScript 类型：数字（Number）、字符串（String）、逻辑值（Boolean）和对象（Object）。

简单表达式和复杂表达式

按照表达式的复杂程度可以将表达式分为简单表达式和复杂表达式。最简单的表达式仅仅是由文字组成的：

```
3.15                    //数字文字
"加油"                  //字符串文字
True                    //逻辑文字
Null                    //文字空值
(x:1, y:2)              //对象文字
[4,5,6]                 //数组文字
Function(abc) {return abc+abc;}        //函数文字
```

更多复杂的表达式中包含变量、函数、函数调用及其他表达式。可以用运算符将表达式组合，创建复合表达式，代码如下。

```
var anExpression:Number = 3*(4/5) + 6;
trace (Math.PI * radius * radius);
String("(" + var_a + ") %(" +anExpression + ")");
```

赋值表达式和单值表达式

从功能上分，可以分成两种类型的表达式：一种表达式用于赋值；另一种表达式用于计算单个值。

例如，x = 0 就是一个表达式，2+3 也是一个表达式，它的计算结果为 5，但是没有将其结果赋给任何变量，仅仅是一个单值，该值可以被某个运算直接显示在“输出”面板中，或者传递给函数作为参数。如下代码就是用来计算单值的：

```
trace( 2 + 3 );
String("(" + var_a + ") %(" + anExpression + ")");
```

13.10.2 算术运算符

算术运算符就是用来处理四则运算的符号，这是最简单、最常用的符号，尤其是数字的处理，几乎都会使用算术运算符。表 13-3 所示为 ActionScript 中的算术运算符。

表 13-3　ActionScript 中的算术运算符

运算符号	说明
+	加法运算
-	减法运算
*	乘法运算
/	除法运算
%	取余数
++	递增
--	递减

例如，在“动作”面板中输入如图 13-51 所示的代码。按【Ctrl+Enter】组合键，在“输出”面板中可以看到通过运算符输出的运算结果，如图 13-52 所示。

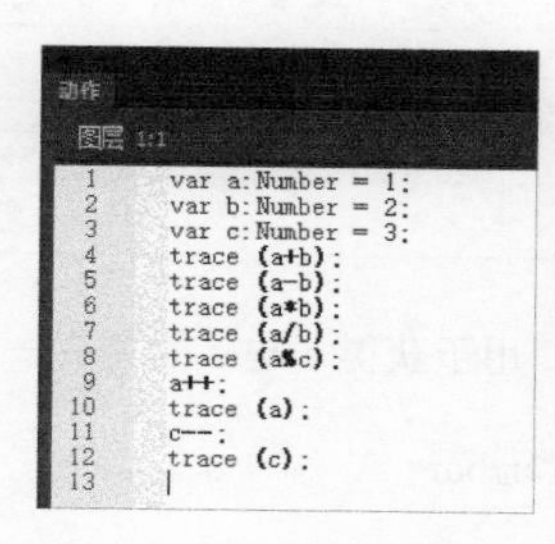

图 13-51　输入 ActionScript 脚本代码

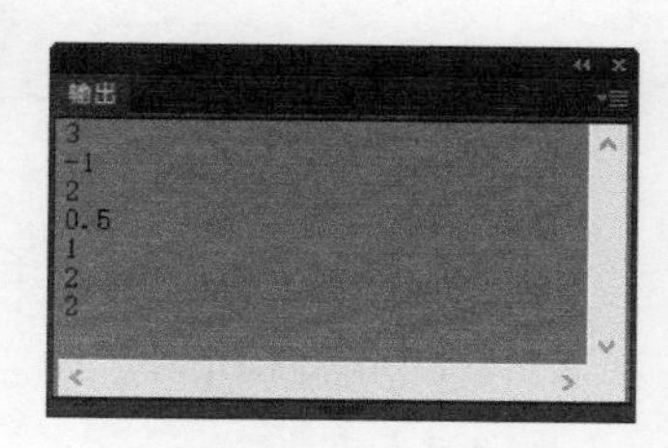

图 13-52　“输出”面板

13.10.3 字符串运算符

字符串运算符使用加法运算符来完成，它可以将字符串连接起来，变成合并的新字符串。

例如，在“动作”面板中输入如图 13-53 所示的代码。按【Ctrl+Enter】组合键，在“输出”面板中可以看到字符串运算输出的结果，如图 13-54 所示。

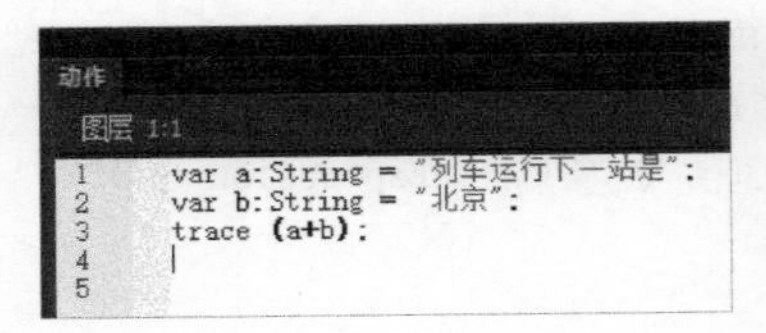

图 13-53 输入 ActionScript 脚本代码

图 13-54 “输出”面板

13.10.4 比较运算符和逻辑运算符

比较运算符和逻辑运算符通常用来测试真假值，有时也被归为一类，统称为逻辑运算符。最常见的逻辑运算就是循环和条件的处理，用来判断是否应该离开循环或继续执行循环内的指令。表 13-4 所示为 ActionScript 中的比较运算符。

表 13-4 ActionScript 中的比较运算符

运算符号	说明
<	小于
>	大于
<=	小于等于
>=	大于等于
==	等于
!=	不等于

表 13-5 所示为 ActionScript 中的逻辑运算符。

表 13-5 ActionScript 中的逻辑运算符

运算符号	说明
&&	并且（And）。两边表达式必须为true，则结果为true，否则为false
||	或者（Or）。两边表达式只要一个为true，则结果为true，否则为false
!	不（Not）
===	两个表达式，包括表达式类型都相等，则结果为true
!==	结果与全等运算符（===）正好相反

下面是一个逻辑运算的例子，用于获得 a 与 c 的关系：

```
var a:Number,b:Number,c:Number;
a = 1;
b = 4;
c = 6;
if (a>b && b>c) {
trace("a大于c");
}else if(b>a&&c>b){
  trace("a小于c");
}else{
  trace("无法判定")
}
```

尝试改变 3 个变量 a、b、c 的值，按【Ctrl+Enter】组合键，进行测试，体会不同的运行效果。下面是另一个逻辑运算的例子，用来测试变量 a 是否不等于 5：

```
var a:Number = 5;
if (a !=5){
  trace("a的值不是5");
}else{
  trace("a的值是5");
}
```

考虑数据类型

在比较运算和逻辑运算时，应该注意数据类型，例如 "100" 和 100 就不是相同的数据类型，前一个是字符串，后一个是数字。

例如，在“动作”面板中输入如图13-55所示的代码。按【Ctrl+Enter】组合键，在编译器严格模式下，会导致编译器警告，提醒用户这两个不同的数据类型在比较，并且编辑不会通过，如图 13-56 所示。

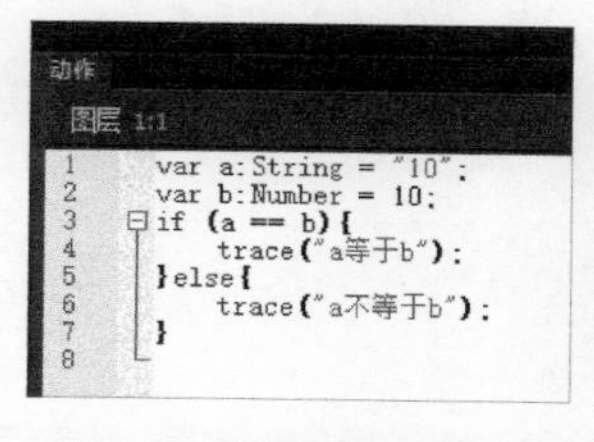

图 13-55 输入 ActionScript 脚本代码

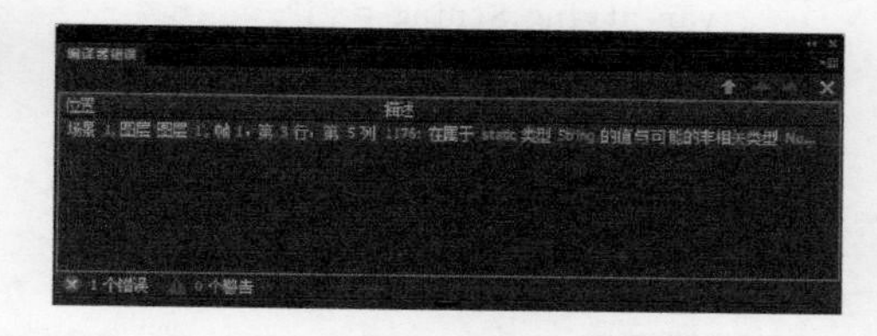

图 13-56 编辑器错误提示

在进行逻辑运算时，会首先将它们转换成相同的数据类型，然后进行对比。即使变量 a 和变量 b 的数据类型不同，但比较运算（a == b）仍然返回 true。

全等运算符

全等运算符（===）用来测试两个表达式是否相等，运算的对象包括数字、字符串、逻辑值、变量、对象、数组或函数等。

除了不转换数据类型，全等运算符（===）与等于运算符（==）执行运算的方式相同。如果两个表达式（包括它们的数据类型）相等，那么结果为 true。

再返回去看前面的代码，如果使用了全等运算符：

```
var a:String = "10";
var b:Number = 10;
if (a === b){
  trace("a等于b");
}else{
  trace("a不等于b");
}
```

按【Ctrl+Enter】组合键，进行测试，在非严格编译模式下，那么将会返回：a 不等于 b。

确定是否相等取决于参数的数据类型：

- 数字和逻辑值按值进行比较，如果它们具有相同的值，那么视为相等。
- 如果字符串表达式具有相同的字符数，并且这些字符都相同，那么这些字符串表达式相等。
- 表示对象、数组和函数的变量按引用进行比较。如果两个变量引用同一个对象、数组或函数，那么它们相等。两个单独的数组即使具有相同数量的元素，也不会被视为相等。

如下代码说明了全等运算符的运算规律：

```
var string1:String = "5";
var string2:String = "5";
trace(string1 ==string2);//输出true
trace(string2 ===string2);//输入true
//==========================================
//值相同，但数据类型不同
var string:String = "5";
var num;Number = 5;
trace(string1==num);//输出true
trace (string2===num);//输出false
//==========================================
//值相同，但数据类型不同
var string:String = "1";
var bool1:Boolean = true;
trace(string1 ==bool1);//输出true
trace(string1 ===bool1);//输出false
```

13.10.5 位运算符

ActionScript 的位运算符共有 7 个，通过位运算符可以对数字进行一些快速而低阶的运算。表 13-6 所示为 ActionScript 中的位运算符。

表 13-6 ActionScript 中的位运算符

运算符号	说明
&（位AND）	将运算符左边的值和右边的值转换为32位无符号二进制整数，并对整数的每一位执行逻辑AND运算，也即相同位置上的位都是1时才返回1，否则返回0
!（位OR）	将运算符左边的值和右边的值转换为32位无符号二进制整数，并对整数的每一位执行逻辑OR运算，也即相同位置上的位有一个是1就返回1，否则返回0
~（位NOT）	也称为对1求补运算符或者按位求补运算符
^（位XOR）	将运算符左边的值和右边的值转换为32位无符号二进制整数，并在左边或右边值中为1（但不是在两者中均为1）的对应位的整数指定的位数
<<(位左移)	将运算符左边的值和右边的值转换为32位无符号二进制整数，并将左边的值中的所有位向左移动由右边的值转换所得到的整数指定的位数
>>（位右移）	将运算符左边的值和右边的值转换为32位无符号二进制整数，并将左边的值中的所有位向右移动由右边的值转换所得到的整数指定的位数
>>>(位无符号右移)	除不保留原始表达式的符号外，此运算符与按位向右移动运算符相同，因为左侧的位始终用0填充。通过舍去小数点后面的所有位将浮点数转换为整数

位运算首先将运算符前后的表达式转换成二进制数，然后进行运算，例如：

```
trace(10 & 15); //返回10
```

10 的二进制数是 1010，15 的二进制数是 1111，将二进制数进行 AND 运算，运算结果是 1010，也就是十进制数 10。

13.10.6 赋值运算符

赋值运算符用来为变量或者常量赋值，它可以让程序更精简，增加程序的执行效率，表 13-7 所示为 ActionScript 中的赋值运算符。

表 13-7　ActionScript 中的赋值运算符

运算符号	说明
=	将右边的值赋到左边
+=	将右边的值加左边的值，并将结果赋给左边
-=	将右边的值减左边的值，并将结果赋给左边
*=	将左边的值乘以右边的值，并将结果赋给左边
/=	将左边的值除以右边的值，并将结果赋给左边
%=	将左边的值对右边的值取余数，并将结果赋给左边
&=	将左边的值对右边的值进行&运算，并将结果赋给左边
<<=	将左边的值对右边的值进行<<运算，并将结果赋给左边
!=	将左边的值对右边的值进行! 运算，并将结果赋给左边
>>=	将左边的值对右边的值进行>>运算，并将结果赋给左边
>>>=	将左边的值对右边的值进行>>>运算，并将结果赋给左边
^=	将左边的值对右边的值进行^运算，并将结果赋给左边

下面来看几个简单的赋值运算案例：

```
var a :Number = 1;
a += 1;//即 a = a+1
trace(a);
var b:String ="你好";
b += "!";//b= "你好！"
b +="flash";//此时b="你好flash"
trace(b);
```

13.10.7 运算符的使用规则

不同的运算符是有优先顺序的，在使用运算符之前必须先了解运算符的使用规则，其中包括运算符的优先级规则和结合规则。

运算符的优先级规则

当两个或多个运算符被使用在同一个语句中时，一些运算符要比其他一些运算符优先，称为运算符的优先级规则。

ActionScript 按照精确的等级来决定哪一个运算符优先执行。例如，乘法总是在加法前先执行，但是括号内的项却比乘法优先。因此，在没有括号时，ActionScript 首先执行乘法，代码如下：

```
var total: Namber = 3+4*2;
```

结果是 11。但是如果有括号括住加法运算，那么要先进行加法运算，再进行乘法运算。

```
Var totol: Namber = (3+4)*2;
```

结果是 14。

运算符的结合规则

当两个或多个运算符优先级相同时，它们的结合规则决定它们被执行的顺序。结合规则可以是从左到右。例如，乘法运算符的结合规则是从左到右，所以如下两个语句是等阶的。

```
var total:Number = 3*3*5;
var total:Number = (3*3)*5;
```

在 ActionScript 中，一般运算符优先级是从左到右计算的，当然也有例外。例如，赋值运算符和三元条件运算符就是从右到左计算的。

13.11 ActionScript 3.0的流程控制

在开始建立复杂的应用程序之前，需要任何一种编程语言都需要的基本构件块：分支结构和循环结构。

ActionScript 共有两种分支结构：if…else 语句和 switch…case 条件语句。有 3 种循环结构：do…while 循环、for 循环和 while 循环。

ActionScript 程序语言的流程控制语句非常重要。它是一种结构化的程序语言，它提供了 3 种控制流来控制程序的流程：顺序、条件分支和循环语句。ActionScript 程序遵循顺序流程，运行环境执行程序语句，从第一行开始，然后按顺序执行，直至到达最后一行语句或者根据指令跳转到其他地方继续执行命令。

if 语句、do…while 循环语句和 return 语句可以在执行程序的过程中跳过下一条语句，从这些语句指定的地方开始执行 ActionScript 程序。

在流程的部分分隔符号上，都是使用“{”当作部分的开头，用“}”当作结尾。ActionScript 语法中在每条指令结束时都要加上分号（；），但是在部分结尾符号“}”后面不再加分号作为结尾。

13.11.1 语句和语句块

ActionScript 程序是语句的集合，一条 ActionScript 语句相当于英语中的一个完整句。很多个 ActionScript 语句结合起来，完成一个任务。

语句

一条语句由一个或多个表达式、关键字，或者运算符组成。典型的一条语句写一行，但是一条语句也可以超过两行或多行。两条或更多条语句也可以写在同一行中，语句之间用分号（;）隔开。

一般情况下，每一新行开始一条新语句，语句的终止符号是分号（;）。

语句块

在 ActionScript 中，用花括号（{ }）括起来的一组语句称为语句块。分组到一个语句块中的语句通常可当作单条语句处理。这就是在 ActionScript 中期望有一条单个语句的大多数地方可以使用语句块，但是以 for 和 while 打头的循环语句是例外的情况。另外，语句块中的原始语句以分号结束，但语句块本身并不以分号结束。

```
{
  语句1;
  语句2;
  ……
  语句n;
}
```

通常在函数和条件语句中使用语句块，如下语句中在花括号中使用 2 条语句构成一个语句块。

```
if (date == "mon") {
trace("奥运比赛");
trace ("加油");
}
```

13.11.2 if…else条件语句

if…else 条件语句有 3 种结构形式。

第一种只用到 if 条件，当作单纯的判断，语法格式如下：

```
if (condition) {
statements
}
```

其中的参数 condition 为判断的条件表达式，通常使用逻辑符号作为判断的条件，而 statement 为符合条件的执行部分程序，若程序只有一行，则可以省略花括号。例如：

```
if  (date =="mon")  trace("好好工作吧");
```

与如下代码是相同的：

```
if (date =="mon") {
trace ("好好工作");
}
```

在这里，条件表达式（condition）如下：

```
date == "mon"
```

判断今天是不是周一，如果满足条件，就执行花括号内的语句（statements），即

```
trace ("好好工作");
```

如果程序不只一行，那么如下代码就不能省略花括号：

```
if (date =="mon") {
trace("一周的第一天");
trace ("努力工作吧");
}
```

上述结构形式为第一种结构形式，它有一个缺陷，就是如果不满足条件，就不会做任何处理，也不返回任何结果。第二种结构形式是除了 if，还可以加上 else 条件，从而可以避免第一种结构形式的缺陷，代码如下：

```
if (condition) {
statements
} else {
statements
}
```

例如下面的代码：

```
var date:String = "mon";
if (date == "sun") {
trace ("努力工作吧");
play();
} else {
trace("好好休息");
}
```

上述代码也是先判断 if 关键词后面的条件表达式，如果满足条件就执行随后花括号内的语句，如果不满足条件，就执行 else 后花括号内的语句，测试效果如图 13-57 所示。

图 13-57 测试效果

第三种结构形式是递归的 if…else 条件语句，通常用在多种决策判断时。它将多个 if…else 拿来合并运算处理，语法格式如下：

```
if (condition) {
  statements
}else if (condition-n){
statements
……
}else {
statements
}
```

一个 if 条件运算构成一个逻辑预算模块，简称 if 块。在 if 块中可以防止出现任意多个 else if 子句，且其必须在 else 子句之前。

13.11.3 switch条件语句

switch 条件语句通常处理复合式的条件判断，每个子条件都是 case 指令部分。在实际运用中，如果存在很多类似的 if 条件语句，就可以将它们综合成 switch 条件语句。

基本语法格式如下：

```
switch (expr) {
  case expr1:
    statement1;
    break;
……
  default:
   statement;
   break;
}
```

其中的参数 expr 通常为变量名称，而 case 后的 exprN 通常表示变量值，冒号后则为符合该条件要执行的部分（注意要使用 break 跳离条件）。

如下代码用来判断当天是周几，这段代码使用了 Date 对象来获取当前的日期：

```
var rightNow:Date = new Date();
var day:Number = rightNow.getDay();
switch(day){
  case 1:
  trace ("今天星期一");
  break;
  case 2:
  trace ("今天星期二");
  break;
  case 3:
  trace ("今天星期三");
  break;
  case 4:
  trace ("今天星期四");
  break;
  case 5:
  trace ("今天星期五");
  break;
  case 6:
  trace ("今天星期六");
  break;
  case 7:
  trace ("今天星期日");
  break;
}
```

上述代码如果使用了 if 语句就稍微麻烦了。当然，在编写代码时，要将出现概率最大的条件放在最前面，出现概率最小的条件放在最后面，可以提高程序的执行效率。该案例由于每天出现的概率相同，所以不用注意条件的顺序，测试效果如图 13-58 所示。

switch 结构在其开始处使用一个只计算一次的简单测试表达式。表达式的结果将与结构中每个 case 的值比较。如果匹配，那么执行与该 case 关联的语句块。

在上述代码中，首先计算 switch 关键词后的变量 date 的值，然后将该计算结果与结构中每个 case 的值比较，如果相同就执行该 case 下面的语句。

图 13-58 测试效果

技术看板

如果要使用 switch 结构代替 if…else 结构，那么要求每个 if…else 语句计算的表达式都相同。另外，应始终使用 break 来结束 statementN 语句。如果省略了 break，那么程序将继续执行下一个 case 语句，而不是退出 switch 语句。

13.11.4 do…while循环

do…while 是用来重复执行语句的循环。最单纯的就是只有 while 语句的循环，用来在指定的条件内不断地重复执行指定的语句，语法格式如下：

```
while(ondition) {
  statement
}
```

其中的参数 condition 为判断的条件，通常用逻辑运算表达式作为判断的条件，而 statement 为符合条件的执行部分程序，若程序只有一行，则可以省略花括号。

如果参数 condition 计算结果为 true，那么在循环返回以再次计算条件之前执行语句。只有在条件计算结果为 false 时，才会跳过语句并结束循环。

例如，在“动作”面板中输入如图 13-59 所示的代码，在 i 的值小于等于 10 时，跟踪 i 的值。当条件不再为 true 时，循环将退出，从而可以显示循环执行几次。按【Ctrl+Enter】组合键，进行测试，在“输出”面板中可以看到输出的结果，如图 13-60 所示。

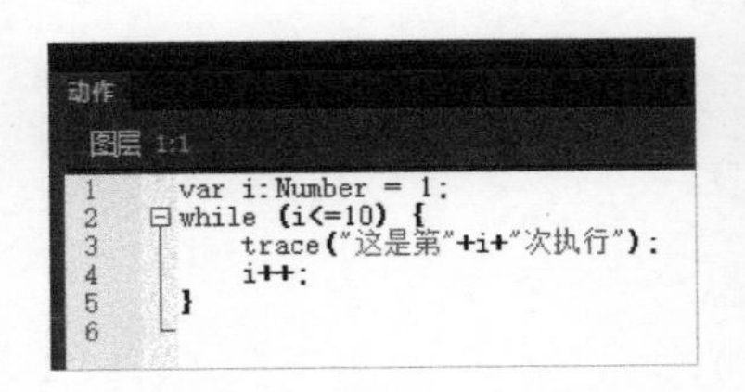

图 13-59 输入 ActionScript 脚本代码

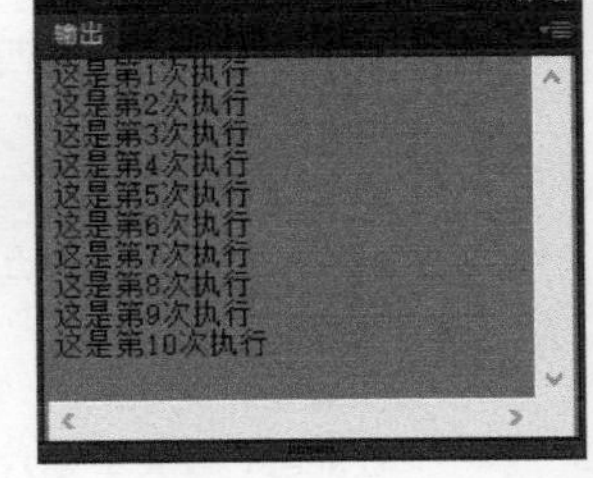

图 13-60 编辑器错误提示

还有一种模式是先执行 do…while 循环，再判断是否需要继续执行，也就是说循环至少执行一次，语法格式如下:

```
do {
 statement
} while(condition);
```

例如，在“动作”面板中输入如图 13-61 所示的代码。按【Ctrl+Enter】组合键，进行测试，在“输出”面板中可以看到输出的结果，如图 13-62 所示。

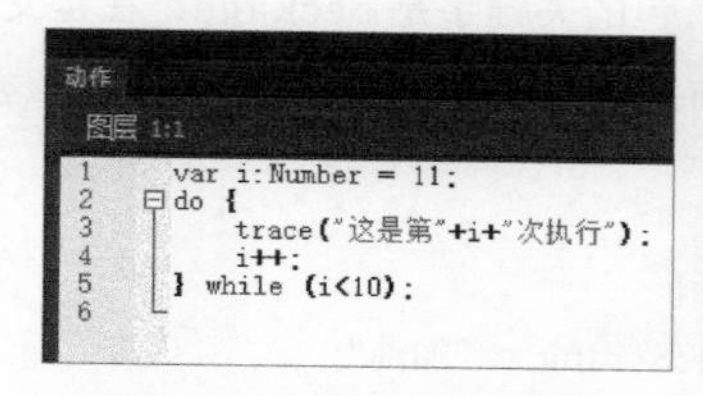

图 13-61 输入 ActionScript 脚本代码

图 13-62 输出的结果

13.11.5 for循环

for 循环是常用的一种循环语句，其语法格式如下：

```
for (expr1; expr2;expr3) {
statement
}
```

其中的参数 expr1 为条件的初始值；参数 expr2 为判断的条件，通常用逻辑运算表达式作为判断的条件；参数 expr3 为执行 statement 后面执行的部分，用来改变条件，供下次的循环判断；参数 statement 为符合条件的执行部分程序，若程序只有一行，则可以省略花括号。

如下程序代码与使用 while 循环进行比较，结果相同。

```
var i:Number;
for(i=1;i<=10;i++) {
    trace("这是第"+i+"次执行");
}
```

从上述例子中可以看出，使用 for 循环和使用 while 循环不同，在实际应用中，若循环有初始值，且都要累加（或累减），则使用 for 循环比使用 while 循环好。

13.12 在ActionScript中使用类

在 Flash 中提供了很多类，这些类按照不同的功能封装了一些函数和变量，用于不同的数据运算，例如字符串运算、数学运算、数值转化、格式化等。在绝大多数的 Flash 应用程序中都会使用这些类，并且无须导入就可以使用这些类，这些类也被称为顶级类。

13.12.1 创建类的实例

在使用 ActionScript 3.0 编程时，接触最多的就是类。任何程序，无论大小，都要用到类，ActionScript 3.0 也使类的使用发展到了极致。

在学习类之前先来讲解包。包的关键字是package，在定义任何一个类之前都要定义一个包，这个包就是用来承载类的，同时使用包可以防止空间重名。了解了包的概念，接下来看如下一段代码：

```
package{
    public class Newlei{
        public var pl_1:String = "加油";
        public function Newlei():void{
        }
        public function say():void{
            trace(pl_1+"中国！");
        }
    }
}
```

上述代码看起来很简单，却囊括了类的最基本、最重要的要素。

- 第一行是一个包，这个包位于最顶层的文件夹，所以它没有包路径。
- 第二行定义了一个类，这里只是声明了类的名称，使用 Newlei 来命名。用 class 来声明类，这个类的前面有一个 public 关键字，这个关键字是一个访问权限控制，表示完全公开，类的访问权限也只有 public，因为一个类的主要功能就是被外部调用，能够被访问，如果将类设置为私有，那么建立这个类也就没有实际意义了。

技术看板

一般在定义包路径时首字母要小写，而类名称的首字母要大写，这样便于区分，读者在编写代码的时候要注意这一点。

- 第三行开始就是类体。所谓类体，就是写在类后面花括号内的语句。类体内首先定义了一个字符串类型的变量，该变量的名称是 pl_1，同时为它赋予了一个值。
- 第四行定义了一个函数，该函数的名称和类的名称完全相同，该函数可以称为构造器函数。所谓构造器函数就是在类被实例化的时候初始化执行的一段脚本。每个类都应该有一个构造器函数。

技术看板

用户平常在编写脚本的时候，常常会创建变量，这些变量常常用来执行不同的工作，比如记录用户的操作状态等。这些变量无非就是在内存中开辟一个内存空间来存储数据，但如果将变量放置到类里面，该变量就成为了该类的一个属性，它的含义也就更深一层。这里的 pl_1 就是 Newlei 的一个属性。

- 第六行又定义了一个函数，该函数的名称和类的名称不同，该函数叫作方法。凡是写在类中的函数都可以称作方法。定义的这个方法访问控制依然是 public，也就是说该方法可以被外部访问或调用。再来看看该方法到底做了什么。它在“输出”面板中输出“加油中国”的字样。这就是该函数要做的事情。

13.12.2 使用类的实例

定义了类，就要使用这个类。定义类学习起来非常简单，但是使用类却要注意很多事项。下面来深入了解。

Flash 是面向对象编程的，面向对象就要有一个控制的对象。所以用户在使用自己定义的类时也要建立一个对象，通过对该对象的操作来访问类中的属性和方法。看如下一段代码：

```
import Newlei;
var duixiang:Newlei = new Newlei();
duixiang.say();
```

- 第一行中的 import 是导入的意思。要使用一个类，首先要将其导入编译器中，否则，编译器中没有这个类，也就不知道要做什么样的处理，将导致编译发生错误。

在导入类时要将类的路径也写上，由于这里的类和 FLA 文件在同一文件夹下，所以可以直接写类的名称。

- 第二行定义了一个对象，该对象的类型就是我们刚才定义的类，这里最好声明变量类型，当然即使没有声明类型也不会报错，只是缺少了 IDE 错误检查。推荐读者写上，这样更为规范。后面的 New 关键字是调用该类。
- 第三行调用了该类中的唯一一个方法，该方法不需要任何参数，所有可以只写一个空的括号。一个方法名加一对括号就是调用该方法，这是固定的格式。在方法前面要写上对象的名称，因为调用的是该对象的方法，所以一定要不要忘记添加对象名称。

课堂案例 改变鼠标指针显示样式

素材文件	素材文件 \ 第 13 章 \1312301.fla	扫码观看视频 
案例文件	案例文件 \ 第 13 章 \13-12-3.fla	
教学视频	视频教学 \ 第 13 章 \13-12-3.mp4	
案例要点	掌握 ActionScript 脚本代码的添加方法	

Step 01 选择“文件 > 打开”命令，打开素材文件“素材文件 \ 第 13 章 \1312301.fla”，效果如图 13-63 所示。按【Ctrl+Enter】组合键，测试动画，可以看到动画中鼠标指针显示为默认的白色箭头效果，如图 13-64 所示。

Step 02 选择舞台中的“开始按钮”影片剪辑元件，在“属性”面板中设置“实例名称”为“btn”，如图 13-65 所示。新建“图层 2”，单击第 1 帧位置，在“动作”面板中输入如图 13-66 所示的代码。

图 13-63 打开素材文件

图 13-64 默认的鼠标指针效果

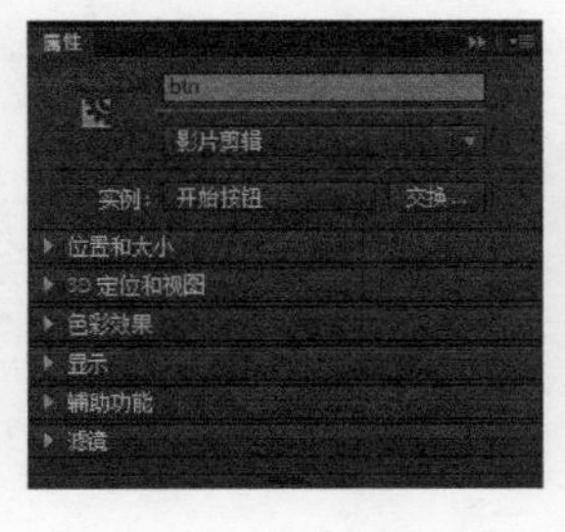

图 13-65 设置“实例名称”

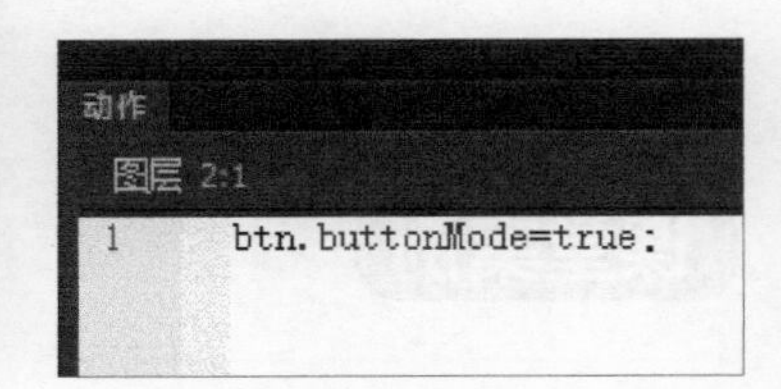

图 13-66 输入 ActionScript 脚本代码

Step 03 完成该动画的制作，按【Ctrl+Enter】组合键，测试动画，可以看到当鼠标指针移至影片剪辑元件上方时将显示手形鼠标指针的效果，如图 13-67 所示。

图 13-67 测试动画效果

课堂案例 制作鼠标指针经过动画

素材文件	素材文件 \ 第 13 章 \1312401.fla
案例文件	案例文件 \ 第 13 章 \13-12-4.fla
教学视频	视频教学 \ 第 13 章 \13-12-4.mp4
案例要点	掌握鼠标指针侦听事件脚本代码的添加与使用方法

扫码观看视频

Step 01 选择“文件 > 打开”命令，打开素材文件“素材文件 \ 第 13 章 \ 1312401.fla”。按【F9】键，打开“动作”面板，首先创建鼠标指针经过侦听事件，输入如图 13-68 所示的代码。继续定义事件，实现鼠标指针经过影片剪辑 btn 时控制其播放，输入如图 13-69 所示的代码。

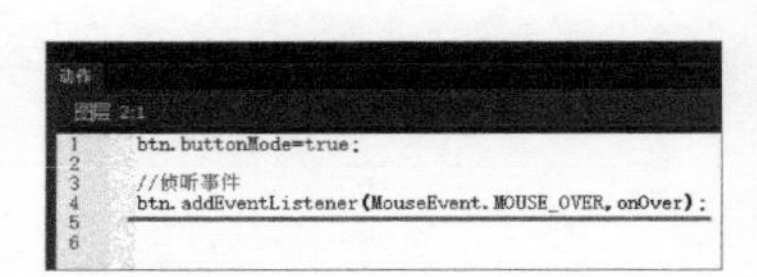

图 13-68 添加鼠标指针经过侦听事件代码

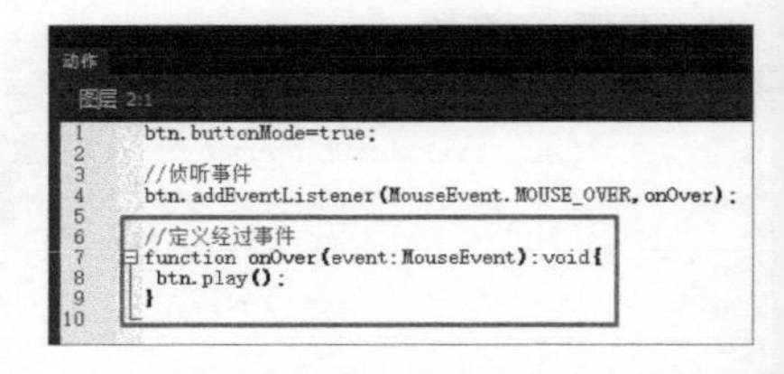

图 13-69 添加代码控制鼠标指针经过时影片剪辑的操作

Step 02 将动画保存，按【Ctrl+Enter】组合键，测试动画，影片剪辑具有了按钮的效果，如图 13-70 所示。

图 13-70 测试动画效果

课堂案例 制作鼠标指针移出动画

素材文件	素材文件 \ 第 13 章 \1312501.fla
案例文件	案例文件 \ 第 13 章 \13-12-5.fla
教学视频	视频教学 \ 第 13 章 \13-12-5.mp4
案例要点	掌握鼠标指针侦听事件脚本代码的添加与使用方法

扫码观看视频

Step 01 选择“文件 > 打开”命令，打开素材文件“素材文件\第 13 章\1312501.fla”。按【F9】键，打开“动作”面板，添加鼠标指针移出侦听事件代码，如图 13-71 所示。继续定义事件，实现鼠标指针移出影片剪辑 btn 时控制其播放，输入如图 13-72 所示的代码。

Step 02 将动画保存，按【Ctrl+Enter】组合键，测试动画，影片剪辑具有了按钮的效果，如图 13-73 所示。

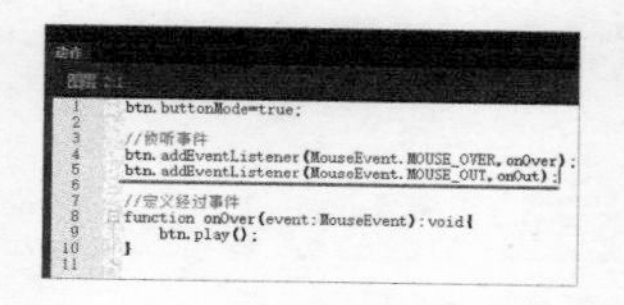

图 13-71 添加鼠标指针移出侦听事件代码

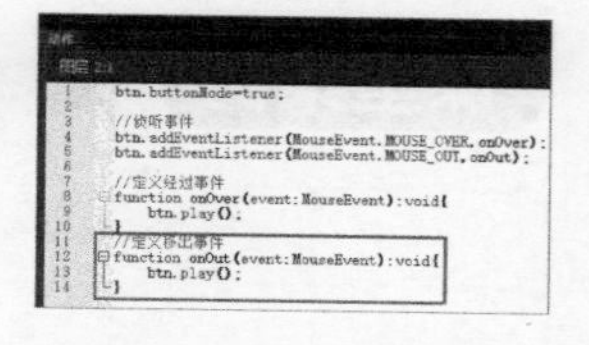

图 13-72 添加代码控制鼠标指针移出时影片剪辑的操作

图 13-73 测试动画效果

课堂案例 创建超链接

素材文件	素材文件\第 13 章\1312601.fla	扫码观看视频
案例文件	案例文件\第 13 章\13-12-6.fla	
教学视频	视频教学\第 13 章\13-12-6.mp4	
案例要点	掌握鼠标指针单击事件脚本代码的添加与使用方法	

Step 01 选择“文件 > 打开”命令，打开素材文件“素材文件\第 13 章\1312601.fla”。按【F9】键，打开“动作”面板，添加鼠标指针单击侦听事件代码，如图 13-74 所示。继续定义事件，实现鼠标指针单击元件在浏览器中打开相应的链接地址，输入如图 13-75 所示的代码。

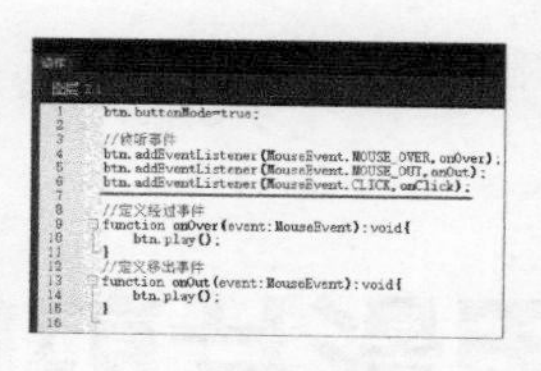

图 13-74 添加鼠标指针单击侦听事件代码

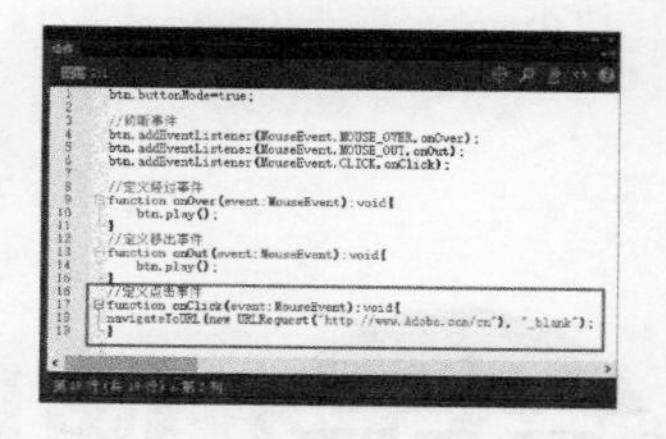

图 13-75 添加代码，设置鼠标指针单击打开的链接地址

Step 02 将动画保存，按【Ctrl+Enter】组合键，测试动画，如图 13-76 所示。单击动画中的元件将会在系统默认的浏览器窗口中打开所设置的链接地址，如图 13-77 所示。

图 13-76 测试动画效果

图 13-77 打开链接地址网页

课堂案例 实现拖动元素功能

素材文件	素材文件 \ 第 13 章 \1312701.fla	扫码观看视频
案例文件	案例文件 \ 第 13 章 \13-12-7.fla	
教学视频	视频教学 \ 第 13 章 \13-12-7.mp4	
案例要点	掌握鼠标指针拖动事件脚本代码的添加与使用方法	

Step 01 选择“文件 > 打开”命令，打开素材文件“素材文件 \ 第 13 章 \ 1312701.fla”。按【F9】键，打开“动作”面板，添加鼠标指针拖动侦听事件代码，如图 13-78 所示。继续定义事件，实现鼠标指针单击元件后开始拖动元件，输入如图 13-79 所示的代码。

图 13-78 添加鼠标指针拖动侦听事件代码

图 13-79 添加鼠标指针单击元件后开始拖动元件代码

Step 02 继续添加脚本代码，实现当释放鼠标指针时元件停止拖动操作，如图 13-80 所示。将动画保存，按【Ctrl+Enter】组合键，测试动画，可以单击并拖动元件，如图 13-81 所示。

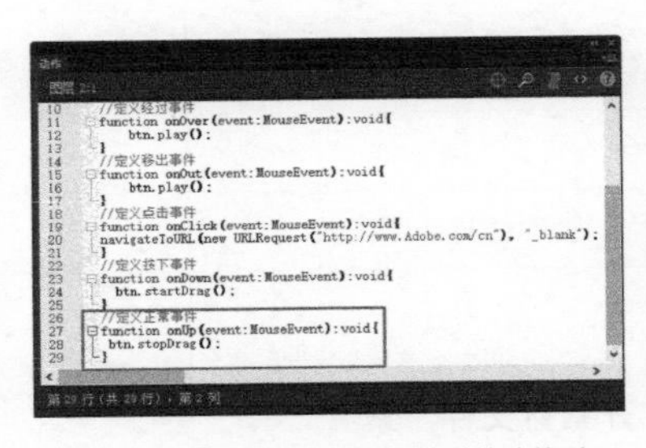

图 13-80 添加释放鼠标指针时停止拖动元件代码

图 13-81 测试动画效果

13.13 使用影片剪辑

在发布 SWF 文件时，Flash 会将舞台上的所有影片剪辑元件实例转换为 MovieClip 对象。

通过在“属性”面板中的“实例名称”选项中设置影片剪辑元件的实例名称，可以在 ActionScript 中使用该元件。在创建 SWF 文件时，Flash 会生成在舞台上创建该 MovieClip 实例的代码并使用该实例名称声明一个变量。

如果用户已经命名了嵌套在其他已命名影片剪辑内的影片剪辑，那么会将这些子级影片剪辑视为父级影片剪辑的属性，这样就可以使用点语法访问该子影片剪辑。

课堂案例 加载库中的影片剪辑元件

素材文件	素材文件 \ 第 13 章 \1313101.fla
案例文件	案例文件 \ 第 13 章 \13-13-1.fla
教学视频	视频教学 \ 第 13 章 \13-13-1.mp4
案例要点	掌握加载影片剪辑元件以及设置元件位置和缩放比例的方法

扫码观看视频

Step 01 选择“文件 > 打开”命令，打开素材文件“素材文件 \ 第 13 章 \ 1313101.fla”，效果如图 13-82 所示。打开“库”面板，在元件 bj 上单击鼠标右键，在弹出的快捷菜单中选择“属性”命令，弹出“元件属性”对话框，勾选“为 ActionScript 导出”复选框，设置“类”为“shumu”，如图 13-83 所示。

图 13-82 打开素材文件

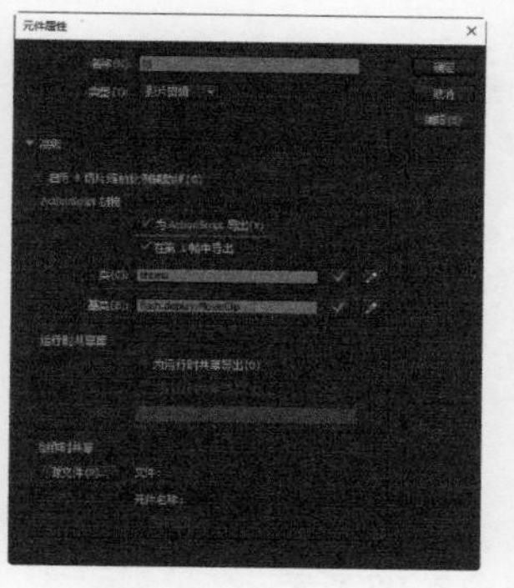

图 13-83 设置“类”名称

Step 02 单击“确定”按钮。按【F9】键，打开“动作”面板，输入 ActionScript 脚本代码，如图 13-84 所示。将文件保存，按【Ctrl+Enter】组合键，测试动画，可以看到将“库”面板中的元件加载到场景中的效果，如图 13-85 所示。

Step 03 在“动作”面板中继续输入脚本，用来控制加载元件的位置，如图 13-86 所示。测试动画效果，看到加载的元件向下移动了 110 像素，如图 13-87 所示。

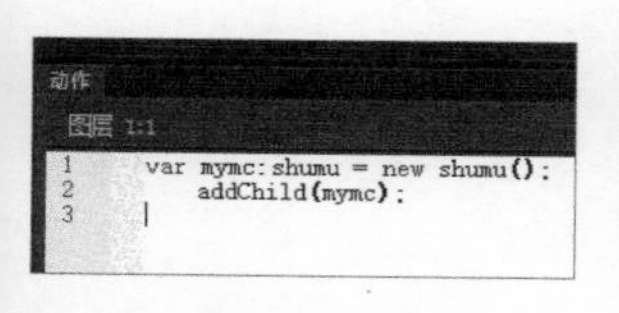

```
var mymc:shumu = new shumu();
    addChild(mymc);
```

图 13-84 输入 ActionScript 脚本代码

图 13-85 测试动画效果

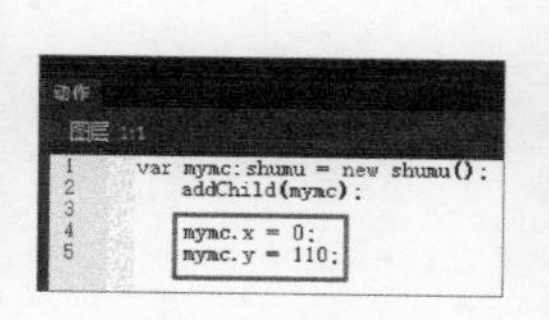

```
var mymc:shumu = new shumu();
    addChild(mymc);

mymc.x = 0;
mymc.y = 110;
```

图 13-86 输入控制元件位置代码

图 13-87 测试动画效果

Step 04 在“动作”面板中修改脚本代码，控制加载元件的缩放比例，如图 13-88 所示。完成该动画的制作，按【Ctrl+Enter】组合键，测试动画，可以看到加载的元件放大为原来的 1.8 倍，如图 13-89 所示。

```
var mymc:shumu = new shumu();
    addChild(mymc);

mymc.scaleX = 1.8;
mymc.scaleY = 1.8;
```

图 13-88 输入控制元件缩放比例代码

图 13-89 测试动画效果

scaleX 和 scaleY 的值代表缩放的倍数，并不是一个准确的数值。scaleX=2 代表元件在水平方向缩放 2 倍。

课堂案例 加载外部SWF文件

素材文件	无	扫码观看视频
案例文件	案例文件 \ 第 13 章 \13-13-2.fla	
教学视频	视频教学 \ 第 13 章 \13-13-2.mp4	
案例要点	掌握使用 ActionScript 加载外部 SWF 文件的方法	

Step 01 选择“文件 > 新建”命令，新建一个背景颜色为“#00CC99”的默认尺寸大小文档，如图 13-90 所示。按【F9】键，打开“动作”面板，输入相应的 ActionScript 脚本代码，如图 13-91 所示。

Step 02 完成该动画的制作，按【Ctrl+Enter】组合键，测试动画，可以看到加载外部 SWF 文件的效果，如图 13-92 所示。

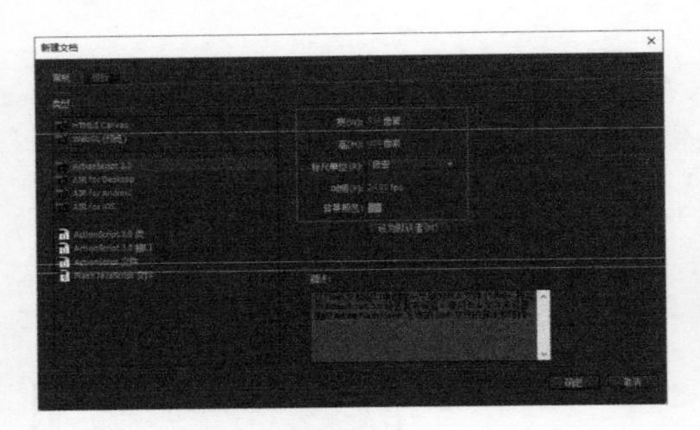
图 13-90 “新建文档”对话框

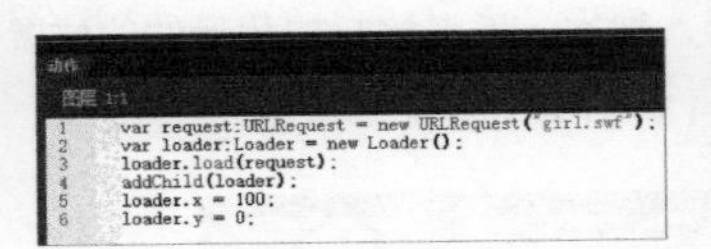

图 13-91 输入 ActionScript 脚本代码

图 13-92 测试动画效果

课堂案例 制作下雪效果

素材文件	素材文件 \ 第 13 章 \1313301.fla	扫码观看视频
案例文件	案例文件 \ 第 13 章 \13-13-3.fla	
教学视频	视频教学 \ 第 13 章 \13-13-3.mp4	
案例要点	掌握使用 ActionScript 脚本代码制作下雪效果的方法	

Step 01 选择“文件 > 打开”命令，打开素材文件“素材文件 \ 第 13 章 \1313301.fla”，效果如图 13-93 所示。打开“库”面板，在“雪”元件上单击鼠标右键，在弹出的快捷菜单中选择“属性”命令，弹出“元件属性”对话框，勾选“为 ActionScript 导出”复选框，设置“类”为 xl，如图 13-94 所示。

Step 02 单击“确定”按钮。新建“图层2”，按【F9】键，打开“动作”面板，输入相应的ActionScript脚本代码，如图13-95所示。完成该动画的制作，按【Ctrl+Enter】组合键，测试动画，可以看到使用ActionScript脚本代码实现的下雪效果，如图13-96所示。

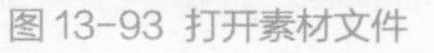

图13-93 打开素材文件

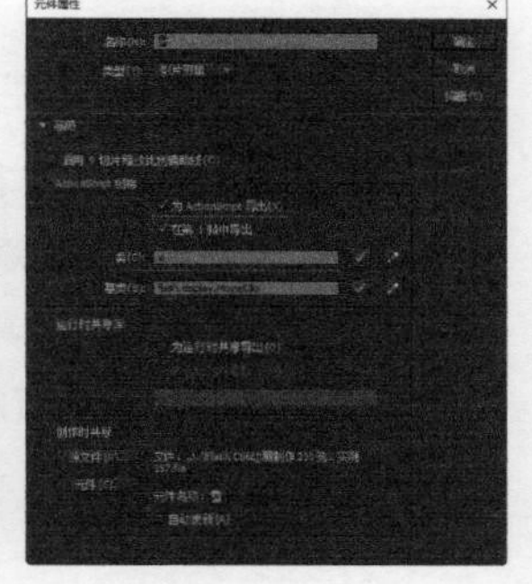

图13-94 设置“类”名称

```
var i:Number = 1;
  addEventListener(Event.ENTER_FRAME,xx);

function xx(event:Event):void {
  var x_mc:xl = new xl();
  addChild(x_mc);

x_mc.x = Math.random()*550;
x_mc.scaleX = 0.2 + Math.random();
x_mc.scaleY = 0.2 + Math.random();
i++;
  if(i>100){
    this.removeChildAt(1);
  i=100;
  }
  }
```

图13-95 输入ActionScript脚本代码

图13-96 测试动画效果

课后习题

一、选择题

1. 用于打开“动作”面板的键/组合键是（　　）。

A.【F2】　　B.【Ctrl+F3】　　C.【Ctrl+L】　　D.【F9】

2. 以下关于ActionScript脚本代码的描述，错误的是（　　）。

A. Flash中的动作只有两种类型：帧动作和对象动作

B. 帧动作不能实现交互

C. “动作”面板由帧列表和脚本编辑窗口组成

D. 帧动作可以设置在任意一个帧上

3. 以下哪个不是ActionScript中的算术运算符？（　　）

A. +　　B. -　　C. >　　D. %

4. 以下代码中，控制当前影片剪辑元件跳转到名称为s1的帧标签处开始播放的代码是（　　）。

A. gotoAndPlay("s1");　　B. this.gotoAndPlay("s1");

C. this.GotoAndPlay("s1");　　D. GotoAndPlay("s1");

5. 在ActionScript中，不属于循环控制语句的是（　　）。

A. do…while循环　　B. for循环　　C. while循环　　D. var语句

二、填空题

1. ______面板旨在使非编程人员能快速、轻松地开始使用简单的 ActionScript 3.0。借助该面板，用户可以将 ActionScript 3.0 代码添加到 FLA 文件中以实现常用功能。

2. ______都必须有运算对象才可以进行运算。运算对象和运算符的组合，称为______。

3. ActionScript 共有两种分支结构：______和______。

三、案例题

新建一个 Flash 文档，新建影片剪辑元件，并在该元件中绘制星星图形，为该影片剪辑元件设置类名称，添加 ActionScript 脚本代码，从而实现跟随鼠标指针的星星动画效果，测试动画效果如图 13-97 所示。

图 13-97 跟随鼠标指针的星星动画效果

Chapter 14

第14章 动画的测试和发布

使用测试影片功能可以查看动画播放时的效果。如果动画的播放不顺利，那么可以通过相关功能对影片进行优化操作。如果想在其他软件中使用Flash 文件，那么可以使用发布功能，将 Flash 影片发布为其他格式，以方便在其他地方使用。本章将针对 Flash 动画的测试和发布进行讲解，读者要熟悉相应的设置。

FLASH CC

学习目标

- 了解 Flash 测试环境
- 熟悉动画的调试
- 了解影片优化的方法
- 掌握导出 Flash 动画的方法

学习重点

- 掌握测试影片和测试场景的方法
- 掌握将 Flash 动画发布为不同格式文件的方法

Flash测试环境

测试 Flash 动画有很大的好处，便于及时发现制作过程中的不足，通过改正使 Flash 动画效果更好。

14.1.1 测试影片

选择“文件 > 打开”命令，打开需要测试的动画文件“素材文件 \ 第 14 章 \141101.fla”，效果如图 14-1 所示。选择“控制 > 测试”命令，或直接按【Ctrl+Enter】组合键，动画就会自动生成一个 SWF 文件，在 Flash Player 中播放，如图 14-2 所示。

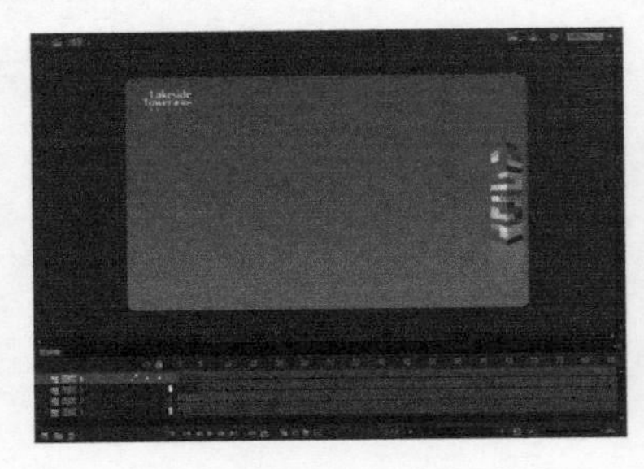

图 14-1 打开需要测试的动画文件

图 14-2 测试动画效果

14.1.2 测试场景

Flash 也可以对单个元件进行测试，以便用户清楚地观察单个元件的效果。双击需要测试的元件，进入该元件的编辑模式，如图 14-3 所示。选择“控制 > 测试场景”命令，或直接按【Ctrl+Alt+Enter】组合键，就可以对指定的元件效果进行测试，如图 14-4 所示。

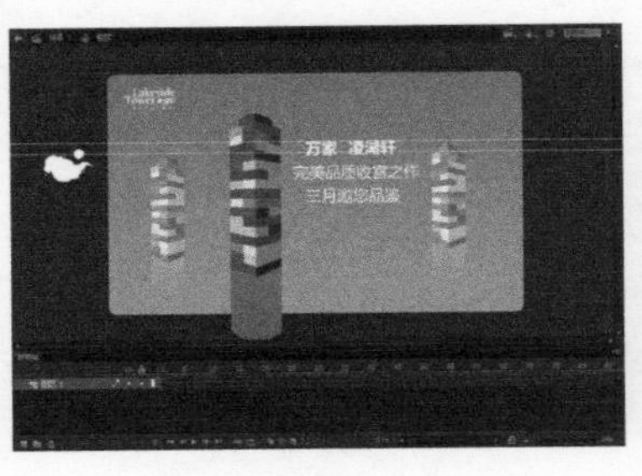

图 14-3 进入元件编辑状态

图 14-4 测试场景效果

优化影片

如果将制作的动画应用于网页，那么它的质量问题会直接影响动画的播放速度和播放时间。质量较高会增加文档的大小，而文档越大，下载的时间就会越长，动画的播放速度也会越慢，在将 Flash 动画展示到互联网上时，就要进行优化文档。影响动画文档大小的元素有很多，如帧、声音、代替过渡的关键帧、嵌入字体、渐变色等。下面将列举优化影片的一些方法，但要注意在优化时不要损害影片的播放质量。

- 元件的优化：如果影片对象在影片中多次出现，那么应该使用元件，这样在网上浏览时，下载的数据就会减少很多。重复使用元件并不会使影片文件明显增大，因为影片文件只需要存储一次元件的图形数据。
- 动画的优化：在制作动画时尽量使用补间动画，少使用逐帧动画，关键帧使用得越多，动画文件就会越大。
- 线条的优化：多用实线，少用虚线，限制特殊线条类型如短画线、虚线、波浪线等的数量，因为实线占用的资源比较少，可以使文件变小，但使用铅笔工具绘制的线条比使用刷子工具绘制的线条占用的资源要少。
- 图形的优化：多用构图简单的矢量图形，矢量图形越复杂，CPU 运算起来就越费力。少用位图图像，矢量图可以任意缩放却不影响 Flash 的画质，位图图像一般只作为静态元素或背景图，Flash 不擅长处理位图图像的动作，应避免位图图像元素的动画。
- 位图的优化：导入的位图图像文件尽可能小一点，并以 JPEG 方式压缩，避免将位图作为影片的背景。
- 音频的优化：音效文件最好以 MP 3 方式压缩，MP 3 是使声音最小化的格式。
- 文字的优化：限制字体和字体样式的数量。尽量不要使用太多不同的字体，如果需要使用较多的字体，那么尽可能使用 Flash 内置的默认字体。尽量不要将字体打散，字体打散后就变成图形了，这样会使文件增大。
- 填色的优化：尽量减少使用渐变色和 Alpha 透明度，使用过渡填充颜色填充一个区域比使用纯色填充区域要多占 50 字节左右。
- 帧的优化：尽量缩小动作区域。限制每个关键帧中发生变化的区域，一般应使动作发生在尽可能小的区域内。
- 图层的优化：尽量避免在同一时间内安排多个对象同时产生动作。也不要将有动作的对象与其他静态对象安排在同一图层中，应该将有动作的对象安排在独立的图层内，以加快动画的处理速度。此外，尽量使用组合元素，使用层来组织不同时间、不同元素的对象。
- 尺寸的优化：动画的长宽尺寸越小越好，尺寸越小，动画文件就越小，可以通过菜单命令来修改影片长宽尺寸。
- 优化命令：选择“修改 > 形状 > 优化”命令，可以最大限度地减少用于描述图形轮廓的单个线条的数目。

14.3 发布Flash动画

通过发布 Flash 动画操作，可以将制作好的动画发布为不同的格式、预览发布效果，并应用在不同的其他文档中，以实现动画的制作目的或价值。在“文件”菜单中包含两个关于发布的命令，即“发布设置”和“发布”命令，如图 14-5 所示。

发布设置(G)...	Ctrl+Shift+F12
发布(B)	Shift+Alt+F12

图 14-5 “发布设置”和“发布”命令

14.3.1 发布设置

选择“文件 > 发布设置”命令，弹出“发布设置”对话框，如图 14-6 所示。用户可以在发布动画前设置想要发布的格式，在默认情况下，使用“发布”命令会创建一个 Flash SWF 文件和一个 HTML 文档。

- 配置文件：在此处显示当前要使用的配置文件。单击后面的“配置文件选项”按钮，会弹出如图 14-7 所示的下拉列表。
- 目标：用于设置当前文件的目标播放器，单击后面的小三角按钮可以在下拉列表中选择相应的目标播放器，如图 14-8 所示。

- 脚本：用于显示当前文件所使用的脚本。
- 发布格式：用于选择文件发布的格式，详细的内容会在后面讲到。
- 发布设置选项：该选项会随着选择发布格式的不同而变动，用于对相应的发布格式进行设置。

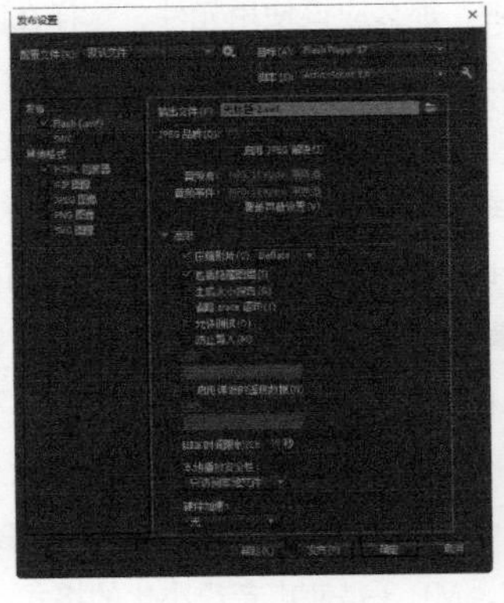
图 14-6 “发布设置”对话框

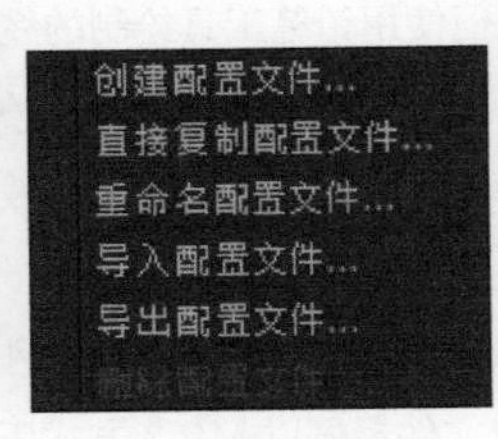

图 14-7 “配置文件选项”下拉列表

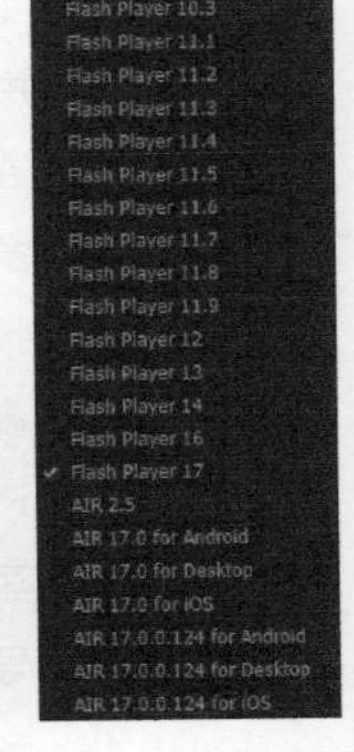

图 14-8 “目标”下拉列表

提示

使用配置文件可以让用户的操作更为方便：

（1）保存发布设置配置、导出该配置，然后将发布配置文件导入其他文档或供其他用户使用。（2）导入发布配置文件以在文档中使用。（3）创建配置文件，以多种媒体格式发布。

14.3.2 Flash

选择“文件 > 发布设置”命令，或按【Ctrl+Shift+F12】组合键，弹出“发布设置”对话框，在“发布”选项区中选择“Flash”选项，即可对 Flash 发布格式的相关选项进行设置，如图 14-9 所示。

下面将对“发布设置”对话框中 Flash 格式的一些相关选项进行说明，以便于读者明确地进行发布设置。

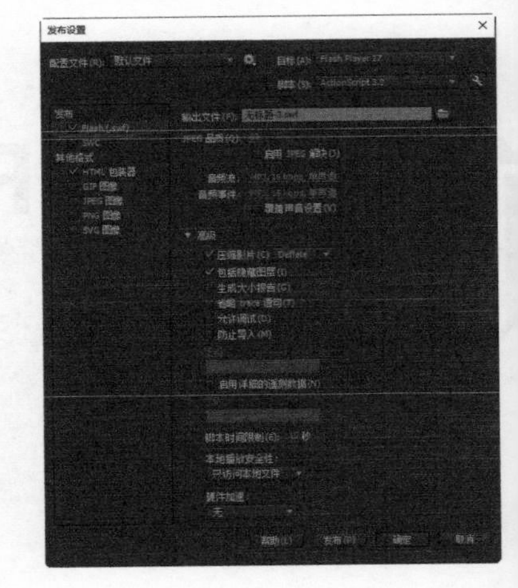
图 14-9 对 Flash 发布格式设置选项

- 输出文件：用于设置文件保存的路径。
- JPEG 品质：在此处移动滑块或在文本框中输入相应的数值，可以控制位图压缩，数值越小，图像的品质就越低，生成的文件就越大。反之，数值越大，图像的品质就越高，压缩比越小，文件越大。
- 启用 JPEG 解块：勾选该复选框，可以使高度压缩的 JPEG 图像显得更为平滑，即可减少由于 JPEG 压缩导致的典型失真，如图像中通常出现的 8 像素 ×8 像素的马赛克，但可能会使一些 JPEG 图像丢失少许细节。
- 音频流 / 音频事件：分别单击二者旁边的“设置”按钮，在弹出的对话框中进行相应设置，可以为 SWF 文件中的所有声音流或事件声音设置采样率和压缩。
- 覆盖声音设置：若要覆盖在属性检查器的“声音”部分中为个别声音指定的设置，则可以选择“覆盖声音设置”选项。若要创建一个较小的低保真版本的 SWF 文件，则可以选择该选项。如果取消选择了“覆盖声音设置”选项，那么 Flash 会扫描文档中的所有音频流（包括导入视频中的声音），然后按照各个设置中最高的设置发布所有音频流。 如果一个或多个音频流具有较高的导出设置，那么可能增加文件大小。
- 压缩影片：压缩 SWF 文件以减小文件大小和缩短下载时间。

- **包括隐藏图层**：勾选该复选框，将导出 Flash 文档中所有隐藏的图层。取消勾选该复选框，将阻止把生成的 SWF 文件中标记为隐藏的所有图层导出。这样用户就可以通过使图层不可见来轻松测试不同版本的 Flash 文档。
- **生成大小写报告**：生成一个报告，按文件列出最终 SWF 内容中的数据量。
- **省略 trace 动作**：使用 Flash 忽略当前 SWF 文件中的 ActionScript trace 语句。如果选择该选项，那么 trace 语句的信息将不会显示在“输出”面板中。
- **允许调试**：激活调试器并允许远程调试 Flash SWF 文件。
- **防止导入**：防止其他人导入 SWF 文件并将其转换成 FLA 文档。可使用密码来保护 Flash SWF 文件。
- **密码**：在文本框中输入密码，防止他人调试或导入 SWF 文件，如果想要执行调试或导入操作，那么必须输入密码，注意：只有使用 ActionScript 3.0 的 Flash 文档，并且已经勾选了“允许调试”或“防止导入”复选框，才可以对该选项进行设置。
- **启用详细的遥测数据**：用户可以通过选择相应的选项，为 SWF 文件启用详细的遥测数据。启用该选项可以让 Adobe Scout 记录 SWF 文件的遥测数据。
- **脚本时间限制**：用来设置脚本在 SWF 文件中执行时占用的最大时间量，在该文本框中输入一个数值，Flash Player 将取消执行超出此限制的任何脚本。
- **本地播放安全性**：用来选择要使用的 Flash 安全模型，是授予已发布的 SWF 文件本地安全性访问权，还是网络安全访问权。只访问本地文件：可使已发布的 SWF 文件与网络上的文件和资源交互。只访问网络：可使已发布的 SWF 文件与网络上的文件和资源交互，但不能与本地系统上的文件和资源交互。
- **硬件加速**：用来设置 SWF 文件使用硬件加速，第 1 级 - 直接：通过允许 Flash Player 在屏幕上直接绘制，而不是让浏览器进行绘制，从而改善播放性能。第 2 级 -GPU：Flash Player 利用图形卡的可用计算能力，执行视频播放并对图层化图形进行复合。根据用户的图形硬件的不同，将提供更高一级的性能优势。如果用户拥有高端图形卡，那么可以使用该选项。

课堂案例 使用“发布”命令发布SWF文件

素材文件	素材文件 \ 第 14 章 \143301.fla	扫码观看视频
案例文件	案例文件 \ 第 14 章 \14-3-3.swf	
教学视频	视频教学 \ 第 14 章 \14-3-3.mp4	
案例要点	掌握发布 SWF 文件的设置方法	

Step 01 选择“文件 > 打开”命令，打开素材文件“素材文件 \ 第 14 章 \ 143301.fla”，效果如图 14-10 所示。打开“属性”面板，修改文档的“舞台”颜色为“#FF9999”，效果如图 14-11 所示。

图 14-10 打开素材文件

图 14-11 修改舞台颜色

Step 02 选择“文件 > 发布设置”命令，弹出“发布设置”对话框，取消勾选“HTML 包装器”复选框，如图 14-12 所示。单击“输出文件”选项后的按钮，在弹出的“选择发布目标”对话框中选择存储位置并为输出文件命名，如图 14-13 所示。

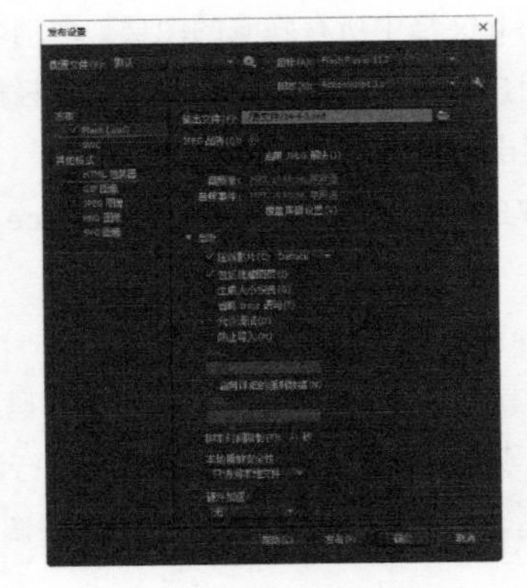

图 14-12 取消勾选“HTML 包装器”复选框

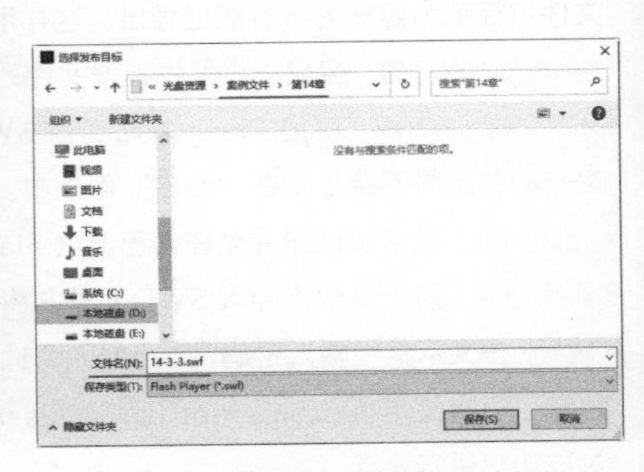

图 14-13 选择输出位置和输出文件名称

Step 03 单击“保存”按钮，“发布设置”对话框如图 14-14 所示。单击“发布”按钮，即可按“发布设置”对话框中的设置，在指定文件夹中生成相应的 SWF 文件，如图 14-15 所示。

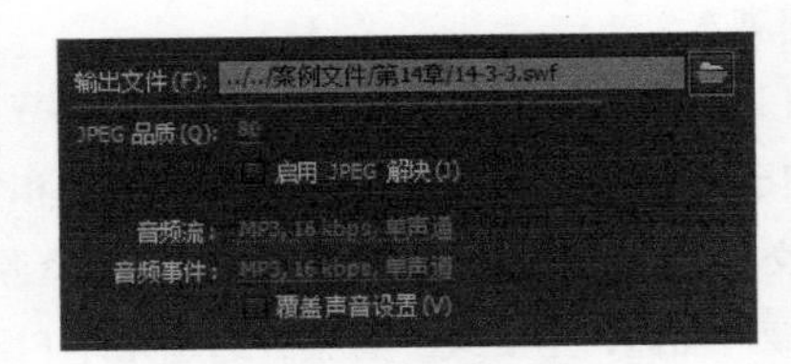

图 14-14 “输出文件”选项

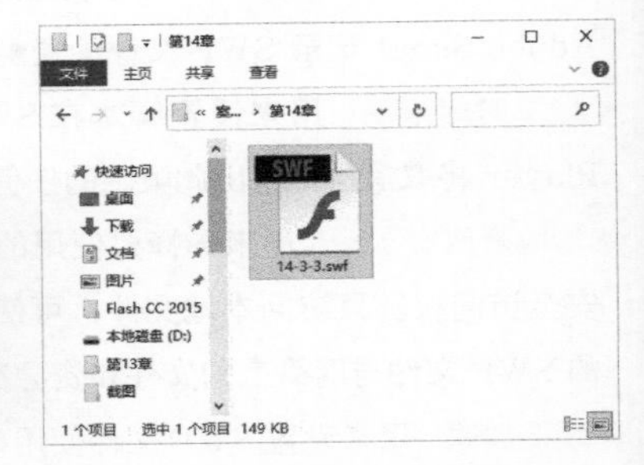

图 14-15 得到发布生成的 SWF 文件

Step 04 双击打开刚刚发布的 SWF 文件，可以查看动画效果，如图 14-16 所示。

图 14-16 查看 Flash 动画效果

技术看板

在使用“发布”和“测试影片”命令时，发布缓存可以存储字体和 MP 3 文件，以加快 SWF 文件的创建。若要清除发布缓存，则可以选择“控制 > 清除发布缓存 / 清除发布缓存并测试影片”命令。

技术看板

用户可以发布带有调试密码的文件以确保只有可信用户才能调试。此外，选择“文件 > 发布”命令可以使用之前的发布设置参数快速发布文件。

14.3.3 SWC

SWC 文件可用于分发组件，该文件包含编译剪辑、组件的 ActionScript 类文件，以及描述组件的其他文件。

选择“文件 > 发布设置”命令，在弹出的“发布设置”对话框左侧列表中选择 SWC 选项，即可发布 SWC 文件，如图 14-17 所示。

在“输出文件”选择中可以选择 SWC 文件的输出地址和文件名称，可以使用与原始 FLA 文件不同的其他文件名保存 SWC 文件。

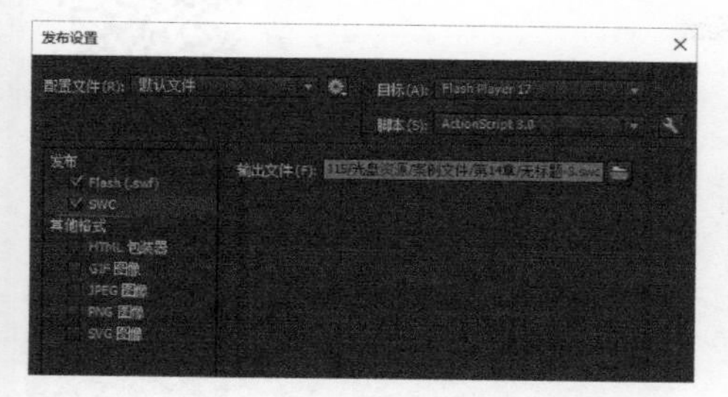

图 14-17 选择 SWC 选项

技术看板

该选项主要为了迎合 Flash Professional CC 以下的版本，Flash Professional CC 和更高的版本不支持该放映文件。

14.3.4 HTML包装器

继续讲解 HTML 包装器，在 Web 浏览器中播放 Flash 动画需要一个能激活 SWF 文件并指定浏览器设置的 HTML 文档。“发布”命令会根据 HTML 模板文档中的参数自动生成此文档。

在“发布设置”对话框中选择“HTML 包装器”选项，可以对 HTML 发布格式的相关选项进行设置，如图 14-18 所示。设置完成后，单击“发布”按钮，即可按照“发布设置”对话框中的设置来创建相应的 HTML 页面，如图 14-19 所示为发布的 HTML 页面效果。

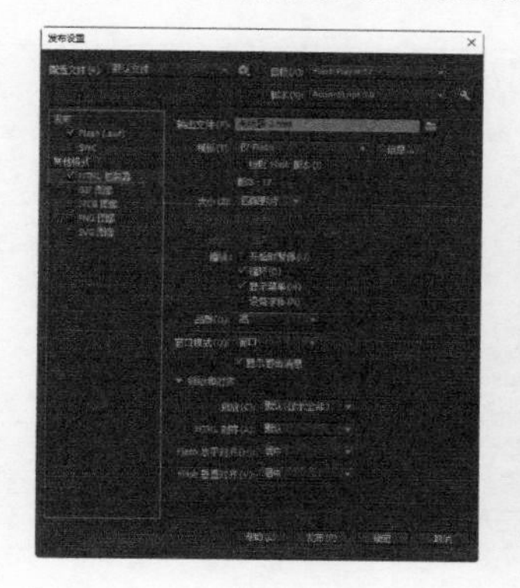

图 14-18 选择“HTML 包装器”选项

图 14-19 发布的 HTML 页面效果

14.3.5 GIF图像

GIF 文件提供了一种简单的方法来导出绘画和简单动画，以在 Web 中使用，标准的 GIF 文件是一种简单的压缩位图。

在“发布设置”对话框中选择“GIF 图像”选项，可以对 GIF 图像格式的相关选项进行设置，如图 14-20 所示。设置完成后，单击“发布”按钮，即可按照“发布设置”对话框中的设置来创建相应的 GIF 图像。图 14-21 所示为发布后的 GIF 图像效果。

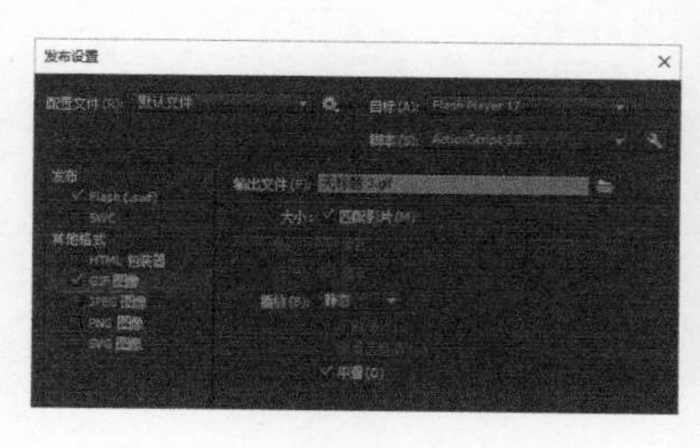

图 14-20 选择“GIF 图像”选项

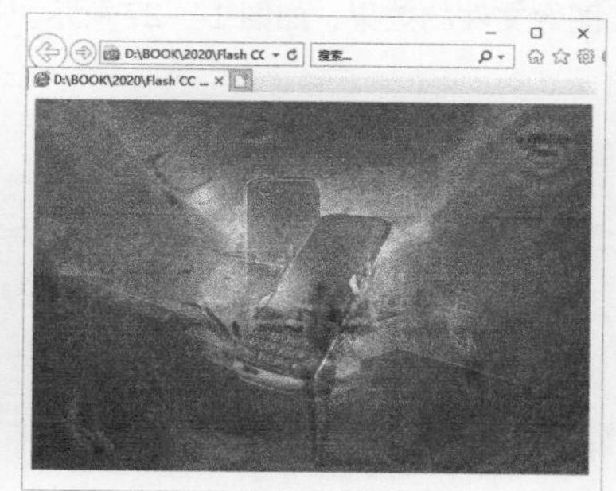

图 14-21 发布后的 GIF 图像效果

课堂案例 发布静态GIF图像文件文件

素材文件	素材文件 \ 第 14 章 \143701.fla
案例文件	案例文件 \ 第 14 章 \14-3-7.gif
教学视频	视频教学 \ 第 14 章 \14-3-7.mp4
案例要点	掌握发布静态 GIF 图像文件的方法

扫码观看视频

Step 01 选择“文件 > 打开”命令，打开素材文件“素材文件 \ 第 14 章 \ 143701.fla”，效果如图 14-22 所示。选择“文件 > 发布设置”命令，弹出“发布设置”对话框，取消勾选“Flash(.swf)”和“HTML 包装器”复选框，勾选“GIF 图像”复选框，如图 14-23 所示。

图 14-22 打开素材文件

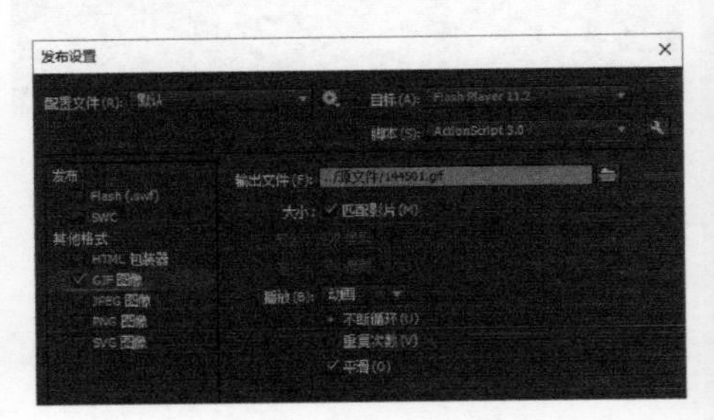

图 14-23 勾选“GIF 图像”复选框

Step 02 设置“输出文件”选项为“案例文件 \ 第 14 章 \14-3-7.gif”，如图 14-24 所示。设置“播放”选项为“静态”，如图 14-25 所示。

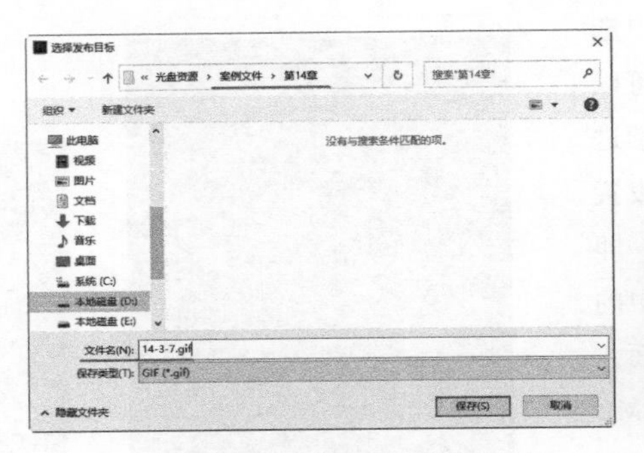

图 14-24 选择输出位置和输出文件名称

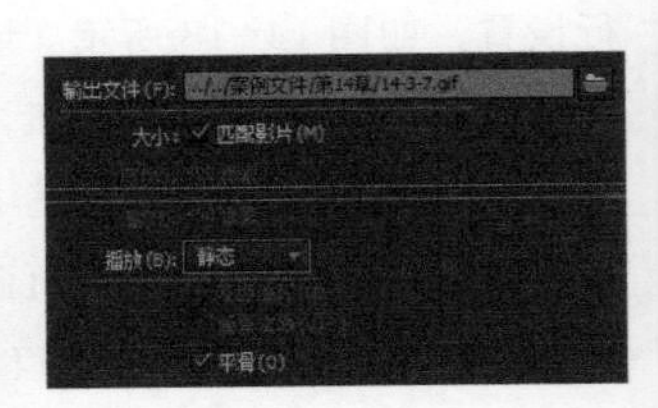

图 14-25 勾选“播放”复选框

Step 03 单击“发布”按钮，即可按“发布设置”对话框中的设置，在指定文件夹中生成相应的 GIF 图像文件，如图 14-26 所示。在浏览器中打开 GIF 图像文件，可以看到该图像文件的效果，如图 14-27 所示。

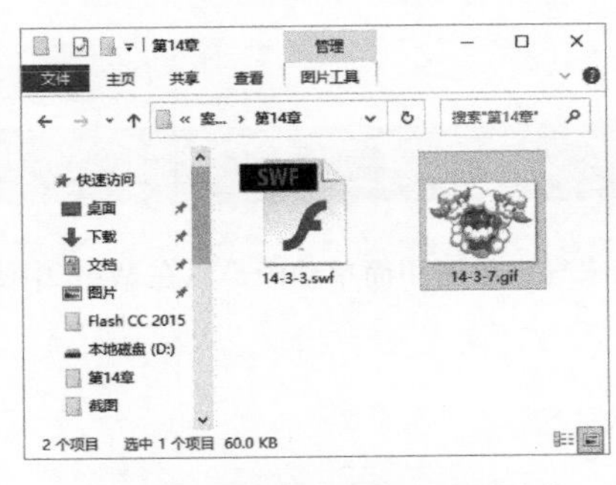

图 14-26 得到发布生成的 GIF 图像文件

图 14-27 查看 GIF 图像效果

课堂案例 发布动态GIF图像文件

素材文件	素材文件 \ 第 14 章 \143801.fla
案例文件	案例文件 \ 第 14 章 \14-3-8.gif
教学视频	视频教学 \ 第 14 章 \14-3-8.mp4
案例要点	掌握发布动态 GIF 图像文件的方法

扫码观看视频

Step 01 选择“文件 > 打开”命令，打开素材文件“素材文件 \ 第 14 章 \143801.fla”，效果如图 14-28 所示。新建“图层 2”，选择“窗口 > 库”命令，打开“库”面板，如图 14-29 所示。

图 14-28 打开素材文件

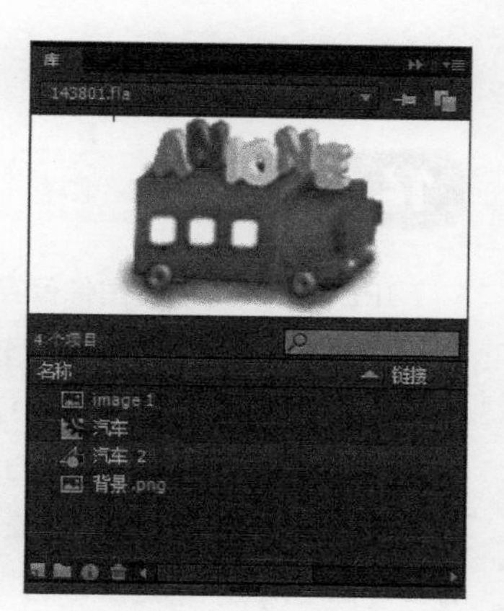

图 14-29 “库”面板

Step 02 将名称为“汽车 2”的图形元件拖动到舞台中，如图 14-30 所示。在“图层 1”第 35 帧位置按【F5】键插入帧，在“图层 2”第 35 帧位置按【F6】键插入关键帧，如图 14-31 所示。

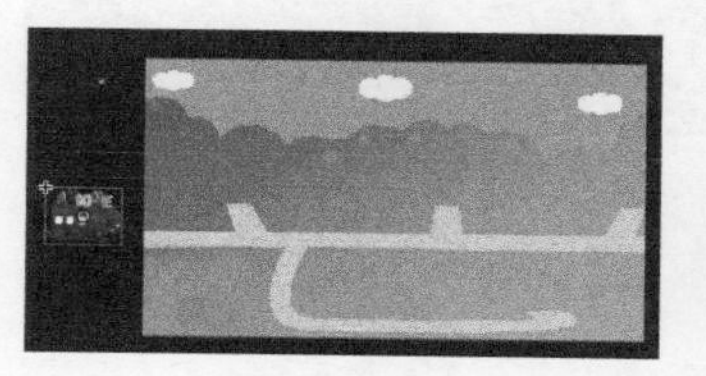
图 14-30 拖入元件

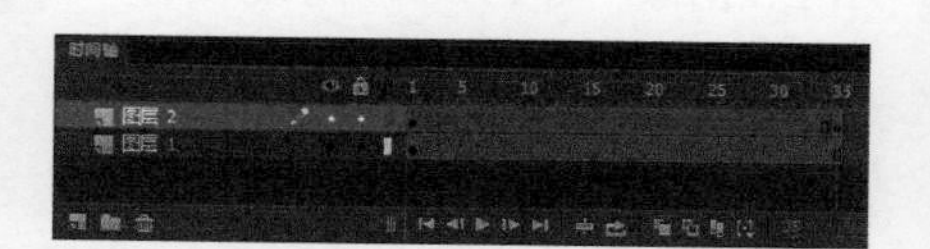
图 14-31 “时间轴”面板

Step 03 将第 35 帧中的元件实例拖动到舞台右侧，如图 14-32 所示。在“图层 2”第 1 帧创建传统补间动画，如图 14-33 所示。

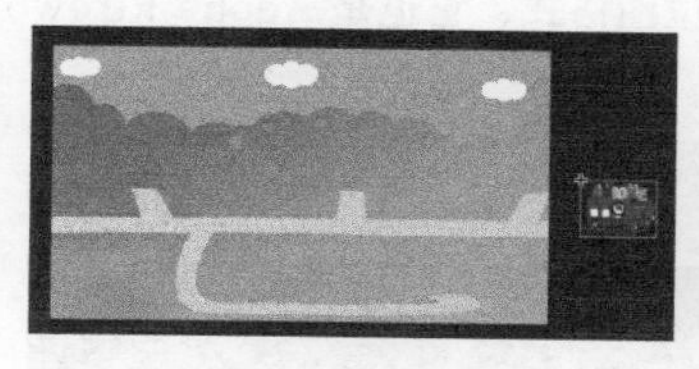
图 14-32 向右移动元件

图 14-33 创建传统补间动画

Step 04 选择“文件 > 发布设置”命令，弹出“发布设置”对话框，取消勾选“Flash(.swf)”和“HTML 包装器”复选框，勾选“GIF 图像”复选框，对相关选项进行设置，如图 14-34 所示。单击“发布”按钮，即可按“发布设置”对话框中的设置，在指定文件夹中生成相应的 GIF 图像文件，如图 14-35 所示。

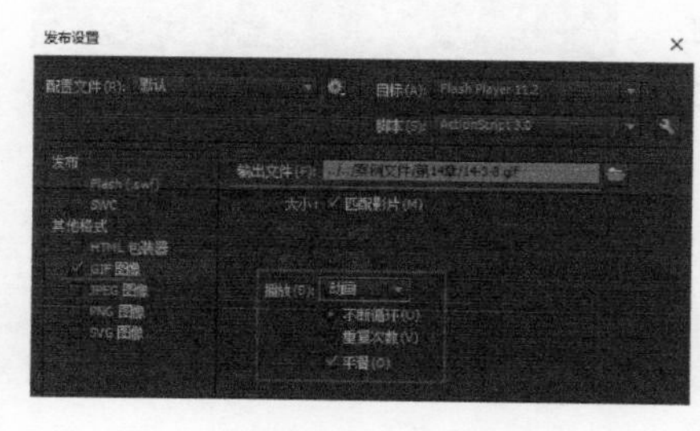

图 14-34 “发布设置”对话框

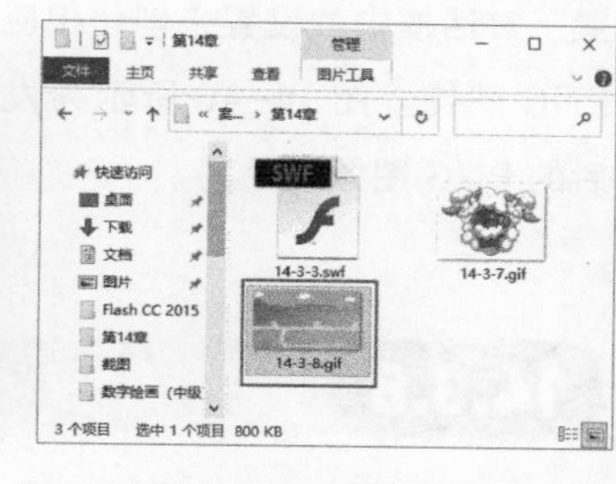

图 14-35 得到发布生成的 GIF 图像文件

Step 05 在浏览器中打开 GIF 图像文件，可以看到该 GIF 图像动画的效果，如图 14-36 所示。

图 14-36 预览 GIF 图像动画效果

14.3.6 JPEG图像

JPEG 格式可以将图像保存为高压缩比的 24 位位图，使得图像在体积很小的情况下得到相对丰富的色调，所以 JPEG 格式图像的使用范围较为广泛，非常适合表现包含连续色调的图像。

在“发布设置”对话框中选择“JPEG 图像”选项，可以对 JPEG 图像格式的相关选项进行设置，如图 14-37 所示。设置完成后，单击“发布”按钮，即可按照“发布设置”对话框中的设置来创建相应的 JPEG 图像。图 14-38 所示为发布后的 JPEG 图像效果。

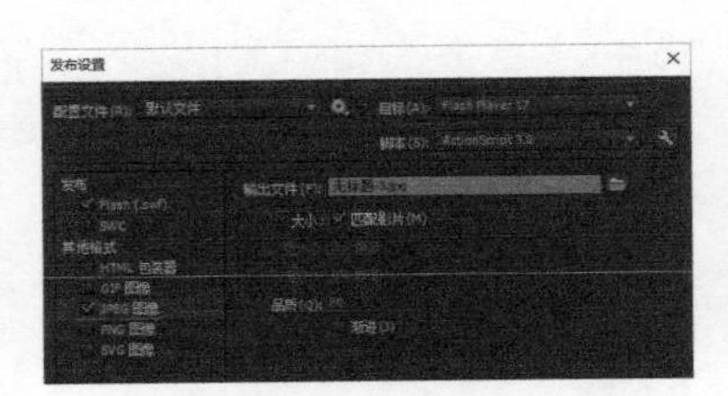

图 14-37 选择“JPEG 图像”选项

图 14-38 发布后的 JPEG 图像效果

14.3.7 PNG图像

PNG 是一个唯一支持透明度的跨平台位图格式，它也是 Adobe Fireworks 的本地文件格式。

在“发布设置”对话框中选择“PNG 图像”选项，可以对 PNG 图像格式的相关选项进行设置，如图 14-39 所示。设置完成后，单击“发布”按钮，即可按照“发布设置”对话框中的设置来创建相应的 PNG 图像。图 14-40 所示为发布后的 PNG 图像效果。

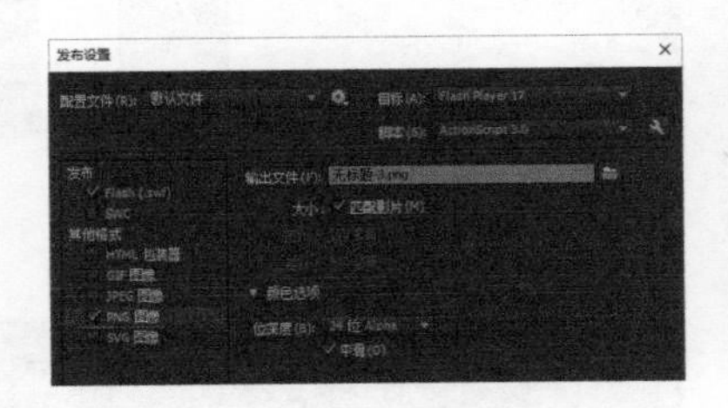

图 14-39 选择“PNG 图像”选项

图 14-40 发布后的 PNG 图像效果

14.3.8 发布AIR Android应用程序

用户可以预览 Flash AIR for Android SWF 文件，其显示的效果与在 AIR 应用程序窗口中一样。如果希望在不打包也不安装应用程序的情况下查看应用程序的外观，那么预览功能非常有用。

使用“文件＞新建”命令，在Flash中创建Adobe AIR for Android文档，还可以创建ActionScript 3.0 FLA文件，并通过“发布设置”对话框将其转换为AIR for Android文件。

在开发完应用程序后，选择“文件＞AIR for Android设置”命令，或在“发布设置”对话框中“目标”下拉列表中选择“AIR for Android”选项，如图14-41所示。

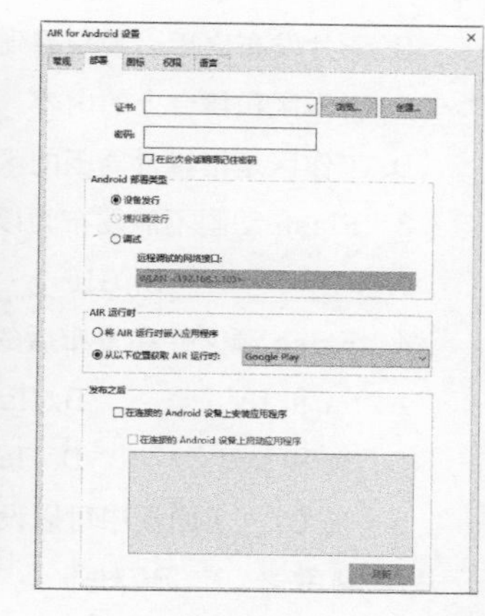

图14-41 选择“AIR for Android”选项

图14-42 “AIR for Android设置”对话框

单击“发布”按钮，可以弹出“AIR for Android设置”对话框，如图14-42所示。在该对话框中可以对应用程序描述符文件、应用程序图标文件、应用程序包含的文件进行设置。

14.3.9 为AIR iOS打包应用程序

Flash支持为AIR for iOS发布应用程序，在为iOS发布应用程序时，Flash会将FLA文件转换为本机iPhone应用程序。

为AIR for iOS打包应用程序，需要在创建文档时选择创建AIR for iOS文档，如图14-43所示。选择“文件＞AIR for iOS设置”命令，在弹出的“AIR for iOS设置”对话框中可以对应用程序的宽高比、渲染模式、图标、语言等参数进行设置，如图14-44所示。

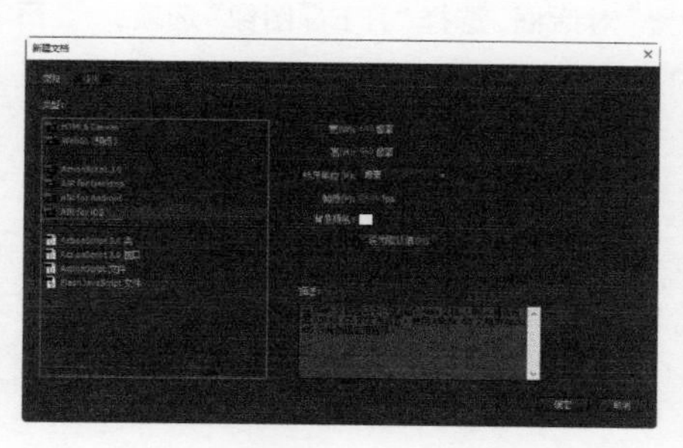

图14-43 选择“AIR for iOS”选项

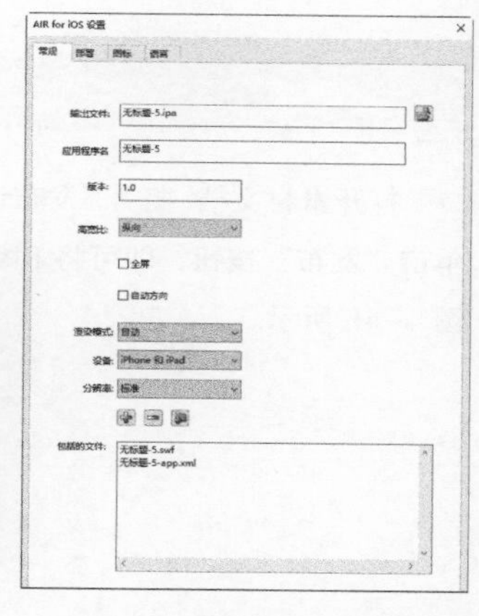

图14-44 “AIR for iOS设置”对话框

课后习题

一、选择题

1. 在Flash中，测试当前影片的键/组合键是（　　）。

A.【Enter】　B.【Ctrl+Enter】　C.【Shift+Enter】　D.【Ctrl+Alt+Enter】

2. 以下关于Flash工作区和舞台的描述，错误的是（　　）。

A. 舞台是编辑动画的地方

B. 影片发布之后，观众看到的内容只局限于舞台上的内容

C. 工作区和舞台上的内容，影片发布后均可见

D. 工作区是指舞台周围的区域

3. Flash 动画不能发布为以下哪种格式？（　　）

A. PDF　　B. GIF　　C. JPEG　　D. PNG

4. Flash 源文件和发布后的影片文件的扩展名分别是（　　）。

A. fla 和 flv　　B. fla 和 swf

C. flv 和 swf　　D. fla 和 gif

5. 在（　　）面板中可以设置舞台的背景。

A. 颜色　　B. 对齐　　C. 属性　　D. 动作

二、填空题

1. 选择“控制 > 测试场景”命令，或者直接按 ______ 组合键，就可以对指定的元件效果进行测试。

2. 在默认情况下，使用“发布”命令会创建一个 ______ 和一个 ______。

3. 选择“文件 > 发布设置”命令，或者按 ______ 组合键，弹出“发布设置”对话框。

三、案例题

打开素材文档，打开“发布设置”对话框，选择“JPEG 图像”选项，单击“发布”按钮，即可将 Flash 发布为静态的 JPEG 图像，效果如图 4-45 所示。

图 14-45 发布 JPEG 图像

Chapter

15

第15章

Flash综合案例

通过对前面章节的学习，读者已经对 Flash 的动画制作流程和方法有所了解。本章将带领读者从制作按钮、导航、广告等方面来综合讲解 Flash 的运用。

FLASH CC

学习目标

- 综合运用 Flash 中的各种基础动画
- 掌握 ActionScript 脚本代码的应用

学习重点

- 掌握按钮动画的制作方法
- 掌握导航菜单动画的制作方法
- 掌握宣传广告动画的制作方法

15.1 按钮动画

在网站中如果想要制作出精彩独特的网站效果，就离不开 Flash 动态按钮的应用，Flash 按钮是用户可以直接与 Flash 动画进行交互的途径，本节通过 3 个不同类型的 Flash 按钮动画的制作练习，来介绍 Flash 按钮动画的制作方法和技巧。

课堂案例 制作加载图片按钮动画

素材文件	素材文件 \ 第 15 章 \15101.png ~ 15110.png
案例文件	案例文件 \ 第 15 章 \15-1-1.swf
教学视频	视频教学 \ 第 15 章 \15-1-1.mp4
案例要点	不同类型元件的综合应用

扫码观看视频

Step 01 选择“文件 > 新建”命令，弹出“新建文档”对话框，设置“背景颜色”为“#999999”，其他设置如图 15-1 所示。新建一个“名称”为“按钮背景”的“图形”元件，如图 15-2 所示。

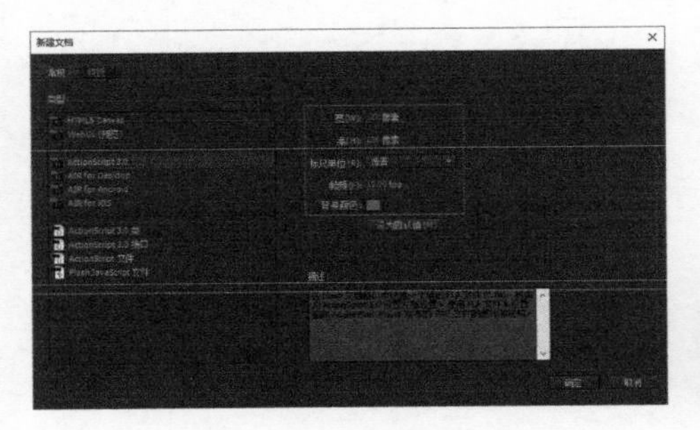

图 15-1 “新建文档”对话框

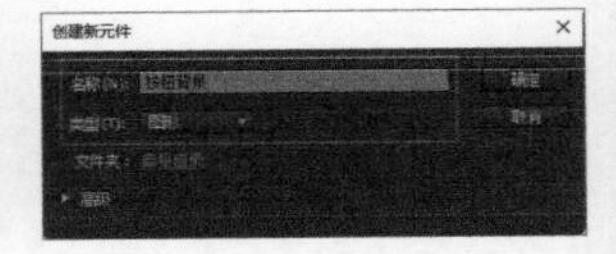

图 15-2 “创建新元件”对话框

Step 02 选择“文件 > 导入 > 导入到舞台”命令，将素材图像“素材文件 \ 第 15 章 \15101.png”导入舞台，如图 15-3 所示。选择“插入 > 新建元件”命令，在弹出的“创建新元件”对话框中设置各项参数，如图 15-4 所示。

Step 03 按【Ctrl+R】组合键，将素材图像“素材文件 \ 第 15 章 \15102.png”导入舞台，如图 15-5 所示。使用相同的方法，创建一个“名称”为“账户充值”的“影片剪辑”元件，并将“账户充值”图形元件拖动到舞台中合适的位置，如图 15-6 所示。

图 15-3 导入素材图像

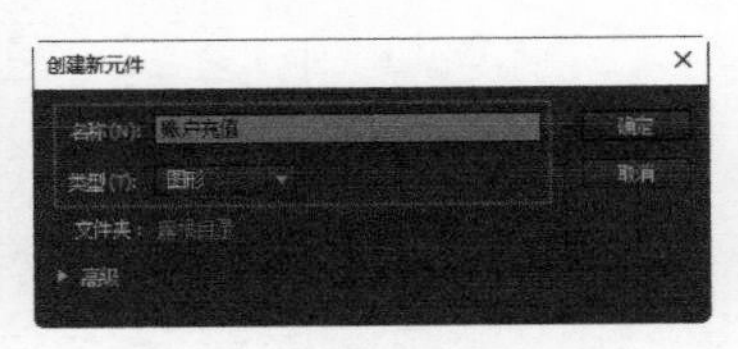

图 15-4 “创建新元件”对话框

图 15-5 导入素材图像

图 15-6 拖入元件

Step 04 在第 3 帧位置按【F6】键插入关键帧，使用“选择工具”将舞台中的图形元件向上移动，如图 15-7 所示。在第 5 帧位置按【F6】键插入关键帧，继续将舞台中的“账户充值”图形元件向下移动，分别在第 1 帧和第 3 帧创建传统补间动画，“时间轴”面板如图 15-8 所示。

Step 05 选择“插入 > 新建元件”命令，在弹出的“创建新元件”对话框中设置各项参数，如图 15-9 所示。按【Ctrl+R】组合键，将素材图像“素材文件 \ 第 15 章 \15103.png”导入舞台，如图 15-10 所示。

图 15-7 向上移动元件

图 15-8 “时间轴”面板

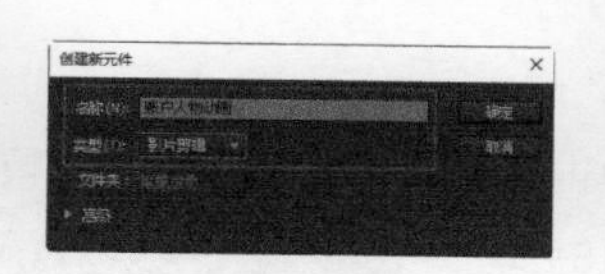
图 15-9 “创建新元件”对话框

图 15-10 导入素材图像

Step 06 在图像上单击鼠标右键，在弹出的快捷菜单中选择“转换为元件”命令，在弹出的“转换为元件”对话框中设置各项参数，如图 15-11 所示。在第 3 帧按【F6】键插入关键帧，使用“任意变形工具”，对该帧上的元件进行旋转操作，如图 15-12 所示。

图 15-11 “转换为元件”对话框

图 15-12 旋转元件

Step 07 在第 5 帧按【F6】键插入关键帧，使用“任意变形工具”，对该帧上的元件进行旋转操作，如图 15-13 所示。在第 7 帧按【F6】键插入关键帧，使用“任意变形工具”，对该帧上的元件进行旋转操作，如图 15-14 所示。在第 8 帧按【F5】键插入关键帧，“时间轴”面板如图 15-15 所示。

图 15-13 旋转元件

图 15-14 旋转元件

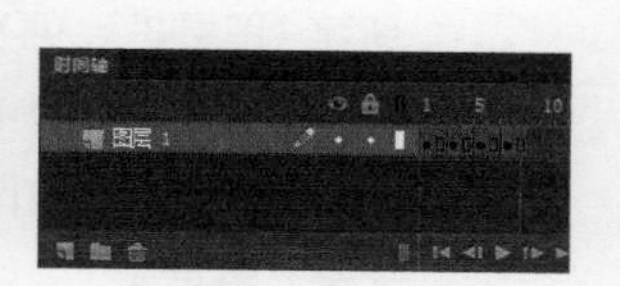
图 15-15 “时间轴”面板

Step 08 新建“名称”为“账户背景动画”的“影片剪辑”元件，如图 15-16 所示。打开“库”面板，将“按钮背景”图形元件拖动到舞台中，打开“属性”面板，对相关选项进行设置，效果如图 15-17 所示。

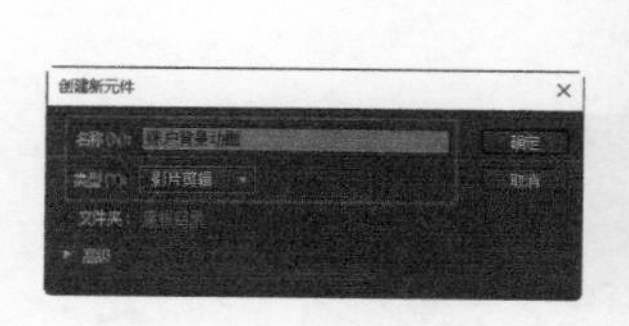
图 15-16 “创建新元件”对话框

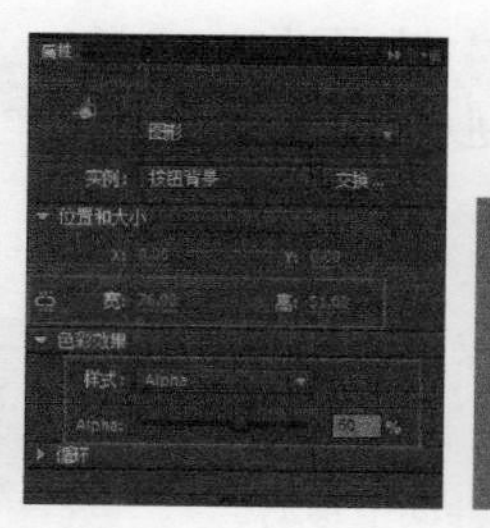
图 15-17 拖入元件并设置相关属性

Step 09 在第 5 帧按【F6】键插入关键帧，在“属性”面板中对相关选项进行设置，效果如图 15-18 所示。在第 1 帧位置创建传统补间动画，“时间轴”面板如图 15-19 所示。

图 15-18 设置元件相关属性

图 15-19 创建传统补间动画

Step 10 按住【Shift】键分别单击第 1 帧和第 5 帧，将第 1 帧到第 5 帧全部选中，单击鼠标右键，在弹出的快捷菜单中选择“复制帧”命令，如图 15-20 所示。复制选中的关键帧，选择第 10 帧，单击鼠标右键，在弹出的快捷菜单中选择“粘贴帧”命令，粘贴所复制的关键帧，如图 15-21 所示。

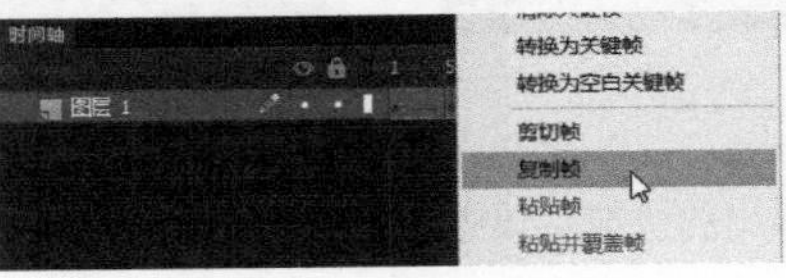

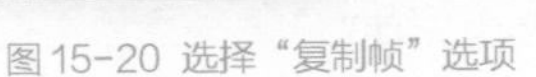

图 15-20 选择“复制帧”选项

图 15-21 粘贴所复制的关键帧

Step 11 分别在第 6 帧和第 15 帧按【F7】键，插入空白关键帧，在第 20 帧按【F5】键插入帧，“时间轴”面板如图 15-22 所示。新建“图层 2”，在第 3 帧位置按【F6】键插入关键帧，再次将“按钮背景”元件拖动到舞台中，使用相同的方法，可以完成该图层中动画的制作，“时间轴”面板如图 15-23 所示。

图 15-22 “时间轴”面板（1）

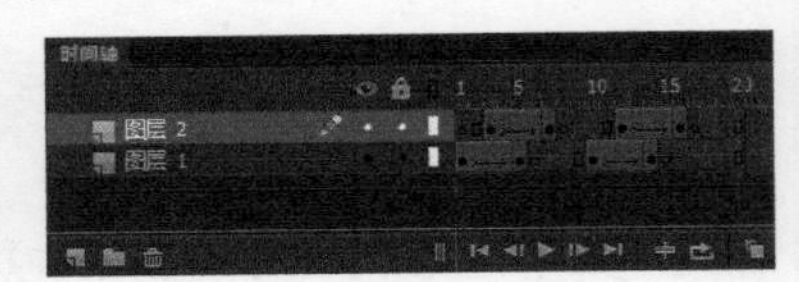

图 15-23 “时间轴”面板（2）

Step 12 新建“图层 3”，再次将“按钮背景”元件拖动到舞台中，调整到合适的大小和位置，如图 15-24 所示。新建“图层 4”，将“账户人物动画”影片剪辑元件拖入舞台中合适的位置，在“属性”面板中对该元件的相关属性进行设置，效果如图 15-25 所示。

图 15-24 拖入元件

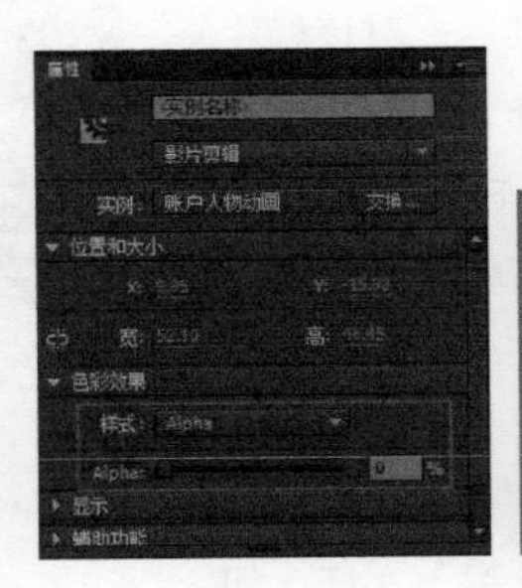

图 15-25 拖入元件并设置相关属性

Step 13 在第 5 帧位置按【F6】键插入关键帧，在“属性”面板中对相关选项进行设置，将元件向上移动，效果如图 15-26 所示。在第 1 帧创建传统补间动画，“时间轴”面板如图 15-27 所示。

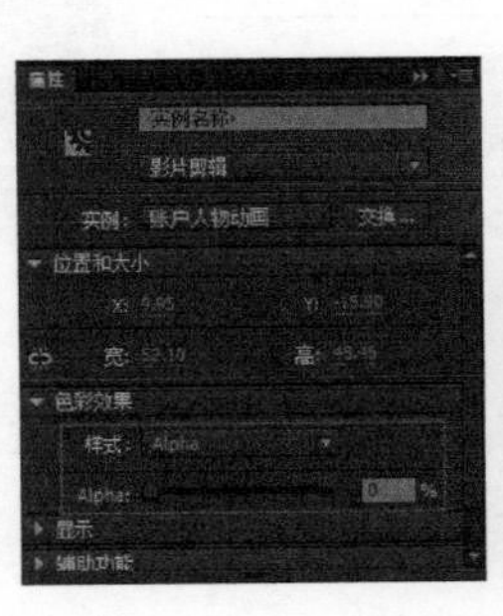

图 15-26 元件效果

图 15-27 “时间轴”面板

Step 14 新建“图层5”，在第20帧按【F6】键插入关键帧，打开“动作”面板，输入ActionScript脚本代码，如图15-28所示，“时间轴”面板如图15-29所示。

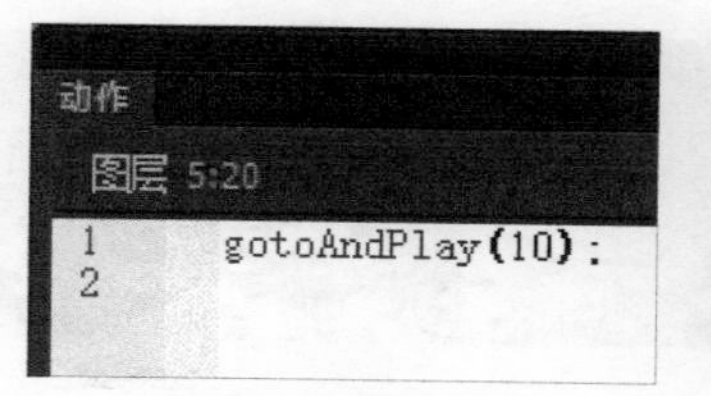

图15-28 输入脚本代码

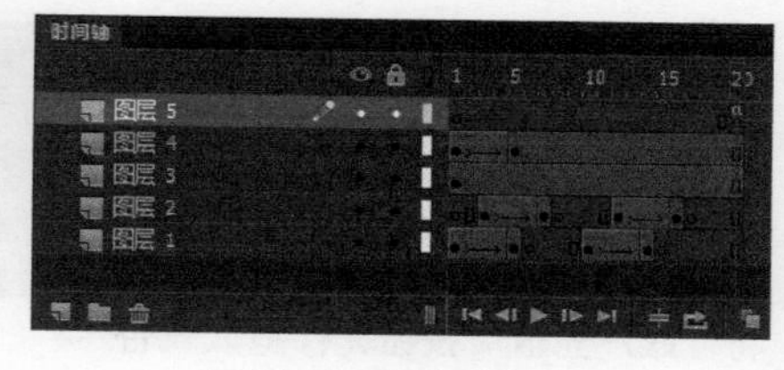

图15-29 “时间轴”面板

Step 15 新建“名称”为“账户充值按钮”的“按钮”元件，将“按钮背景”元件拖动到舞台中，如图15-30所示。在“指针经过”帧按【F7】键插入空白关键帧，将“账户背景动画”元件拖动到舞台中，调整到合适的位置，“时间轴”面板如图15-31所示。

图15-30 拖入元件

图15-31 “时间轴”面板

Step 16 在“按下”帧按【F7】键插入空白关键帧，将“按钮背景”元件拖动到舞台中，调整到合适的位置，如图15-32所示。在“点击”帧按【F5】键插入帧，“时间轴”面板如图15-33所示。

图15-32 拖入元件

图15-33 “时间轴”面板

Step 17 新建“图层2”，将“账户充值”元件拖动到舞台中，并调整到合适的位置，如图15-34所示。在“指针经过”帧按【F7】键插入空白关键帧，将“账户动画”元件拖动到舞台中，“时间轴”面板如图15-35所示。

图15-34 拖入元件

图15-35 “时间轴”面板

Step 18 在“按下”帧按【F7】键插入空白关键帧，将“账户充值”元件拖动到舞台中，调整到合适的位置，打开“属性”面板，对相关选项进行设置，效果如图15-36所示。在“点击”帧按【F7】键插入空白关键帧，“时间轴”面板如图15-37所示。

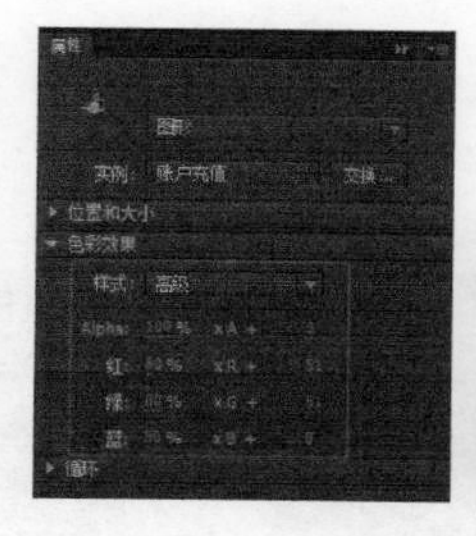

账户充值

图15-36 拖入元件并设置相关属性

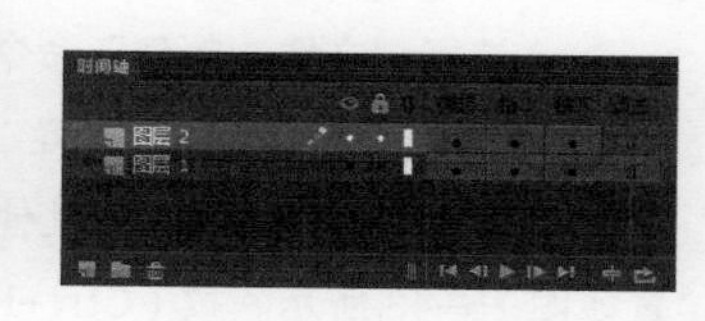

图15-37 “时间轴”面板

Step 19 返回“场景 1”编辑状态，按【Ctrl+R】组合键，将素材图像“素材文件 \ 第 15 章 \15104.jpg”导入舞台中，如图 15-38 所示。新建图层，将“账户充值”按钮元件拖入舞台中合适的位置，如图 15-39 所示。

图 15-38 导入素材图像

图 15-39 拖入元件

Step 20 使用相同的制作方法，可以完成其他元件的制作，如图 15-40 所示。分别将相应的按钮元件拖动到舞台中，如图 15-41 所示。

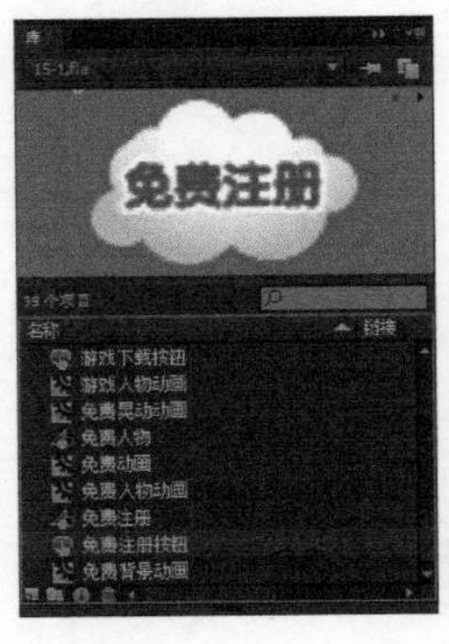

图 15-40 制作出其他元件

图 15-41 拖入元件

Step 21 完成动画的制作，按【Ctrl+Enter】组合键，测试动画效果，如图 15-42 所示。

图 15-42 测试动画效果

课堂案例 制作游戏按钮动画

素材文件	素材文件 \ 第 15 章 \15201.png ~ 15209.png	扫码观看视频
案例文件	案例文件 \ 第 15 章 \15-1-2.swf	
教学视频	视频教学 \ 第 15 章 \15-1-2.mp4	
案例要点	掌握文字遮罩动画的制作方法	

Step 01 选择“文件 > 新建”命令，弹出“新建文档”对话框，设置“背景颜色”为“#000000”，其他设置如图 15-43 所示。按【Ctrl+R】组合键，将素材图像“素材文件 \ 第 15 章 \15201.png”导入舞台，如图 15-44 所示。

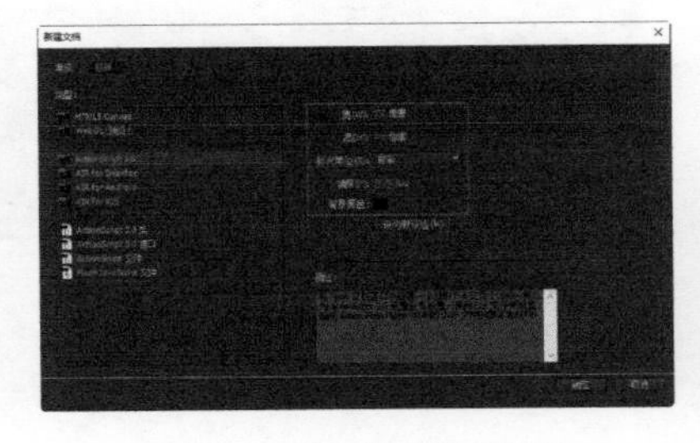

图 15-43 “新建文档”对话框

图 15-44 导入素材图像

Step 02 选择“插入 > 新建元件”命令，新建“名称”为“按钮文字”的图形元件，如图 15-45 所示。将素材图像“素材文件 \ 第 15 章 \15208.png”导入舞台，效果如图 15-46 所示。

Step 03 新建一个“名称”为“发光”的影片剪辑元件，导入相应的素材图像，效果如图 15-47 所示。新建一个“名称”为“发光动画”的影片剪辑元件，如图 15-48 所示。

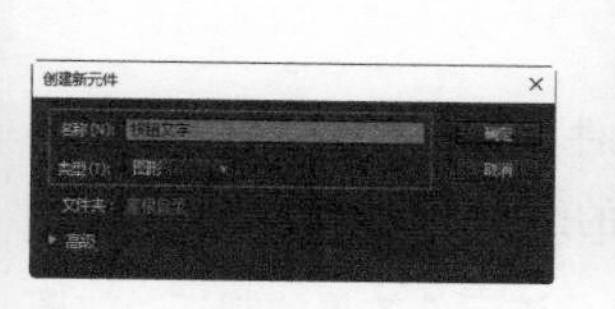

图 15-45 “创建新元件”对话框

图 15-46 导入素材图像

图 15-47 导入素材图像

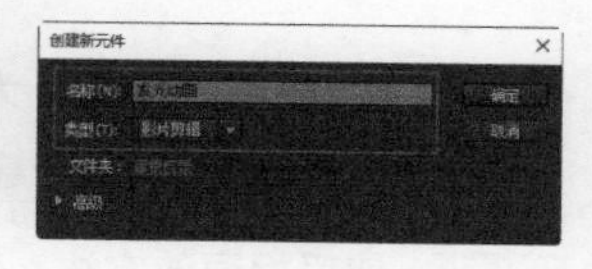

图 15-48 “创建新元件”对话框

Step 04 将“发光”元件拖动到舞台中，保持元件选中状态，打开“属性”面板，为其添加“发光”滤镜，设置如图 15-49 所示。在第 30 帧位置按【F6】键，插入关键帧，对“发光”滤镜的相关参数进行修改，如图 15-50 所示。

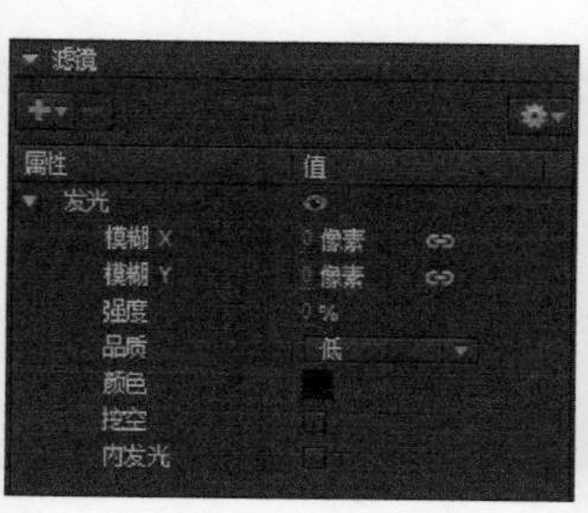

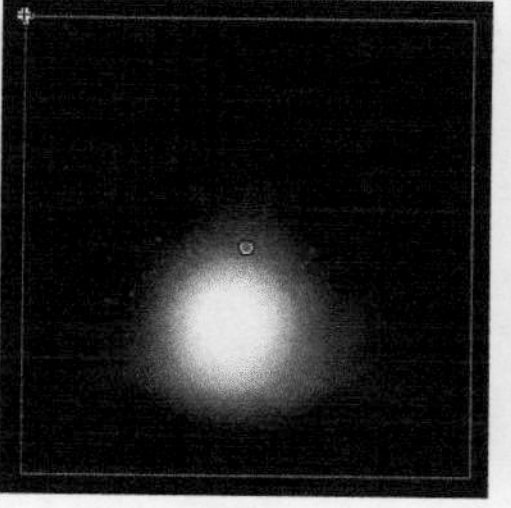

图 15-49 拖入元件并添加“发光”滤镜

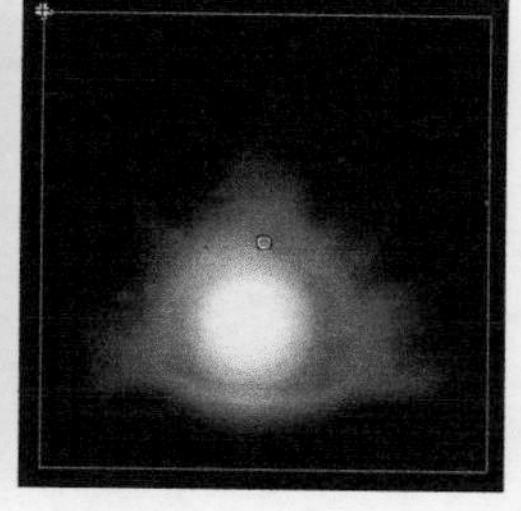

图 15-50 修改“发光”滤镜的参数值

Step 05 在第 30 帧位置按【F6】键，插入关键帧，对“发光”滤镜的相关参数进行修改，如图 15-51 所示。分别在第 1 帧和第 30 帧创建传统补间动画，“时间轴”面板如图 15-52 所示。

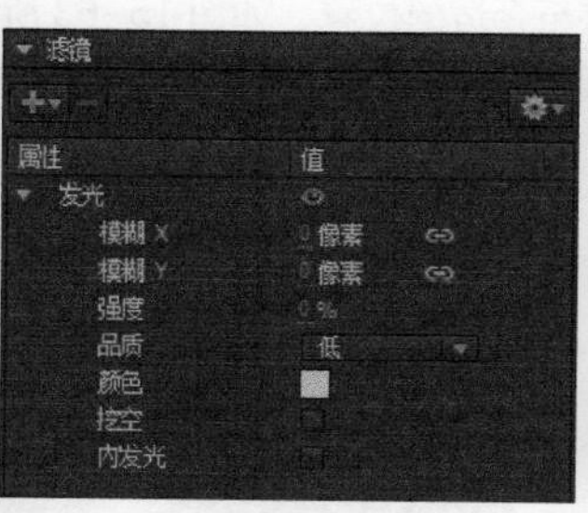

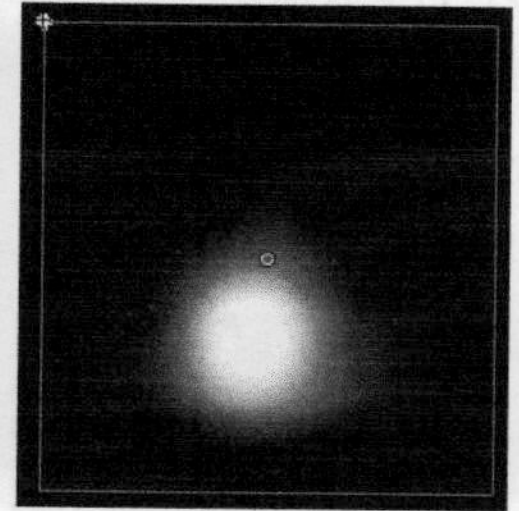

图 15-51 修改“发光”滤镜的参数值

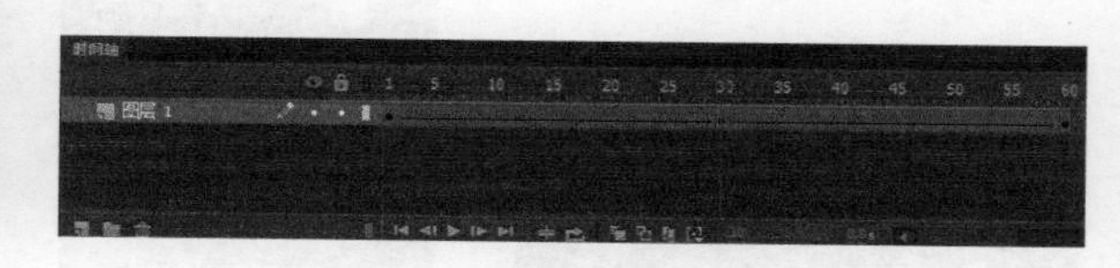

图 15-52 创建传统补间动画

Step 06 新建“名称”为“光圈”的图形元件，导入相应的素材图像。再新建一个“名称”为“光圈动画”的影片剪辑元件，将“光圈”元件拖动到舞台中，如图 15-53 所示。在第 15 帧位置按【F6】键插入关键帧，使用“任意变形工具”，将该帧上的元件等比例放大，如图 15-54 所示。

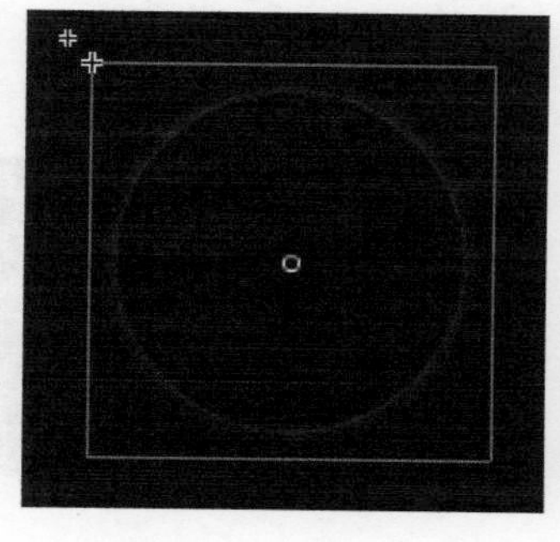

图 15-53 拖入元件

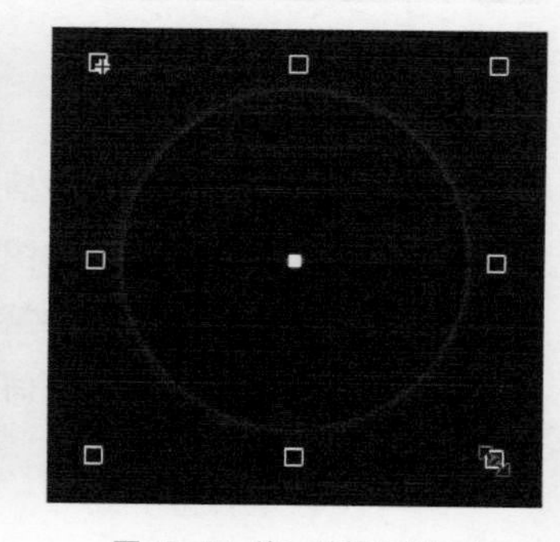

图 15-54 将元件等比例放大

Step 07 在第 30 帧位置按【F6】键插入关键帧，在“属性”面板中设置该帧上元件的“Alpha”为“0%”，效果如图 15-55 所示。分别在第 1 帧和第 15 帧创建传统补间动画，“时间轴”面板如图 15-56 所示。

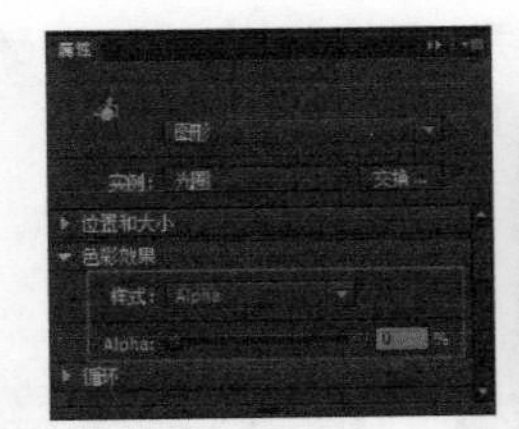
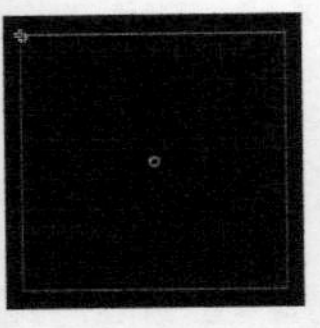

图 15-55 元件效果

图 15-56 创建传统补间动画

Step 08 新建一个“名称”为“按钮背景动画”的影片剪辑元件，导入素材图像“素材文件 \ 第 15 章 \15204.png”，效果如图 15-57 所示。新建“图层 2”，将“发光动画”元件拖动到舞台，调整到合适的位置，如图 15-58 所示。

Step 09 使用相同的方法，新建图层，分别拖入其他素材图像和“光圈动画”元件，完成该元件效果的制作，如图 15-59 所示，“时间轴”面板如图 15-60 所示。

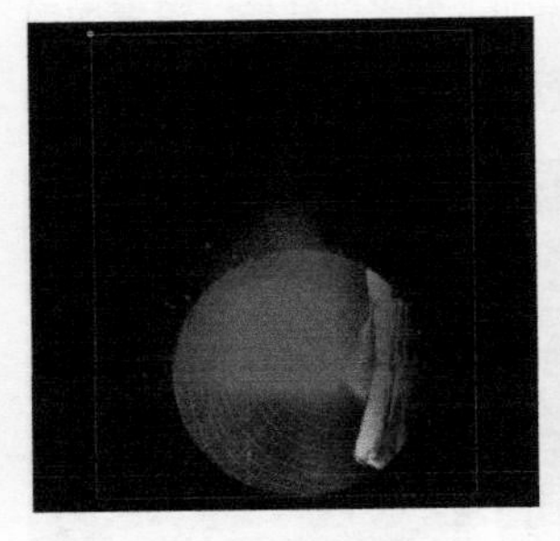

图 15-57 导入素材图像

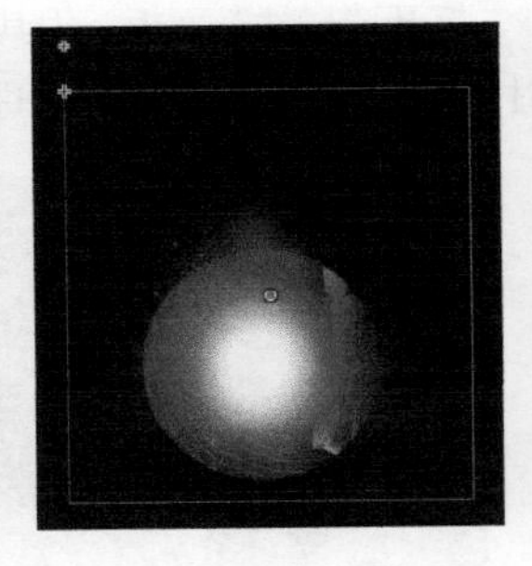

图 15-58 拖入元件

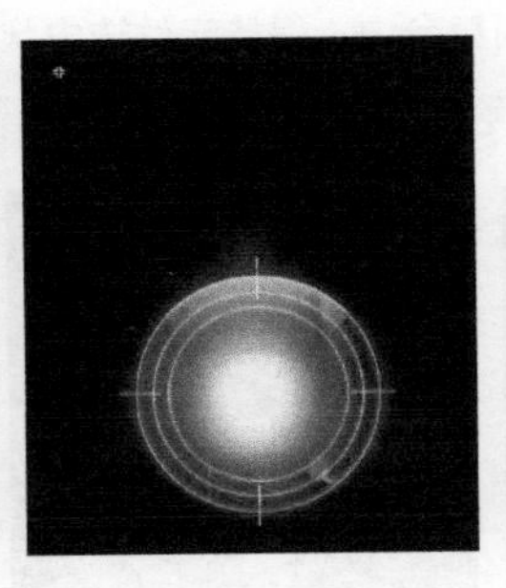

图 15-59 元件效果

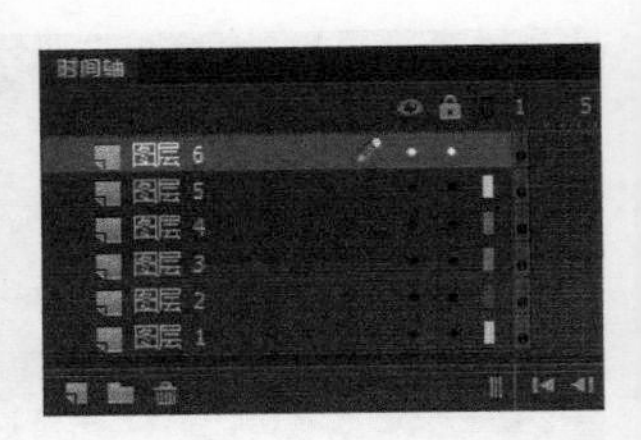

图 15-60 “时间轴”面板

Step 10 新建一个“名称”为“文字过光动画”的影片剪辑元件，将“按钮文字”元件拖动到舞台中，如图 15-61 所示。在第 95 帧按【F5】键插入帧，新建“图层 2”，使用“矩形工具”，打开“颜色”面板，设置线性渐变颜色，如图 15-62 所示。

Step 11 在舞台中绘制矩形，使用“任意变形工具”，对矩形进行旋转操作并将其调整至合适的位置，如图 15-63 所示。在第 35 帧按【F6】键插入关键帧，向右移动矩形，如图 15-64 所示。

图 15-61 拖入元件

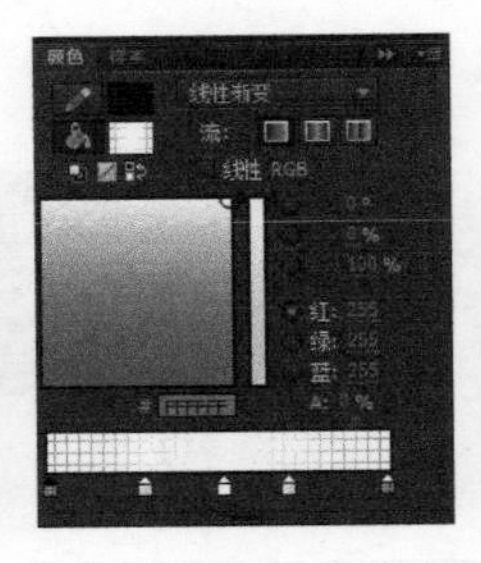

图 15-62 设置线性渐变颜色

图 15-63 绘制矩形并旋转

图 15-64 向右移动矩形

Step 12 在第 70 帧按【F6】键插入关键帧，向左移动矩形，如图 15-65 所示。分别在第 1 帧和第 35 帧创建补间形状动画，“时间轴”面板如图 15-66 所示。

图 15-65 向左移动矩形

图 15-66 创建补间形状动画

Step 13 新建“图层 3”，导入素材图像“素材 \ 第 15 章 \15209.png”，按【Ctrl+B】组合键，将位图分离为图形，使用“魔术棒工具”，删除图像多余部分，如图 15-67 所示。在“图层 3”上单击鼠标右键，在弹出的快捷菜单中选择“遮罩层”命令，创建遮罩动画，“时间轴”面板如图 15-68 所示。

Step 14 新建一个“名称”为“游戏按钮”的按钮元件，将“按钮背景动画”元件拖动到舞台中，如图 15-69 所示。在“点击”帧按【F5】键插入帧，新建“图层 2”，将“按钮文字”元件拖动到舞台中，如图 15-70 所示。

图 15-67 导入素材图像并处理

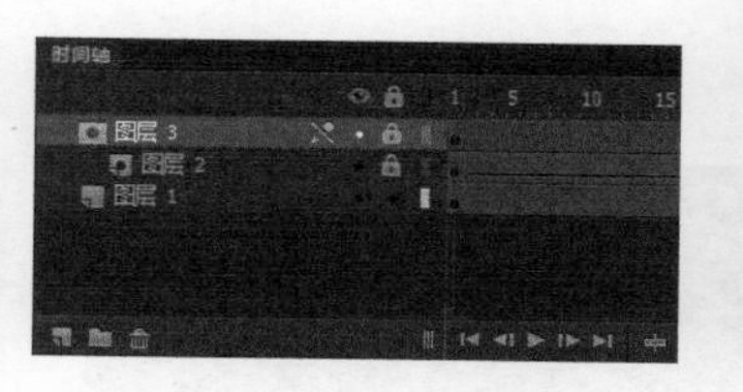

图 15-68 创建遮罩动画

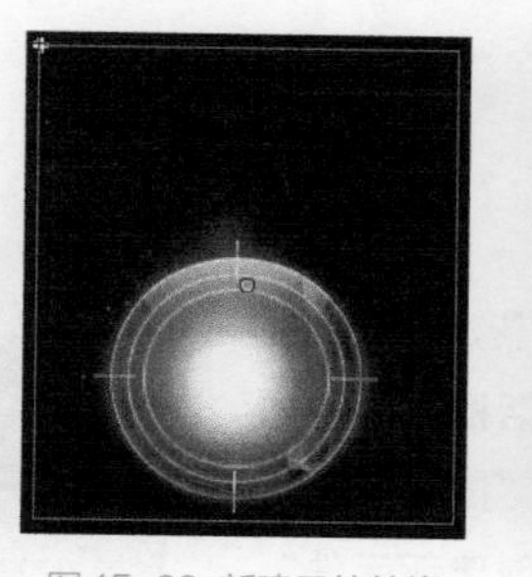

图 15-69 新建元件并将其拖入舞台中

图 15-70 拖入元件

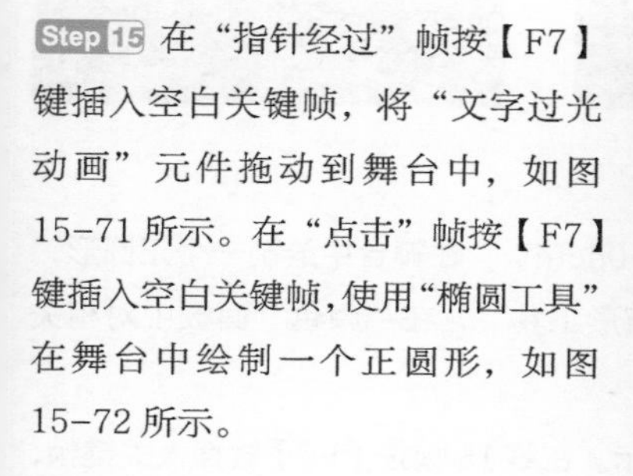

Step 15 在“指针经过”帧按【F7】键插入空白关键帧，将“文字过光动画”元件拖动到舞台中，如图 15-71 所示。在“点击”帧按【F7】键插入空白关键帧，使用“椭圆工具”在舞台中绘制一个正圆形，如图 15-72 所示。

图 15-71 拖入元件

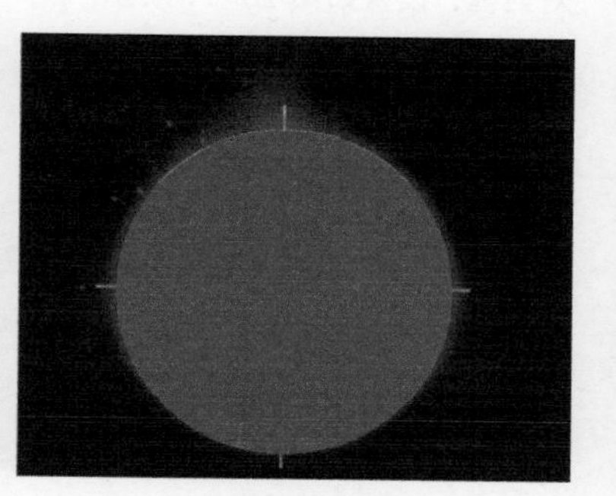

图 15-72 绘制正圆形

Step 16 “时间轴”面板如图 15-73 所示。返回到“场景 1”编辑状态，新建“图层 2”，将“游戏按钮”元件拖动到舞台中，如图 15-74 所示。

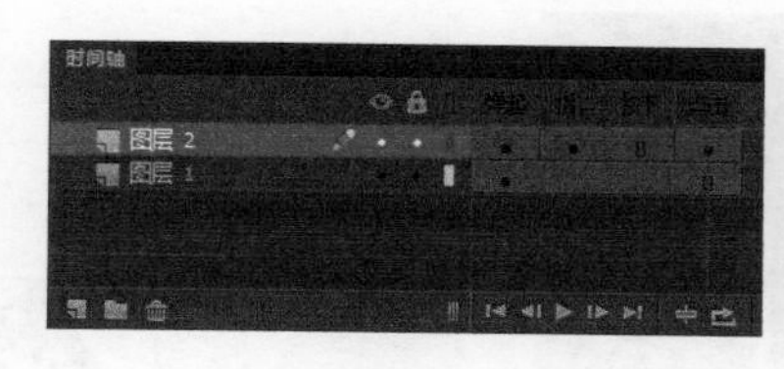

图 15-73 “时间轴”面板

图 15-74 拖入元件

Step 17 完成动画的制作，按【Ctrl+Enter】组合键，测试动画效果，如图 15-75 所示。

图 15-75 测试动画效果

课堂案例 制作综合按钮动画

素材文件	素材文件 \ 第 15 章 \151301.jpg
案例文件	案例文件 \ 第 15 章 \15-1-3.swf
教学视频	视频教学 \ 第 15 章 \15-1-3.mp4
案例要点	掌握使用 ActionScript 控制影片剪辑元件动画播放的方法

扫码观看视频

Step 01 选择“文件 > 新建”命令，弹出“新建文档”对话框，设置如图 15-76 所示。选择“插入 > 新建元件”命令，弹出“创建新元件”对话框，设置如图 15-77 所示。

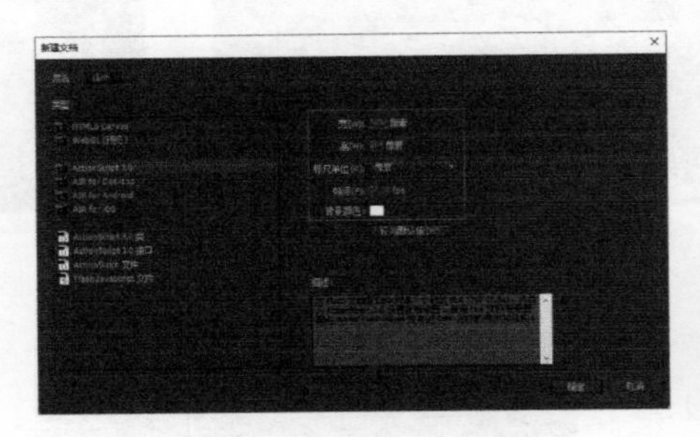

图 15-76 “新建文档”对话框

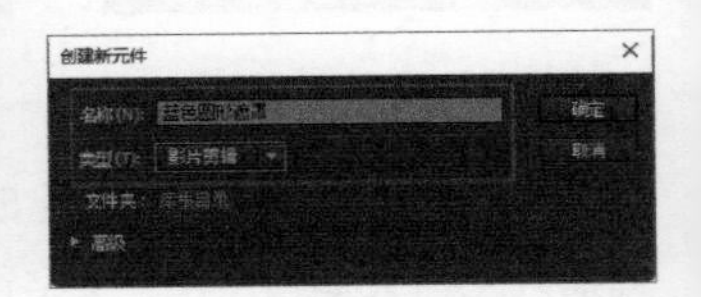

图 15-77 “创建新元件”对话框

Step 02 使用“椭圆工具”，设置“笔触颜色”为“无”，“填充颜色”为“#10dcfd”，在舞台中绘制一个正圆形，如图 15-78 所示，在第 60 帧按【F5】键插入帧。新建“图层 2”，使用“矩形工具”，在“颜色”面板中对相关选项进行设置，如图 15-79 所示。

Step 03 完成相应的设置，在舞台中绘制矩形并进行旋转操作，如图 15-80 所示。在第 15 帧按【F6】键插入关键帧，将该帧上的矩形向左上方移动，如图 15-81 所示。

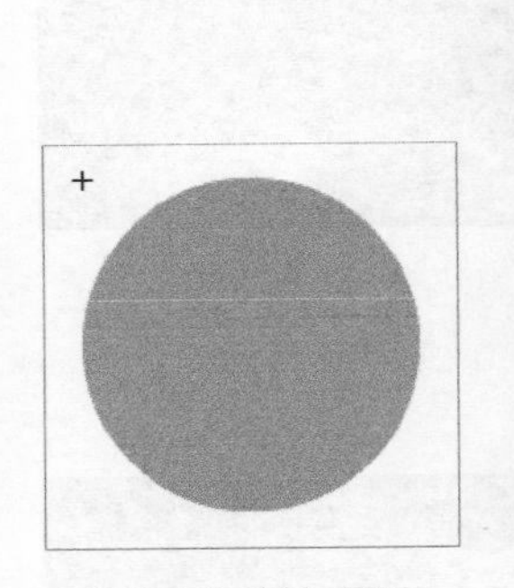

图 15-78 绘制正圆形

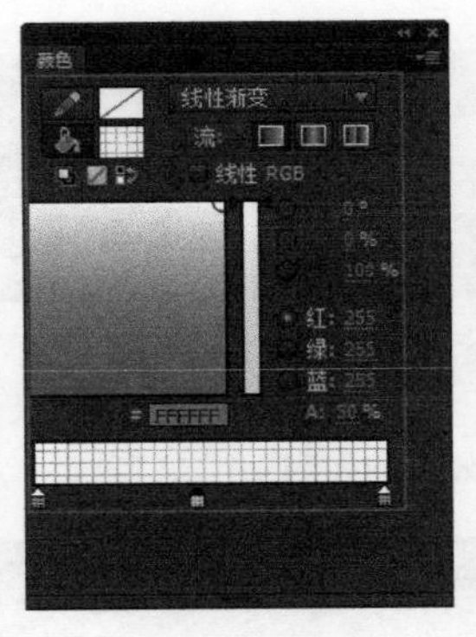

图 15-79 设置线性渐变颜色

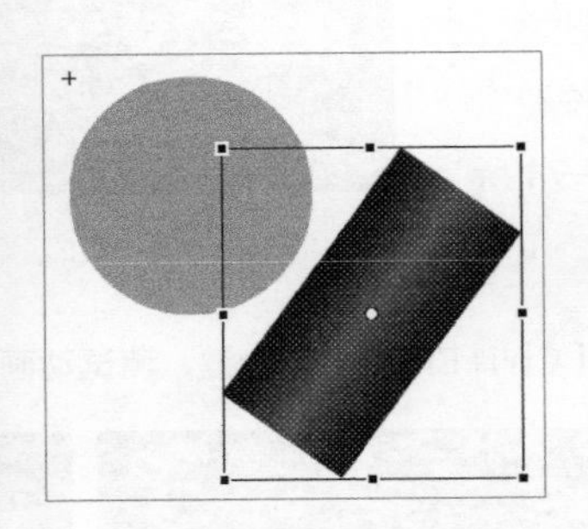

图 15-80 绘制矩形并旋转

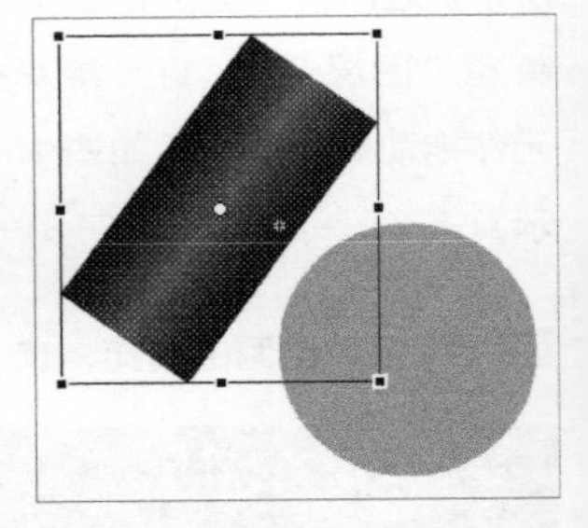

图 15-81 向左上方移动图形

Step 04 在第 1 帧创建补间形状动画，选择“图层 1”上所绘制的正圆形，按【Ctrl+C】组合键，复制该图形，新建“图层 3”，按【Ctrl+Shift+V】组合键，原位粘贴该图形，并将“图层 3”设置为遮罩层，创建遮罩动画，“时间轴”面板如图 15-82 所示。选择“插入 > 新建元件”命令，弹出“创建新元件”对话框，设置如图 15-83 所示。

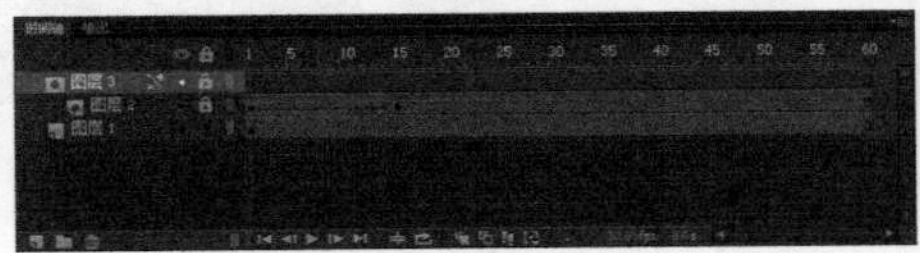

图 15-82 “时间轴”面板

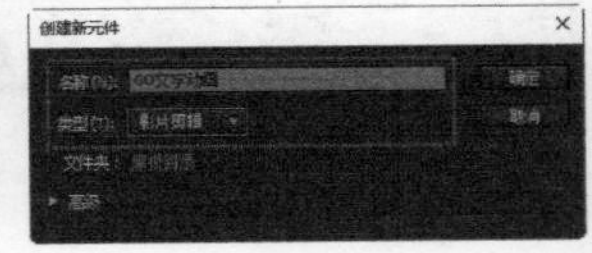

图 15-83 “创建新元件”对话框

Step 05 使用“文本工具”，打开“属性”面板，在该面板中对相关选项进行设置，在舞台中输入文字，如图 15-84 所示。在第 20 帧按【F5】键插入帧，“时间轴”面板如图 15-85 所示。

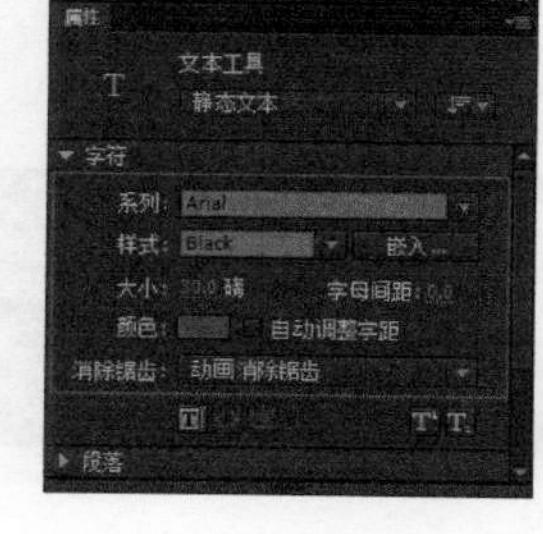

图 15-84 输入文字

图 15-85 “时间轴”面板

Step 06 使用相同的方法，可以完成该元件中动画效果的制作，“时间轴”面板如图 15-86 所示，场景效果如图 15-87 所示。

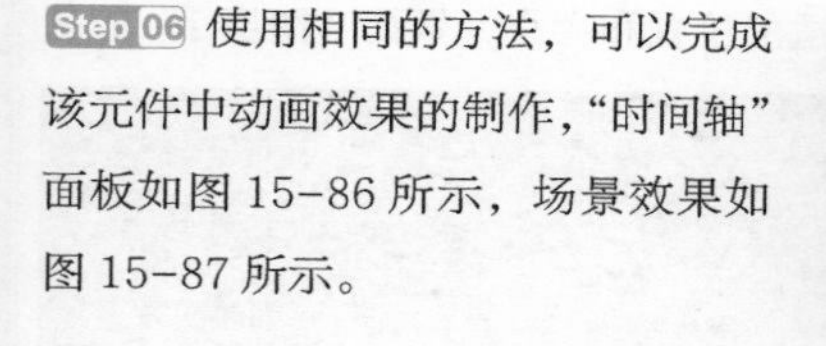

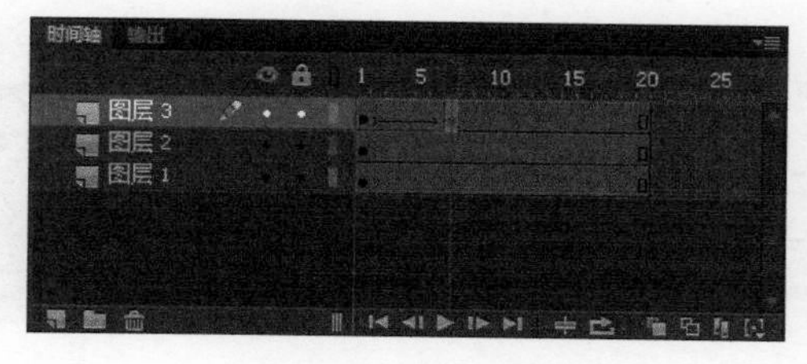

图 15-86 “时间轴”面板

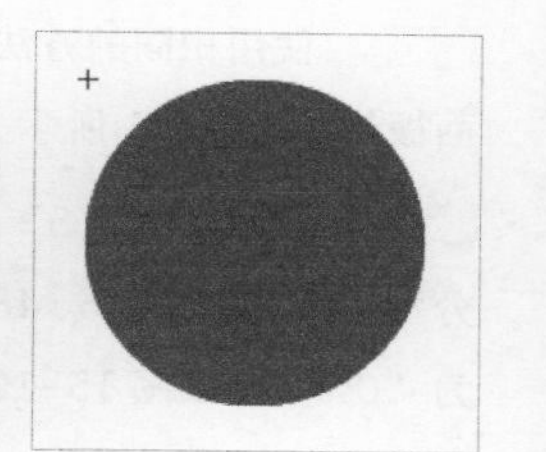

图 15-87 场景效果

Step 07 选择“插入 > 新建元件”命令，弹出“创建新元件”对话框，设置如图 15-88 所示。在“点击”帧按【F6】键插入关键帧，使用“椭圆工具”在舞台中绘制一个正圆形，如图 15-89 所示。

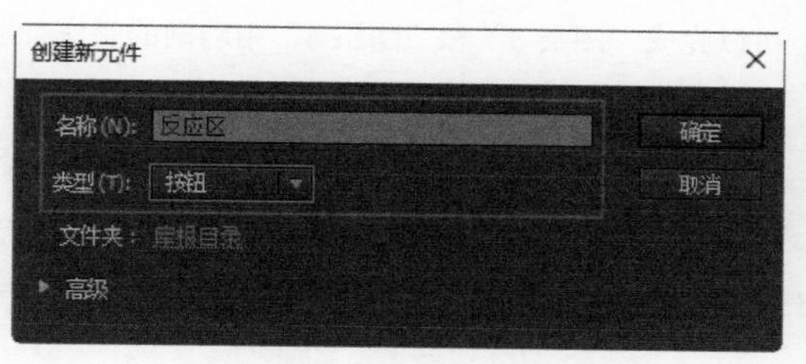

图 15-88 “创建新元件”对话框

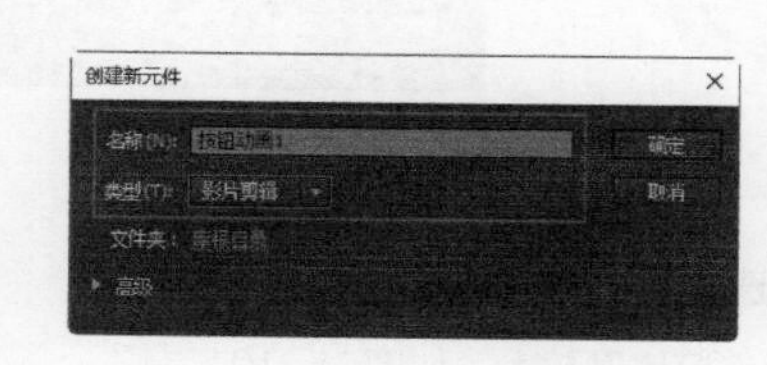

图 15-89 绘制正圆形

Step 08 使用相同的方法，可以制作出其他元件效果，“库”面板如图 15-90 所示。选择“插入 > 新建元件”命令，弹出“创建新元件”对话框，设置如图 15-91 所示。

Step 09 使用“椭圆工具”在舞台中绘制一个白色的正圆形，如图 15-92 所示。选中该图形，按【F8】键，弹出“转换为元件”对话框，设置如图 15-93 所示。

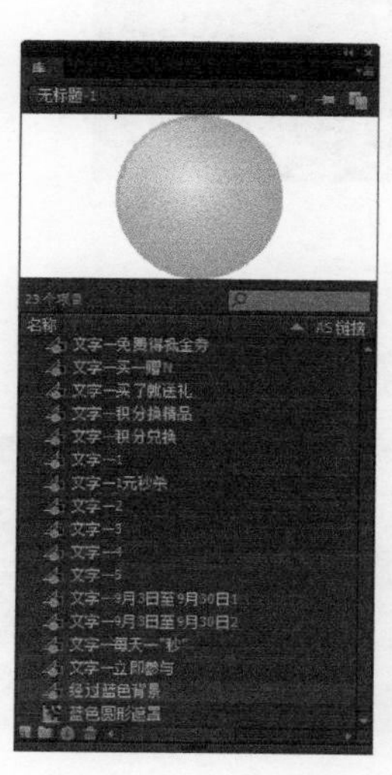

图 15-90 “库”面板

图 15-91 “创建新元件”对话框

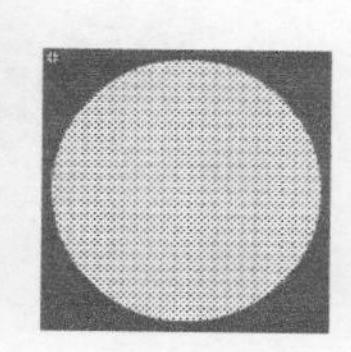

图 15-92 绘制正圆形

图 15-93 “转换为元件”对话框

Step 10 选择该元件，在“属性”面板中为其添加“投影”滤镜，设置如图 15-94 所示，元件效果如图 15-95 所示。

Step 11 分别在第 10 帧、第 48 帧和第 52 帧按【F6】键插入关键帧，选择第 1 帧上的元件，将其等比例缩小，如图 15-96 所示。使用相同的方法，将第 52 帧上的元件等比例缩小，并分别在第 1 帧和第 48 帧创建传统补间动画，“时间轴”面板如图 15-97 所示。

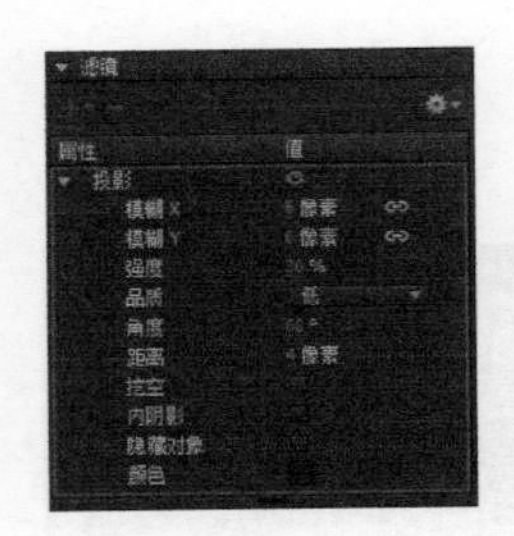

图 15-94 设置“投影”滤镜选项

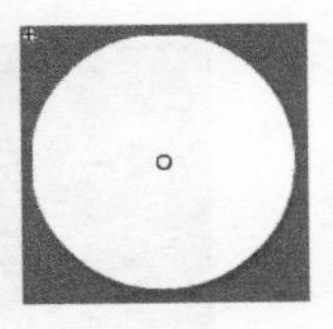
图 15-95 元件效果

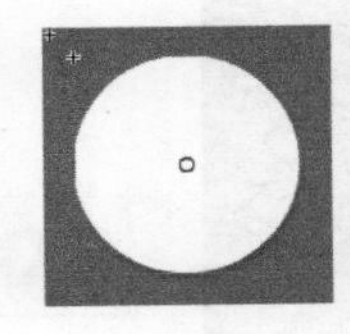
图 15-96 等比例缩小元件

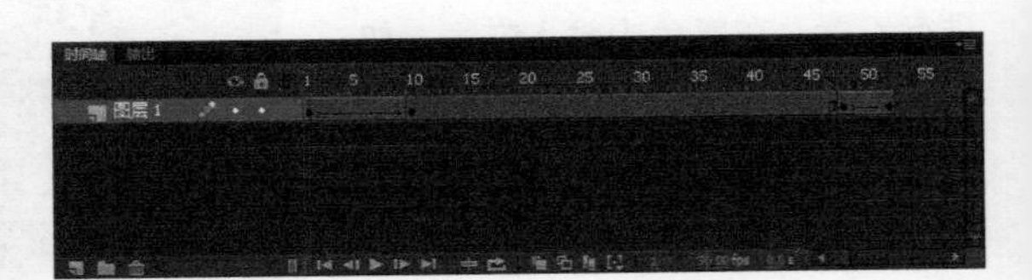

图 15-97 “时间轴”面板

Step 12 新建“图层 2”，将“蓝色圆形遮罩”元件拖动到舞台中并调整到合适的位置和大小，根据“图层 1”的制作方法，可以完成“图层 2”中动画的制作，场景效果如图 15-98 所示，“时间轴”面板如图 15-99 所示。

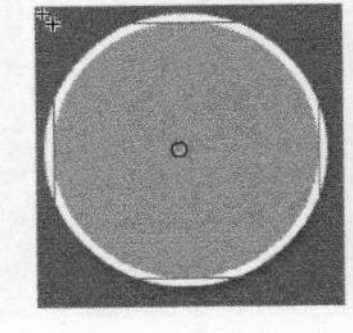
图 15-98 拖入元件

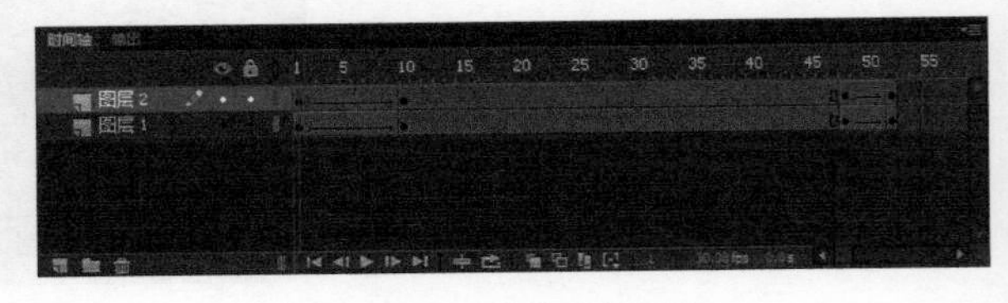

图 15-99 “时间轴”面板

Step 13 使用相同的方法，可以完成“图层 3”和“图层 4”中动画的制作，场景效果如图 15-100 所示，“时间轴”面板如图 15-101 所示。

Step 14 新建“图层 5”，在第 6 帧按【F6】键插入关键帧，将“GO 文字动画”元件拖入舞台，如图 15-102 所示。分别在第 9、11、46、48、52 帧依次按【F6】键插入关键帧，选择第 6 帧上的元件，将其等比例缩小，并设置“Alpha”为“0%”，如图 15-103 所示。

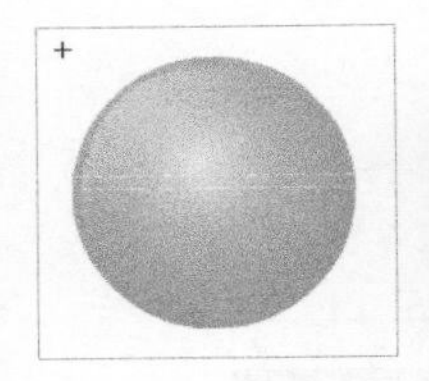
图 15-100 场景效果

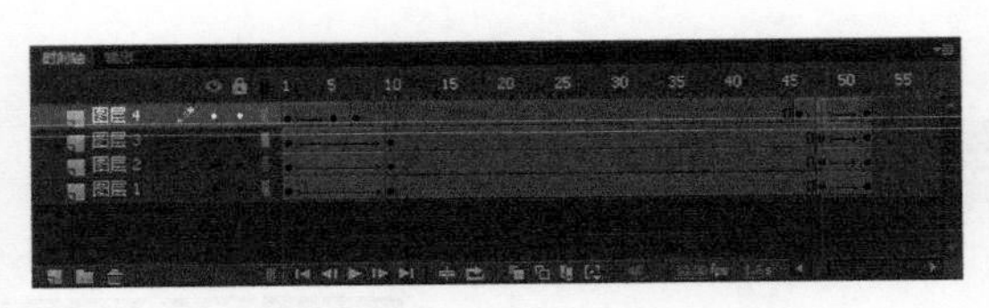

图 15-101 “时间轴”面板

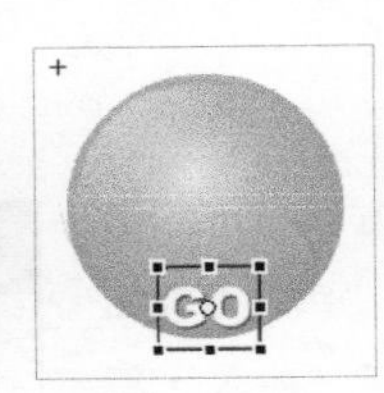

图 15-102 拖入元件

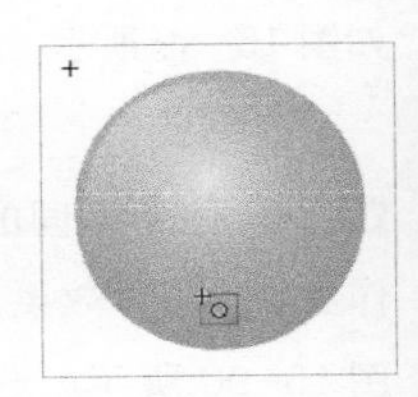
图 15-103 调整元件

Step 15 选择第 9 帧上的元件，将该帧上的元件等比例放大，如图 15-104 所示。选择第 48 帧上的元件，将该帧上的元件等比例放大。选择第 52 帧上的元件，将其等比例缩小并设置“Alpha”为“0%”。分别在第 6、9、46、48 帧创建传统补间动画，“时间轴”面板如图 15-105 所示。

图 15-104 等比例放大元件

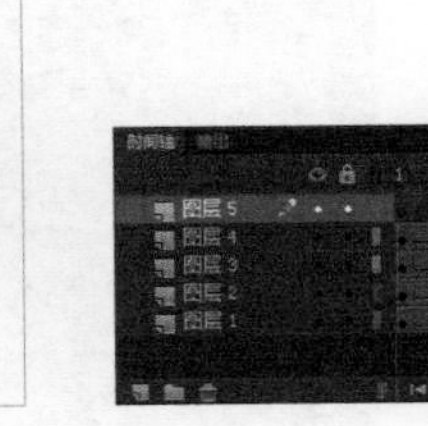
图 15-105 “时间轴”面板

Step 16 新建“图层 6”，将相应的元件拖动到舞台中并分别调整到合适的位置，如图 15-106 所示。在第 48 帧按【F6】键插入关键帧，在第 5 帧按【F7】键插入空白关键帧，“时间轴”面板如图 15-107 所示。

图 15-106 拖入元件

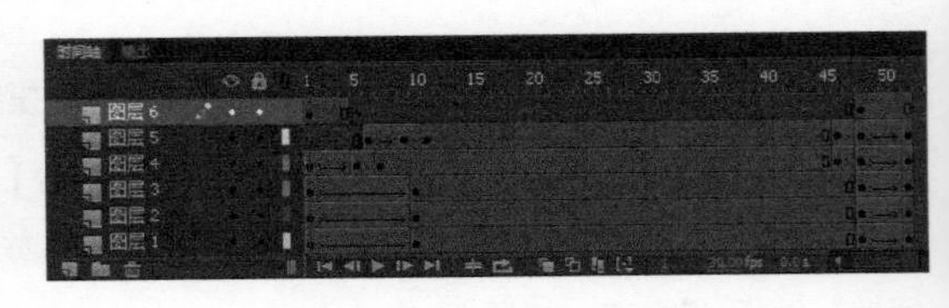

图 15-107 “时间轴”面板

Step 17 新建“图层 7”，在第 5 帧按【F6】键插入关键帧，将相应的元件拖动到舞台中并分别调整到合适的位置，如图 15-108 所示。在第 48 帧按【F7】键插入空白关键帧，“时间轴”面板如图 15-109 所示。

图 15-108 拖入元件

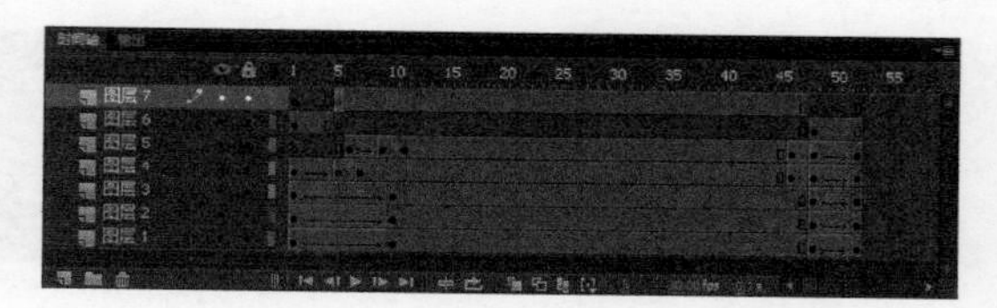
图 15-109 “时间轴”面板

Step 18 新建“图层 8”，将“反应区”元件拖动到舞台中，如图 15-110 所示。选中该元件，在“属性”面板中设置其“实例名称”为“btn1”，如图 15-111 所示。

图 15-110 拖入元件

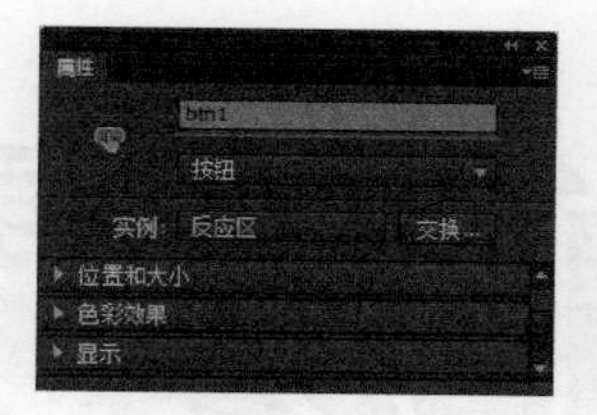

图 15-111 设置“实例名称”

Step 19 新建“图层 9”，打开“动作”面板，添加相应的脚本代码，如图 15-112 所示。在第 45 帧按【F6】键插入关键帧，在“动作”面板中添加相应的脚本代码，如图 15-113 所示。

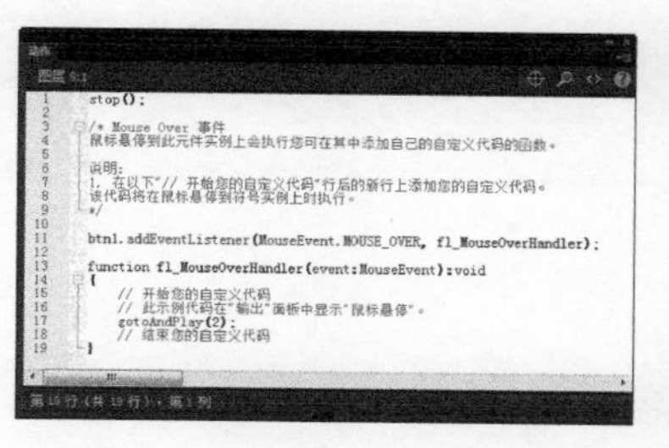
图 15-112 输入 ActionScript 脚本代码

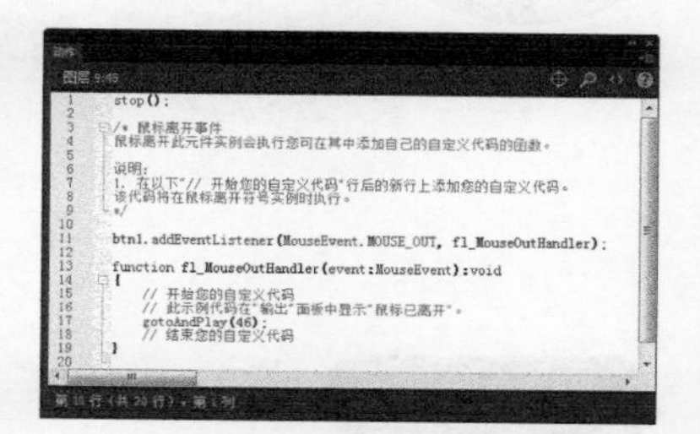
图 15-113 输入 ActionScript 脚本代码

Step 20 使用相同的制作方法，可以制作出其他的影片剪辑元件，如图 15-114 所示。返回“场景 1”编辑状态，导入素材图像“素材文件 \ 第 15 章 \151301.jpg”，如图 15-115 所示。

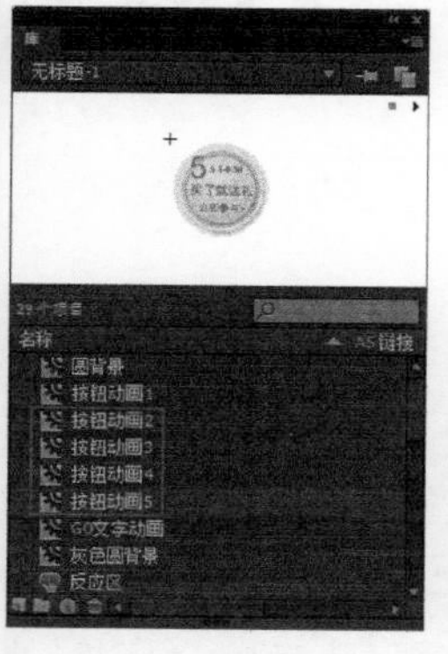

图 15-114 “库”面板

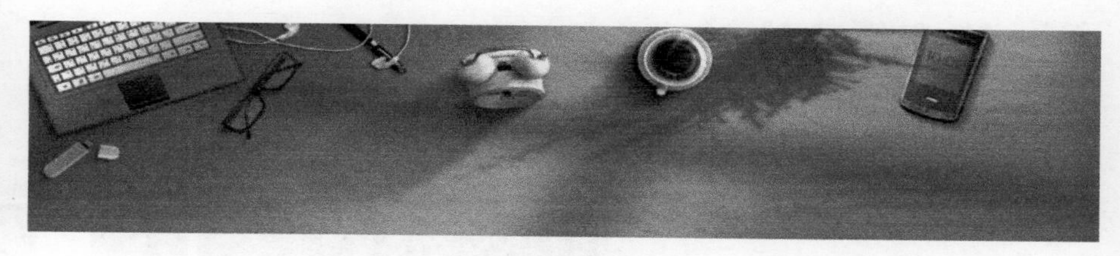
图 15-115 导入素材图像

Step 21 新建“图层 2”，将“按钮动画 1”元件拖动到舞台中，如图 15-116 所示。使用相同的方法，分别将“按钮动画 2”至“按钮动画 5”元件拖入舞台中，如图 15-117 所示。

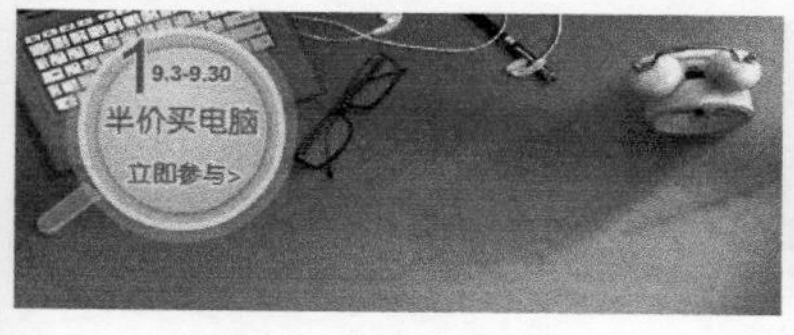

图 15-116 拖入元件

图 15-117 将元件拖入舞台

Step 22 完成按钮动画的制作，按【Ctrl+Enter】组合键，测试动画效果，如图 15-118 所示。

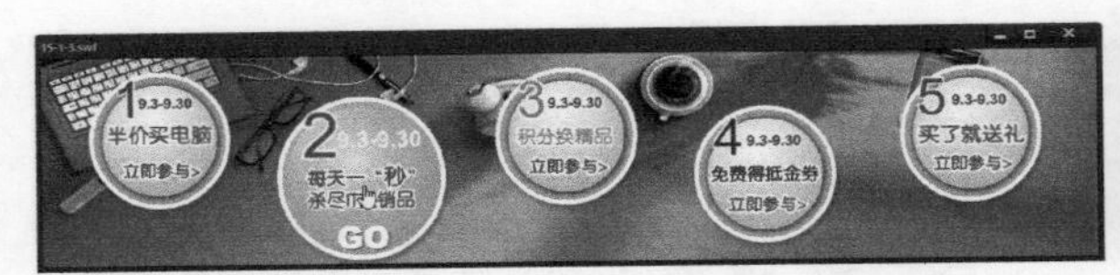

图 15-118 测试动画效果

15.2 导航菜单动画

在任何一个网站页面中，导航菜单是必不可少的组成部分，在网页设计中占有举足轻重的位置。因此，一个网站能否足够吸引浏览者的注意力，以及怎样才能更加方便浏览者在网页上进行操作，关系到导航菜单的效果。接下来，通过几个实例的制作来介绍导航菜单动画的制作技巧。

课堂案例 制作基础导航菜单动画

素材文件	素材文件 \ 第 15 章 \152101.jpg、152102.png ~ 152110.png
案例文件	案例文件 \ 第 15 章 \15-2-1.swf
教学视频	视频教学 \ 第 15 章 \15-2-1.mp4
案例要点	掌握基础导航菜单动画的制作方法

扫码观看视频

Step 01 选择“文件 > 新建”命令，弹出“新建文档”对话框，设置如图 15-119 所示。单击“确定”按钮，新建 Flash 文档。选择“插入 > 新建元件”命令，弹出“创建新元件”对话框，设置如图 15-120 所示。

Step 02 在“点击”帧按【F6】键插入关键帧，使用“矩形工具”在舞台中绘制一个矩形，如图 15-121 所示。选择“插入 > 新建元件”命令，弹出“创建新元件”对话框，设置如图 15-122 所示。

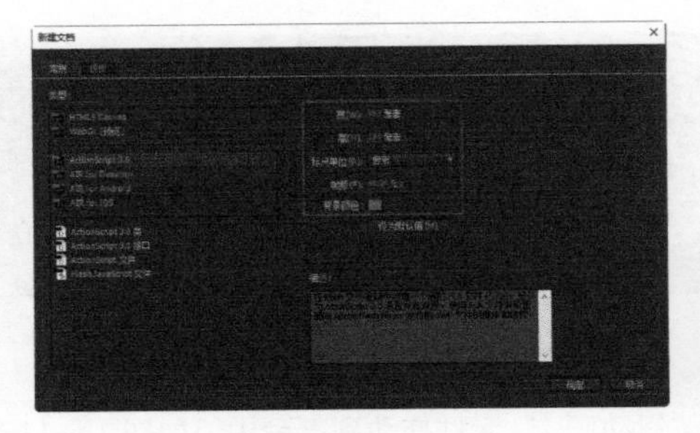

图 15-119 “新建文档”对话框

图 15-120 “创建新元件”对话框

图 15-121 绘制矩形

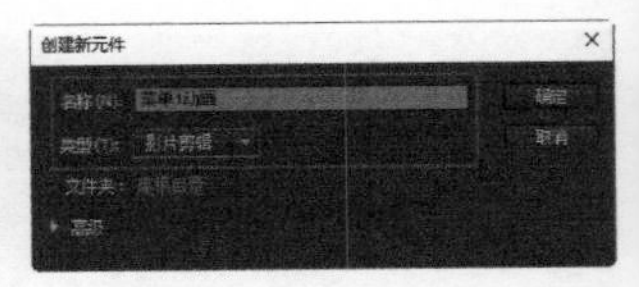

图 15-122 “创建新元件”对话框

Step 03 使用“文本工具”，在舞台中输入文字，如图 15-123 所示。按【Ctrl+B】组合键两次，将文字分离为图形，按【F8】键弹出“转换为元件”对话框，设置如图 15-124 所示。

图 15-123 输入文字

图 15-124 “转换为元件”对话框

Step 04 在第 20 帧按【F6】键插入关键帧，选择该帧上的元件，在“属性”面板中设置其“色调”选项，如图 15-125 所示，元件效果如图 15-126 所示。在第 1 帧创建传统补间动画。

Step 05 新建“图层 2”，将“反应区”元件从“库”面板拖动到舞台中，如图 15-127 所示。选中该元件，在“属性”面板中设置其“实例名称”为“btn1”，如图 15-128 所示。

图 15-125 设置“色调”选项

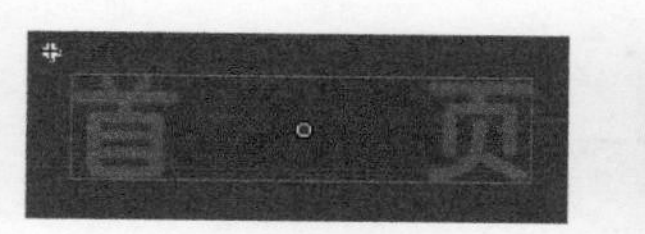

图 15-126 元件效果

图 15-127 拖入元件

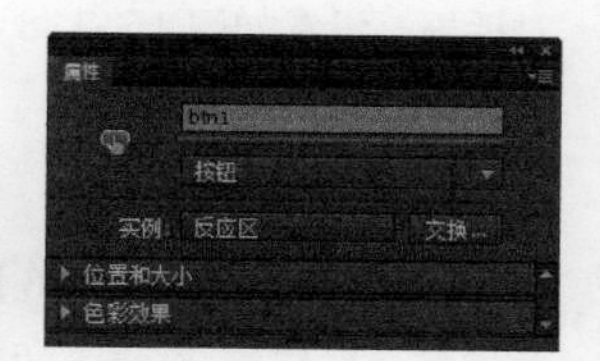

图 15-128 设置“实例名称”

Step 06 新建“图层 3”，打开“动作”面板，输入脚本代码，如图 15-129 所示。在第 20 帧按【F6】键插入关键帧，打开“动作”面板，输入脚本代码“stop();”，如图 15-130 所示。

Step 07 使用相同的制作方法，可以制作出其他相似的元件，如图 15-131 所示。选择“插入 > 新建元件”命令，弹出“创建新元件”对话框，设置如图 15-132 所示。

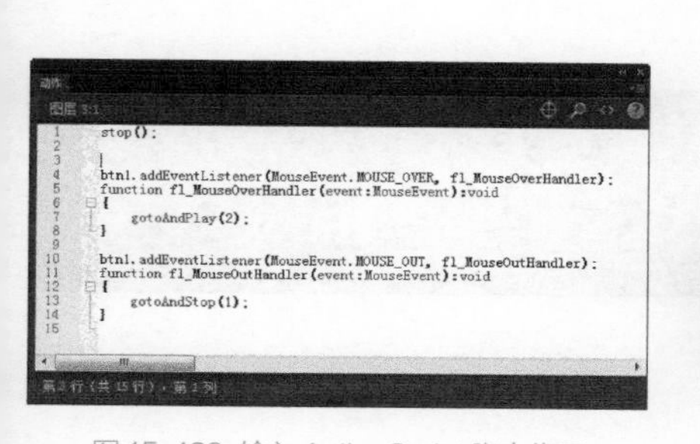

图 15-129 输入 ActionScript 脚本代码

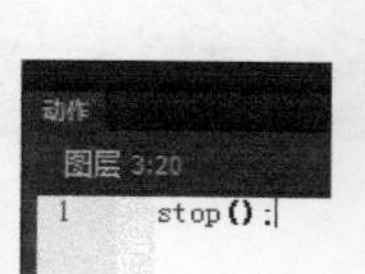

图 15-130 输入 ActionScript 脚本代码

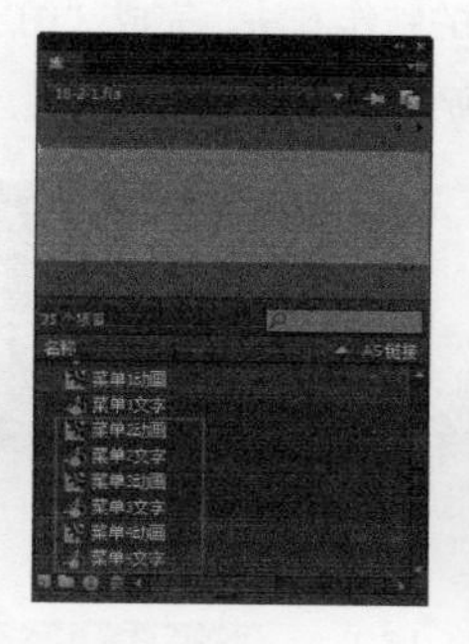

图 15-131 “库”面板

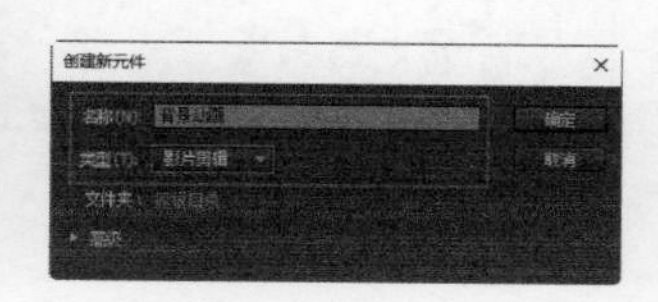

图 15-132 “创建新元件”对话框

Step 08 导入素材图像“素材文件\第 15 章\152101.jpg”，如图 15-133 所示。选中刚导入的图像，按【F8】键弹出“转换为元件”对话框，设置如图 15-134 所示。

图 15-133 导入素材图像

图 15-134 “转换为元件”对话框

Step 09 在第 15 帧按【F6】键插入关键帧，选择第 1 帧上的元件，将该帧上的元件等比例放大，并设置“Alpha”为“0%”，如图 15-135 所示。在第 1 帧创建传统补间动画，在第 249 帧按【F5】键插入帧，“时间轴”面板如图 15-136 所示。

图 15-135 元件效果

图 15-136 “时间轴”面板

Step 10 新建“图层 2”，在第 30 帧按【F6】键插入关键帧，导入素材图像“素材文件\第 15 章\152102.png”，如图 15-137 所示。选中刚导入的图像，按【F8】键弹出“转换为元件”对话框，设置如图 15-138 所示。

图 15-137 导入素材图像

图 15-138 “转换为元件”对话框

Step 11 在第 68 帧按【F6】键插入关键帧，选择第 30 帧上的元件，将其向下移动 20 像素，并设置“Alpha”为“0%”，如图 15-139 所示。在第 30 帧创建传统补间动画，“时间轴”面板如图 15-140 所示。

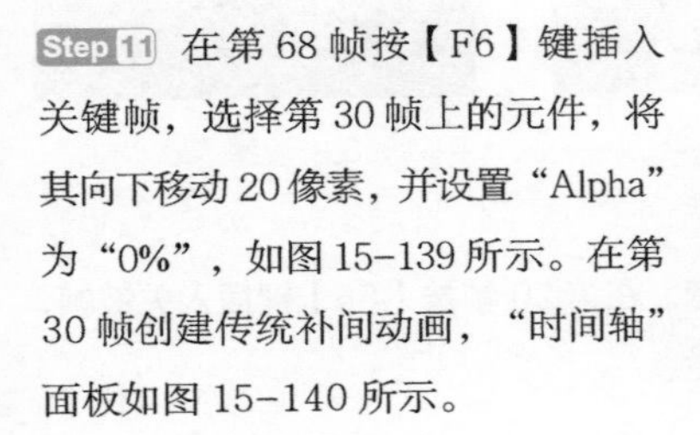

图 15-139 元件效果

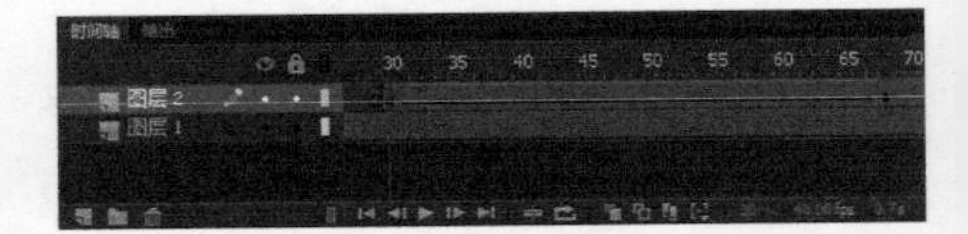

图 15-140 “时间轴”面板

Step 12 根据“图层 2”中动画的制作方法，完成“图层 3”至“图层 8”中动画的制作，场景效果如图 15-141 所示，“时间轴”面板如图 15-142 所示。

图 15-141 场景效果

图 15-142 “时间轴”面板

Step 13 新建“图层 9”，在第 162 帧按【F6】键插入关键帧，将“文字 2”元件从“库”面板拖动到舞台中，在“属性”面板中为其添加“模糊”滤镜，如图 15-143 所示，元件效果如图 15-144 所示。

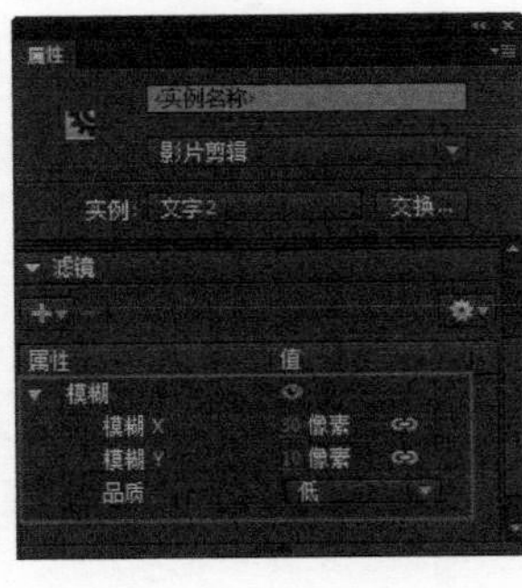

图 15-143 设置“模糊”滤镜

图 15-144 元件效果

Step 14 在第 207 帧按【F6】键插入关键帧，将该帧上的元件向右移动一些，设置该帧上元件的“模糊”值为“0”，效果如图 15-145 所示。在第 162 帧创建传统补间动画，“时间轴”面板如图 15-146 所示。

图 15-145 元件效果

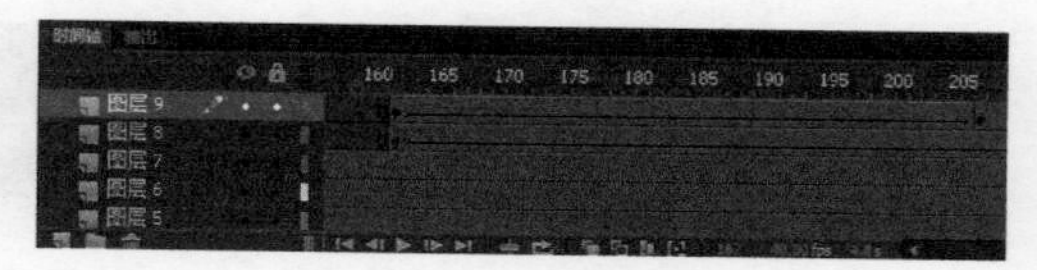
图 15-146 “时间轴”面板

Step 15 使用相同的制作方法，可以制作出“图层 10”中元件的动画效果，场景效果如图 15-147 所示，“时间轴”面板如图 15-148 所示。

图 15-147 场景效果

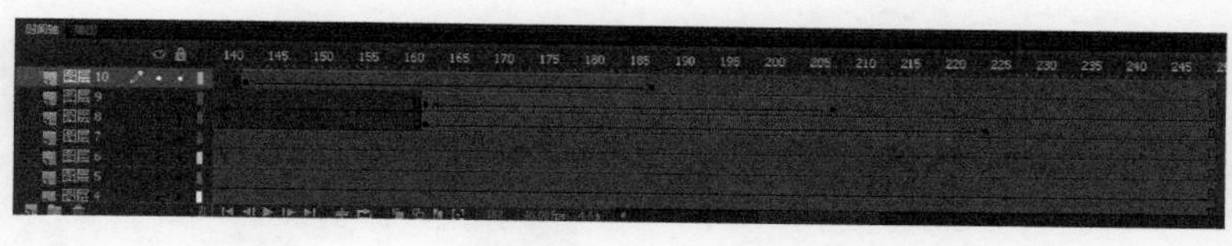
图 15-148 “时间轴”面板

Step 16 新建“图层 11”，在第 249 帧按【F6】键插入关键帧，打开“动作”面板，输入 ActionScript 脚本代码，如图 15-149 所示。返回“场景 1”编辑状态，将“背景动画”元件从“库”面板中拖动到舞台中，并调整到合适的位置，在第 77 帧按【F5】键插入帧，如图 15-150 所示。

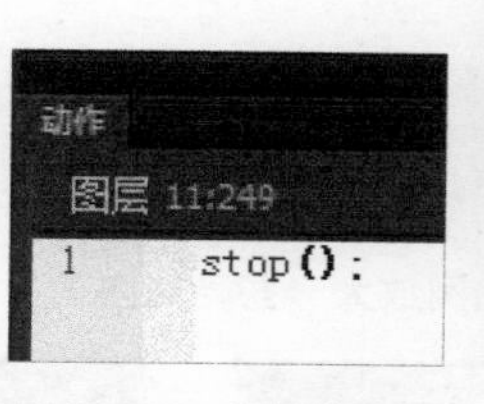

图 15-149 “动作”面板

图 15-150 拖入元件

Step 17 新建“图层 2”，导入素材图像“素材文件\第 15 章\152109.png”，如图 15-151 所示。选中刚导入的素材图像，按【F8】键弹出“转换为元件”对话框，设置如图 15-152 所示。

图 15-151 导入素材图像

图 15-152 “转换为元件”对话框

Step 18 分别在第 8、14、24 帧按【F6】键插入关键帧，将第 1 帧上的元件等比例缩小，设置“Alpha”为“0%”，并进行相应的旋转操作，如图 15-153 所示。选择第 8 帧上的元件，将该帧上的元件等比例缩小，设置其“样式”为“无”，并进行相应的旋转操作，如图 15-154 所示。

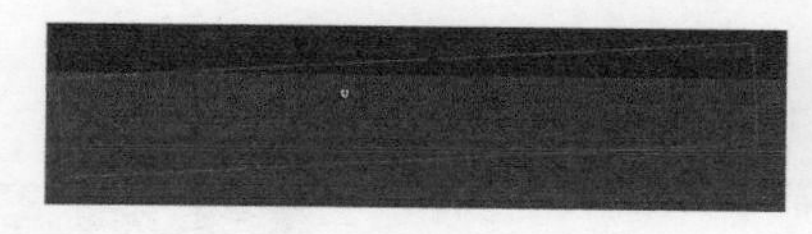
图 15-153 元件效果

图 15-154 元件效果

Step 19 选择第 14 帧上的元件，将该帧上的元件等比例缩小，设置其"样式"为"无"，并进行相应的旋转操作，如图 15-155 所示。分别在第 1、8、14 帧创建传统补间动画，"时间轴"面板如图 15-156 所示。

图 15-155 元件效果

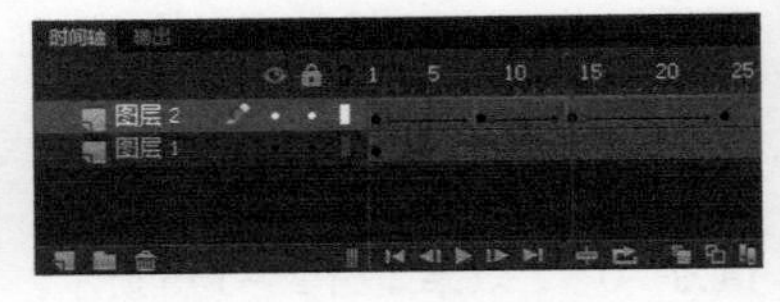

图 15-156 "时间轴"面板

Step 20 使用相同的制作方法，可以完成"图层 3"上动画效果的制作，场景效果如图 15-157 所示，"时间轴"面板如图 15-158 所示。

图 15-157 场景效果

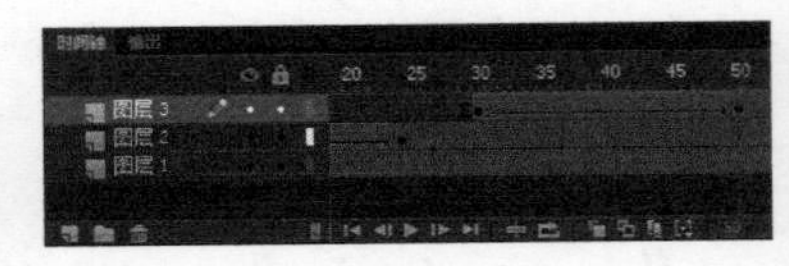

图 15-158 "时间轴"面板

Step 21 新建"图层 4"，在第 55 帧按【F6】键插曳关键帧，将"菜单 1 动画"元件拖入舞台中，如图 15-159 所示。分别在第 59、63、67 帧按【F6】键插入关键帧，选择第 55 帧上的元件，将该帧上的元件等比例缩小，并设置"Alpha"为"0%"，如图 15-160 所示。

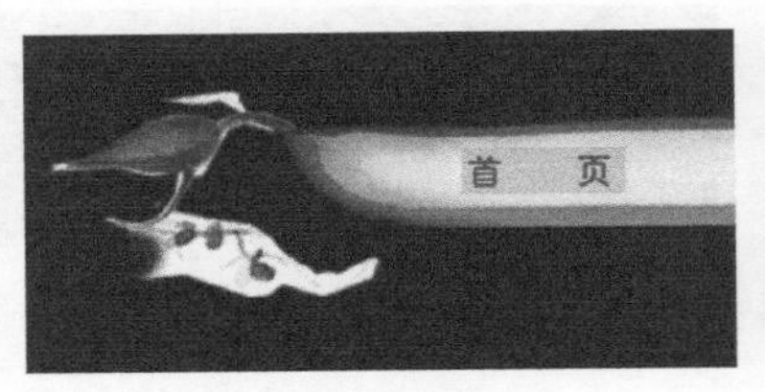

图 15-159 拖入元件

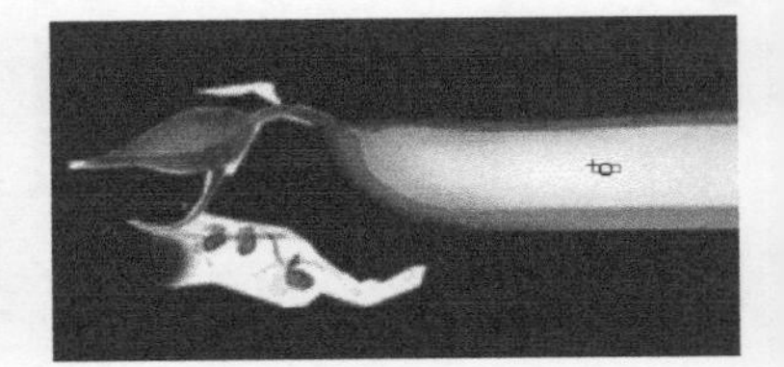

图 15-160 元件效果

Step 22 选择第 59 帧上的元件，将该帧上的元件等比例放大一些，如图 15-161 所示。选择第 67 帧上的元件，将该帧上的元件等比例缩小一些。分别在第 55、59、63 帧创建传统补间动画，"时间轴"面板如图 15-162 所示。

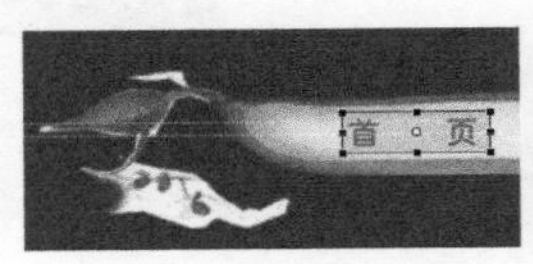

图 15-161 等比例缩放元件

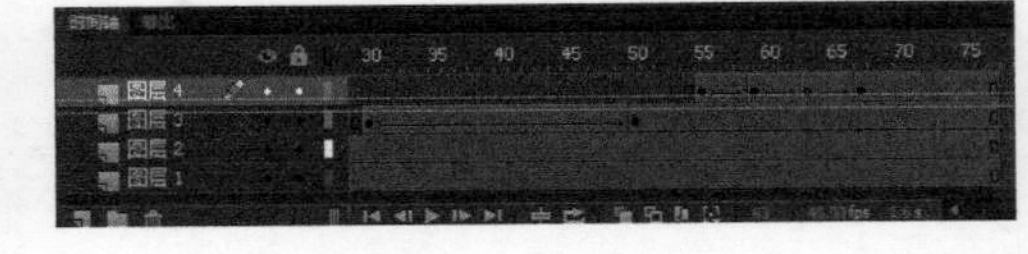

图 15-162 "时间轴"面板

Step 23 使用相同的方法，可以完成"图层 5"至"图层 7"中动画效果的制作，场景效果如图 15-163 所示，"时间轴"面板如图 15-164 所示。

图 15-163 场景效果

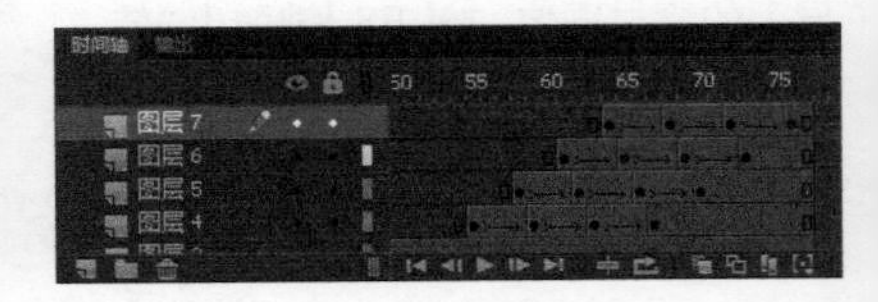

图 15-164 "时间轴"面板

Step 24 新建"图层 8"，在第 77 帧按【F6】键插入关键帧，打开"动作 - 帧"面板，输入脚本代码"stop();"，如图 15-165 所示。在"属性"面板中修改舞台背景颜色为白色，如图 15-166 所示。

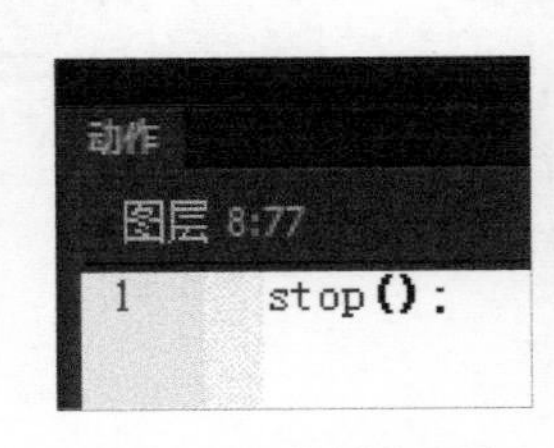

图 15-165 "动作"面板

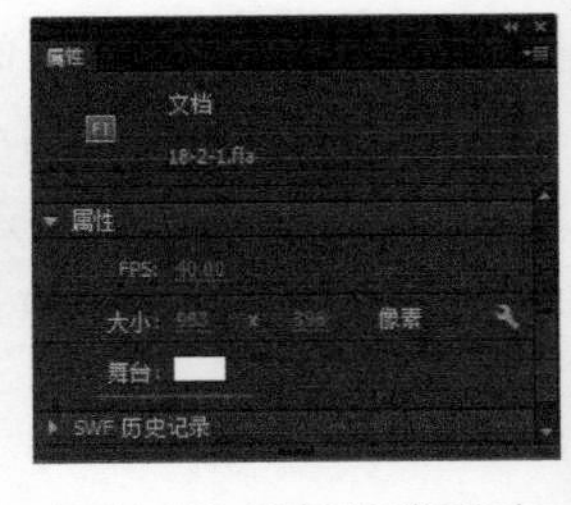

图 15-166 修改舞台背景颜色

Step 25 完成该导航菜单动画的制作，按【Ctrl+Enter】组合键，测试动画效果，如图 15-167 所示。

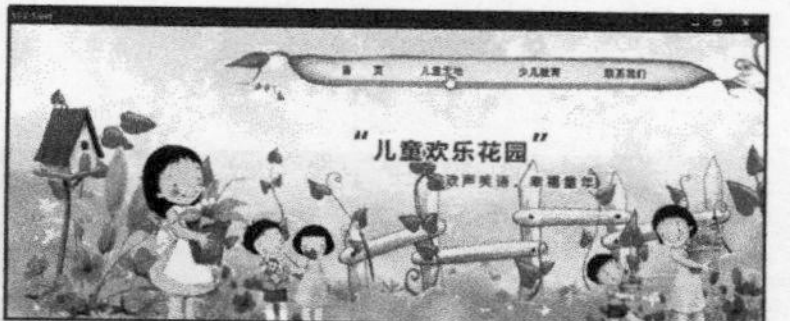

图 15-167 测试动画效果

课堂案例 制作企业网站导航菜单动画

素材文件	素材文件 \ 第 15 章 \152201.jpg、152202.png ~ 152226.png	扫码观看视频
案例文件	案例文件 \ 第 15 章 \15-2-2.swf	
教学视频	视频教学 \ 第 15 章 \15-2-2.mp4	
案例要点	使用 ActionScript 脚本控制菜单元素的位置	

Step 01 选择"文件 > 新建"命令，弹出"新建文档"对话框，设置如图 15-168 所示。单击"确定"按钮，新建 Flash 文档。选择"插入 > 新建元件"命令，弹出"创建新元件"对话框，设置如图 15-169 所示。

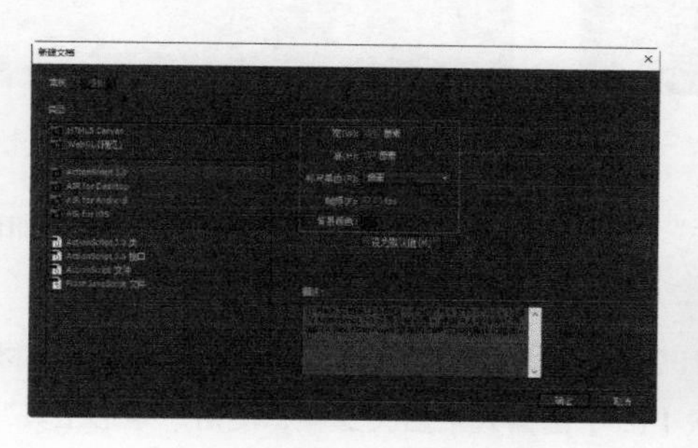

图 15-168 "新建文档"对话框

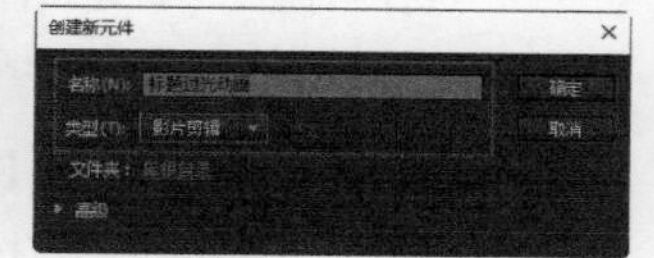

图 15-169 "创建新元件"对话框

Step 02 使用"文本工具"，在"属性"面板中设置相应的文字属性，在舞台中输入文字，如图 15-170 所示。选中刚输入的文字，按【F8】键弹出"转换为元件"对话框，设置如图 15-171 所示。

图 15-170 输入文字

图 15-171 "转换为元件"对话框

Step 03 在第 95 帧按【F5】键插入帧。新建"图层 2"，导入素材图像"素材文件 \ 第 15 章 \152225.png"，如图 15-172 所示。选中刚导入的素材图像，按【F8】键弹出"转换为元件"对话框，设置如图 15-173 所示。

Step 04 在第 60 帧按【F6】键插入关键帧，将该帧上的元件向右移动，如图 15-174 所示。在第 1 帧创建传统补间动画，"时间轴"面板如图 15-175 所示。

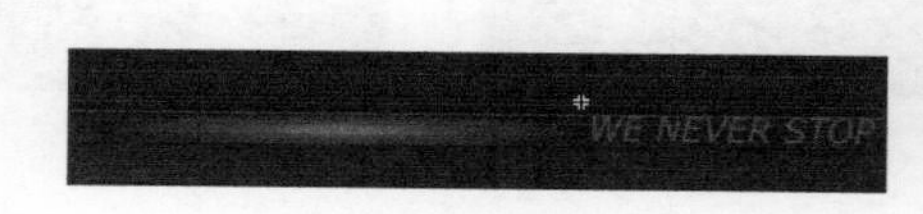

图 15-172 导入素材图像

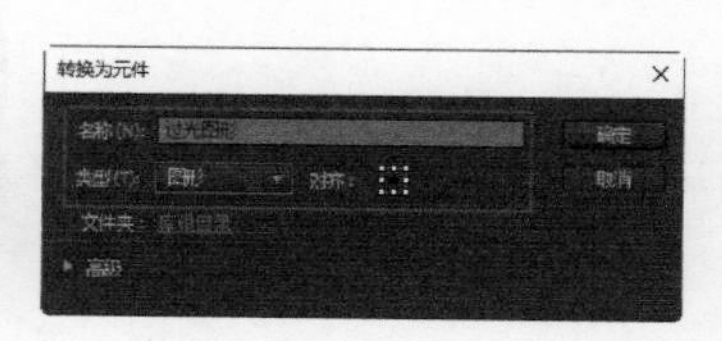

图 15-173 "转换为元件"对话框

图 15-174 向右移动元件

图 15-175 “时间轴”面板

Step 05 新建“图层 3”，将“标题文字”元件从“库”面板中拖动到舞台中，如图 15-176 所示。将“图层 3”设置为遮罩层，创建遮罩动画，“时间轴”面板如图 15-177 所示。

图 15-176 拖入元件

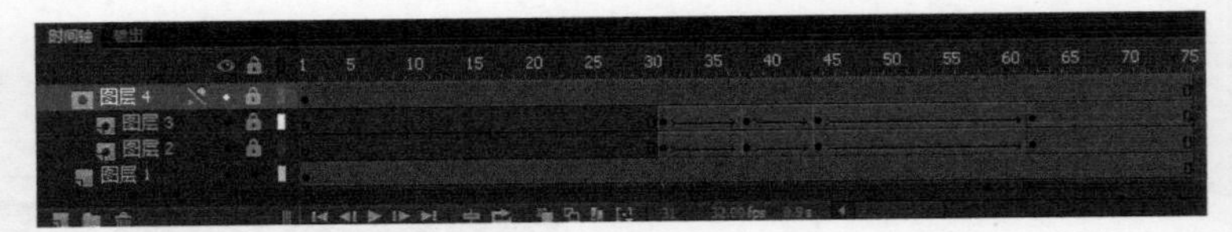

图 15-177 “时间轴”面板

Step 06 使用相同的制作方法，可以制作“标志过光动画”影片剪辑元件，场景效果如图 15-178 所示，“时间轴”面板如图 15-179 所示。

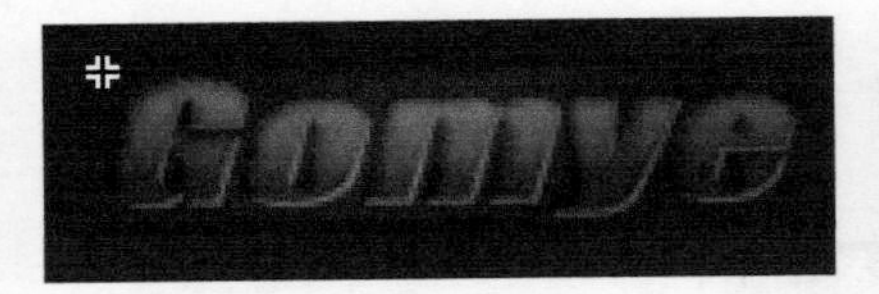

图 15-178 场景效果

图 15-179 “时间轴”面板

Step 07 选择“插入 > 新建元件”命令，弹出“创建新元件”对话框，设置如图 15-180 所示。导入素材图像“素材文件 \ 第 15 章 \152203.png”，将其与舞台居中对齐，如图 15-181 所示。

Step 08 在“指针经过”帧按【F7】键插入空白关键帧，导入素材图像“素材文件 \ 第 15 章 \152204.png”，如图 15-182 所示。在“点击”帧按【F7】键插入空白关键帧，使用“矩形工具”，在舞台中绘制一个矩形，如图 15-183 所示，“时间轴”面板如图 15-184 所示。

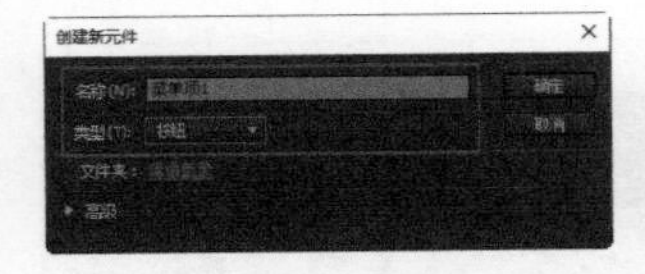

图 15-180 “创建新元件”对话框

图 15-181 导入素材图像

图 15-182 导入素材图像

图 15-183 绘制矩形

图 15-184 “时间轴”面板

Step 09 使用相同的制作方法，可以制作其他类似的按钮元件，如图 15-185 所示。选择“插入 > 新建元件”命令，弹出“创建新元件”对话框，设置如图 15-186 所示。

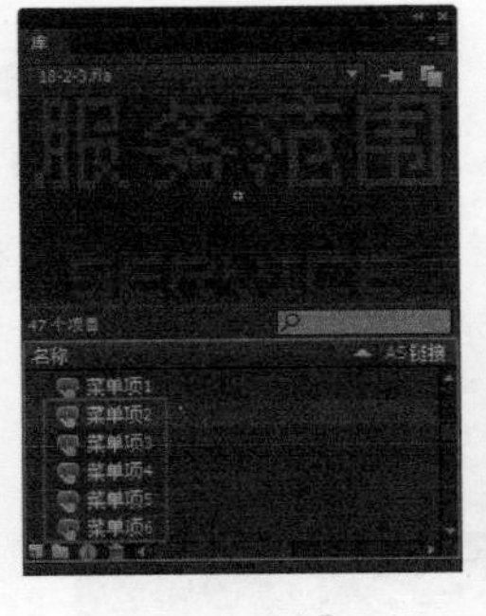

图 15-185 “库”面板

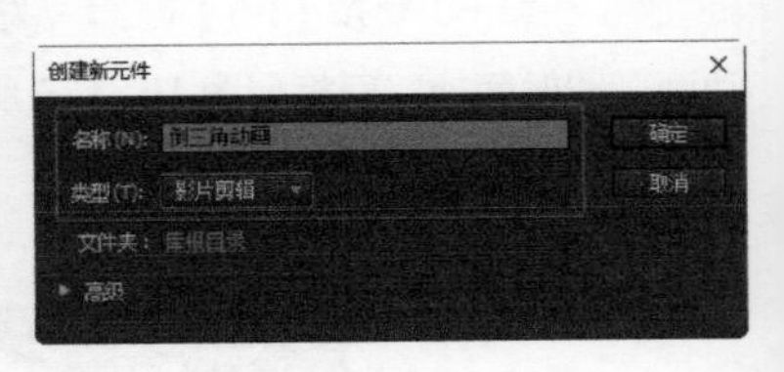

图 15-186 “创建新元件”对话框

Step 10 导入素材图像“素材文件 \ 第 15 章 \152216.png”，如图 15-187 所示。选中刚导入的素材图像，按【F8】键弹出“转换为元件”对话框，设置如图 15-188 所示。

Step 11 分别在第 20 帧和第 40 帧按【F6】键插入关键帧，选择第 20 帧上的元件，将其向下移动，并为其添加“发光”和“调整颜色”滤镜，如图 15-189 所示，元件效果如图 15-190 所示。分别在第 1 帧和第 20 帧创建传统补间动画。

图 15-187 导入素材图像

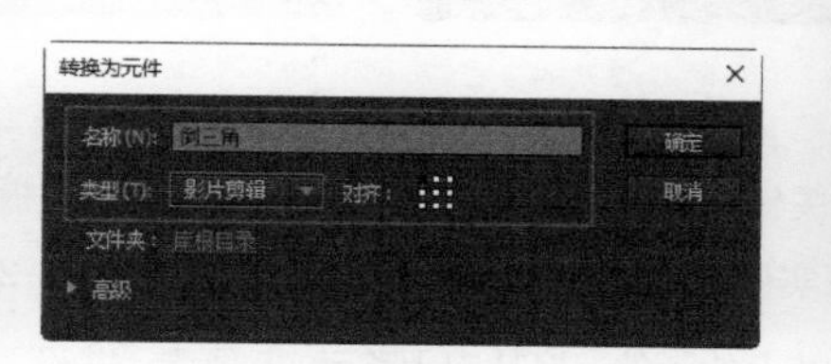

图 15-188 “转换为元件”对话框

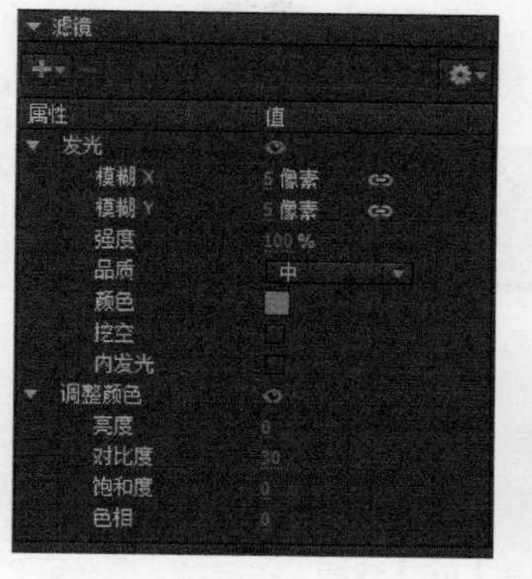

图 15-189 添加滤镜并设置

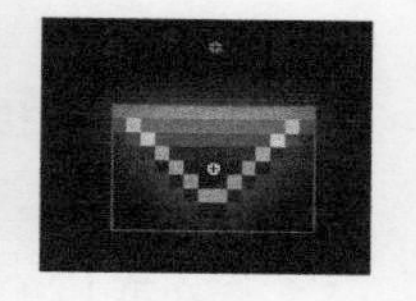

图 15-190 元件效果

Step 12 选择“插入 > 新建元件”命令，弹出“创建新元件”对话框，设置如图 15-191 所示。使用“椭圆工具”，在舞台中绘制一个白色的椭圆形，如图 15-192 所示。

Step 13 选中刚绘制的椭圆形，按【F8】键弹出“转换为元件”对话框，设置如图 15-193 所示。在“属性”面板中设置“Alpha”为“0%”，“混合”为“叠加”，并为其添加“模糊”滤镜，如图 15-194 所示。

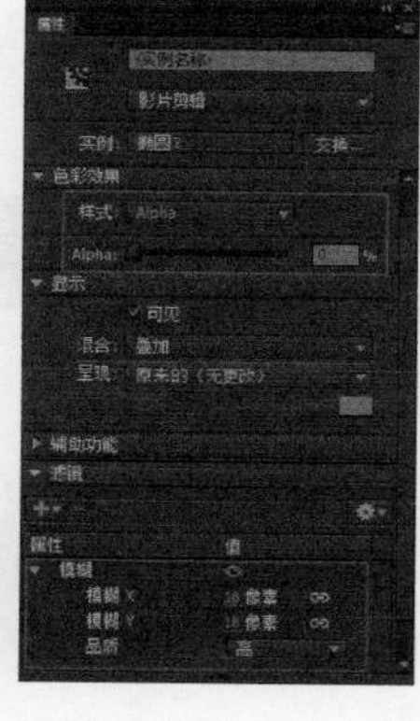

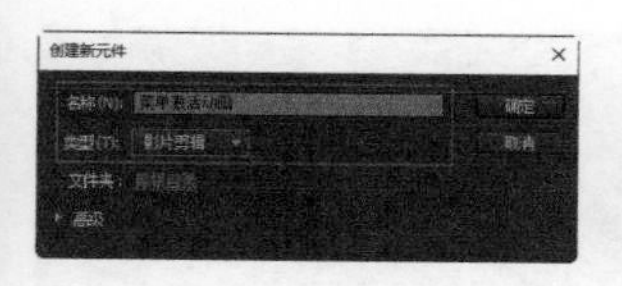

图 15-191 “创建新元件”对话框

图 15-192 绘制椭圆形

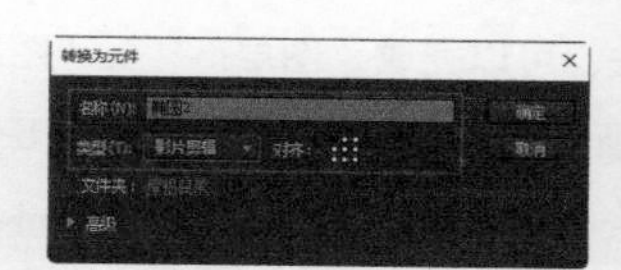

图 15-193 “转换为元件”对话框

图 15-194 设置“属性”面板

Step 14 分别在第 20 帧和第 40 帧按【F6】键插入关键帧，选择第 20 帧上的元件，设置该帧上元件的“样式”为“无”，并将其放大，如图 15-195 所示。分别在第 1 帧和第 20 帧创建传统补间动画，如图 15-196 所示。

Step 15 新建“图层 2”，导入素材图像“素材文件 \ 第 15 章 \152215.png”，如图 15-197 所示。新建“图层 3”，将“倒三角动画”元件从“库”面板中拖动到舞台中，如图 15-198 所示。

图 15-195 元件效果

图 15-196 “时间轴”面板

图 15-197 导入素材图像

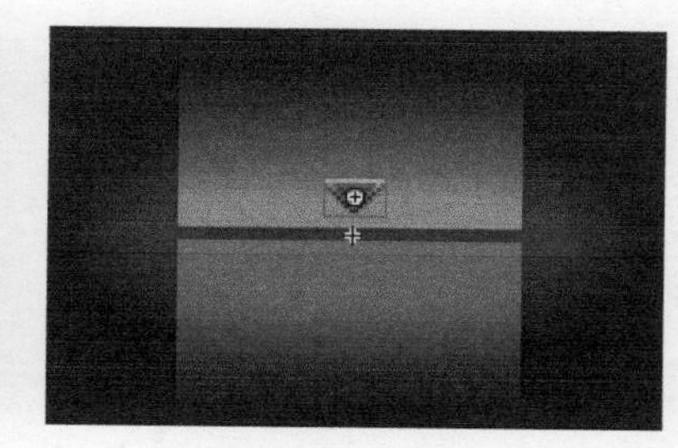

图 15-198 拖入元件

Step 16 选择“插入 > 新建元件”命令，弹出“创建新元件”对话框，设置如图 15-199 所示。将“菜单项 1”元件从“库”面板中拖动到舞台中，如图 15-200 所示。在第 27 帧按【F5】键插入帧。

Step 17 选中刚拖入的元件，在“属性”面板中设置“实例名称”为“btn_01_btn”，如图 15-201 所示。在第 12 帧按【F6】键插入关键帧，选择第 1 帧上的元件，将其向下移动 35 像素，并设置“Alpha”为“0%”，在第 1 帧创建传统补间动画，“时间轴”面板如图 15-202 所示。

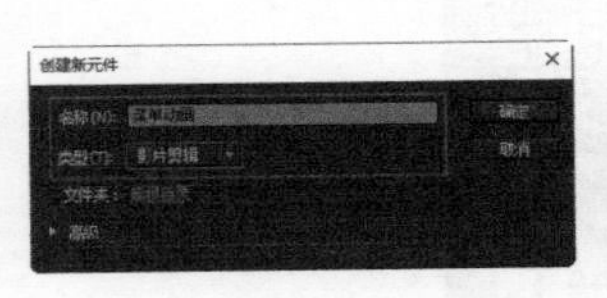
图 15-199 “创建新元件”对话框

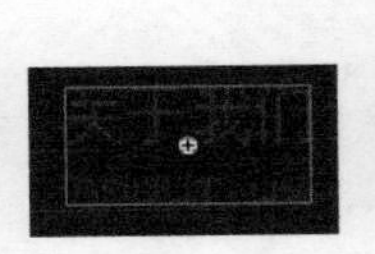
图 15-200 拖入元件

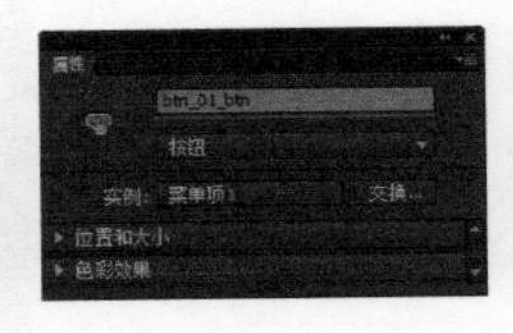

图 15-201 设置“实例名称”

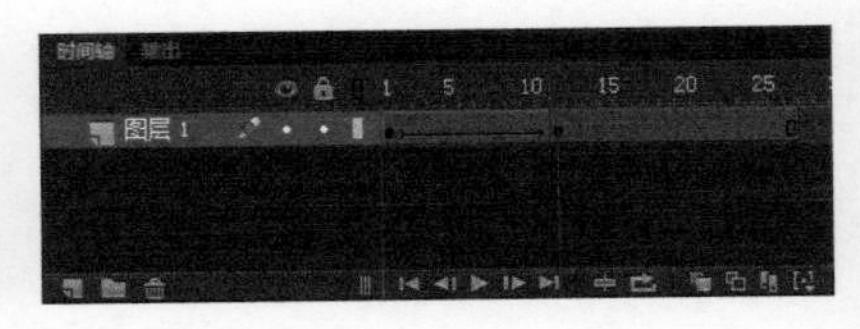

图 15-202 “时间轴”面板

Step 18 新建“图层 2”，在第 3 帧按【F6】键插入关键帧，将“菜单项 2”元件从“库”面板中拖动到舞台中，如图 15-203 所示。在“属性”面板中设置该元件的“实例名称”为“btn_02_btn”，如图 15-204 所示。

Step 19 在第 14 帧按【F6】键插入关键帧，选择第 3 帧上的元件，将其向上移动 35 像素，并设置“Alpha”为“0%”，如图 15-205 所示。在第 3 帧创建传统补间动画，“时间轴”面板如图 15-206 所示。

图 15-203 拖入元件

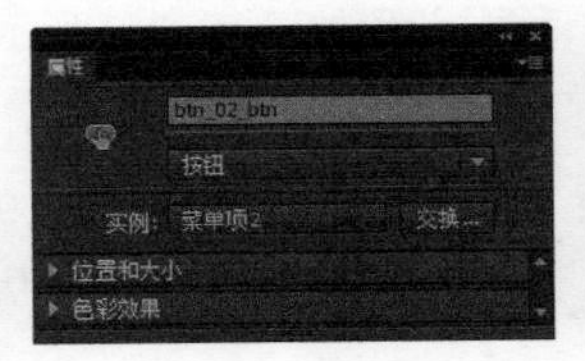

图 15-204 设置“实例名称”

图 15-205 设置 Alpha 值

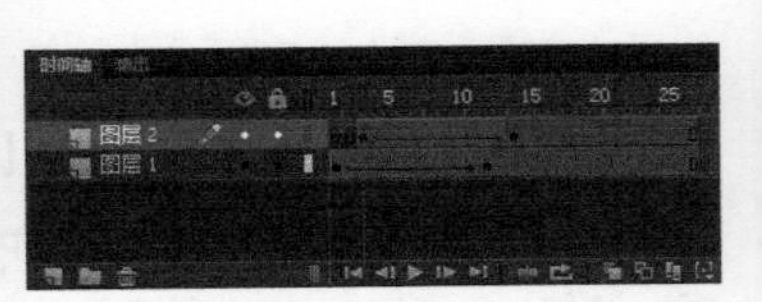

图 15-206 “时间轴”面板

Step 20 使用相同的方法，可以完成“图层 3”至“图层 6”的动画的制作，场景效果如图 15-207 所示，“时间轴”面板如图 15-208 所示。

图 15-207 场景效果

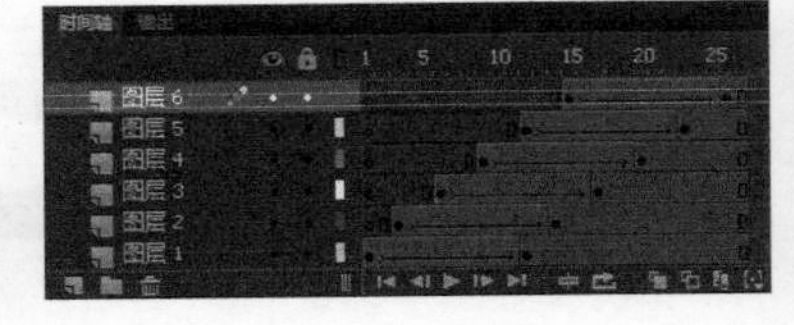
图 15-208 “时间轴”面板

Step 21 新建“图层 7”，使用“矩形工具”在舞台中绘制一个矩形，如图 15-209 所示。设置“图层 7”为遮罩层，将“图层 1”至“图层 6”都设置为被遮罩层，如图 15-210 所示。

图 15-209 绘制矩形

图 15-210 “时间轴”面板

Step 22 新建“图层 8”，在第 27 帧按【F6】键插入关键帧，将“菜单激活动画”元件从“库”面板中拖动到舞台中，如图 15-211 所示。在“属性”面板中设置该元件的“实例名称”为“bulleye_mc”，如图 15-212 所示。

图 15-211 拖入元件

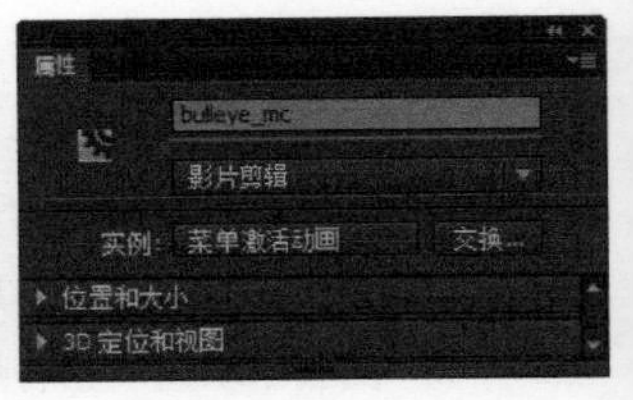

图 15-212 设置“实例名称”

Step 23 将“图层 8”调整至“图层 1”下方，在“图层 7”上方新建“图层 9”，在第 27 帧按【F6】键插入关键帧，打开“动作”面板，输入脚本代码，如图 15-213 所示，“时间轴”面板如图 15-214 所示。

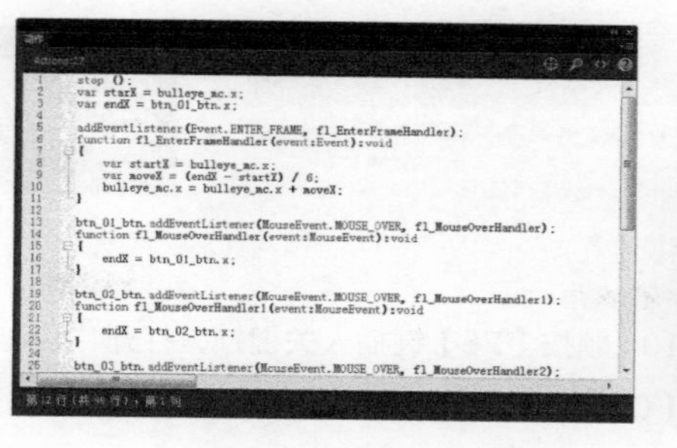

图 15-213 输入 ActionScript 脚本

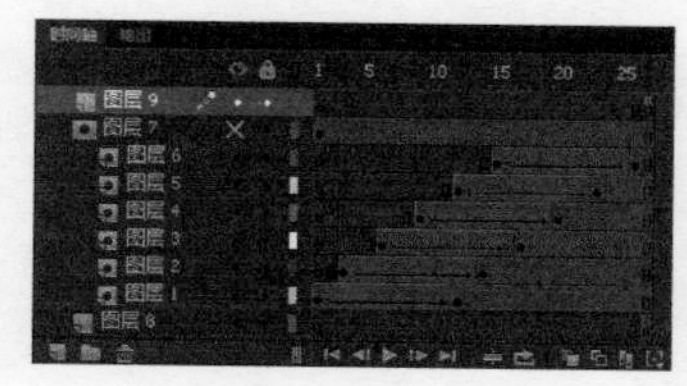

图 15-214 “时间轴”面板

Step 24 返回“场景 1”编辑状态，导入素材图像“素材文件\第 15 章\152201.jpg”，在第 100 帧按【F5】键插入帧，如图 15-215 所示。新建“图层 2”，将“标志过光动画”元件从“库”面板中拖动到舞台中，如图 15-216 所示。

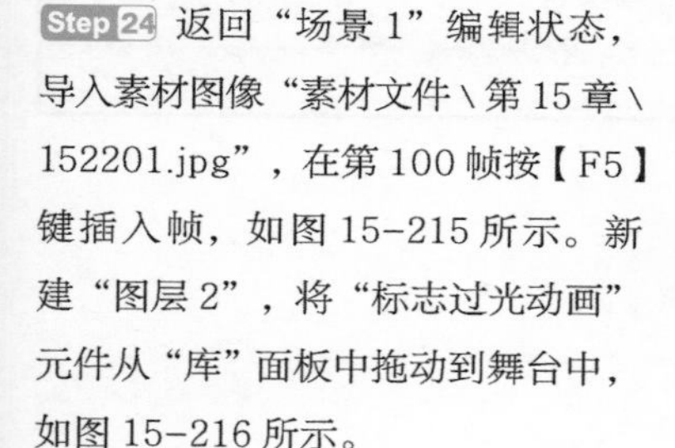

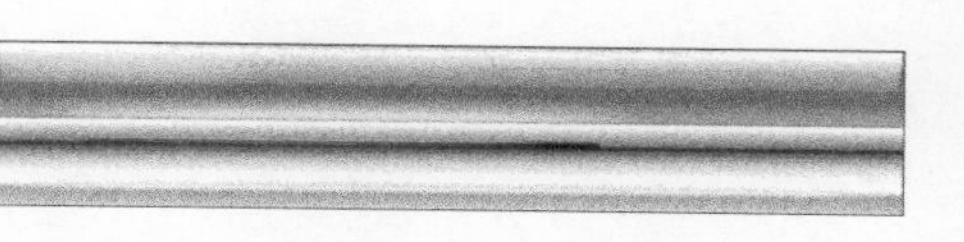

图 15-215 导入素材图像

图 15-216 拖入元件

Step 25 在第 30 帧按【F6】键插入关键帧，选择第 1 帧上的元件，设置“Alpha”为“0%”，如图 15-217 所示。在第 1 帧创建传统补间动画，“时间轴”面板如图 15-218 所示。

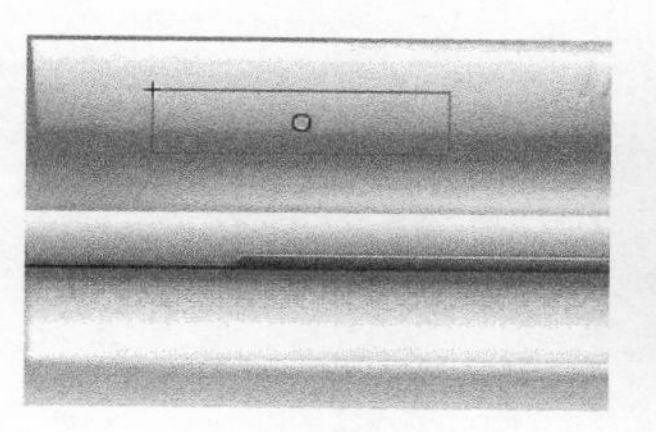

图 15-217 元件效果

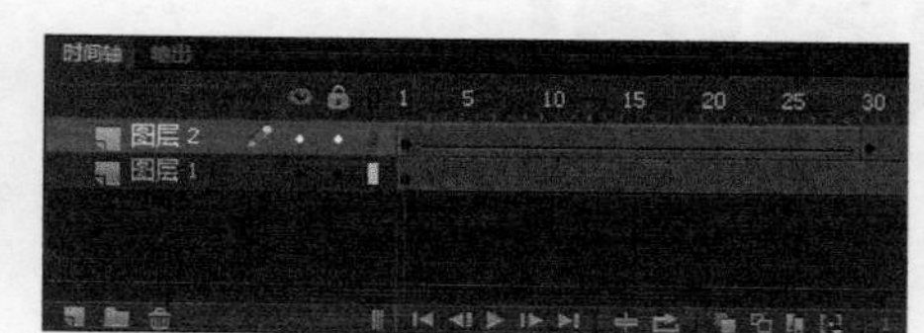

图 15-218 “时间轴”面板

Step 26 新建“图层 3”，将“菜单动画”元件从“库”面板中拖动到舞台中，如图 15-219 所示。新建“图层 4”，在第 33 帧按【F6】键插入关键帧，将“标题过光动画”元件从“库”面板中拖动到舞台中，如图 15-220 所示。

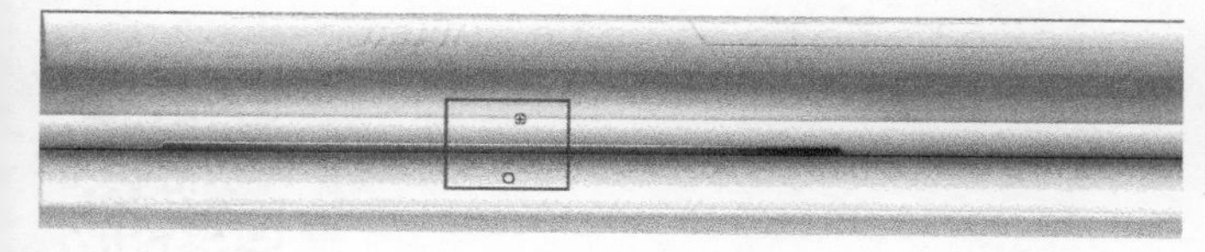

图 15-219 拖入元件

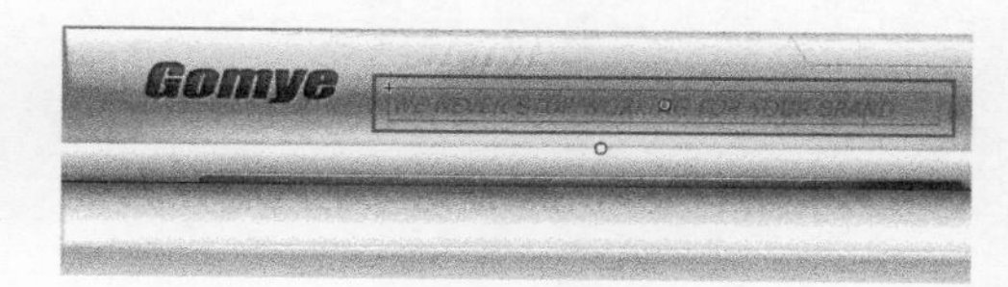

图 15-220 拖入元件

Step 27 在第 83 帧按【F6】键插入关键帧，并将该帧上的元件向右移动，如图 15-221 所示。选择第 33 帧上的元件，设置“Alpha”为“30%”，在第 33 帧创建传统补间动画，“时间轴”面板如图 15-222 所示。

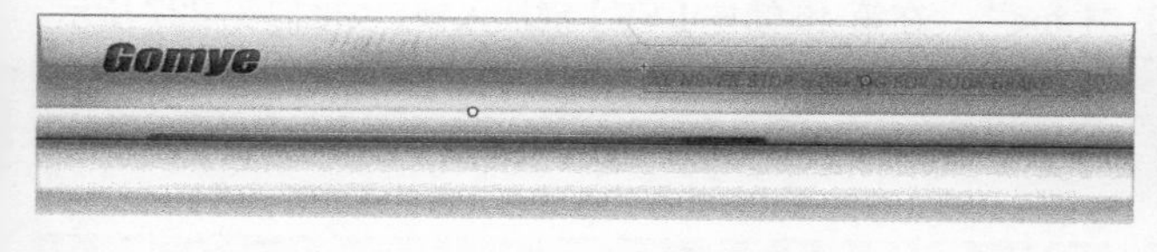

图 15-221 移动元件

图 15-222 “时间轴”面板

Step 28 使用相同的制作方法，可以完成“图层 5”至“图层 9”的动画效果的制作，场景效果如图 15-223 所示，“时间轴”面板如图 15-224 所示。

图 15-223 场景效果

图 15-224 “时间轴”面板

Step 29 新建“图层 10”，在第 100 帧按【F6】键插入关键帧，打开“动作”面板，输入脚本代码“stop();”。完成企业导航菜单动画的制作，按【Ctrl+Enter】组合键，测试动画效果，如图 15-225 所示。

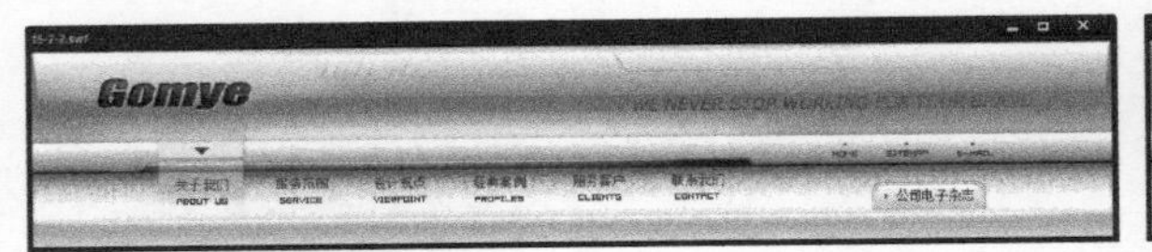

图 15-225 测试动画效果

15.3 宣传广告动画

宣传广告有多种表现手法，可以是静态的海报，也可以是动画效果。相比静态的海报来说，动态的效果更能够吸引浏览者的注意力，从而扩大宣传效应。本节讲解宣传广告动画的制作方法。

课堂案例 制作游戏宣传广告动画

素材文件	素材文件 \ 第 15 章 \153101.jpg、153102.png ~ 153119.png
案例文件	案例文件 \ 第 15 章 \15-3-1.swf
教学视频	视频教学 \ 第 15 章 \15-3-1.mp4
案例要点	掌握不同类型动画的综合运用

扫码观看视频

Step 01 选择“文件 > 新建”命令，弹出“新建文档”对话框，设置如图 15-226 所示。单击“确定”按钮，新建 Flash 文档。导入素材图像“素材文件 \ 第 15 章 \153101.jpg”，在第 46 帧按【F5】键插入帧，如图 15-227 所示。

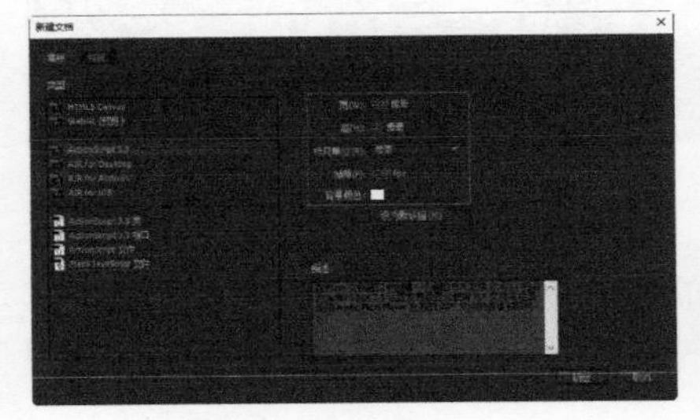

图 15-226 “新建文档”对话框

图 15-227 导入素材图像

Step 02 选择“插入 > 新建元件”命令，弹出“创建新元件”对话框，设置如图 15-228 所示。导入素材图像“素材文件 \ 第 15 章 \153102.png”，如图 15-229 所示。

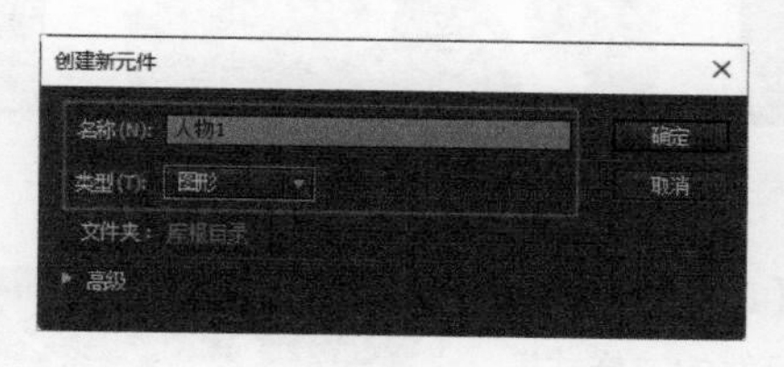

图 15-228 “创建新元件”对话框

图 15-229 导入素材图像

Step 03 选择“插入 > 新建元件”命令，弹出“创建新元件”对话框，设置如图 15-230 所示。使用“矩形工具”，在“颜色”面板中设置线性渐变，在舞台中绘制矩形，如图 15-231 所示。

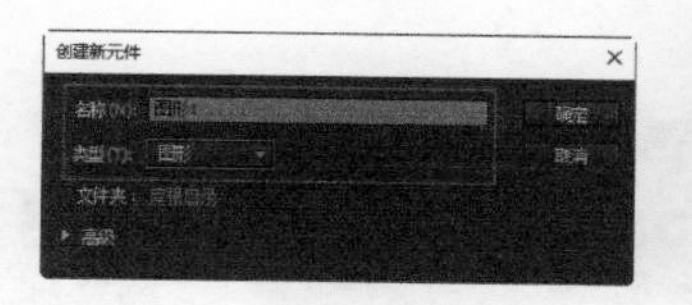
图 15-230 “创建新元件”对话框

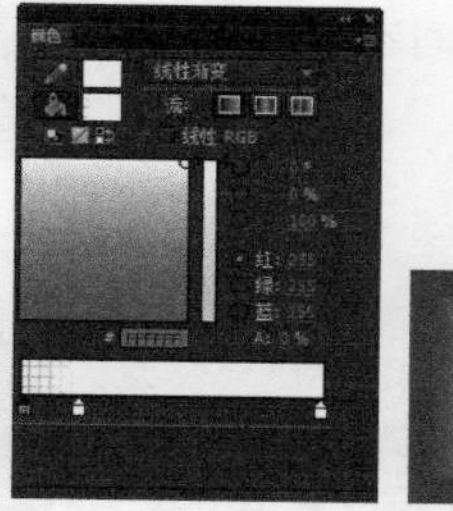
图 15-231 绘制矩形

Step 04 使用“选择工具”并结合“部分选取工具”调整矩形形状，如图 15-232 所示。使用相同的绘制方法，绘制右半部分图形，如图 15-233 所示。

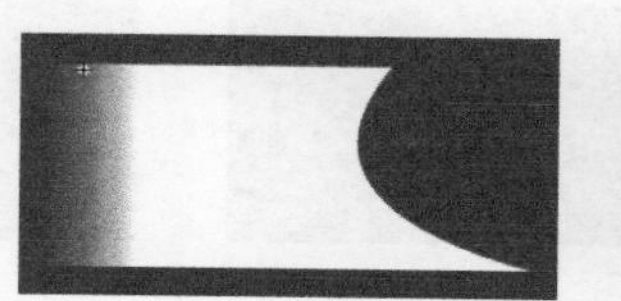
图 15-232 调整图形

图 15-233 绘制图形

Step 05 选择“插入 > 新建元件”命令，弹出“创建新元件”对话框，设置如图 15-234 所示。导入素材图像“素材文件 \ 第 15 章 \153103.png”，如图 15-235 所示。

Step 06 选择“插入 > 新建元件”命令，弹出“创建新元件”对话框，设置如图 15-236 所示。将“人物 2”元件从“库”面板中拖动到舞台中，在第 52 帧按【F5】键插入帧，如图 15-237 所示。

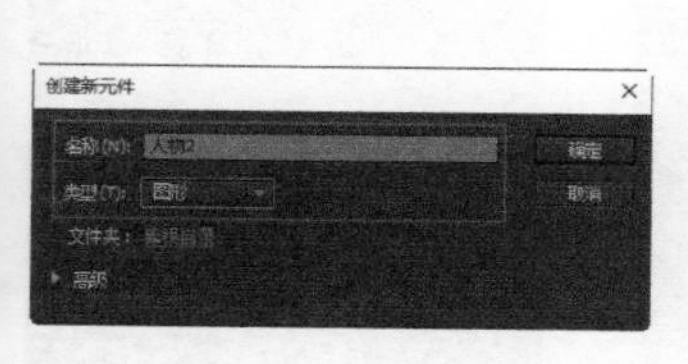
图 15-234 “创建新元件”对话框

图 15-235 导入素材图像

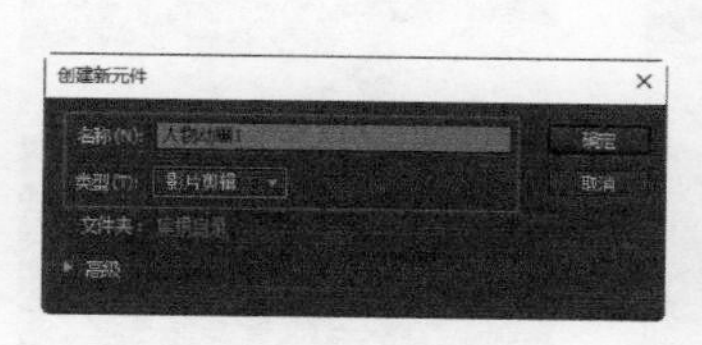
图 15-236 “创建新元件”对话框

图 15-237 拖入元件

Step 07 选中元件，在“属性”面板中对元件的“高级”属性进行设置，如图 15-238 所示。将该帧上的元件稍稍向右移动，如图 15-239 所示。

Step 08 在第 4 帧按【F6】键插入关键帧，在“属性”面板中对元件的“高级”属性进行设置，如图 15-240 所示。将该帧上的元件稍稍向左移动，如图 15-241 所示。

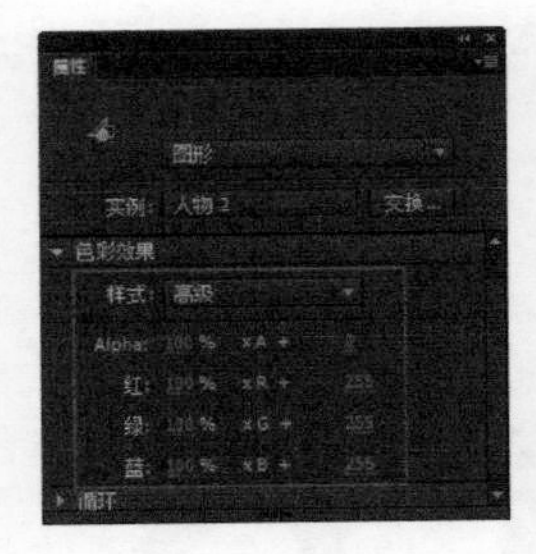

图 15-238 设置“高级”选项

图 15-239 元件效果

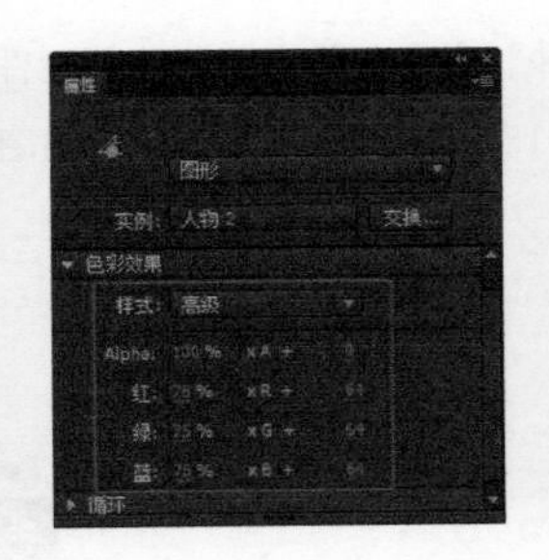

图 15-240 设置“高级”选项

图 15-241 元件效果

Step 09 在第 5 帧按【F6】键插入关键帧，设置该帧上元件的“样式”为“无”，如图 15-242 所示。在第 1 帧创建传统补间动画，如图 15-243 所示。

图 15-242 元件效果

图 15-243 “时间轴”面板

Step 10 返回“场景 1”编辑状态，新建“图层 2”，将“人物 1”元件从“库”面板中拖动到场景中，并在“属性”面板中对元件“样式”进行设置，如图 15-244 所示，效果如图 15-245 所示。

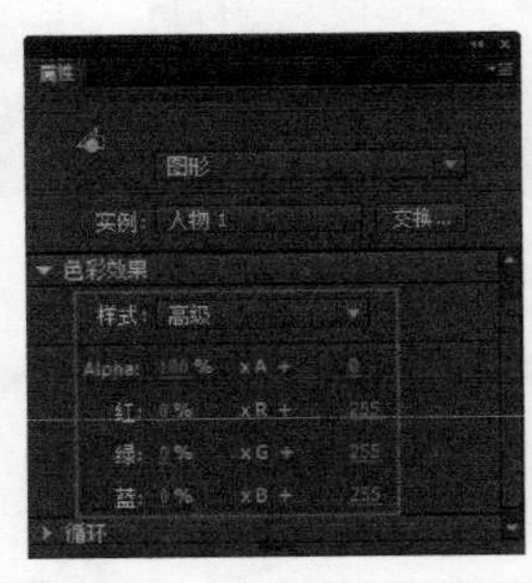

图 15-244 设置“高级”选项

图 15-245 元件效果

Step 11 在第 9 帧按【F6】键插入关键帧，设置该帧上的元件“样式”为“无”，如图 15-246 所示。在第 14 帧按【F6】键插入关键帧，使用“任意变形工具”调整元件大小和角度，如图 15-247 所示。

Step 12 使用相同的制作方法，新建一个“名称”为“人物 4”的图形元件，导入相应的素材图像，如图 15-248 所示。返回“场景 1”编辑状态，在第 15 帧按【F7】键插入空白关键帧，将“人物 4”元件从“库”面板中拖动到场景中，如图 15-249 所示。

图 15-246 元件效果

图 15-247 元件效果

图 15-248 导入素材图像

图 15-249 拖入元件

Step 13 在第 16 帧按【F7】键插入空白关键帧，在第 17 帧按【F7】键插入空白关键帧，将“图形 1”元件从“库”面板中拖动到场景中，如图 15-250 所示。使用相同的制作方法，可以完成“图层 2”中其他动画内容的制作，如图 15-251 所示。

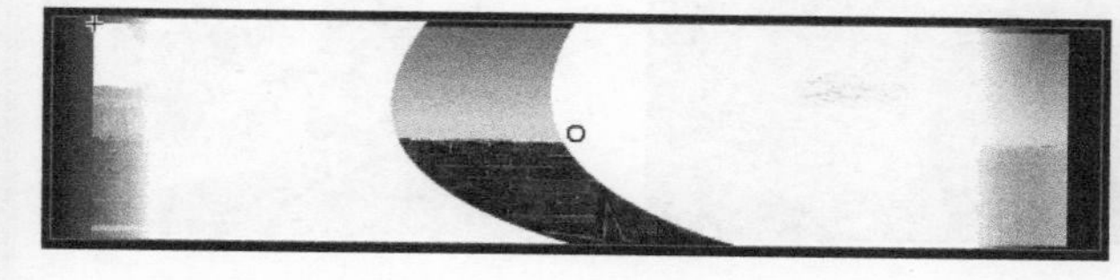

图 15-250 拖入元件

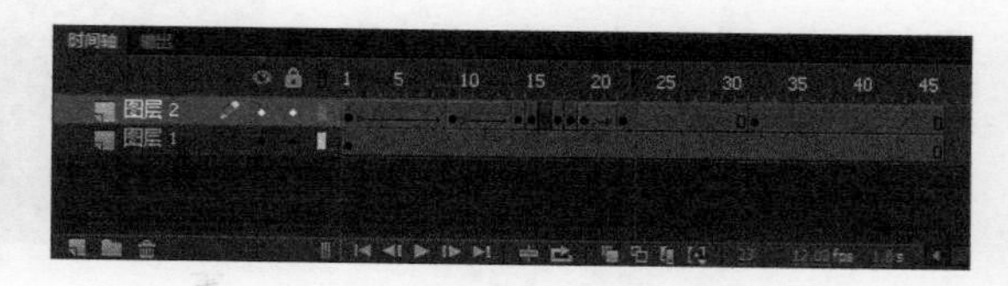

图 15-251 “时间轴”面板

Step 14 使用相同的制作方法，可以完成其他图层中动画效果的制作，场景效果如图 15-252 所示，“时间轴”面板如图 15-253 所示。

图 15-252 场景效果

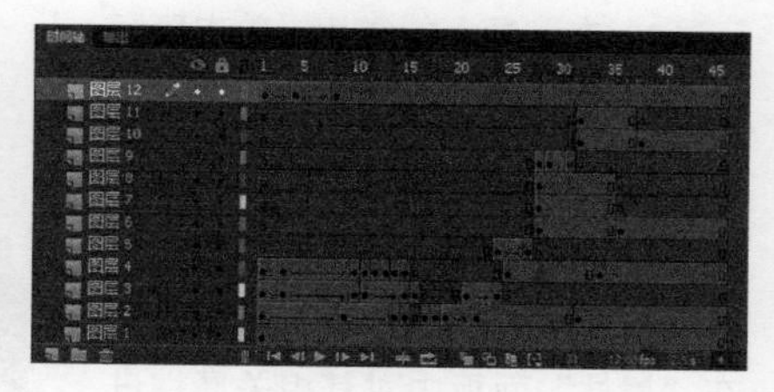

图 15-253 “时间轴”面板

Step 15 新建“图层 13”，在第 46 帧按【F6】键插入关键帧，打开“动作”面板，输入脚本代码“stop ();”。完成该游戏宣传广告动画的制作，按【Ctrl+Enter】组合键，测试 Flash 动画效果，如图 15-254 所示。

图 15-254 测试 Flash 动画效果

课堂案例 制作餐饮宣传广告动画

素材文件	素材文件 \ 第 15 章 \153201.jpg、153202.jpg 、153203.png ~ 153206.png	扫码观看视频 
案例文件	案例文件 \ 第 15 章 \15-3-2.swf	
教学视频	视频教学 \ 第 15 章 \15-3-2.mp4	
案例要点	掌握遮罩动画的综合应用	

Step 01 选择“文件 > 新建”命令，弹出“新建文档”对话框，设置如图 15-255 所示。单击“确定”按钮，新建一个 Flash 文档。选择“插入 > 新建元件”命令，弹出“创建新元件”对话框，设置如图 15-256 所示。

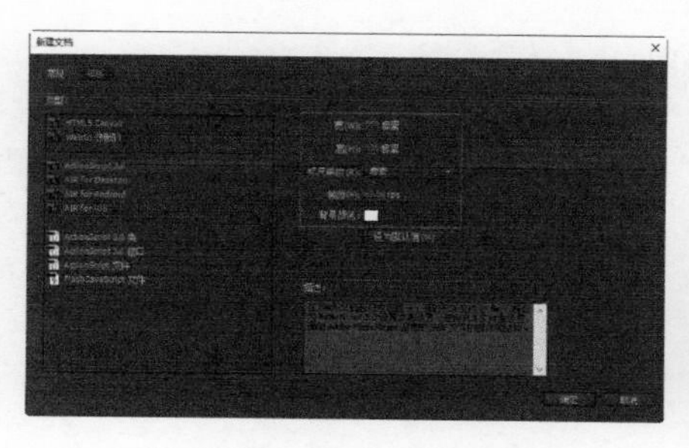

图 15-255 “新建文档”对话框

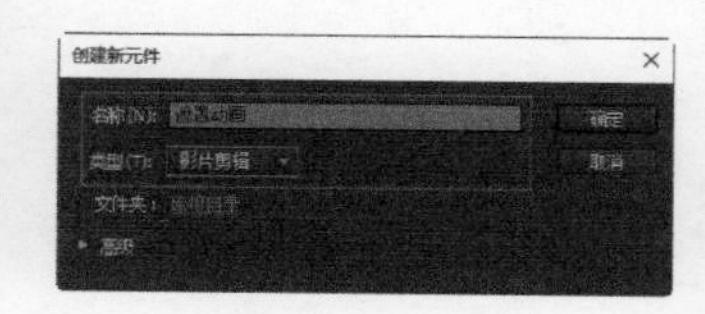

图 15-256 “创建新元件”对话框

Step 02 单击“确定”按钮，在第40帧位置按【F6】键插入关键帧，如图15-257所示。选择“文件 > 导入 > 导入到舞台”命令，导入素材“素材文件\第15章\153201.jpg”，如图15-258所示。

图15-257 “时间轴”面板

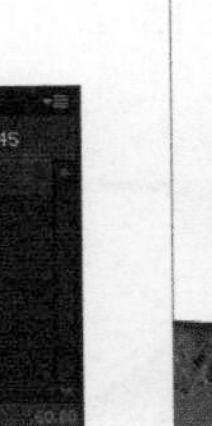
图15-258 导入素材图像

Step 03 在刚导入的图片上单击鼠标右键，在弹出的快捷菜单中选择“转换为元件”命令，弹出“转换为元件”对话框，设置如图15-259所示。单击“确定”按钮，选中该元件，在“属性”面板中对其相关属性进行设置，如图15-260所示。

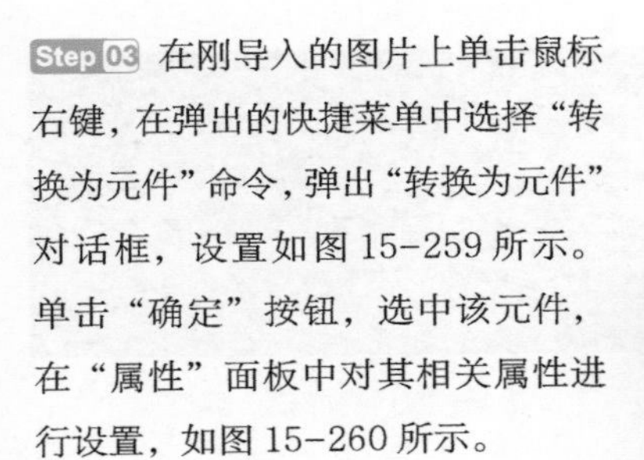

图15-259 “转换为元件”对话框

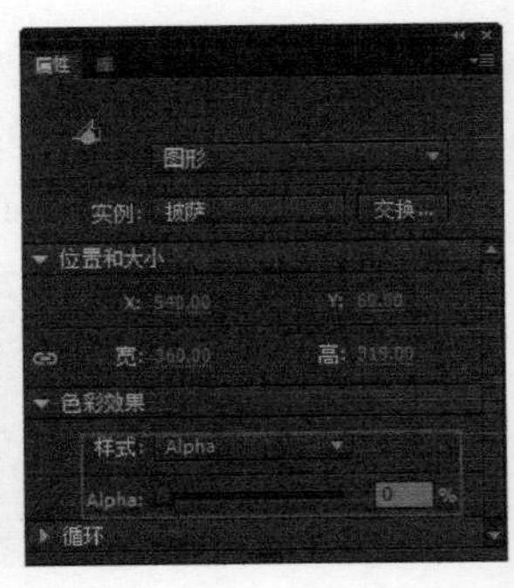

图15-260 “属性”面板

Step 04 在第130帧位置按【F6】键插入关键帧，选中该帧上的元件，在“属性”面板中对其相关属性进行设置，如图15-261所示。在第40帧上单击鼠标右键，在弹出的快捷菜单中选择“创建传统补间”命令，“时间轴”面板如图15-262所示。

图15-261 “属性”面板

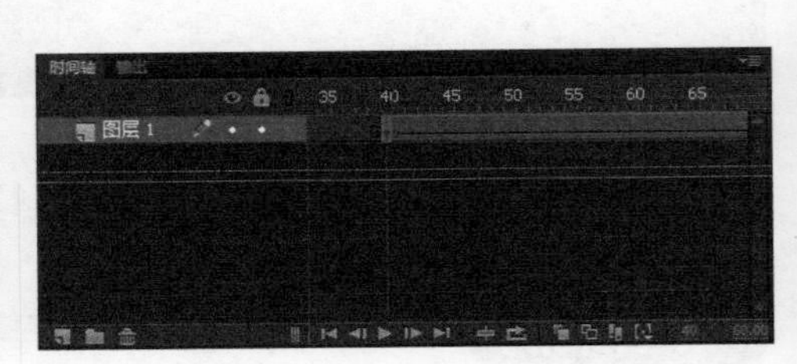

图15-262 “时间轴”面板

Step 05 新建“图层2”，在第40帧位置按【F6】键插入关键帧，使用“椭圆工具”，按住【Shift】键在场景中绘制一个任意填充颜色的正圆形，如图15-263所示。在第130帧位置按【F6】键插入关键帧，调整椭圆形至合适的大小，如图15-264所示。

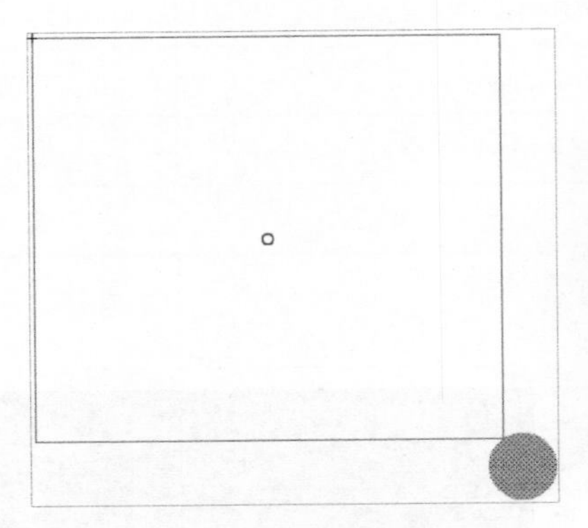
图15-263 绘制正圆形

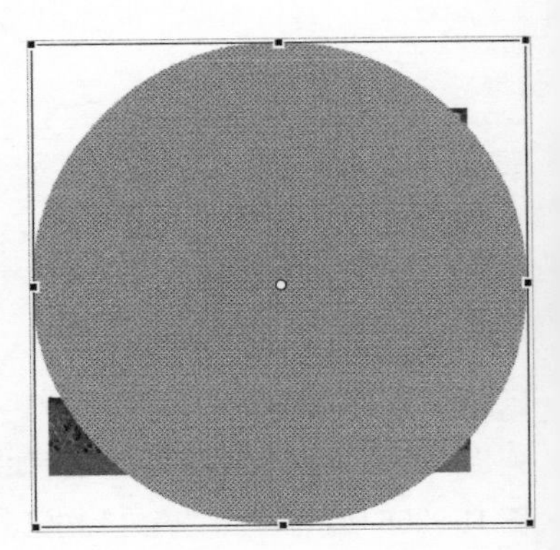
图15-264 调整大小

Step 06 在第 40 帧位置单击鼠标右键，在弹出的快捷菜单中选择“创建补间形状”命令，“时间轴”面板如图 15-265 所示。新建“图层 3”，选择“文件 > 导入 > 导入到舞台”命令，导入素材“素材文件 \ 第 15 章 \153202.jpg”，如图 15-266 所示。

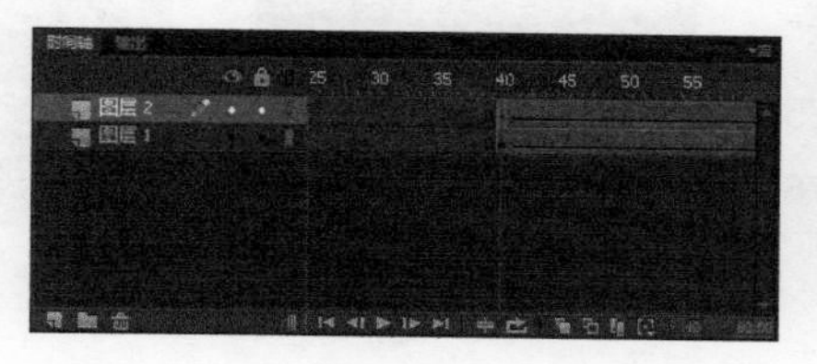

图 15-265 “时间轴”面板

图 15-266 导入素材图像

Step 07 在刚导入的图片上单击鼠标右键，在弹出的快捷菜单中选择“转换为元件”命令，弹出“转换为元件”对话框，设置如图 15-267 所示。单击“确定”按钮，选中该元件，在“属性”面板中设置“Alpha”为“0%”，如图 15-268 所示。

Step 08 在第 50 帧位置按【F6】键插入关键帧，选中该帧上的元件，在“属性”面板中设置“样式”为“无”，如图 15-269 所示。在第 1 帧位置单击鼠标右键，在弹出的快捷菜单中选择“创建传统补间”命令，“时间轴”面板如图 15-270 所示。

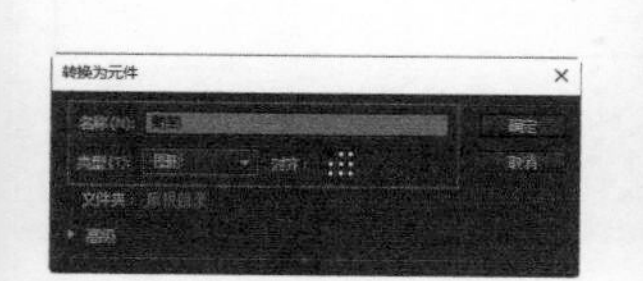

图 15-267 “转换为元件”对话框

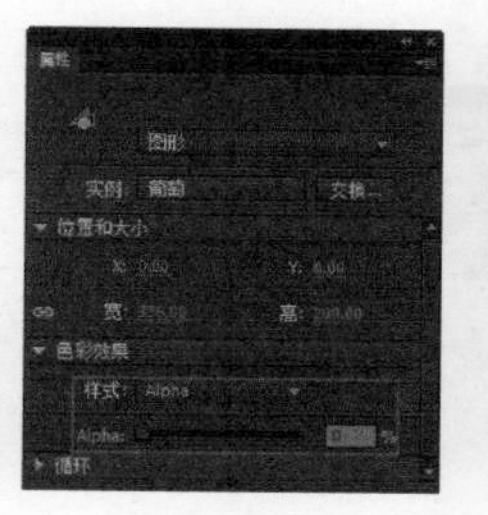

图 15-268 “属性”面板

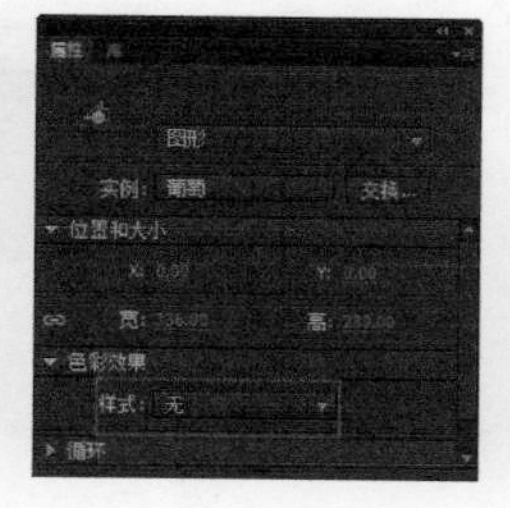

图 15-269 “属性”面板

图 15-270 “时间轴”面板

Step 09 新建“图层 4”，使用“椭圆工具”，按住【Shift】键在场景中绘制一个任意填充颜色的正圆形，如图 15-271 所示。在第 50 帧位置按【F6】键插入关键帧，调整圆形大小，如图 15-272 所示。

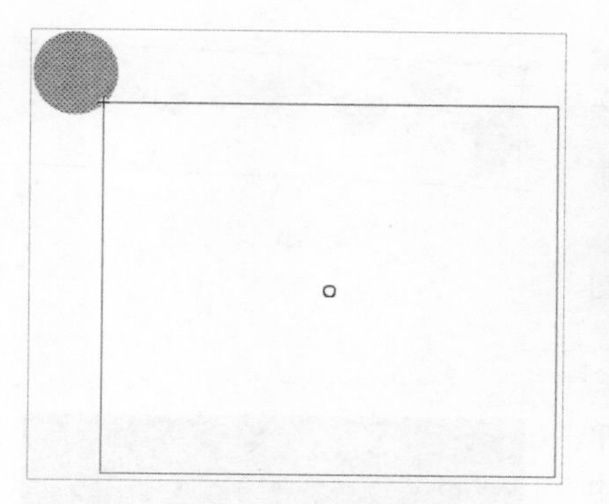

图 15-271 绘制正圆形

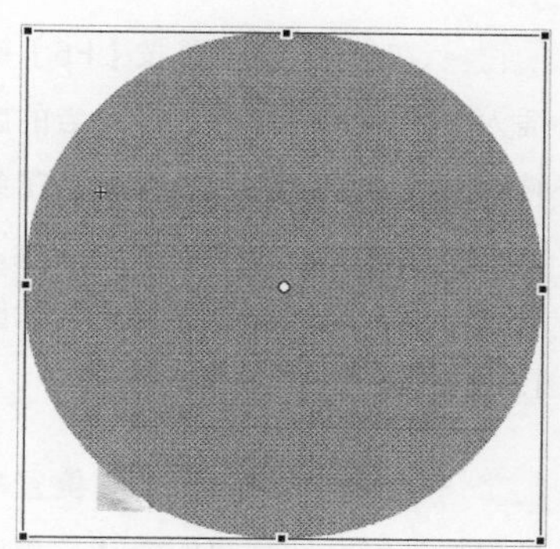

图 15-272 调整圆形大小

Step 10 在第 1 帧位置单击鼠标右键，在弹出的快捷菜单中选择“创建补间形状”命令，“时间轴”面板如图 15-273 所示。在“图层 4”上单击鼠标右键，在弹出的快捷菜单中选择“遮罩层”命令，使用相同的方法，设置“图层 2”为遮罩层，“时间轴”面板如图 15-274 所示。

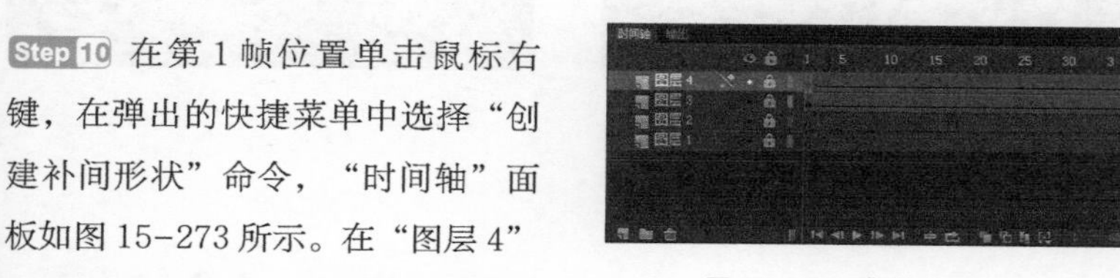

图 15-273 “时间轴”面板

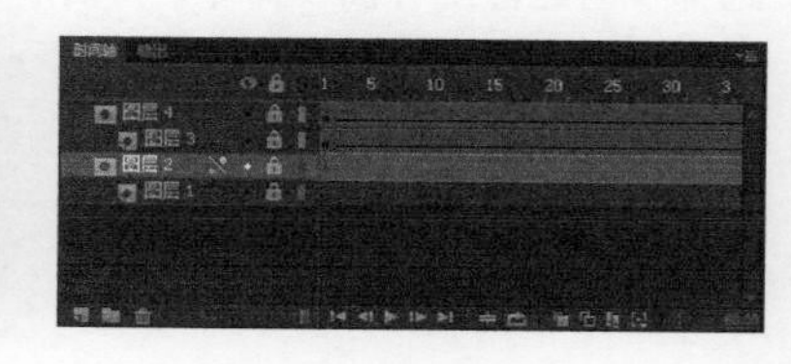

图 15-274 “时间轴”面板

Step 11 新建“图层 5”，在第 130 帧位置按【F6】键插入关键帧，选择“窗口 > 动作”命令，打开“动作”面板，输入脚本代码，如图 15-275 所示，“时间轴”面板如图 15-276 所示。

图 15-275 “动作”面板

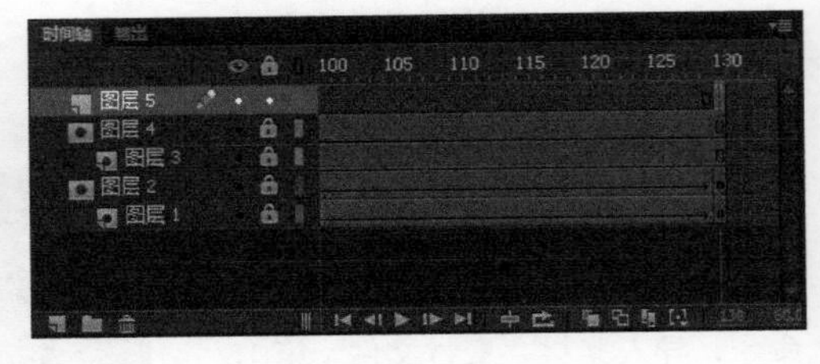
图 15-276 “时间轴”面板

Step 12 选择“插入 > 新建元件”命令，弹出“创建新元件”对话框，设置如图 15-277 所示。单击“确定”按钮，选择“文件 > 导入 > 导入到舞台”命令，导入素材“素材文件 \ 第 10 章 \ 素材 \102403.png”，如图 15-278 所示。

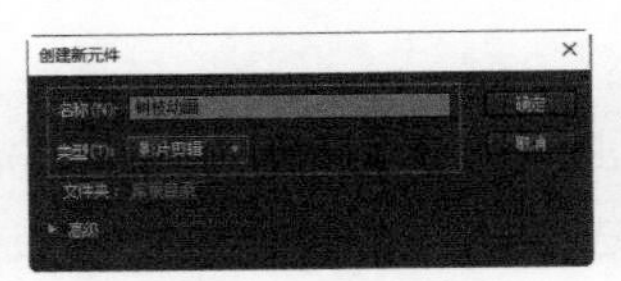
图 15-277 “创建新元件”对话框

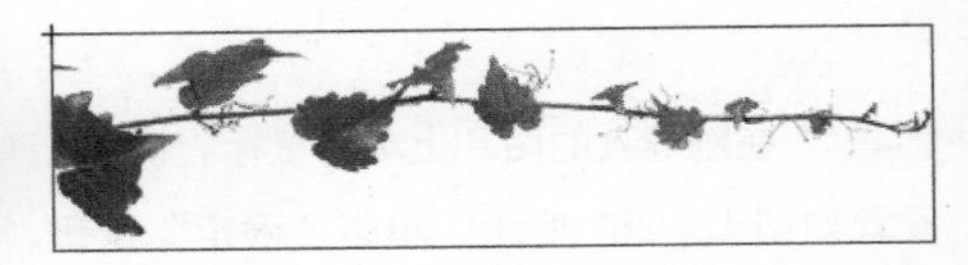
图 15-278 导入素材文件

Step 13 在刚导入的图片上单击鼠标右键，在弹出的快捷菜单中选择“转换为元件”命令，弹出“转换为元件”对话框，设置如图 15-279 所示。单击“确定”按钮，使用“任意变形工具”，调整该元件中心点的位置，如图 15-280 所示。

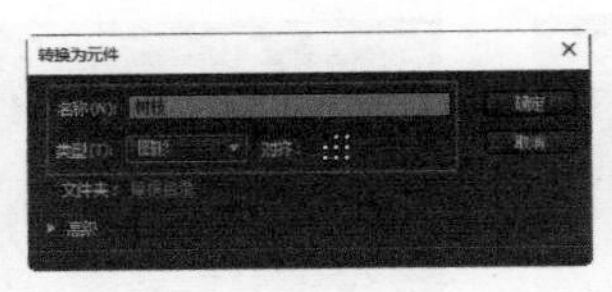
图 15-279 “转换为元件”对话框

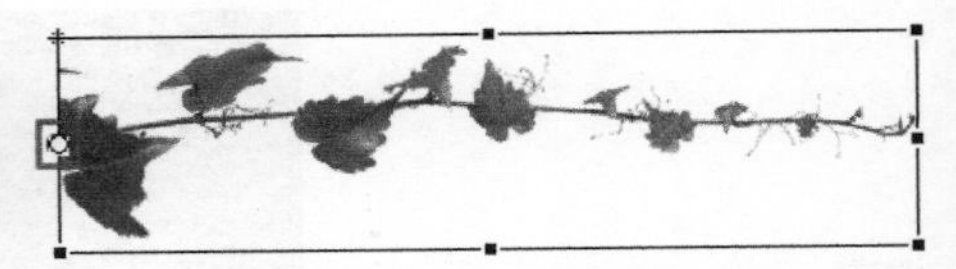
图 15-280 调整中心点的位置

Step 14 在第 35 帧位置按【F6】键插入关键帧，对元件进行适当的旋转操作，如图 15-281 所示。在第 90 帧位置按【F6】键插入关键帧，对元件进行适当的旋转操作，如图 15-282 所示。

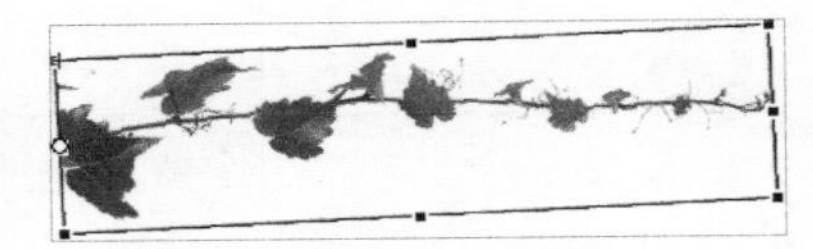
图 15-281 旋转元件

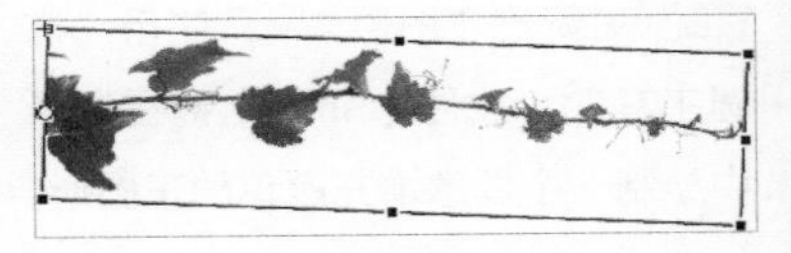
图 15-282 旋转元件

Step 15 在第 1 帧和第 35 帧位置单击鼠标右键，在弹出的快捷菜单中选择“创建传统补间”命令，“时间轴”面板如图 15-283 所示。选择“插入 > 新建元件”命令，在弹出的对话框中进行相应的设置，如图 15-284 所示。

图 15-283 “时间轴”面板

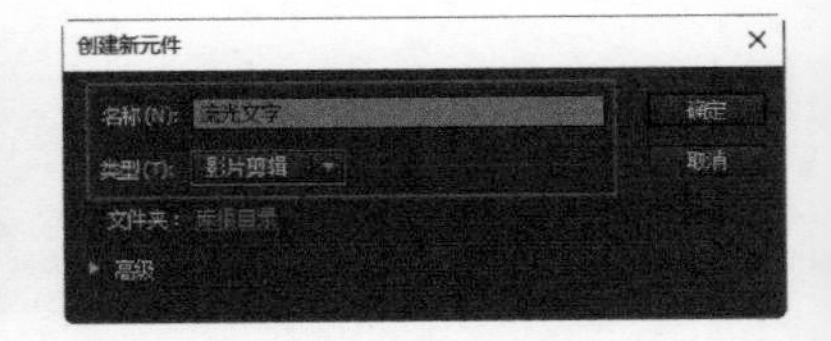

图 15-284 “创建新元件”对话框

Step 16 单击“确定”按钮，选择“文件 > 导入 > 导入到舞台”命令，导入素材“素材文件 \ 第 15 章 \153204.png”，如图 15-285 所示。在第 110 帧位置按【F5】键插入帧，如图 15-286 所示。

Step 17 新建“图层 2”，使用“矩形工具”，在场景中绘制一个“填充颜色”为 Alpha 值为“60%”的白色矩形，如图 15-287 所示。选择“修改 > 变形 > 旋转与倾斜”命令，对矩形进行适当的倾斜操作，如图 15-288 所示。

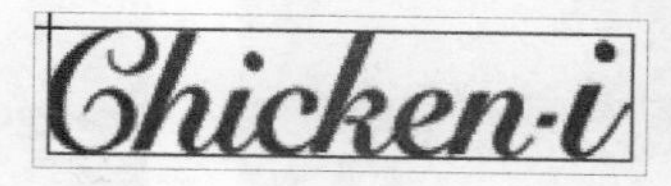

图 15-285 导入素材图像

图 15-286 “时间轴”面板

图 15-287 绘制矩形

图 15-288 倾斜操作

Step 18 在第 110 帧位置按【F6】键插入关键帧，将矩形移至适当的位置，如图 15-289 所示。在第 1 帧上单击鼠标右键，在弹出的快捷菜单中选择“创建补间形状”命令，如图 15-290 所示。

图 15-289 移动矩形

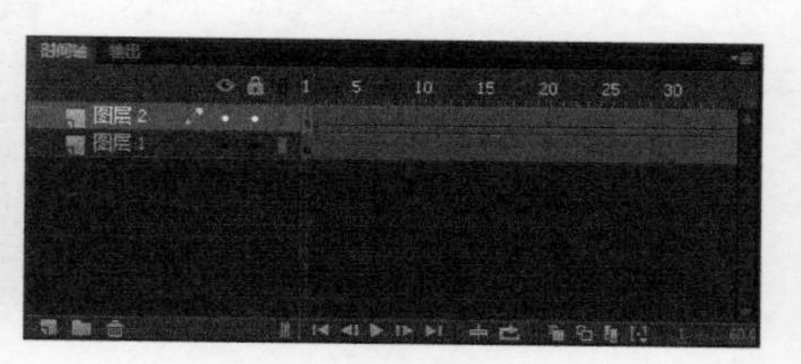

图 15-290 “时间轴”面板

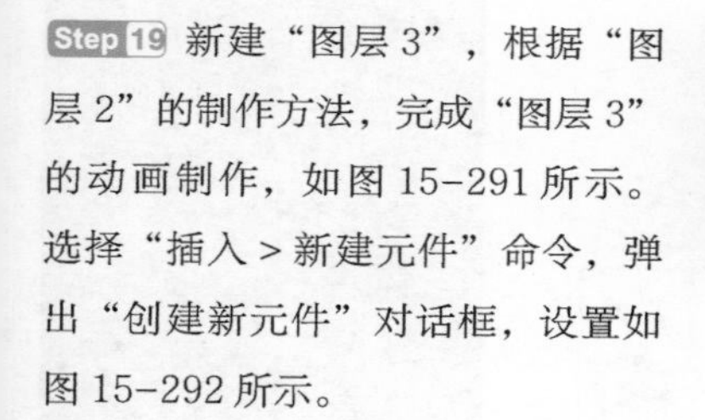

Step 19 新建“图层 3”，根据“图层 2”的制作方法，完成“图层 3”的动画制作，如图 15-291 所示。选择“插入 > 新建元件”命令，弹出“创建新元件”对话框，设置如图 15-292 所示。

图 15-291 完成“图层 3”的动画制作

图 15-292 “创建新元件”对话框

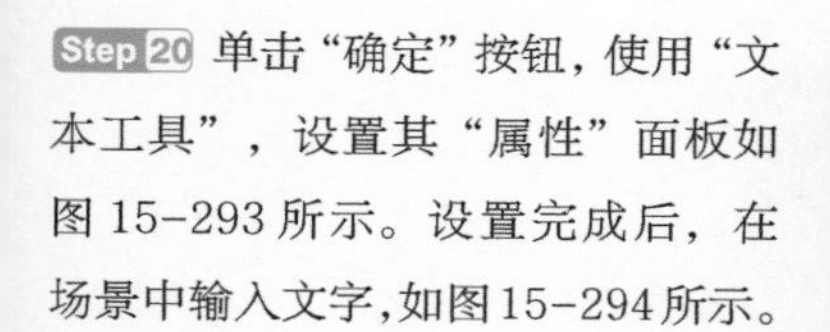

Step 20 单击“确定”按钮，使用“文本工具”，设置其“属性”面板如图 15-293 所示。设置完成后，在场景中输入文字，如图 15-294 所示。

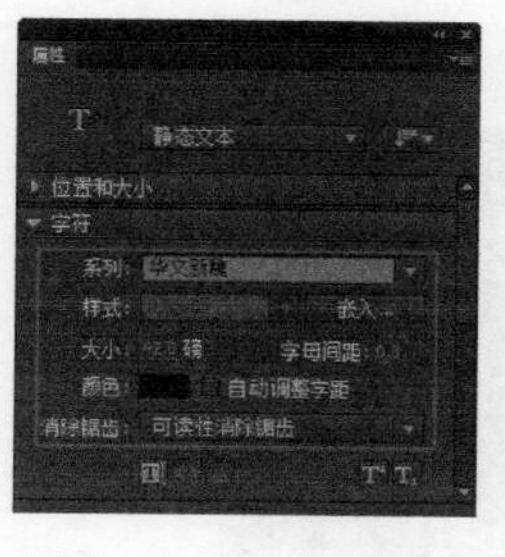
图 15-293 “属性”面板

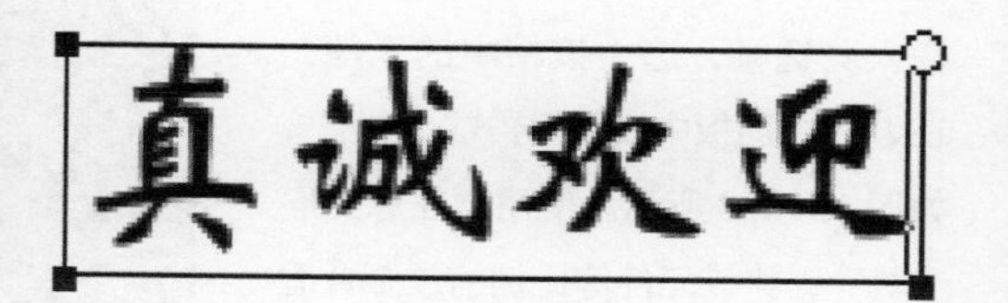

图 15-294 输入文字

Step 21 使用“选择工具”，单击选中刚输入的文字，选择“修改 > 分离”命令两次，并按【F8】键将其转换成“名称”为“文字 1”的“图形”元件，如图 15-295 所示。选中该元件，在“属性”面板中设置“Alpha”为“0%”，如图 15-296 所示。

图 15-295 转换为元件

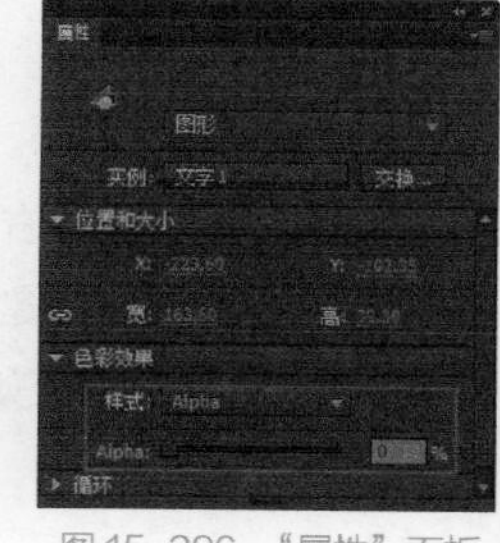
图 15-296 “属性”面板

Step 22 在第 15 帧位置按【F6】键插入关键帧，选中该帧上的元件，在“属性”面板中设置“样式”为“无”，如图 15-297 所示。在第 85 帧位置按【F5】键插入帧，在第 1 帧上单击鼠标右键，在弹出的快捷菜单中选择“创建传统补间”命令，“时间轴”面板如图 15-298 所示。

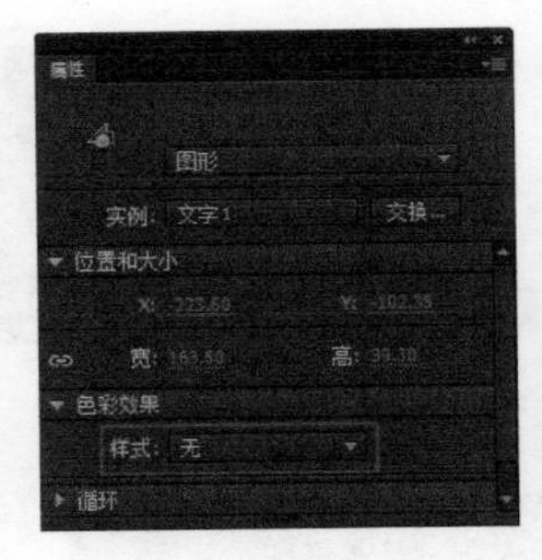

图 15-297 “属性”面板

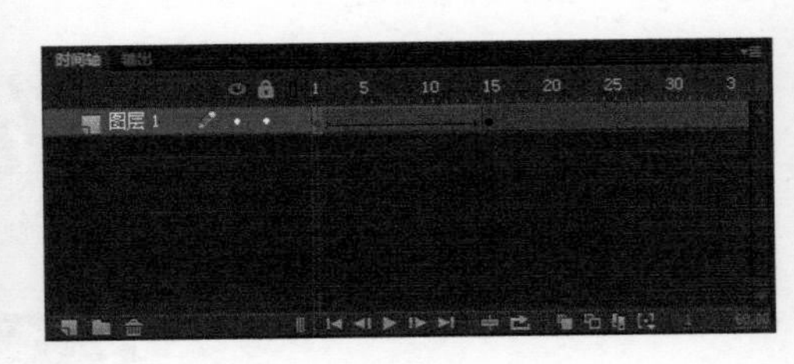

图 15-298 “时间轴”面板

Step 23 新建“图层 2”，在第 15 帧位置按【F6】键插入关键帧，使用“文本工具”，在“属性”面板中进行相应的设置，如图 15-299 所示。在场景中输入文字，如图 15-300 所示。

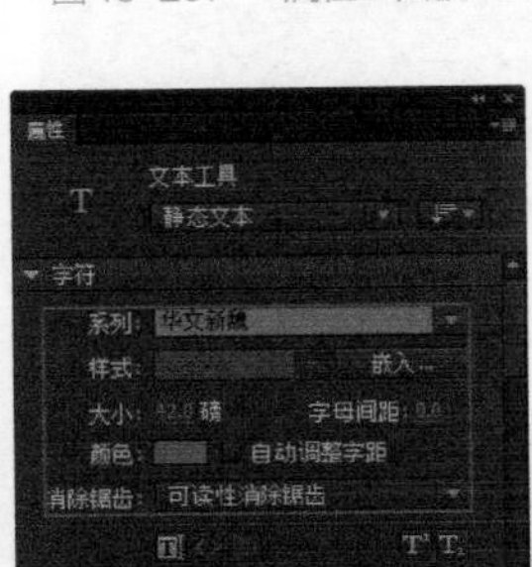

图 15-299 “属性”面板

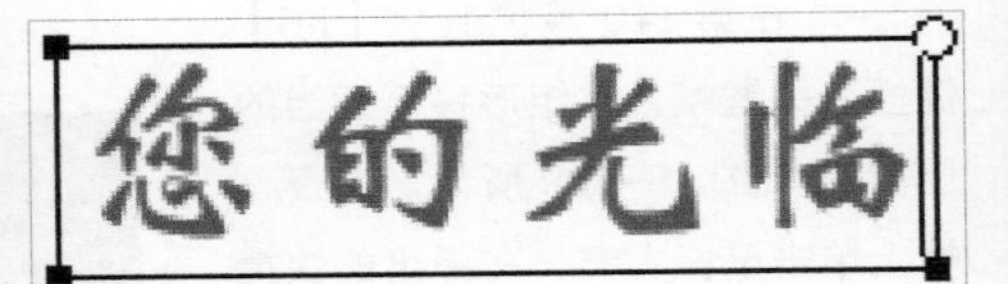

图 15-300 输入文字

Step 24 单击选中刚输入的文字，选择“修改 > 分离”命令两次，按【F8】键将其转换成“名称”为“文字 2”的“图形”元件，如图 15-301 所示。选中该元件，在“属性”面板中设置“Alpha”为“0%”，如图 15-302 所示。

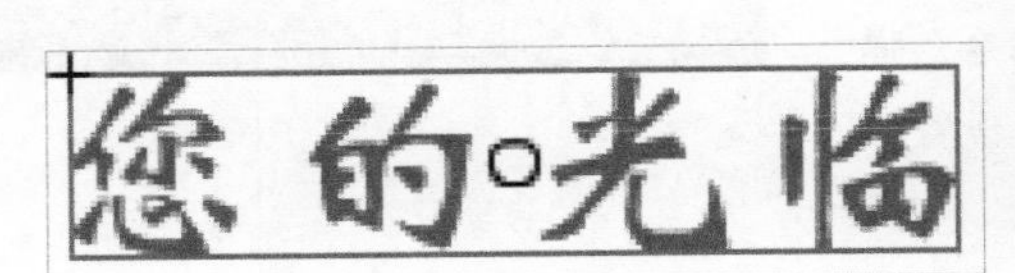

图 15-301 转换为元件

图 15-302 “属性”面板

Step 25 在第 25 帧位置按【F6】键插入关键帧，选中该帧中的元件，在“属性”面板中设置“样式”为“无”，如图 15-303 所示。使用“任意变形工具”，将该元件等比例缩放至合适的大小，如图 15-304 所示。

图 15-303 “属性”面板

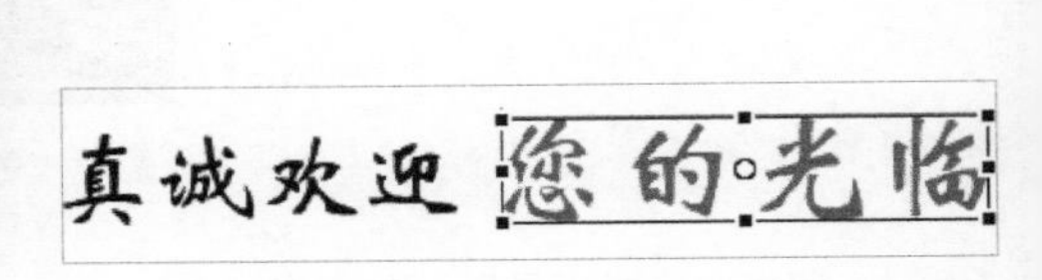

图 15-304 调整大小

Step 26 在第 35 帧位置按【F6】键插入关键帧，调整元件至合适的大小，如图 15-305 所示。在第 15 帧和第 25 帧上单击鼠标右键，在弹出的快捷菜单中选择“创建传统补间”命令，“时间轴”面板如图 15-306 所示。

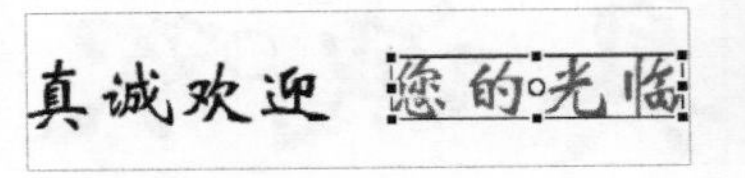

图 15-305 调整大小

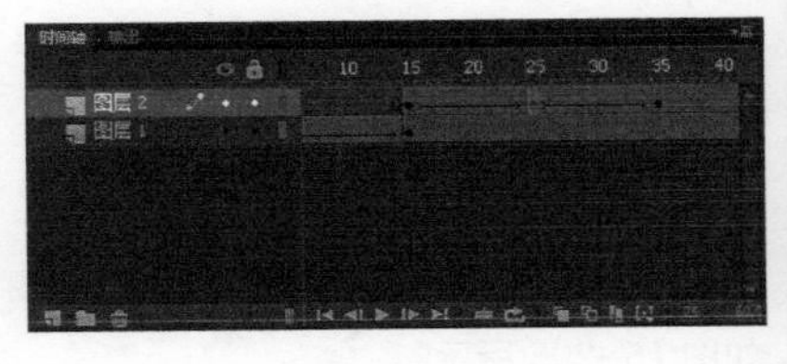

图 15-306 “时间轴”面板

Step 27 使用相同的方法，完成其他内容的制作，如图 15-307 所示，“时间轴”面板如图 15-308 所示。

真诚欢迎　您的光临

Chicken-i

服务让您满意

质量让您放心

图 15-307 元件效果

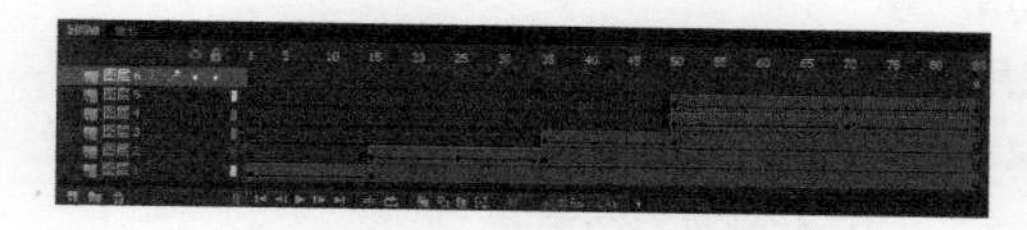

图 15-308 “时间轴”面板

Step 28 返回“场景 1”编辑状态，选择“文件 > 导入 > 导入到舞台”命令，导入图片“素材文件 \ 第 15 章 \153205.jpg”，如图 15-309 所示。新建“图层 2”，从“库”面板中将“名称”为“遮罩动画”的影片剪辑元件拖动到场景中，如图 15-310 所示。

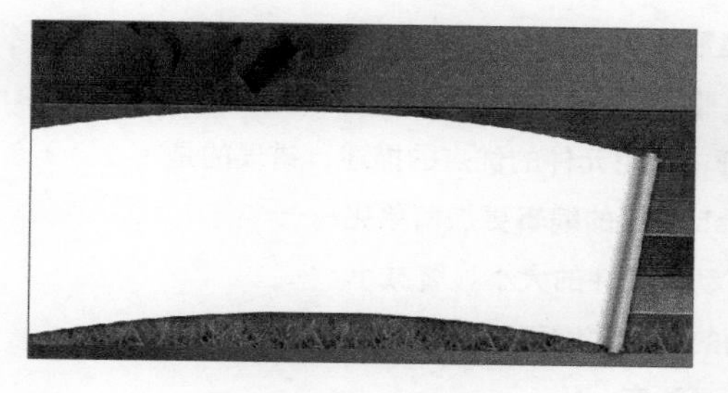

图 15-309 导入素材图像

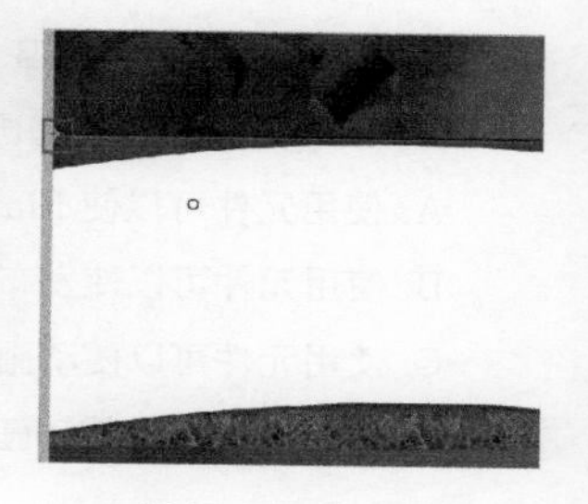

图 15-310 拖入元件

Step 29 新建“图层 3”，选择“文件 > 导入 > 导入到舞台”命令，导入图片“素材文件 \ 第 15 章 \153206.png”，效果如图 15-311 所示。使用相同的方法，新建图层，将“库”面板中的其他元件拖动到场景中，效果如图 15-312 所示。

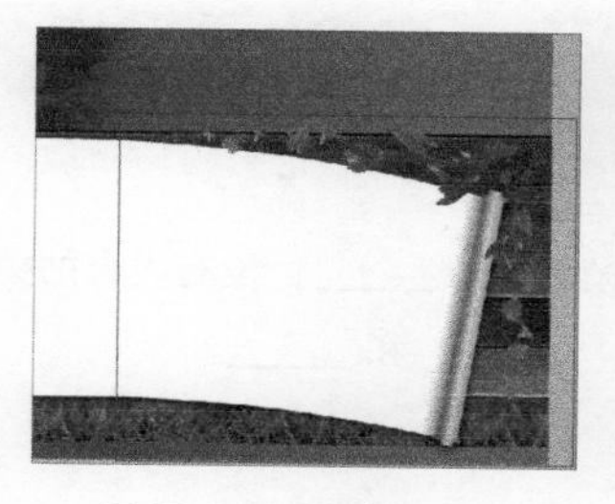

图 15-311 导入素材图像

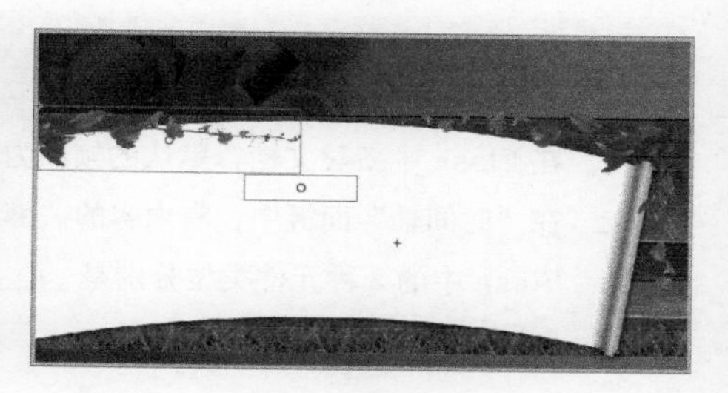

图 15-312 场景效果

Step 30 完成该餐饮宣传广告动画的制作，按【Ctrl+Enter】组合键，测试动画效果，如图 15-313 所示。

图 15-313 测试动画效果

课后习题

一、选择题

1. 以下关于 Flash 中空白关键帧的描述，正确的是（　　）。

A. 无内容，不可编辑　　B. 有内容，不可编辑　　C. 有内容，可编辑　　D. 无内容，可编辑

2. 以下关于图形元件的描述，正确的是（　　）。

A. 图形元件可以重复使用

B. 图形元件不可以重复使用

C. 可以在图形元件中使用声音

D. 可以在图形元件中使用交互式控件

3. 在 Flash 中，帧频率表示什么？（　　）

A. 每秒钟显示的帧数　　B. 每帧显示的秒数

C. 每分钟显示的帧数　　D. 动画的总时长

4. 如果需要对文字创建形状补间动画，那么必须按（　　）组合键，将文字打散为图形。

A.【Ctrl+J】　B.【Ctrl+O】　C.【Ctrl+B】　D.【Ctrl+S】

5. 以下关于 Flash 动画中使用元件的优点的描述，错误的是（　　）。

A. 使用元件可以使 Flash 动画的编辑更加简单化

B. 使用元件可以使发布动画文件的大小显著减小

C. 使用元件可以使动画的播放速度更流畅

D. 使用元件可以使动画更漂亮

二、填空题

1. 在 Flash 中新建文档，默认的帧频为 ______。

2. 在“时间轴”面板中，有内容的关键帧表现为 ______，没有内容的关键帧表现为 ______。

3. Flash 中的 3 种元件类型分别是 ______、______ 和 ______。

三、案例题

新建一个 Flash 文档，导入素材图像，绘制圆形遮罩图形，制作出圆形逐渐放大遮罩显示素材图像的动画效果，将多种动画相结合，最终表现出遮罩开场动画，效果如图 15-314 所示。

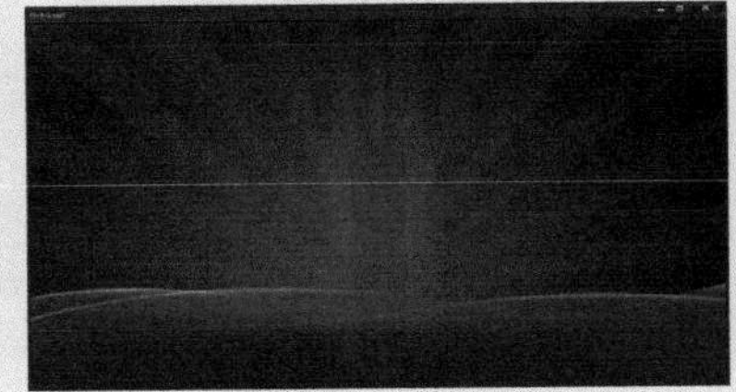

图 15-314 遮罩开场动画效果

习题答案

第1章

一、选择题

1. A　　2. A　　3. A　　4. A　　5. D

二、填空题

1. 编辑文档属性　　2. 空格　　3. PSD、AI

三、简答题

色彩单一，透底图像可以选择GIF格式；色彩丰富，压缩比高可以选择JPG格式；色彩丰富，透底图像可以选择PNG格式；结构丰富，元素众多可以选择PSD格式。

第2章

一、选择题

1. D　　2. B　　3. D　　4. B　　5. B

二、填空题

1. 顶部　左侧　　2. 贴紧至对象　贴紧　　3. 轮廓

第3章

一、选择题

1. A　　2. B　　3. C　　4. B　　5. A

二、填空题

1. 类型　模板　　2. 【Ctrl+O】【Ctrl+Alt+O】　　3. “文档设置”　“属性”

第4章

一、选择题

1. B　　2. A　　3. D　　4. A　　5. C

二、填空题

1. 笔触　填充　　2. 纯色、线性渐变、径向渐变和位图填充　　3. 扩展颜色、反射颜色和重复颜色

第5章

一、选择题

1. B　　2. A　　3. D　　4. B　　5. B

二、填空题

1. 笔触　填充　　2. Alt　　3. 样式、边数、星星顶点大小

第6章

一、选择题

1. B　　2. D　　3. A　　4. D　　5. C

二、填空题

1. 简单按钮　　2. 弹起、指针滑过、按下和点击　　3. 影片剪辑、按钮

第7章

一、选择题

1. A　　2. C　　3. B　　4. B　　5. D

二、填空题

1. 帧频　　2. 帧、关键帧、空白关键帧　　3. 普通帧、过渡帧

第8章

一、选择题

1. B　　2. A　　3. B　　4. C　　5. C

二、填空题

1. 传统补间　　2. 中心点　　3. 运动路径

第9章

一、选择题

1. C　　2. B　　3. C　　4. C　　5. A

二、填空题

1. 遮罩层、被遮罩层、遮罩层、被遮罩层、遮罩层　　2. 3D 平移工具、3D 旋转工具

3. X 控件、Y 控件、Z 控件

第10章

一、选择题

1. B　　2. C　　3. D　　4. A　　5. C

二、填空题

1. 动态文本、输入文本　　2. 实例名称　　3. 动态文本、输入文本

第11章

一、选择题

1. C　　2. C　　3. D　　4. B　　5. C

二、填空题

1. 名称　　2. 事件　　3. FLV、F4V

第12章

一、选择题

1. C　　2. B　　3. D　　4. C　　5. A

二、填空题

1. 影片剪辑　　2. 组件　　3. 历史记录

第13章

一、选择题

1. D　　2. D　　3. C　　4. B　　5. D

二、填空题

1. 代码片段　　2. 运算符、表达式　　3. if…else 语句、switch…case 语句

第14章

一、选择题

1. B　　2. C　　3. A　　4. B　　5. C

二、填空题

1. 【Ctrl+Alt+Enter】　　2. Flash SWF 文件、HTML 文档　　3. 【Ctrl+Shift+F12】

第15章

一、选择题

1. D　　2. A　　3. A　　4. C　　5. D

二、填空题

1. 24 fps　　2. 实心圆、空心圆圈　　3. 图形元件、按钮元件、影片剪辑元件